国家出版基金项目
NATIONAL PUBLICATION FOUNDATION

"十二五"国家重点出版规划项目
雷达与探测前沿技术丛书

雷达目标散射特性测量与处理新技术

New Techniques for Radar Target Scattering Signature Measurement and Processing

许小剑　著

国防工業出版社
·北京·

内容简介

目标RCS测量、处理和评估贯穿于隐身装备设计、研制、试验和使用维护的各个阶段。本书在对RCS测量与处理技术领域公开文献资料进行归纳和分析的同时，重点对作者所在实验室近年来在该领域的基础理论、实验和应用性研究成果进行了系统的总结，尤其是对国内外现有文献鲜有涉及而工程实用价值又较高的新模型、新方法和新技术进行了讨论。全书一半以上的篇幅用于阐述作者所在实验室的理论和技术研究成果。

全书共分为8章，首先建立目标宽带散射函数和散射分布函数的概念，然后围绕可探测目标的RCS测试场和宽带成像诊断测量技术问题进行讨论，主要包括：RCS测试场和宽带相参测量雷达、低散射目标支架设计方法、新型RCS定标体与定标处理技术、背景辅助测量与提取技术、目标高分辨率诊断成像技术、极化校准测量与处理技术，以及RCS数据的处理、评估与报告等。

本书可供从事低可探测目标设计实验、目标与环境特性、雷达目标散射现象学、武器系统仿真等技术领域的广大研究人员、工程技术人员和部队官兵参考，也可作为相关院校教师和研究生的教学与研究参考书。

图书在版编目(CIP)数据

雷达目标散射特性测量与处理新技术 / 许小剑著.
—北京：国防工业出版社，2024.7(重印)
(雷达与探测前沿技术丛书)
ISBN 978-7-118-11418-8

Ⅰ. ①雷… Ⅱ. ①许… Ⅲ. ①雷达目标-散射-特性-研究 Ⅳ. ①TN951

中国版本图书馆CIP数据核字(2018)第007832号

※

国防工业出版社出版发行
(北京市海淀区紫竹院南路23号　邮政编码100048)
北京虎彩文化传播有限公司印刷
新华书店经售

*

开本 710×1000　1/16　**印张** 30½　**字数** 560千字
2024年7月第1版第2次印刷　**印数** 3001—3500册　**定价** 158.00元

国防书店：(010)88540777　发行邮购：(010)88540776
发行传真：(010)88540755　发行业务：(010)88540717

“雷达与探测前沿技术丛书”
编审委员会

主　　　任　左群声

常务副主任　王小谟

副　主　任　吴曼青　陆　军　包养浩　赵伯桥　许西安

顾　　　问　贲　德　郝　跃　何　友　黄培康　毛二可

（按姓氏拼音排序）　王　越　吴一戎　张光义　张履谦

委　　　员　安　红　曹　晨　陈新亮　代大海　丁建江

（按姓氏拼音排序）　高梅国　高昭昭　葛建军　何子述　洪　一

胡卫东　江　涛　焦李成　金　林　李　明

李清亮　李相如　廖桂生　林幼权　刘　华

刘宏伟　刘泉华　柳晓明　龙　腾　龙伟军

鲁耀兵　马　林　马林潘　马鹏阁　皮亦鸣

史　林　孙　俊　万　群　王　伟　王京涛

王盛利　王文钦　王晓光　卫　军　位寅生

吴洪江　吴晓芳　邢海鹰　徐忠新　许　稼

许荣庆　许小剑　杨建宇　尹志盈　郁　涛

张晓玲　张玉石　张召悦　张中升　赵正平

郑　恒　周成义　周树道　周智敏　朱秀芹

编辑委员会

主　　　编　王小谟　左群声

副　主　编　刘　劲　王京涛　王晓光

委　　　员　崔　云　冯　晨　牛旭东　田秀岩　熊思华

（按姓氏拼音排序）　张冬晔

总　序

雷达在第二次世界大战中初露头角。战后,美国麻省理工学院辐射实验室集合各方面的专家,总结战争期间的经验,于1950年前后出版了一套雷达丛书,共28个分册,对雷达技术做了全面总结,几乎成为当时雷达设计者的必备读物。我国的雷达研制也从那时开始,经过几十年的发展,到21世纪初,我国雷达技术在很多方面已进入国际先进行列。为总结这一时期的经验,中国电子科技集团公司曾经组织老一代专家撰著了"雷达技术丛书",全面总结他们的工作经验,给雷达领域的工程技术人员留下了宝贵的知识财富。

电子技术的迅猛发展,促使雷达在内涵、技术和形态上快速更新,应用不断扩展。为了探索雷达领域前沿技术,我们又组织编写了本套"雷达与探测前沿技术丛书"。与以往雷达相关丛书显著不同的是,本套丛书并不完全是作者成熟的经验总结,大部分是专家根据国内外技术发展,对雷达前沿技术的探索性研究。内容主要依托雷达与探测一线专业技术人员的最新研究成果、发明专利、学术论文等,对现代雷达与探测技术的国内外进展、相关理论、工程应用等进行了广泛深入研究和总结,展示近十年来我国在雷达前沿技术方面的研制成果。本套丛书的出版力求能促进从事雷达与探测相关领域研究的科研人员及相关产品的使用人员更好地进行学术探索和创新实践。

本套丛书保持了每一个分册的相对独立性和完整性,重点是对前沿技术的介绍,读者可选择感兴趣的分册阅读。丛书共41个分册,内容包括频率扩展、协同探测、新技术体制、合成孔径雷达、新雷达应用、目标与环境、数字技术、微电子技术八个方面。

(一) 雷达频率迅速扩展是近年来表现出的明显趋势,新频段的开发、带宽的剧增使雷达的应用更加广泛。本套丛书遴选的频率扩展内容的著作共4个分册:

(1)《毫米波辐射无源探测技术》分册中没有讨论传统的毫米波雷达技术,而是着重介绍毫米波热辐射效应的无源成像技术。该书特别采用了平方千米阵的技术概念,这一概念在用干涉式阵列基线的测量结果来获得等效大口径阵列效果的孔径综合技术方面具有重要的意义。

(2)《太赫兹雷达》分册是一本较全面介绍太赫兹雷达的著作,主要包括太赫兹雷达系统的基本组成和技术特点、太赫兹雷达目标检测以及微动目标检测技术,同时也讨论了太赫兹雷达成像处理。

(3)《机载远程红外预警雷达系统》分册考虑到红外成像和告警是红外探测的传统应用,但是能否作为全空域远距离的搜索监视雷达,尚有诸多争议。该书主要讨论用监视雷达的概念如何解决红外极窄波束、全空域、远距离和数据率的矛盾,并介绍组成红外监视雷达的工程问题。

(4)《多脉冲激光雷达》分册从实际工程应用角度出发,较详细地阐述了多脉冲激光测距及单光子测距两种体制下的系统组成、工作原理、测距方程、激光目标信号模型、回波信号处理技术及目标探测算法等关键技术,通过对两种远程激光目标探测体制的探讨,力争让读者对基于脉冲测距的激光雷达探测有直观的认识和理解。

(二) 传输带宽的急剧提高,赋予雷达协同探测新的使命。协同探测会导致雷达形态和应用发生巨大的变化,是当前雷达研究的热点。本套丛书遴选出协同探测内容的著作共10个分册:

(1)《雷达组网技术》分册从雷达组网使用的效能出发,重点讨论点迹融合、资源管控、预案设计、闭环控制、参数调整、建模仿真、试验评估等雷达组网新技术的工程化,是把多传感器统一为系统的开始。

(2)《多传感器分布式信号检测理论与方法》分册主要介绍检测级、位置级(点迹和航迹)、属性级、态势评估与威胁估计五个层次中的检测级融合技术,是雷达组网的基础。该书主要给出各类分布式信号检测的最优化理论和算法,介绍考虑到网络和通信质量时的联合分布式信号检测准则和方法,并研究多输入多输出雷达目标检测的若干优化问题。

(3)《分布孔径雷达》分册所描述的雷达实现了多个单元孔径的射频相参合成,获得等效于大孔径天线雷达的探测性能。该书在概述分布孔径雷达基本原理的基础上,分别从系统设计、波形设计与处理、合成参数估计与控制、稀疏孔径布阵与测角、时频相同步等方面做了较为系统和全面的论述。

(4)《MIMO雷达》分册所介绍的雷达相对于相控阵雷达,可以同时获得波形分集和空域分集,有更加灵活的信号形式,单元间距不受$\lambda/2$的限制,间距拉开后,可组成各类分布式雷达。该书比较系统地描述多输入多输出(MIMO)雷达。详细分析了波形设计、积累补偿、目标检测、参数估计等关键技术。

(5)《MIMO 雷达参数估计技术》分册更加侧重讨论各类 MIMO 雷达的算法。从 MIMO 雷达的基本知识出发,介绍均匀线阵,非圆信号,快速估计,相干目标,分布式目标,基于高阶累计量的、基于张量的、基于阵列误差的、特殊阵列结构的 MIMO 雷达目标参数估计的算法。

(6)《机载分布式相参射频探测系统》分册介绍的是 MIMO 技术的一种工程应用。该书针对分布式孔径采用正交信号接收相参的体制,分析和描述系统处理架构及性能、运动目标回波信号建模技术,并更加深入地分析和描述实现分布式相参雷达杂波抑制、能量积累、布阵等关键技术的解决方法。

(7)《机会阵雷达》分册介绍的是分布式雷达体制在移动平台上的典型应用。机会阵雷达强调根据平台的外形,天线单元共形随遇而布。该书详尽地描述系统设计、天线波束形成方法和算法、传输同步与单元定位等关键技术,分析了美国海军提出的用于弹道导弹防御和反隐身的机会阵雷达的工程应用问题。

(8)《无源探测定位技术》分册探讨的技术是基于现代雷达对抗的需求应运而生,并在实战应用需求越来越大的背景下快速拓展。随着知识层面上认知能力的提升以及技术层面上带宽和传输能力的增加,无源侦察已从单一的测向技术逐步转向多维定位。该书通过充分利用时间、空间、频移、相移等多维度信息,寻求无源定位的解,对雷达向无源发展有着重要的参考价值。

(9)《多波束凝视雷达》分册介绍的是通过多波束技术提高雷达发射信号能量利用效率以及在空、时、频域中减小处理损失,提高雷达探测性能;同时,运用相位中心凝视方法改进杂波中目标检测概率。分册还涉及短基线雷达如何利用多阵面提高发射信号能量利用效率的方法;针对长基线,阐述了多站雷达发射信号可形成凝视探测网格,提高雷达发射信号能量的使用效率;而合成孔径雷达(SAR)系统应用多波束凝视可降低发射功率,缓解宽幅成像与高分辨之间的矛盾。

(10)《外辐射源雷达》分册重点讨论以电视和广播信号为辐射源的无源雷达。详细描述调频广播模拟电视和各种数字电视的信号,减弱直达波的对消和滤波的技术;同时介绍了利用 GPS(全球定位系统)卫星信号和 GSM/CDMA(两种手机制式)移动电话作为辐射源的探测方法。各种外辐射源雷达,要得到定位参数和形成所需的空域,必须多站协同。

（三） 以新技术为牵引，产生出新的雷达系统概念，这对雷达的发展具有里程碑的意义。本套丛书遴选了涉及新技术体制雷达内容的6个分册：

（1）《宽带雷达》分册介绍的雷达打破了经典雷达5MHz带宽的极限，同时雷达分辨力的提高带来了高识别率和低杂波的优点。该书详尽地讨论宽带信号的设计、产生和检测方法。特别是对极窄脉冲检测进行有益的探索，为雷达的进一步发展提供了良好的开端。

（2）《数字阵列雷达》分册介绍的雷达是用数字处理的方法来控制空间波束，并能形成同时多波束，比用移相器灵活多变，已得到了广泛应用。该书全面系统地描述数字阵列雷达的系统和各分系统的组成。对总体设计、波束校准和补偿、收/发模块、信号处理等关键技术都进行了详细描述，是一本工程性较强的著作。

（3）《雷达数字波束形成技术》分册更加深入地描述数字阵列雷达中的波束形成技术，给出数字波束形成的理论基础、方法和实现技术。对灵巧干扰抑制、非均匀杂波抑制、波束保形等进行了深入的讨论，是一本理论性较强的专著。

（4）《电磁矢量传感器阵列信号处理》分册讨论在同一空间位置具有三个磁场和三个电场分量的电磁矢量传感器，比传统只用一个分量的标量阵列处理能获得更多的信息，六分量可完备地表征电磁波的极化特性。该书从几何代数、张量等数学基础到阵列分析、综合、参数估计、波束形成、布阵和校正等问题进行详细讨论，为进一步应用奠定了基础。

（5）《认知雷达导论》分册介绍的雷达可根据环境、目标和任务的感知，选择最优化的参数和处理方法。它使得雷达数据处理及反馈从粗犷到精细，彰显了新体制雷达的智能化。

（6）《量子雷达》分册的作者团队搜集了大量的国外资料，经探索和研究，介绍从基本理论到传输、散射、检测、发射、接收的完整内容。量子雷达探测具有极高的灵敏度，更高的信息维度，在反隐身和抗干扰方面优势明显。经典和非经典的量子雷达，很可能走在各种量子技术应用的前列。

（四） 合成孔径雷达（SAR）技术发展较快，已有大量的著作。本套丛书遴选了有一定特点和前景的5个分册：

（1）《数字阵列合成孔径雷达》分册系统阐述数字阵列技术在SAR中的应用，由于数字阵列天线具有灵活性并能在空间产生同时多波束，雷达采集的同一组回波数据，可处理出不同模式的成像结果，比常规SAR具备更多的新能力。该书着重研究基于数字阵列SAR的高分辨力宽测绘带SAR成像、极化层析 SAR 三维成像和前视 SAR 成像技术三种新能力。

(2)《双基合成孔径雷达》分册介绍的雷达配置灵活,具有隐蔽性好、抗干扰能力强、能够实现前视成像等优点,是 SAR 技术的热点之一。该书较为系统地描述了双基 SAR 理论方法、回波模型、成像算法、运动补偿、同步技术、试验验证等诸多方面,形成了实现技术和试验验证的研究成果。

(3)《三维合成孔径雷达》分册描述曲线合成孔径雷达、层析合成孔径雷达和线阵合成孔径雷达等三维成像技术。重点讨论各种三维成像处理算法,包括距离多普勒、变尺度、后向投影成像、线阵成像、自聚焦成像等算法。最后介绍三维 MIMO-SAR 系统。

(4)《雷达图像解译技术》分册介绍的技术是指从大量的 SAR 图像中提取与挖掘有用的目标信息,实现图像的自动解译。该书描述高分辨 SAR 和极化 SAR 的成像机理及相应的相干斑抑制、噪声抑制、地物分割与分类等技术,并介绍舰船、飞机等目标的 SAR 图像检测方法。

(5)《极化合成孔径雷达图像解译技术》分册对极化合成孔径雷达图像统计建模和参数估计方法及其在目标检测中的应用进行了深入研究。该书研究内容为统计建模和参数估计及其国防科技应用三大部分。

(五) 雷达的应用也在扩展和变化,不同的领域对雷达有不同的要求,本套丛书在雷达前沿应用方面遴选了 6 个分册:

(1)《天基预警雷达》分册介绍的雷达不同于星载 SAR,它主要观测陆海空天中的各种运动目标,获取这些目标的位置信息和运动趋势,是难度更大、更为复杂的天基雷达。该书介绍天基预警雷达的星星、星空、MIMO、卫星编队等双/多基地体制。重点描述了轨道覆盖、杂波与目标特性、系统设计、天线设计、接收处理、信号处理技术。

(2)《战略预警雷达信号处理新技术》分册系统地阐述相关信号处理技术的理论和算法,并有仿真和试验数据验证。主要包括反导和飞机目标的分类识别、低截获波形、高速高机动和低速慢机动小目标检测、检测识别一体化、机动目标成像、反投影成像、分布式和多波段雷达的联合检测等新技术。

(3)《空间目标监视和测量雷达技术》分册论述雷达探测空间轨道目标的特色技术。首先涉及空间编目批量目标监视探测技术,包括空间目标监视相控阵雷达技术及空间目标监视伪码连续波雷达信号处理技术。其次涉及空间目标精密测量、增程信号处理和成像技术,包括空间目标雷达精密测量技术、中高轨目标雷达探测技术、空间目标雷达成像技术等。

(4)《平流层预警探测飞艇》分册讲述在海拔约20km的平流层，由于相对风速低、风向稳定，从而适合大型飞艇的长期驻空，定点飞行，并进行空中预警探测，可对半径500km区域内的地面目标进行长时间凝视观察。该书主要介绍预警飞艇的空间环境、总体设计、空气动力、飞行载荷、载荷强度、动力推进、能源与配电以及飞艇雷达等技术，特别介绍了几种飞艇结构载荷一体化的形式。

(5)《现代气象雷达》分册分析了非均匀大气对电磁波的折射、散射、吸收和衰减等气象雷达的基础，重点介绍了常规天气雷达、多普勒天气雷达、双偏振全相参多普勒天气雷达、高空气象探测雷达、风廓线雷达等现代气象雷达，同时还介绍了气象雷达新技术、相控阵天气雷达、双/多基地天气雷达、声波雷达、中频探测雷达、毫米波测云雷达、激光测风雷达。

(6)《空管监视技术》分册阐述了一次雷达、二次雷达、应答机编码分配、S模式、多雷达监视的原理。重点讨论广播式自动相关监视(ADS-B)数据链技术、飞机通信寻址报告系统(ACARS)、多点定位技术(MLAT)、先进场面监视设备(A-SMGCS)、空管多源协同监视技术、低空空域监视技术、空管技术。介绍空管监视技术的发展趋势和民航大国的前瞻性规划。

(六) 目标和环境特性，是雷达设计的基础。该方向的研究对雷达匹配目标和环境的智能设计有重要的参考价值。本套丛书对此专题遴选了4个分册：

(1)《雷达目标散射特性测量与处理新技术》分册全面介绍有关雷达散射截面积(RCS)测量的各个方面，包括RCS的基本概念、测试场地与雷达、低散射目标支架、目标RCS定标、背景提取与抵消、高分辨力RCS诊断成像与图像理解、极化测量与校准、RCS数据的处理等技术，对其他微波测量也具有参考价值。

(2)《雷达地海杂波测量与建模》分册首先介绍国内外地海面环境的分类和特征，给出地海杂波的基本理论，然后介绍测量、定标和建库的方法。该书用较大的篇幅，重点阐述地海杂波特性与建模。杂波是雷达的重要环境，随着地形、地貌、海况、风力等条件而不同。雷达的杂波抑制，正根据实时的变化，从粗犷走向精细的匹配，该书是现代雷达设计师的重要参考文献。

(3)《雷达目标识别理论》分册是一本理论性较强的专著。以特征、规律及知识的识别认知为指引，奠定该书的知识体系。首先介绍雷达目标识别的物理与数学基础，较为详细地阐述雷达目标特征提取与分类识别、知识辅助的雷达目标识别、基于压缩感知的目标识别等技术。

(4)《雷达目标识别原理与实验技术》分册是一本工程性较强的专著。该书主要针对目标特征提取与分类识别的模式，从工程上阐述了目标识别的方法。重点讨论特征提取技术、空中目标识别技术、地面目标识别技术、舰船目标识别及弹道导弹识别技术。

（七） 数字技术的发展，使雷达的设计和评估更加方便，该技术涉及雷达系统设计和使用等。本套丛书遴选了3个分册：

(1)《雷达系统建模与仿真》分册所介绍的是现代雷达设计不可缺少的工具和方法。随着雷达的复杂度增加，用数字仿真的方法来检验设计的效果，可收到事半功倍的效果。该书首先介绍最基本的随机数的产生、统计实验、抽样技术等与雷达仿真有关的基本概念和方法，然后给出雷达目标与杂波模型、雷达系统仿真模型和仿真对系统的性能评价。

(2)《雷达标校技术》分册所介绍的内容是实现雷达精度指标的基础。该书重点介绍常规标校、微光电视角度标校、球载BD/GPS(BD为北斗导航简称)标校、射电星角度标校、基于民航机的雷达精度标校、卫星标校、三角交会标校、雷达自动化标校等技术。

(3)《雷达电子战系统建模与仿真》分册以工程实践为取材背景，介绍雷达电子战系统建模的主要方法、仿真模型设计、仿真系统设计和典型仿真应用实例。该书从雷达电子战系统数学建模和仿真系统设计的实用性出发，着重论述雷达电子战系统基于信号/数据流处理的细粒度建模仿真的核心思想和技术实现途径。

（八） 微电子的发展使得现代雷达的接收、发射和处理都发生了巨大的变化。本套丛书遴选出涉及微电子技术与雷达关联最紧密的3个分册：

(1)《雷达信号处理芯片技术》分册主要讲述一款自主架构的数字信号处理(DSP)器件，详细介绍该款雷达信号处理器的架构、存储器、寄存器、指令系统、I/O资源以及相应的开发工具、硬件设计，给雷达设计师使用该处理器提供有益的参考。

(2)《雷达收发组件芯片技术》分册以雷达收发组件用芯片套片的形式，系统介绍发射芯片、接收芯片、幅相控制芯片、波速控制驱动器芯片、电源管理芯片的设计和测试技术及与之相关的平台技术、实验技术和应用技术。

(3)《宽禁带半导体高频及微波功率器件与电路》分册的背景是，宽禁带材料可使微波毫米波功率器件的功率密度比Si和GaAs等同类产品高10倍，可产生开关频率更高、关断电压更高的新一代电力电子器件，将对雷达产生更新换代的影响。分册首先介绍第三代半导体的应用和基本知识，然后详细介绍两大类各种器件的原理、类别特征、进展和应用：SiC 器件有功率二极管、MOSFET、JFET、BJT、IBJT、GTO 等；GaN 器件有 HEMT、MMIC、E 模 HEMT、N 极化 HEMT、功率开关器件与微功率变换等。最后展望固态太赫兹、金刚石等新兴材料器件。

本套丛书是国内众多相关研究领域的大专院校、科研院所专家集体智慧的结晶。具体参与单位包括中国电子科技集团公司、中国航天科工集团公司、中国电子科学研究院、南京电子技术研究所、华东电子工程研究所、北京无线电测量研究所、电子科技大学、西安电子科技大学、国防科技大学、北京理工大学、北京航空航天大学、哈尔滨工业大学、西北工业大学等近 30 家。在此对参与编写及审校工作的各单位专家和领导的大力支持表示衷心感谢。

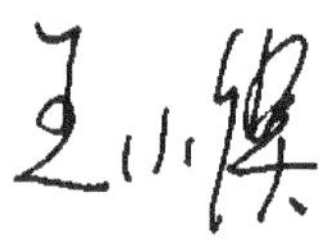

2017 年 9 月

前言

雷达散射截面积(Radar Cross Section,RCS)是衡量目标对雷达波散射能力的一个重要物理量,目标RCS是新一代具有隐身设计的飞机、舰船、地面车辆等军用目标的重要战技术指标之一。

尽管国际上对目标RCS的研究可追溯到20世纪50年代,但对于RCS测量技术的系统性研究、发展和应用最主要的还是得益于最近30年来以下两个方面的军事需求和技术进展:一是低可探测性目标的设计、研制、试验和性能评估对于RCS测量和处理技术的迫切需求,极大地推动了相关技术的发展;二是宽带高分辨率成像测量雷达的出现,使得围绕减小测量不确定度、提高测量精度等的一系列测量和处理新技术得以涌现。事实上,据作者所了解,由于飞行器隐身技术需求的强力牵引和推动,美国等先进国家到20世纪90年代中后期,其RCS测量与处理技术已经基本成熟,但一些核心关键技术作为国家秘密而长期不予公开,并在该领域对包括我国在内的诸多国家实行严格的技术封锁与禁运:各种宽带高功率微波器件、宽带测量雷达系统、低散射目标支架以及RCS测量、计算与分析软件等均在禁运之列,甚至对该领域的学术会议和论文也实行禁运。例如,天线测量技术协会(AMTA)年会,是一个主要讨论天线和RCS测量与处理技术的学术年会,自1979年以来至今已召开38届,而长期以来AMTA的学术年会论文集就属于对我国的出口管制之列,直到近年来才对我国开放,技术封锁长达30多年。

先进国家已建立了众多的室内和室外RCS测试场。以美国为例,主要包括:空军所属国家RCS测试设施(National Radar Cross Section Test Facility,NRTF)的多个静态RCS测试外场、空军研究实验室(Air Force Research Laboratory,AFRL)先进室内紧缩场等;海军大西洋测试靶场(Atlantic Test Range,ATR)、雷达反射实验室(Radar Reflectivity Laboratory,RRL)、水面作战中心测试场、路口牧场(Junction Ranch)测试外场、空间与海上作战系统中心(Space and Naval Warfare Systems Center,SPAWAR)动态测试外场等;陆军所属阿伯丁实验中心、国家地面情报中心的专家雷达特征解决方案(Expert Radar Signature Solution,ERADS)紧缩场等;美国国家宇航局(National Aeronautics and Space Administration,NASA)所属兰利(Langley)研究中心紧缩场、埃姆斯-德莱登(Ames Dryden)飞行研究中心测试场等。工业界和相关研究机构所拥有的测试设施包括:

洛克希德·马丁公司的海伦达尔(Helendale)室外RCS测试场、多个室内紧缩场以及专用于隐身飞机出厂测试的室内RCS验收测试设施(Acceptance Test Facility,ATF)等;波音公司波德曼(Boardman)测试外场、多个室内紧缩场以及近场测试设施(Near Field Test Facility,NFTF);通用原子能公司格雷巴特(Gray Butte)室外RCS测试场(该测试场早期为波音公司所有);诺斯罗普·格鲁曼公司泰昂(Tejon)室外RCS测试场;桑迪亚国家实验室的倒V形测试外场等。欧洲和其他一些国家也建有先进的室内和室外测试场,如法国的CELAR测试场、德国EADS的紧缩场和室外静态测试场、英国泰利斯公司RCS测试场、南非国防研究院的静态测试场等。对世界上先进RCS测试场及其依托机构比对研究不难发现,凡涉及设计、研制和生产低可探测性飞行器的重要国防研究机构和工业部门,无一没有建立其自己的大型静态RCS测试外场和紧缩场,其中静态测试外场除桑迪亚国家实验室采用倒V形测试场以外,其他测试外场基本上都属于地面平面场。

我国经过几十年来的努力,对RCS理论建模、测试和处理技术也已有较为深入和系统的研究。室内测试场一般通过铺覆高性能吸波材料来模拟自由空间测试,既不受地面反射的影响,也不受外部环境气象条件变化的影响。尽管近年来为了满足国家日益迫切的技术需求,国内相关研究机构和航空、航天、兵器等工业部门建立了一批高水平的室内RCS测试紧缩场,但目前投入运行的先进室外测试场仅有两个。鉴于需求的迫切性和技术不可替代性,预计未来若干年内我国还将陆续会有更多的大型室内紧缩场和采用地面平面场设计的先进RCS测试外场投入运行。

采用地平场设计和低散射金属支架是国内外先进静态RCS测试外场最重要的两大特点,其中采用地平场也是外场不同于大多数室内场(模拟自由空间场)之最显著的区别所在。采用地平场设计的RCS测试外场除了需要铺覆具有良好反射系数的主反射区和消除任何严重杂波影响的清扫区外,还需根据不同测试频段,调整雷达天线和被测目标高度等几何关系和系统参数,从而利用测试场主反射区地面的多径反射来提高测量中的接收信噪比,同时消除地面多径散射的不利影响。由于测量几何关系不同,且外场还受到环境气象等条件的影响,外场散射测试和处理需满足许多不同于室内场的技术要求。

长期以来,由于西方国家对RCS测量相关技术实行技术封锁,只有一些仅涉及数学物理原理而不涉及核心技术的学术论文散见于学术期刊中,其中一些比较新的文献大多讨论自由空间场条件下的测量、定标处理和不确定度分析等基础性问题,鲜有涉及RCS外场测量和处理技术。目前,关于国外RCS外场测量与处理的技术信息多为从已有的几部公开论著中获得,其中,2007年出版的《IEEE 1502-2007标准:RCS测试程序推荐实施通则》针对传统RCS幅度测量，给出了室内和室外 RCS 测试场的测量不确定度分析的基本方法，分析了影响目标测量和定标体测量不确定度的 13 个因素，但作为标准文档，仅涉及基本原理而未涉及具体的关键技术。事实上，国外对 RCS 测量技术具有较详细讨论的专著仍为诺特(Knott)于 1993 年出版的《雷达散射截面积测量》(Radar Cross Section Measurement)一书，由于其出版年代相对久远，其中所涉及的技术已相对陈旧。

国内目标特性研究领域科技人员在系统总结过去几十年来研究成果的基础上，也出版了多部相关专著。其中，黄培康院士等所著于2005 出版的《雷达目标特性》一书系统地讨论了各种雷达目标的 RCS 特性问题，基本不具体涉及 RCS 测量技术；张麟兮教授等 2008 年所著《雷达目标散射特性测试与成像诊断》一书主要讨论微波暗室以及近场测量和处理问题；庄钊文教授等 2007 年所著《军用目标雷达散射截面积预估与测量》，聂在平和方大纲主编于 2009 年出版的《目标与环境电磁散射特性建模——理论、方法与实现》则主要讨论电磁散射理论建模和 RCS 预估技术问题，其中后者系汇聚了国内该领域众多专家联合撰写而成，系统地总结了过去 20 年来我国在电磁散射建模研究领域取得的主要技术进展。实际上，国内出版的较系统地讨论微波暗室和外场 RCS 测试的作品，仍然是由黄培康院士主编于 1993 年出版的《雷达目标特征信号》一书，该书对 RCS 测量设备、室内和室外测试场等技术进行了较为全面的论述。

20 世纪 90 年代中期，宽带测量、低散射金属支架和极化测量等技术刚刚获得初步应用，一些低可探测性目标电磁散射测量与处理相关的关键技术仍不够成熟，公开文献资料很少。因此，无论是国内还是国外，此前出版的著作对以下涉及 RCS 测量与处理的新方法、新技术的论及较为鲜见，例如：

(1) 低散射目标支架及低散射端帽几乎已经成为任何用于低可探测目标 RCS 测量的室内场及外场的标配。然而，除了传统基于圆弧段的商用低散射支架产品外形设计外，罕有涉及讨论这类低散射目标支架及低散射端帽设计与性能预估的公开文献。

(2) 金属低散射支架替代传统泡沫支架，对 RCS 定标体提出了不同要求，为减小定标体 - 支架之间的耦合散射，一般不采用传统的金属球，更多地采用短粗圆柱定标体等一类新型定标体。多数文献基本上只讨论金属球、角形反射器、金属平板等传统定标体，少数几篇文献讨论了短粗金属圆柱的比对测量问题，对于金属圆柱、球面柱、双柱等可以满足金属支架、双重定标等需求的新型定标体的散射机理分析和 RCS 快速计算等 RCS 定标工程应用中遇到的问题，几乎没有参考文献论及。

(3) 低散射支架、宽带测量雷达和高分辨率成像诊断技术的应用，对背景抵消提出了不同的要求，也为背景抑制提供了新途径。针对低散射金属支架的应用，出现了一些新的背景辅助测量与提取处理技术，但公开文献中并不多见。

(4) 地平场测试外场几乎是设计、研制和生产低可探测飞行器的科研机构必不可缺的测量条件。但是，除讨论基本原理外，几乎没有公开文献深入分析和讨论地平场条件下的一些基本问题，包括地平场条件对于异地同时定标测量、宽带散射测量等带来的诸多限制问题。

(5) 高分辨率 RCS 诊断成像是低可探测目标设计、研制和试验过程中用于评估目标隐身性能、改进设计的最重要的手段之一，在各种先进 RCS 测试场得到了广泛应用。尽管一些文献对于目标高分辨率成像诊断与处理技术、不同散射机理在雷达像中的表现形式、目标一维高分辨距离像(High Resolution Range Profile，HRRP)和二维逆合成孔径雷达(Inverse Synthetic Aperture Radar，ISAR)像的理解、目标高分辨率散射图像与目标 RCS 之间的关系等问题有所讨论，但缺少系统性分析和总结，很难为 RCS 测试工程技术人员所用。

(6) 此外，现有文献对 RCS 极化测量中的极化校准技术、RCS 数据可视化方法、测试不确定度分析方法等也较少涉及。

另一方面，随着低可探测目标技术的发展和应用，我国的隐身装备研制取得了巨大进展，隐身飞行器、坦克和军舰等开始试飞、试验和列装，这对于低可探测目标的内外场 RCS 测试技术提出了迫切的需求。与此相应地，国内工业部门、研究机构等拥有的相关测试场越来越多，无论是测试场设计和运行、测量雷达系统设计和验证、RCS 数据处理，还是实际 RCS 测试工程人员培训，均需要一本能集中反映 RCS 测试领域出现的新概念、新方法和新技术的著作。

正是基于以上认识，作者试图根据多年来所在研究团队在基础研究和工程应用中学到的知识、取得的认识以及提出的技术发明等研究成果进行总结并形成本书，以期作为对国内外已有论著的重要补充，尽最大可能满足 RCS 技术领域广大研究人员、工程技术人员、院校师生和部队官兵的需要。

全书共分为 8 章，各章内容安排如下：第 1 章概论，首先对目标电磁散射特性测量与处理的一些基本概念、定义等问题进行讨论，引入目标散射函数和三维扩展目标散射分布函数的概念，阐述目标 RCS、目标散射函数和目标散射分布函数三者之间的关系，以便于后续各章对目标宽带散射特性相参测量和处理问题的讨论。第 2 章简要介绍目标 RCS 测试场与测量雷达。第 3 章 ~ 第 7 章深入分析和讨论 RCS 测试与处理中的专业技术，包括低散射目标支架设计、目标 RCS 定标技术、背景抑制与抵消技术、高分辨率诊断成像与处理技术、极化测量与校准技术。最后，第 8 章 RCS 数据的处理、评估与报告，结合我国相关国军标、美国 ANSI/NCSL Z－540 规范和 IEEE 1502－2007 标准，讨论 RCS 测试数据分析与处理、RCS 数据可视化、不确定度评估以及 RCS 测试文档的组织与报告。

本书的工作得到国家自然科学基金(基金号 61371005)的资助。在本书撰写过程中得到了黄培康院士和王小谟院士的悉心指导和大力支持；航天科工集团二院207所殷红成研究员、北京航空航天大学电子信息学院陈鹏辉博士为本书提供了部分测量和计算数据；书中部分算法、数据和结果来自于作者所在实验室历届已毕业和在读的博士和硕士研究生的工作，包括崔凯、隋淼、贺飞扬、姜丹、吴鹏飞、刘永泽、黄莹、翟来娟、栾瑞雪、孙双锁、谢志杰、唐建国、梁丽雅等。作者在此一并致以最诚挚的谢意！

在全书成稿过程中，作者试图以最大的努力尽可能严谨地完成每章的写作，但由于作者学识和水平有限、时间亦十分仓促，一定存在诸多不足和谬误，还望读者海涵并不吝指教。

著者

2016年12月

目 录

第1章 概论

本章对目标电磁散射特性测量与处理的一些基本概念、定义等问题进行讨论。首先介绍雷达基础知识并推导雷达方程;然后给出目标雷达散射截面(Radar Cross Section,RCS)的基本定义和物理意义以及 RCS 与目标探测的关系;在此基础上,建立目标散射函数和三维扩展目标散射分布函数的概念,阐述 RCS、目标散射函数和目标散射分布函数三者之间的关系;最后,讨论目标电磁散射特性测量的技术需求。

1.1 雷达基础

1.1.1 电磁波谱与雷达频段

电磁波具有连续的频谱,其频率从低到高涵盖了声波、超声波、无线电频率、红外、可见光、紫外、X 射线和 γ 射线等,整个电磁频谱的示意图如图 1.1 所示[1]。

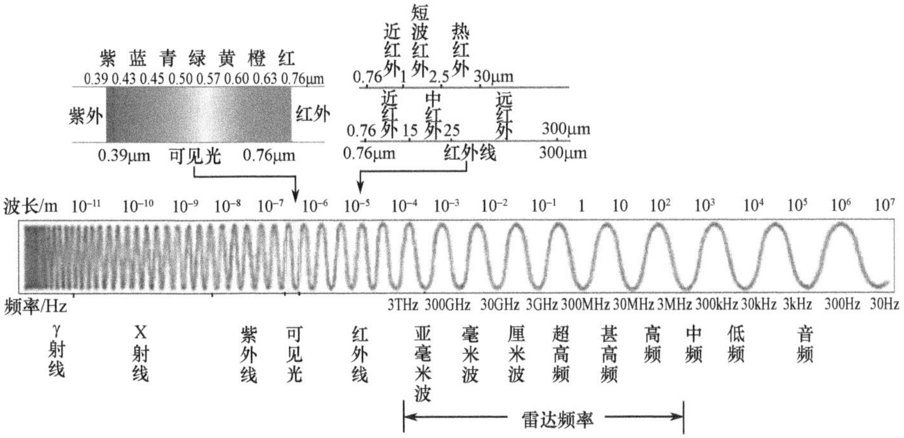

图 1.1 电磁频谱示意图[1]

在雷达工程领域,常用一些英文字母来表示特定频段的名称,如 L、S、X、Ku 频段等。这是第二次世界大战中一些国家为了对雷达工作频率保密而采用的符号,以后逐渐为所有雷达工程师所接受并一直沿用至今,且形成了相关标准。表 1.1列出了电气与电子工程师协会(Institute of Electrical and Electronic Engineer,IEEE)于 1984 年制定、2002 年修订的雷达频段字母命名标准(IEEE Standard 521 -2002)[2],表中规定了各雷达频段的字母代码及其对应的频率范围。

表 1.1 雷达频段命名及其对应的频率(IEEE 标准)[2]

频段名称	频 率	电气与电子工程师协会分配的雷达频段
HF	3 ~ 30MHz	138 ~ 144MHz, 216 ~ 225MHz
VHF	30 ~ 300MHz	420 ~ 450MHz, 850 ~ 942MHz
UHF	300 ~ 1000MHz	1215 ~ 1400MHz
L	1 ~ 2GHz	2.3 ~ 2.5GHz, 2.7 ~ 3.7GHz
S	2 ~ 4GHz	5.25 ~ 5.925GHz
C	4 ~ 8GHz	8.5 ~ 10.68GHz
X	8 ~ 12GHz	13.4 ~ 14.0GHz, 15.7 ~ 17.7GHz
Ku	12 ~ 18GHz	24.05 ~ 24.25GHz
K	18 ~ 27GHz	33.4 ~ 36GHz
Ka	27 ~ 40GHz	59 ~ 64GHz
V	40 ~ 75GHz	76 ~ 81GHz, 92 ~ 100GHz
W	75 ~ 110GHz	126 ~ 142GHz, 144 ~ 149GHz
mm	110 ~ 300GHz	231 ~ 235GHz, 238 ~ 248GHz

根据雷达的基本工作原理,无论所发射电磁波频率的高低,只要是通过接收目标对发射波散射的回波信号来完成目标的探测和定位,则都属于雷达系统的范畴。图 1.1 中对雷达工作的频率范围作了标注,大致在 3MHz ~ 3THz 范围,不同频率度量单位的换算关系为:$1\text{kHz} = 10^3\text{Hz}$,$1\text{MHz} = 10^3\text{kHz}$,$1\text{GHz} = 10^3\text{MHz}$,$1\text{THz} = 10^3\text{GHz}$。

1.1.2 最基本的雷达系统

最基本的脉冲雷达系统其原理性框图如图 1.2 所示,它主要由天线、发射机、接收机等收发设备,用于目标检测和信息提取的信号处理机以及其他终端设备等组成[1]。

雷达发射机的作用是产生辐射所需强度的高频脉冲信号,并将高频信号馈送到天线。脉冲调制的高频正弦波信号是最简单的雷达波形之一,这种脉冲的

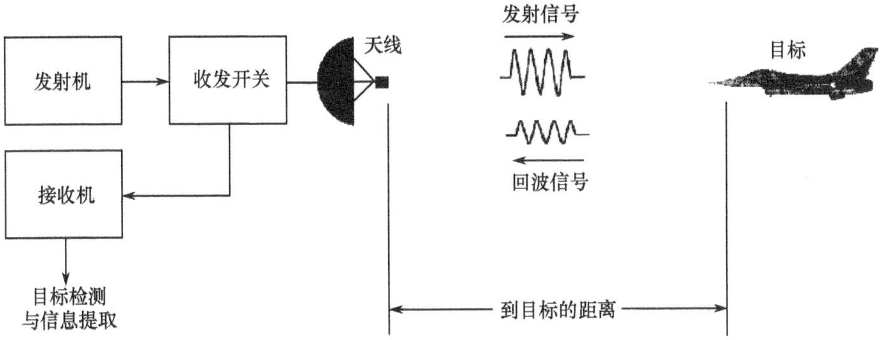

图 1.2　雷达系统基本原理示意图

形状接近于矩形,单个脉冲的持续时间一般很短。雷达发射机大致可分为两大类:一种是直接振荡式(如磁控管振荡器)发射机,它在脉冲调制器控制下直接产生大功率高频脉冲信号;另一种是主振放大式发射机,它由高稳定度的频率源在低功率电平上形成所需波形,将该波形作为激励信号驱动功率放大器,从而得到高功率的脉冲信号。主振放大式发射机的优点是其频率稳定度高且每次辐射的波形可以是相参的,即所发射脉冲串具有统一的相位参考基准。同时,主振放大式还可产生所需的各种复杂雷达波形,因此为现代雷达系统所广泛采用。

天线的作用是将雷达发射机馈送来的高频脉冲信号辐射到探测空间。雷达天线一般具有很强的方向性,以便将辐射能量集中在特定的范围内来获得较大的观测距离。同时,天线的方向性越强,天线波瓣宽度越窄,雷达测角的精度和分辨率越高。根据雷达用途的不同,天线波束的形状可以是扇形波束或针状波束。常用的微波雷达天线是抛物面反射天线,馈源放置在抛物面的焦点上,天线抛物面反射体将高频能量聚成窄波束,并辐射到探测空间。天线波束在空间的扫描,常采用机械转动方式驱动。其扫描过程由天线伺服系统来控制,伺服系统同时将天线的转动数据送到终端设备,以便取得天线指向的角度数据。天线波束的空间扫描还可以采用电子控制的办法,它比机械扫描的速度快,灵活性好,这就是现代先进雷达系统广泛使用的相控阵列天线。

脉冲雷达常通过一个高速开关装置实现收发天线共用,该装置称为天线收发开关,也称为双工器。在发射雷达波时,天线与发射机接通,与接收机断开,以免强大的发射功率进入接收机把其高频放大和混频部件烧毁;接收目标回波时,天线与接收机接通,与发射机断开,以免微弱的接收功率因发射机旁路而减弱,或受到发射机功率泄漏的影响。

雷达接收机可以有各种形式,其中用得最为广泛的是外差式接收机,由低噪声高频放大、混频、中频放大、检波和视频放大等电路组成。接收机的主要任务是把微弱的目标回波信号放大到足以进行信号处理的电平,同时保持接收机内部的噪声电平尽量低,从而保证接收机的高灵敏度。因此,接收机高频最前端一般采用低噪声放大器。此外,一般在接收机中也进行一部分信号处理,例如,中频放大器的频率特性应设计为发射信号的匹配滤波器,这样可保证在中频放大器输出端获得最大信噪比(SNR)。

目标检测和信息提取等任务是实现雷达接收机输出信号的进一步处理,常由专门的信号处理机实现,通过适当的终端设备显示、传输所需的处理信号。

1.1.3 雷达方程

雷达方程集中反映了雷达的探测距离同发射机、接收机、天线、目标及其环境等因素之间的相互关系。雷达方程不仅可以用来估算雷达的作用距离,也是深入理解各分系统参数对雷达整机性能的影响以及进行雷达系统设计等的重要工具。几乎所有雷达的设计都是从雷达方程开始的。

图 1.3 示出了雷达系统与目标相互作用的信号发射 - 目标散射 - 雷达接收过程示意图。假设雷达发射机功率 P_t,雷达到目标的距离为 R。

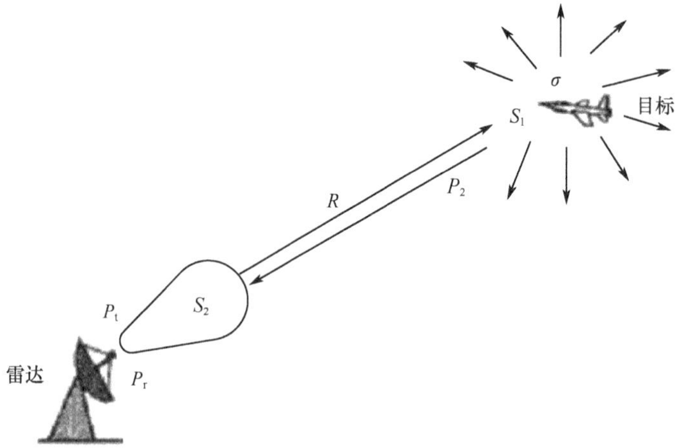

图 1.3 雷达探测中信号发射 - 目标散射 - 接收示意图

全向天线和定向天线的辐射方向图示意图如图 1.4 所示。如果雷达发射机的功率 P_t 由一个全向天线所发射,且全向天线的辐射效率为 $\eta=1$(即无任何功率损耗),则在距离天线 R 远处的功率密度为

$$S_{ISO}=\frac{P_t}{4\pi R^2}(\mathrm{W/m^2}) \tag{1.1}$$

实际的雷达系统中均采用定向天线,假设定向雷达发射天线的增益为 G_t,则在自由空间,距离天线 R 远处的目标处的功率密度 S_1 为

$$S_1=G_t\frac{P_t}{4\pi R^2}(\mathrm{W/m^2}) \tag{1.2}$$

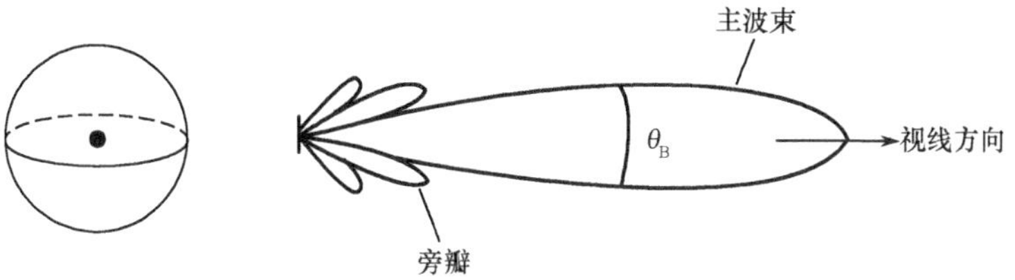

图 1.4　全向天线和定向天线的方向图示意图

目标受到雷达电磁波的照射会产生散射回波。散射功率的大小与目标处的入射功率密度 S_1 以及目标本身的电磁散射特性有关。目标的电磁散射特性用其雷达散射截面 σ 表征,RCS 的量纲为 m^2。简单地说,目标的 RCS 反映了该目标截获入射雷达波并将其再辐射出来的能力。

假定目标将接收到的全部入射功率无损耗地再辐射出来,则可得到由目标截获并散射的功率为

$$P_2 = \sigma \cdot S_1 = \frac{P_t G_t \sigma}{4\pi R^2}(\mathrm{W}) \tag{1.3}$$

假定目标的散射功率是向各个方向均匀辐射的,则在雷达接收天线处目标回波的功率密度为

$$S_2 = \frac{P_2}{4\pi R^2} = \frac{P_t G_t \sigma}{(4\pi R^2)^2}(\mathrm{W/m^2}) \tag{1.4}$$

雷达截获的目标回波功率同雷达接收天线的有效接收面积 A_r 成正比,且雷达接收天线的有效接收面积同接收天线的增益 G_r 之间有以下关系[1]

$$G_r = \frac{4\pi A_r}{\lambda^2} \tag{1.5}$$

式中:λ 为雷达波长。

因此,在雷达接收天线处收到的目标回波功率 P_r 为

$$P_r = A_r S_2 = \frac{P_t G_t A_r \sigma}{(4\pi R^2)^2} = \frac{P_t G_t G_r \lambda^2 \sigma}{(4\pi)^3 R^4}\ (\mathrm{W}) \tag{1.6}$$

由于电磁波受到大气传输衰减以及雷达系统自身损耗的影响,使得接收到的功率存在一个损耗因子 $L(L \geqslant 1)$,则接收到的回波功率可表示为

$$P_r = \frac{P_t G_t G_r \lambda^2 \sigma}{(4\pi)^3 R^4 L} = \frac{P_t A_r A_t \sigma}{4\pi \lambda^2 R^4 L}(\mathrm{W}) \tag{1.7}$$

对于单站脉冲雷达,通常收发共用天线,则此时有

$$G_t = G_r = G,\quad A_r = A_t = A\eta$$

式中：η 为天线效率；A 为天线的几何孔径面积。

因此，雷达接收到的目标回波功率变为

$$P_{\mathrm{r}}=\frac{P_{\mathrm{t}}G^{2}\lambda^{2}\sigma}{(4\pi)^{3}R^{4}L}=\frac{P_{\mathrm{t}}A^{2}\eta^{2}\sigma}{4\pi R^{4}\lambda^{2}L}(\mathrm{W}) \tag{1.8}$$

式(1.8)是以接收信号功率表示的最基本的雷达方程，简称为雷达功率方程。从式(1.8)可以看出，雷达接收的目标回波功率 P_{r} 与目标的雷达散射截面 σ 成正比，而与目标到雷达站之间距离 R 的四次方成反比。因为在一次雷达中，回波功率需要经过往返双倍的距离路程，其功率密度同 R^4 成反比。这也是雷达方程同我们所熟知的传统通信系统中的弗林斯(Friis)传输方程[3]所不同之处，后者系单程传输问题，其功率密度同 R^2 成反比。

为了使雷达能可靠地检测目标，一般要求接收到的回波功率 P_{r} 必须超过某个最小可检测信号功率 $P_{i\min}$(通常也指接收机的灵敏度)。当 P_{r} 正好等于 $P_{i\min}$ 时，就得到雷达检测该目标的最大作用距离 $R_{\max}$。因为超过这个距离，接收的信号功率 P_{r} 将进一步减小，从而雷达不能可靠地检测到目标。这一关系式为

$$P_{\mathrm{r}}=P_{i\min}=\frac{P_{\mathrm{t}}A_{\mathrm{r}}^{2}\sigma}{4\pi\lambda^{2}R_{\max}^{4}L}=\frac{P_{\mathrm{t}}G^{2}\lambda^{2}\sigma}{(4\pi)^{3}R_{\max}^{4}L} \tag{1.9}$$

有

$$R_{\max}=\left[\frac{P_{\mathrm{t}}A_{\mathrm{r}}^{2}\sigma}{4\pi\lambda^{2}P_{i\min}L}\right]^{1/4} \tag{1.10}$$

或

$$R_{\max}=\left[\frac{P_{\mathrm{t}}G^{2}\lambda^{2}\sigma}{(4\pi)^{3}P_{i\min}L}\right]^{1/4} \tag{1.11}$$

式(1.10)和式(1.11)是雷达距离方程的两种最基本的形式，表明雷达的最大作用距离同雷达参数及目标 RCS 间的相互关系。

1.2 目标 RCS 的基本概念

1.2.1 目标 RCS 的定义及其物理意义

RCS 是衡量目标对雷达波散射能力的一个重要物理量。

当目标被雷达波照射时，能量将朝各个方向散射，散射场与入射场之和构成空间的总场。从感应电流的观点看，散射场来自物体表面上感应电磁流和电磁荷的二次辐射。此时，能量的空间分布依赖于物体的形状、大小、结构以及入射波的频率等特性。能量的这种分布称为散射，用目标的雷达散射截面表征，它是

目标的一个假想面积,是定量表征目标对雷达波散射强弱的物理量,用符号 σ 表示。

目标 RCS 的最基本的理论定义式为[4-6]

$$\sigma = \lim_{R\to\infty} 4\pi R^2 \frac{|\boldsymbol{E}_s|^2}{|\boldsymbol{E}_i|^2} \tag{1.12}$$

式中:$\boldsymbol{E}_s$ 为天线处的目标散射场强;$\boldsymbol{E}_i$ 为目标处的入射场强;R 为目标与天线的距离;符号 lim 表示取极限;R 趋于无穷大表示雷达同目标之间距离满足远场条件。

目标的雷达散射截面同雷达距离无关。由式(1.12)可知,雷达散射截面的量纲为 m^2(面积单位),它是目标外形、目标表面材料反射率以及目标方向性因子的函数,尽管同实际目标的几何横截面积有一定的联系,但几乎没有确定的关系,可进一步讨论如下。

从物理意义上而言,一个复杂目标的 RCS 可形象地表示为

$$\sigma = A_T \cdot r_T \cdot D_T \tag{1.13}$$

式中:A_T 为目标外形在雷达视线方向上投影的"横截面积",它取决于雷达观测方向和目标几何外形及尺寸;r_T 为目标表面材料的"反射率",它定义为表面任意一点处反射功率密度同入射功率密度之比,其值不大于 1;D_T 为目标散射的"方向性系数",其定义类似于天线的方向性因子,可取任意正数。

根据雷达方程式(1.8),可以写出目标的雷达散射截面定义为

$$\sigma = \frac{4\pi R^2}{P_t G_t} P_r \frac{4\pi R^2}{A_r} \tag{1.14}$$

进一步整理为

$$\sigma = \frac{P_r}{S_{in}} \cdot \frac{4\pi R^2}{A_r} \cdot \frac{P_s A_T}{P_s A_T} = A_T \cdot \frac{P_s}{S_{in} \cdot A_T} \cdot \frac{\dfrac{P_r}{A_r}}{\dfrac{P_s}{4\pi R^2}} \tag{1.15}$$

式中:A_T 为目标在与雷达视线方向相垂直的平面上的投影面积;P_s 为目标向全空间散射的总功率;$S_{in} = \dfrac{P_t G_t}{4\pi R^2}$ 为雷达波在目标处的照射功率密度。

定义目标的"反射率"为

$$r_T = \frac{\text{目标向全空间散射的总功率}}{\text{目标截获的总功率}} = \frac{P_s}{P_{int}} = \frac{P_s}{S_{int} \cdot A_T} \tag{1.16}$$

式中:$P_{int} = S_{int} \cdot A_T$ 为目标从雷达照射波中截获的总功率。按照式(1.16)的定义,有 $r_T \leqslant 1$。

定义目标的“方向性系数”为

$$D_{\mathrm{T}}=\frac{\text{目标在雷达接收天线方向的散射功率密度}}{\text{目标在各个方向上均匀辐射的功率密度}}=\frac{\dfrac{P_{\mathrm{r}}}{A_{\mathrm{r}}}}{\dfrac{P_{\mathrm{s}}}{4\pi R^{2}}} \tag{1.17}$$

由此,综合式(1.15)~式(1.17)即有

$$\begin{aligned}\sigma &=\text{目标投影横截面积}\times\text{反射系数}\times\text{方向性系数}\\ &=A_{\mathrm{T}}\cdot r_{\mathrm{T}}\cdot D_{\mathrm{T}}\end{aligned} \tag{1.18}$$

很显然,式(1.18)的数学表达算不上是严谨的,但是它所传达的物理意义则十分明确:目标对雷达波的散射能力与目标体的尺寸大小(在电波传播方向的垂直面上的投影)、目标的构成材料(物质的介电参数)以及目标的几何外形及其相对于雷达的姿态(方向性系数)有关。把这三大因素合并为一个描述目标对雷达波散射能力的物理量,即为目标的雷达散射截面。

例如,对于表面光滑的金属目标,目标表面材料反射率一般可取 $r_{\mathrm{T}}=1$。因此,金属目标的 RCS 将主要由其几何尺寸和外形结构所决定,因为此时目标体积决定了其投影“横截面积”,而外形结构决定了其“方向性系数”。稍后在第3章,将对典型外形结构的目标电磁散射机理进行更深入分析。

1.2.2 目标 RCS 与雷达探测

根据雷达方程,当给定最小可接受雷达接收功率 $P_{\mathrm{r\,min}}$ 时,雷达的最大探测距离可写为

$$R_{\max}=\left(\frac{P_{\mathrm{t}}G^{2}\lambda^{2}}{(4\pi)^{3}P_{\mathrm{r\,min}}L}\cdot\sigma\right)^{1/4}=(C_{0}\cdot\sigma)^{1/4} \tag{1.19}$$

式中:$R_{\max}$ 为雷达最大探测距离;σ 为目标的 RCS;C_0 为同雷达系统发射功率 P_{t}、发射和接收天线增益 G、雷达波长 λ、最小接收功率 $P_{\mathrm{r\,min}}$ 以及系统损耗 L 等有关的常数。

可见,当其他条件不变时,目标 RCS 每降低一个量级,雷达的作用距离将缩短至 $1/\sqrt[4]{10}\approx1/1.8$。低可探测性目标之所以会使常规防空武器系统的探测跟踪和有效打击性能大幅度下降,其实质原因在于来袭目标的隐身设计直接针对现有防空武器系统的主战频段,降低这些频段下目标的雷达散射截面。

例如,据资料报道,B2 隐身战略轰炸机的 RCS 典型值为 $0.05\mathrm{m}^2$,F22 隐身战斗机和 F35 多用途隐身飞机的 RCS 典型值分别为 $0.008\mathrm{m}^2$ 和 $0.02\mathrm{m}^2$,而隐身战略弹头的 RCS 可低至 $0.0001\mathrm{m}^2$。这样,对 RCS 为 $1\mathrm{m}^2$ 的传统目标探测距

离为250km的常规防空雷达，其对B2隐身战略轰炸机的探测距离缩减至$1/\sqrt[4]{20}\approx1/2.11$，即为118km；对F35飞机的探测距离减缩至$1/\sqrt[4]{125}\approx1/3.34$，仅为75km。隐身目标使得以微波雷达制导为核心的防空导弹杀伤区远界缩减至原来的1/2～1/4，从而使传统防空武器系统雷达探测威力大大减缩。

1.3 目标散射函数的概念

1.3.1 目标散射函数的定义

早期的雷达系统多为非相参窄带低分辨率雷达，故传统上在给出目标RCS定义和讨论RCS同雷达探测的关系时，是作了"点目标"假设，且没有考虑目标散射回波的相位问题。

然而，随着宽带雷达和信号处理技术的发展，现代雷达多为宽带高分辨率相参雷达，不但可以在"点目标"意义上测量目标的距离、俯仰、方位、速度、加速度等参数，还可以将目标看成一个"扩展目标"进行成像，获得目标的一维、二维或三维高分辨率雷达像，此时仅依靠传统的目标RCS定义来讨论雷达信号处理问题则显得力不从心。为此，本书引入目标散射函数的概念，它既可用来表征"点目标"的散射，也可用来表征"扩展目标"的散射特性。

传统RCS的定义中采用了散射场与入射场模值平方的比值。仿照该定义，为了能够同时保留关于目标散射的幅度和相位信息，且同时体现目标散射随频率的变化特性，本书定义宽带条件下的目标散射函数$\sqrt{\boldsymbol{\sigma}(f)}$为

$$\sqrt{\boldsymbol{\sigma}(f)}=\lim_{R\to\infty}\sqrt{4\pi}R\cdot\exp\left(\mathrm{j}\frac{2\pi f}{c}R\right)\cdot\frac{\boldsymbol{E}_{\mathrm{s}}(f)}{\boldsymbol{E}_{\mathrm{i}}(f)}\tag{1.20}$$

式中：$\boldsymbol{E}_{\mathrm{i}}(f)$和$\boldsymbol{E}_{\mathrm{s}}(f)$分别为目标处的雷达入射场和雷达接收天线处的目标散射场向量；f为雷达频率；c为传播速度。

注意到上述定义是在给定雷达-目标观测姿态，且把目标在整体上看作一个"点目标"而给出的。参见图1.5所示的雷达对于点目标的观测几何关系，式(1.20)也可以表示为空间波数向量的函数，有

$$\sqrt{\boldsymbol{\sigma}(\boldsymbol{k})}=\lim_{R\to\infty}\sqrt{4\pi}R\cdot\exp(-\mathrm{j}\boldsymbol{k}\cdot\boldsymbol{R})\cdot\frac{\boldsymbol{E}_{\mathrm{s}}(\boldsymbol{k})}{\boldsymbol{E}_{\mathrm{i}}(\boldsymbol{k})}\tag{1.21}$$

式中：$\boldsymbol{k}$为空间波数向量，其模值$k=|\boldsymbol{k}|=\dfrac{2\pi}{\lambda}=\dfrac{2\pi f}{c}$，其中$\lambda$为雷达波长，$c$为传播速度，方向为指向目标中心的雷达视线方向；$\boldsymbol{R}$为距离向量，其模值为$R=|\boldsymbol{R}|$，方向为由目标指向雷达。

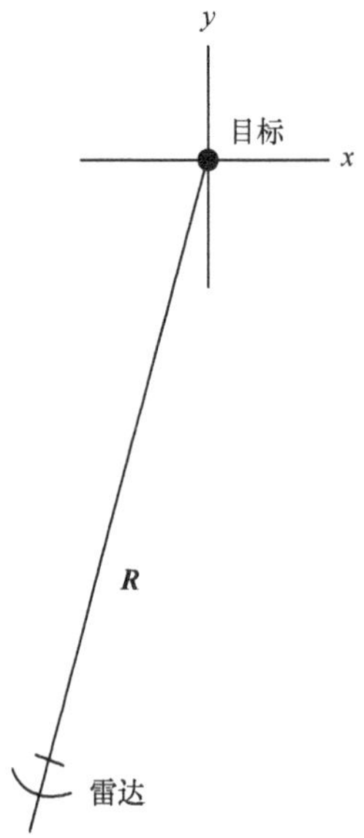

图 1.5 雷达对点目标观测几何关系示意图

注意到在式(1.20)和式(1.21)中引入相位项 $\exp\left(\mathrm{j}\frac{2\pi f}{c}R\right)$ 和 $\exp(-\mathrm{j}\boldsymbol{k}\cdot\boldsymbol{R})$ 主要是为了将目标散射函数的相位参考中心由雷达接收天线处移到目标中心处,因为在式(1.20)和式(1.21)中,散射场定义在雷达接收天线处,入射场定义在目标处,同雷达散射截面的定义保持一致。

根据上述定义,目标散射函数是复数量,具有幅度和相位,其幅度的量纲为m。目标散射函数同目标 RCS 之间的关系为

$$\sigma(f)=\left|\sqrt{\boldsymbol{\sigma}(f)}\right|^2 \tag{1.22}$$

或

$$\sigma(\boldsymbol{k})=\left|\sqrt{\boldsymbol{\sigma}(\boldsymbol{k})}\right|^2 \tag{1.23}$$

因此,在表征目标电磁散射特性方面,目标散射函数同传统雷达散射截面具有完全相同的物理意义,所不同的只是目标散射函数同时保留了目标散射的幅度和相位信息,且相位参考中心定义在三维目标体上的某一参考点。而雷达散射截面的定义由于没有考虑相位,故不存在相位参考中心定在何处的问题。在一些参考文献中,也将此处所定义的目标散射函数称为目标“复 RCS”。本书之所以将目标散射函数记为 $\sqrt{\boldsymbol{\sigma}(\boldsymbol{k})}$ 或 $\sqrt{\boldsymbol{\sigma}(f)}$,也正是为了体现它与传统上“复RCS”概念之间的统一。

由于式(1.20)或式(1.21)中目标散射函数的相位参考中心是定义在目标

体上的,故对于三维扩展目标,可以对该定义进一步加以推广。参见图 1.6 所示雷达对三维扩展目标观测几何关系,仿照目标散射函数定义,可以给出随扩展目标三维空间位置变化的散射函数定义,称之为三维扩展目标的散射分布函数,有

$$\begin{aligned}\boldsymbol{\Gamma}(\boldsymbol{r},f) &= \lim_{R_0\to\infty}\sqrt{4\pi}\,|\boldsymbol{R}_0-\boldsymbol{r}|\cdot\exp\left(\mathrm{j}\frac{2\pi f}{c}|\boldsymbol{R}_0-\boldsymbol{r}|\right)\cdot\frac{\boldsymbol{E}_{\mathrm{s}}(\boldsymbol{r},f)}{\boldsymbol{E}_{\mathrm{i}}(\boldsymbol{r},f)}\\ &= \lim_{R_0\to\infty}\sqrt{4\pi}R_0\cdot\exp\left(\mathrm{j}\frac{2\pi f}{c}|\boldsymbol{R}_0-\boldsymbol{r}|\right)\cdot\frac{\boldsymbol{E}_{\mathrm{s}}(\boldsymbol{r},f)}{\boldsymbol{E}_{\mathrm{i}}(\boldsymbol{r},f)}\end{aligned}\tag{1.24}$$

式中:$\boldsymbol{E}_{\mathrm{i}}(\boldsymbol{r},f)$为在目标位置 $\boldsymbol{r}$ 处的雷达入射场;$\boldsymbol{E}_{\mathrm{s}}(\boldsymbol{r},f)$为在雷达接收天线处接收的来自于目标位置 $\boldsymbol{r}$ 处的散射场(注意到尽管此处只表示为 $\boldsymbol{r}$ 的函数,仍然指在接收天线处的散射场);$\boldsymbol{R}_0$ 为目标相位参考中心到雷达的距离向量,$R_0=|\boldsymbol{R}_0|$。

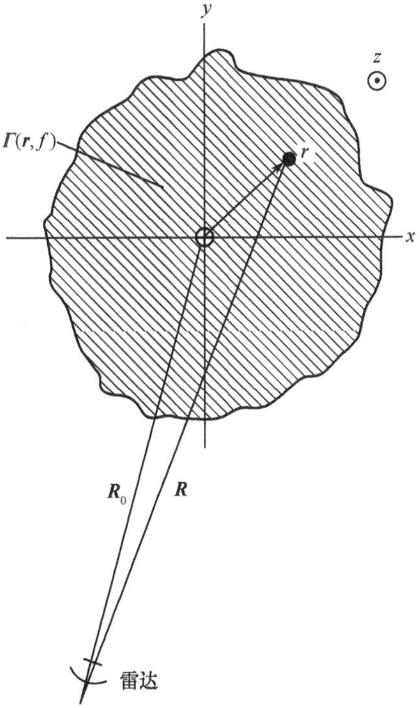

图 1.6　雷达对三维扩展目标观测几何关系示意图

同样,目标散射分布函数的定义也可在波数空间给出,有

$$\begin{aligned}\boldsymbol{\Gamma}(\boldsymbol{r},\boldsymbol{k}) &= \lim_{R_0\to\infty}\sqrt{4\pi}\,|\boldsymbol{R}_0-\boldsymbol{r}|\cdot\exp[-\mathrm{j}\boldsymbol{k}\cdot(\boldsymbol{R}_0-\boldsymbol{r})]\cdot\frac{\boldsymbol{E}_{\mathrm{s}}(\boldsymbol{r},\boldsymbol{k})}{\boldsymbol{E}_{\mathrm{i}}(\boldsymbol{r},\boldsymbol{k})}\\ &= \lim_{R_0\to\infty}\sqrt{4\pi}R_0\cdot\exp(-\mathrm{j}\boldsymbol{k}\cdot\boldsymbol{R}_0)\cdot\exp(\mathrm{j}\boldsymbol{k}\cdot\boldsymbol{r})\cdot\frac{\boldsymbol{E}_{\mathrm{s}}(\boldsymbol{r},\boldsymbol{k})}{\boldsymbol{E}_{\mathrm{i}}(\boldsymbol{r},\boldsymbol{k})}\end{aligned}$$

$$= \lim_{R_0 \to \infty} \sqrt{4\pi} R_0 \cdot \exp(-\mathrm{j}\boldsymbol{k} \cdot \boldsymbol{R}_0) \cdot \frac{\boldsymbol{E}_s(\boldsymbol{r},\boldsymbol{k})}{\boldsymbol{E}_i(\boldsymbol{r},\boldsymbol{k}) \cdot \exp(-\mathrm{j}\boldsymbol{k} \cdot \boldsymbol{r})} \tag{1.25}$$

式中：$\boldsymbol{E}_i(\boldsymbol{r},\boldsymbol{k})$为在目标位置$\boldsymbol{r}$处的雷达入射场；$\boldsymbol{E}_s(\boldsymbol{r},\boldsymbol{k})$为从雷达接收天线处接收的来自于目标位置$\boldsymbol{r}$处的散射场。

注意到式(1.24)和式(1.25)中等式成立是因为雷达观测满足远场条件，对于散射幅度而言，由R_0代替$|\boldsymbol{R}_0-\boldsymbol{r}|$并不会带来实质性影响。但同时应该注意，相位项则不能直接用R_0代替$|\boldsymbol{R}_0-\boldsymbol{r}|$，这是不言而喻的。因为按照式(1.24)或式(1.25)中关于三维扩展目标散射分布函数的定义，在给定目标三维位置$\boldsymbol{r}$处，散射分布函数的相位参考中心是在目标上每个局部位置$\boldsymbol{r}$处的，散射分布函数本身并没有计入由$\boldsymbol{r}$处到目标参考中心的相位差异；反过来，如果相位项采用$\exp\left(\mathrm{j}\frac{2\pi f}{c}R_0\right)$(也即$\exp(-\mathrm{j}\boldsymbol{k} \cdot \boldsymbol{R}_0)$)替代$\exp\left(\mathrm{j}\frac{2\pi f}{c}|\boldsymbol{R}_0-\boldsymbol{r}|\right)$，则意味着三维扩展目散射分布函数$\boldsymbol{\Gamma}(\boldsymbol{r},f)$的相位参考中心全部统一在目标中心处，两者显然存在很大差异，这从式(1.25)中多出的$\exp(\mathrm{j}\boldsymbol{k} \cdot \boldsymbol{r})$项可以清楚地看到，它正好补偿了从目标中心到目标上任意三维位置$\boldsymbol{r}$处的相移，或者说，把入射波的参考位置移到了三维目标局部位置处，相当于把三维目标每个局部位置都看作为一个“点”，所有“点”的参考中心在雷达距离为R_0的“目标中心”处。

如此，在波数空间，以“目标中心”为相位参考点的目标散射分布函数定义可修正为

$$\boldsymbol{\Gamma}(\boldsymbol{r},\boldsymbol{k}) = \lim_{R_0 \to \infty} \sqrt{4\pi} R_0 \cdot \exp(\mathrm{j}\boldsymbol{k} \cdot \boldsymbol{r}) \cdot \frac{\boldsymbol{E}_s(\boldsymbol{r},\boldsymbol{k})}{\boldsymbol{E}_i(\boldsymbol{r},\boldsymbol{k})} \tag{1.26}$$

相应地，随频率变化的目标散射分布函数定义则可修正为

$$\boldsymbol{\Gamma}(\boldsymbol{r},f) = \lim_{R_0 \to \infty} \sqrt{4\pi} R_0 \cdot \exp\left[\mathrm{j}\frac{2\pi f}{c}(|\boldsymbol{R}_0-\boldsymbol{r}|-R_0)\right] \cdot \frac{\boldsymbol{E}_s(\boldsymbol{r},f)}{\boldsymbol{E}_i(\boldsymbol{r},f)} \tag{1.27}$$

式(1.26)和式(1.27)与式(1.25)和式(1.24)没有本质性差异，只是相差一个相位量$\exp(-\mathrm{j}\boldsymbol{k} \cdot \boldsymbol{R}_0)$$\left(\text{也即}\exp\left(\mathrm{j}\frac{2\pi f}{c}R_0\right)\right)$，它表示雷达到目标参考中心随频率线性变化的固定相位。

根据以上定义，三维扩展目标的散射分布函数是复数量，具有幅度和相位，其模值的量纲也是m。如果三维扩展目标散射分布函数的相位参考定义在目标上每个局部位置$\boldsymbol{r}$处，那么，散射分布函数本身的相位并没有体现出三维目标上每个局部散射位置相对于同一参考中心的程差所带来的不同相位，因此：散射分布函数的幅度代表了目标局部散射结构的散射强度，取其平方具有RCS的量

纲;散射分布函数的相位所代表的是目标局部散射结构的“固有相位” $\left(\text{源自}\dfrac{\boldsymbol{E}_{\mathrm{s}}(\boldsymbol{r},f)}{\boldsymbol{E}_{\mathrm{i}}(\boldsymbol{r},f)}\right)$,这个固有相位可以采用几何绕射理论(GTD)来解释[7-9]。

另一方面,若目标整体的相位参考定义在“目标中心”,则三维目标散射分布函数的相位是由两部分组成的:一是目标局部散射位置 $\boldsymbol{r}$ 相对于目标参考中心传播程差造成的相位 $\exp(\mathrm{j}\boldsymbol{k}\cdot\boldsymbol{r})$;二是该位置处散射结构的固有散射相位。显然,实际应用中必须有统一、固定的相位参考点,这个参考点一般选择在“目标中心”。例如,在静态 RCS 测量中最常采用的转台旋转目标测量和成像条件下,这个“目标中心”就是转台的旋转中心。

需要加以区别的是,目标散射函数所表示的是目标作为一个整体的散射回波特性,而目标散射分布函数表征了三维扩展目标每一局部散射结构的散射特性。认识到上述定义所代表的物理意义,对于确定目标散射函数和三维目标散射分布函数之间的关系非常重要:三维扩展目标总的散射回波等于其上所有局部散射位置 $\boldsymbol{r}$ 处回波的向量积分,该积分需要考虑目标局部散射位置到目标参考中心之间程差产生的相位影响。这样,定义并理解了以上散射分布函数的概念后,在本书后续各章节中,如果在推导雷达回波信号表达式中考虑了雷达-目标之间的双程距离,则所引述的“目标散射分布函数”其相位所代表的是目标上各个局部位置处散射的“固有相位”。

同时还注意到,在讨论目标散射函数同目标散射分布函数之间的关系时,采用空间波数向量定义具有简洁性,因为波数向量 $\boldsymbol{k}$ 本身定义了雷达-目标参考中心之间的几何关系,以下我们主要根据波数向量定义进行讨论。

根据定义式(1.21)和式(1.25),目标散射函数 $\sqrt{\boldsymbol{\sigma}(\boldsymbol{k})}$ 同三维目标散射分布函数 $\boldsymbol{\Gamma}(\boldsymbol{r},\boldsymbol{k})$ 之间的积分关系可表示为

$$\sqrt{\boldsymbol{\sigma}(\boldsymbol{k})} = \exp(\mathrm{j}\boldsymbol{k}\cdot\boldsymbol{R}_0)\cdot\iiint_{D^3}\boldsymbol{\Gamma}(\boldsymbol{r},\boldsymbol{k})\exp(-\mathrm{j}2\boldsymbol{k}\cdot\boldsymbol{r})\mathrm{d}\boldsymbol{r} \tag{1.28}$$

式中:D^3 为三维扩展目标空间的体积。

式(1.28)从数学上清晰地反映出散射函数和散射分布函数所代表的物理概念及两者之间的关系:散射分布函数 $\boldsymbol{\Gamma}(\boldsymbol{r},\boldsymbol{k})$ 代表了扩展三维目标上不同局部散射结构的“散射分布”特性概念,而目标散射函数 $\sqrt{\boldsymbol{\sigma}(\boldsymbol{k})}$ 所代表的则是目标的“整体散射”特性概念,后者与 RCS 的概念是一致的,所不同的只是为了适应宽带相参雷达处理,引入了散射相位。因此,目标的散射函数和散射分布函数均为复数量,且其模值平方均具有 RCS 的量纲。

传统上,各种参考文献对于目标 RCS 定义是统一的,但对于目标“散射分布特性”的定义和表达则形形色色。一些参考文献[10]甚至将三维目标散射分布函

数 $\boldsymbol{\Gamma}(\boldsymbol{r},\boldsymbol{k})$ 称为“目标反射率函数”，这是不够严谨的，因为依照定义，“反射率”应该是不大于 1 的，而事实上 $|\boldsymbol{\Gamma}(\boldsymbol{r},\boldsymbol{k})|$ 显然可以大于 1。

此外，在讨论雷达成像问题中，也有相当一部分参考文献把经过 RCS 定标的雷达图像的像素值称为“散射系数”，这也是不正确的。我们知道，散射系数是用来描述面目标/杂波强度的一个物理量，它定义为“面目标 RCS 与雷达照射面积之比值”。对比经 RCS 定标的雷达像的像素值与经典散射系数定义便不难发现以下两点不同：

(1) 散射系数是一个无量纲的物理量，而经过 RCS 定标的雷达图像，其像素强度值的量纲与 RCS 量纲是一致的（为 m^2），所以，两者根本代表了不同的物理量。

(2) 很明显，也不能用像素面积来对雷达像素值做归一化并称之为“散射系数”，因为面目标的 RCS 往往不是与照射面积成线性比例关系。事实上，在经典散射系数定义中，即使采用天线照射面积做了归一化，并不意味着散射系数就同照射面积无关。而采用像素面积做归一化后的雷达图像像素值，其物理意义则更与“散射系数”无关了。

可以通过一个简单例子进一步理解上述第二点：根据物理光学近似，金属平板的 RCS 是与雷达波照射到平板面积的平方成正比的[4]，在低海况条件下，像海面这类具有很大介电常数的介质表面，其散射特性也是接近于金属表面的散射特性的。由此不难理解，若按照经典的散射系数定义，在小入射角条件下，此类表面的散射系数将与雷达天线照射面积（而不是像素面积）成正比！可见，采用像素面积归一化并不能正确地得到这类表面的“散射系数”。

正是基于以上认识，本书引入三个概念，即：传统的雷达散射截面 σ、目标散射函数 $\sqrt{\sigma(f)}$（或 $\sqrt{\sigma(\boldsymbol{k})}$），以及目标散射分布函数 $\boldsymbol{\Gamma}(\boldsymbol{r},f)$（或 $\boldsymbol{\Gamma}(\boldsymbol{r},\boldsymbol{k})$）。尽管它们出现在全书第 1 章，显得有些突兀，在读者看来也有种术语和定义繁杂的感觉，但在讨论目标电磁散射特性的宽带、高分辨率测量与处理时，这些基本定义和概念是不可或缺的，因为只有明确这三者的内涵以及相互之间的关系，后续关于宽带、相参 RCS 测量和高分辨率雷达成像等的讨论中，才能将传统 RCS、宽带雷达散射和高分辨率雷达成像等所涉及的关于目标散射的物理量统一起来。

1.3.2 雷达系统与目标和环境的相互作用模型

尽管雷达系统本身带有混频器、调制器等非线性组件，不可能是一个纯粹意义上的线性时不变（LTI）系统。但若不追究因雷达波发射和接收所需的载频调制与解调问题，仅考虑给定雷达频段和雷达波形条件下的目标回波特性问题，则依据“黑箱”方法，可以把雷达系统看成一个线性时不变系统。

如图 1.7 所示,如果可以把雷达系统、目标和电波传播媒质均看成线性时不变系统,则在空间波数域,描述雷达与目标和环境相互作用的数学方程可表示为

$$\boldsymbol{S}_{\mathrm{r}}(\boldsymbol{k}) = \boldsymbol{S}_{\mathrm{t}}(\boldsymbol{k}) \cdot \boldsymbol{A}_{\mathrm{f}}(\boldsymbol{k}) \cdot \sqrt{\boldsymbol{\sigma}(\boldsymbol{k})} \cdot \boldsymbol{A}_{\mathrm{b}}(\boldsymbol{k}) \cdot \boldsymbol{H}_{\mathrm{r}}(\boldsymbol{k}) \tag{1.29}$$

式中,$\boldsymbol{S}_{\mathrm{r}}(\boldsymbol{k})$为雷达接收到的目标回波;$\boldsymbol{S}_{\mathrm{t}}(\boldsymbol{k})$为雷达发射波形;$\sqrt{\boldsymbol{\sigma}(\boldsymbol{k})}$为目标散射函数;$\boldsymbol{H}_{\mathrm{r}}(\boldsymbol{k})$为雷达接收机的频率响应特性;$\boldsymbol{A}_{\mathrm{f}}(\boldsymbol{k})$和$\boldsymbol{A}_{\mathrm{b}}(\boldsymbol{k})$分别为传播媒质前向传播和后向传播的频率响应特性。

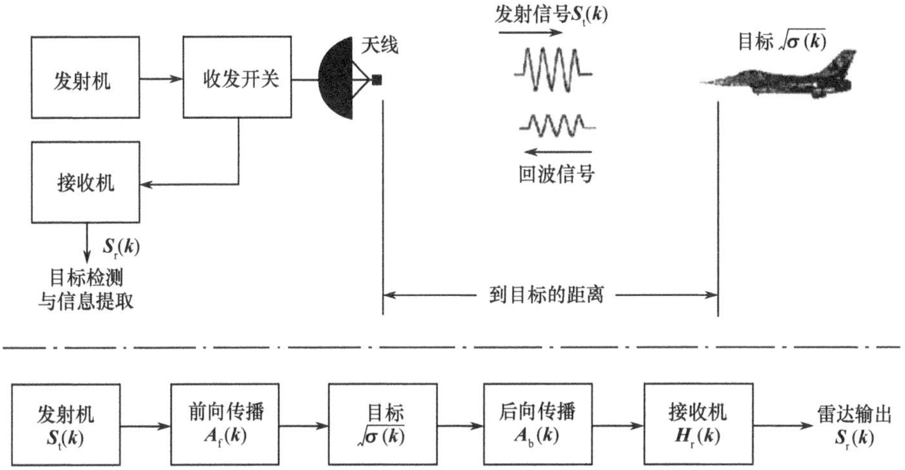

图 1.7　雷达 - 目标之间的相互作用:频域模型

通常,对于感兴趣的雷达工作频段,雷达接收机设计为具有近似理想的频响特性,即有

$$\boldsymbol{H}_{\mathrm{r}}(\boldsymbol{k}) = \boldsymbol{G} \tag{1.30}$$

式中:$\boldsymbol{G}$ 为接收机增益。

若假设传播媒质是互易的和非色散的,则仅需考虑传播时延和传播衰减的影响,近似有

$$\boldsymbol{A}(\boldsymbol{k}) = \boldsymbol{A}_{\mathrm{f}}(\boldsymbol{k}) = \boldsymbol{A}_{\mathrm{b}}(\boldsymbol{k}) = \frac{1}{L}\exp(\mathrm{j}\boldsymbol{k} \cdot \boldsymbol{R}) \tag{1.31}$$

式中:L 为单程传播衰减,相位项代表距离 R 导致的传播时延。

因此,有

$$\boldsymbol{S}_{\mathrm{r}}(\boldsymbol{k}) = K_0\exp(\mathrm{j}2\boldsymbol{k} \cdot \boldsymbol{R}) \cdot \boldsymbol{S}_{\mathrm{t}}(\boldsymbol{k}) \cdot \sqrt{\boldsymbol{\sigma}(\boldsymbol{k})} \tag{1.32}$$

式中:$K_0 = G/L$ 为常数。

这样,在上述假设的理想条件下,雷达接收到的目标回波主要取决于两个因

素:①雷达发射信号谱 $S_t(k)$;②表征目标对雷达波散射能力的目标散射函数 $\sqrt{\sigma(k)}$。

1.3.3 目标散射特性的高分辨率成像测量

根据图 1.6 所示的雷达对三维扩展目标观测几何关系,由式(1.29)和式(1.32),扩展目标总的雷达回波可表示为

$$S_r(\boldsymbol{k}) = K_0 \exp(j2\boldsymbol{k}\cdot\boldsymbol{R}_0)\cdot S_t(\boldsymbol{k})\cdot\iiint_{D^3}\boldsymbol{\Gamma}(\boldsymbol{r},\boldsymbol{k})\exp(-j2\boldsymbol{k}\cdot\boldsymbol{r})\mathrm{d}\boldsymbol{r} \quad (1.33)$$

若在全部观测空间波数域内,有:① $|S_t(\boldsymbol{k})| = S_0, \boldsymbol{k}\in \boldsymbol{K}_V$,表示发射信号具有均匀谱特性;② $\boldsymbol{\Gamma}(\boldsymbol{r},\boldsymbol{k}) = \boldsymbol{\Gamma}(\boldsymbol{r}), \boldsymbol{k}\in\boldsymbol{K}_V, \boldsymbol{r}\in D^3$,表示目标散射分布函数只与目标上具体散射位置有关,给定位置上的单个散射单元其散射幅度和固有相位不随雷达频率和观测姿态变化;则对于给定的雷达距离 $\boldsymbol{R}_0$,有

$$S_r(\boldsymbol{k}) = G_0\cdot\iiint_{D^3}\boldsymbol{\Gamma}(\boldsymbol{r})\exp(-j2\boldsymbol{k}\cdot\boldsymbol{r})\mathrm{d}\boldsymbol{r} \quad (1.34)$$

式中:G_0 为复数常数。

复常数 G_0 对于后续问题讨论没有影响,不妨忽略不计,则有

$$S_r(\boldsymbol{k}) = \iiint_{D^3}\boldsymbol{\Gamma}(\boldsymbol{r})\exp(-j2\boldsymbol{k}\cdot\boldsymbol{r})\mathrm{d}\boldsymbol{r} \quad (1.35)$$

式(1.35)揭示出在波数域,雷达接收信号 $S_r(\boldsymbol{k})$ 同目标散射分布函数 $\boldsymbol{\Gamma}(\boldsymbol{r})$ 之间存在的三维傅里叶变换关系。为了得到目标散射分布函数 $\boldsymbol{\Gamma}(\boldsymbol{r})$ 的估计值 $\hat{\boldsymbol{\Gamma}}(\boldsymbol{r})$,可以通过对三维波数空间的观测回波 $S_r(\boldsymbol{k})$ 作逆傅里叶变换而得到。与式(1.35)一样,此处也忽略对问题讨论并无实质性影响的复常数,则有

$$\hat{\boldsymbol{\Gamma}}(\boldsymbol{r}) = \iiint_{\boldsymbol{K}_V} S_r(\boldsymbol{k})\exp(j2\boldsymbol{k}\cdot\boldsymbol{r})\mathrm{d}\boldsymbol{k} \quad (1.36)$$

注意到式(1.36)中的积分域受限于雷达观测波数域的范围,后者由雷达载波频率、带宽和观测姿态变化范围所共同决定。

我们称 $\hat{\boldsymbol{\Gamma}}(\boldsymbol{r})$ 为目标的高分辨率"雷达像",它是依据雷达观测回波对目标散射分布函数 $\boldsymbol{\Gamma}(\boldsymbol{r})$ 的一个估计值。对照式(1.28)、式(1.35)和式(1.36)可以发现:

(1) 式(1.28)和式(1.35)具有相同的物理意义:无论从定义还是从雷达信号角度看,目标散射函数是目标散射分布函数的体积分。

(2) 由于目标是一个空间体积尺寸有限的物体,对应的空间波数域是无限的,而雷达观测不可能在无限空间波数域实现,因此,即使对雷达图像进行 RCS

定标处理，目标散射分布函数的估计值$\hat{\boldsymbol{\Gamma}}(\boldsymbol{r})$也不可能是完全意义上的目标散射函数“真值”。

(3) 高分辨率雷达图像也即目标散射分布函数的估计值$\hat{\boldsymbol{\Gamma}}(\boldsymbol{r})$具有 RCS 的量纲，但根据式(1.28)和式(1.36)可知，它不代表目标作为一个整体时的 RCS 值，而是代表目标上局部散射结构的 RCS 值，可见，称为“散射分布函数”在物理意义上是合理的。关于这一问题，将在第 7 章中进一步详细阐述。

基于以上讨论，本书后续章节中所指“雷达散射特性测量”，系泛指对于目标雷达散射截面、目标散射函数或目标散射分布函数的测量，既可以是低分辨率测量，也可以是一维、二维和三维高分辨率成像测量。

1.4 目标电磁散射特性测量的技术需求

研究雷达目标电磁散射特性的主要手段有理论计算、全尺寸和缩比目标的静态测量及动态目标测量等三种，称为雷达目标特性研究的三大支柱[7]。目标电磁散射测量技术在雷达目标特性研究中具有重要作用。对目标电磁散射特性进行测量的主要目的包括[6]：

(1) 直接、快速和准确地提供目标电磁散射特性数据。国内外大量工程实践表明，对于现实的军事或民用目标，通过实验测量可以直接、快速和准确地获取目标电磁散射数据，满足不同的应用需求。

(2) 为目标电磁散射理论模型的校核验证提供数据。近几十年来，虽然目标电磁散射理论建模技术有了巨大发展，但是，各种复杂目标特别是不断涌现出的新型作战目标(如隐身、伪装目标、新型空天飞行器等)对电磁散射的计算方法提出了新的挑战，不同的理论计算方法和模型均具有各自的局限性、近似性，只有经过实验测量数据校验后的电磁散射模型才能进入工程实用。

(3) 为研究目标电磁散射机理提供依据。实验与理论研究表明，复杂目标的散射包含具有不同机理的多种散射类型，如镜面反射、边缘绕射、曲面绕射、尖顶散射、表面微分不连续处散射、腔口散射、天线散射、复合材料散射以及蠕动波、行波效应等。通过对目标的高分辨率成像测量，通过实测数据研究和分析目标复杂电磁散射机理，选择和探索有效的计算方法，促进建模工作的发展。

(4) 为低可探测性目标设计、生产和使用维护全过程提供诊断工具。在高频区，目标总的电磁散射是由大量离散“散射中心”的散射合成的。通过宽带高分辨率诊断成像测量，可以获取低可探测性目标散射中心的一维、二维和三维空间位置分布和散射强度特性，为低可探测目标隐身和伪装设计、出厂验收、使用阶段性能维护等提供必不可缺的技术支撑。

当然，目标散射特性测量也存在诸多困难和不便之处。例如，微波暗室测量需要配备昂贵的紧缩场设施，且通常有效测量空间不大、可测目标尺寸受限；外场测量受地面和气象等环境影响较大，静态测量范围有限，动态测量又很难实时准确地获取目标位置、姿态等参数，成本高昂；对外军目标也很难获取测量数据等等。尽管如此，作为三大支柱之一的目标电磁散射测量[10-19]，在雷达目标特性研究中仍然是极其重要的手段，占据着特殊的地位和作用。

参考文献

[1] 许小剑，黄培康. 雷达系统及其信息处理[M]. 北京：电子工业出版社，2010.

[2] Bruder J A, et al. IEEE Std 521 – 2002：Standard Letter Designations for Radar – Frequency Bands[M]. IEEE Aerospace & Electronic Systems Society, IEEE Press, 2003.

[3] Kraus J D, Fleisch D A. Electromagnetics with Applications[M]. 5th Edition. McGraw – Hill, 1999.

[4] 黄培康，殷红成，许小剑. 雷达目标特性[M]. 北京：电子工业出版社，2005.

[5] Knott E F, Shaeffer J F, Tuley M T. Radar Cross Section[M]. 2nd Edition. Raleigh, NC：Scitech Publishing Inc., 2004.

[6] 聂在平. 目标与环境电磁散射特性建模——理论、方法与实现(基础篇)[M]. 北京：国防工业出版社，2009.

[7] 黄培康. 雷达目标特征信号[M]. 北京：中国宇航出版社，1993.

[8] Keller J R. Geometric Theory of Diffraction[J]. J. Opt. Soc. Am., 1962, 52(2)：116.

[9] Hansen R C. Geometric Theory of Diffraction[M]. IEEE Press, 1981.

[10] Currie N C. Radar Reflectivity Measurement：Techniques and Applications[M]. Norwood, MA.：Artech House, 1989.

[11] www.thehowlandcompany.com/radar_stealth/RCS – ranges.htm[OL]. 2014.

[12] 陈晓盼，林刚，李柱贞，等. 美国军方和宇航局 RCS 测试场技术与性能分析[J]. 国外目标与环境特性管理与技术参考，2010(4)：2 – 8.

[13] 林刚，陈晓盼，李柱贞，等. 美国大型军工企业 RCS 测试场的技术与性能分析[J]. 国外目标与环境特性管理与技术参考，2010(4)：9 – 22.

[14] 李柱贞，陈晓盼，林刚，等. 欧洲和其他国家的重要 RCS 测试场技术与性能分析[J]. 国外目标与环境特性管理与技术参考，2010(6)：2 – 16.

[15] 张麟兮，李南京，胡楚锋，等. 雷达目标散射特性测试与成像诊断[M]. 北京：中国宇航出版社，2008.

[16] 庄钊文，袁乃昌，莫锦军，等. 军用目标雷达散射截面预估与测量[M]. 北京：科学出版社，2007.

[17] Walton E K, et al. IEEE Std. 1502 – 2007：IEEE Recommended Practice for Radar Cross –

Section Test Procedures[M]. IEEE Antennas & Propagation Society, IEEE Press, 2007.
[18] Muth L A. Nonlinear Calibration of Polarimetric Radar Cross Section Measurement[J]. IEEE Antennas and Propagation Magazine, 2010, 52(3): 187 - 192.
[19] Knott E F. Radar Cross Section Measurement[M]. NY: International Thomson Publishing, Van Nostrand Reinhold, 1993.

第2章 RCS测试场与测量雷达

本章讨论目标 RCS 测试场与测量雷达及其相关技术。过去几十年来,为了满足低可探测目标的散射测量与诊断需求,先进国家建立了众多的室内和室外 RCS 测试场[1-7]。室内测试场一般用于小型目标或者目标缩比模型测量,通过铺覆高性能吸波材料来模拟自由空间测试,使得雷达波既不受地面反射的影响,也不受外部环境气象条件变化的影响。室外 RCS 测试场一般为了满足对于全尺寸大型目标的测试需求,为使室外环境尽量满足测量所需的自由空间和远场条件,通常需要对测试场地进行仔细的平整和铺覆,将雷达照射源与被测目标进行充分的物理隔离,通过增加测试场长度来近似满足平面波条件,并通过消除或者利用多路径回波来满足自由空间条件。

对国外先进 RCS 测试场及其依托单位比对研究不难发现,凡涉及设计、研制和生产低可探测性飞行器的重要国防研究机构和工业部门,全部建有其自己的大型静态 RCS 测试外场,且其中除美国桑迪亚国家实验室的倒 V 形测试场以外,其他测试外场均为地平场[1-7]。此外,所有的 RCS 测试场几乎无一例外地配备了从 P 频段直至毫米频段的宽带高分辨率测量雷达。国内对 RCS 室内场测试技术也已有较为系统的研究和应用[8-12]。尽管近年来为了满足国家日益迫切的技术需求,国内相关研究机构和工业部门建立了一批高水平的室内 RCS 测试场,但目前投入运行的先进室外测试场仅有两个,且均采用地面平面场设计。鉴于需求的迫切性和技术不可替代性,预计未来若干年我国还将有更多采用地平场设计的先进 RCS 测试外场建成并投入使用。然而,关于地平场的许多理论和实际问题目前研究较少,因此将作为本章讨论的重点。

本章首先概要讨论室外和室内测试场并建立平面波概念,然后重点对地面平面场的基本原理及设计方法、测试要求等进行深入分析。在此基础上,讨论 RCS 测量雷达及其高分辨率测量原理,测量雷达性能对于 RCS 测量及宽带成像测量的影响,为后续各章对 RCS 测量相关技术的深入理解和讨论打下基础。

2.1 室外测试场

2.1.1 抑制外场地面反射的不利影响

无论是室内还是室外 RCS 测试场,其设计目标都是一致的,即要求尽可能模拟自由空间和满足远场条件。

对于室外 RCS 测试场,为了使室外环境近似于满足测量所需的自由空间和远场条件,一般通过增加测试场长度来获得平面波近似(当然理论上也可采用紧缩场),而自由空间近似则需要通过消除或者利用多路径回波产生的干扰信号来获得,同时在测量环境中将雷达照射源与目标进行充分的物理隔离,以消除单站和双站雷达杂波对测量带来的不利影响。

测试区入射场强的分布特性既取决于测量雷达天线,也取决于测试场的设计。其中,场强锥削主要由测量雷达的天线辐射方向图所决定,相位锥削则由雷达和测试区之间的距离所决定,而幅度起伏则主要取决于干扰杂波的影响。在地平场条件下,由于地面反射造成的多径回波作为目标回波的重要组成部分得到利用,此时垂直方向的场强幅度锥削不但受天线方向图影响,更多地还由雷达 - 地面 - 目标三者之间的几何关系所决定。如果测试场区周边没有障碍物,则对入射场产生影响的主要因素是来自于地表面对于雷达波的反射。因此,实现对地表面反射信号的控制(抑制或者利用)是 RCS 测试场最主要的设计目标之一。

对于室外 RCS 测试场,为了控制或尽可能降低地面反射带来的负面影响,通常可以采用以下三种设计技术[2]:

(1) 自由空间场设计:充分地架高接收和发射天线,使地面反射远离天线的主瓣,尽可能地模拟自由空间场。

(2) 抑制反射波设计:在电波传输路径上架设多道反射或吸波屏,以阻断地面反射区信号通往雷达收发天线的路径;或者通过对场区地面赋形设计(例如铺设成倒 V 形),使地面反射波远离目标测试区。

(3) 地面平面场设计:充分利用地面的多次反射波,使得直接入射波和地面反射波在目标区构成同相叠加,形成入射波功率增益,从而提高测试信噪比。

本节后面所讨论的各种测试外场,基本上都是围绕上述三种措施之一或多种措施的组合而设计的。

2.1.2 远场准则

为了使天线辐射的球面波在目标测试区内近似于平面波,室外 RCS 测试场应具有足够的长度。不难理解,球形波阵面入射到距离 R 远处的法向面将产生一个随入射轴横向距离而变化的相位锥削,如图 2.1 所示。其中,横向距离偏移量 x 的入射相位相对于目标中心处的偏差量 $\Delta\theta$ 可表示为

$$\Delta\theta=(2\pi/\lambda)\cdot\left[(x^2+R^2)^{1/2}-R\right] \tag{2.1}$$

式中:λ 为雷达波长;x 为目标区横向偏移量;R 为雷达到被测目标中心 O 之间的距离。

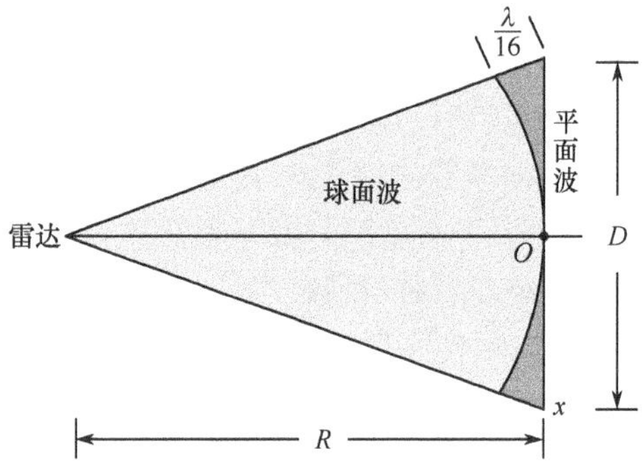

图 2.1　球面波与平面波示意图

对于最大尺度为 D 的目标,在式(2.1)中取 $x=D/2$,作泰勒展开后略去高阶项,有以下最大相位偏差量近似计算式

$$\Delta\theta_D\approx\frac{\pi}{4R}\cdot\frac{D^2}{\lambda} \tag{2.2}$$

所以,若要求目标区最大相位锥削小于一定值,则对测量距离的要求由下式给出

$$R\geqslant\frac{\pi}{4\Delta\theta_D}\cdot\frac{D^2}{\lambda}=k\frac{D^2}{\lambda} \tag{2.3}$$

式中:$k=\dfrac{\pi}{4\Delta\theta_D}$。

例如,若 $k=2$,则入射场中允许的最大单程、单边相位锥削为 $\dfrac{\pi}{8}$(即 22.5°),而 RCS 测量时的最大双程、双边相位锥削为 $\dfrac{\pi}{2}$(即 90°)。此时所要求测试距离为

$$R\geqslant\frac{2D^2}{\lambda} \tag{2.4}$$

此即所谓的瑞利远场准则[13]。

在天线测量和 RCS 测量中,大的相位锥削所导致的直接结果是谱峰降低、

主瓣变宽和旁瓣响应增大。特别是,即使是中等程度的相位锥削也会强烈地影响旁瓣电平,因此,在对低副瓣天线的方向图测量中,通常要求 $k>2$。另一方面,RCS 测量一般不关注谱峰附近的旁瓣电平,故相对而言容许更大的相位锥削,因此,取 $k=2$ 时得到的式(2.4)目前已作为国际上公认的 RCS 测量远场准则[2]。

当然,尽管式(2.4)所给出的准则一直用作为天线与 RCS 测量的通用准则,但实际应用中,测量所容许的相位锥削应根据特定测量目标和试验目的来确定,有些应用或许要求更小或容许更大的相位锥削。例如,若在 Ku 频段(波长 0.02m)对一个 10m 大小的目标进行测量,采用瑞利准则计算,符合远场测量条件的距离不小于 10km。显然,这超出了世界上几乎所有现有 RCS 测试场的场区大小。事实上,用于大型目标、微波以上高频段测量时,满足式(2.4)所需的测试场长度一般都会大大超过实际测试场的长度,因此需要进行折中选择。目前比较常用的技术是,先进行"近场"测量,再采用近场 - 远场转换技术对测量数据进一步处理,以最终得到较准确的"等效远场"测量结果[14]。

2.1.3　地面平面场

地面平面场(本书简称为地平场)充分利用了测试场区地面对于入射波的多次反射波,通过调整雷达收发天线高度以及目标安装高度,使得在目标区照射到被测目标上的直接入射波和地面反射波的回波相位相差 2π 的整数倍,使得被测目标的多径回波同相叠加,由此等效形成对入射波的功率增益,从而大大提高目标 RCS 测试的信噪比。

地平场 RCS 测量的几何关系示意图如图 2.2 所示[4]。在地平场条件下,被测目标受到两种不同的入射场的照射,一个是发射天线辐射场的直接照射,另一个则是入射场经地面反射后照射到目标,由此构成多路径传输的入射波在目标区矢量叠加。同样,被测目标的散射场也以类似传输路径到达雷达接收天线。如此,如果不考虑更高次的地面反射,则目标散射回波由以下四条传输

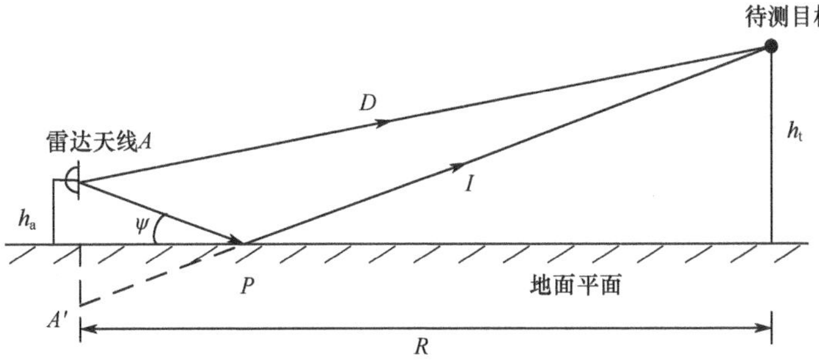

图 2.2　地平场的信号路径几何关系示意图

路径的回波分量组成：发射天线－目标－接收天线（直达路径），发射天线－地面－目标－接收天线，发射天线－目标－地面－接收天线，发射天线－地面－目标－地面－接收天线。

对于给定的雷达频率和测试场距离，地平场通过调整收发天线高度和目标架设的高度，使得在目标区地面反射的信号与直接路径信号相位相差 2π 的整数倍，从而形成多路径信号的同相叠加。显然，这是一种比减小地面反射效果更好的利用多路径反射信号的方法，因为通过这一技术，原本不希望有的地面反射信号以一种可控的方式对提高 RCS 测量的信噪比做出贡献，理论上可形成 16 倍的功率增益。

当然，地平场也不是完全没有缺点，例如：

（1）由于多径信号的存在，目标区垂直方向上的幅度锥削除了受到天线方向图的影响外，也受到来自地面反射的影响。其结果，地平场在目标区所形成的均匀照射区通常在水平面方向上足够宽，而在垂直面上则由于多径信号相位干涉小而变窄。不过，对于飞行器的 RCS 测试，地平场是一种非常有吸引力的选择，因为大多数飞行器目标一般在水平方向上尺寸大，而在垂直方向上尺寸较小，这使得地平场易于满足均匀照射要求。

（2）由于多径回波的同相叠加是通过调整雷达－目标之间的几何关系来达到的，而相位是随雷达波长而变化的，这意味着在测量几何关系固定的条件下，理论上只有一个频点的回波真正满足同相叠加关系。可见，在宽带测量情况下，由地平场带来的功率增益是随频率而改变的，不是一个恒定常数。为了解决这一问题，地平场一般可通过架设多部不同高度的天线来覆盖大的测量带宽。

作为例子，图 2.3 示出了美国空军的国立散射测试场 RATSCAT 场区示意图[1]。鉴于地平场在外场 RCS 测试中的特殊重要性，我们将在 2.3 节对地平场测试场作更深入讨论和技术分析。

2.1.4 倒 V 形测试场

倒 V 形室外测试场的名称源于其场区地面造型设计：沿测试场中轴的护道，其铺设形状像一个倒过来的 V 字。测量雷达的天线位于护道一端顶点的中心处，被测目标位于另一端中心处。美国 Sandia 国家实验室的倒 V 形 RCS 测试外场如图 2.4 所示[15]。据作者所知，这也是目前已知的世界上唯一一个采用倒 V 形设计的大型 RCS 测试场。

倒 V 形护道的作用是将入射到地面的绝大部分能量反射出目标测试区，从而充分地降低地面反射波的电平。由于目标区的照射波基本不受地面反射波的影响，相当于形成了一个自由空间场，因此，测量中的灵敏度特性可直接采用自由空间的雷达距离方程进行预估，不受地平面多径信号增益的影响。

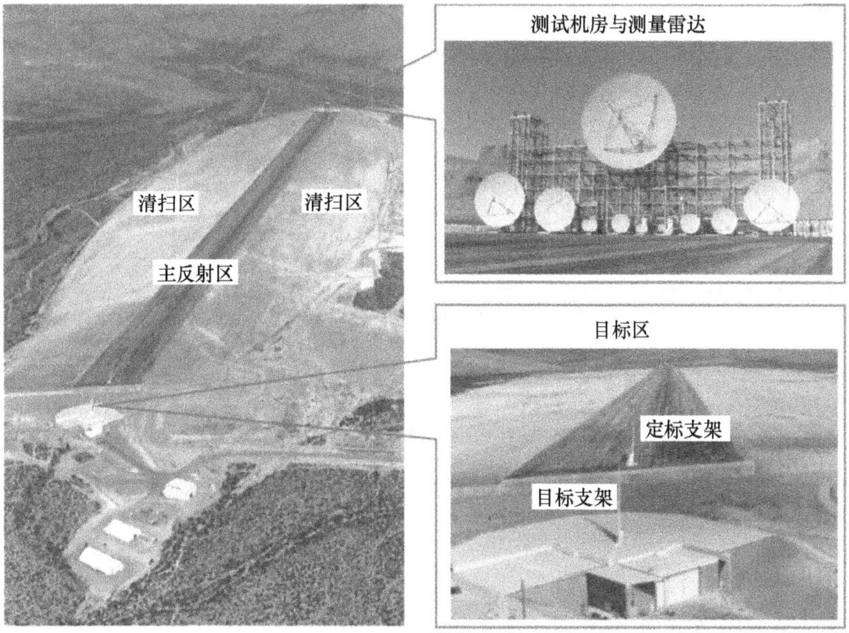

图 2.3　美国空军国立散射测试场 RATSCAT 场区示意图[1]

图 2.4　美国 Sandia 国家实验室倒 V 形 RCS 测试外场[15]

倒 V 形测试场的主要优点是：在目标区的入射场锥削基本上由发射天线的方向图决定，天线高度、目标架高及目标距离三者之间也不存在严格的约束关系，这使得倒 V 形测试场允许 RCS 测量雷达在很宽的频段范围内工作，同时保持目标照射场的均匀性。

另一方面，倒 V 形场也存在固有缺点：

（1）倒 V 形护道的铺设极大增加了测试场的建设成本，为了获得满意的测试场性能，要求倒 V 形护道顶部脊线是笔直的，倾斜面应保持足够光滑。

（2）为了获得最佳测试性能，要求天线置于倒 V 形的中心脊线位置，故系统的工作带宽应该只通过一部天线来得到（而地平场可以通过多部架设高度不同的天线来覆盖较大的测量带宽）。

（3）与地平场不同，倒 V 形场没有利用多径信号形成雷达功率增益，故相同测量信噪比条件下，理论上，要求倒 V 形场的雷达发射功率是地平场条件下的 16 倍。

2.1.5 高架测试场

高架测试场要求将雷达天线和目标均架设得足够高，使得雷达天线主波束远离地面，将地面照射减少到可接受的水平；或者将测量雷达天线架设在高处，模拟对地、海面目标下视测量。

高架测试场广泛用于天线测量场，但较少用于 RCS 测量，这是因为对于天线测量，定向天线的架设可以采用固定在地面的金属塔架结构，对主瓣的测量准确度依然很好；而对于 RCS 测量，则要求目标安装在具有低雷达散射截面的支架结构上，但采用高度很高的低 RCS 目标支架其设计、加工制造以及使用过程中的目标安装等均是难题。

典型的高架测试场有位于美国加利福尼亚中国湖海军空战中心的高架下视场，该测试场将天线架设在山顶高处，可提供模拟海洋环境对舰船目标进行宽带和极化散射测量[5]。

2.1.6 动态测试场

动态 RCS 测量要求目标处于飞行状态。同静态测量相比，动态测量的主要优点是[2]：

（1）动态测量一般针对真实目标进行，所测得的目标特征信号可涵盖所有影响 RCS 的因素，例如发动机尾焰、旋翼或发动机旋转部件等。

（2）动态测量中更容易满足远场测试条件，因为动态测量中不存在支架散射背景问题，也不存在静态测量中测试场长度有限、目标支架不可能太高等典型约束因素。

(3) 虽然动态测量更为复杂,成本也更高,但对某些类型的目标来说,这种方法经常是唯一实际可行的测量技术。例如,对于大型轰炸机等一类实际飞机来说,如果不对飞机进行重大结构改造,或许就很难将其安装在静态测试场的低RCS支架上。在一些情况下,目标的架设也可采用大型柱状绝缘发泡材料支架,但这时被测目标俯仰角和横滚角的改变均十分困难。

目标RCS静态测试场一般采用转台使目标绕雷达视线在方位向旋转,因此很容易实现RCS作为视向角函数的测量,而在动态测量中要做到这一点却相当困难。为此,动态测量系统必须依靠目标跟踪系统,以便准确地跟踪目标并提供其角度和距离信息。经视差修正的角度信息用于将测量雷达天线平台与跟踪雷达同步,保证测量雷达天线波束准确指向目标,距离信息用于测量雷达对目标回波的距离选通。在RCS测量期间,通过合作目标的惯性导航系统数据,动态测量雷达不但可以测得目标回波幅度和相位,也可以得到随时间变化的目标姿态角(俯仰、横滚和偏航角)、目标距离等。对目标回波幅度和相位进行RCS定标,并与目标横滚、俯仰和偏航数据融合,即可得到目标RCS随视向角的变化特性。

动态测量雷达可以采用直升机、飞机或者气球上吊挂的金属球进行定标。系统对金属球进行跟踪并在每个测量工作频率上对系统进行定标。由于测量过程通常比较长,测量雷达可能还需要进行飘移修正,以使系统飘移误差最小化。

在典型飞行序列期间,测量雷达同飞行目标之间的距离一直是变化的,因此在选择天线时要折中考虑,以保证在近距离处雷达波束具有可接受的锥削,而在远距离处具有可接受的系统灵敏度。此外,考虑到动态飞行测量试验的运行成本,一般在单次飞行试验中应尽可能采用多频段RCS测量系统,以便以最小飞行架次完成所有的测量内容。因此,动态测量方案论证要求认真规划飞行程序,既要保证测量雷达在各种条件下的测试性能,也要确保所有预期的目标视向角都展现给雷达。这要求试验规划者具备详细的关于目标飞行特性、观测几何、测量系统的跟踪能力与灵敏度等方方面面的知识。

2.2　室内测试场

室内RCS测试场与室外测试场两者的目的和要求是一致的,同样也需要模拟自由空间和满足平面波照射远场条件。室内RCS测试场一般采用雷达吸波材料铺覆的微波暗室,目前国际上大多数先进室内RCS测试场均采用紧缩场来实现平面波照射。室内测试场的主要优点是不受天气条件影响、可避免外部电子干扰、物理上以及视觉上安全,缺点是被测目标尺寸受到微波暗室大小、测试场静区尺寸以及吸波材料成本等的约束。

2.2.1 室内紧缩场

紧缩场是现代室内 RCS 测试场的关键设施之一。紧缩场采用一个或多个反射面的组合,在相对短的距离内将馈源辐射的球面波校准为平面波,因此称为“紧缩”场或“紧凑”场(compact range)。目前得到广泛应用的几类反射面系统包括[2]:

(1) 偏置馈电抛物面系统:采用偏置抛物面反射面,位于主焦点处的馈源经旋转后对反射面进行“偏置馈电”,如图 2.5(a)所示。

(2) 卡塞格伦双反射面系统:由凸面副反射器作为馈源的偏置抛物面反射面,馈源先照射到副反射面,再由副反射面的反射波照射主反射面。副反射面可进行构形以优化主反射器的照射场强分布,并通过改变几何形状以改善极化纯度,如图 2.5(b)所示。

(3) 双柱面系统:用两个圆柱形抛物反射面来生成平面波。采用“折叠光学”配置以允许更长的有效路径长度,从而改善主焦区范围内的极化纯度。两个反射面均为二维圆柱形,因此生产成本较低,与普通偏馈单反射面紧缩场相比,其交叉极化隔离度更高,如图 2.5(c)所示。

(4) 格里高里双反射面系统:一种双反射面系统,其中主、副两个反射面均采用凹面反射器,这样副反射面在主抛物面焦点处形成馈源的虚像,从而使遮挡效应最小化。如果设计合理,这种几何构形能够提供比上述所有其他三种设计都更好的交叉极化隔离度;通过采用双暗室,还有可能实现更低的杂散电平设计,如图 2.5(d)所示。

在所有上述四种类型的紧缩场结构布局中,第一种最简单,所以偏馈抛物面反射器紧缩场系统应用最广泛,其他三种都采用了双反射面,而采用双反射面也意味着可能需要采用双暗室以抑制杂散反射、改善场强性能等。例如,美国空军研究实验室的先进紧缩场就采用了格里高里双反射面,其微波暗室结构布局如图 2.6 所示[16]。从这个示例中,可以清晰看出采用格里高里双反射面设计所带来的设计好处。

影响紧缩场系统的不良因素可能来自于反射面表面不平整、墙面反射、反射面边缘绕射、馈源波瓣和前馈散射等。其中一个最基本的影响因素是来自无法回避的反射面边缘的绕射,它将能量散射到测试区并因此污染入射场。在上述四种系统中,都存在反射器边沿所产生的绕射影响静区平面波质量的问题。因此,如何尽可能消除边缘绕射的影响,是紧缩场设计中的重要问题。已有的主要技术措施包括[17]:采用锯齿型边沿设计;采用圆弧卷边边沿设计;边沿敷设吸波材料;边沿敷设阻抗卡(resistance card)。

现有各种紧缩场反射面设计中,用得最多的是锯齿型边沿反射面,主要是因为锯齿型边沿设计和加工均相对容易且性能良好。不过,从 20 世纪 90 年代后

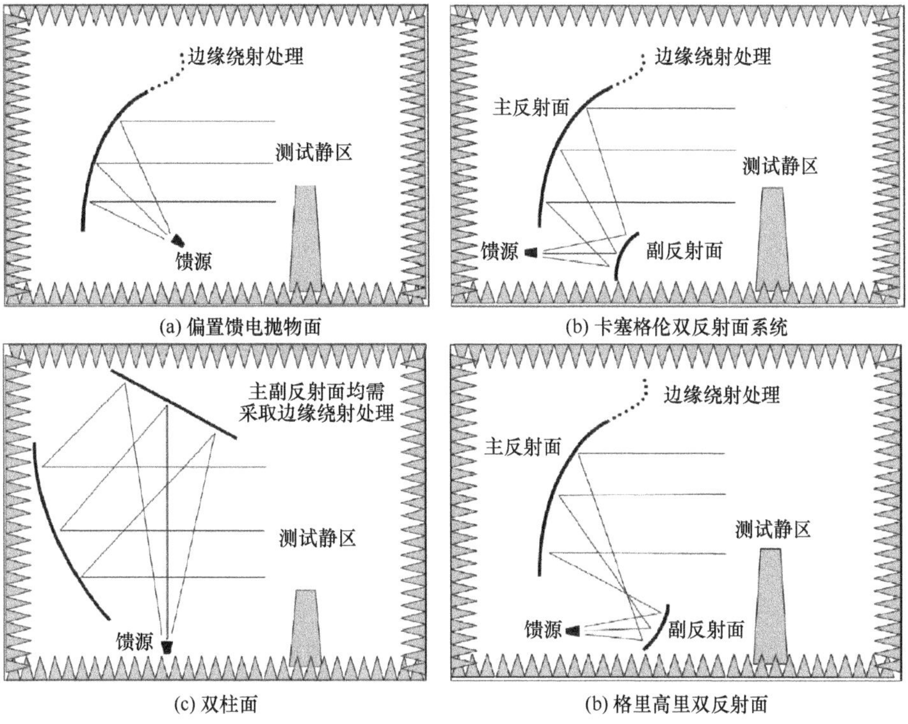

图 2.5　不同类型的紧缩场示意图[2]

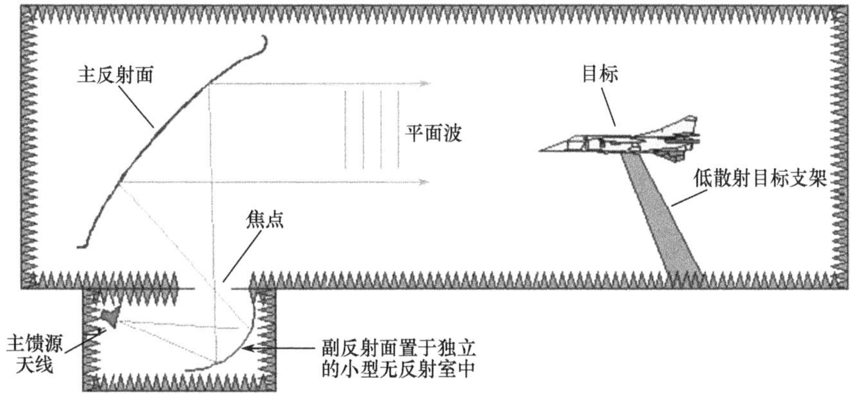

图 2.6　美国空军研究实验室先进紧缩场示意图[16]

期以来,采用圆弧卷边反射面的紧缩场设计已经越来越多。俄亥俄州立大学电子科学实验室的科学家在为美国航宇局朗利研究中心设计紧缩场时,对锯齿型和圆弧卷边两种边沿设计的性能作了分析和比较,并且证明圆弧卷边设计具有更好的静区性能[17-23]。

作为例子，图 2.7 给出了 5 倍波长的锯齿型边沿反射面和圆弧卷边反射面的设计比对，图 2.8 为圆弧卷边沿反射面和几种锯齿边沿反射面的平均杂散信号电平对比。从图中可以看出，采用圆弧卷边边沿的反射面其平均杂散电平要远低于各种锯齿边沿反射面的电平。其中，在最低工作频率上均要低 15dB 以上，即使在两倍最低工作频率处也要低 10dB 以上[21]。

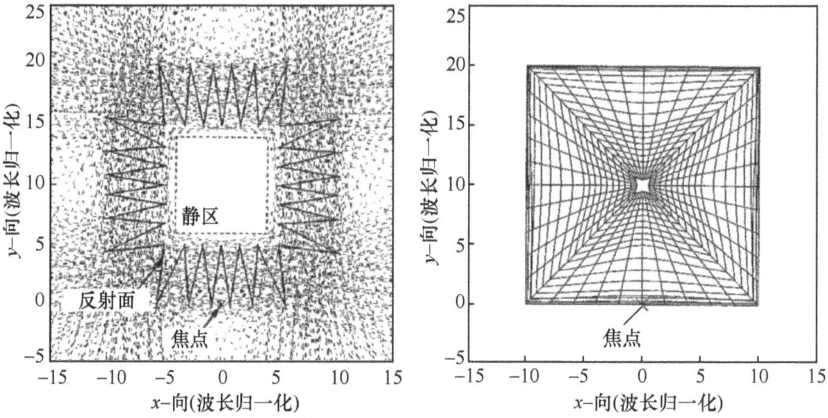

(a) 5倍波长锯齿边沿反射面　　(b) 圆弧卷边边沿反射面

图 2.7　5 倍波长锯齿边沿和圆弧卷边边沿反射面设计对比[21]

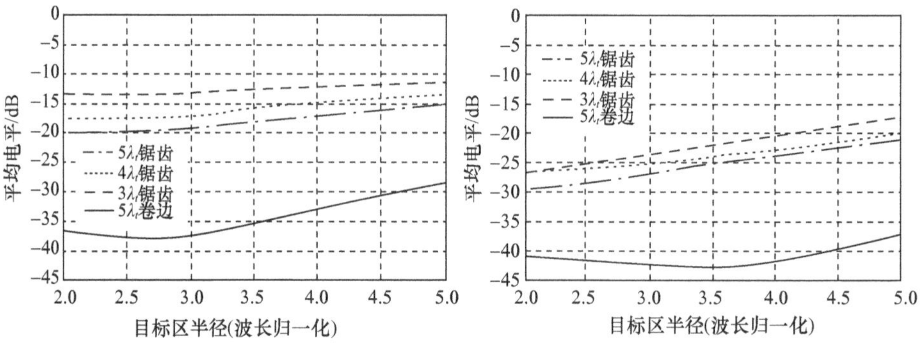

(a) $f=f_l$　　(b) $f=2f_l$

图 2.8　圆卷边沿反射器和几种锯齿边沿反射器平均杂散电平的比较[21]

美国其他一些采用圆弧卷边沿反射面的紧缩场还包括[17]：加利福尼亚 TRW 公司于 2000 年建成的卷边沿反射面紧缩场，设计承包商为 Lehman Chambers 公司、M. I. Technologies 公司和 Cumming & Emerson 公司等，其频率覆盖范围为 2 ~ 75GHz；暗室尺寸为 30 英尺①宽、18 英尺高、70 英尺长；反射面由五片抛

① 注：1 英尺 = 0.305m。

物面组合而成，中间的一块为 9 英尺 ×17 英尺。通用电气公司也在 2000 年建成了自己的圆卷边沿反射面紧缩场，主承包商为俄亥俄州立大学的电子科学实验室，频率覆盖范围从 800MHz ~ 18GHz，暗室的尺寸为 30 英尺宽、30 英尺高、65 英尺长，圆卷边沿反射面尺寸为 16 英尺 ×14 英尺，由多片抛物面块组合而成，中间的一块为 8 英尺 ×6 英尺。波音公司的紧缩场其消除反射面边沿绕射影响所采取的措施是铺覆 2 英尺阻抗卡。该紧缩场的静区设计为高 4 英尺、宽 6 ~ 8 英尺、深（径向距离）6 英尺；频率覆盖范围 2 ~ 18GHz；暗室的尺寸为 20 英尺宽、30 英尺高、66 英尺长；反射面由三块 4 英尺 ×12 英尺抛物面块组合而成，总尺寸 12 英尺 ×12 英尺。

2.2.2　室内锥形暗室

典型锥形暗室的示意图如图 2.9 所示[2]。锥形暗室具有一个矩形测试区，沿照射天线方向呈金字塔形结构，天线馈源在锥形部分的顶点处，要求距离应足够远，以使馈源产生的球面波能在目标测试区呈近似平面波。锥形墙面对辐射信号形成小入射余角，减少了进入测试区侧墙的反射。在顶点处带有馈源的金字塔形状部分减少了对锥形部分侧墙吸波材料性能的依赖，同时只要求在后墙和侧墙上铺覆更长的尖劈形吸波材料。

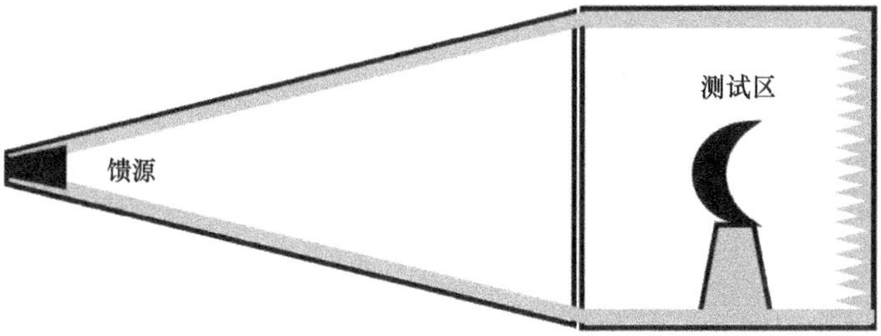

图 2.9　锥形暗室 RCS 测试场示例[2]

低频暗室需要采用更厚的吸波材料。因此，对低频测量来说，锥形暗室和尖劈形吸波材料是具有吸引力的技术选择。如果测量雷达采用距离选通系统，测试区采用尖劈形吸波材料可作为减少测试区后向杂散信号的一种手段，最长的尖劈吸波材料应置于测试区后墙，因为此处的照射最强且照射波正入射，容易形成强后向散射。

为了测量低 RCS 电平，除了铺装尖劈吸波材料，一般还需要对后墙进行距离选通，可采用带选通的连续波（CW）雷达或者宽带测量雷达系统。锥形室应具有足够的距离范围，允许测量雷达系统在目标信号返回接收机前有足够时间去除射频（RF）系统中存储的能量，保证发射机和接收机正常工作。

2.2.3 球面波微波暗室

顾名思义,用于测量不满足远场条件的大目标 RCS 的微波暗室测试场称为球面波微波暗室,如图 2.10 所示[2]。

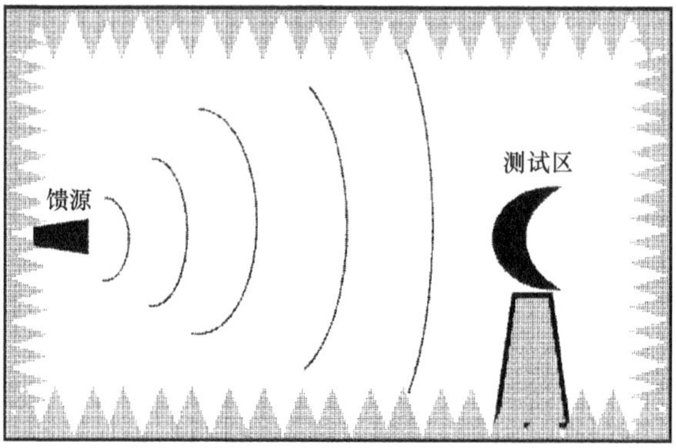

图 2.10 球面波 RCS 测量暗室[2]

尽管球面波近场测量得到的目标 RCS 可能不够精确,但通过所测得的目标散射图像同已知参考目标的图像数据进行比对分析,可以判定被测目标 RCS 与参考目标的 RCS 是否具有相似性。因此,这种类型的暗室在低可探测目标质量控制的诊断成像应用中具有独特作用。

虽然球面波暗室测试场容易产生大的相位锥削,但测得的目标近场散射 RCS 数据仍然可以为特定应用提供有价值的参考。比如,如果在一定角度范围内对近场测量 RCS 数据进行平均处理,显然,因平均 RCS 与相位误差的关系不大,这个 RCS 均值仍然具有较高准确性。

球面波暗室的消波处理同普通暗室无大的差异。由后墙以及侧墙、地板和天花板的镜面区上铺覆具有足够厚度的锥形吸波体,同时在目标区使用尖劈吸波材料来减少直接后向散射。此外,距离选通同样有助于减小暗室杂波以及目标与周围墙面、地板和天花板的耦合效应。此外,与锥形暗室一样,为了使这种系统有效,从天线至目标的距离应足够长,使雷达系统 RF 部分存储的能量能够在接收信号返回之前得到充分消除。

2.2.4 近场非消波测试场

近场非消波 RCS 测试场通常用于大型目标的 RCS 质量控制。图 2.11 给出了非消波 RCS 测试场的示意图以及典型全尺寸目标测试场景,测试室不铺覆吸波材料,而是直接采用表面光滑的传导墙,将照射信号前向散射到测试室中测试区之外的区域。因此,测试室的尺寸设计必须与所要求的目标区大小相匹配,以保证测试区杂散电平最小化。

近场非消波测试场在很大程度上依赖雷达系统的距离选通能力来消除杂波干扰，必须采用距离选通系统以消除测试目标区之外的杂散信号。对于高脉冲重复频率系统，可能还需要采用相位编码以抑制长时延信号产生的混叠效应，这一点在传导暗室中非常重要。

对于一个工程可用的近场非消波测试场，一般将测试室设计得尽可能大，以保证测量雷达系统能够对目标与地板、墙面和天花板之间的耦合效应进行距离选通。对于像全尺寸飞机等一类大型目标，要实现这点也许是困难的，特别是若要消除地面和天花板的耦合，要求净空足够高，且目标架设也必须足够高，这或许将导致非消波测试场同微波暗室相比失去成本优势。为满足特定测试需求，有时采用传导墙－局部吸波材料混合结构设计，如图 2.11(b)所示。

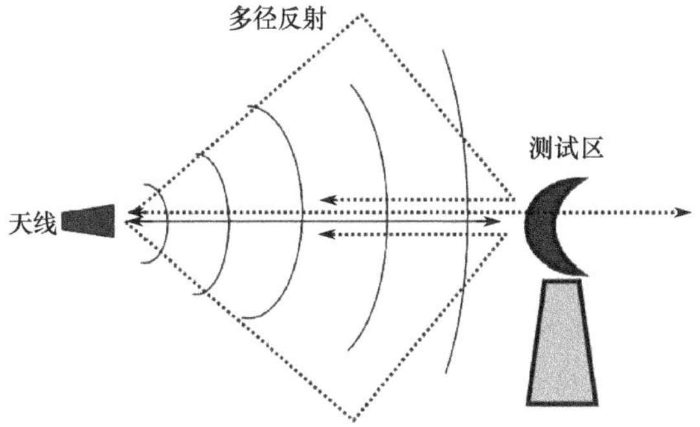

(a) 测量几何关系示意图[2]

(b) 典型目标测试场景[1]

图 2.11　非消波室 RCS 测试场

2.3　地面平面测试场

2.3.1　地平场的基本原理

地面平面场的几何关系已在图 2.1 中给出，为了便于读者阅读和对本节中公式符号的理解，此处再次给出几何关系图 2.12，它与图 2.1 的几何关系相同，但布局上略有差别。在许多地面平面场设计中，通常在目标支架区建立一个阴影区，这样既保证支架及其固定和控制机构等不会对天线照射场产生大的扰动，同时由于照射场不会照射到这些装置，故不形成较强的杂散回波，即使因目标－支架耦合等因素仍可能在此处形成后向散射也会被遮挡住，不构成对测试场背景杂波的重要贡献。此时应该特别注意，在地平场几何关系计算中，目标高度不是目标支架的全部高度，而是目标支架高出测试场地面平面的那部分高度。

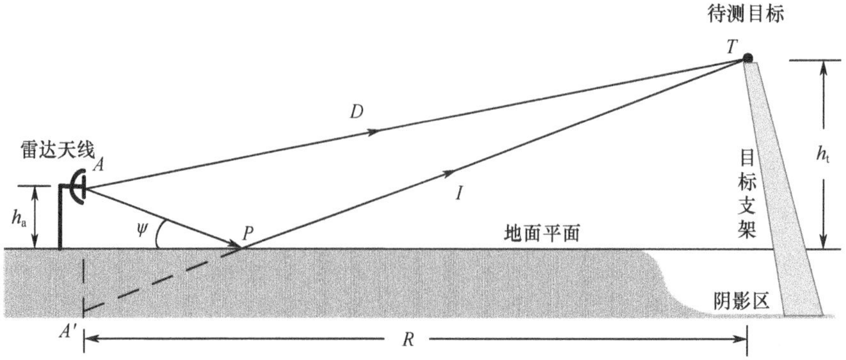

图 2.12　地平场的信号路径几何关系示意图

地平场由于对多径信号的利用，目标区的垂直幅度锥削尽管同天线波束宽度有关，但更多取决于地平面测量几何关系，数学上分析如下。

当存在地面平面的影响时，如果光滑的地表面受到位于 A 点的天线照射，那么镜面点 P 对于入射场的镜向反射就会照射到 T 点位置处的被测目标，同目标对于直接入射场的散射一样，形成目标散射信号，如图 2.12 中所示的那样。

因此，如果存在光滑地表面影响，雷达天线接收到的信号由四个不同的分量组成，其入射－散射的传输路径分别是 ATA、$ATPA$、$APTA$ 和 $APTPA$。其中第 1 个（ATA）是直接路径信号，第 2 个（$ATPA$）和第 3 个（$APTA$）都经过单次地面反射，第 4 个（$APTPA$）则经过地面的两次反射，最终到达接收天线。如果 T 点和 P 点处的天线增益是一致的，则对于理想点目标，这四个散射信号分量将具有相同的散射幅度，但由于各自的入射波照射场强是不同的，因此，若入射场为 $\boldsymbol{E}_0$，则总的目标散射场可表示为

$$\boldsymbol{E} = \boldsymbol{E}_0 [\, \mathrm{e}^{-\mathrm{j}2kD} + 2\rho \mathrm{e}^{-\mathrm{j}k(I+D)} + \rho^2 \mathrm{e}^{-\mathrm{j}2kI} \,] \tag{2.5}$$

式中：D 和 I 分别为直接和间接路径的长度；ρ 为地面复反射系数；k 为波数，$k = 2\pi/\lambda$。

式(2.5)可重写为

$$E = E_0 \mathrm{e}^{-\mathrm{j}2kD} [\, 1 + \rho \mathrm{e}^{-\mathrm{j}k(I-D)} \,]^2 \tag{2.6}$$

若从实际 RCS 测试场几何关系考虑，测量中入射波的擦地角一般很小，且通常在 P 点附近的地面都经过仔细的人工处理，故一般可假设地面反射系数 $\rho = -1$，则式(2.6)可简化为

$$\boldsymbol{E} = \boldsymbol{E}_0 \mathrm{e}^{-\mathrm{j}2kD} [\, 1 - \mathrm{e}^{-\mathrm{j}k(I-D)} \,]^2 \tag{2.7}$$

上式中括号平方的部分代表地面平面场对自由空间场的增益。根据图 2.12 中几何关系，如果测试距离足够远，直接路径 AT 的长度可近似为

$$D=[(h_t-h_a)^2+R^2]^{1/2}\approx R+\frac{(h_t-h_a)^2}{2R} \tag{2.8}$$

经地面反射的波其路径 APT 长度为

$$I=[(h_t+h_a)^2+R^2]^{1/2}\approx R+\frac{(h_t+h_a)^2}{2R} \tag{2.9}$$

因此，直接路径 D 和一次反射路径 I 两者之间的路程差 δ 为

$$\delta=I-D\approx 2\frac{h_a h_t}{R} \tag{2.10}$$

在测量距离 R 远大于天线高度 h_a 和目标高度 h_t 的情况下，式(2.8)、式(2.9)和式(2.10)中的近似所带来的误差可以忽略不计。将式(2.8)~式(2.10)代入式(2.7)，有

$$\boldsymbol{E}=-4\boldsymbol{E}_0\mathrm{e}^{-\mathrm{j}k(I+D)}\sin^2\left(\frac{kh_a h_t}{R}\right)=-\boldsymbol{E}_0\mathrm{e}^{-\mathrm{j}k(I+D)}F_m \tag{2.11}$$

式中：F_m 为地平场相对于自由空间场的场强增益，且

$$F_m=\left|\frac{\boldsymbol{E}}{\boldsymbol{E}_0}\right|=4\sin^2\left(\frac{kh_a h_t}{R}\right) \tag{2.12}$$

可知，当$\frac{kh_a h_t}{R}=\frac{m\pi}{2}$，其中 m 是奇整数时，地平场相对于自由空间场的场强增益达到最大值且等于 4，相当于功率增益为 16(也即 12dB)；当 m 为零或偶数时，该增益取最小值且等于 0，表示多径入射场之间因相位相互干涉而被完全相消，形成零点。

在地面平面 RCS 测试场中，为了使目标架设高度不至于太高而难以工程实现，通常取 $m=1$。此时有

$$h_a\cdot h_t=\frac{\lambda}{4}\cdot R \tag{2.13}$$

式中：h_a 和 h_t 分别为天线和目标高度；R 为雷达和目标之间的地面距离；λ 为雷达波长。

式(2.13)为地面平面场测量雷达的天线架设高度、目标安装高度以及目标到测量雷达天线距离三者之间必须满足的基本关系式。

为使读者对于上述推导中作出的泰勒展开近似所带来的误差有一个直观认识，表 2.1 给出典型地平场测试场参数条件下程差近似误差的计算结果。可见，

对于当前设定的测试场参数,近似计算的程差误差只有0.2μm,确实微乎其微。

表2.1　地平场程差近似计算误差

参数与量纲	符号	参数值
目标距离/m	R	2000
雷达频率/GHz	f	10
天线高度/m	h_a	1.5
目标高度/m	h_t	10
直接路径长度/m	D	2000.0180624
间接路径长度/m	I	2000.0330622
实际程差/m	δ	0.0149998
近似计算程差/m	δ'	0.015
绝对误差/m	$\delta'-\delta$	0.0000002
相对误差/%	$\frac{\delta'-\delta}{\delta}$	0.00133

图2.13示出了给定表2.1中雷达频段、距离、天线高度时,地平场场强增益随目标架设高度变化的特性。

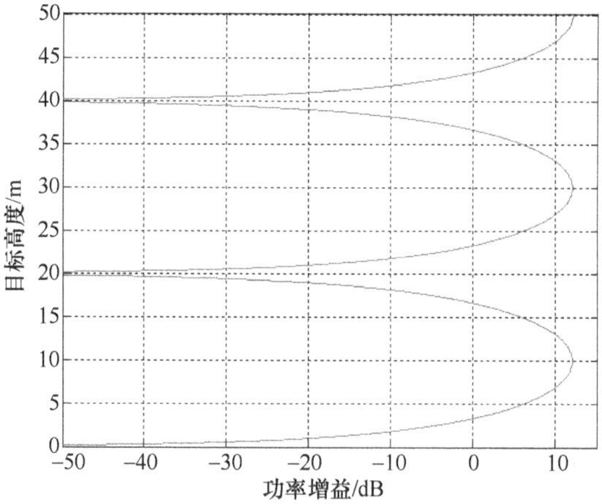

图2.13　地平场场强增益随目标架设高度变化的特性

2.3.2　目标和天线架设

RCS地平面测试场既可采用同地定标,也可采用异地定标测量。由于地平场通常用于对大型全尺寸目标的RCS测量,现有采用地平场设计的先进RCS测试外场大多采用同时异地定标技术,也即目标和定标体安装在位于不同距离处的支架上,测量雷达在目标测试过程中通过两个距离门同时采集目标回波和定标体回波信号,从而完成RCS定标处理。因此,测试场需要分别安装目标支架和标校支架,且一般目标支架位于远处,标校支架位于离测量雷达稍近的位置,如图 2.14 所示。

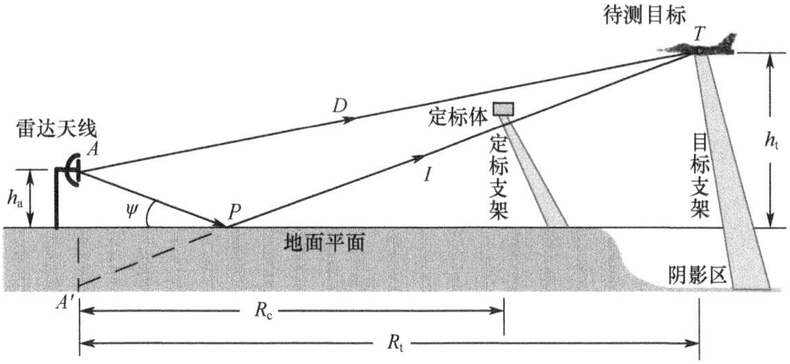

图 2.14　地平场同时异地定标 RCS 测量几何关系

根据式(2.13)的准则,将被测目标置于垂直高度上第一个多径信号干涉主瓣的中心。由图 2.13,雷达照射波场强在目标区地平面处为 0,第一个干涉主瓣的最大值所在高度为 h_t,第二个干涉主瓣的最大值所在高度为 $3h_t$。可见,由于多路径干涉作用,地平场条件下天线在垂直方向的等效主瓣波束最大宽度扩展为目标安装高度的 2 倍,目标架设高度选择得越高,其场强锥削的影响就越小。由此可见,在地平场 RCS 测量中,获得垂直平面内的最佳幅度锥削的方法是:被测目标要安装得尽可能高,而测量雷达天线则尽可能低,并使两者之间满足地平场关系式(2.13)。

通常,在室外地平面测试场中,对于较高微波频段常采用截平天线,也即天线抛物面反射器的顶部和底部均被截平,这样可将天线安装得更低,更接近于地面,从而使 h_a 最小化。不过,在高空安装大型目标实现困难,即使采用可升降目标支架,也仍然存在被测目标的安全性等问题,因此工程实现中必须折中考虑目标和天线的架高问题。

最后,必须指出:在同时异地定标 RCS 测量时,一旦雷达天线高度已经确定,则无论是对于目标还是对于定标体,其安装高度都必须满足地平场关系式(2.13),否则将可能造成大的定标误差。关于这个问题,我们将在第 4 章进一步讨论。

2.4　地平场设计和使用中的若干问题

2.4.1　对菲涅尔区的要求

根据前述基本原理,采用地平面几何关系设计可在测量雷达中心频率处使接收信号最大化,这种设计相比于自由空间条件下,理论上将使接收信号功率增益达12dB(双程路径功率增益16倍)。地面平面场的这种特性非常具有吸引力,因为这使得在给定发射功率条件下,可得到的接收灵敏度增加了12dB,或者说接收信噪比可提高12dB。

由于地平面测试场利用了地表面的镜面前向强反射,镜面反射点附近非理想光滑的表面可能将信号散射到目标区,并因此干扰入射到目标的照射场。静态RCS测试外场的场区宽度和长度要求受到雷达发射脉冲宽度和接收机距离选通门的约束,如图2.15所示。

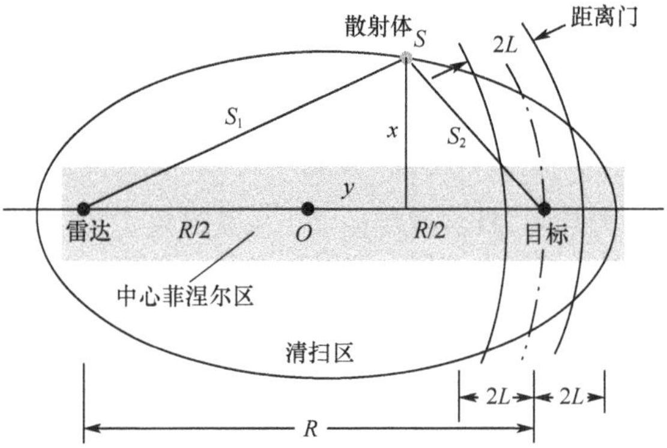

图2.15 地平面测试场场区示意图

若测量雷达到目标的距离已经固定,在给定雷达发射脉宽条件下,考虑场区内各种可能的杂散影响时,需要计入会进入雷达接收机距离门内的所有散射体的影响,其传播路径为发射天线→周边散射体→被测目标→接收天线,路径长度为$R+S_1+S_2$。因此,若以雷达-目标连线的中点O为参考点,假设某散射体位于(x,y)处,若其双站散射干涉造成的目标回波最终进入接收机距离门,则该散射体的位置满足以下不等式,即

$$2(R-L)\leqslant R+S_1+S_2\leqslant 2(R+L) \tag{2.14}$$

或

$$R-2L\leqslant S_1+S_2\leqslant R+2L \tag{2.15}$$

由图2.15可知,$S_1=\sqrt{x^2+(R/2+y)^2}$,$S_2=\sqrt{x^2+(R/2-y)^2}$,代入式(2.15)易知,所有其双程路径长度为恒定值且满足式(2.15)(也即其回波会进入距离选通门$R\pm L$内)的散射体,其在测试场位置(x,y)的集合构成如图2.15所示的椭圆形区域。

为保证良好的地平场增益和尽可能小的双站散射干涉,应保证测试场镜面反射点附近的表面尽可能光滑,散射信号相位保持在180°内的地表面所形成的椭圆区定义为菲涅尔(Fresnel)区,连续的菲涅尔区构成地面同心椭圆区域,由此形成图 2.15 中的中心菲涅尔条带区,对该区域的光滑度要求是最严格的,一般要求跨越 15 ~ 20 个菲涅尔区的中心主反射区地表面具有更高的铺设光滑度[3],对外围区域的要求则没那么高。由 $S_1+S_2 \leqslant R+2L$ 所定义的椭圆区域称为测试场的"清扫区",为了使上述双站散射干涉效应最小化,一般要求在清扫区内不存在除了被测目标以外的其他显著散射体,或者至少满足在式(2.15)所定义的区域内没有重要杂散源,确保接收机距离门内无严重杂散干扰。

此外,若测量雷达采用高脉冲重复频率,还必须避免距离混叠对测量的影响,保证没有远处杂散信号经距离折叠进入接收距离门(远处散射体对上一个或更早发射脉冲的散射信号因其时延正好处于当前接收距离选通时间内而进入当前接收距离门),如果测试场所处环境无法回避远处杂波的距离混叠,也可采用脉间相位调制来抑制这种混叠效应。

2.4.2　天线方向图影响

前面的讨论中假设天线是各向同性的,没有计入天线方向图的影响。在实际测量中,由于所采用的天线具有很强的方向性,这给地面不同距离处的场强分布带来了不可忽视的影响。

假设收发共用天线,且天线方向图是绕天线视线旋转对称的,以此来研究天线方向图的影响。天线的方向性函数表示为 $f(\theta)$,θ 是该方向与视线间的夹角。在式(2.5)中引入天线方向图的影响,有

$$\left|\frac{\boldsymbol{E}}{\boldsymbol{E}_0}\right| = \left|f^2(\theta_{\mathrm{d}})\mathrm{e}^{-\mathrm{j}2kD} + 2f(\theta_{\mathrm{d}})f(\theta_{\mathrm{i}})\rho \mathrm{e}^{-\mathrm{j}k(D+I)} + f^2(\theta_{\mathrm{i}})\rho^2\mathrm{e}^{-\mathrm{j}2kI}\right| \tag{2.16}$$

式中:θ_{d} 和 θ_{i} 分别为直射路径和地面反射路径相对于天线视线的夹角。每条路径前要分别乘以发射和接收时对应的天线方向性函数。

若地面反射系数为 -1 且满足地面平面场关系式(2.13),可得到此时的功率增益因子为

$$K(\theta_{\mathrm{d}},\theta_{\mathrm{i}}) = \left|f^2(\theta_{\mathrm{d}}) + 2f(\theta_{\mathrm{d}})f(\theta_{\mathrm{i}}) + f^2(\theta_{\mathrm{i}})\right|^2 = \left|f(\theta_{\mathrm{d}}) + f(\theta_{\mathrm{i}})\right|^4 \tag{2.17}$$

采用诺特所选用的余弦函数作为天线方向性函数[4],即

$$f(\theta) = \frac{\cos(\pi w/2)}{1-w^2} \tag{2.18}$$

式中:$w=2(d/\lambda)\sin\theta$,d 为天线直径。为简化问题的讨论,不妨假设天线的半功率点波束宽度为 $\theta_{3\mathrm{dB}}=1°$。天线方向图 $f(\theta)$ 与角度 θ 之间的关系如图 2.16 所示。

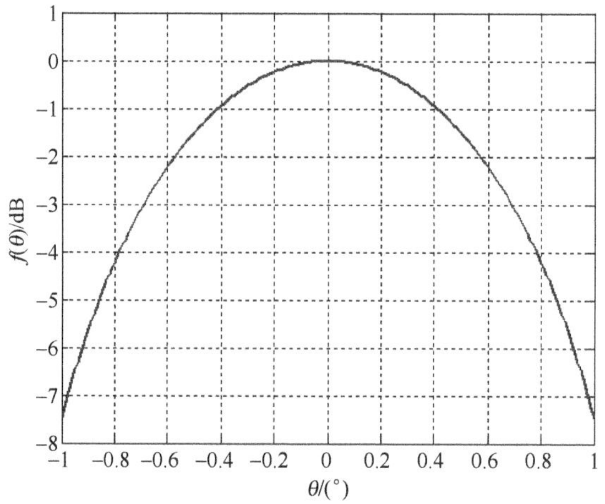

图 2.16　天线方向性函数

因为所选用的天线方向性函数属于上凸函数，所以当满足 $f(\theta_d)=f(\theta_i)$ 时，式(2.17)取最大值，即功率增益因子 $K(\theta_d,\theta_i)$ 最大，此时天线的视线方向刚好为直接路径和间接路径夹角的角平分线方向。

天线方向性会对地面平面场的场强分布带来很大影响。如图 2.17 所示为采用表 2.1 所列参数，计算得到的目标所在测量距离处功率增益因子随目标高度的变化特性。图中"实际增益"表示考虑天线方向性的情况下，地面平面场目标处不同高度增益因子 K 的变化；"全向天线"表示不考虑天线方向性，即将天线视为全向天线时，只考虑地面反射的情况；"自由空间"表示只考虑天线方向性，不考虑地面反射的情况。

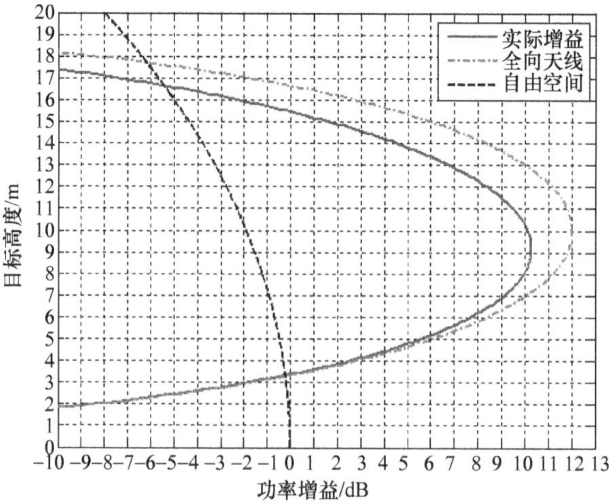

图 2.17　目标处不同高度增益因子变化

从图 2.17 可见，对于全向天线，在满足式(2.13)的情况下，功率增益因子确实可以在设定的高度 $h = h_t = 10\text{m}$ 处取得最大值，约为 12dB，此时增益衰减小于 0.5dB 的高度范围约位于 8.5 ~ 11.5m 的垂直窗口内。在同一测量距离下，若假设目标所在的水平平面内各处受到的地面反射影响基本相同，那么水平方向上的增益衰减基本只由天线方向性函数决定，即与图中自由空间的曲线类似，此时增益衰减小于 0.5dB 的范围约为 -5 ~5m。可以看出，在目标附近区域内，水平方向上场强的均匀性要好于垂直方向。所以从场强的均匀性考虑时，地面平面场较适宜测量横向尺寸较大、高度方向尺寸较小的目标，大多数飞行器属于此类目标。

另一方面，在考虑了天线方向性之后，将出现以下现象：增益因子的最大值有所降低，从 12dB 下降到了 10.3dB 左右；增益最大值所对应的高度降低，从 10m 下降到了 9.2m 左右。如果将全向天线增益最大值对应的高度(10m)称为设计高度，表示假定目标高度为该高度时，设计出的天线架高及天线视线方向等参数；将受天线方向图影响的实际增益曲线最大值所对应的高度(9.2m)称为实际高度；则从图 2.17 明显可见，天线方向性会使得实际高度低于设计高度。因此，地平场实际应用中必须考虑天线方向性所带来的影响。

2.4.3 目标区增益的调整

由于天线方向性会影响地面平面场的场强分布，使增益因子最大值及实际高度下降。但在许多测试场其目标支架的高度通常是固定不变的，这就需要对地面平面场中的某些参数进行调整，以期望使得实际高度与目标高度相等。如何对天线进行微调，使得其最大增益对应的高度同目标架设高度一致起来是一个地平场测试操作中需要解决的实际问题。

2.4.3.1 调整天线视线方向对目标区增益的影响

雷达天线处各路径与天线视线方向之间的关系如图 2.18 所示。图中点划线所示为雷达天线的视线方向，假设其与水平面之间的夹角为 γ_0，直接路径与水平面间的夹角为 γ_1，地面反射路径与水平面间的夹角为 γ_2。

根据图 2.18 和图 2.14 中的几何关系，有

$$\gamma_1 = \arctan\left(\frac{h_t - h_a}{R}\right) > 0 \tag{2.19}$$

$$\gamma_2 = \arctan\left(\frac{-h_t - h_a}{R}\right) < 0 \tag{2.20}$$

对于 γ_0 的符号定义为：当该角度为一仰角(角度高于水平面)时，该角度为

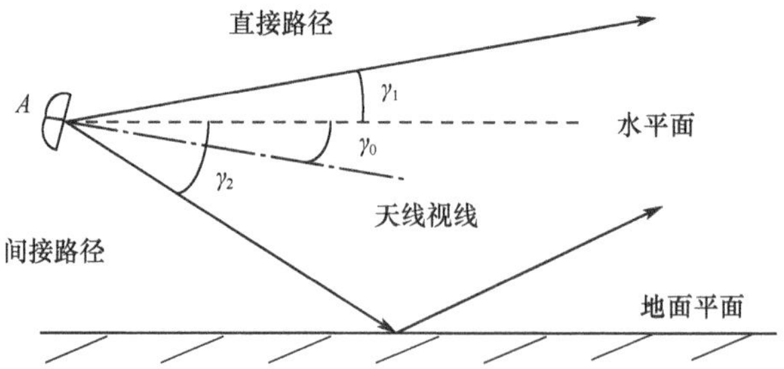

图 2.18　天线视线方向关系示意图

正;当该角度为一俯角(角度低于水平面)时,该角度为负。根据天线方向性函数中夹角的定义,有

$$\theta_d = \gamma_1 - \gamma_0 \tag{2.21}$$

$$\theta_i = \gamma_2 - \gamma_0 \tag{2.22}$$

地面平面场中,当测量距离、天线高度和目标高度都确定之后,γ_1 和 γ_2 也随之确定不变,此时调整 γ_0,观察目标区增益的变化情况。根据表 2.1 的参数计算,$\gamma_1 \approx 0.244°$,$\gamma_2 \approx -0.329°$。图 2.19 示出天线视线角 γ_0 在 $-0.4° \sim 0.4°$ 的范围内变化时,目标区功率增益的变化特性,图中给出 $\gamma_0 = -0.4°, -0.2°, 0°, 0.2°, 0.4°$ 时的计算结果。

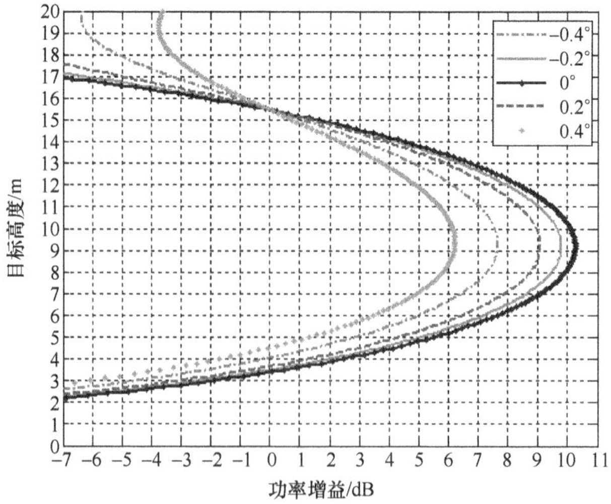

图 2.19　调整天线视线角造成的目标区功率增益变化特性

从图 2.19 可以看出,$\gamma_0 = 0°$时与图 2.17 中的计算结果一致,有 $\theta_d \approx -\theta_i$ 且 $f(\theta_d) \approx f(\theta_i)$。随着天线视线角 γ_0 偏离 0°,无论 γ_0 变大还是变小,最大增益所在的实际高度均会略微上升,而增益值则明显下降。例如,当 $\gamma_0 = 0.4°$时,天线

的视线方向已经在直接路径的上方（$\gamma_0 = 0.4° > \gamma_1 = 0.244°$），实际高度调整为 9.5m 左右，但最大增益却只有 6.2dB 左右。

以上计算结果表明：在地平场条件下，改变天线的视线方向对目标区的功率增益因子影响很大，而且最大增益所处的实际高度位置也是在变化的。可见，实际测量操作中不应通过简单地改变天线视线俯仰角并寻找最强回波的方式来达到目标区增益最大化，因为这样很容易造成对地平场条件的破坏。

2.4.3.2　调整设计高度对目标区增益的影响

前面已经指出，由于受到天线方向图的影响，目标区实际高度会略低于设计高度。那么，这是否意味着在具体 RCS 测试中，如果目标架设高度已确定，可以通过适当预增加设计高度来计算和调整天线高度，以便使实际高度达到与目标架设高度一致呢？

图 2.20 示出了典型仿真计算结果。此例中，设定目标架设高度 10m，其他参数同表 2.1。其中，图 2.20(a) 给出了将设计高度设置在 9 ~ 12m 范围内、步长 0.2m 时，所对应的天线架设高度的变化情况。图 2.20(b) 给出了调节不同天线架设高度后，目标区的功率增益随高度的变化特性，其中最下端曲线对应于设计高度 9m，最上端曲线对应于设计高度 12m。

从图中可以发现，给定目标架设高度 10m 时，按照设计高度 11m 调整天线架设高度，基本上可在实际目标高度 10m 处获得最大地平场功率增益，且该增益值 10dB 左右，小于按照 10m 设计高度调节天线高度时的 10.3dB（但后者对应的实际高度为的最大增益位于 9.3m 处）。为了在测量中波束能对准目标，这个 0.3dB 的增益损失是值得的。

另一方面，还可发现，若按照设计高度 9m 调整天线的高度，可获得最大功率增益 10.6dB，但此时对应的实际高度仅为 8.4m。通过设计高度降低获得比 10.3dB 高出 0.3dB 的功率增益，但却使照射波束偏离目标高度 1.6m，且高度方向的幅度锥削也有所加剧。对于大多数应用，这显然不是希望的结果。

由以上分析我们得到以下结论：

（1）给定目标架高、测试场长度、频段等测量条件时，不应通过改变天线俯仰角来达到目标区最大地平场功率增益，而应通过适当增加设计高度、并相应调节天线架设高度来实现目标区增益最大化并使之与目标安装高度相匹配。

（2）实际 RCS 测试中，人们常常采用在计算的天线高度附近微调天线的架高并寻找最大回波的方法来实现地平场条件下天线高度 - 目标高度 - 功率增益三者之间的最佳匹配。由于降低设计高度并增加天线架高，可能获得更高的目标区功率增益，但会带来照射波束偏离目标实际高度、增加波束的幅度锥削，且其综合影响是复杂的。因此，如果被测目标在高度方向的尺寸较小、对幅度锥削

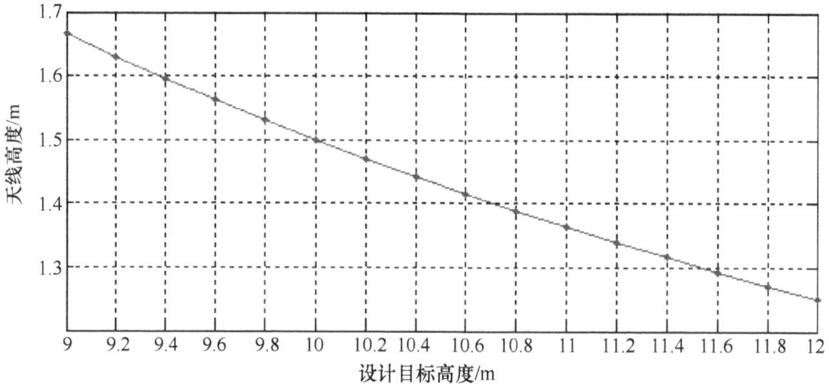

(a) 天线高度随目标设计高度的变化

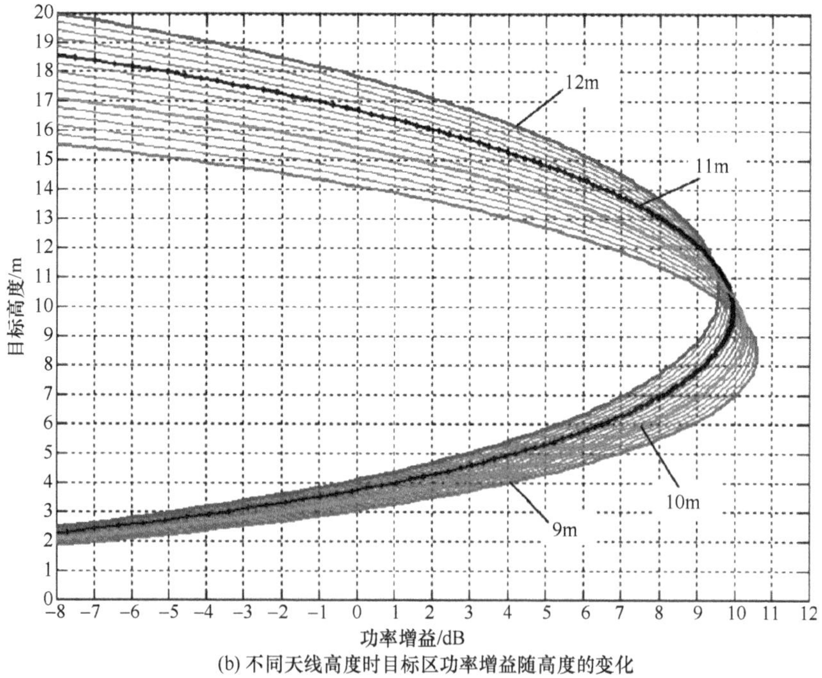

(b) 不同天线高度时目标区功率增益随高度的变化

图 2.20　目标高度处增益随设计高度变化的特性

要求不高,这是一种可行的方法,否则应慎重,或者应该对目标区场强分布进行测量和确认。尤其是在实际操作中,如果发现天线架高已严重偏离设计值时,应认真考虑此法可能失效的问题。

2.4.4　目标－天线架设高度与宽带测量的矛盾

根据地平面测试场条件,当目标安装高度一定时,不同的雷达频段需要使用不同安装高度的雷达天线,因为目标和天线安装高度须满足式(2.13)。举一个简单的计算例子：若测试场长度为 914m，目标架设高度为 18m，那么频率为 12GHz 的 X 频段天线高度应近似为 0.3m，而频率为 150MHz 的米波雷达其天线架高应为 25m。

以上的讨论均是针对单一频点窄带 RCS 测量进行的。对于宽带 RCS 测量，地面平面场利用多径反射合成信号的优点也许会变成缺点。这是由于垂直方向的天线方向图是多路径合成方向图，它是与频率相关的，而为了获得宽带雷达全频段内每个频点下理想的地面平面场特性，理论上需要随频率变化调整天线的高度，这在实际宽带扫频测量中显然也是不现实的！实际情况是，在宽带测量时，一般只能将目标支架和天线高度调整到合适的位置，使得在中心频率处满足地面平面场条件式(2.13)，而一旦天线高度和目标架高固定不动，此时在其他频点上地平场条件并不完全满足。

为了分析地平场几何关系对于宽带测量的影响，我们仍以表 2.1 的参数进行仿真计算，如图 2.21 所示。图中示出的是给定其他参数时，在 X 频段 8 ~ 12GHz、垂直高度窗口 5 ~ 15m 范围内，目标区功率增益随频率和高度的二维变化特性变化，此外，仍假设天线方向图为余弦函数，在 10GHz 中心频率处 3dB 波束宽度 1°，其余频点处的波束宽度由式(2.18)确定。

图 2.21 示出了在整个 8 ~ 12GHz 频段内，在垂直高度 5 ~ 15m 范围内目标区功率增益的计算结果。从图中可以看出，在宽带测量条件下，地平场目标区增益的变化特性是非常复杂的。如果测量过程中雷达 - 目标几何关系是按照中心频率(此处为 10GHz)调整的，宏观上，在频率低端，最大增益所在位置向着比设定高度更高的方向偏离；而在频率高端，最大增益所在位置则向着比设定高度更低的方向偏离。

地平场条件下目标区的这种场强分布特性得到实际测试结果的验证。文献[24]对一个目标区距离 30m、天线架高 0.6m、目标架高 3m 的地平场在频率 7 ~ 15GHz 范围内进行了实际测量，其目标区的场强分布特性如图 2.22 所示。图中灰度图为场强随频率和静区高度的场强分布特性；左侧曲线为 10GHz 频率处场强随高度的变化特性，底部曲线为静区中心处场强随频率的变化特性曲线，其中虚线表示地面平面场，实线表示加了 6 道阻抗渐变挡板(R-card fence)[24,25]抑制地面反射波后所形成的自由空间场的场强测量结果。很明显，这种变化特性与图 2.21 中的仿真计算结果在变化趋势上完全一致。这表明我们给出的仿真计算模型是正确的，可在工程中实用。

从图 2.21 还可见，在本例中，如果要求目标区幅度锥削优于 1dB，在整个 8 ~ 12GHz频段内，可用的目标区高度窗口仅为 0.75m；即使将幅度锥削分别放宽到 2dB 和 3dB，对应的高度向可用窗口也仅分别为 2.5m 和 3.75m，很难满足大型目标测量对于目标区场强锥削的要求。例如，如果目标在高度维尺寸 5m，

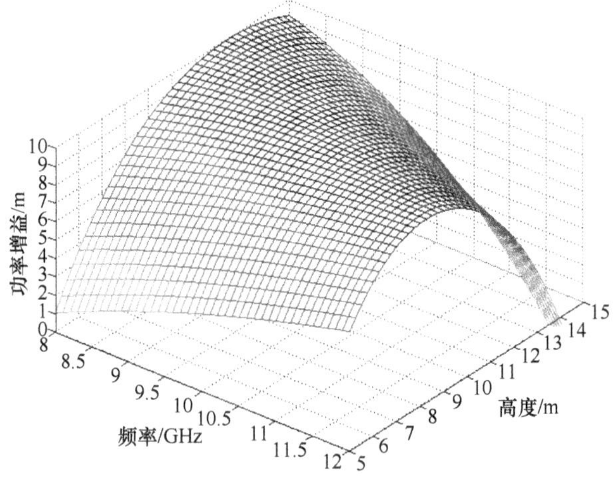

(a) 三维网格图

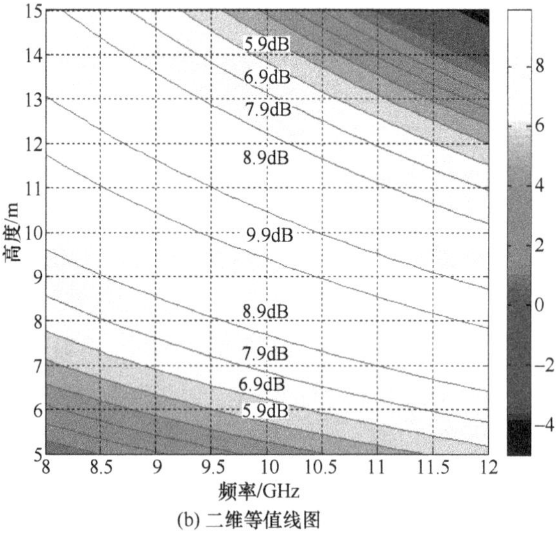

(b) 二维等值线图

图 2.21　宽带测量条件下目标区功率增益随频率和高度变化特性

场强锥削要求分别优于 1dB 和 3dB 时，可用带宽分别不足 500MHz 和 1.5GHz。可见，地平场对于宽带散射测量构成了严重问题。除非对目标区幅度锥削要求不高，否则，一旦目标尺寸、架高等条件给定，对于测量带宽具有严格的限制。

现代 RCS 测试场通常都要求具备宽带高分辨率逆合成孔径（ISAR）成像能力，其结果对于地平场会导致在垂直锥削上的变化范围很大，为了取得测试工作量和场强锥削之间的平衡，往往需要在垂直场锥削要求上作些让步。例如，对于大型飞机目标，一般仅垂尾占据很大高度空间，如果对垂尾的散射特性不做重点关注，便可以牺牲一定的幅度锥削来换取更大的宽带扫频范围，从而减少测量次

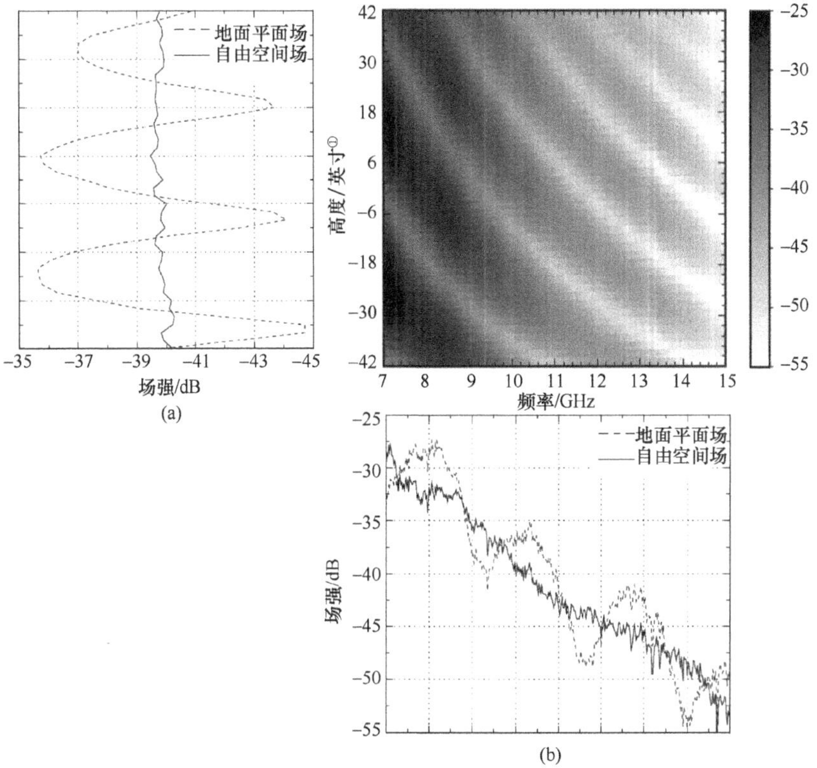

图 2.22　典型地平场宽带测量条件下目标区增益随频率和高度变化特性测量结果

数和提高测试效率。

还应注意到，根据图 2.21 所示的变化特性，通过适当增加“设计高度”来确定目标 - 天线架高、获得最佳功率增益并满足目标区场强锥削要求，对于宽带测量仍然是适用的。此外，为了使上述影响最小化，一些测试场采取在同一频段内使用两个或更多个位于不同高度上的天线，随着在全频段内扫频频率的变化对天线进行电开关切换，可较好解决这一问题。

鉴于地平场条件对于宽带散射测量带来的特殊问题，我们建议，为保证地平场宽带测量的不确定度，对于一个具体的地平场 RCS 测试场，一旦其距离、频段、天线、目标支架等各种条件已确定时，应该建立该地平场的模型和仿真软件。实际 RCS 测量中，可针对每次测试任务所给定的具体条件，以实际测量设备参数为计算输入，通过模型计算和仿真来选择和确定针对当前任务的最佳测量几何关系。必要时还应对测试静区进行宽带场强测试和确认，以确保宽带成像测量不确定度处于可控范围。

① 1 英寸≈2.54cm。

2.4.5 测试静区的平面波特性

RCS 测试场被测目标架设区也称为“静区”或“测试区”，要求在这个区域入射电磁场的幅度和相位变化特性近似于平面波。对于紧缩场，通常要求幅度和相位锥削分别小于 1dB 和 10°。对于非紧缩场，一般要求满足远场条件式(2.4)。式(2.4)中根据经验设定 $k=2$，定义了一个测试区，使得测试区的照射波相位锥削小于 45°。对于非地平场，其目标区的幅度锥削主要取决于天线的波束特性；对于地平场，则不但取决于天线波束，还更多取决于测量几何关系。显然，对地平场的幅度和相位锥削很难满足紧缩场那样的高要求，尤其在宽带扫频测量情况下更加困难。因此，一般需要对测试场目标区的场强分布进行测量和确认。通常采用以下两种场强探针来测试和确认测试区的场强分布特性[2]。

(1) 场强测量：也即采用经典的“单程”场强探针完成场强的扫描测量，一般将一个很小的天线安装在一个精确的扫描定位器上，将探针天线定位于一个平面或立体空间区域内对场强进行直接扫描测量，得到测试区场强的幅度和相位分布特性。

(2) 散射测量：也即所谓的“双程”场强测量，可以有多种测量方法。例如：①采用多根细尼龙线（或其他可行办法）将一个小球悬挂起来，在平面或立体空间区域内将小球定位到不同位置并依次进行后向散射测量，将散射测量测得的幅度和相位除以 2，即可得到测试区场强的幅度和相位分布特性；②采用矩形金属长板或细长圆柱体等强散射体，通过对测量数据转换处理，可得到测试区的场强分布[26]。

无论采用直接测量还是散射测量技术，都要求通过一定的组合测量，使扫描器或金属球定位器能够覆盖整个测试区，实现对目标区雷达照射信号的幅度和相位分布特性的准确测量，一般至少应在测试区的前、中、后三个距离上各完成平面网格上的多点扫描。

作为例子，图 2.23 示出了美国空军 RATSCAT RCS 测试外场场强检测曾经采用的单程场强探针扫描支架[27]。一般地，单程场强探针和扫描支架结构应具有以下基本特性：

(1) 具有足够宽的频带宽度，能够覆盖测试场内的所有工作频段。当然，具体实施中可进一步细分为邻接的频段，例如，对于 1 ~ 18GHz 频段，或许可细分为 1 ~ 2GHz，2 ~ 4GHz，4 ~ 8GHz，8 ~ 18GHz 等多个频段。

(2) 具有宽波束天线方向图，使数据中包含来自墙面、地板和天花板区域等场区的杂散干扰信号。

(3) 探针应具有良好的极化隔离比，理想情况下还应具有测量同极化和交叉极化信号的能力。

图 2.23　美国空军 RATSCAT RCS 测试外场场强扫描探测支架[27]

（4）探针天线和探针扫描结构之间不会形成严重的耦合。

（5）可进行精确位置测量。这意味着探针应提供高精度的步进增量，同时探臂的下垂和弯曲足够小。探测系统中的弯曲程度要小，或者应能预知，可以在数据处理中将去除其影响。

（5）单程探针使用电缆连接到相位稳定的探针天线。

另一方面，采用双程散射测量时，需要重点关注的影响因素包括：必须选择具有宽散射波束宽度的目标（例如，金属球）或者易于精密加工且具有高 RCS 电平的细长目标（例如，细长金属平板或圆柱）；尽管散射测量过程中不需要移动电缆，但需要将目标精确定位在不同位置，任何目标位置的“摆动”都会影响测试结果，故需要采用目标激光跟踪系统进行辅助测量和修正。

2.5　RCS 测量雷达

早期的 RCS 测量雷达采用普通连续波（CW）体制，CW 测量雷达系统的最大缺点是没有距离分辨率，同时，也没有像脉冲雷达那样的距离门，后者可以将目标区之外的杂波限制在距离门外而得以消除，否则所有径向距离上的杂波都有可能进入雷达接收机，同目标回波相混叠。此外，收、发之间的功率耦合比较严重时，也会同目标回波混叠。CW 雷达的上述缺点可通过采用宽带高分辨率脉冲波形来加以克服。现代 RCS 测量雷达多采用宽带高分辨率波形，其中最常见的波形为线性调频（LFM）和频率步进（SF）波形。

本节讨论两种在 RCS 测量雷达中最常用的体制和波形，即 LFM 和频率步进雷达，同时分析其一维高分辨率成像的基本原理。

2.5.1 宽带波形与径向距离分辨率

对于低分辨率雷达,其分辨单元通常远大于目标,因而雷达是将观测对象(如飞机、车辆等)视为"点"目标来测定其位置和运动参数。另一方面,当雷达的径向分辨率和横向分辨率都很高,其分辨单元远小于目标尺寸时,就可以对目标成像。如果在高程上也有足够高的分辨率,雷达还可以实现三维成像。从雷达图像来识别目标显然要比"点"回波识别可靠得多。

图2.24给出了雷达对径向目标探测的示意图[28],雷达发射脉冲的宽度为t_p,目标的长度为L。当$t_p > L/c$(c为电磁波的传播速度)时,相对于目标而言,雷达发射脉冲是一个长脉冲。此时雷达把目标看成一个"点"目标,目标的回波基本上也呈现为一个长脉冲。另一方面,当$t_p \ll L/c$时,相对于目标而言,雷达发射脉冲是一个短脉冲或窄脉冲。此时,雷达把目标看成是扩展目标,目标的回波将呈现多峰值性,每个峰值的位置同目标的局部散射中心的位置相对应,其幅度由散射中心的后向散射系数决定。我们把目标多散射中心随径向距离的分布称为目标的一维高分辨率距离像(High Resolution Range Profiles,HRRP),简称距离像。

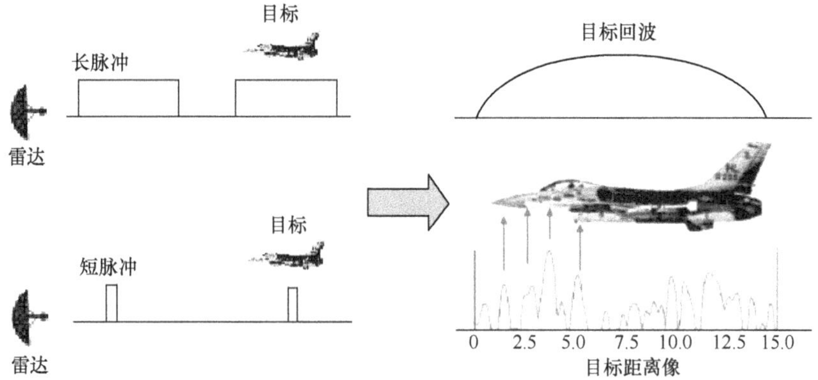

图2.24 扩展目标的一维距离像[28]

在实际雷达系统中,距离高分辨率既可以由短脉冲波形来获得,也可以对长脉冲进行调频或调相并通过脉冲压缩处理来达到。前面我们曾经导出,如果雷达波形的带宽为B,则其径向距离分辨率(瑞利分辨率)δ_r为

$$\delta_r = \frac{c}{2B} \tag{2.23}$$

式中:c为电磁波的传播速度。

最常见的脉冲压缩波形是线性频率调制(LFM)波形和步进频率波形(Step Frequency Waveform,SFW),如图2.25(a)和图2.25(b)所示。其中LFM波形我

们已经熟悉,SFW 一般由一串子脉冲组成,其中每个子脉冲具有固定频率,子脉冲之间的载频则呈线性变化。

其他适合脉冲压缩的波形还包括:非线性调频(图 2.25(c))、调相或离散相位编码脉冲以及步进线性调频(图 2.25(d))等[29]。

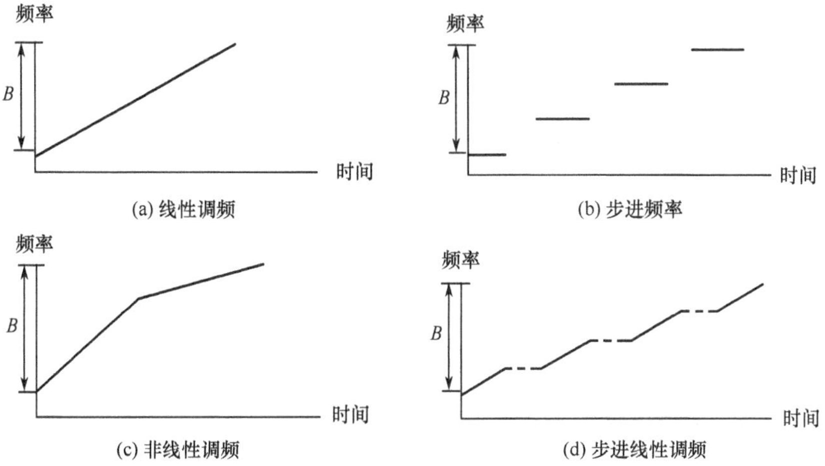

图 2.25　几种宽带脉冲频率随时间变化示意图[29]

2.5.2　LFM 测量雷达

如图 2.26 所示为简化的 LFM 雷达系统框图。假设雷达发射图如图 2.27 所示的向上调频信号,可表示为

$$S_{\mathrm{Tx}}(n,t)=A_0\mathrm{rect}\left(\frac{\hat{t}}{t_{\mathrm{p}}}\right)\mathrm{e}^{\mathrm{j}[2\pi f_c t+\pi\gamma\hat{t}^2]},\quad \hat{t}=t-nT_{\mathrm{p}} \tag{2.24}$$

式中:rect(·)为门函数;t_{p} 为 LFM 脉冲宽度;n 为脉冲数量,$n=0,1,2,\cdots$;T_{p} 为脉冲重复周期;$\hat{t}=t-nT_{\mathrm{p}}$,$t$ 为起始时间。因为脉冲之间的载频相干,所以式中 t 无指数幂,而 $\hat{t}$ 有幂指数。

如果雷达对距离为 R_{t} 远处的点目标照射并接收其回波信号,则该点目标的回波信号为

$$S_{\mathrm{Rx}}(n,t)=A\cdot\mathrm{rect}\left(\frac{\hat{t}-2R_{\mathrm{t}}/c}{t_{\mathrm{p}}}\right)\mathrm{e}^{\mathrm{j}2\pi f_{\mathrm{c}}(t-2R_{\mathrm{t}}/c)}\,\mathrm{e}^{\mathrm{j}\pi\gamma(\hat{t}-2R_{\mathrm{t}}/c)^2} \tag{2.25}$$

式中:A 为一常数。

假设在距离 R_0 处有一参考理想点目标,其回波信号为

$$S_{\mathrm{ref}}(n,t)=\mathrm{e}^{\mathrm{j}2\pi f_{\mathrm{c}}(t-2R_0/c)}\,\mathrm{e}^{\mathrm{j}\pi\gamma(\hat{t}-2R_0/c)^2} \tag{2.26}$$

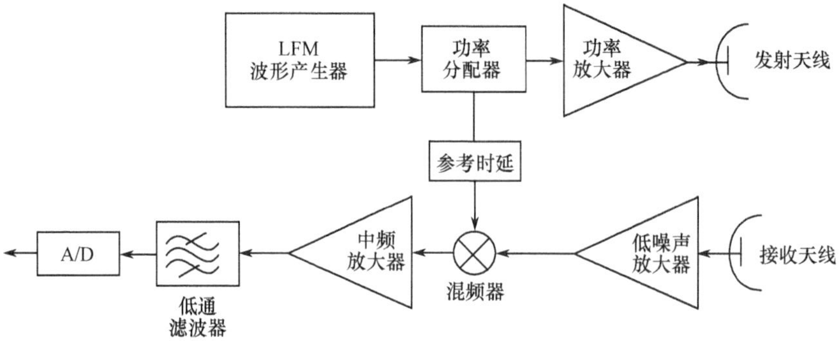

图 2.26　LFM 雷达系统框图

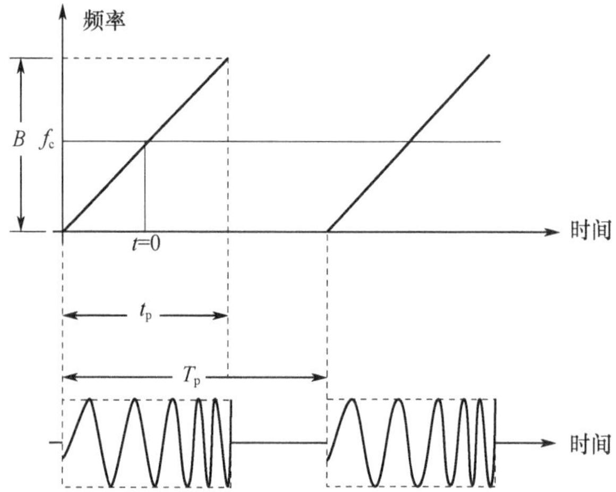

图 2.27　LFM 脉冲串

我们以此为参考延时，将目标回波与参考目标信号混频后，得到的中频回波信号为

$$
\begin{aligned}
S_{\mathrm{IF}}(n,t) &= S_{\mathrm{Rx}}(n,t)\cdot S_{\mathrm{ref}}^{*}(n,t)\\
&= A\cdot \mathrm{rect}\left(\frac{\hat{t}-2R_{\mathrm{t}}/c}{t_{\mathrm{p}}}\right)\mathrm{e}^{-\mathrm{j}\frac{4\pi\gamma}{c}\left(\frac{f_{\mathrm{c}}}{\gamma}+\hat{t}\right)(R_{\mathrm{t}}-R_0)}\,\mathrm{e}^{\mathrm{j}\frac{4\pi\gamma}{c^2}(R_{\mathrm{t}}-R_0)^2}\\
&= A\cdot \mathrm{rect}\left(\frac{\hat{t}-2R_{\mathrm{t}}/c}{t_{\mathrm{p}}}\right)\mathrm{e}^{\mathrm{j}\Phi(n,\hat{t})}
\end{aligned}
\tag{2.27}
$$

式中

$$
\Phi(n,\hat{t}) = -\frac{4\pi\gamma}{c}\left(\frac{f_{\mathrm{c}}}{\gamma}-\frac{2R_0}{c}+\hat{t}\right)r+\frac{4\pi\gamma}{c^2}r^2 \tag{2.28}
$$

式中：$r=R_{\mathrm{t}}-R_0$ 为点目标到参考距离中心之间的距离。该相位的第一部分同 r

成正比，第二部分称为残余视频相位（RVP）。

现假设目标由 M 个散射中心组成，目标参考中心在距离 R_0 处，各散射中心相对目标参考中心的距离为 r_k，其中，$k=0,1,2,\cdots,M-1$，目标在径向距离上的尺度为 $L=r_{M-1}-r_0$，如图 2.28 所示。

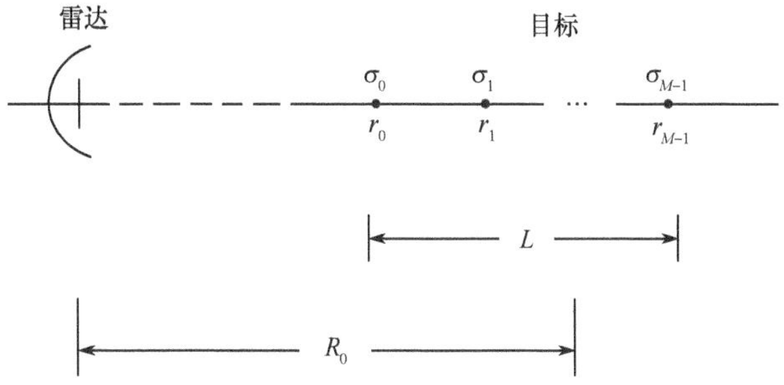

图 2.28　LFM 雷达观测 M 个点目标

经接收机处理后，目标总的中频回波信号为

$$S_{\mathrm{IF}}(n,t)=\sum_{k=0}^{M-1}\sqrt{\sigma_k}\cdot\mathrm{rect}\left(\frac{\hat{t}-2(R_0+r_k)/c}{t_{\mathrm{p}}}\right)\mathrm{e}^{\mathrm{j}\Phi_k(n,\hat{t})} \tag{2.29}$$

注意式中忽略了一个幅度常数因子，且

$$\Phi_k(n,\hat{t})=-\frac{4\pi\gamma}{c}\left(\frac{f_{\mathrm{c}}}{\gamma}-\frac{2R_0}{c}+\hat{t}\right)r_k+\frac{4\pi\gamma}{c^2}r_k^2 \tag{2.30}$$

同样，相位的第一项与第 k 个散射中心相对于目标参考中心 R_0 的距离 r_k 成正比，第二项为残余视频相位。

现在来分析单个点目标中频回波信号的频率，它为

$$f_\Delta=\frac{1}{2\pi}\frac{\mathrm{d}\Phi}{\mathrm{d}\hat{t}}=-\frac{2\gamma}{c}r \tag{2.31}$$

因此，从最近处散射中心 σ_0 来的回波，其频率为

$$f_{\Delta1}=-\frac{2\gamma}{c}r_0 \tag{2.32}$$

从最远处散射中心 σ_{M-1} 来的回波的频率则为

$$f_{\Delta M}=-\frac{2\gamma}{c}r_{M-1} \tag{2.33}$$

所以，收到目标信号的中频带宽为

$$B_{\mathrm{IF}}=f_{\Delta1}-f_{\Delta M}=\gamma\frac{2L}{c} \tag{2.34}$$

式中：$L = r_{M-1} - r_0$ 为目标的最大尺寸。

如图 2.29 所示，我们知道，LFM 波形的射频带宽为

$$B_{\mathrm{RF}} = \gamma t_{\mathrm{p}} \tag{2.35}$$

因此，有

$$\frac{B_{\mathrm{IF}}}{B_{\mathrm{RF}}} = \frac{2L}{ct_{\mathrm{p}}} = \frac{L}{ct_{\mathrm{p}}/2} \tag{2.36}$$

如果雷达发射脉冲的脉宽远远大于被测目标的尺度，即 $ct_{\mathrm{p}}/2 \gg L$，则有 $B_{\mathrm{IF}}/B_{\mathrm{RF}} \ll 1$。就是说，经过如图 2.29 所示的 LFM 雷达系统处理，在接收机中，处理目标信号的时间间隔为 $t_{\mathrm{p}} + 2L/c \approx t_{\mathrm{p}}$，而信号带宽则压缩为 $B_{\mathrm{IF}} = \gamma \dfrac{2L}{c}$，这使得对 A/D 器件的速度要求大大降低。所以，这种接收处理也叫“展宽”（stretch）处理。

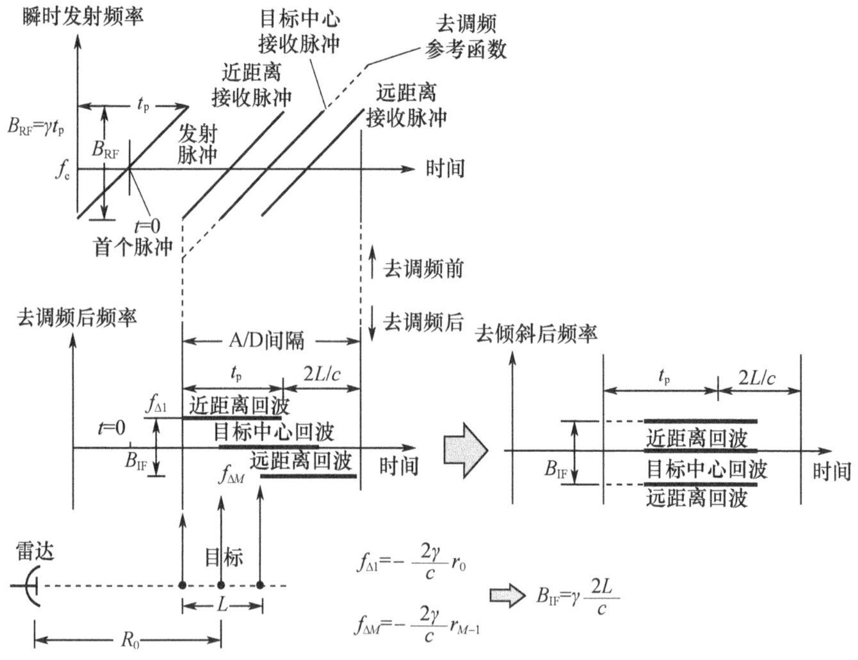

图 2.29 LFM 信号的去调频和去倾斜处理

现在回过头来研究目标回波信号的相位。若记 $f_{\Delta k} = -\dfrac{2\gamma}{c} r_k$，则由式（2.30）有

$$\Phi_k(n, \hat{t}) = 2\pi f_{\Delta k}\left(\frac{f_{\mathrm{c}}}{\gamma} - \frac{2R_0}{c} + \hat{t}\right) + \frac{\pi f_{\Delta k}^2}{\gamma} \tag{2.37}$$

式(2.37)表明:对于 LFM 雷达系统,目标回波相位由两部分组成:第一项为同目标相对于参考中心的距离 r_k 呈线性变化的相位,它反映了目标散射中心的位置信息;第二项为非线性残余视频相位,对成像处理无贡献,需要在处理中消除。

消除非线性残余相位的过程也即“去倾斜”(Deskew)处理,其含义可从图 2.29中看出,这是因为不同距离上的目标,其回波存在一个时延,即

$$t_k = \frac{2r_k}{c} = -\frac{f_{\Delta k}}{\gamma} \tag{2.38}$$

这个回波的频率变化率正好同 LFM 的调频斜率大小相同、符号相反。因此,如果对回波乘以一个相位因子 $e^{-j\frac{\pi f_{\Delta k}^2}{\gamma}}$,则可完成去斜率过程,所得到的最终信号相位为

$$\Phi_k'(n,\hat{t}) = \Phi_k(n,\hat{t}) - \frac{\pi f_{\Delta k}^2}{\gamma} = 2\pi f_{\Delta k}\left(\frac{f_c}{\gamma} - \frac{2R_0}{c} + \hat{t}\right) = 2\pi f_{\Delta k} t \tag{2.39}$$

式中:$t = \frac{f_c}{\gamma} - \frac{2R_0}{c} + \hat{t}$。

对于由 M 个散射中心组成的扩展目标,经上述处理的目标回波信号可表示为(忽略一个常数因子)

$$S_{IF}(n,\hat{t}) = \sum_{k=0}^{M-1} \sqrt{\sigma_k} \cdot \mathrm{rect}\left(\frac{\hat{t} - 2(R_0 + r_k)/c}{t_p}\right) e^{j\Phi_k'(n,\hat{t})} \tag{2.40}$$

在 A/D 采样时间间隔内,有

$$\mathrm{rect}\left(\frac{\hat{t} - 2(R_0 + r_k)/c}{t_p}\right) = 1 \tag{2.41}$$

因此,有

$$S_{IF}(n,t) = \sum_{k=0}^{M-1} \sqrt{\sigma_k} \cdot e^{j2\pi f_{\Delta k} t} \tag{2.42}$$

它表明:经混频和去倾斜处理后,LFM 雷达单个发射脉冲对应的接收回波同目标散射中心随径向距离的分布(也即目标一维距离像)之间是傅里叶逆变换关系。因此,如果对 LFM 雷达的目标回波信号作傅里叶正变换,便可以得到目标的一维高分辨率距离像。

2.5.3　步进频率测量雷达

图 2.30 所示为步进频率雷达系统框图。雷达发射的脉冲信号以 N 个($N >> 1$)单频脉冲串为一组,脉冲串组中每一个脉冲的频率比前一个脉冲的频

率高 Δf(当然,也可以低一个 Δf),且每秒钟雷达发射 $\frac{1}{T_R}$ 组脉冲,T_R 为脉冲串重复周期,每一个脉冲的宽度为 t_p,脉冲重复周期为 T_p,$T_R = NT_p$。步进频率脉冲串组的波形如图 2.31 所示[1,30]。

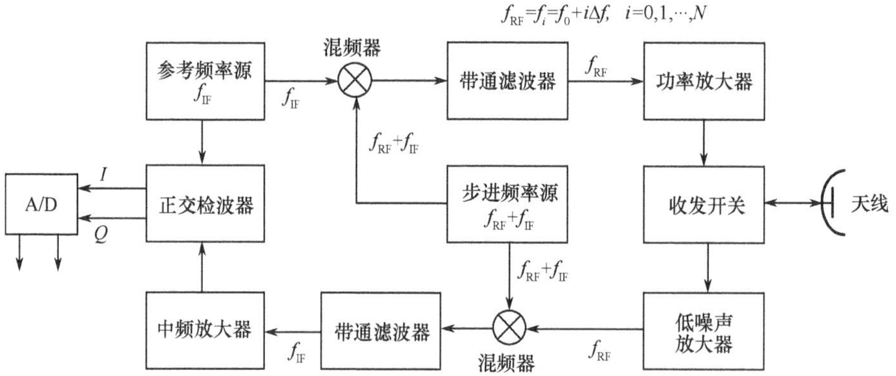

图 2.30　步进频率雷达系统框图

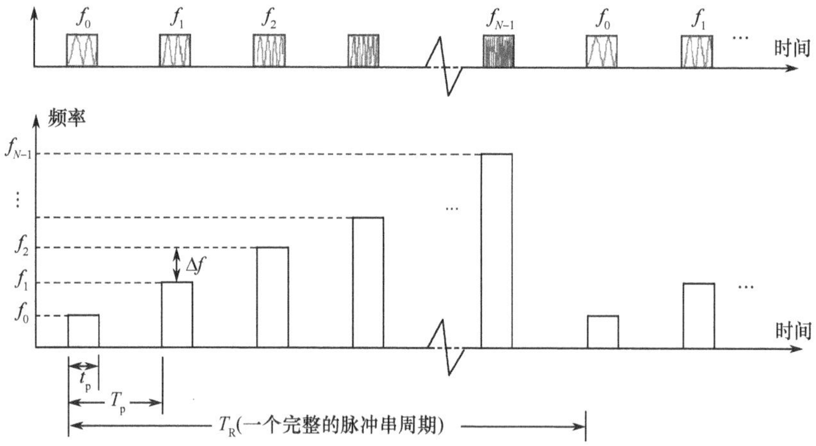

图 2.31　步进频率脉冲串组波形

在一个脉冲串组中,第 i 个脉冲的频率为

$$f_i = f_0 + i\Delta f \quad i = 0,1,\cdots,N-1 \tag{2.43}$$

因此,由 N 个脉冲组成的脉冲串信号总的带宽为

$$B = (N-1)\Delta f \tag{2.44}$$

当 $N >> 1$ 时,$B \approx N\Delta f$。

假设在一个脉冲串周期内，雷达发射信号为

$$S_{\mathrm{T}}(t)=\begin{cases}A\mathrm{e}^{\mathrm{j}(2\pi f_i t+\theta_i)}, & iT_{\mathrm{p}}\leqslant t\leqslant iT_{\mathrm{p}}+t_{\mathrm{p}}\\ 0, & \text{其他}\end{cases} \tag{2.45}$$

式中：A 为常数；θ_i 为一初始相位，$i=0,1,\cdots,N-1$。

在某个时刻 t，位于距离 R_{t} 远处的点目标（如图 2.32 所示）的回波信号为

$$S_{\mathrm{r}i}(t)=A'\mathrm{e}^{\mathrm{j}\{2\pi f_i[t-\eta(t)]+\theta_i\}},\quad iT_{\mathrm{p}}+\eta(t)\leqslant t\leqslant iT_{\mathrm{p}}+t_{\mathrm{p}}+\eta(t) \tag{2.46}$$

式中：A'为常数；$\eta(t)$ 为双程时延，其值为

$$\eta(t)=\frac{2(R_{\mathrm{t}}-Vt)}{c} \tag{2.47}$$

式中：c 为电磁波的传播速度；V 为目标径向速度。

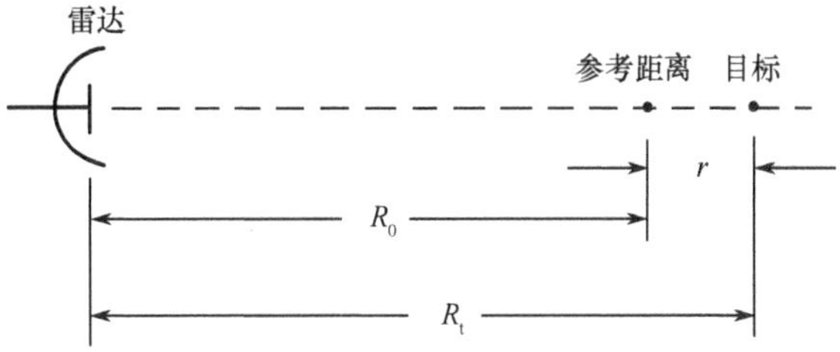

图 2.32　SFW 雷达观测点目标示意图

在雷达接收机中，收到的回波信号同下列参考信号进行混频处理

$$S_{\mathrm{ref}}(t)=K\mathrm{e}^{\mathrm{j}\left[2\pi f_i\left(t-\frac{2R_0}{c}\right)+\theta_i\right]},\quad iT_{\mathrm{p}}\leqslant t\leqslant iT_{\mathrm{p}}+t_{\mathrm{p}} \tag{2.48}$$

式中：K 为常数；R_0 为雷达距离门所设定的参考距离。

因此，有

$$S_{IQ}(t)=S_{\mathrm{r}i}(t)S_{\mathrm{ref}}^{*}(t)=A_{IQ}\mathrm{e}^{\mathrm{j}2\pi f_i\frac{2(R_0-R_{\mathrm{t}})-2Vt}{c}}=A_{IQ}\mathrm{e}^{-\mathrm{j}4\pi f_i\frac{r+Vt}{c}} \tag{2.49}$$

式中：A_{IQ}为幅度常数；r 为目标偏离雷达参考距离中心的距离。

如果对于第 i 个脉冲的回波在 t_i 处采样，此时频率为 $f_i=f_0+i\Delta f$，因此，经低通滤波器滤波滤除 f_0 对应的高频分量后，由正交检波器提取出的 I、Q 正交分量为

$$\begin{cases}X_I(t_i)=A_i\cos\psi_i(t_i)\\ X_Q(t_i)=A_i\sin\psi_i(t_i)\end{cases} \tag{2.50}$$

式中：A_i 为幅度常数，而

$$\psi_i(t_i)=-2\pi f_{vi}\left(\frac{2r}{c}+\frac{2Vt_i}{c}\right) \tag{2.51}$$

式中：$f_{vi}=i\Delta f$。

式(2.50)中的一对正交分量可用复数形式表示为

$$X(f_{vi})=A_i e^{j\psi_i},\quad i=0,1,\cdots,N-1 \tag{2.52}$$

式中：$\psi_i=\psi_i(t_i)$。

对于静态 RCS 测试场，被测目标架设在固定距离处的目标支架上，可假设目标的速度 $V=0$，则有

$$\psi_i=-2\pi f_{vi}\frac{2r}{c} \tag{2.53}$$

因此有

$$X(f_{vi})=A_i e^{-j\frac{4\pi f_{vi}}{c}r},\quad i=0,1,\cdots,N-1 \tag{2.54}$$

同样，如图 2.28 所示，如果一个扩展目标由 M 个散射中心组成，各个散射中心的复散射幅度为 $\sqrt{\sigma_0},\sqrt{\sigma_1},\cdots,\sqrt{\sigma_{M-1}}$，相对于参考距离中心的距离分别为 $r_0,r_1,\cdots,r_{M-1}$，则第 m 个散射中心的回波为

$$X_m(f_{vi})=A_i\sqrt{\sigma_m}e^{-j\frac{4\pi f_{vi}}{c}r_m},\quad m=0,1,\cdots,M-1;i=0,1,\cdots,N-1 \tag{2.55}$$

目标总的回波信号是各单个散射中心信号之相量和，即

$$X_M(f_{vi})=\sum_{m=0}^{M-1}X_m(f_{vi})=\sum_{m=0}^{M-1}A_i\sqrt{\sigma_m}e^{-j\frac{4\pi f_{vi}}{c}r_m},\quad i=0,1,\cdots,N-1 \tag{2.56}$$

如果选取 $N>M$(即频率步进个数大于目标散射中心个数)，且将径向距离划分为 N 个分辨单元，并定义

$$A(r_k)=\begin{cases}A_k\sqrt{\sigma_k}, & \text{如果 } r_k \text{ 处有目标散射中心}\\ 0, & \text{如果 } r_k \text{ 处没有目标散射中心}\end{cases},\quad k=0,1,\cdots,N-1$$

可见，$A(r_k)$定义了目标散射中心沿着径向距离(关于复散射强度和位置)的分布特性。此时，式(2.54)可写为

$$X_M(f_{vi})=\sum_{k=0}^{N-1}A(r_k)e^{-j\frac{4\pi r_k}{c}f_{vi}},\quad i=0,1,\cdots,N-1 \tag{2.57}$$

因此，在 SFW 雷达中，随步进频率变化的目标回波同目标的一维距离像之间构成一对离散傅里叶变换(DFT)关系。因此，为了得到各个距离单元上目标散射中心的分布，可以通过一维逆离散傅里叶变换(IDFT)来实现

$$A(r_k)=\frac{1}{N}\sum_{i=0}^{N-1}X_M(f_{vi})\mathrm{e}^{\mathrm{j}\frac{4\pi f_{vi}}{c}r_k},\quad k=0,1,\cdots,N-1 \tag{2.58}$$

注意到在 SFW 系统中，对频率步进的间隔 Δf 的选取是有要求的。根据采样定理，如果目标的最大尺寸为 $L_{\max}$，为了不引起距离像混叠，要求

$$\Delta f\leqslant\frac{c}{2L_{\max}} \tag{2.59}$$

式中：c 为电磁波的传播速度。此外，还要求单个雷达脉冲的持续时间要足够长以覆盖整个目标，即 $t_p>2L_{\max}/c$，因此，也要求 $\Delta f\leqslant 1/t_p$。

2.6　雷达系统性能对 RCS 测量的影响

雷达系统的性能对 RCS 测量不确定度和诊断成像测量结果具有重要影响。传统窄带 RCS 测量主要受系统漂移和系统线性动态范围的影响，而宽带成像测量中，成像质量还受到接收机同相（I）与正交相位（Q）通道失衡、频率稳定度与非线性等因素的影响。

2.6.1　系统飘移

测量系统飘移（或不稳定性）系指接收信号幅度和/或相位随时间变化的特性，一般将系统飘移定义为给定时间周期内的百分数误差。

在 RCS 测量中，需要关注的系统漂移包括短时（一个脉冲重复周期，也即时间周期等于雷达信号的往返时间）和长时（时间周期等于完成一次甚至多次测量的全部时间，其中包括对参考基准目标的测量）不稳定性两个方面。短时不稳定性主要包括高频相位和幅度随时间的变化，长时不稳定性包括频率、增益、目标位置、天线设备、试验场区以及建筑物等的飘移。

测量系统漂移既包括测量雷达系统漂移，也包括目标不稳定性因素。影响 RCS 测量雷达系统飘移的主要因素包括发射机功率、频率和参考振荡器相位的飘移，影响测量系统的其他因素还可能包括：由热变化引起的电缆相位飘移、源于太阳能加热和风吹引起的系统结构中机械位置飘移、空调系统冷热循环以及由吹风机引起的气流或压力变化等影响、电梯和门甚至外部交通振动的影响等。引起目标不稳定性飘移的主要因素包括目标支架和转台所导致的振动和内部活动部件运动变化等。

在现代先进 RCS 测试场中，测量雷达发射机和接收机的漂移一般可通过电路设计、元器件选择等来使 RCS 测量期间飘移的影响最小化，或者通过后定标测量和后处理等技术来进行补偿。此外，采用异地同时定标测量，也即将目标和定标体放置于不同的距离处，雷达接收机采用两个距离门同时接收目标和定标

体的回波信号,经后续 RCS 定标处理,可以很好地消除系统飘移的影响。另一方面,目标不稳定性飘移则很难通过这些技术来解决,只能通过对目标支架、转台、升降系统等的精心设计和精密加工等预防措施加以解决。

2.6.2 接收机 *I/Q* 通道平衡

如上一节所讨论的,测量雷达的 *I/Q* 正交检波器将中频回波信号与两个由 $\cos(\omega t)$ 和 $\sin(\omega t)$ 组成的正交参考信号进行混频,经滤波消除高频分量后生成基带回波 *I* 和 *Q* 分量。作为接收到的固定目标的雷达基带回波信号幅度 *A* 和相位 φ 可由一对正交通道信号 *I* 分量 V_I 和 *Q* 分量 V_Q 所决定,有

$$V_I = A\cos\left(\frac{4\pi R}{\lambda} + \varphi_0\right) = A\cos\varphi \tag{2.60}$$

$$V_Q = A\sin\left(\frac{4\pi R}{\lambda} + \varphi_0\right) = A\sin\varphi \tag{2.61}$$

$$A = \sqrt{V_I^2 + V_Q^2} \tag{2.62}$$

$$\varphi = \tan^{-1}(V_Q/V_I) \tag{2.63}$$

式中:φ_0 为初相;$\dfrac{4\pi R}{\lambda}$为相对于参考中心的回波相位。

2.6.2.1 *I/Q* 通道失衡问题

理想情况下,*I/Q* 检测网络产生的信号不包含任何 *I/Q* 直流偏移量,没有增益失衡,两个通道间的正交性非常好。在 *I* 和 *Q* 检测电路中可能会产生误差,导致信号矢量的表示不够理想。两个分量中可能会有直流偏移,增益失衡以及两个参考信号的非正交性。

图 2.33 描绘了这些非理想性的效果。由式(2.60)~式(2.63),理想情况下,随着雷达-目标距离 *R* 的变化范围超过 $\lambda/2$,回波相位将以 2π 为周期折叠,等效为复信号 *V* 在复平面描绘出 *I/Q* 曲线的一个圆(如图 2.33(a)所示)。但是,在实际雷达系统中,*I* 和 *Q* 通道间的任何不平衡将导致信号的失真。图 2.33 中(b)~图 2.33(d)是几种典型的失真。

(1) 直流偏置:如图 2.33(b)所示为含有直流偏置的情况,当 *I* 通道或 *Q* 通道或 *I*、*Q* 两个通道的零输入响应不真正为零,而是包含一个直流偏置分量时,*I*、*Q* 圆的圆心将偏离原点。此时的 *I/Q* 通道信号可表示为

$$V_I' = A\cos\varphi + D_{\mathrm{ci}} \tag{2.64}$$

$$V_Q' = A\sin\varphi + D_{\mathrm{cq}} \tag{2.65}$$

且满足

$$(V_I' - D_{ci})^2 + (V_Q' - D_{cq})^2 = A^2 \tag{2.66}$$

可见,在复平面上这是一个偏心圆,圆心位于(D_{ci},D_{cq}),直流偏置量决定了圆心在复平面上的位置。

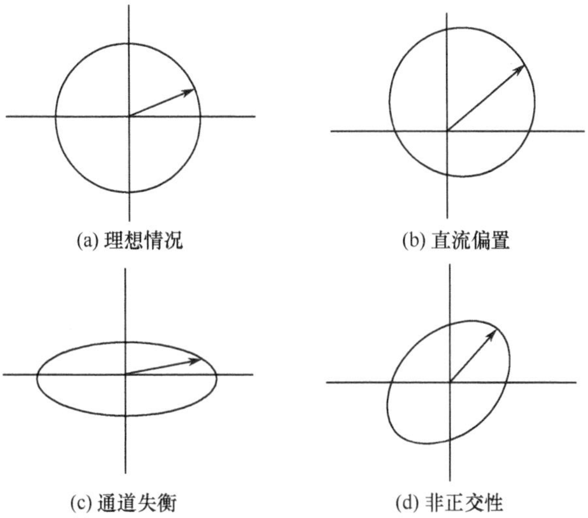

图 2.33　I/Q 通道失真的影响

(2) I/Q 通道失衡:如图 2.33(c)所示,当 I 通道和 Q 通道的增益不同时,I/Q 曲线将变成为一个椭圆而不再是圆,其长、短轴分别与 I 轴、Q 轴平行。此时,I/Q 通道信号可表示为

$$V_I' = A_I \cos\varphi \tag{2.67}$$

$$V_Q = A_Q \sin\varphi \tag{2.68}$$

且满足

$$\frac{V_I'^2}{A_I^2} + \frac{V_Q'^2}{A_Q^2} = 1 \tag{2.69}$$

可见,在复平面上这是一个椭圆,其长短轴之比由两个通道之间的增益失衡量所决定。

(3) I/Q 非正交性:如图 2.33(d)所示,根据前面的讨论和解析几何知识易知,当 I 通道、Q 通道间的相位差不严格为 90°时,会导致 I/Q 曲线成为一椭圆,而且其长轴和短轴不再平行于 I 轴、Q 轴,而是存在一个转角,转角大小由偏离正交的相角量所决定。

2.6.2.2　I/Q 通道失衡的影响

I/Q 通道失衡对于宽带高分辨率测量的不良影响十分明显:直流偏置将导

致在相位参考点(也即目标零距离)处出现虚假目标,其幅度与直流偏置的幅度成正比;通道增益不一致和通道非正交将导致出现成对回波虚假目标,关于这种成对回波的形成机理我们将在 2.6.3 节专门讨论。

2.6.2.3 I/Q 通道失衡的修正

判断 I/Q 检测网络完整性的方法是,将一可控的信号注入到网络中,在各种信号条件下,观察独立的 I 和 Q 的输出。将注入信号的相位旋转到精确值并记录 I/Q 值。由于检测网络的非完美性导致出现 I/Q 误差,但有可能开发出能够自动判断修正 I/Q 误差所需的系数的程序。例如,希尔(Sheer)对上述 I 通道、Q 通道失真对雷达的影响进行了讨论[31],对于直流偏置、通道失衡和非正交性失真,通过事后信号处理的办法可减小其对雷达性能的影响。

图 2.34 示出了 I、Q 正交检波器失真模型。图中 D_{ci}、D_{cq} 分别为 I、Q 通道的直流分量,G_e 为增益失衡,等于 I 通道增益与 Q 通道增益的比值;θ_e 为 Q 通道相对于 I 通道偏离 90°的相位误差。对于理想的正交检波器,$D_{ci}=D_{cq}=0$,$G_e=1$,$\theta_e=0$。

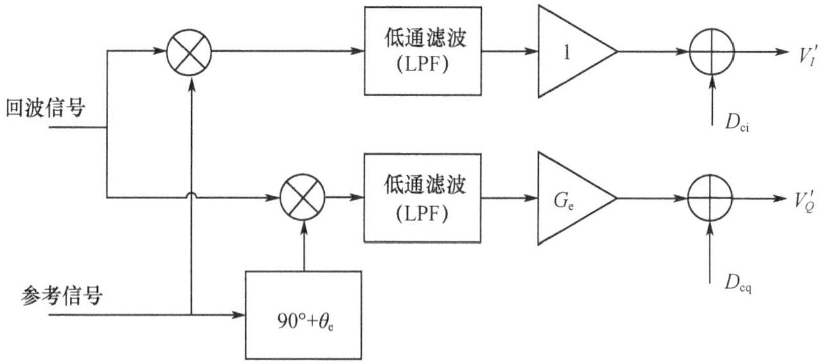

图 2.34 I/Q 正交通道失真模型

这样,失真的 I/Q 通道信号可用如下模型表示

$$\begin{cases} V_I' = A\cos\varphi + D_{ci} \\ V_Q' = A\cdot G_e\sin(\varphi+\theta_e) + D_{cq} \end{cases} \tag{2.70}$$

因此,可通过下面的方程进行校正,即

$$\begin{cases} V_{Icor} = V_I' - D_{ci} \\ V_{Qcor} = \dfrac{1}{\cos\theta_e}\left(\dfrac{V_Q' - D_{cq}}{G_e} - V_{Icor}\sin\theta_e\right) \end{cases} \tag{2.71}$$

式中:V_{Icor} 和 V_{Qcor} 是校正后的 I/Q 通道信号,需要估计的校正参数为 D_{ci},D_{cq},G_e

和 θ_e。

校正参数估计的具体实现过程：将测试信号输入正交检波器，采样 I 通道、Q 通道的输出信号，获得 N 组数据，分别记为 V_{Ik} 和 V_{Qk}，$k=1,2,\cdots,N$，那么可以得到各校正参数 D_{ci}，D_{cq}，G_e^* 和 θ_e 的估计值如下

$$\begin{cases} \hat{D}_{ci} = \dfrac{1}{N}\sum_{k=1}^{N} V_{Ik} \\ \hat{D}_{cq} = \dfrac{1}{N}\sum_{k=1}^{N} V_{Qk} \\ \hat{G}_e = \sqrt{\dfrac{\sum_{k=1}^{N}[V_{Qk} - \hat{D}_{cq}]^2}{\sum_{k=1}^{N}[V_{Ik} - \hat{D}_{ci}]^2}} \\ \hat{\theta}_e = \sin^{-1}\left\{\dfrac{2\sum_{k=1}^{N}(V_{Ik} - \hat{D}_{ci})(V_{Qk} - \hat{D}_{cq})/\hat{G}_e}{\sum_{k=1}^{N}[(V_{Ik} - \hat{D}_{ci})^2 + (V_{Qk} - \hat{D}_{cq})^2/\hat{G}_e^2]}\right\} \end{cases} \tag{2.72}$$

当然，也还存在其他校正模型和参数估计方法[32-34]，限于篇幅不赘述。

应该指出，现代先进 RCS 测试场其测量雷达大多采用数字 I/Q 接收机，I/Q 通道失衡的影响可以被降低到最小。

2.6.3　系统线性度影响

雷达接收机的线性度是指输入信号与输出信号间的线性关系，即输入/输出特性具有如下形式

$$V_0 = aV_i + b \tag{2.73}$$

式中：a 和 b 为常数。

对于对数接收机，其输出电压是接收机输入功率取对数后的线性函数。

系统非线性的严重程度由线性度指标来衡量，它表征了系统的真实响应特性偏离理想直线的程度，一般以百分比表示。系统线性度的测量方法是将一个动态范围很宽的信号输入到雷达设备输入系统中，然后测量输出，这时需要使用稳定的信号源和一个高精度的步进衰减器。对于一个实际雷达接收机，在中等信号电平时，在输入和输出之间应存在一个线性关系；在高信号电平时，随着放大器开始饱和，与线性关系的偏差会逐渐增加；而在低信号电平，任何小的偏差影响都是显而易见的。如果线性区（系统的动态范围）不满足原始设计指标，则有必要对测量设备进行维修。

2.6.3.1　产生非线性的主要因素

在 RCS 宽带测量雷达系统中，非线性引起的信号失真可以由系统中任何一

个环节(包括传播路径)所造成,其中最常见的是由一些接收机硬件问题所引起的,包括在高信号电平、低信号电平处的信号电平压缩、直流偏移和飘移、公共模式干扰、通道间的系统交叉干扰、系统不稳定性或出现振荡等。对数接收机的非线性可能是由于使用多级放大器通道来逼近对数函数而产生的。每级放大器在饱和之前都具有线性传输特性,而饱和会导致对数传输曲线出现误差,可采用适当的反馈机制使这种影响最小化。

2.6.3.2 非线性对宽带散射测量的影响

现代先进 RCS 测试场大多采用宽带成像测量雷达系统。在雷达带宽内,任何幅度响应特性不平坦(幅度特性非线性)、信号时延非恒定(相位特性非线性)均将引起信号失真。在传统的窄带非相参脉冲积累测量雷达中,这种失真一般不会对 RCS 测量带来严重影响。但是,对于宽带高分辨率成像测量雷达,幅度和相位特性非线性将造成信噪比和分辨率降低、图像旁瓣电平升高等问题。

系统非线性对于宽带散射成像测量的影响,可以根据线性系统理论采用成对回波方法加以分析[30,35]。如图 2.35 所示,将雷达系统看成为一个线性时不变系统,其传递函数为 $H(\omega)$,冲激响应函数为 $h(t)$。若系统的输入信号为 $s_i(t)$,对应的频谱为 $S_i(\omega)$。在时域,输出信号 $s_o(t)$ 可表示为

$$s_o(t) = h(t) * s_i(t) \tag{2.74}$$

式中,* 表示卷积。对应地,输出信号的频域响应为

$$S_o(\omega) = H(\omega) S_i(\omega) \tag{2.75}$$

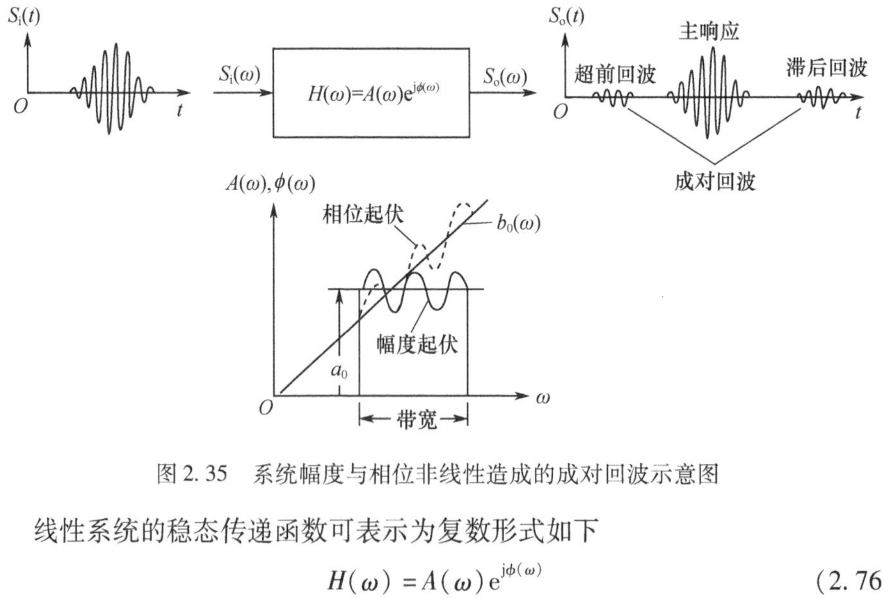

图 2.35 系统幅度与相位非线性造成的成对回波示意图

线性系统的稳态传递函数可表示为复数形式如下

$$H(\omega) = A(\omega) e^{j\phi(\omega)} \tag{2.76}$$

式中：$A(\omega)$为幅频响应特性；$\phi(\omega)$为相频响应特性。

理想线性系统的幅频响应是一个与频率无关的常数，相频特性则随频率线性变化，形成恒定信号时延。

真实雷达系统的传递函数由天线、发射机、传输线、收发开关、接收机、传播路径以及信号处理等子系统的传递函数级联而成。如果雷达系统属于非理想线性系统，式(2.76)中的幅频与相频特性函数可分别展开为傅里叶级数形式如下

$$A(\omega) = a_0 + \sum_{n=1}^{\infty} a_n \cos(n c_0 \omega) \tag{2.77}$$

$$\phi(\omega) = b_0 \omega + \sum_{n=1}^{\infty} b_n \sin(n c_0 \omega) \tag{2.78}$$

式中：$a_n, b_n (n=0,1,\cdots)$和 c_0 均为常数。

如果上述傅里叶展开式中所有二阶以上的分量均可忽略，则式(2.77)和式(2.78)可近似为

$$A(\omega) \approx a_0 + a_1 \cos(c_0 \omega) \tag{2.79}$$

$$\phi(\omega) \approx b_0 \omega + b_1 \sin(c_0 \omega) \tag{2.80}$$

由于数学上有以下等式成立

$$\mathrm{e}^{\mathrm{j}m\cos(2\pi l)} = \mathrm{J}_0(m) + 2\sum_{n=1}^{\infty} \mathrm{e}^{\mathrm{j}\frac{n\pi}{2}} \mathrm{J}_n(m)\cos(2\pi n l) \tag{2.81}$$

式中：$\mathrm{J}_i(\cdot), i=0,1,\cdots$为第一类贝塞尔函数。

根据成对回波理论[35,36]，在时域，此时系统的输出信号可表示为

$$\begin{aligned} s_{\mathrm{o}}(t) = {} & a_0 \mathrm{J}_0(b_1) s_{\mathrm{i}}(t+b_0) \\ & + \mathrm{J}_1(b_1)\left[\left(a_0 + \frac{a_1}{b_1}\right) s_{\mathrm{i}}(t+b_0+c_0) - \left(a_0 - \frac{a_1}{b_1}\right) s_{\mathrm{i}}(t+b_0-c_0)\right] \\ & + \mathrm{J}_2(b_1)\left[\left(a_0 + \frac{2a_1}{b_1}\right) s_{\mathrm{i}}(t+b_0+2c_0) - \left(a_0 - \frac{2a_1}{b_1}\right) s_{\mathrm{i}}(t+b_0-2c_0)\right] \\ & + \mathrm{J}_3(b_1)\left[\left(a_0 + \frac{3a_1}{b_1}\right) s_{\mathrm{i}}(t+b_0+3c_0) - \left(a_0 - \frac{3a_1}{b_1}\right) s_{\mathrm{i}}(t+b_0-3c_0)\right] \\ & + \cdots \end{aligned} \tag{2.82}$$

如果幅频和相频特性失真都很小，有 $a_1 \ll 1, b_1 \ll 1$。此时，$\mathrm{J}_0(b_1) \approx 1$，$\mathrm{J}_1(b_1) \approx b_1/2$，$\mathrm{J}_i(b_1) \approx 0, i=2,3,\cdots$，则式(2.82)可近似为

$$s_{\mathrm{o}}(t) = a_0 s_{\mathrm{i}}(t+b_0) + \frac{1}{2}(a_1 + a_0 b_1) s_{\mathrm{i}}(t+b_0+c_0) + \frac{1}{2}(a_1 - a_0 b_1) s_{\mathrm{i}}(t+b_0-c_0) \tag{2.83}$$

可见，此时产生一对时延分别为 $\pm c_0$ 的超前和滞后于主响应的回波，其中由幅度非线性造成的回波幅值为$\frac{a_1}{2}$，同幅度偏离线性的离差成正比；由相位非线性造成的成对回波幅度为$\frac{a_0 b_1}{2}$，直接正比于偏离线性相位的离差以及主响应信号幅度。注意这一对回波的合成幅度分别为$\frac{1}{2}(a_1 \pm a_0 b_1)$，并不是完全对称的。

在宽带高分辨率成像测量中，如果测量系统非线性影响严重，其成对回波主要造成虚假目标回波，由于它们不能通过旁瓣抑制处理得到有效抑制，往往成为影响一维、二维和三维成像性能的重要因素。图 2.36 示出了幅度和相位非线性所造成的第一对成对回波的幅度相对于主响应信号幅度的相对电平分贝数。

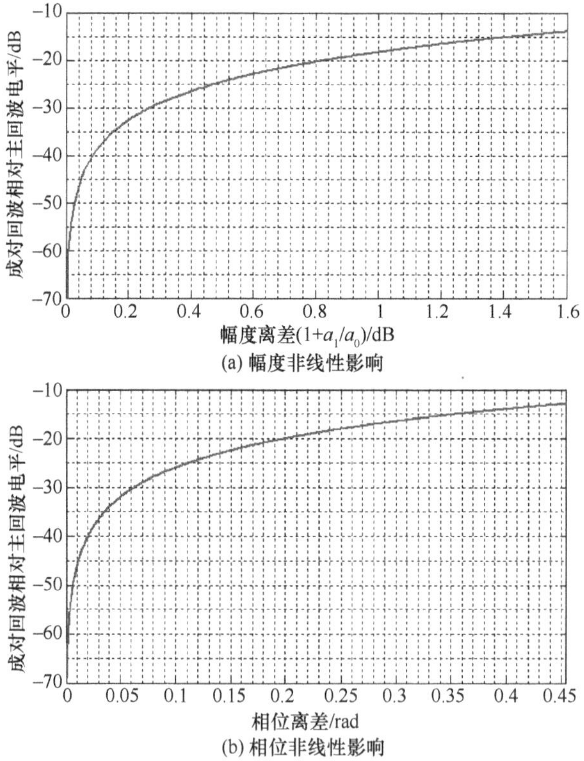

图 2.36　幅度和相位非线性产生的第一对成对回波相对电平随离差的变化特性

从图 2.36 可见，当非线性幅度离差达到 1.5dB，或者当非线性相位离差达到 22.5°(0.39rad)时，所造成的成对回波幅度仅比主回波响应低约 14dB，也就是说，此时的成对回波干扰同矩形窗函数的旁瓣电平相当。问题在于，矩形窗函数产生的旁瓣可以通过加锥形窗处理加以抑制，而非线性造成的旁瓣是无法采用类似处理方法而得到抑制的，故其影响是严重的。

需要特别指出，如果测量雷达系统的上述幅度和相位非线性随频率的变化特性是确定性的，且幅度和相位离差均为小量，则通过 RCS 定标测量和处理，相当于经过均衡化滤波处理，其影响是可以基本被消除的。但是，如果这种非线性是随机性的，其影响则无法通过定标测量和处理得到抑制，后者的典型例子是系统因频率不稳定、锁相误差造成的随机频率/相位误差，以 LFM 雷达为例分析如下。

不失一般性，假设可以将畸变调频信号的频率表示为

$$f(t)=\gamma t+\Delta f_{\max}\sin(2\pi f_{\mathrm{T}}t) \tag{2.84}$$

式中：$\Delta f_{\max}$为最大随机频率偏移；γ 为调频斜率；f_{T} 为 LFM 脉冲时宽的倒数。

由于相位是与频率成正比的，不难理解，此时 b_1 正比于$\dfrac{\Delta f_{\max}}{f_{\mathrm{T}}}$。根据图 2.35(b)，若要求成对回波电平低于 $-40\mathrm{dB}$，则要求 $b_1=\dfrac{\Delta f_{\max}}{f_{\mathrm{T}}}<0.02$。例如，如果 LFM 脉冲时宽 $10\mu\mathrm{s}$，$f_{\mathrm{T}}=10^5\mathrm{Hz}$，$\Delta f_{\max}<0.02f_{\mathrm{T}}=2\mathrm{kHz}$。这个要求非常高。正因如此，对 RCS 宽带测量雷达的频率稳定度和线性度均具有极高的要求，因为这种随机频率误差不能通过信号处理予以消除。

根据作者以往从事 RCS 测量和处理的经验，在很多实际测试系统中，如果测试场背景电平足够低，背景抵消与定标处理方法正确，成像测量的动态范围事实上将主要取决于雷达系统的频率稳定度和线性度。这一点尤其应该引起宽带 RCS 测量雷达系统设计者和使用者的高度关注。

参考文献

[1] http://www.thehowlandcompany.com/radar_stealth/RCS-ranges.htm[OL]. The Howland company website,2015.

[2] Walton E K, et al. IEEE Std. 1502-2007:IEEE Recommended Practice for Radar Cross-Section Test Procedures[M]. IEEE Antennas & Propagation Society,IEEE Press,2007.

[3] Knott E F,Shaeffer J F,Tuley M T. Radar Cross Section[M]. 2nd Edition. Scitech Publishing Inc.,Raleigh,NC,2004.

[4] Knott E F. Radar Cross Section Measurement[M]. International Thomson Publishing, Van Nostrand Reinhold,NY,1993.

[5] 陈晓盼，林刚，李柱贞，等. 美国军方和宇航局 RCS 测试场技术与性能分析[J]. 国外目标与环境特性管理与技术参考，2010(4):2－8.

[6] 林刚，陈晓盼，李柱贞，等. 美国大型军工企业 RCS 测试场的技术与性能分析[J]. 国外目标与环境特性管理与技术参考，2010(4):9－22.

[7] 李柱贞,陈晓盼,林刚,等.欧洲和其他国家的重要RCS测试场技术与性能分析[J].国外目标与环境特性管理与技术参考,2010(6):2-16.

[8] 黄培康.雷达目标特征信号[M].北京:中国宇航出版社,1993.

[9] 黄培康,殷红成,许小剑.雷达目标特性[M].北京:中国电子工业出版社,2005.

[10] 张麟兮,李南京,胡楚锋,等.雷达目标散射特性测试与成像诊断[M].北京:中国宇航出版社,2008.

[11] 庄钊文,袁乃昌,莫锦军,等.军用目标雷达散射截面预估与测量[M].北京:科学出版社,2007.

[12] 聂在平,方大纲,等.目标与环境电磁散射特性建模——理论、方法与实现[M].北京:国防工业出版社,2009.

[13] 约翰·克劳斯,等.天线[M].3版.章文勋,译.北京:电子工业出版社,2006.

[14] LaHaie I J. Overview of an Image-based Technique for Predicting Far Field Radar Cross-section from Near Field Measurements[J]. IEEE Antennas and Propagation Magazine, 2003, 45(6):159-169.

[15] http://www.thehowlanndcompany.com/gallery/Outdoor_RCS_Range_Sandia.htmluefire.htm[OL]. the Howland Company Website, 2015.

[16] http://www.wrs.afrl.af.mil/other/mmf[OL]. 2002.

[17] 李柱贞,从林肯试验室新紧凑场看紧凑场反射器技术的发展[M].国外目标与环境特性管理与技术参考,2008,5:1-19.

[18] Fenn A J, Shields M W, Somers G A. Introduction to the New Lincoln Laboratory Suite of Ranges[C]. Proc. of the 26th Antenna Measurement Techniques Association Symposium, AMTA'2004, Stone Mountain Park, GA, 2004.

[19] Lee T H, Burnside W D, Gupta I J, et al. Blended Rolled Edge Reflector Design for the New Compact Range at MIT Lincoln Laboratory [C]. Proc. of the 26th Antenna Measurement Techniques Association Symposium, AMTA '2004, Stone Mountain Park, GA, 2004.

[20] Gupta I J, Ericksen K P, Burnside W D. A Method to Design Blended Rolled Edges for Compact Range Reflectors [C]//IEEE Trans. on Antennas and Propagation [J]. 1990, 38(6): 853-861.

[21] Lee T H, Burnside W D. Performance Trade-off Between Serrated Edge and Blended Rolled edge Compact Range Reflectors [J]. IEEE Trans. on Antennas and Propagation, 1996, 44(1):87-96.

[22] Silz R. Design of the GE Aircraft Engine Compact Range Facility [C]. Antennas and Propagation Soc. Int. Symp. 2001 Digest, Vol. 4, Boston, 2001, 7:432-435.

[23] Proctor J R, Smith D R. Compact Range Rolled Edge Reflector Design, Fabrication, Installation and Mechanical Qualification [C]. Proc. of the 26th Antenna Measurement Techniques Association Symposium, AMTA'2004, Stone Mountain Park, GA, 2004.

[24] Gupta I J, Burnside W D. Performance of an Experimental Outdoor RCS Range with R-card Fences [C]. Proc. of the 23rd Antenna Measurement Techniques Association Symposium,

AMTA '2001.

[25] Kim Y, Walton E K. Ground Bounce Reduction Using a Tapered Resistive Sheet Fence [C]. Proc. of the 22nd Antenna Measurement Techniques Association Symposium, AMTA '2000, 2000:222 - 227.

[26] Greve S C, Coevering L G T, Reddy J, et al. Full Test-zone Field Evaluation Using Large RCS Targets [C]. Proc. of the 20th Antenna Measurement Techniques Association Symposium, AMTA'1998:368 - 374.

[27] Eigel R L, Jr. Buterbaugh A, Kent W J. Bistatic Radar Cross Section Study of Complex Objects Using the Coherent Measurement System (BICOMS) [C]. Proc. of the 22nd Antenna Measurement Techniques Association Symposium, AMTA'2000, 2000.

[28] 许小剑,黄培康. 雷达系统及其信息处理[M]. 北京:电子工业出版社,2011.

[29] Sullivan R J. Microwave Radar Imaging and Advanced Concepts [M]. Artech House, 2000.

[30] Wehner D R. High Resolution Radar [M]. 2nd Edition. Norwood, MA, Artech House, 1995.

[31] Sheer J A, Kurtz J I. Coherent Radar Performance Estimation [M]. Norwood, MA, Artech House, 1993.

[32] Churchill F E, Ogar G W, Thomson B J. The correction of I and Q Errors in a Coherent Processor [J]. IEEE Trans. on Aerospace & Electronic Systems, 1981, 17(1):131 - 137.

[33] Longstaff I D. Wideband Quadrature Error Correction (using SVD) for Stepped-Frequency Radar Receivers [J]. IEEE Trans. on Aerospace & Electronic Systems, 1999, 35(4):1444 - 1449.

[34] Monzingo R A, Au S P. Evaluation of Image Response Signal Power Resulting from I - Q Channel Imbalance [J]. IEEE Trans. on Aerospace & Electronic Systems, 1987, 23(2):285 - 287.

[35] Wheeler H A. The Interpretation of Amplitude and Phase Distortion in Terms of Paired Echoes [J]. Proceedings of the IRE, 1939, 27(6):359 - 384.

[36] Burrows C R. Discussion to the Interpretation of Amplitude and Phase Distortion in Terms of Paired Echoes [J]. Proceedings of the IRE, 1939, 27(6):384 - 385.

第③章

低散射目标支架

现代 RCS 测量设施需要设计制造具有各种不同用途的目标支撑系统(以下简称为“目标支架”或“支架”)。任何支架都必须满足两个基本技术需求:①为被测目标提供一个稳定的支撑;②自身具有低散射特性,不影响对目标的测量,使得在测量雷达看来目标好像仍然“悬浮”在自由空间中或是在无限大的平面之上。根据测量任务和被测目标的不同,需要采用不同的目标支架,这种支架既可以是金属低散射支架、发泡柱体,也可以是用于测量昆虫一类细小目标 RCS 的波导管支架等[1-2]。

对于低散射金属支架这样一类目标支架,通常要求支架自身的散射要比所关注目标的最低散射电平低 20dB 以上。宽带高分辨率测量允许采用 RCS 电平稍高一些的支架,因为通过高分辨率成像和滤波处理,可以在很大程度上从测量结果中消除支架背景的影响。一般情况下,单个目标支架不太可能同时满足在各种姿态角和各个频段下所有测量对于背景电平的要求。此外,对于金属支架,在很多情况下尤其在低频段,目标与支架之间的耦合散射或许比支架本身的 R 散射影响更为严重。因此,无论目标支架的设计和制造采用什么技术,除满足 RCS 背景电平要求外,还必须满足以下基本机械指标要求:具备足够的机械强度、能够承受支撑应力、移动或转动目标时不产生大的偏差等。对支架的上述机械指标要求同 RCS 背景电平要求之间通常会发生冲突,此时便需要通过创新设计或者工程决策来平衡特定试验对于不同技术指标的优先权。

本章讨论 RCS 测量中的低散射目标支架问题,主要内容安排如下:前两节首先讨论目标 RCS 测量中的传统发泡材料支架和低散射金属支架,其内容在很大程度上引用了诺特(Knott)[1]和瓦尔顿(Walton)[2]文献中的技术内容;后三节基于作者所在研究团队近年来的研究成果和工程实践,给出一个用于低 RCS 外形设计的万能公式、基于该数学式的低散射支架和低散射端帽设计方法、以及对所完成的低散射外形设计进行 RCS 精确预估和分析的技术[3-5]。采用该公式和相关设计方法所设计的多种低散射外形已经得到工程应用验证,值得推广应用。

3.1 发泡材料支架

发泡支架一般由“膨化聚苯乙烯发泡材料”(也即 EPS 发泡材料)组成,这类材料有着膨胀的薄层表面、质量轻、可透过射频信号等特点,可提供稳定的低 RCS 目标支撑。发泡材料支架与被测目标之间的相互耦合作用一般很小[1-2,6]。

多数发泡支架采用圆柱(圆台)外形,主要是因为这种外形易于加工成型。发泡圆柱的强度随材料密增加而增强,其介电常数也是如此,故低 RCS 发泡支架需要采用低密度发泡材料,而机械耐久性则需要使用高密度发泡或高绝缘性塑料。但是,材料密度越高,发泡支架的雷达反射则越强,且支架与目标之间的耦合散射作用也随之增大[7-9]。可见,即使采用发泡材料支架,也存在低散射设计的问题。

EPS 发泡材料对 RCS 的影响主要来自各发泡单元的散射,可通过对支架整形来减缩支架的 RCS 电平,既降低直接的后向散射也减少与被测试目标之间的耦合作用。这些整形技术如果使用得当,通常能够将 EPS 发泡支架的 RCS 电平减少 10dB 以上[1]。不过也有例外,例如,发泡多面体柱的镜面反射处,其散射尖锋信号的 RCS 电平通常相当高,而特定方位角下的散射尖锋信号可能会干扰目标的 RCS 方向图。但是,如果目标在旋转过程中不关心这些支架镜面散射方位处的 RCS 量值,则这样一种造型的 EPS 支架在工程上也是可以接受的。通常,采用背景矢量相减等后处理技术很难消除 EPS 发泡支架的镜面尖锋散射,因为在放置目标前后,支架的散射场已经发生了变化,因此不足以通过向量相减来抑制支架的背景电平。

理论上,圆柱体的散射同发泡单元尺寸的 4 次幂成正比,因此在 RCS 测量中,均匀的小颗粒发泡单元更受欢迎[7-10]。例如,典型的聚胺酯发泡和结构级的聚苯乙烯发泡塑料,其单元尺寸在 0.25mm 左右。这两种发泡材料中,聚苯乙烯发泡塑料的强度更高,但加工制作成足够大的可用圆柱支架代价昂贵,虽然支柱可以用几个小块粘合在一起,但小块之间的缝隙增加了圆柱的净反射。相反,制成高 3m 左右的单个聚氨酯发泡支架的模具却相对容易。最终形成的支架其密度取决于模具内反应物的数量和比例,可将比例控制在比较小的范围内,使得支架材料的密度较低,以保证其低散射特性。

3.1.1 发泡材料支架的造型

EPS 发泡材料通常不能直接模塑,而是将大块材料用通电的电阻丝进行热切割,加工成各种不同形状的目标支架。通常 EPS 小球颗粒发泡材料具有非常好的密度均匀性和颗粒一致性,如果热切割加工足够仔细,一般可一次成型,接下来唯一需要进一步完成的工作大概只是支架表面的精细加工，比如为了进一步降低支架表面的镜面反射，可对表面作粗糙化处理等。EPS 小球颗粒发泡材料的典型密度范围大致为 16 ~ 32kg/m^3[2]。

图 3.1 示出了室内紧缩场 RCS 测试中采用的典型发泡圆柱支架[2]，注意到支架顶端安放了一个 RCS 金属定标球。

图 3.1　BAE 系统公司紧缩场 EPS 发泡材料圆柱支架[2]

如前所述，EPS 发泡材料的表面反射率虽然低，但是当雷达波垂直入射到发泡支柱的表面时，支柱表面的散射回波仍然会相当大。这是由于散射强度同时与照射面积及反射率成正比：反射率虽然很低，但当照射面积很大时散射强度仍然不小。

为了减小支架在特定方位角上的回波，可以采用支架造型技术：一是调整支架垂直方向表面的角度，通常采用顶端较小、底部较大的台柱，使得支柱表面曲面的法线偏离雷达视线方向，保证其表面镜面反射不会进入接收天线波束；二是采用特定形状的横截面造型，使得支架在 RCS 测试感兴趣的方位上具有最小 RCS 电平，而在无关紧要的方位角处则散射电平较高。文献[11]对各种具有不同横截面造型的发泡材料支架的背景特性进行了研究，如图 3.2 所示。

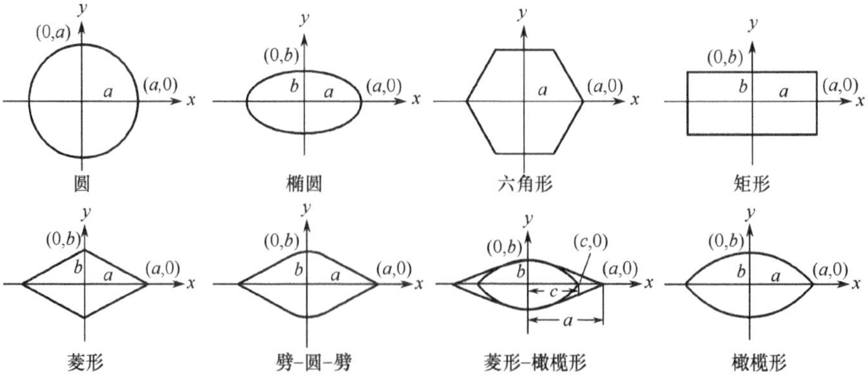

图 3.2　各种不同的发泡材料支架横截面造型[11]

圆柱形和菱形台柱发泡材料支架是工程实际中用得最多的两种支架造型，两种造型加工都很简单，前者在 360°方位上具有均匀的背景散射特性，后者则适合于低 RCS 测量，因为可以通过特定设计，使得其在某个方位角范围内的背景散射电平非常低。诺特(Knott)[1]对菱形柱台发泡材料支架的特性做了详细的讨论，现引述如下。

图 3.3 示出了文献[1]中给出的菱形柱台发泡材料支架的 RCS 随方位角的变化特性曲线，图中菱形柱台的尺寸参数为：顶部长轴 a 和短轴 b 分别为 $a=16$ 英寸(40.6cm)，$b=10$ 英寸(25.4cm)；底部 $a=48$ 英寸(121.9cm)，$b=32$ 英寸(81.3cm)；柱高 10 英尺(304.8cm)。

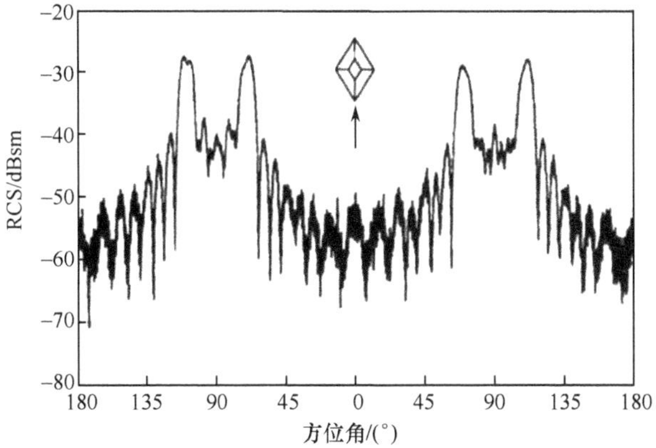

图 3.3　测量频率为 3GHz 时菱形柱台支架在水平极化下的 RCS 随方位角的变化特性曲线[1]

由于采用了柱台设计，菱形支架的侧面与地面不是垂直的，这使得其表面法线与雷达入射波视线之间的夹角不小于支架的锥角。而锥角的取值综合考虑了发泡材料的强度、支架可承受的重量以及支架的雷达照射面积。菱形横截面的长宽比也是综合了各种因素后确定的。

这种菱形支柱所具有的折中平衡特性在图 3.3 的测量数据中得到了很好体现：当入射波和菱形截面的长轴夹角小于 45°时，回波 RCS 电平一般不会超过 -50dBsm，这意味着此时若测量 RCS 不低于 -30dBsm 的目标，其测量不确定度大体上将优于 0.5dB。但是，当雷达照射波沿偏离侧向 20°左右的角度入射时，支架回波 RCS 电平将上升到 -28dBsm，此时只有对 RCS 电平超过 -8dBsm 的目标才有可能达到 0.5dB 的测量不确定度。

显然，这样的菱形横截面发泡材料支柱并不能在 360°全方位角下都保证其背景电平低于 -30dBsm，这是由它的几何造形所决定的。但是，如果确实有必要，这个问题也是可以解决的，条件是以更长的测试时间为代价：当测量角度到达背景电平不够理想的方位角时，可以暂停测试，将目标以一个不同的角度重新放置，然后在另一种模式下继续测量，从而避开支架镜面反射区，这样对于目标散射而言，不同视角下支架回波强度都比较低，最后再把不同测量模式下的“最佳”数据连接起来，可形成经过两个甚至更多个方位角区域背景优化后的测量数据。是否需要花费两倍甚至更多倍的时间来采集数据完全取决于测试项目对测量精度和方位角度覆盖范围的要求。在很多情况下，其实并不需要全方位 RCS 数据，或者被测目标（例如，多数人造军用目标）侧向的 RCS 电平本来就比鼻锥向高出几个量级，此时往往仅一次旋转测量就能够满足需求。可见，对于实际的低 RCS 目标测量，菱形柱台发泡材料支架通常是一种好的选择。

图 3.3 中所讨论的发泡材料支架属于小型支架，最多可承受 50kg 左右的目标质量。对于外场全尺寸目标测量，目标自重一般可达几百千克甚至数吨，此时所要求的发泡材料支架要大得多和结实得多，许多情况下甚至需要采用多个支架同时支撑，此时的支架背景杂波也许会比图 3.3 中的菱形支架背景杂波电平高出 20dB。作为例子，图 3.4 示出了将发泡支架用于支撑大型目标进行测试的场景[11,12]。如图 3.4(a)所示的是对 F117A 飞机测量的例子。众所周知，F117A 属于上一代隐身飞行器，其 RCS 电平在 -20dB 量级，一般而言，采用多个大型发泡材料支架作为其支撑系统，支架背景对于测试结果的影响是比较大的。但是，通过方形柱和柱台外形的综合应用，仍有可能在支架承重和支架背景之间找到平衡，使得测量数据具有可接受的测量不确定度[11]。如图 3.4(b)所示为美国空军国立散射测试场(Radar Target Scatter Range, RATSCAT)对特殊外形目标采用发泡材料支架进行架设和测量的例子。事实上，在低散射金属支架投入实用以前，历史上 RATSCAT 曾针对不同被测目标，设计了各种不同的发泡材料支架并使得不同 RCS 测试任务得以按要求完成[12]。

(a) 采用发泡材料支架对F117A飞机架设测量示例[11]

(b) RATSCAT对特殊大型目标采用发泡材料支架测量示例[12]

图 3.4　大型目标发泡材料支架应用示例

作为参考,表3.1给出了典型EPS发泡材料的物理特性参数,图3.5给出了典型EPS发泡材料密度与其介电常数之间的关系曲线,其中实线为计算结果,符号为测量结果。上述数据和曲线均出自文献[11],其中计算模型源自文献[13]。

表3.1　典型EPS发泡材料的物理特性参数[11]

特性	密度/(lbs/ft^3)		
	1.0	1.5	2.0
拉伸模量/psi	1548	2235	3021
压缩模量/psi	258	662	789
拉伸强度/psi	25	45	61
压缩强度/psi	11	21	26
介电常数	1.0186	1.0280	1.0373

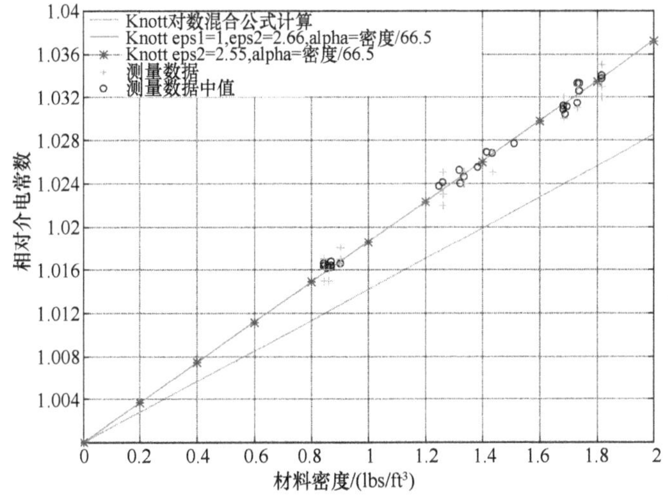

图3.5　EPS发泡材料的密度同介电常数之间的关系[11]

除了采用柱台外形和低RCS截面,减小发泡材料支架背景散射的另一种方法是对支架表面进行"粗糙化"处理,也即在采用电阻丝完成支架热切割造型后,对光滑的支架表面进行打磨,使其粗糙化,从而减小支架的镜面反射回波。

诺特还给出另一种实用的支架造型[1],也即采用如图3.6所示的"圣诞树"造型,其独特之处在于通过在支架表面形成的螺纹形沟槽可将表面所产生的回波反射到偏离测量雷达的方向。由于支架表面采用的螺纹沟槽设计对雷达照射波形成二面角型反射,此类支架沟槽设计的关键是保证多次反射后的杂波远离雷达接收天线视线方向。关于此类支架的螺纹沟槽设计是如何影响支架背景电平特性的,未见文献进行系统的量化研究,但国内测试场也有采用这种支架设计来降低背景电平的例子,其效果已经得到国内外测试场实验验证。

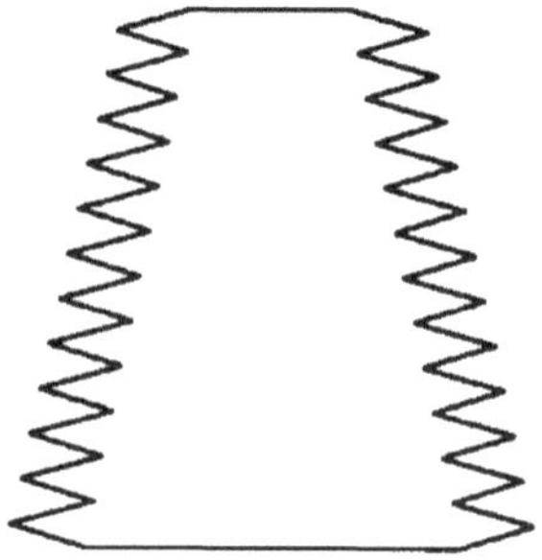

图 3.6 “圣诞树”形发泡材料支柱[1]

3.1.2 充气支架

除了常见的发泡材料支架,文献[1,14-15]还讨论了另一类备选目标支架:充气型柱台,如图 3.7 所示。这种充气的柱台基本上就是一个装满空气的“大袋子”,顶部装有一个发泡材料帽子以支撑目标,而“袋子”本身则是由经过密封处理的聚酯材料组成。

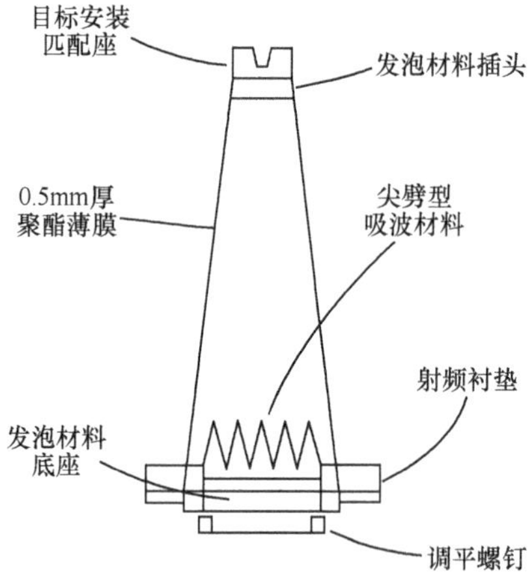

图 3.7 充气式目标支架的结构[15]

入射电磁波与充气支架的相互作用大致由三个分量组成[15]:一是表面材料的反射,该表面材料为一种低介电常数薄层纤维材料;二是顶端端帽的散射,其组成材料一般为空心或实心发泡材料;三是用于充气支架的黏合剂造成的散射,如果是无缝结构则此项散射贡献可以忽略不计。

对于圆柱形充气支架,表面薄层材料的散射可采用无限长圆柱的散射模型来进行预估,其散射场正比于$(\varepsilon_r-1)^2\delta^2$,其中$\varepsilon_r$为材料的相对介电常数,$\delta$为薄膜层的厚度。通过物理光学近似,可将该式扩展到支架长度为 h 且有一定半锥角 α 的三维情况,进而预估得到薄层材料的 RCS 随频率的变化特性。顶部端帽的 RCS 预估可以采用等效发泡球形颗粒的散射来计算。

这种支架最昂贵的部件之一是充气泵和使支架保持固定压力的调节装置。支架的后向散射电平接近于 -40dBsm。不论使用的是塑料还是 EPS 发泡支架,目标与支架之间的实际"接触区"只要机械支撑允许都应尽可能小。但是,机械稳定性总是要求接触区尽量大一些,而接触区越大,目标 - 支架耦合作用也就越大。

尽管充气支架最早于 1989 年就已提出[14],但迄今为止,并未见真正采用充气支架作为 RCS 测量主要支架的测试场报道,说明此类支架的工程实用性可能并不理想。另一方面,除了本节所主要讨论的 EPS 发泡材料支架,现代先进 RCS 测试场大多采用低散射金属支架,这正是我们下面几节所要深入讨论的重点。

3.2 低散射金属支架

尽管真正实用的金属支架在 1976 年以后才出现,但金属支架作为 RCS 测量中的目标支架的想法,早在 1964 年就由美国空军罗姆航空发展中心(Rome Air Development Center,RADC)的研究人员提出来了[1,16]。当时,采用巨大的金属柱来支撑目标的建议引起了轰动。在这个想法提出前,应用最成功的目标支架是发泡材料支柱和绳带吊挂支架系统,这两者中完全不含任何金属,因为直觉告诉人们,应该在目标测量区避免一切不必要的金属材料出现。然而,金属支架所能承受的重量确实比发泡材料和绳带吊挂系统要大得多,正是出于这种考虑,低散射金属支架这一提议才得以推进和最终投入实用。

在 RCS 测量中,"金属支架"现在实际上已经成了一个泛化的概念,泛指纯金属材料造型、金属化表面涂敷雷达吸波材料(RAM),或采用雷达吸波结构(RAS)材料等构成的各种目标支架。但有一点是共同的,即这样的支架必须采用具有低 RCS 特性的横截面造型。

图 3.8 给出了美国 BAE 公司紧缩场测量系统所采用的低散射金属支架例子[2]。注意在本例中,支架顶部安装了一个低散射端帽作为被测目标。金属支架斜立安装固定在地面上,其外形像喷气式飞机的尖拱形后掠翼,目标转顶安装在窄端。这样的几何外形虽然在很大程度上其金属表面暴露在入射波的照射下,但对后向散射的抑制却相当有效。现有商用化金属支架大多是采用圆弧段造型的尖拱截面外形,其典型的长轴和短轴之间的尖拱比在 4:1 ~7:1 之间,低 RCS 性能越好的支架其尖拱比越大。

图 3.8　BAE 系统公司尖拱形金属支架[2]

金属支架顶部安装有目定标位器(目标转台),通常安装在一个圆柱形筒内,称为目标转顶,目标测试中需要将转顶直接安装嵌入到被测目标体的内部,由此带动目标作方位旋转运动。这种技术通常用于庞大而笨重目标的测量。有些金属支架也采用很小的内嵌式转顶,将它与一个外接低散射目标适配装置(例如,发泡材料)相连,这样目标可以直接放置在目标适配装置上作方位旋转测量。后者多用于轻小型目标的测量。

采用金属支架的 RCS 测试,目标转顶通常会成为 RCS 测量误差的主要来源之一。为了使目标安装在转顶上,需要在目标上专门为嵌入转顶开一个“洞”。对于缩比模型或真实目标测量,这是一个主要设计问题,会在很大程度上增加测试成本。对于目标部件测试,其主要问题是如何能将转顶“隐藏”起来,因为转顶可能比被测部件本身尺寸还要大。如果采用外接目标适配装置,该装置会引入附加的背景散射,且这部分背景散射是随方位旋转而变化的,在后续处理中很难采取背景相减等处理措施加以抑制。

为了减小转顶对于 RCS 测量的影响,在转顶表面涂覆表面波磁性吸波材料通常会有一定效果,但绝不可能完全消除其影响。目标转顶通常可在方位上旋转 ±180°,而在俯仰角上大多限于在 -45°至 +5°之间改变,这取决于被测目标的重量以及低散射金属支架的承重能力。仰角较小主要是因为在目标仰起时,需要关注支架本身对被测目标遮挡产生的阴影效应问题。

采用发泡材料支架和由内置驱动电机及角编码器驱动的大型转台不需要对被测目标掏孔安装,但一般难以完成大型目标的测量。不过,这种转台驱动方式有时确实也能使 RCS 测试工程师能够完成某些采用金属支架转顶甚至无法完成的目标 RCS 测量。例如,图 3.4(b)中 RATSCAT 所测目标如果不采取特殊配重措施，就很难采用金属支架安装和测量，除非设计一个能与目标外形完美匹配的安装适配装置，而且即使如此，也可能因为目标安装适配装置曲面外形与金属支架间的耦合散射影响测量不确定度。

低散射金属支架代表着当今目标支撑技术的前沿发展水平，但它仍然无法彻底解决目标支架技术所遇到的问题，例如在低频段支架背景电平难以降低、且存在目标－支架间的较强耦合散射等。不过，尽管金属支架依然存在种种缺陷，但由于目前尚没有其他可以替代的大型目标支撑结构可供选择，全球几乎所有的军用大型飞机制造商都在它们的 RCS 测试场安装了高大的低散射金属支架，甚至许多先进室内 RCS 测试场也越来越多地采用低散射金属支架。

诺特在其 RCS 测量的相关书中[1]对低散射金属支架的基本问题做了详细讨论，本节主要引述其中对于低散射金属支架的讨论和结果。关于低散射金属支架问题的一些最新研究结果，将在接下来的两个章节中讨论。

3.2.1　低散射金属支架的外形设计

在最早提出金属支架的设想时，研究人员认为，虽然金属杆的回波比目标回波要大很多，但可以通过对金属赋形和采用吸波材料的方法把金属支柱的回波降低到可以接受的水平，图 3.9 给出了当时提出的三种不同设计方案[1]。尽管提出金属支架设想的研究人员当时所设计的目标支架并没有充分利用更多的赋形设计来进一步降低后向散射，但随后的研究发现，赋形设计是抑制金属支架后向散射回波最为有效的一种技术。

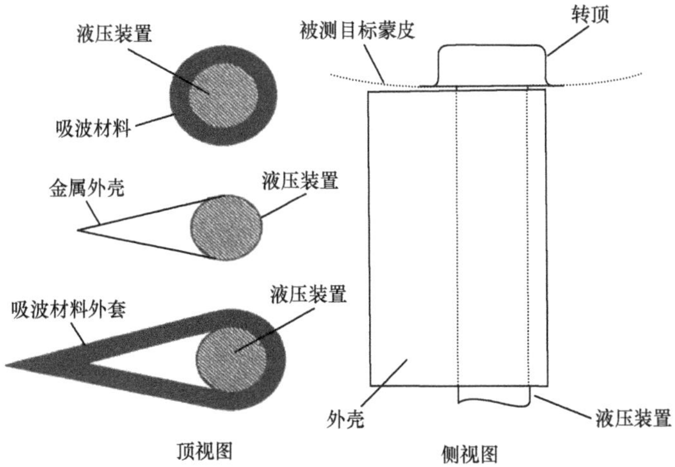

图 3.9　最早的金属支架设计方案图[1]

图 3.9 中的三种方案都是基于以下假设，即：目标的高度是通过液压装置来调节的，而液压油缸的活塞隐藏在雷达屏蔽罩内。在文献[16]中，作者提到这

个屏蔽罩的设计是一项很困难的工作，因为必须得有一个足够大的空间能够放置或者容纳它。他提到，活塞上面必须安装一个控制目标旋转的装置，虽然报告中没有给出这个旋转装置的结构，文献[1]在给出图3.9时，在图的右侧还是给出了转顶的示意图，其轮廓忠实于当时的设计，并且它必须要安装在目标体内。注意到液压装置和它的屏蔽外壳是垂直的，而现在真正实用的金属支架均采用向着雷达照射方向前倾的结构。

图3.9中左侧的三幅草图给出了三种屏蔽外壳设计方案。最上面的一种方案最为简单，仅在活塞外面涂敷了一层吸波材料；中间那个是一个尖端指向入射波方向的金属尖劈；最下面的那个方案是上面两个方案的结合，即在一个尖劈形金属体外涂敷吸波材料。对于适当的带宽，这三种屏蔽罩都能够使液压支撑装置的散射回波降低至少20dB，在某些频率上甚至可能达到30dB。但即使回波能够降低30dB，例如，对于直径12英寸(30cm)或18英寸(45cm)、高15~20英尺(4.5~6m)的钢铁支柱来说，其残余回波的RCS电平仍然可达$1m^2$(0dBsm)左右。这同现代RCS测试场对背景电平的要求差很多。

如第2章中所讨论的，对于地面平面场，安装在地平面上方的目标最佳照射区同时与目标高度及雷达天线高度有关，这为目标支架的设计提供了一个可调节区域，调节目标和天线两者高度中的任一个都可以使目标区场强分布得到优化，一般采用固定目标高度、调整天线架高的方法更为简单。这个方法已沿用了几十年，它使得RCS测试人员不用面对液压装置的上下调节及由此所带来的种种不便，对于大型目标支架这点尤为重要。因此，在RCS测试场支架设计中，通常选择将目标安装在一个具有固定高度的支架上，或者将目标支架安装在一个升降台上，而升降台本身置于地下井中，通过升降台的升降调节目标支架高度，从而极大简化了目标支架的设计工作。

图3.9左侧的中间和下面两幅图中尖劈外形具有良好的降低后向散射的能力，但是尾部的圆形轮廓则不够好，很容易引起较强的爬行波，对于垂直(VV或vv)极化尤其如此。研究表明，的确可以找到更好的外形设计方案，例如，采用如图3.10所示前后两端都比较尖锐的屏蔽罩(图3.10(a))，或者采用尖拱形造型(图3.10(b))。由于屏蔽罩的后缘会被沿着金属支架边沿传播的表面波所激励，必须要给金属支架的边沿也涂覆一层吸波材料，但这层吸波材料不必像图3.9中所示的那么厚。

研究还表明，朝向雷达的金属支架前沿在VV极化时产生较严重的后向散射回波，但几乎没有哪种吸波材料能够对抑制这种尖锐边沿的绕射起到显著作用，故不能通过涂敷吸波材料来进一步降低其后向散射。但是，如果调整支架前沿的朝向使其不再与雷达视线垂直，则可大幅降低前沿尖劈所产生的后向散射回波，这一倾斜支架的概念正是现代RCS测试场低散射目标支架结构的基础，如图3.11(a)所示[1]。

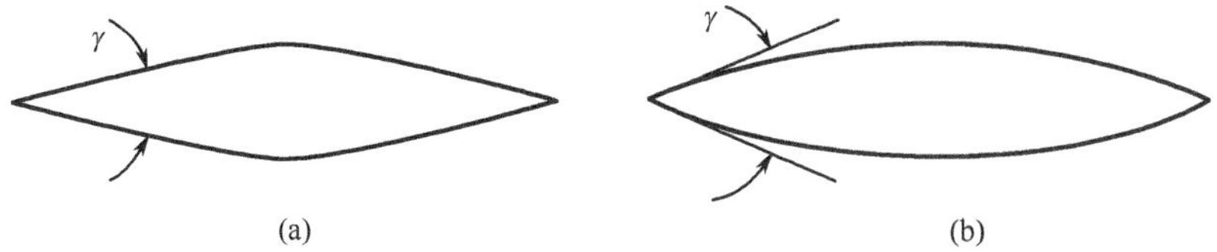

图3.10　带有尖端的橄榄球状尖拱体[1]

现代目标支架的前沿和后沿都是朝向雷达倾斜的，但是两者的倾角不同。后沿倾角不同于前沿倾角主要是因为支架承重结构所要求的；前沿朝向而不是偏离雷达倾斜的设计则主要是因为这种几何关系有助于减小支架同目标之间的相互耦合散射，如图3.11(b)所示。支架顶端的宽度和厚度应该尽可能小，但同时又必须满足承重及安装转顶的要求。为了维持支架倾角产生的大扭矩和高承重能力，底部的弦长很长，通常可达到数米甚至更长。一般将支架固定在嵌于地面的巨大混凝土平台或者金属结构升降台上，这个平台可以平衡巨大的扭矩，并将垂直方向的重量分散到地面或升降台面上。已知的用于外场测试的金属支架最高的达到近30m[17]；用于室内测试场最矮的支架则不足2m。

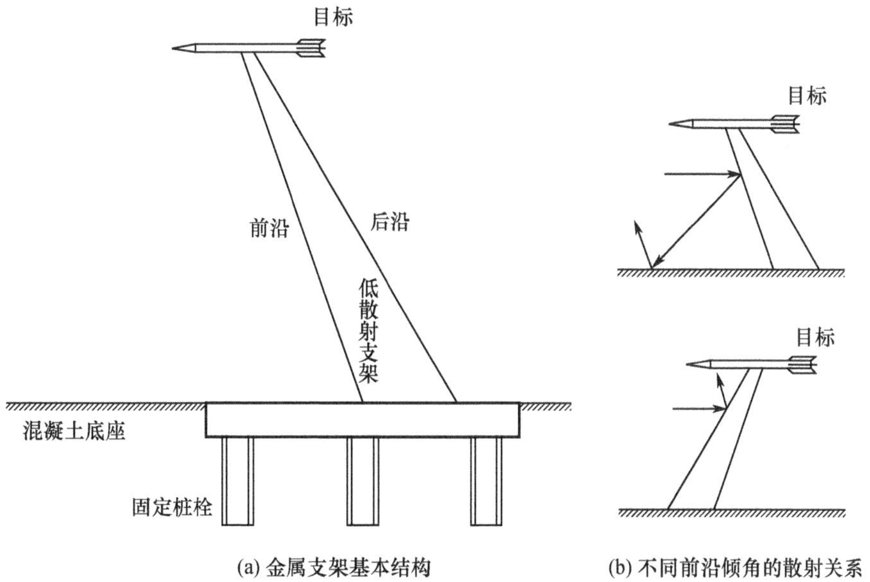

图3.11　现代RCS测试金属支架

3.2.2　低散射金属支架的散射机理

如图3.12所示，金属支架电磁散射的主要机理包括[18-21]：①支架表面的几何光学(GO)/物理光学(PO)散射;②边缘与尖顶绕射;③表面波的影响。

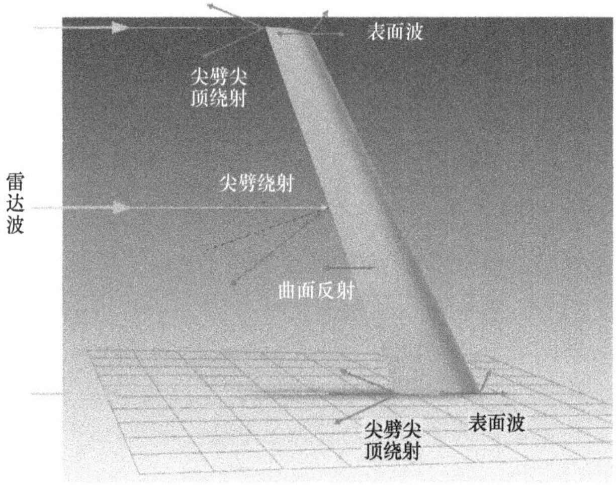

图 3.12　低 RCS 金属支架电磁散射机理

3.2.2.1　几何光学/物理光学散射

主要由曲面表面散射的物理光学分量构成,即支架外形造成的镜面反射分量。由于在支架设计中,首先会仔细选择尖拱外形的几何参数,以保证这一散射分量在所有频段上均很小,因此实际应用中支架表面的几何光学/物理光学散射一般不会也不应成为影响金属支架整体 RCS 电平的主要问题。或者说,支架的外形设计首先必须保证这类散射不会成为影响支架背景电平的主要因素。

3.2.2.2　边缘与尖顶绕射

典型尖拱外形的金属支架存在三部分边缘绕射分量:①支架前沿;②支架后沿;③支架顶部或底部尖拱外形截面的棱边和尖顶。

理论分析和实际工程经验均表明,在上述三项分量中,真正对支架 RCS 造成主要影响的分量是支架前沿尖劈棱边的绕射分量,这是因为后沿劈的绕射主要朝向前向散射方向,不构成重要的后向散射分量;对于内埋式转顶,支架顶部尖拱外形的棱边一般被转顶所隐藏,也不构成重要的散射贡献。此外,金属支架底部一般具有接地结构且采用吸波材料等遮挡;对于地面平面场,照射到支架底端的入射波功率增益比目标高度处要低几个量级;因此金属支架底端一般不构成背景散射的主要贡献;对于非地面平面场,一般可通过吸波材料遮挡来消除支架底部的杂散回波影响。

根据几何绕射理论(GTD)[18],金属支架前沿散射分量的大小同支架的前倾角、棱边的内劈角有着密切关系，如图 3.13 所示。因此，合理的倾角、尖拱外形截面的弦高比以及前沿棱边的内劈角设计非常重要。关于支架剖面形状的选择和设计，我们将在本章后两节专门讨论。

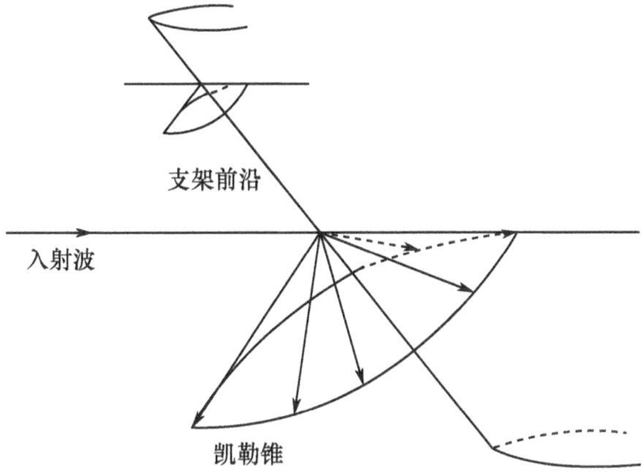

图 3.13　金属支架前沿棱边的绕射

3.2.2.3　表面波

金属支架的表面波包括阴影区爬行波和照亮区的行波效应。

同细长金属导线一样，细长的金属表面可以支持表面行波的传播[22]。仅当入射电场在入射面内存在平行和垂直于目标表面的分量时，才会激发表面行波，如图 3.14(a)所示；如果在入射面内不存在电场分量，则不会在目标表面激发行波，如图 3.14(b)所示。

1) 行波效应

如图 3.15 所示，如果把尖拱截面形状的金属支架近似看成金属细导线，行波散射的峰值出现的角位置为[20]

$$\varphi = \arccos(1 - 0.371\lambda/L) \approx 49.35\sqrt{\lambda/L} \tag{3.1}$$

式中：φ 为偏离端射方向的夹角；λ 为雷达波长；L 为导线长度。

根据式(3.1)，在尺寸一定时，随着频率升高，行波散射的峰值越来越朝端射方向靠近。但是，对于尖拱形支架表面，一阶行波是朝着前向散射方向传播的，并随后进入阴影区，在支架表面照明 - 阴影区边界处，一部分表面波被辐射，另一部分继续往前传播，形成阴影区爬行波，这两者都不构成后向散射；还有一部分被反射，形成朝雷达方向传播的行波，将对后向散射构成贡献。如图 3.15(c)所示。

如果金属支架截面外形设计合理，除非在频率很低的条件下，否则这种行波效应几乎可以忽略不计，这是因为：

(1) 一般只有细长的物体会产生强的行波散射，而竖立的金属支架尖拱外

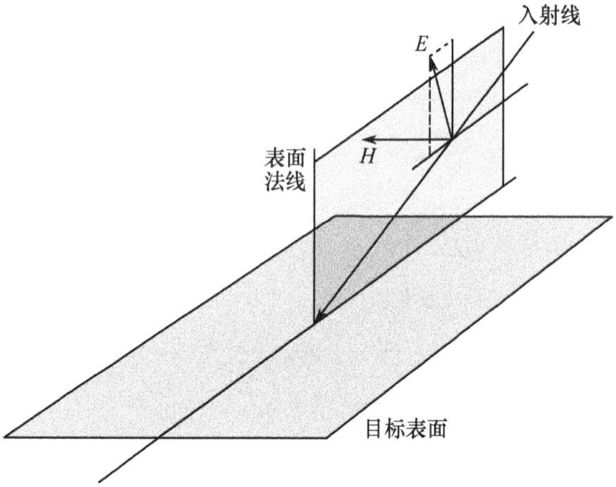

(a) 电场在入射面内含有平行和垂直于目标表面的分量，会激发表面行波

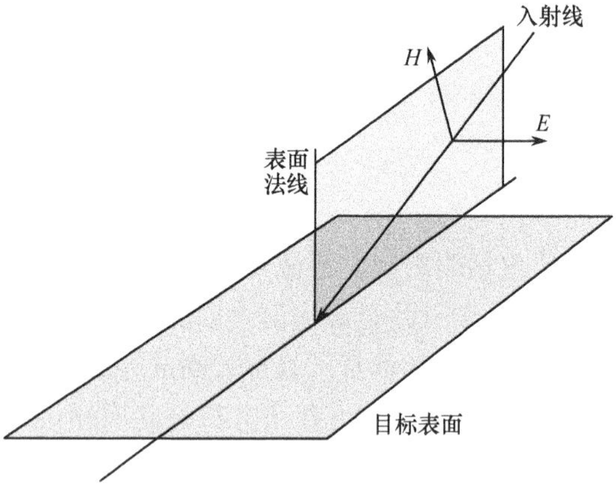

(b) 电场在入射面内没有平行和垂直于目标表面的分量，不会激发表面行波

图 3.14　可以在目标表面激发行波的条件示意图

形已经很难被认为属于“细长体”。

(2) 对金属支架照明－阴影区边界处进行合理的外形设计,使得表面行波在边界处一部分形成前向散射,另一部分转化为爬行波,避免在边界处形成严重的表面波反射分量,可使行波的后向散射影响最小化。

2) 爬行波影响

如上所述,在尖拱截面形状照明－阴影区边界处,一部分表面行波继续沿阴影取向前传播,形成所谓的爬行波。如果阴影区为类似于金属圆柱那样的光滑表面,则该爬行波将一直绕过支架后端阴影区,并回到雷达可见区,从而对后向散射产生重要贡献。但是,通过合理的支架截面外形设计可以抑制爬行波对于后向散射的贡献:

(1) 阴影区传播路程(即支架截面尺寸)一定时,爬行波随频率的增大呈现

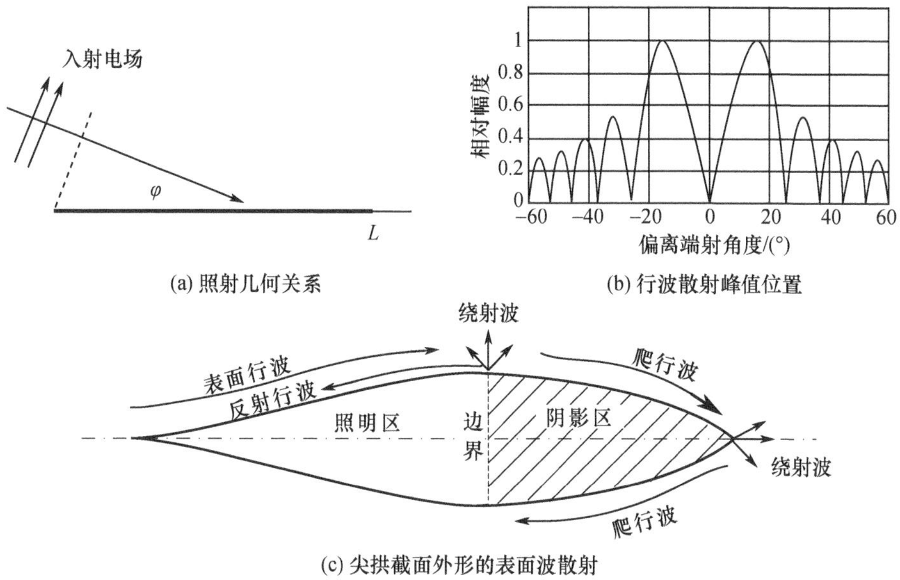

图 3.15　金属支架的表面波散射示意图

急剧衰减,因此在频率高端,其影响较小。必要时,也可通过表面涂敷铁氧体吸波材料,增大爬行波的等效传播路程而使其大大衰减。

(2) 支架后沿棱边的存在,使得爬行波遇到不连续处的棱边产生绕射,且该绕射形成的凯勒(Keller)锥不在后向散射方向上,不构成对后向散射的贡献。

(3) 通过适当增大后沿劈的内劈角,有助于减小后沿棱边不连续处对于爬行波的反射,从而减小爬行波的后向散射贡献。

综上可见,合理的低散射金属支架设计,可保证支架在鼻锥方向上的后向散射主要是边沿绕射的贡献,而边沿绕射随频率升高而降低。因此,在高频段,低散射金属支架具有较低的 RCS 电平,在较低频段其 RCS 电平较高。

3.2.3　低散射金属支架的 RCS 预估

根据以上分析,低散射金属金属支架的主要散射源自支架前沿劈的绕射贡献,具体可采用几何绕射理论进行分析和解析近似。由于工程实用的金属支架其高度一般都远大于波长,故可采用无限长金属劈的电磁散射来分析和预估。

基于几何绕射理论,诺特[1]给出了估算金属支架的归一化散射宽度的公式为

$$\frac{\sigma_{2D}^{VV}}{\lambda}=\frac{2}{\pi\left[n\cdot\tan\left(\frac{\pi}{n}\right)\right]^{2}} \tag{3.2}$$

$$\frac{\sigma_{2D}^{HH}}{\lambda}=\frac{2}{\pi\left[n\cdot\sin\left(\frac{\pi}{n}\right)\right]^2} \tag{3.3}$$

式中：$\frac{\sigma_{2D}^{VV}}{\lambda}$和$\frac{\sigma_{2D}^{HH}}{\lambda}$分别为 VV 极化和水平（HH 或 hh）极化下的归一化散射宽度，n 为归一化的外劈角，它与内劈角 β 之间的关系为

$$n=2-(\beta/\pi) \tag{3.4}$$

用式（3.2）和式（3.3）计算得到的支架归一化散射宽度是建立在采用无限长的金属楔形体来代替目标支架，且电磁波在沿着内劈角的平分线上照射支架的前提之上的。支架归一化散射宽度随内劈角变化的特性曲线如图 3.16 所示。

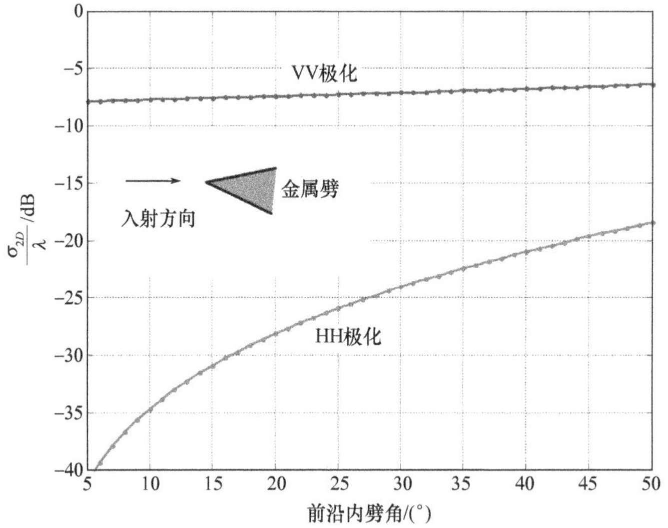

图 3.16　内劈角与归一化散射宽度之间的关系

图 3.16 给出的是采用式（3.2）和式（3.3）计算得到的归一化散射宽度随内劈角变化的特性曲线。从图中可见，对于 HH 极化，散射宽度随着内劈角的减小而大大减小；另一方面，对于 VV 极化，不但支架散射宽度远高于 HH 极化情况，而且散射宽度随内劈角几乎不变化。例如，当内劈角从 50°减小至 10°时，HH 极化下散射宽度的减小可达 15dB 以上，而 VV 极化下散射宽度的减小不足 2dB。

可见，无论金属支架的内劈角如何，支架前沿的回波在 VV 极化下的散射强度都要大于水平极化下的强度。尽管通过减小劈角来降低尖劈在 VV 极化下的回波几乎是做无用之功，但这对于减小 HH 水平极化的回波还是非常有效的。

实用上，前沿内劈角的大小设计主要取决于金属支架的物理强度和尺寸限制，通常设计在 20°～30°之间。根据图 3.16，当前沿内劈角为 20°时，HH 极化下的回波要比 VV 极化下的回波强度电平低 20dB。

在已知二维无限长的金属支架的散射宽度后，可根据支架的前倾角和长度，将其转换为三维有限长支架的雷达散射截面，且有[1]

$$\sigma = \frac{2l^2\sigma_{2D}}{\lambda}\left[\frac{\sin(kl \cdot \sin\tau)}{kl \cdot \tan\tau}\right]^2 \tag{3.5}$$

式中：τ 为支架的前倾角；l 为支架的长度；k 为雷达波数。

式(3.5)成立的条件是照射二维和三维物体的入射波只在长度方向的相位上有区别，也即满足远场平面波条件，且幅度锥削小到可忽略不计。将式(3.2)和式(3.3)代入式(3.5)后，可分别得到 VV 极化和 HH 极化下金属支架的 RCS 预估公式为

$$\sigma^{VV} = \frac{4l^2}{\pi\left[n \cdot \sin\left(\frac{\pi}{n}\right)\right]^2}\left[\frac{\sin(kl \cdot \sin\tau)}{kl \cdot \tan\tau}\right]^2 \tag{3.6}$$

$$\sigma^{HH} = \frac{4l^2}{\pi\left[n \cdot \tan\left(\frac{\pi}{n}\right)\right]^2}\left[\frac{\sin(kl \cdot \sin\tau)}{kl \cdot \tan\tau}\right]^2 \tag{3.7}$$

进一步分析可以发现，式(3.6)和式(3.7)的方括号中的项使得支架的雷达散射截面在波峰和波谷之间来回振荡。另一方面，在实际支架设计中，我们主要关心的是雷达散射截面的峰值，也即其幅度包络。因此，可令振荡项取最大值，由此得到 RCS 的幅值包络分别为

$$\begin{aligned}\sigma_{\max}^{VV} &= \frac{c^2}{\pi f^2}\left[\frac{1}{\tan\tau} \cdot \frac{1}{n\pi \cdot \sin\left(\frac{\pi}{n}\right)}\right]^2 \\ &= \frac{\lambda^2}{\pi}\left[\frac{1}{\tan\tau} \cdot \frac{1}{n\pi \cdot \sin\left(\frac{\pi}{n}\right)}\right]^2\end{aligned} \tag{3.8}$$

$$\begin{aligned}\sigma_{\max}^{HH} &= \frac{c^2}{\pi f^2}\left[\frac{1}{\tan\tau} \cdot \frac{1}{n\pi \cdot \tan\left(\frac{\pi}{n}\right)}\right]^2 \\ &= \frac{\lambda^2}{\pi}\left[\frac{1}{\tan\tau} \cdot \frac{1}{n\pi \cdot \tan\left(\frac{\pi}{n}\right)}\right]^2\end{aligned} \tag{3.9}$$

式中：c 为光速；f 为雷达频率；λ 为雷达波长。

可见，影响金属支架 RCS 幅度峰值大小的因素主要有：支架的前倾角（即同垂直方向之间的夹角）τ、支架前沿的内劈角 β、以及入射波频率 f（或波长 λ）。

图 3.17 给出了在 P 频段至 Ka 频段内，当支架前沿内劈角 22°、前倾角 25° 时，采用式（3.8）和式（3.9）预估得到的支架 RCS 电平随频率的变化特性曲线。由于支架 RCS 与频率的平方成反比，当频率每增大一个数量级（10 倍）时，金属支架回波的 RCS 电平将降低两个数量级（20dB）。同时注意到，在 1GHz 以下频段，金属支架在 VV 极化时的 RCS 电平很难做到优于 −30dBsm，这确实是金属支架在低频段的固有缺点。

应该注意的是，图 3.17 中给出的只是预估结果，工程实用中应该根据测量得到的支架回波数据代替理论计算数据。大量工程应用实例表明，对于设计加工良好的低散射金属支架，图 3.17 中关于 HH 极化的预测数据偏于乐观，而关于 VV 极化的预测数据则偏于悲观。这一结论可供低散射金属支架设计者参考。

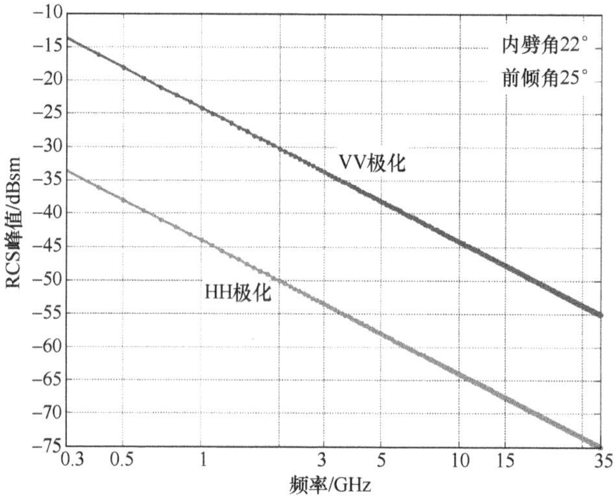

图 3.17 典型金属支架预估的 RCS 峰值电平随频率变化特性

图 3.18 示出了典型金属支架 RCS 峰值电平随前倾角的变化特性，支架内劈角为 22°。其中，图 3.18（a）为 10GHz 频率下，HH 和 VV 极化时金属支架 RCS 峰值电平随支架前沿的倾角变化的特性。可以看到，由于内劈角一定，在任何前倾角下 HH 极化的 RCS 峰值基本上都比 VV 极化的低约 20dB。事实上，不只在 10GHz 频点处，在其他频率处也是如此。图 3.18（b）给出了 VV 极化下 RCS 峰值电平随频率和前倾角变化的三维网格图，由于 HH 极化基本上比 VV 极化的低 20dB，变化趋势类似，故不再给出。

应该注意，图 3.18 中给出的是支架 RCS 峰值包络特性，它只取决于支架的

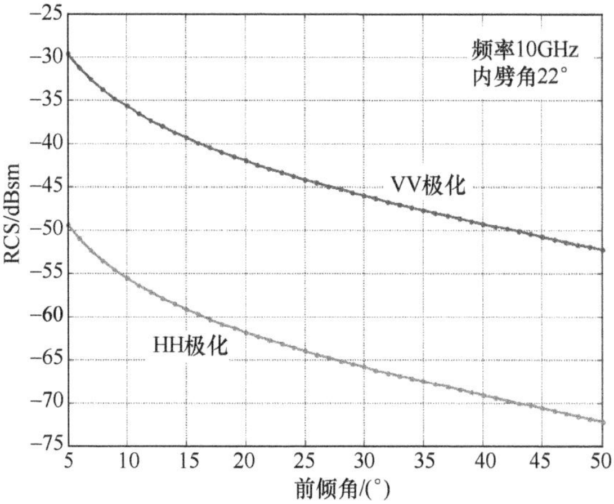

(a) 10GHz处支架RCS随前倾角变化特性

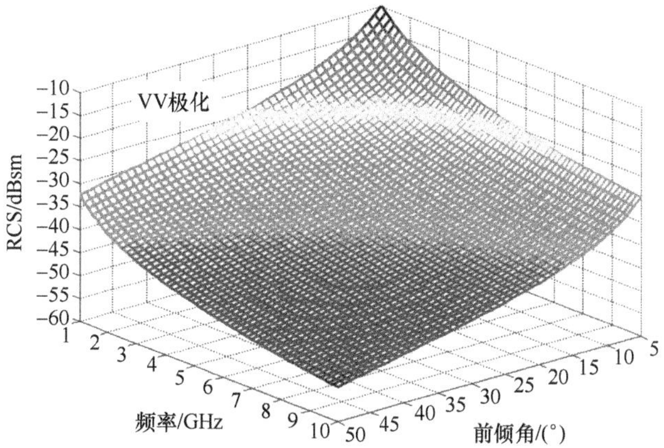

(b) 支架RCS峰值随频率和前倾角变化特性,VV极化

图 3.18　支架前沿倾角与回波 RCS 之间的关系

前倾角 τ、前沿的内劈角 β、以及入射波频率 f,而与金属支架的长度 l 等几何尺寸无关。也就是说:无论这类金属支架多高,其 RCS 峰值包络并不随支架的长度等几何尺寸而变化,而是主要取决于支架前沿的内劈角和支架安装的前倾角。这个特性对于大型目标支架设计非常重要。

同时也注意到,根据式(3.6)和式(3.7),金属支架的 RCS 本身是随着 $kl \cdot \sin\tau$ 呈振荡变化的。这意味着,对于给定频率,通过改变支架的架高和支架安装的前倾角,是可以改变支架的 RCS 电平的。但是,对于给定的测试条件,因子一般是不可任意调整的,因为它由测试频段所要求的雷达频率以及目标架高所决定,而这两者可能都是固定的。如果雷达频率和支架的长度一定,可通过调节支架的倾角控制 $\sin\tau$ 的取值,进而使金属支架的回波在给定频率和倾斜角下趋近于零点。对于窄带点频 RCS 测量,这种支架 RCS 调零点技术或许是有用的,但对于宽带扫频 RCS 测量来说,这种技术则很难实用,因为不可能对所有测量频点同时调零,也不太可能在扫频测量过程中针对每个频点去调整支架倾角。

目标支架设计工程师自然希望能够随心所欲地选择支架前沿倾角大小,但受支架高度和承重能力的限制,这种选择其实也是十分有限的。根据图 3.18 所给出的支架前沿倾角与回波 RCS 之间的关系可知,如果以前倾角 25°时为参考点,分析可以发现:当前倾角减小到 15°时,支架的回波强度大致增加 5dB,但带来的好处是支架底部所承受扭矩的减小,从而有利于增加支架的目标承重;反过来,如果将支架的前倾角由 25°增加到 40°,支架回波的强度则可以降低约 5dB,但其代价是支架扭矩也增加了,而且扭矩的增速可能更快,或许并不值得为了回波强度的这点降低量而去设计强度更大的支柱,且因建造更为坚固的支架结构而使成本大大增加。

可见,金属支架设计的过程其实是一个满足技术需求和成本要求的折中过程。大多数商用 RCS 测试低散射金属支架的前倾角取值在 20° ~30°之间。

3.2.4 目标与金属支架之间的耦合影响

尽管金属支架与塑料发泡支柱相比有着超强的重量承受能力,但它也存在着不足之处,尤其是支架和目标之间存在着两类不同的散射耦合相互作用,在很大程度上影响到 RCS 测试的精度。

3.2.4.1 支架阴影区影响

金属支架的第一类影响是遮挡造成的阴影效应,也即图 3.19 中所标示的支架前向绕射区所决定的阴影区域,该区域的具体细节取决于入射波的频率和支架的外形参数。很显然,如果被测目标存在俯仰,这种阴影效应就会影响测量精

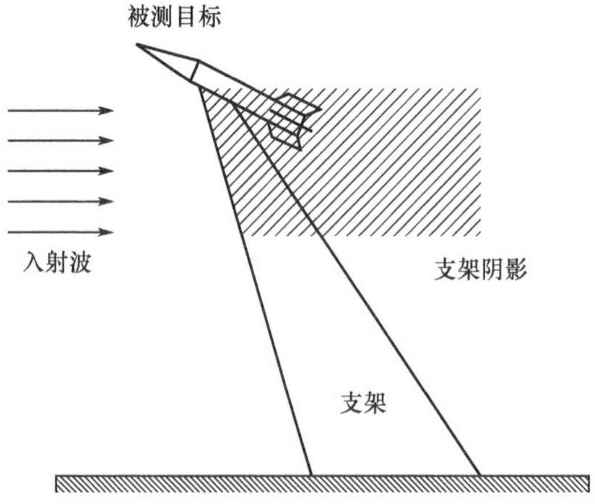

图 3.19 目标与支架之间形成的绕射区[1]

度，当目标的鼻锥向上仰起时最为严重，此时目标的尾部被支架所遮挡而形成很大的阴影区。如果将目标鼻锥朝下俯冲放置，则这种阴影效应的影响可在很大程度予以消除。

这就带来一个问题：难道采用金属支架时，无法完成目标仰起姿态的 RCS 测量吗？其实也不尽然。

首先，许多隐身飞行器其腹部具有光滑的表面，该区域往往不存在重要散射源，故当目标仰起时，即使存在阴影区遮挡效应，其对于 RCS 测量不确定度的影响或许也很有限并可接受。

其次，对于另外一些目标，或许可以采取以下安装方式来完成目标大仰角条件下的测量：采用目标俯冲测量得到目标仰视测量数据。具体做法是：将被测目标腹背翻个身倒置，也即让机腹朝上、机背朝下，完成 360°方位旋转测量后，再把所测得的 RCS 随方位变化数据以鼻锥向为参考点左右互换，由此即可采用目标俯冲测量得到目标仰视测量的 RCS 数据，同时避免了支架阴影区对测量结果的影响！

如果测量方案要求采集的既有俯仰角为正，又有俯仰角为负时的 RCS 随方位变化特性数据，若采用后一种方案，则要求目标的背部和腹部都能够安装旋转装置。图 3.20 给出了在目标上、下面均加装安装目标转顶的安装方法示意图[1]。一般地，适合于重量小于 1300 kg 的目标的小型转顶可以做到直径不大于 40cm、高度小于 15cm，而大型目标的转顶其直径则可能达到 1m 以上[23]。

如图 3.20 所示，转顶是嵌在目标体内部的，要求转顶的外沿同处于目标外层的承重面相吻合，目标的内部结构则必须充分地将承重分散到目标的框架上去。如果要求能用倒置在支架上的目标来测量目标仰起时的 RCS 数据，则目标的背部也需要有一个类似的安装匹配装置。此时，另一面闲置的凹腔必须采用同目标材料完全一致的盖罩封闭起来，尽量保证此凹腔处不会产生不应有的散射回波。为安装转顶和盖罩所使用的各种夹具可能需要金属化，盖罩外露面不应有不该存在的螺钉螺帽等细微散射结构，如果安装中不可避免需要采用螺钉，也应该采取措施消除其可能带来的不良影响。

最后，采用图 3.20 中所示的为了测量 RCS 而对目标开一个甚至两个安装空腔，是目前大型目标静态 RCS 测量中所广为采用的，但这种安装结构很明显会破坏目标除了可以被测量之外的其他许多实用功能。这种外形甚至结构上的改变有可能相当大，甚至目标 RCS 测量完成再修补后也不能作为正常飞行器使用。也就是说，为了 RCS 测量，这个作为目标的飞行器基本上就报废了。正因如此，所以在 RCS 测试中，通常专门研制一个用于安装在金属支架上的被测目标，或者直接用退役或报废的武器装备测试。此外，这同时也表明：采用金属支架安装目标的 RCS 测量设施一般不能直接用于武器装备生产中的目标出厂

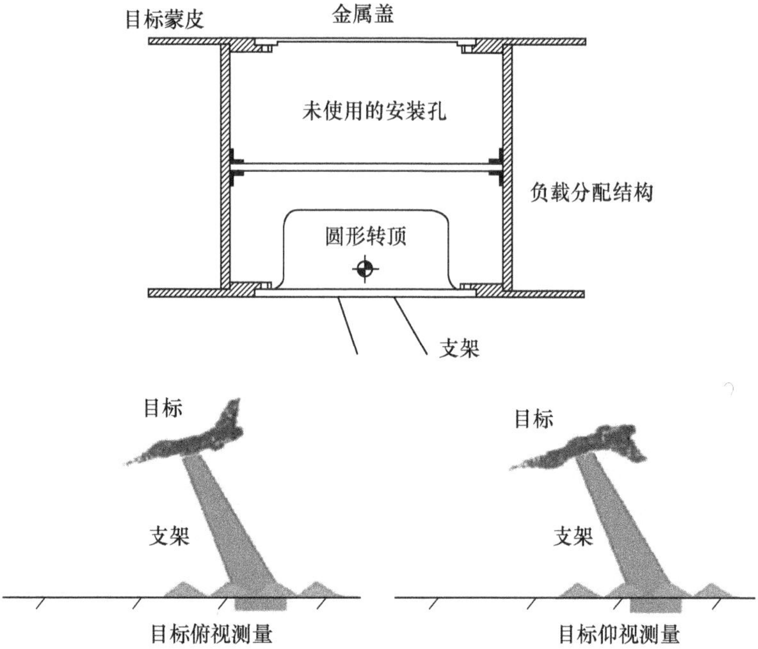

图 3.20　旋转装置的安装给目标带来的改变

RCS 检验等一类测试。

3.2.4.2　目标－支架耦合散射影响

由于支架是金属结构的，当被测目标安装在支架上时，目标与支架之间是导电的，这使得目标和支架之间可能还会存在第二种相互作用，也即耦合散射。这种耦合散射影响源自流经支架和目标的表面感应电流。

在 RCS 测试中，由于金属支架的特殊外形结构以及目标－支架间的几何关系，入射场在目标表面激发的表面电流将流向金属支架。图 3.21 和图 3.22 分别示出了 VV 极化和 HH 极化时，目标表面行波传导至金属支架的情形。在 VV 极化时，所激发的表面行波既传导到支架前沿尖劈，也传导到支架的侧向；而在 HH 极化情况下，主要激发传导至支架两侧的表面行波。由于金属支架的特殊散射结构，很明显，大多数情况下，流经金属支架前沿的表面波更容易对目标自身散射回波产生“污染”。在频率低端，这种耦合散射影响尤其严重。

此外，还应特别指出，上述目标－支架之间的耦合散射影响是不能采用背景矢量相减的方法来抑制的，因为当目标从支架上取下时耦合电流就不存在了，而背景矢量相减处理假设来自支架的散射回波同目标是否架设在支架上这两者之间是相互独立的。

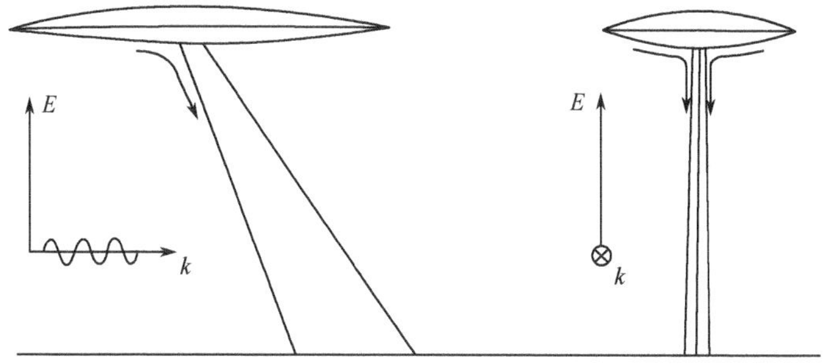

图3.21 VV极化时目标与支架间产生的耦合电流[1]

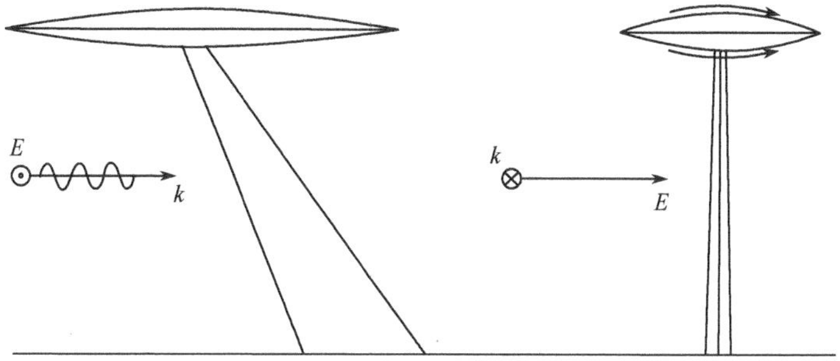

图3.22 HH极化时目标与支架之间产生的耦合电流[1]

3.3 低散射端帽

3.3.1 低散射端帽的作用

在绝大多数采用低散射金属支架的室内外RCS测试场中,都会设计制造一个同低散射支架联合使用的低散射端帽,这也是本节讨论的主要问题。

首先,读者大概会问,为什么采用低散射金属支架的测试场需要使用低散射端帽?

采用金属低散射支架的RCS测试场,一般在支架顶部安装一维(方位)或二维(方位+俯仰)转顶,驱动被测目标以一定的俯仰角作360°全方位旋转测量。测量过程中,目标转顶被埋藏于被测目标机腹中并经仔细处理,故转顶本身不会产生附加的散射而影响目标散射测量。但是,如果需要评测低散射支架自身的背景电平,或者需要测量背景信号以便后续可以进行背景抵消处理,则很显然,不能在移除被测目标情况下对所谓的"裸支架"直接进行背景测量,因为移除被测目标后,"裸支架"上的目标转顶便露出来了,此时的低散射支架与安装了被测目标的情形完全不同,一般不再具有任何低散射特性。

因此,事实上至少在以下三种情况下,采用低散射金属支架的 RCS 测试场需要一个与支架相匹配的低散射端帽:

(1) 模拟目标测试状态,对采用外置转顶的金属支架背景电平进行评估。

(2) 为了抑制采用内嵌式转顶的金属支架其顶端尖拱外形边缘的绕射,进一步降低支架的 RCS 背景电平。

(3) 对已有金属支架转顶进行改造,以适应更多的目标测量。

3.3.2 低散射端帽外形设计

采用将目标转顶内嵌于金属支架内部的低散射支架与采用将目标转顶外置于支架顶端的低散射支架,需要采用不同的低散射端帽设计。

3.3.2.1 内嵌式转顶

对于采用将目标转顶内嵌在金属支架顶端内部的低散射支架,尖拱外形的边沿的绕射对其后向散射回波具有较大的贡献。因此,如何抑制支架顶部尖拱形边沿绕射的影响,是低散射端帽设计中需要考虑的重点。

美国俄亥俄州立大学电子科学实验室的赖(Lai)和伯恩赛德(Burnside)[19]利用 GTD 分析,对存在尖拱形边缘绕射的金属支架的散射进行了估算。他们建议,可以给支架安装一个如图 3.23(a)所示的知更鸟头形状的吸波罩,这样可以消除边缘绕射的影响,降低金属支架的散射回波。波音公司使用了一种如图 3.23(b)所示称为 kiwi 的金属端帽装置[1]。这两种装置的共同特点是,它们都有一个朝向雷达的尖端,并且从尖端到支架的过渡非常平滑,从而抑制了以金属支架顶端尖拱形边沿绕射所产生的后向散射电平。

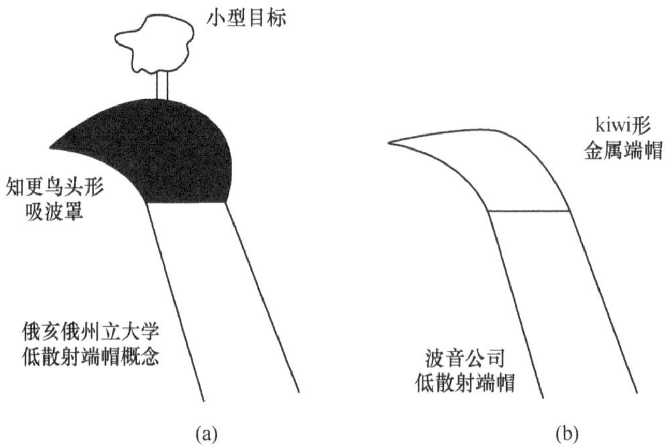

图 3.23 两种类似鸟头的低散射端帽[1]

这类结构的低散射端帽有助于抑制支架顶部的散射，但一般仅限于小型支架和目标。其中，波音公司的金属低散射端帽主要用于测量支架背景电平用，在测目标时它并不安装在支架上。

唐海正等人[24]融合了俄亥俄州立大学与波音公司的设计，提出在支架顶端加装低散射端帽，并在支架的阴影区安装目标旋转支撑杆，以便降低传统金属支架顶部绕射的影响，同时也减小支撑杆的散射影响。理论计算验证了这种设计具有更好的低散射设计，但未见实用于 RCS 测试场的报道。

3.3.2.2 外置式转顶

采用将目标转顶外置于支架顶端的低散射支架，其低散射端帽的设计重点在于使低散射端帽能模拟被测目标，将转顶隐藏于端帽的腹腔中，同时确保端帽自身的散射电平低于金属支架的散射。

美国空军研究实验室为了改造其国家 RCS 测试设施(National RCS Test Facility，NRTF)的 14 英尺金属支架，以使其原有的半径为 26.5 英寸①的大转顶可用于较小目标的测量，设计了一个低散射端帽将原有较大转顶“隐藏”起来，同时匹配安装一个新的较小转顶，用于实现对尺寸较小目标的 RCS 测量[25]。所设计加工的低散射端帽及其安装在支架上的情形如图 3.24 所示。实测结果表明，在 C ~ Ku 频段，低散射端帽的 RCS 电平在 HH 极化下优于 -54dBsm，VV 极化下优于 -50dBsm。

低散射端帽的第三个用途是用于金属支架和测试场背景的性能验证，尤其在 RCS 测试外场中得到广为使用。图 3.25 示出了美国洛克希德 - 马丁公司 RCS 测试外场的低散射端帽外形设计[26]。

对比图 3.24 和图 3.25 可以发现，在用于外置式转顶的低散射端帽设计中，无论是空军研究实验室还是洛克希德 - 马丁公司的 RCS 测试场，其低散射端帽均采用了扁宽的低 RCS 外形设计，这种设计的显著优点是有利于抑制表面波的影响，降低端帽的 RCS 电平。

侯兆国提出一种目标支架低散射端帽外形[27]，为了减小端帽尺寸、增加使用的便利性，采用细长外形的低散射端帽设计，并通过端帽尾部的翘尾形变将行波转化为爬行波，进而通过较长的阴影区传输路径使表面波得以衰减，最终达到有效抑制表面波的目的。外场测试结果表明，这种设计也取得了较好低散射效果，在 X 以上频段，其 RCS 电平低于 -40dBsm。

研究表明，工作在高频区且设计良好的低散射端帽，在鼻锥向其后向散射的主要贡献来自于两个散射分量：一个是头部尖顶的绕射；另一个是表面波传导至

① 1 英寸约为 2.54cm。

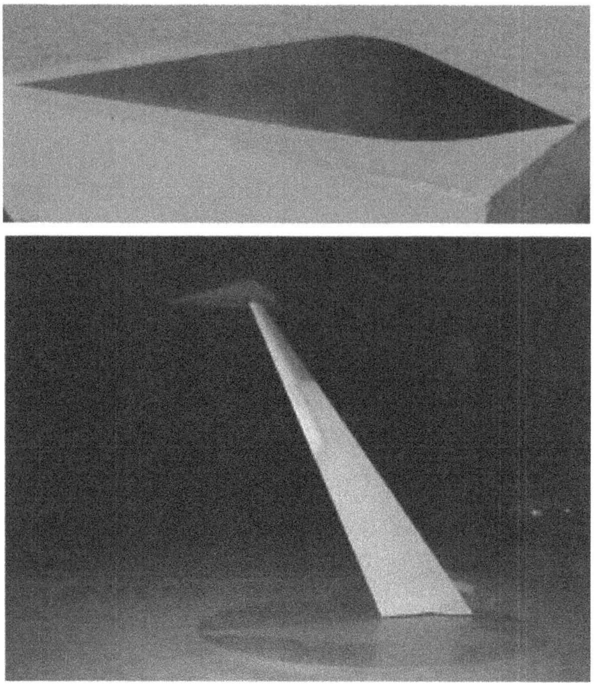

图 3.24　美国空军 NRTF 的低散射端帽[25]

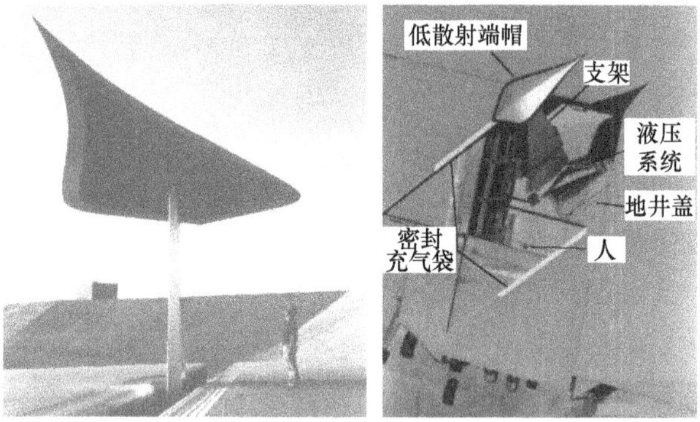

图 3.25　洛克希德·马丁公司 RCS 测试支架低散射端帽[26]

端帽尾部截断处所形成的散射。根据这一基本分析，本书作者提出一种用于低 RCS 外形设计的万能公式[3,4]，可用于设计各种形状的低散射支架和低散射端帽，这将在 3.4 节详细讨论并给出具体设计示例。

此外，还应指出：当雷达的工作频段很低时，没有哪种端帽和金属支架能在全频段频率范围内同时具有优异的低散射性能，这是因为如果物体尺寸与波长相比太小，也即支架或者端帽的尺寸很小，其工作在谐振区甚至低频区时的电磁散射不再满足局部性原理，此类几何外形所呈现的低散射特性不再存在。

3.3.3 利用低散射端帽测量背景电平

大多数大型目标 RCS 测试场采用目标转顶外置于支架顶部的低散射金属支架设计。由于在支架顶部安装了目标转顶，目标测量过程中转顶被埋藏于被测目标腹腔中并经过仔细处理，故转顶本身不会产生附加的散射而影响目标散射测量。但是，一旦被测目标被移除，则转顶便露出来了。因此，传统上为了模拟安装有目标时的背景状态，一般采用一个低散射端帽替代被测目标安装于支架上，并在安装了低散射端帽的状态下测量“背景”。这就带来另一问题：安装低散射端帽后，是否可以精确地测得 RCS 测试场的背景信号、评估其背景电平、甚至用于后续背景矢量相减处理呢？

设计良好的 RCS 测试场，其背景电平在很大程度上取决于目标支架的低散射设计。在微波频率高端，即使对于大型目标支架，经仔细设计和加工精良的低散射金属支架其 RCS 电平一般也低于 -40dBsm，现有技术条件下多数低散射端帽的 RCS 电平可以做到 -50dBsm 左右。也就是说，低散射端帽的 RCS 电平大体上可以做到比低散射支架略低，但很难比支架电平低 10dB 以上。众所周知，当信杂比仅为 10dB 左右时，RCS 测量的误差大致在 3dB 左右。

可见，仅依靠在支架顶部安装低散射端帽直接测量背景信号，只能做到“大体上评估背景电平的高低”，并不足以精确到可以将如此测得的背景数据用于后续的背景矢量相减处理。为了得到可用于背景矢量相减的背景测量，一般需要采取专门的背景辅助测量与提取处理技术，这将在本书第 5 章详细讨论，此处不赘述。

3.4 一个用于低 RCS 外形设计的万能公式

3.4.1 低散射外形设计分析

外形隐身和材料隐身是目标低 RCS 设计技术的两个主要方面，其中目标的低 RCS 外形设计在隐身飞行器设计、试验、测试与性能评估等中尤其重要。在低 RCS 外形设计中，传统上多采用多段曲弧面组合而成的简单光滑形体，如杏仁体、单曲率橄榄体和双曲率橄榄体等[28,29]。例如，新一代隐身飞机（如美国的 F-22、F-35、X-47B 和俄罗斯的 T50 飞机等）其鼻锥向均具有典型的尖拱外形[30-32]。

大多数目标 RCS 测试场其用于支撑被测目标的低散射金属支架均采用由两段或四段圆弧形成基本截面的金属支架[1,23]。例如，文献[28]给出的一种常

见低散射杏仁体外形，其数学方程为

$$
\begin{aligned}
&x=t\\
&y=0.193333d\sqrt{1-\left(\frac{t}{0.416667}\right)^{2}}\cos\phi\\
&z=0.064444d\sqrt{1-\left(\frac{t}{0.416667}\right)^{2}}\sin\phi,\ -0.41667<t\leqslant 0,\ -\pi<\phi\leqslant\pi
\end{aligned}
\tag{3.10}
$$

$$
\begin{aligned}
&x=t\\
&y=4.83345d\left[\sqrt{1-\left(\frac{t}{2.08335}\right)^{2}}-0.96\right]\cos\phi\\
&z=1.61115d\left[\sqrt{1-\left(\frac{t}{2.08335}\right)^{2}}-0.96\right]\sin\phi,0<t\leqslant 0.58333,\ -\pi<\phi\leqslant\pi
\end{aligned}
\tag{3.11}
$$

式中：$d=9.936$ 为杏仁体的长度，其量纲可以为任意长度量纲。

图 3.26 给出采用两段圆弧组合旋转而成的单曲率橄榄体、采用四段圆弧组合旋转而成的双曲率橄榄体以及式(3.10)和式(3.11)所定义的杏仁体的基本外形示意图。

(a) 单曲率橄榄体

(b) 双曲率橄榄体

(c) 杏仁体

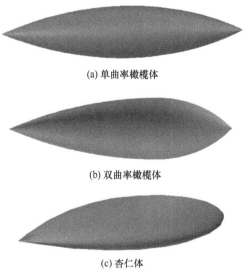

图 3.26　三种常见的低散射几何外形示意图

事实上，由于目前常用的单曲率橄榄体、双曲率橄榄体和杏仁体等低散射体其三维几何外形解析表达式的复杂性，在物体外形几何造型设计中，很难将物体的低 RCS 性能同其形状控制参数直接联系起来，这使得低 RCS 外形设计问题变得非常复杂，一般需要设计人员对电磁散射知识具有深入的理解，并依据工程经验并经过多次反复的循环设计和试验，才能得到满足技术指标要求的外形设计结果。

国际上新一代先进隐身飞行器的 RCS 电平大多在 -30 ~ -20dBsm 量级，用于静态目标 RCS 测量的目标支架一般采用低散射金属支架，由于精确的 RCS 测量要求背景电平比目标 RCS 电平低 20dB 以上，也就是应该达到 -50 ~ -40dBsm 量级。因此，隐身目标的 RCS 测量对金属支架的低 RCS 特性提出了空前的要求，这使得传统上由单曲率或双曲率橄榄体截面构成的低散射金属支架，其 RCS 性能难以满足隐身目标的测试需求。主要原因是：此类金属支架的 RCS 电平主要取决于支架前沿棱边的内劈角和倾斜角，内劈角越小或倾斜角越大，支架的低 RCS 性能越好。然而，由两段圆弧（单曲率）或四段圆弧（双曲率）橄榄体截面构成的低 RCS 金属支架，其前沿棱边内劈角的大小主要由弧段的短轴与长轴之比所决定，轴比越大，内劈角越小；但实用中所设计的支架截面之轴比又不能太小，否则支架的机械承重性能不能满足使用要求。这成了低 RCS 金属支架设计中的主要矛盾之一。

如上一节所讨论的，在目标 RCS 测试场应用中，不但需要设计其 RCS 电平显著低于被测目标本身 RCS 的目标支架，还需要测得金属支架本身的 RCS，用于估计 RCS 测试精度，或用于测试数据处理中的支架背景向量对消，提高测试精度。为此，需要设计一种比金属支架本身具有更低 RCS 电平的低散射端帽，可安放在金属支架顶端以模拟目标安放在支架顶端测试时的状态，实现对支架的固定背景电平测量。这种具有极低 RCS 电平低散射端帽的外形设计，对低散射外形设计提出了更为严苛的要求。现有的传统尖拱外形低散射设计很难满足这种要求。

3.4.2　用于低散射外形设计的万能公式

针对上述低 RCS 物体几何外形设计中的问题，我们提出一个可用于低散射几何外形设计的万能解析公式[3]，通过对该公式中三个参数的控制可实现各种低散射几何截面外形设计，且通过电磁散射的高频渐近技术，可将该解析式中的形状控制参数同物体的低散射特性直接联系起来，从而在设计阶段直接预估几何外形控制参数对目标低 RCS 性能的影响，可大大简化 RCS 工程应用中的低散射外形设计问题。

无论对于低散射金属支架还是低散射端帽设计，一般都需要构建一个具有低散射特征的特殊截面外形。万能公式定义了两段沿 x 轴对称的、可用于构建低散射体外形截面的余弦指数曲线，可表示为[3]

$$y(x) = \pm\frac{H}{2^{\mu}}\left[1+\cos\left(\frac{x}{L}\pi\right)\right]^{\mu}, \quad -L\leqslant x\leqslant 0 \tag{3.12}$$

式中:H 为截面的高度;L 为截面的长度;μ 为截面的形状控制因子。

在实际低散射几何外形设计中,可针对具体应用首先确定采用何种基本外形结构(例如,旋转对称体、旋转切割体、多面体、尖拱形截面柱体等),然后利用万能公式(3.12)或其简单变形(例如,平移、缩比等)即可构建出满足设计要求的三维物体几何外形。因此,利用万能公式(3.12)构建一个闭合的低散射曲面外形是设计的关键,而这个封闭的几何外形截面一般可通过四段余弦指数曲线来实现,也即前、后截面分别由两段对称的曲线构成,如图3.27所示。

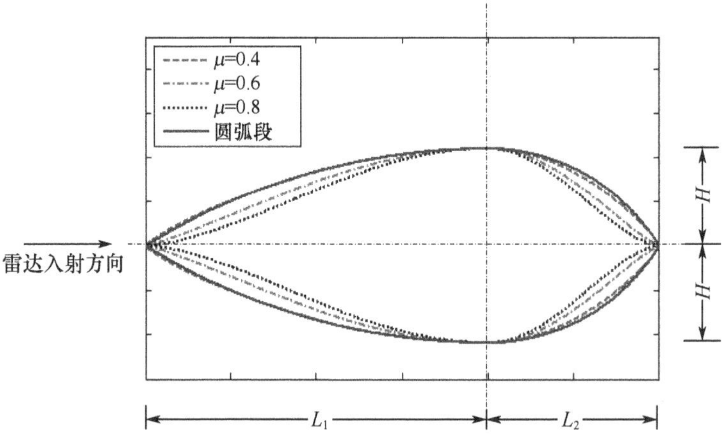

图3.27 由四段余弦指数曲线构成的截面外形示例

图3.27示出了给定前截面长度 L_1、后截面长度 L_2、弦高 H 时,采用不同形状控制因子 μ 时得到的基本截面形状。其中,虚线、点划线和点线分别示出了形状因子分别为0.4、0.6和0.8时的截面形状;作为比对,实线示出了具有相同弦高比的圆弧段(Circular arc)构成的几何外形图。可见,同传统的圆弧段尖拱外形设计相比,利用万能公式(3.12)进行外形设计,具有以下优点:

(1) 在给定弦高比时,通过调节形状因子 μ,可保证前后截面边界平滑过渡的同时,任意控制物体的前、后截面外形轮廓。例如,可以分别调节前后截面的形状因子,使其外形为“凹曲面”(比如取形状因子为0.8),或者“凸曲面”(比如取形状因子为0.4),前者有一个小的尖顶角,而后者有一个大的尖顶角;相反,若采用圆弧段外形设计,则只能是“凸”曲面。

(2) 给定弦高比时,上述外形的前、后截面尖顶角同形状因子之间的关系可用解析表达式表示出来。对万能公式(3.12)分析可知,由该式所定义的物体截面外形,其侧表面上任意位置处的局地雷达掠入射角 $\theta(x)$ 可表示为

$$\theta(x)=\lim_{\Delta x\to 0}\tan^{-1}\left(\frac{\Delta y}{\Delta x}\right)=\tan^{-1}\left[\frac{\mathrm{d}y(x)}{\mathrm{d}x}\right]$$

$$=\tan^{-1}\left\{\frac{\mu\cdot\pi}{2^{\mu}}\cdot\frac{H}{L}\cdot\frac{\sin\left(\frac{-x}{L}\pi\right)}{\left[1+\cos\left(\frac{x}{L}\pi\right)\right]^{1-\mu}}\right\}\tag{3.13}$$

若满足条件 $\theta(x)\ll 1$，有 $\tan\theta(x)\approx\theta(x)$。此时有 $\theta(x)\approx\frac{\mathrm{d}y(x)}{\mathrm{d}x}$，也即

$$\theta(x)\approx\frac{\mu\cdot\pi}{2^{\mu}}\cdot\frac{H}{L}\cdot\frac{\sin\left(\frac{-x}{L}\pi\right)}{\left[1+\cos\left(\frac{x}{L}\pi\right)\right]^{1-\mu}}\tag{3.14}$$

与图3.27中对应的四种不同前截面外形相对应的局地掠入射角随半长轴位置的变化特性如图3.28所示。此处取 $L_1=360\text{mm}$，$H=90\text{mm}$，前截面弦高比为4∶1。

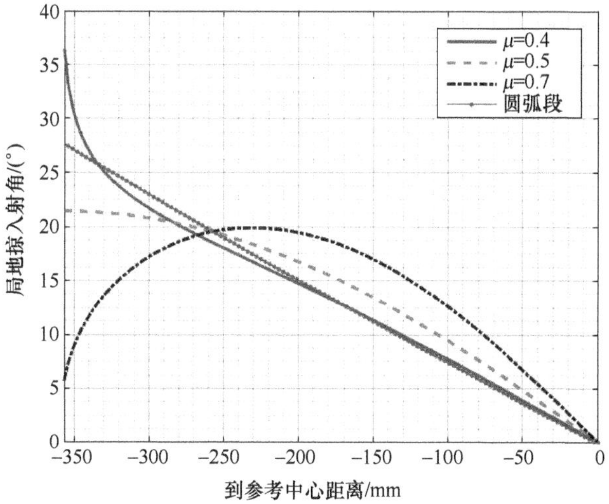

图3.28 不同形状因子下局地掠入射角在长轴位置上的变化特性

从图中可见：在当前所给定的弦高比条件下，圆弧截面外形其局地掠入射角在前沿尖顶处最大，约27°左右；随着远离尖顶的位置，其局地掠入射角线性变小，在前后截面边界处为0°。

与圆弧段构成的尖拱外形不同，采用万能公式(3.12)设计出来的截面外形，其局地掠入射角最大值出现的位置是随着形状因子而变化的。例如：当外形因子为0.4时，最大局地掠入射角出现在前沿尖顶处，且高达36°以上，随着远离尖顶，该角度呈现急剧下降趋势，随后同圆弧尖拱外形的变化特性类似；当外

形因子为 0.5 时，最大局地掠入射角仍然出现在前沿尖顶处，约为 22°；当外形因子为 0.7 时，尖顶角仅 6°左右，最大局地掠入射角则出现在半长轴 −230mm 左右位置处，约为 20°。所有的外形因子下，在前后截面边界处的局地掠入射角均为 0°。

图 3.29 示出了采用同图 3.28 相同设计参数，计算得到的前沿尖顶角和表面最大局地掠入射角随形状因子的变化特性。由图可见：当形状因子小于 0.5 时，最大局地掠入射角总是出现在尖顶位置；另一方面，当形状因子 μ 大于 0.5 时，随着 μ 值越接近于 1（当然也可大于 1），截面的尖顶角越接近于 0°，而局地最大掠入射角的升高则不那么显著，维持在 22°以下。

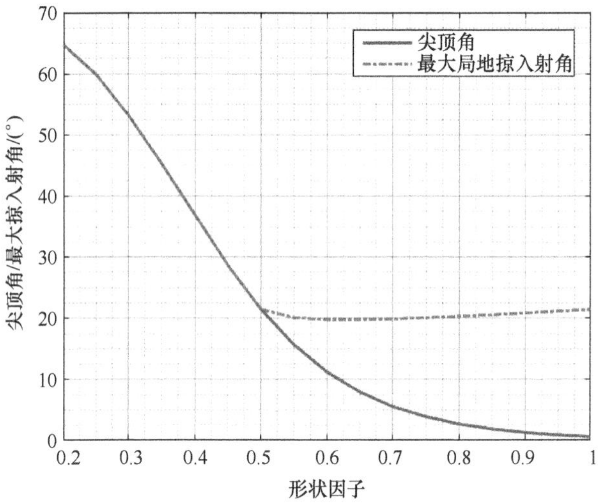

图 3.29　尖顶角和表面最大局地掠入射角随形状因子的变化特性

这个例子告诉我们，在给定弦高比时，采用余弦指数曲线进行外形截面设计可以按需要调节截面的尖顶角，也可以调节最大局地掠入射角，两者之间的调节并不存在根本性矛盾。对于低散射支架和低散射端帽设计，这一点至关重要：前者决定了前沿尖劈或尖顶的绕射电平，而后者决定了支架或端帽表面的物理光学反射电平。

为了演示万能公式（3.12）的实用性，下面给出两个根据该公式进行低散射设计的具体例子。

3.4.3　设计示例 −1：低散射支架设计

假设需要设计一个用于 RCS 测试场的低 RCS 金属支架，其基本构成和测试中的使用情况已经在 3.2 节详细讨论，要求当雷达波从支架前沿照射时，金属支架具有良好的低 RCS 特性。如果按照设计指标和技术要求，已经确定金属支架

竖起时的总高为 H_0，前倾角 θ_0；上截面短轴为 $2H_u$，前截面与后截面半长轴分别为 L_{uf} 和 L_{ub}，总弦长 $L_{uf}+L_{ub}$；下截面短轴为 $2H_l$，前截面与后截面半长轴分别为 L_{lf} 和 L_{lb}，总弦长 $L_{lf}+L_{lb}$。在给定上述基本几何尺寸约束条件后，可按照以下步骤进行设计：

(1) 以公式(3.12)所定义的截面外形为基础，完成支架上截面和下截面的基本几何外形构造。

(2) 通过调节形状控制因子，实现截面外形的优化设计。

(3) 通过电磁散射分析和预估，实现低散射支架的整体设计参数优化。

3.4.3.1 上截面和下截面的外形构造

首先利用公式(3.12)，构造低散射支架的上、下截面外形，通过调节形状控制因子进行优化设计。

根据约束条件利用公式(3.12)确定的上截面四段曲弧的方程可设计如下。定义上截面前端曲弧的方程为

$$y(x)=\pm\frac{H_u}{2^{\mu_1}}\left[1+\cos\left(\frac{x}{L_{uf}}\pi\right)\right]^{\mu_1},\quad -L_{uf}\leqslant x\leqslant 0 \tag{3.15}$$

定义上截面后端曲弧的方程可表示为

$$y(x)=\pm\frac{H_u}{2^{\mu_2}}\left[1+\cos\left(\frac{x}{L_{ub}}\pi\right)\right]^{\mu_2},\quad 0\leqslant x\leqslant L_{ub} \tag{3.16}$$

由式(3.15)和式(3.16)，调节形状因子 μ_1 和 μ_2 可形成具有不同外形和内劈角的尖拱形上截面。类似地，可以构建支架下截面的几何外形方程。描述下截面前端曲弧的方程为

$$y(x)=\pm\frac{H_l}{2^{\mu_3}}\left[1+\cos\left(\frac{x}{L_{lf}}\pi\right)\right]^{\mu_3},\quad -L_{lf}\leqslant x\leqslant 0 \tag{3.17}$$

描述下截面后端曲弧的方程为

$$y(x)=\pm\frac{H_l}{2^{\mu_4}}\left[1+\cos\left(\frac{x}{L_{lb}}\pi\right)\right]^{\mu_4},\quad 0\leqslant x\leqslant L_{lb} \tag{3.18}$$

同样，调节形状因子 μ_3 和 μ_4 可形成具有不同外形和内劈角的尖拱形下截面。这样，通过调节四个形状控制因子 $\mu_1\sim\mu_4$，便可以调节支架上、下截面的外形。

3.4.3.2 形状控制因子的优化设计

如 3.2 节所讨论的，由图 3.28 所示截面所构成的低散射支架其后向电磁散

射主要包括以下三种机理:①支架侧面的物理光学反射;②支架前沿的尖劈绕射;③表面波(包括行波和爬行波)。

(1) 减小支架侧面物理光学反射的外形设计。

由于物理光学散射仅产生于雷达对物体表面的照亮区,根据雷达观测几何关系可知,对于尖拱形截面外形,仅其前段被照明部分会产生物理光学散射,而后段处于雷达阴影区,不产生物理光学反射。因此,仅在设计支架前段时需考虑对物理光学反射的抑制。

根据物理光学散射理论,任意小平面片的物理光学反射随雷达波掠入射角的变化具有如图3.30所示的基本特性:掠入射角越趋近于90°(波束垂直照射表面),物理光学反射越严重;掠入射角越小则来自于表面的反射越小。因此,金属支架物理光学反射对于后向散射的影响主要取决于其尖拱形表面的局地掠入射角。为了尽量减小表面的物理光学反射,要求在雷达视线方向,支架表面上任意一点的局地掠入射角均小于一个给定的小角度门限值,该门限具体取值多少取决于雷达工作频段和最低RCS电平要求。

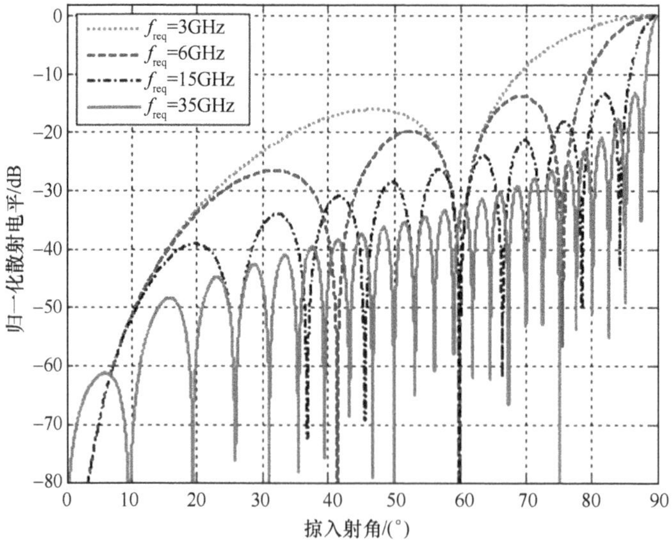

图3.30 任意小平面的物理光学反射随入射角变化特性

通过合理选择前截面的形状因子 μ_1,μ_3,可以控制支架表面的最大局地掠入射角,从而将支架的物理光学反射抑制在一个低的电平。

(2) 减小支架前沿尖劈绕射的参数选择和外形设计。

由图3.27所示的截面构成的支架存在前后两个尖劈,分别对应于金属支架的前沿和后沿,只有雷达可见区的尖劈绕射才对支架的后向散射构成显著贡献,而后沿尖劈的外形则更多地对表面波散射产生影响。

因此,在选择支架前截面形状因子时,除了考虑所形成截面外形沿半长轴每处的局地掠入射角,还需要重点考虑由此所形成的尖拱外形前沿尖劈的内劈角大小。根据电磁散射的 GTD 理论,金属劈的内劈角越大,其后向散射场越强。因此,应合理选择前截面的形状因子 μ_1,μ_3,使得截面的尖顶角较小,也即使得前沿尖劈的内劈角较小。从图 3.29 可见,前截面设计一般应选择大于 0.5 的形状因子参数。

(3) 抑制表面波影响的外形设计。

金属支架的后段对雷达而言为阴影区,因此主要存在爬行波的影响,该爬行波的产生源自支架雷达波照亮区的表面行波,这个表面波在支架前后截面边界处处一部分被反射,向着后向散射方向传播;另一部分越过照亮 - 阴影区边界,形成爬行波。

根据电磁散射理论,后沿不连续处有助于抑制爬行波绕过后表面从另一侧向着雷达接收天线方向传播;另一方面,后沿尖劈的内劈角较大时,其对表面波的辐射能力较强,因处于阴影区,这部分辐射波不会对后向散射构成重要贡献,有利于抑制爬行波。因此,从抑制表面波、同时增强支架的承重能力考虑,一般应减小后截面的形状因子,这样可增大后沿尖劈的内劈角。从图 3.29 可见,后截面设计一般应选择小于 0.5 的形状因子参数。

3.4.3.3　设计参数化优化

作为例子,图 3.31 示出了 $L_1=600\text{mm}$,$L_2=400\text{mm}$,$H=110\text{mm}$,$\mu_1=0.8$,$\mu_2=0.4$ 时的尖拱截面外形设计。这样的外形设计,体现了低散射金属支架设计中同时抑制前沿尖劈的绕射、侧表面物理光学反射以及减小表面波影响的基本设计思想。

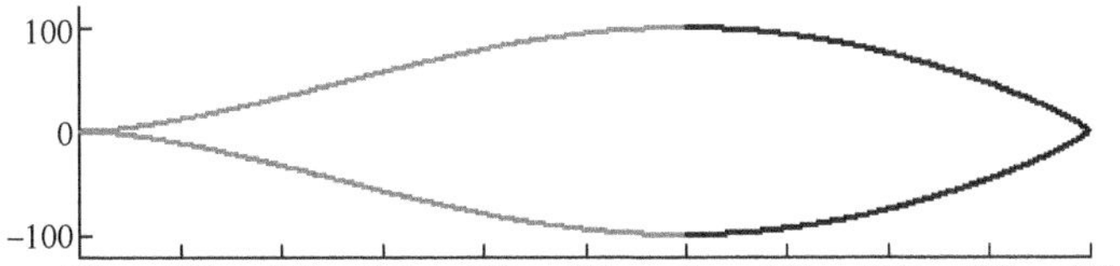

图 3.31　余弦指数尖拱截面外形设计示例

如此,由金属支架总高 H_0,前沿倾角 θ_0;上截面短轴 $2H_u$,前截面与后截面长轴分别为 L_{uf} 和 L_{ub},总弦长 $L_{uf}+L_{ub}$,形状控制因子 μ_1,μ_2;下截面短轴 $2H_l$,前截面与后截面长轴分别为 L_{lf} 和 L_{lb},总弦长 $L_{lf}+L_{lb}$,形状控制因子 μ_3,μ_4 等设计参数得到的低 RCS 金属支架设计如图 3.32 所示。

由于全部设计采用了式(3.12)所给出的解析公式,由此得到的支架外形其前沿内劈角是已知的,因此可采用 3.2 节所讨论的高频预估方法对所设计的支

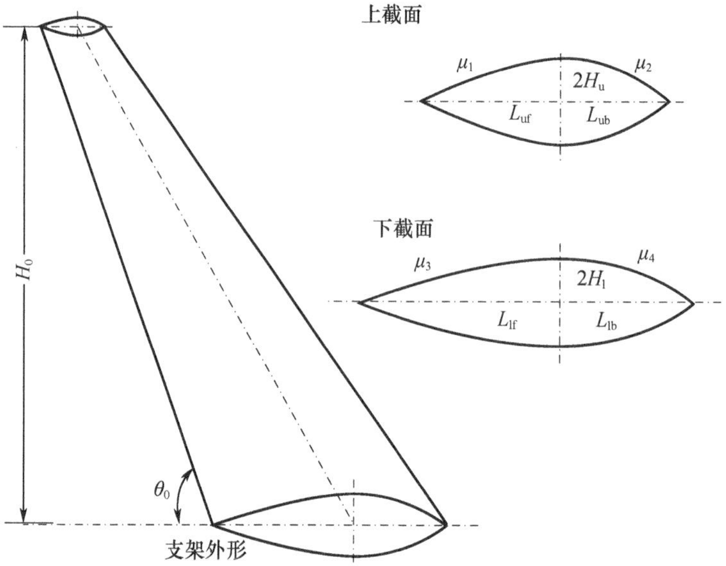

图 3.32　低 RCS 金属支架外形设计参数示意图

架进行 RCS 预估。如果发现不满足要求，可重新调整设计参数，如此重复数次，即可得到经过参数优化的低散射支架外形设计。

最后，在完成支架设计和采用高频法完成性能预估后，若有必要可进一步采用下一节所讨论的方法对所完成的支架设计进行数值分析，确保设计的有效性。

3.4.4　设计示例 -2:低散射端帽设计

公式(3.12)也可用于低散射端帽的几何外形设计，其设计流程和方法与低散射金属支架的设计类似。例如，以采用切割半旋转体作为基本形体的低散射金属端帽，其基本设计步骤如下[4]：

(1) 确定低 RCS 金属端帽短轴尺寸。

当采用切割半旋转体(也即将一个完整的旋转体对称地切割一分为二，并在此基础上作进一步的赋形处理)作为基本外形时，首先要根据低 RCS 低散射金属支架转顶的尺寸，确定该低散射端帽旋转体的半径，也即低散射端帽基本截面外形的短轴尺寸。其基本要求是：当由该端帽旋转半径所得到的切割半旋转体构建低 RCS 端帽时，必须保证该端帽安装在目标转顶上时，能够完全将转顶掩藏于端帽中，就像测目标时能够将转顶掩藏于目标腹腔中一样。因此，端帽短轴尺寸主要取决于两个因素：一个是转顶的直径；另一个是转顶高度。可见，端帽短轴尺寸至少不会小于目标转顶直径及 2 倍转顶高度中的较大者。

(2) 确定低 RCS 金属端帽长轴尺寸。

根据已确定的端帽短轴尺寸以及对金属端帽低 RCS 的指标要求，设计构成端帽旋转体的基本截面外形，预估出该基本截面外形的前段和后段曲弧的半长轴尺寸，两者之和即为端帽的长度。由此，得到与图 3.27 类似的低散射端帽基本截面外形。

(3) 低散射端帽的外形优选。

利用公式(3.12)并通过计算机编程，调节形状因子 μ_1，μ_2，计算端帽的前、后截面几何外形，同时计算出由此构成的端帽前、后尖顶角以及表面任意一点同雷达视线之间的局地掠入射角，从而得到一组随形状控制因子 μ_1，μ_2 变化的截面外形及其对应的尖顶角、雷达掠入射角随表面不同位置变化的特性曲线。根据电磁散射计算的高频渐近理论进行 RCS 预估，对多种截面外形的端帽 RCS 特性进行初步评估，选择 RCS 电平能满足技术要求的外形截面参数用于最终的端帽外形设计。

(4) 减小表面波影响的赋形设计。

当采用一个完整的尖拱形旋转体低 RCS 端帽设计时，由于端帽的特殊外形设计，其后向散射 RCS 电平主要取决于尖顶角，端帽后段完全处于电波阴影区，如前面所讨论的，只要长短轴比例选择合适，无论是水平还是垂直极化，行波效应的影响几乎都可以忽略不计。因此，除了考虑尖顶绕射外，主要还需考虑爬行波的影响。爬行波的散射可通过适当延长端帽后端阴影区传播长度而得到抑制，故此时合理的外形设计可保证端帽的 RCS 电平基本不受表面波影响。

当采用切割半旋转体作为低 RCS 端帽的基本外形时，在垂直极化条件下，处于电波照亮区的底部切割平面有可能会产生较严重的行波，若不对其作任何处理，该表面行波传播到端帽尾端定点处将被反射，进而在端帽前端顶点处形成强后向散射，导致端帽的低 RCS 性能恶化。为了抑制这种行波效应，除了采用传统的在表面涂敷铁氧体吸波材料方法，也可采用对端帽尾部作进一步的“上翘”变形设计，即对端帽底部后段切割面作进一步的向上切削处理，这样便形成了表面波传播的阴影区，从而将表面行波转化为阴影区爬行波，并随着其在端帽后端阴影区的传播而快速衰减，最终使表面波的影响得到抑制，以保证端帽的低 RCS 性能。

(5) 低 RCS 性能计算验证和设计优化。

一般可采用矩量法等 RCS 数值计算技术对按照以上步骤设计出的低散射金属端帽的 RCS 特性进行计算，以验证所设计的金属端帽 RCS 电平满足技术指标要求。若计算结果表明支架设计满足技术要求，则完成设计；否则可调整端帽的长度和形状控制因子 μ，进行重新设计和优化。

下面根据上述基本设计步骤，采用“半旋转体造型 - 曲面切割 - 上翘切割处理”三步法，给出一个低散射端帽的设计示例。

假设需要设计一个用于 RCS 测试场的低 RCS 金属端帽，要求该端帽能把一个直径为 500mm、高 400mm 的目标转顶罩住，且金属端帽具有良好的低 RCS 特性。设计过程如下。

第一步：按照上述技术要求并根据公式(3.12)，可初步设计低 RCS 金属端帽的尺寸为旋转半径（也即端帽的高）$H = 500\text{mm}$，前端截面半轴长 $L_1 = 2500\text{mm}$，后端截面半轴长 $L_2 = 3500\text{mm}$。注意到后端需要做“翘尾”赋形处理，故选择更长的尺寸。取形状因子 $\mu_1 = \mu_2 = 0.6$。由上述设计参数得到的尖拱形切割半旋转体如图 3.33 所示。

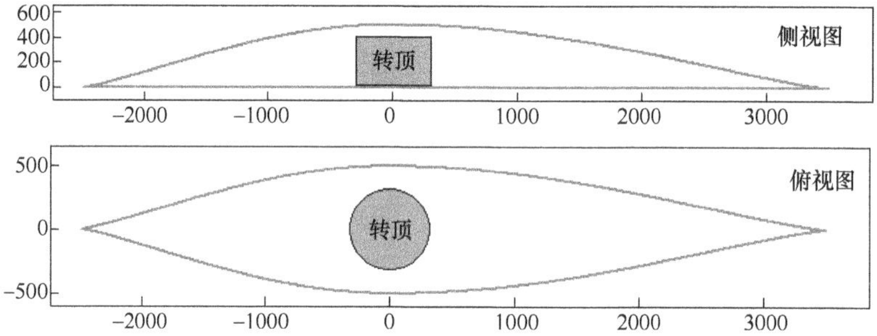

图 3.33　第一步得到的低 RCS 金属端帽几何外形

第二步：为了使尾部“上翘”形成表面波阴影区，设计尾部上翘后的尖顶位于距端帽中心 2600mm 处，此时对应的尾端尖顶高为 163.1mm。按照金属端帽尺寸尽可能小，但又必须把转顶完全掩藏住，同时保证足够的机械强度的原则，根据公式(3.12)设计高为 460mm，前、后段长度分别为 2500mm，2600mm 的曲面，形状因子仍为 0.6，对图 3.33 中的尖拱形半旋转体沿两侧由顶而下垂直切割，得到的几何外形如图 3.34 中实线所示（图中虚线为第一步中得到的几何外形）。

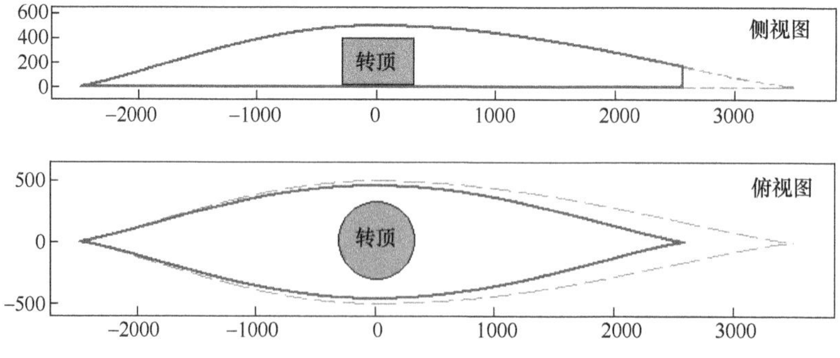

图 3.34　第二步得到的低 RCS 金属端帽几何外形

第三步：按照公式(3.12)设计一个高 163.1mm、长 2100mm、形状因子为 1 的曲面，在距离转顶中心 500mm 处开始进行切割，得到图 3.35 中实线所示的几何外形(图中虚线为第二步中得到的几何外形)。

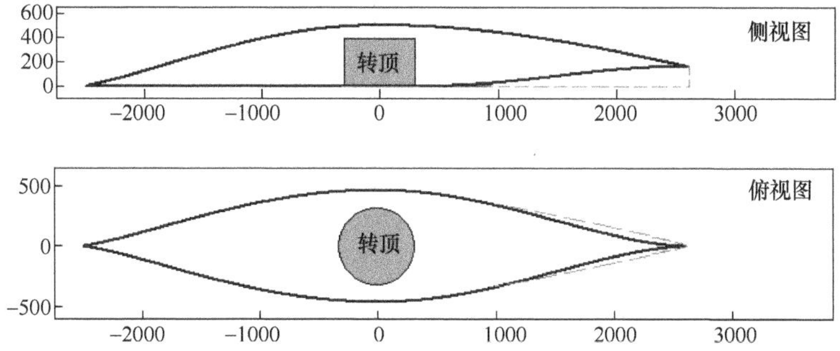

图 3.35　第三步得到的低 RCS 金属端帽最终几何外形

至此即得到低 RCS 金属端帽的最终外形设计。最后,对该低散射端帽的 RCS 进行计算和预估,确保其设计满足技术指标要求。关于如何精确预估和分析低散射端帽和金属支架的 RCS 特性,我们在下一节详细讨论。

最后,需特别注意以下两点:

(1) 以上给出的利用公式(3.12)进行设计的两个例子仅用于对低射支架和端帽基本设计步骤的示范,其设计参数不应理解为可付诸工程实用的具体设计。

(2) 低散射截面外形的构建并不限于仅用前、后截面两段来实现,如有需要可以采用更多分段,除上面所讨论的,低散射设计的关键是应保证每一分段边界处表面均是连续的(甚至是微分连续的)。

3.5　精确预估和分析低散射端帽和支架 RCS 特性的方法

3.4 节重点讨论了如何利用公式(3.12),通过各种不同组合构建低散射截面外形,进而完成低散射金属支架和低散射端帽的设计。在基本设计完成后,传统上工程技术人员一般可采用 3.2 节中的高频预估方法,对低散射支架和端帽的 RCS 特性作出初步预估。现代宽带电磁散射计算和分析技术的发展,使得人们有可能通过矩量法(MoM)等电磁计算的数值方法,更精确地计算和分析所设计支架和端帽等的 RCS 特性。本节讨论在完成上述低散射设计后,如何有效地分析和计算低散射端帽和支架的 RCS 性能[5]。

3.5.1　低散射端帽的 RCS 预估

低散射金属支架的 RCS 预估和分析需要考虑支架在真实使用场合,其转顶是被“隐藏”在目标腹腔中的情况,因此其计算和需要采取特殊的电磁计算和信号处理技术。相比之下,低散射端帽的 RCS 计算不存在这样的问题。但由于其固有的低散射特性,低散射端帽的精确 RCS 预估不能采用高频近似方法计算,一般可采用 MoM 或其他快速数值算法进行比较精确的数值计算。

然而,对于外场大型目标转顶,需要采用的低散射端帽尺寸也很大,而限于一般计算机服务器的运算能力和内存限制,很难在微波高频段对全尺寸低散射端帽应用 MoM 完成其数值计算。因此,MoM 计算一般仅用于较低频段的情形。问题是,对于低散射端帽更高频率处的 RCS,如果不能采用 MoM 一类数值算法精确计算,应该如何进行预估呢?

为此,提出以下基本分析和预测方法,作为对 MoM 数值计算的扩充,即:

(1) 采用 MoM 对低散射端帽在低频段的宽带电磁散射进行数值计算。

(2) 对 MoM 计算数据进行时频分析,确定低散射端帽上的主要散射中心、对应的散射机理及其随频率的变化特性。

(3) 在此基础上采用低频段 MoM 计算数据建立复指数(CE)模型,并通过 CE 模型预测更高频段的 RCS 特性。

3.5.1.1 散射特性的 MoM 计算

这里给出一个比 3.4 节中设计所得到的低散射端帽更为复杂一点的例子。图 3.36 示出了一个后端作了两次“上翘”处理的低散射端帽设计,图 3.37 给出该低散射端帽在 HH 和 VV 极化下 RCS 的 MoM 数值计算结果。计算参数为频率 10MHz ~ 1.2GHz,频率步长 5MHz。

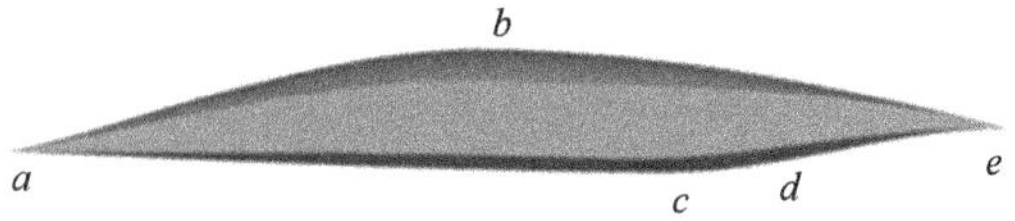

图 3.36 低散射端帽主要散射机理示意图

然而,计算中我们发现,由于低散射端帽的独特外形,对于 HH 极化,当频率高于 350MHz 时,其 RCS 电平已经基本在 -40dBsm 以下了,即使采用 MoM 数值计算,也很难对这种极低散射进行更精确的计算。因此,对于 HH 极化,我们仅计算到 800MHz 频率处。另一方面,对于 VV 极化时,即使在频率 1.2GHz 左右时,其 RCS 电平仍处于 -35dBsm 左右,因此,可认为 VV 极化的 MoM 计算数据在频率 1.2GHz 处应该依然比较准确。

3.5.1.2 低散射端帽散射机理的时频分析

从图 3.37 可以发现:对于 HH 极化,目标支架低散射端帽的 RCS 电平在 800MHz 处低于 -40dBsm,而且,事实上在高于 500MHz 左右时,已经很难认为

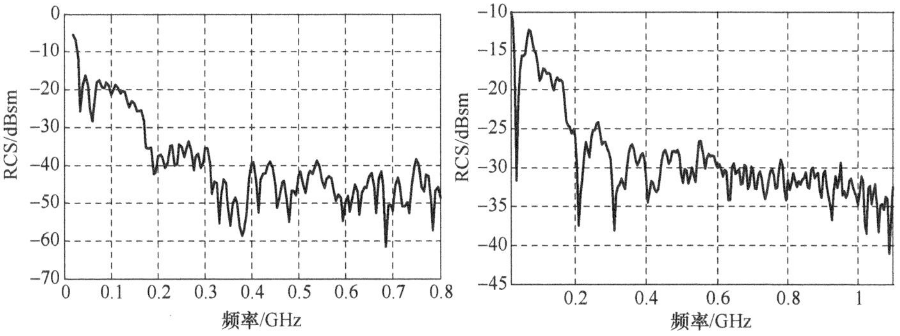

(a) HH极化　　(b) VV极化

图 3.37　目标支架低散射端帽 RCS 计算结果

MoM 的计算结果是精确的;对于 VV 极化,其 RCS 电平在 1.2GHz 处约为 -35dBsm,而且,如果采用普通计算机服务器,很难采用 MoM 数值计算完成比 1.2GHz 更高频段的 RCS 计算。可见,如果计算机硬件条件受到限制,则如何预估低散射端帽在更高频段的 RCS 电平特性,是一个需要解决的技术问题。

为了解决这一问题,首先对低散射端帽的电磁散射机理进行时频分析,以便认识低散射端帽上不同的散射机理随频率的变化特性,进而采用参数化模型预估其在更高频段的 RCS 特性。图 3.38 给出了 HH 和 VV 极化条件下,对低散射端帽 MoM 计算数据的时频分析结果。

从图 3.38 中 MoM 计算数据的时频分析结果可以发现:

(1) 无论是 HH 极化还是 VV 极化,低散射端帽的后向散射基本上都由 5 个主要散射中心组成,如图 3.36 中所标示的:前端尖顶散射(a)、中部上曲面照亮 - 阴影分界处的绕射(b)、中后部下表面切削上翘部位的绕射(c 和 d)以及端帽尾端的爬行波散射(e)。

(2) 所有主要散射中心的散射强度随频率均呈现出衰减变化特性,这验证了低散射端帽外形设计的技术方案是正确的。

(3) 对于低散射端帽尖顶(a)和中部上曲面照亮 - 阴影分界处的绕射(b),无论是 HH 还是 VV 极化下,均呈现出随频率快速衰减的特性。在频率高于 500MHz 时其散射贡献已经基本可以忽略不计。也就是说,这两种散射机理均不构成影响低散射端帽 RCS 电平的主要散射贡献。

(4) 中后部下表面切削上翘部位的散射是由行波在表面微分不连续处产生的后向散射,其中:第一个上翘位置处(c)属于高阶微分不连续,所以其绕射随频率的高次方衰减,在 300MHz 时已经可以忽略不计;第二个上翘位置处(d)的散射虽然呈现出某种随频率振荡的特性,但宏观上其主要变化特性仍然是随频率升高而快速衰减的。当频率高于 800MHz 左右时,无论是对于 HH 极化还是 VV 极化,其后向散射贡献均可以忽略不计。

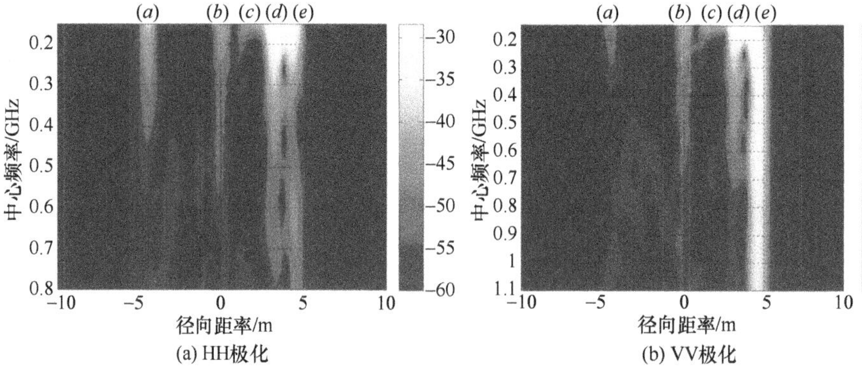

图 3.38　低散射端帽 MoM 计算数据的时频分析结果

(5) 尾部尖顶处的散射中心(e)主要是由于细长体的表面行波,经由散射罩尾部上翘进入阴影区后变成为随行程衰减的爬行波,到达尖顶处出现反射,在后向散射方向形成较强的散射贡献。根据电磁散射理论,对于此类外形,下表面在 VV 极化下的行波 - 爬行波散射一般比 HH 极化时要严重得多,这是因为 HH 极化时的表面波主要存在于下表面两侧边沿(由上表面的感应电流引起),而 VV 极化时在整个下表面均存在表面行波。因此,在 HH 极化下,下表面的行波 - 爬行波散射中心随频率呈现快速衰减,在 800MHz 处其散射已经低于 -50dBsm;另一方面,在 VV 极化下,下表面的行波 - 爬行波随频率的衰减则要慢得多,也是所有 5 个散射中心中随频率衰减得最慢的。

由此可见,对于如图 3.36 所示的低散射端帽,在高频条件下,其主要后向散射正是由下表面行波 - 爬行波散射机理所贡献的,且 VV 极化比 HH 极化下更严重。如果需要进一步降低其在频率低端的 RCS 电平,应该考虑在低散射端帽第二个上翘位置至尾端涂敷铁氧体吸波材料,通过大大增加爬行波传播的等效行程而使其在尾部尖端处的后向散射电平得到进一步抑制。此外,也可考虑改进设计,增大后尖的尖顶角,例如采用图 3.25 中那样的低散射端帽。

3.5.1.3　低散射端帽高频特性的 CE 模型预估

根据上面的分析,无论对于 HH 还是 VV 极化,低散射端帽的散射均主要有少数几个散射中心构成,尽管不同极化下,散射中心的机理不同,随频率的色散特性也不同。但这提示我们,可以采用目标散射中心的参数化模型来进一步预估低散射端帽在更高频段的散射特性。为此,可采用散射中心的复指数(CE)模型[33-35]。

目标散射中心的CE模型可表示为[33]

$$y(f_k) = \sum_{i=1}^{M} a_i \mathrm{e}^{-(\alpha_i + \mathrm{j}4\pi\frac{r_i}{c})f_k}; \quad k = 1,2,\cdots,N \tag{3.19}$$

式中：M 为目标上散射中心个数；a_i 和 α_i 分别为第 i 个散射中心的幅度和色散因子；r_i 为第 i 个散射中心到雷达参考中心的距离；c 为光速；f_k 为离散频率向量 $f_k = f_c + (k-1)\Delta f, k = 1,2,\cdots,N$，其中 f_c 为雷达起始频率。

CE模型和传统的用于目标散射中心建模的GTD模型[36]具有形式上的相似性。其中，CE模型相比于GTD模型的主要差异是：

(1) 散射幅度为复数，意味着包含散射强度和不随频率变化的固定相位两部分。

(2) 频率色散因子体现为 $\mathrm{e}^{-\alpha_i f_k}$，而不是直接为频率的指数。

这两个差异决定了CE模型参数比GTD参数估计的鲁棒性更好，且由于引入散射幅度和相位，CE模型可以更好地逼近目标的散射信号并保留目标的一维高分辨率距离像的准确性[34]。

由于CE模型同GTD模型的参数既存在差异也存在相似性，这也使得：

(1) CE模型所反映的散射机理同GTD理论是一致的，故也可认为同目标散射的物理机理存在明确的对应关系。

(2) 真实目标上的单个散射中心往往是非理想化的（例如其位置存在游移、散射幅度随频率的变化关系非单调递增或递减等），CE模型可以采用邻近分布的多个散射分量的组合来描述这种复杂散射机理，从而可比GTD模型更精确地描述复杂目标的散射特性。

(3) 由于以上特性，CE模型尤其擅长于超宽带散射数据的参数化表达。

图3.39和图3.40分别给出了HH和VV极化下，对MoM计算数据进行CE模型参数化建模、进而对低散射端帽RCS频率特性进行外推计算的结果。

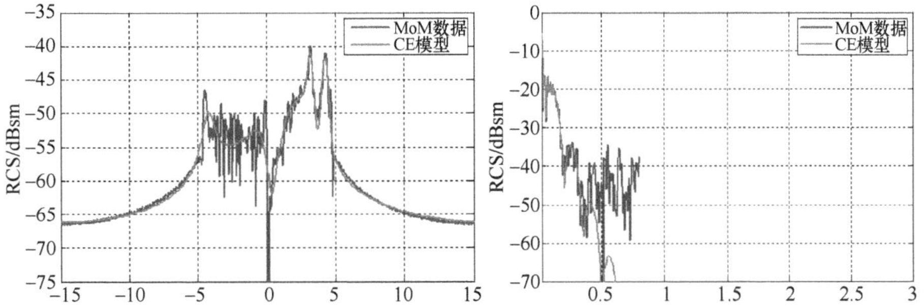

(a) 一维距离像　　(b) CE模型RCS外推

图3.39　HH极化CE模型及RCS外推结果

从图3.39可见，正如前面所分析的，由于HH极化下低散射端帽本身的RCS电平在频率高于300MHz以上时已经很低，更高频率的MoM计算数据本身并不精确,CE 模型很好地体现了这一点,其外推计算结果并无实际意义。但是,CE 模型外推计算的参考价值在于,经 CE 模型对各种散射机理的幅度和色散特性参数化,频率外推计算结果并结合 MoM 数据的时频分析,可以基本确认,在频率高于 500MHz 的频段,当前的低散射端帽外形设计可以保证其 RCS 电平优于 -40dBsm。

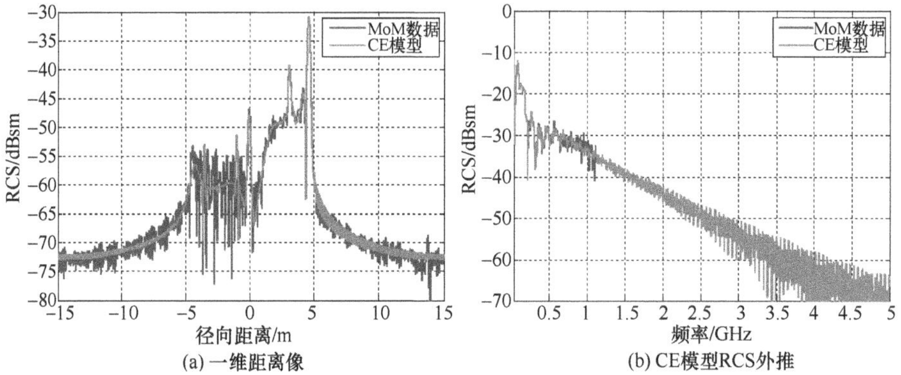

图 3.40　VV 极化 CE 模型及 RCS 外推结果

另一方面,在 VV 极化下,从 MoM 数值计算数据可以看出,随着频率的升高,低散射端帽的 RCS 电平是呈现振荡式衰减的。散射机理的时频分析也表明,当频率高于 1GHz 以上时,对低散射端帽后向散射 RCS 贡献的主要分量是行波 - 爬行波,且该散射机理随频率呈现衰减特性。从 CE 模型外推计算结果可以看出,当频率高于 2GHz 时,低散射端帽的 RCS 电平将显著低于 -40dBsm。

3.5.2　低散射支架的 RCS 预估

在实际 RCS 测量使用过程中,低散射支架的顶端安装了目标转顶,而转顶是被"隐藏"在被测目标外形中的;支架底部一般具有金属接地、采用吸波材料遮挡等辅助措施。也就是说,在实际 RCS 测量中,用于支撑目标的低散射金属支架,其顶端和底部的尖拱形端面均不外露。如果直接采用如图 3.33 所示的低散射支架外形进行 MoM 计算,则显然,支架顶端和底部的尖顶散射和截面边缘绕射都会构成对总散射场的贡献,而这与支架在实际使用中的情况明显不同。可见,对于低散射金属支架的 RCS 预估,不能直接采用 MoM 计算结果,需要考虑到支架在 RCS 测试中使用的真实情况。

为此,本节提出一种精确预估和分析低散射金属目标支架 RCS 特性的技术和方法,其基本思路是:通过在目标支架顶端加装一个经过合理外形设计的低散射端帽,采用 MoM 精确数值计算"目标支架 + 低散射端帽组合"的散射场,并将宽带高分辨率成像分析和时域距离门处理相结合,提取出金属支架的 RCS;由于支架顶端加装低散射端帽同支架上安装被测目标的状态具有高度一致性，如此得到的 RCS 预估结果可以反映出模拟真实目标测量状态下，低散射金属支架的 RCS 电平。具体流程如图 3.41 所示[5]。

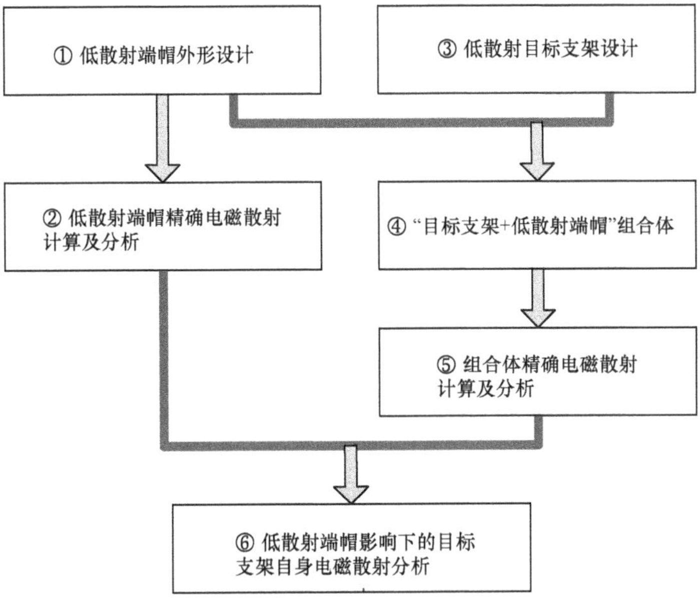

图 3.41　低散射端帽影响下的目标支架 RCS 分析流程图

具体步骤如下：

步骤 1：设计一个合理的低散射端帽几何外形（或者采用一个标准定标体，例如金属圆柱、球面柱等），并采用 MoM 方法对其电磁散射随频率的变化特性进行计算和分析，进而进行一维（1-D）高分辨率距离像（HRRP）分析，由此得到该低散射端帽自身的宽带电磁散射 $\boldsymbol{E}_{\mathrm{cap}}(f)$ 和一维高分辨率距离像 $\boldsymbol{I}_{\mathrm{cap}}(r)$；其中 1-D HRRP分析可通过对随频率变化的散射场的快速逆傅里叶变换（IFFT）来完成。

步骤 2：对所设计的低散射目标支架进行几何造型，并将低散射端帽安装在支架顶端，准确模拟被测目标安装在支架转顶上的情形，这样形成“目标支架 + 低散射端帽”组合外形。

步骤 3：采用 MoM 数值方法对“目标支架 + 低散射端帽”组合外形的电磁散射随频率的变化特性进行计算和 1-D HRRP 分析，由此得到该组合外形的宽带电磁散射 $\boldsymbol{E}_{\mathrm{comb}}(f)$ 和一维高分辨率距离像 $\boldsymbol{I}_{\mathrm{comb}}(r)$。

步骤 4：通过以下两种技术之一或两者组合，完成低散射金属支架自身电磁散射的计算和分析。

(1) 数据域分析技术。

如果可以忽略目标支架同低散射端帽之间的耦合散射影响，则可认为“目

标支架 + 低散射端帽”组合的电磁散射场 $\boldsymbol{E}_{\text{comb}}(f)$ 是由低散射端帽的散射场 $\boldsymbol{E}_{\text{cap}}(f)$ 同金属支架的散射场 $\boldsymbol{E}_{\text{pylon}}(f)$ 两部分矢量叠加而成的，即有

$$\boldsymbol{E}_{\text{comb}}(f)=\boldsymbol{E}_{\text{cap}}(f)+\boldsymbol{E}_{\text{pylon}}(f) \tag{3.20}$$

因此，有以下公式成立

$$\boldsymbol{E}_{\text{pylon}}(f)=\boldsymbol{E}_{\text{comb}}(f)-\boldsymbol{E}_{\text{cap}}(f) \tag{3.21}$$

而 $\boldsymbol{E}_{\text{cap}}(f)$ 已经由 MoM 计算得到，故可直接采用矢量相减，从“目标支架 + 低散射端帽”组合的电磁散射场中提取出金属支架的散射场 $\boldsymbol{E}_{\text{pylon}}(f)$。

注意到如此得到的金属支架的宽带散射场 $\boldsymbol{E}_{\text{pylon}}(f)$ 中仍然包含了支架底部尖拱截面的散射影响。为此，可对宽带散射场作 IFFT 得到其高分辨率距离像 $\boldsymbol{I}_{\text{pylon}}(r)$，进而通过时域距离门技术滤除支架底部尖拱截面散射中心的影响，并经 FFT 变换回到数据域，最终得到同 RCS 测量实际使用情况相一致时金属支架的 RCS 随频率变化特性。

（2）时域分析技术

通过对“目标支架 + 低散射端帽”组合的宽带电磁散射场 $\boldsymbol{E}_{\text{comb}}(f)$、低散射端帽的宽带散射场 $\boldsymbol{E}_{\text{cap}}(f)$ 分别作 IFFT，得到两者各自的一维高分辨率距离像 $\boldsymbol{I}_{\text{comb}}(r)$ 和 $\boldsymbol{I}_{\text{cap}}(r)$，并对这两帧距离像进行比对分析，找出支架转顶区的散射中心所对应的距离门范围，并通过软件距离门处理，滤除低散射端帽以及支架底部尖拱截面的散射中心影响，得到同 RCS 测量实际使用情况相一致时金属支架的一维距离像 $\boldsymbol{I}_{\text{pylon}}(r)$，再经过 FFT 变换回到数据域，得到支架自身 RCS 随频率变化特性 $\boldsymbol{E}_{\text{pylon}}(f)$。

最后指出，采用以上分析方法，由于也需要采用 MoM 方法进行宽带电磁散射计算，因此通常也仅限于较低频段的计算。但是，一旦金属支架的全部散射中心被确认，并在获得低散射支架自身 RCS 随频率变化的特性数据 $\boldsymbol{E}_{\text{pylon}}(f)$ 后，依然可以采用类似于低散射端帽 RCS 预估中所讨论的 CE 模型方法来预测在更高频段低散射支架的散射特性。

参考文献

[1] Knott E F. Radar Cross Section Measurements[M]. International Thomson Publishing, Van Nostrand Reinhold, 1993:99 – 109.

[2] Walton E K, et al. IEEE Std 1502TM-2007: Recommended Practice for Radar Cross – Section Test Procedures[M]. IEEE Antennas & Propagation Society, IEEE Press, 2007.

[3] 许小剑. 低雷达散射截面金属支架及其设计方法[P]. 中国发明专利, ZL 2012 1 0484286.6, 2012.

[4] 许小剑, 陈鹏辉. 低雷达散射截面金属端帽及其设计方法[P]. 中国发明专利, ZL 2012 1

0482806. X,2012.

[5] 许小剑,陈鹏辉. 低雷达散射截面金属支架总散射场计算方法[P]. 中国发明专利, ZL 2012 1 0483297. 2,2012.

[6] Knott E F,Shaeffer J F,Tuley M T. Radar Cross Section[M]. Artech House,Norwood,Mass, 1985:331 - 338.

[7] Appel-Hansen J,Solodukhov V V. Echo Width of Foam Supports Used in Scattering Measurements[J]. IEEE Trans. on Antennas and Propagation, 1979,27(3):191 - 193.

[8] Knott E F. Dielectric Constant of Plastic Foams[J]. IEEE Trans. on Antennas and Propagation,1993,41(8):1167 - 1171.

[9] Shamansky H,Dominek A. Target Mounting Techniques for Compact Range Measurements[C]. Proc. AMTA,1988,8 - 21 - 8 - 27.

[10] Freeny C C. Target Support Parameters Associated with Radar Reflectivity Measurements[J]. Proceedings of the IEEE,1965,53:929 - 936.

[11] Berrie J A,Wilson G L. Design of Target Support Columns Using EPS Foam[C]. Proc. of the 23rd Antenna Measurement Techniques Association Symposium,AMTA '2001,2001.

[12] http://www. thehowlandcompany. com/radar_stealth/RCS-ranges. htm,2014.

[13] Knott E F. Dielectric Constant of Plastic Foams[J]. IEEE Trans. on Antennas & Propagation,1993,41(8):1167 - 1171.

[14] Watters D G,Vidmar R J. Inflatable Target Support for RCS Measurements[C]. Proc. of the 11th Antenna Measurement Techniques Association Symposium,AMTA '1989:12 - 19.

[15] Watters D G,Vidmar R J. Design of an Inflatable Support for Outdoor RCS Measurements:Mechanical and Environmental Considerations [C]. Proc. of the 12th Antenna Measurement Techniques Association Symposium,AMTA'1990,1990:11c - 3 - 8.

[16] Freeny C C,Ross R A. Radar Cross Section Target Supports-metal Columns and Suspension Devices[R]. Techniques report RADC-TDR-64-382,US. Air Force,Rome Air Development Center,Griffiss Air Force Base,NY,1964.

[17] Eggleston J H,Gray S J,Jones G V. RATSCAT Technique Enhancements and Upgrades[C]. Proc. of the 21st Antenna Measurement Techniques Association Symposium, AMTA'1999, 1999:481 - 486.

[18] Kouyoumjian R G,Pathak P H. A Uniform Theory of Diffraction for an Edge in a Perfectly Conducting Surface[J]. Proceedings of the IEEE,1974,62:1448 - 1461.

[19] Lai A K-Y, Burnside W D. A GTD Analysis of Ogive Pedestal[R]. Techniques Report 716148-8,Ohio State University,Columbus,Ohio,1986.

[20] 阮颖铮. 雷达截面与隐身技术[M]. 北京:国防工业出版社,1998.

[21] Hilliard D,Kim T,Mensa D. Scattering Effects of Traveling Wave Current on linear Features [C]. Proc. of the 37th Antenna Measurement Techniques Association Symposium,AMTA' 2015,Long Beach,CA,2015.

[22] Knott E F,Shaeffer J F,Tuley M I. Radar Cross Section[M]. 2nd Edition. Scitech Publish,

Inc. ,2004.
[23] http://www.orbitfr.com[OL]. 2016.
[24] 唐海正,徐长龙,徐得名. 一种新型目标支架的设计和分析[J]. 微波学报,2000,16(4):434-439.
[25] Guidi G P,Gray S, Espinoza J T. NRTF's 14 Foot Pylon[C]. Proc. AMTA,2002.
[26] http://www.thehowlanndcompany.com/Bluefire.htm[OL]. 2011.
[27] 侯兆国. 特征基函数方法的改进及其应用[D]. 北京:中国传媒大学,2010:96-97.
[28] Woo A C,Wang H T G,Schuh M J,et al. Benchmark Radar Target for Validation of Computational Electromagnetic Programs[J]. IEEE Antennas and Propagation Magazine,1993,35(1):84-89.
[29] Blore W E. The radar cross section of ogives,double-backed cones,double-rounded cones and cone-spheres[J]. IEEE Trans. on Antennas and Propagation,1964,12(5):582-590.
[30] Haisty B S. Lockheed Martin's Affordable Stealth[R]. Lockheed Martin Aeronautics,2000:1-7.
[31] F-22: Unseen and Lethal[J]. Aviation Week & Space Technology,2007:1-7.
[32] 中国隐形战机 J20 与美国 F22 及俄罗斯 T50 全面对比评测[OL]. 百度文库, http://wenku.baidu.com/,2016.
[33] Naishadham K,Piou J E. A Robust State Space Model for the Characterization of Extended Returns in Radar Target Signatures[J]. IEEE Trans. on Antennas and Propagation,2008,56(6):1742-1751.
[34] He F Y,Xu X J. A Comparative Study of Two Target Scattering Centermodels[C]. Proc. IEEE 11th International Conference on Signal Processing,Beijing,China,2012:1931-1935.
[35] 贺飞扬. 分布式多频段雷达超分辨率成像技术研究[D]. 北京:北京航空航天大学,2013.
[36] Potter L C,Chiang D-M,Carriere R,et al. A GTD-based Parametric Model for Radar Scattering[J]. IEEE Trans. on Antennas and Propagation,1995,43(10):1058-1067.

第4章

目标 RCS 定标技术

幅度和相位定标是目标 RCS 测量中的一个重要环节，在很大程度上影响到测量不确定度以及后续数据处理的有效性。本章讨论目标 RCS 测量中的定标技术。

首先建立 RCS 定标的概念，介绍目标 RCS 测量中的相对与绝对定标方法，并针对地平场异地定标测量中的几个特殊问题进行讨论和分析。基于目标散射函数概念，建立对于宽带 RCS 幅相测量具有普适性的 RCS 定标处理模型，引入 RCS 测量中的"双重定标"概念及其定标处理方法。对金属球、短粗圆柱体、平板、角型反射器等常见定标体以及球面柱、双柱、双球柱等新型定标体及其 RCS 值精确计算技术进行分析，重点讨论在采用低散射金属支架的测试场中已得到广泛采用的短粗圆柱和双柱定标体的 RCS 快速精确计算技术。最后，对地平场条件下采用短粗金属圆柱定标体时的异地定标误差进行分析，并简要讨论双站 RCS 测量中的定标问题。

4.1 相对定标与绝对定标法

传统 RCS 测量中的定标方法一般分为相对定标和绝对定标两种，本节首先对这两种定标技术的基本原理作简要介绍。

4.1.1 相对定标法

传统的目标 RCS 测量定标处理方程是从简化的雷达方程导出的。定标体和待测目标的雷达接收回波功率均满足雷达方程[1,2]，即

$$P_{\mathrm{r}}=\frac{P_{\mathrm{t}}G^{2}\lambda^{2}}{(4\pi)^{3}R^{4}L}\cdot\sigma \tag{4.1}$$

式中：P_{r} 和 P_{t} 分别为雷达接收和发射功率；G 为雷达收发天线增益；σ 为目标或者定标体的 RCS；R 为雷达到目标或到定标体的距离；λ 为雷达波长；L 为测量中各种损耗的综合影响。

为了简化对问题的讨论，我们先讨论目标与定标体安装在同一处时的测量情况。关于地面平面场测量中常采用的异地同时 RCS 定标问题，将在 4.2 节专门讨论。

若目标 RCS 为 σ_T，定标体的 RCS 为 σ_C，则由雷达方程式(4.1)，有以下关系式，即

$$\sigma_T = K_0 \cdot \frac{P_{rT}}{P_{rC}} \cdot \sigma_C = K_0 \cdot \left|\frac{S_T}{S_C}\right|^2 \cdot \sigma_C \tag{4.2}$$

式中：σ_C 为定标体的精确 RCS 值，系可以通过理论计算得到的已知量；P_{rC} 和 P_{rT} 分别为测定标体和测目标时雷达接收机测得的回波信号功率；S_T 和 S_C 分别为在 RCS 测量采样中，测目标和测定标体时的雷达复回波信号电压量；K 为定标常数，根据雷达方程式(4.1)，有

$$K_0 = \left(\frac{R_T}{R_C}\right)^4 \cdot \frac{L_T}{L_C} \tag{4.3}$$

式中：R_T 和 R_C 分别为目标距离和定标体距离；L_T 和 L_C 分别为测目标和测定标体时的系统损耗和大气传输等所造成的总损耗。

由于一次 RCS 测试中目标距离和定标体距离是确定的，故 K 值也可以认为是确定的常数。对于同地定标测量，则一般可取 $K=1$，此时有

$$\sigma_T = \left|\frac{\boldsymbol{S}_T}{\boldsymbol{S}_C}\right|^2 \cdot \sigma_C \tag{4.4}$$

因为 $\boldsymbol{S}_T$ 和 $\boldsymbol{S}_C$ 分别为测目标和测定标体时的接收机输出信号采样，是已知的；σ_C 为定标体的精确 RCS 值，可通过数值计算代码直接计算得到；故根据式(4.4)可以完成目标 RCS 的幅度定标处理。

另一方面，对于宽带散射相参测量，需要测得的是目标散射函数 $\sqrt{\boldsymbol{\sigma}_T(f)}$，此时可以直接依据雷达方程，计入目标散射和定标体散射随频率变化的幅度和相位特性，将式(4.2)推广到目标散射函数的测量定标，有

$$\sqrt{\boldsymbol{\sigma}_T(f)} = \boldsymbol{K}_0(f) \cdot \frac{\boldsymbol{S}_T(f)}{\boldsymbol{S}_C(f)} \cdot \sqrt{\boldsymbol{\sigma}_C(f)} \tag{4.5}$$

式中：$\sqrt{\boldsymbol{\sigma}_T(f)}$ 和 $\sqrt{\boldsymbol{\sigma}_C(f)}$ 分别为目标和定标体的复散射函数；$\boldsymbol{S}_T(f)$ 和 $\boldsymbol{S}_C(f)$ 为测量目标和测量定标体时的回波复信号；$\boldsymbol{K}_0(f)$ 为计入目标距离、定标体距离衰减和时延相位以及各种损耗等影响的复函数。

注意到为了对基本原理阐述清楚，此处给出的只是目标散射测量最基本的定标方法和原理性模型，并没有计入测量过程中背景杂波等各种因素的影响。在 4.3 节，将进一步讨论实用于宽带散射测量定标处理的通用数学模型。

4.1.2 绝对定标法

采用绝对定标时，通常在离测量雷达数公里远处设立标校塔，通过标校塔上的接收天线收到测量雷达发射的功率，并利用接收标校塔上发射的标准功率之间的替代关系来求得待测目标的 RCS 值。

绝对定标之所以能够完成，其原理在于照射到目标上的功率密度可通过对标校塔测量的参数换算而得到。假设标校塔的组成如图 4.1 所示[2]，下面根据雷达方程进一步讨论绝对定标的原理。雷达方程可以写成

$$P_r = \frac{P_t G_t}{4\pi R^2} \cdot \frac{\sigma}{4\pi} \cdot \frac{A_r}{R^2} \cdot \frac{1}{L} \tag{4.6}$$

式中：$A_r = \dfrac{G_r \lambda^2}{4\pi}$为雷达接收天线有效面积，其他符号同式(4.1)。

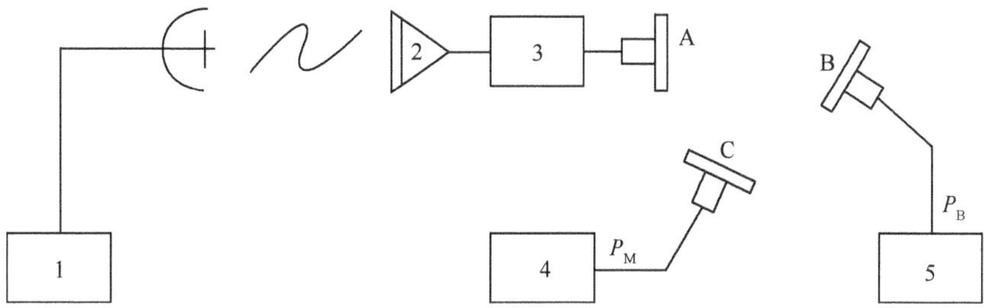

图 4.1　标校塔的组成图[2]

1—测量雷达；2—喇叭天线；3—衰减器；4—信号发生器；5—功率计。

式(4.6)的物理意义是明显的：式右边第 1 项为目标处的辐射功率密度(W/m^2)，第 1 项和第 2 项乘积为目标散射功率密度(W/S_r，S_r 表示单位球面弧度)；第 3 项为接收天线所张的立体角，当 σ 为目标后向散射截面时，第 1 与 3 项中的 R 值相等；最后一项代表各种衰减因素影响。

标校塔从被“锁定”的发射天线方向接收到的辐射功率为

$$P_B = A_H \frac{P_{t0} G_t}{4\pi R_B^2} \tag{4.7}$$

式中：P_B 为标校塔接收到的功率(用功率计测得)；P_{t0}为定标期间测量雷达发射峰值功率；R_B 为标校塔离雷达的直线距离；A_H 为标校塔上喇叭天线的有效面积。因此，有

$$G_t = \frac{P_B}{P_{t0}} \frac{4\pi R_B^2}{A_H} \tag{4.8}$$

故照射到目标上的功率密度可计算如下

$$S_{\mathrm{T}}=\frac{P_{\mathrm{t}}G_{\mathrm{t}}}{4\pi R_{\mathrm{T}}^{2}}=\frac{P_{\mathrm{t}}}{P_{\mathrm{t0}}}\frac{P_{\mathrm{B}}}{A_{\mathrm{H}}}\left(\frac{R_{\mathrm{B}}}{R_{\mathrm{T}}}\right)^{2} \tag{4.9}$$

式中：P_{t} 为测目标期间测量雷达发射峰值功率；R_{T} 为测量雷达到目标的距离。

测量目标时，雷达接收到的目标回波功率为

$$P_{\mathrm{rT}}=S_{\mathrm{T}}\cdot\frac{\sigma_{\mathrm{T}}}{4\pi}\cdot\frac{A_{\mathrm{r}}}{R_{\mathrm{T}}}\cdot\frac{1}{L} \tag{4.10}$$

测标校塔发射天线的信号时，在测量雷达天线处产生的功率密度为

$$S_{0}=\frac{P_{\mathrm{H}}G_{\mathrm{H}}}{4\pi R_{\mathrm{B}}^{2}} \tag{4.11}$$

式中：P_{H} 为标校塔发射功率；G_{H} 为塔上喇叭天线有效增益。在标定期间雷达天线固定指向标校塔方向，此时测量雷达接收到标校塔上天线发射功率为

$$P_{\mathrm{r0}}=S_{0}\cdot A_{\mathrm{r}}\cdot\frac{1}{L}=A_{\mathrm{r}}\frac{P_{\mathrm{H}}G_{\mathrm{H}}}{4\pi R_{\mathrm{B}}^{2}}\frac{1}{L} \tag{4.12}$$

综合式(4.9)~式(4.12)，有

$$\sigma_{\mathrm{T}}=\frac{P_{\mathrm{rT}}}{P_{\mathrm{r0}}}\cdot\frac{P_{\mathrm{t0}}}{P_{\mathrm{t}}}\cdot\frac{P_{\mathrm{H}}}{P_{\mathrm{B}}}\cdot R_{\mathrm{T}}^{4}\cdot K_{\mathrm{B}} \tag{4.13}$$

式中

$$K_{\mathrm{B}}=\frac{G_{\mathrm{H}}^{2}\lambda^{2}}{4\pi R_{\mathrm{B}}^{4}} \tag{4.14}$$

是只与标校设备有关的参量，对于给定的雷达频段，只要标校塔及其天线设备的安装质量足够高，则 K_{B} 可近似认为是时间不变量，而且可通过测量值而得到，或通过已知定标体的标定来得到。

可见，相对定标法可以较容易地控制测量和定标误差，保证定标精度。因此，在静态 RCS 测量中通常采用相对定标法，而靶场动态测量中多采用绝对定标法。

4.2 地面平面场 RCS 测量中的异地定标

4.2.1 异地定标原理

首先，在不考虑地面反射的情况下，对自由空间场中异地定标的基本原理进行分析。异地定标几何关系示意图如图 4.2 所示[3]。

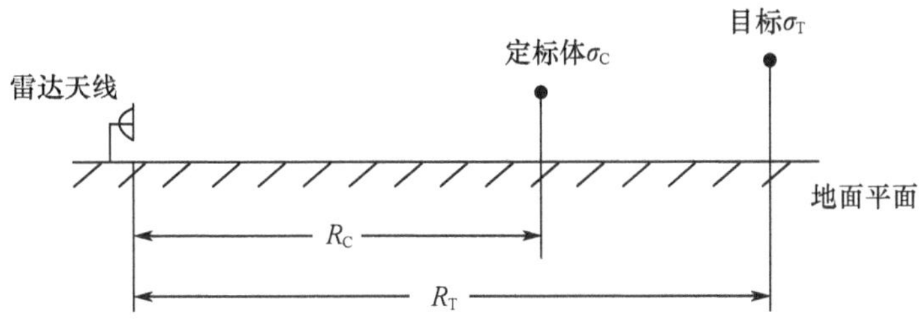

图 4.2　异地定标几何关系示意图

由于定标体和待测目标均满足雷达方程式(4.1),若目标的 RCS 为 σ_T,定标体的 RCS 真值为 σ_C,则根据式(4.2)和式(4.3),两者之间的关系为

$$\sigma_T = \frac{P_{rT}}{P_{rC}} \cdot \left(\frac{R_T}{R_C}\right)^4 \cdot \frac{L_T}{L_C} \cdot \sigma_C \tag{4.15}$$

式中:R_C 和 R_T 分别为定标体和待测目标的测量距离;P_{rC}和 P_{rT}分别为定标体和目标的接收功率;$\frac{L_T}{L_C}$为系统传输损耗项。

式(4.15)中等号右侧的各个参数均可以通过计算或测量得到(只有系统传输损耗$\frac{L_T}{L_C}$项中的大气传输损耗部分需要估算),故可以由此计算出目标的 RCS,完成定标过程。

4.2.2　地面平面场异地定标设计

地面平面场存在地面反射路径,所以在实际测量中,雷达接收到的目标回波功率 P_{mT}同自由空间场条件下接收到的目标功率 P_{rT}之间满足以下关系,即

$$\frac{P_{mT}}{P_{rT}} = K_T \tag{4.16}$$

式中:K_T 为目标处由地面平面场几何关系和天线方向性综合产生的功率增益因子。

同理,实际测量中雷达接收到的定标体回波功率 P_{mC}和在自由空间接收到的定标体功率 P_{rC}满足

$$\frac{P_{mC}}{P_{rC}} = K_C \tag{4.17}$$

式中:K_C 为定标体处的增益因子。

在异地定标测量中,由于定标体和目标的安放位置不同,所以通常定标体处的多径增益因子 K_C 与目标处的多径增益因子 K_T 也不完全一致。

综合式(4.15)、式(4.16)和式(4.17),在地面平面场异地定标测量条件下,

目标 RCS 与定标体 RCS 之间的关系为

$$\begin{aligned}\sigma_{\mathrm{T}} &= \frac{P_{\mathrm{mT}}/K_{\mathrm{T}}}{P_{\mathrm{mC}}/K_{\mathrm{C}}}\cdot\left(\frac{R_{\mathrm{T}}}{R_{\mathrm{C}}}\right)^4\cdot\frac{L_{\mathrm{T}}}{L_{\mathrm{C}}}\cdot\sigma_{\mathrm{C}}\\ &= \frac{K_{\mathrm{C}}}{K_{\mathrm{T}}}\cdot\frac{P_{\mathrm{mT}}}{P_{\mathrm{mC}}}\cdot\left(\frac{R_{\mathrm{T}}}{R_{\mathrm{C}}}\right)^4\cdot\frac{L_{\mathrm{T}}}{L_{\mathrm{C}}}\cdot\sigma_{\mathrm{C}}\end{aligned} \tag{4.18}$$

式中:地平场条件下雷达接收到的目标回波功率 P_{mT}和定标体回波功率 P_{mC}为测得已知量;对于给定的目标距离和定标体距离,$\left(\frac{R_{\mathrm{T}}}{R_{\mathrm{C}}}\right)^4$ 也是已知量,只同目标及定标体放置的位置有关;$\frac{L_{\mathrm{T}}}{L_{\mathrm{C}}}$是由于异地定标造成的传输衰减比例因子,在自由空间场的异地定标中同样存在此项,所以不对其做详细讨论,亦将视其为已知量;$\frac{K_{\mathrm{C}}}{K_{\mathrm{T}}}$项则是地面平面场异地定标测量时所特有的,它是由于地面平面场条件下,不同距离处的多径增益因子可能不同而造成的。

所以,为了尽可能消除地面平面场条件下异地定标的可能误差,首先要求无论对于待测目标还是定标体,其安装距离、高度以及同天线之间的几何关系,均必须严格满足地面平面场基本关系式,才能获得最佳定标测量效果,使定标误差达到最小。

对于一个已经设计完成的地面平面场,其目标区的位置和支架最大高度一般已经确定,所以待测目标的测量距离 R_{T} 是已知的。如果目标支架高度可调,则目标最大架设高度是确定的;如果目标支架高度不可调,则目标架设高度也是已知量,记为 h_{T}。这样,测量雷达的天线架设高度 h_{A} 必须根据实际雷达工作波长 λ、目标距离 R_{T} 和目标高度 h_{T} 来共同确定,也即满足地平场基本关系式

$$h_{\mathrm{A}} = \frac{\lambda}{4h_{\mathrm{T}}}\cdot R_{\mathrm{T}} \tag{4.19}$$

因此,一旦测量雷达的天线高度 h_{A} 确定后,由于定标体测量几何关系也必须完全满足地面平面场条件,故定标体的放置距离 R_{C} 和高度 h_{C} 之间也必须满足以下关系

$$h_{\mathrm{C}} = \frac{\lambda}{4h_{\mathrm{A}}}\cdot R_{\mathrm{C}} \tag{4.20}$$

由于测量雷达的天线高度 h_{A} 必须满足式(4.19)而不能再调节了,故如果标校支架的设计加工一经完成,也即标校支架高度 h_{C} 一旦确定了,则只能通过选择合理的定标体安放距离 R_{C} 来使得定标体测量也满足地面平面场条件,也即有

$$R_C = \frac{4h_A}{\lambda} \cdot h_C \tag{4.21}$$

地面平面场多径增益因子受到天线方向图、地面粗糙度、介电常数等因素的重要影响，对于不同的定标体放置距离 R_C 和高度 h_C，定标体处的功率增益因子 K_C 会有所变化，进而产生异地定标误差。也就是说，异地定标误差是随定标体的放置距离而变化，有时甚至可能达到十分严重的地步，这同自由空间场的情形是完全不一样的。

因此，定标体放置距离和架设高度的设计和选择首先必须以保证异地定标误差足够小为前提条件。为此，对地面平面场条件下的异地定标误差问题作进一步分析和讨论。

4.2.3　异地定标误差分析

根据前面的讨论，在地面平面场采用异地定标测量时，目标和定标体的距离和高度关系如图 4.3 所示。

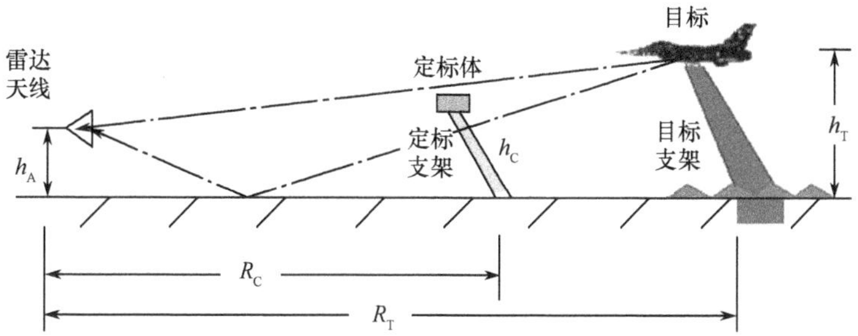

图 4.3　地面平面场异地定标测量几何关系示意图

综合式(4.19)和式(4.21)，标校支架的放置距离 R_C 同标校支架的高度 h_C、目标架设距离 R_T 以及目标架设高度 h_T 之间必须满足以下关系，即

$$R_C = \frac{h_C}{h_T} \cdot R_T \tag{4.22}$$

只要满足式(4.22)，则无论对目标区还是定标区，均满足地面平面场测量条件。但这并不意味着由多径增益因子$\frac{K_C}{K_T}$引起的异地定标误差就完全消除了，因为该因子还同测试场地面铺覆、介电常数、天线方向图等密切相关。如果测试场地面铺覆相同的材料且表面平整度足够高，则天线方向图的影响将成为最重要的影响因素。

在第 2 章讨论地平场时我们曾推导出，天线方向图 $f(\theta)$ 对多径增益的影响可表示为

$$K = |f^2(\theta_d) + 2f(\theta_d)f(\theta_i) + f^2(\theta_i)|^2 = |f(\theta_d) + f(\theta_i)|^4 \tag{4.23}$$

式中：θ_d 和 θ_i 分别为直射路径和反射路径相对于雷达天线视线的夹角。

由于 RCS 测试中雷达收、发天线的高度和视线是固定的，而异地定标时目标和定标体同天线之间的距离则不同，因此测目标和侧定标体时，其直射路径和反射路径相对于雷达天线视线的夹角 θ_d 和 θ_i 也将不同，由此造成增益因子的不同，产生异地定标误差，这一误差可表示为

$$\frac{K_T}{K_C} = \frac{|f(\theta_{dT}) + f(\theta_{iT})|^4}{|f(\theta_{dC}) + f(\theta_{iC})|^4} \tag{4.24}$$

式中：θ_{dT}和 θ_{iT}为测目标时直射路径和反射路径相对于天线视线的夹角；θ_{dC}和 θ_{iC}为测定标体时直射路径和反射路径相对于天线视线的夹角。

在多数实际 RCS 测试场测量中，通常定标体放置在距离较近的位置，即 θ_{dC}和 θ_{iC}分别比 θ_{dT}和 θ_{iT}要大一些，因此，如果测试天线是按照目标架设高度依据地面平面场条件设定的，则定标体处的多径增益因子一般小于目标处的多径增益因子，即$\frac{K_T}{K_C} > 1$。

为了具体研究定标体增益因子 K_C 和异地定标误差$\frac{K_T}{K_C}$随测量距离等参数的变化特性，下面结合具体参数设定进行计算机仿真分析。仿真条件如下：目标距离 $R_T = 2000$m，目标高度 $h_T = 10$m，假设天线的方向性函数为余弦函数[4]

$$f(\theta) = \frac{\cos(\pi w/2)}{1 - w^2} \tag{4.25}$$

式中：$w = 2(d/\lambda)\sin\theta$；$d$ 为天线直径；λ 为雷达波长。天线方向性函数$f(\theta)$与角度 θ 之间的关系如图 4.4 所示。除非研究天线波束宽度的影响，否则均假设天线的 3dB 波束宽度 $\theta_{3dB} = 1°$。

在上述假设条件下，研究不同测量雷达频段下，定标体距离 R_C 和天线波束宽度 θ_{3dB}对定标体增益因子和异地定标增益误差的影响特性。请注意，为了选择 0dB 为参考点以便于判读，所有涉及多径误差的曲线均是按照$\frac{K_T}{K_C}$画出的。

如图 4.5 所示为 S 频段（频率 3GHz）、C 频段（6GHz）和 X 频段（10GHz），定标体距离在 600 ~ 2000m 之间变化时的 K_C 和 K_C/K_T。其中 2000m 处的定标体增益因子 K_C 也就是待测目标的增益因子 K_T。

通过图 4.5 可以看出，随着定标体距离的增大，多径增益因子也逐渐增大，误差逐渐趋向于 0。还可看到，在较低测量频段，多径增益因子随距离的变化非常大；而测量频率较高时，增益因子和误差随距离的变化较不明显。例如，在

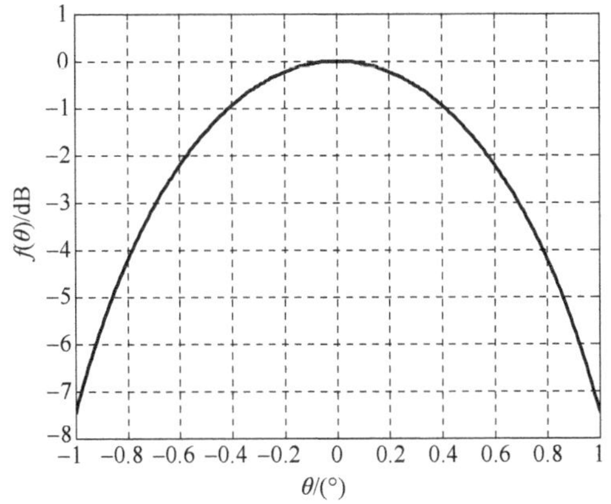

图 4.4 天线方向性函数

600m 距离处，S 频段定标体增益因子下降可达 2.2dB 之多，而 X 频段仅下降 0.2dB 左右。

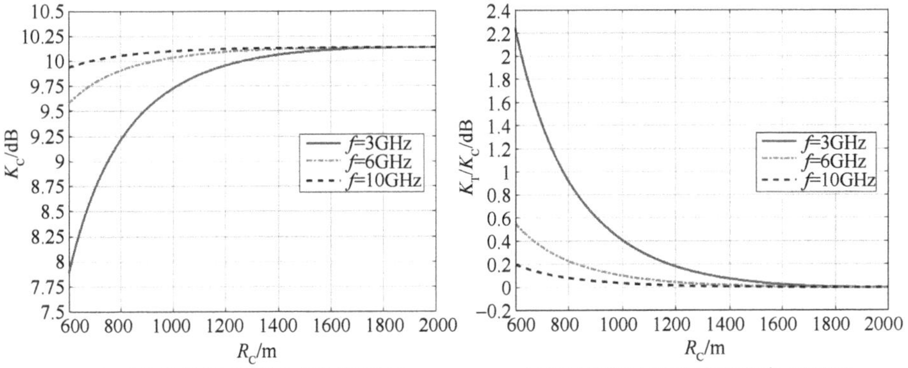

(a) 定标体增益因子随定标体距离变化　(b) 异地定标误差随定标体距离变化特性

图 4.5 不同频率下定标参数随测量距离变化

不言而喻，实际测量中定标体放置在距离目标区越近处，则多径增益误差越小。但是，在实际选取定标体放置位置时，定标体也不宜过分靠近目标，以免定标体对目标的散射场产生干扰，影响测量精度[4]。

如图 4.6 所示为定标体距离分别为 700m、1000m 和 1500m 三个不同位置，频率在 3～15GHz 之间，定标体增益因子和多径增益误差随频率的变化特性。可以看出，在同一测量距离下，K_C 随测量频率增大而增大。当定标体放置位置靠近目标放置位置时，即定标体距离与目标距离差距不大时，误差随频率的变化不明显。

最后，将测量频率固定为 3GHz，研究增益因子和误差随天线波束宽度的变化。图 4.7 所示为定标体距离为 700m、1000m 和 1500m 三个不同距离点，天线

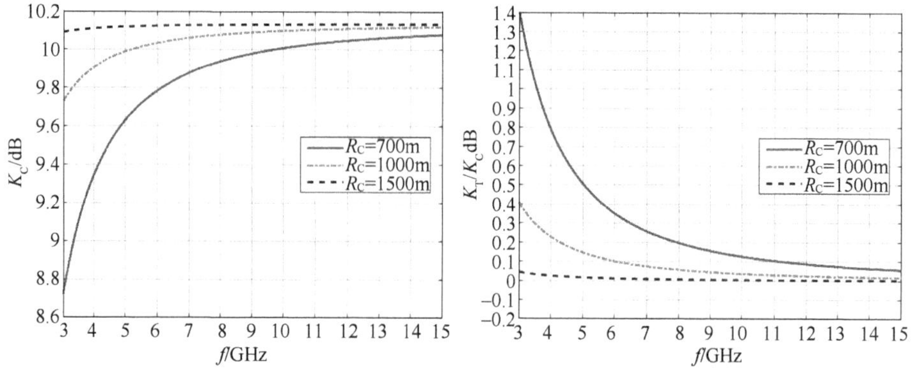

(a) 定标体增益因子随测量频率变化　　(b) 异地定标误差随测量频率变化

图 4.6　不同测量距离下定标参数随频率变化特性

的波束宽度 θ_{3dB} 在 0.8°~2°之间时，多径增益因子和误差随天线波束宽度的变化特性。

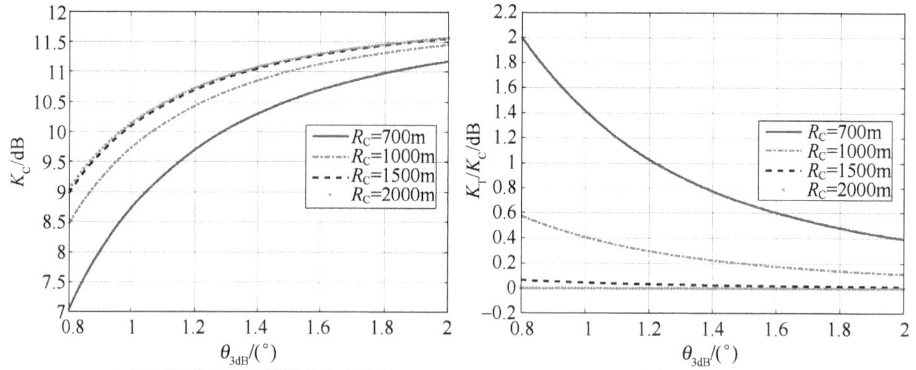

(a) 定标体增益因子随波束宽度变化　　(b) 异地定标误差随波束宽度变化

图 4.7　不同测量距离下定标参数随天线波束宽度变化特性

通过图 4.7 可以看出，定标体多径增益因子随着天线波束宽度的变宽而增大。当定标体放置位置靠近目标时，多径增益误差随波束宽度的变化不明显。仅从减小异地定标误差的角度考虑，增加天线波束宽度是有利的。但是，增加天线波束宽度意味着减小天线尺寸和天线增益，后者不利于提高测量信噪比和抑制测试场周边杂波影响。

所以，在实际测试场设计中要综合考虑各个方面的因素：天线波束越宽越好，但波束宽度越宽天线增益越低，且越易受测试场环境杂波的影响，其选取受到目标区照射均匀度、信噪比和信杂比的约束；标校支架同目标支架的距离越近越好，但距离目标越近不但易造成对目标的遮挡，同时也要求标校支架越高，制造和使用成本也相应升高；其他参数条件不变时，雷达频段越低，异地定标可能引入的定标误差越大。因此,地面平面场异地定标中,要求在最低测量雷达频段上仍然满足定标误差指标要求的前提下,设计定标体架设距离和标校支架的高度。

4.3 宽带散射相参测量定标处理数学模型

4.3.1 宽带散射测量定标处理基本原理

式(4.5)给出了宽带散射测量定标处理的基本数学表达式,但是没有具体考虑背景等因素的影响和背景抵消处理。在理解以上基本定标原理基础上,现在讨论宽带扫频测量的背景抵消和定标处理[5]。

为了通过相对定标法得到目标散射函数的量测,定标公式为

$$\sqrt{\boldsymbol{\sigma}_{\mathrm{T}}(f)} = \boldsymbol{K}(f) \cdot \frac{\boldsymbol{T}(f)}{\boldsymbol{C}(f)} \cdot \sqrt{\boldsymbol{\sigma}_{\mathrm{C}}(f)} = \boldsymbol{H}(f) \cdot \boldsymbol{T}(f) \tag{4.26}$$

式中: $\sqrt{\boldsymbol{\sigma}_{\mathrm{T}}(f)}$ 为目标散射函数; $\sqrt{\boldsymbol{\sigma}_{\mathrm{C}}(f)}$ 为定标体散射函数,一般可通过理论或数值计算精确得到; $\boldsymbol{T}(f)$ 为目标真实回波; $\boldsymbol{C}(f)$ 为定标体真实回波; $\boldsymbol{K}(f)$ 为依据雷达方程得到的定标系数; $\boldsymbol{H}(f) = \dfrac{\boldsymbol{K}(f)}{\boldsymbol{C}(f)}\sqrt{\boldsymbol{\sigma}_{\mathrm{C}}(f)}$ 称为测量系统的定标函数。

在实际测量中,雷达接收机收到的目标回波和定标体回波,并不是单纯的目标或定标体真实回波,而是还包含杂波背景、噪声等影响的复合回波。因此,对于宽带相参扫频测量,测目标和测定标体时的回波信号可分别表示为

$$\boldsymbol{S}_{\mathrm{T}}(f) = \boldsymbol{T}(f) + \boldsymbol{B}_{\mathrm{T}}(f) + \boldsymbol{N}_{\mathrm{T}} \tag{4.27}$$

和

$$\boldsymbol{S}_{\mathrm{C}}(f) = \boldsymbol{C}(f) + \boldsymbol{B}_{\mathrm{C}}(f) + \boldsymbol{N}_{\mathrm{C}} \tag{4.28}$$

式中: $\boldsymbol{S}_{\mathrm{T}}(f)$ 和 $\boldsymbol{S}_{\mathrm{C}}(f)$ 分别为测目标和测定标体时雷达接收到的回波信号; $\boldsymbol{T}(f)$ 为目标真实回波; $\boldsymbol{C}(f)$ 为定标体真实回波; $\boldsymbol{B}_{\mathrm{T}}(f)$ 和 $\boldsymbol{B}_{\mathrm{C}}(f)$ 分别为测目标和测定标体时的背景回波; $\boldsymbol{N}_{\mathrm{T}}$ 和 $\boldsymbol{N}_{\mathrm{C}}$ 分别为测目标和测定标体时的噪声影响,一般可假设噪声为零均值高斯噪声,有 $E\{\boldsymbol{N}_{\mathrm{T}}\} = E\{\boldsymbol{N}_{\mathrm{C}}\} = 0$。

由式(4.26)~式(4.28)可见,仅当背景回波 $\boldsymbol{B}_{\mathrm{T}}(f)$ 和 $\boldsymbol{B}_{\mathrm{C}}(f)$、噪声电平 $\boldsymbol{N}_{\mathrm{T}}$ 和 $\boldsymbol{N}_{\mathrm{C}}$ 都为零时,式(4.27)和式(4.28)中的实际雷达回波信号可直接代替式(4.26)中的目标和定标体真实回波信号,定标后得到的目标散射函数量测值才代表其真值。然而,实际 RCS 测试场总是存在背景杂波的影响,实际测量雷达也总是存在噪声影响。仅当目标散射回波电平高出背景和噪声电平几个数量级时,如此定标处理得到的目标散射函数量测不会产生大的误差。否则,不作任

何背景抵消和噪声抑制处理的定标结果可能导致大的测量误差。

在第 8 章的不确定度分析中我们将看到，当背景和噪声电平比目标 RCS 电平低 20dB 时，RCS 测量不确定度大约为 1dB[2]。在实际测量中，一般通过提高雷达发射机功率、采用地面平面场和采用多个脉冲回波相参积累等技术来提高测量的信噪比，使得在大信噪比条件下噪声对测量的影响减到很小而可以忽略。另一方面，现代低可探测目标的 RCS 电平通常可低至 -30dBsm 以下，而对于大多数 RCS 测试场而言，要把包括目标支架、场地背景等杂散影响在内的背景杂波电平降低到比目标电平低两个数量级，也即 -50dBsm 以下，除非采用特殊的测量与处理技术，否则通常是十分困难的。因此，为了提高低可探测目标的散射测量精度，抑制杂波背景影响是重点所在，必须采用背景抵消等技术消除背景杂波的影响。

根据以上讨论，在后续的 RCS 定标模型中均假设测量为高信噪比测量，从而噪声对于测量的影响可以忽略，也即 $\boldsymbol{S}_{\mathrm{T}}(f)\approx\boldsymbol{T}(f)+\boldsymbol{B}_{\mathrm{T}}(f)$ 和 $\boldsymbol{S}_{\mathrm{C}}(f)\approx\boldsymbol{C}(f)+\boldsymbol{B}_{\mathrm{C}}(f)$ 。这样，经背景抵消后有

$$\hat{\boldsymbol{T}}(f)\approx\boldsymbol{S}_{\mathrm{T}}(f)-\boldsymbol{B}_{\mathrm{T}}(f) \tag{4.29}$$

和

$$\hat{\boldsymbol{C}}(f)\approx\boldsymbol{S}_{\mathrm{C}}(f)-\boldsymbol{B}_{\mathrm{C}}(f) \tag{4.30}$$

式中：$\hat{\boldsymbol{T}}(f)$ 和 $\hat{\boldsymbol{C}}(f)$ 分别为采用背景抵消处理得到的目标和定标体回波量测的估计值。

因此，采用背景相减处理时，目标散射函数测量的定标方程为

$$\sqrt{\boldsymbol{\sigma}_{\mathrm{T}}(f)}=\boldsymbol{K}(f)\cdot\frac{\hat{\boldsymbol{T}}(f)}{\hat{\boldsymbol{C}}(f)}\cdot\sqrt{\boldsymbol{\sigma}_{\mathrm{T}}(f)}=\hat{\boldsymbol{H}}(f)\cdot\hat{\boldsymbol{T}}(f) \tag{4.31}$$

为了完成上述背景相减和定标处理，不但需要测得 $\boldsymbol{S}_{\mathrm{T}}(f)$ 和 $\boldsymbol{S}_{\mathrm{C}}(f)$（表示测目标和测定标体时的雷达回波，包含杂波背景），还需要测得 $\boldsymbol{B}_{\mathrm{T}}(f)$ 和 $\boldsymbol{B}_{\mathrm{C}}(f)$（表示没有架设目标和定标体时的雷达回波，仅杂波背景），并由此得到目标“真实”回波估计值 $\hat{\boldsymbol{T}}(f)$ 和定标体“真实”回波估计值 $\hat{\boldsymbol{C}}(f)$；最后，得到定标函数的估计值 $\hat{\boldsymbol{H}}(f)$，即

$$\hat{\boldsymbol{H}}(f)=\frac{\boldsymbol{K}(f)}{\hat{\boldsymbol{C}}(f)}\sqrt{\boldsymbol{\sigma}_{\mathrm{C}}(f)} \tag{4.32}$$

并最终由式(4.31)完成目标散射函数的定标。

根据式(4.31)，对于异地同时定标测量条件下的 RCS 测试和定标，为了完成背景抵消处理，测量的基本步骤应该是：

步骤 1：t_1 时刻，通过两个设置在不同距离上的距离选通门，分别测量包含定标支架的定标区背景回波 $\boldsymbol{B}_{\mathrm{C}}(f)$ 和包含目标支架的目标区背景回波 $\boldsymbol{B}_{\mathrm{T}}(f)$。

步骤 2：t_2 时刻，在标校支架上安装定标体，在目标支架上架设被测目标，并通过两个设置在不同距离上的距离选通门，同时测量定标体回波 $\boldsymbol{S}_{\mathrm{C}}(f)$ 和目标回波 $\boldsymbol{S}_{\mathrm{T}}(f)$。

步骤 3：按照式(4.31)进行背景矢量相减和目标 RCS 定标处理。

上述测量步骤和处理过程看起来是完美的。问题在于，对于采用金属支架的测试场如何精确测得 $\boldsymbol{B}_{\mathrm{T}}(f)$ 和 $\boldsymbol{B}_{\mathrm{C}}(f)$，正是难点所在！这是因为目标支架顶部安装有转顶，在测目标时它被隐藏于被测目标的腹腔内，因此测目标时转顶的回波不会对雷达总回波产生实质性影响。另一方面，如果要测得未安装目标时支架本身的背景回波，需要将目标从支架上卸开，此时原来隐藏的转顶则显露出来。毫无疑问，转顶的雷达强散射会远超出支架的低背景散射。对于定标体也存在同样的问题。

因此，对于采用金属支架的 RCS 测试，如何解决不放置定标体和不放置目标时，定标区和目标区的背景回波 $\boldsymbol{B}_{\mathrm{C}}(f)$ 和 $\boldsymbol{B}_{\mathrm{T}}(f)$ 的精确测量，便成为能否成功进行背景抵消的关键问题。鉴于背景测量、提取和相减技术在低可探测目标散射特性测量中的极端重要性，将在第 5 章专门讨论这个问题，以下的讨论暂且假设背景测量和背景抵消是可以实现的，把讨论重点放在目标散射函数的定标问题上。

4.3.2　宽带散射测量定标通用数学模型

从前面的讨论可以看到，在目标散射测量中，目标、背景、定标体等一般是分时测得的，实际雷达系统可能还存在系统漂移、测试外场的环境特性随时间而变化等不确定性因素的影响。

研究表明，在室内场条件下且测量背景、定标体和目标之间的时间间隔较短时，由于测试场环境受外界影响小，时间间隔短，采用上述测量和定标处理模型可以完成目标散射的精确定标测量。但是，在外场测试中，测试场环境受天气等外界条件的影响很大、且对大型目标测量中目标吊装等需要耗费很长时间。由于背景测量同目标测量之间的时间间隔长，雷达系统发生幅度与相位漂移且测试场环境因素发生变化，即使采用异地连续定标测量可以部分消除系统漂移的影响，也仍然存在不能很好地完成背景矢量相减处理问题，进而导致目标 RCS 测试不确定度大大增加。

为了解决这一问题，我们在定标处理模型中引入时变传递函数，以便计入测量雷达系统和测试场各种因素随时间变化特性对散射测量和定标的影响[5]。

对于宽带扫频测量，引入时变传递函数后，测目标和测定标体时各自的雷达

回波信号可分别表示为

$$\boldsymbol{S}_{\mathrm{T}}(f,t)=H_{\mathrm{T}}(f,t)\cdot[\boldsymbol{T}(f)+\boldsymbol{B}_{\mathrm{T}}(f,t)] \tag{4.33}$$

和

$$\boldsymbol{S}_{\mathrm{C}}(f,t)=H_{\mathrm{C}}(f,t)\cdot[\boldsymbol{C}(f)+\boldsymbol{B}_{\mathrm{C}}(f,t)] \tag{4.34}$$

式中：$H_{\mathrm{T}}(f,t)$和$H_{\mathrm{C}}(f,t)$分别为测目标和测定标体时测量系统－测试场的传递函数，是随时间慢变化的，反映了测量雷达系统漂移和测试场类型及其电参数特性随时间的变化特性；$\boldsymbol{S}_{\mathrm{T}}(f,t)$和$\boldsymbol{S}_{\mathrm{C}}(f,t)$分别为测目标和测定标体时雷达接收到的目标回波和定标体回波，两者均受到测量雷达－测试场时变传递函数的影响；$\boldsymbol{T}(f)$和$\boldsymbol{C}(f)$分别为目标和定标体在给定姿态下的真实散射回波，在给定姿态和雷达参数条件下不随时间而变化；$\boldsymbol{B}_{\mathrm{T}}(f,t)$和$\boldsymbol{B}_{\mathrm{C}}(f,t)$分别为测目标和测定标体时的背景散射，两者均随时间$t$变化，表示由于目标/定标体同支架之间的耦合散射或背景状态的改变，造成放置目标/定标体时的支架和空支架测量时，固有背景散射的变化。注意到上述散射信号均以复数向量表示。

在进一步分析讨论前特别强调指出，对于RCS测试外场，在定标处理中引入时变传递函数是非常重要的。举例而言，对于距离达到2km以上的测试外场，尤其是对于地面平面场，当受到一天当中温度、湿度等气象条件影响时，雷达与目标之间的距离程差随时间的变化是很容易达到甚至远超1/4波长，而1/4波长的程差将带来180°的相位变化！不难看出，这正是外场测量条件下，在S频段以上频段进行背景相减处理很难达到较理想效果的最重要原因之一。

引入时变因素后，目标散射函数测量和定标处理的一般性步骤如下：

步骤1：t_1时刻，测量包含定标支架的测试场背景回波$\boldsymbol{B}_{\mathrm{C}}(f,t_1)$。

步骤2：t_2时刻，安装定标体，并测量定标体回波$\boldsymbol{S}_{\mathrm{C}}(f,t_2)$。

步骤3：t_3时刻，测量包含目标支架的测试场背景回波$\boldsymbol{B}_{\mathrm{T}}(f,t_3)$。

步骤4：t_4时刻，安装目标，并测量目标回波$\boldsymbol{S}_{\mathrm{T}}(f,t_4)$。

步骤5：进行滤波、背景相减和目标散射函数定标处理。

对于采用双距离门选通的定标体与目标异地同时测量的测试场，有$t_1=t_3$，$t_2=t_4$。

根据以上步骤，背景相减和定标处理过程在数学上可表示为

$$\sqrt{\boldsymbol{\sigma}_{\mathrm{T}}(f)}=\frac{\boldsymbol{S}_{\mathrm{T}}(f,t_4)-\boldsymbol{B}_{\mathrm{T}}(f,t_3)}{\boldsymbol{S}_{\mathrm{C}}(f,t_2)-\boldsymbol{B}_{\mathrm{C}}(f,t_1)}\cdot\sqrt{\boldsymbol{\sigma}_{\mathrm{C}}(f)} \tag{4.35}$$

式中：$\sqrt{\boldsymbol{\sigma}_{\mathrm{T}}(f)}$，$\sqrt{\boldsymbol{\sigma}_{\mathrm{C}}(f)}$分别为目标和定标体的散射函数。注意到此处与式(4.26)中的不同，根据式(4.33)和式(4.34)，原式(4.26)中依据雷达方程得到的定标系数$\boldsymbol{K}(f)$在这里已经吸收到传递函数$H_{\mathrm{T}}(f,t)$和$H_{\mathrm{C}}(f,t)$中，故不再单独列出。

这样,由式(4.33)~式(4.35),有

$$\sqrt{\boldsymbol{\sigma}_{\mathrm{T}}(f)}=\frac{H_{\mathrm{T}}(f,t_4)}{H_{\mathrm{C}}(f,t_2)}\cdot\frac{\boldsymbol{T}(f)+\Delta_{\mathrm{T}}(f,\Delta t_{34})}{\boldsymbol{C}(f)+\Delta_{\mathrm{C}}(f,\Delta t_{12})}\cdot\sqrt{\boldsymbol{\sigma}_{\mathrm{C}}(f)} \tag{4.36}$$

式中:$\boldsymbol{\Delta}_{\mathrm{C}}(f,\Delta t_{12})$和$\boldsymbol{\Delta}_{\mathrm{T}}(f,\Delta t_{34})$为经背景抵消处理后的剩余背景误差,有

$$\boldsymbol{\Delta}_{\mathrm{C}}(f,\Delta t_{12})=\boldsymbol{B}_{\mathrm{C}}(f,t_2)-\frac{\boldsymbol{H}_{\mathrm{C}}(f,t_2)}{\boldsymbol{H}_{\mathrm{C}}(f,t_1)}\cdot\boldsymbol{B}_{\mathrm{C}}(f,t_1) \tag{4.37}$$

$$\boldsymbol{\Delta}_{\mathrm{T}}(f,\Delta t_{34})=\boldsymbol{B}_{\mathrm{T}}(f,t_4)-\frac{\boldsymbol{H}_{\mathrm{T}}(f,t_3)}{\boldsymbol{H}_{\mathrm{T}}(f,t_4)}\cdot\boldsymbol{B}_{\mathrm{T}}(f,t_3) \tag{4.38}$$

式(4.36)~式(4.38)构成了外场电磁散射测试与处理的基本数学模型,它不同于以往传统的“时不变”模型,而是通过引入目标宽带复散射函数和雷达系统-测试场时变传递函数,将测量雷达系统飘移、测试场环境变化、目标散射、定标体散射、目标区和定标区背景散射等联系了起来,因而比传统定标处理模型更加完整地表征了宽带 RCS 测量全系统和全过程对 RCS 测试与定标处理的影响。

式(4.36)~式(4.38)所提出的宽带散射测量定标通用模型可用于指导散射特性测试场测试与处理流程的制定,提高测量精度的辅助测量手段以及背景相减处理算法等的设计,也可用于测试不确定度的分析。根据该通用模型,目标宽带散射测量和处理的关键是要设计合理的测量和辅助测量方案,保证通过信号处理可以从测量数据中准确估计出时变传递函数 $\boldsymbol{H}_{\mathrm{T}}(f,t)$和$\boldsymbol{H}_{\mathrm{C}}(f,t)$,进而保证背景相减处理和定标的精确性。

由于采用上述模型进行定标处理和背景相减处理之间是分不开的,我们将在第 5 章讨论背景提取与抵消问题时进一步讨论从测量数据中获得时变传递函数 $\boldsymbol{H}_{\mathrm{T}}(f,t)$和$\boldsymbol{H}_{\mathrm{C}}(f,t)$参数估计的具体技术和方法,此处不赘述。

4.4　双重定标技术

4.4.1　双重定标的概念

不考虑背景抵消等处理时,根据式(4.26),只要通过对单个定标体的测量,得到定标函数 $\boldsymbol{H}(f)$,即可完成目标散射数据的定标。这种通过单次定标测量导出定标函数的做法也正是传统上所广为采用的,其所存在的主要问题是:尽管导出了定标函数,但无法给出采用该定标函数进行目标散射函数定标测量的不确定度究竟如何。采用双重定标(dual calibration)测量,可以解决这一问题。

所谓的双重定标技术最早由美国的 Chizever 等人于 1996 年提出[6]。其基本思想为:测量两个其理论 RCS 值可以精确计算、且两者差异足够大的定标体,其中一个定标体作为“主定标体”,用于导出 RCS 定标的雷达定标函数;另一个定标体作为“辅助定标体”,用来估计主定标的不确定度,从而有助于控制测量不确定度,提高定标精度。事实上,如果在目标 RCS 测量的前定标和后定标中均采用双重定标,还有助于估计出并尽量消除系统漂移所带来的影响。

这一思路也可进一步推广到采用更多个定标体的定标测量。为简单起见,本小节先讨论先采用两个定标体的情况,稍后将推广到采用多个定标体的“双重定标”处理。

假设有两个定标体,其理论散射函数分别记为 $\sqrt{\boldsymbol{\sigma}_{\mathrm{P}}(f)}$ 和 $\sqrt{\boldsymbol{\sigma}_{\mathrm{S}}(f)}$,其测量回波分别记为 $\boldsymbol{C}_{\mathrm{P}}(f)$ 和 $\boldsymbol{C}_{\mathrm{S}}(f)$,下标 P 和 S 分别代表“主定标体”和“辅助定标体”,经背景抵消处理后,可以得到两者的估计值 $\hat{\boldsymbol{C}}_{\mathrm{P}}(f)$ 和 $\hat{\boldsymbol{C}}_{\mathrm{S}}(f)$。主定标体的回波估计值同定标函数 $\boldsymbol{H}(f)$、主定标体散射函数 $\sqrt{\boldsymbol{\sigma}_{\mathrm{P}}(f)}$ 之间的关系为

$$\hat{\boldsymbol{C}}_{\mathrm{P}}(f) = \boldsymbol{H}(f) \cdot \sqrt{\boldsymbol{\sigma}_{\mathrm{P}}(f)} \tag{4.39}$$

因此,根据主定标体的回波估计值,可以导出定标函数的估计值为

$$\hat{\boldsymbol{H}}(f) = \frac{\hat{\boldsymbol{C}}_{\mathrm{P}}(f)}{\sqrt{\boldsymbol{\sigma}_{\mathrm{P}}(f)}} \tag{4.40}$$

根据该定标函数,可以得到辅助定标体的测量定标估计值为

$$\sqrt{\hat{\boldsymbol{\sigma}}_{\mathrm{S}}(f)} = \frac{\hat{\boldsymbol{C}}_{\mathrm{S}}(f)}{\hat{\boldsymbol{H}}(f)} \cdot \sqrt{\boldsymbol{\sigma}_{\mathrm{P}}(f)} \tag{4.41}$$

可见,定标函数是接收机对主定标体回波响应函数的倒数。注意到以上没有考虑异地定标情况下,测量中目标同定标体所处距离不同的问题。如果是异地定标,还需要根据雷达方程引入一个附加的复数因子 $\boldsymbol{K}(f)$。关于后一个问题,我们也留到第 5 章详细讨论。

由于辅助定标体的理论散射函数 $\sqrt{\boldsymbol{\sigma}_{\mathrm{S}}(f)}$ 是已知的,因此,对辅助定标体测量的绝对误差可计算为(以 RCS 的量纲 m^2 为单位)

$$\varepsilon(f) = \left| \sqrt{\boldsymbol{\sigma}_{\mathrm{S}}(f)} - \sqrt{\hat{\boldsymbol{\sigma}}_{\mathrm{S}}(f)} \right|^2 \tag{4.42}$$

以分贝数表示的辅助定标体测量 RCS 相对定标误差则为

$$\Delta^{\mathrm{dB}}(f) = 10\lg \left| \frac{\sqrt{\hat{\boldsymbol{\sigma}}_{\mathrm{S}}(f)}}{\sqrt{\boldsymbol{\sigma}_{\mathrm{S}}(f)}} \right|^2 \tag{4.43}$$

可见,采用双重定标并通过分析上述测量误差随频率的变化特性,可以获得

系统测量不确定度随频率变化的特性,并由此保证宽带 RCS 测量和定标的准确性。

4.4.2 基于最小均方误差准则的双重定标

从上面的分析可以发现,Chizever 等人最初所提出的双重定标技术中,选取两个定标体中谁为主、谁为辅完全是任意的,其缺陷是:无论选择谁为主定标体,根据定义,如此得到的定标函数对于主定标体而言,其定标误差永远是 0;而对于辅助定标体而言,则所估计出来的定标误差是对两个定标体测量误差的合成。显然,这在数学上是不尽合理的。

为了解决这一问题,LaHaie 于 2013 年提出一种基于最小均方误差(MMSE)准则的改进双重定标处理技术[7]。其基本思想如下:

假设采用 M 个定标体,在 N 个频点上进行宽带扫频测量。第 i 个定标体在第 k 个频点上的理论散射函数记为 $\sqrt{\boldsymbol{\sigma}_i(f_k)}$,测量得到的定标体回波记为 $\hat{\boldsymbol{C}}_i(f_k)$,理论上应该满足

$$\hat{\boldsymbol{C}}_i(f_k)=\hat{\boldsymbol{H}}(f_k)\cdot\sqrt{\boldsymbol{\sigma}_i(f_k)} \tag{4.44}$$

根据定义,定标函数 $\hat{\boldsymbol{H}}(f_k)$ 对于所有定标体都应该是相同的。基于这一基本事实,可以通过使所有定标体在所有频点上的均方误差最小化来得到定标函数的最佳估计,记为 $\hat{\boldsymbol{H}}^{\text{opt}}(f_k)$。定义最小均方误差函数为

$$\boldsymbol{\varepsilon}[\hat{\boldsymbol{H}}(f_k)]=\frac{1}{MN}\sum_{i=1}^{M}\sum_{k=1}^{N}\left|\hat{\boldsymbol{C}}_i(f_k)-\hat{\boldsymbol{H}}(f_k)\sqrt{\boldsymbol{\sigma}_i(f_k)}\right|^2 \tag{4.45}$$

式中:M 为定标体的个数;N 为测量频点个数。

为了求得 $\boldsymbol{\varepsilon}[\hat{\boldsymbol{H}}(f_k)]$ 的最小值,对之求偏导,有

$$\left.\frac{\partial\boldsymbol{\varepsilon}[\hat{\boldsymbol{H}}(f_k)]}{\partial\hat{\boldsymbol{H}}(f_k)}\right|_{\hat{\boldsymbol{H}}(f_k)=\hat{\boldsymbol{H}}^{\text{opt}}(f_k)}=\frac{1}{M}\sum_{i=1}^{M}\left(\sqrt{\boldsymbol{\sigma}_i(f_k)}\right)^*[\hat{\boldsymbol{C}}_i(f_k)-\hat{\boldsymbol{H}}(f_k)]=0,\quad k=1,2,\cdots,N \tag{4.46}$$

式中:上标“ * ”表示复共轭。

方程(4.46)的解为

$$\hat{\boldsymbol{H}}^{\text{opt}}(f_k)=\frac{\sum_{i=1}^{M}\left(\sqrt{\boldsymbol{\sigma}_i(f_k)}\right)^*\hat{\boldsymbol{C}}_i(f_k)}{\sum_{i=1}^{M}\left|\sqrt{\boldsymbol{\sigma}_i(f_k)}\right|^2},\quad k=1,2,\cdots,N \tag{4.47}$$

如此,由最优定标函数 $\hat{\boldsymbol{H}}^{\text{opt}}(f_k)$ 得到的各个定标体的散射函数估计值为

$$\sqrt{\hat{\boldsymbol{\sigma}}_i(f_k)}=\frac{\hat{\boldsymbol{C}}_i(f_k)}{\hat{\boldsymbol{H}}^{\mathrm{opt}}(f_k)},\quad k=1,2,\cdots,N \tag{4.48}$$

由于全部定标体的理论散射函数 $\sqrt{\boldsymbol{\sigma}_i(f)}$,($i=1,2,\cdots,M$)均是已知的,因此,对第 i 个定标体测量的绝对误差(以 RCS 的量纲 m^2 为单位)和以分贝数表示的 RCS 定标误差仍然分别采用式(4.42)和式(4.43)计算。

4.4.3 基于最小加权均方误差准则的双重定标

LaHaie 提出的基于最小均方误差准则的双重定标处理具有比传统双重定标更合理的误差特性,因而也具有更好的稳健性。但是我们知道,在目标散射测量中,背景电平相对于目标电平越低,则测量误差越小。LaHaie 所采用的最小均方误差(MMSE)准则没有考虑到目标散射测量的上述基本特性。因此,建议在误差最小化优化处理中,采用最小加权均方误差(MWMSE)准则[8]。

定义加权均方误差函数为

$$\varepsilon_w[\hat{\boldsymbol{H}}(f_k)]=\frac{1}{MN}\sum_{i=1}^{M}\sum_{k=1}^{N}w_i\left|\hat{\boldsymbol{C}}_i(f_k)-\hat{\boldsymbol{H}}(f_k)\sqrt{\boldsymbol{\sigma}_i(f_k)}\right|^2 \tag{4.49}$$

式中:M 为定标体的个数;N 为测量频点个数;w_i 为对每个定标体的权函数,将在稍后讨论。

这样,可以通过使所有定标体在所有频点上的加权均方误差最小化来得到定标函数的最佳估计,记为$\hat{\boldsymbol{H}}_w^{\mathrm{opt}}(f_k)$。同 LaHaie 一样,为了求得 $\varepsilon_w[\hat{\boldsymbol{H}}(f_k)]$的最小值,对之求偏导,有

$$\left.\frac{\partial\varepsilon_w[\hat{\boldsymbol{H}}(f_k)]}{\partial\hat{\boldsymbol{H}}(f_k)}\right|_{\hat{\boldsymbol{H}}(f_k)=\hat{\boldsymbol{H}}_w^{\mathrm{opt}}(f_k)}=\frac{1}{M}\sum_{i=1}^{M}w_i\left(\sqrt{\boldsymbol{\sigma}_i(f_k)}\right)^*[\hat{\boldsymbol{C}}_i(f_k)-\hat{\boldsymbol{H}}_w^{\mathrm{opt}}(f_k)]=0,$$

$$k=1,2,\cdots,N \tag{4.50}$$

式中:上标“ * ”表示复共轭。

式(4.50)的解为

$$\hat{\boldsymbol{H}}_w^{\mathrm{opt}}(f_k)=\frac{\sum_{i=1}^{M}w_i\left(\sqrt{\boldsymbol{\sigma}_i(f_k)}\right)^*\hat{\boldsymbol{C}}_i(f_k)}{\sum_{i=1}^{M}w_i\left|\sqrt{\boldsymbol{\sigma}_i(f_k)}\right|^2},\quad k=1,2,\cdots,N \tag{4.51}$$

由最优定标函数$\hat{\boldsymbol{H}}_w^{\mathrm{opt}}(f_k)$得到的各个定标体的散射函数估计值为

$$\sqrt{\hat{\boldsymbol{\sigma}}_i(f_k)}=\frac{\hat{\boldsymbol{C}}_i(f_k)}{\hat{\boldsymbol{H}}_w^{\mathrm{opt}}(f_k)},\quad k=1,2,\cdots,N \tag{4.52}$$

前面没有讨论权重因子 $w_i(i=1,2,\cdots,M)$ 的选取问题。从式(4.51)可见，权重因子在求取定标函数$\hat{\boldsymbol{H}}_w^{\text{opt}}(f_k)$时在分子和分母中是同时出现的。这意味着权重因子的选取可以是多种多样的，并不一定需要满足 $\sum\limits_{i=1}^{M} w_i = 1$ 这种归一化关系。事实上，取不同的权重时，式(4.49)中误差函数最小化的意义是不同的。进一步讨论如下。

4.4.3.1　相对定标误差最小化

将式(4.49)的误差函数按照 RCS 相对误差来定义，有

$$\varepsilon_w[\hat{\boldsymbol{H}}(f_k)] = \frac{1}{MN}\sum_{i=1}^{M}\sum_{k=1}^{N}\frac{\left|\hat{\boldsymbol{C}}_i(f_k) - \hat{\boldsymbol{H}}(f_k)\sqrt{\boldsymbol{\sigma}_i(f_k)}\right|^2}{\frac{1}{N}\sum\limits_{k=1}^{N}\left|\sqrt{\boldsymbol{\sigma}_i(f_k)}\right|^2} \tag{4.53}$$

使 $\varepsilon_w[\hat{\boldsymbol{H}}(f_k)]$最小化意味着找到最优定标函数$\hat{\boldsymbol{H}}_w^{\text{opt}}(f_k)$，使得对于全部定标体，用该定标函数定标后，式(4.53)所定义的总的相对测量误差达到最小。

对比式(4.49)和式(4.53)可知，此时加权均方误差函数的权重因子为

$$w_i = \frac{N}{\sum\limits_{k=1}^{N}\left|\sqrt{\boldsymbol{\sigma}_i(f_k)}\right|^2} \tag{4.54}$$

4.4.3.2　绝对定标误差最小化

LaHaie 所定义的均方误差函数式(4.45)同式(4.43)所定义的绝对定标误差是一致的。因此，当采用该误差函数进行优化时，相当于保证了对于全部定标体，其总的 RCS 定标绝对误差达到最小化。对比式(4.45)和式(4.49)可知，前者相当于在式(4.49)的加权均方误差函数中取 $w_i=1, i=1,2,\cdots,M$。

可见，LaHaie 所定义的误差函数是加权均方误差函数的一个特例。

4.4.3.3　传统的双重定标

传统的双重定标处理中，取其中一个定标体作为主定标体，导出定标函数，其他定标体不参与定标函数的导出，只是用于检验定标误差的大小。这相当于在式(4.49)中，对于主定标体，权重因子取 1；而对于其他辅助定标体，权重因子均取 0。

因此，Chizever 最初提出的双重定标所采用的误差函数，其实也相当于是加权均方误差函数的一个特例。

由此可见，在本节所提出的采用加权均方误差函数进行定标函数寻优是一

种具有普适意义的方法，涵盖了传统的双重定标、LaHaie 的绝对定标误差最小化以及相对误差最小化等各种情况，可以满足 RCS 测量定标的不同技术需求。

4.4.4 不同误差准则下双重定标误差的比对和分析

为了分析传统的双重定标、LaHaie 的最小均方误差准则和加权最小均方误差准则在双重定标处理中的性能，对典型 RCS 测试外场条件下的定标处理进行了仿真分析。对于采用金属低散射支架的目标 RCS 测试场，由于低散射支架的背景电平在低频段很高，容易引起大的测试误差，因此我们重点仿真低频段存在较强背景杂波影响时的定标误差。

假设测试频段和测试系统的定标函数与文献[7]中 LaHaie 的仿真设定完全相同，即频率范围 125 ~625MHz，定标函数的幅频和相频特性如图 4.8 所示。同时，假设低散射金属支架的散射背景可以采用第 3 章中的预估公式(3.6)和式(3.7)计算，由于 VV 极化下支架背景远高于 HH 极化的情况，因此以下仅给出 VV 极化的仿真结果。

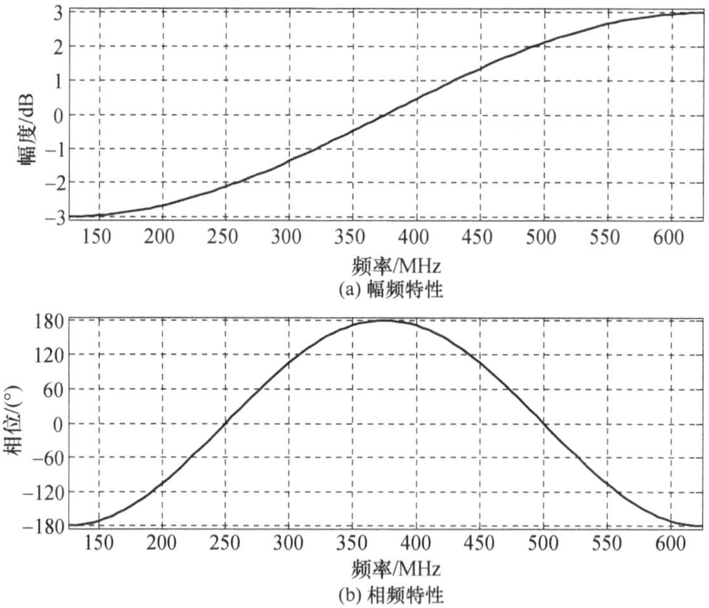

图 4.8 定标函数幅频和相频特性

为了完成双重定标，需要采用多个定标体。为此，在仿真中我们采用所谓的双柱(CAM)定标体，它是一种由两个半径不同且相切的直立圆柱体以及同两个圆柱体的圆弧面相切的平面共同构成的封闭几何结构，其详细几何结构和参数选取方法请参见 4.7 节。由于 CAM 定标体的特殊几何外形，当将 CAM 定标体作方位向旋转时，单个定标体可等效用作为小圆柱体(SC)、大圆柱体(LC)和平板(FP)等三种常见定标体。图 4.9 给出了 VV 极化下支架背景电平(图中标示为 Pylon)以及 FP、LC 和 SC 三个定标体的 RCS 随频率的变化特性。

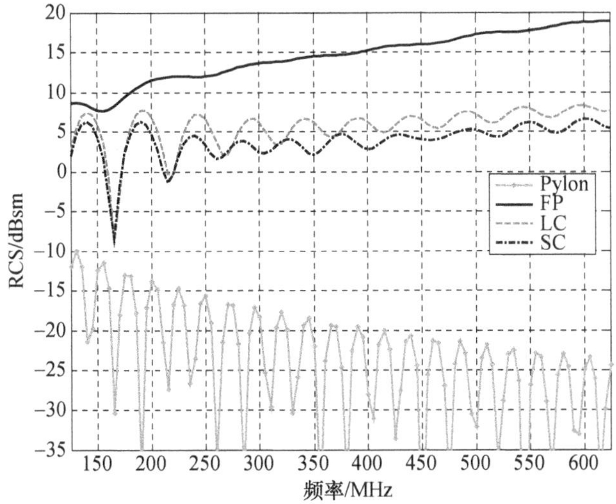

图 4.9　支架背景以及 CAM 定标体的 FP、LC 和 SC 的 RCS 随频率变化特性

RCS 测试一般属于高信噪比测量,为了同时兼顾研究背景杂波与噪声的影响,仿真中假设杂噪比(背景电平与热噪声电平之比)为 3dB,进行 500 次蒙特卡洛仿真,并统计分析不同误差准则下多重定标得到的定标函数的误差性能。

图 4.10 给出了采用传统双重定标(图中标示为 dual)、LaHaie 的最小绝对误差(图中标示为 MMSE)、我们提出的加权均方误差(图中标示为 MWMSE)准则,对小圆柱、大圆柱和平板面测量定标的绝对误差和相对误差随频率的变化特性,其中 MWMSE 的权函数采用式(4.54)计算,相当于采用相对定标误差最小化准则;而对于传统双重定标,则采用具有最高 RCS 电平 FP 作为主定标体。

图 4.10 分别给出了对小圆柱、大圆柱和平板的 RCS 定标结果。其中,每幅图中的上图示出了定标体的 RCS 理论值以及三种不同准则下的绝对误差,下图则示出了三种不同准则对应的相对误差。从图中可见:

(1) 由于支架的背景电平在低频段较高、高频段较低,而三个定标体的 RCS 的频率特性则正好相反,总体上随频率升高而增大。因此,无论采用何种误差准则,无论对于绝对误差还是相对误差,其总的变化趋势均为随频率呈现下降的特性。

(2) 由图 4.9 可见,背景电平随频率的变化特性是振荡变化的,而三个定标体的 RCS 频率也是振荡变化的,这导致在一些特殊频点处的信杂比很低,造成大的定标误差。

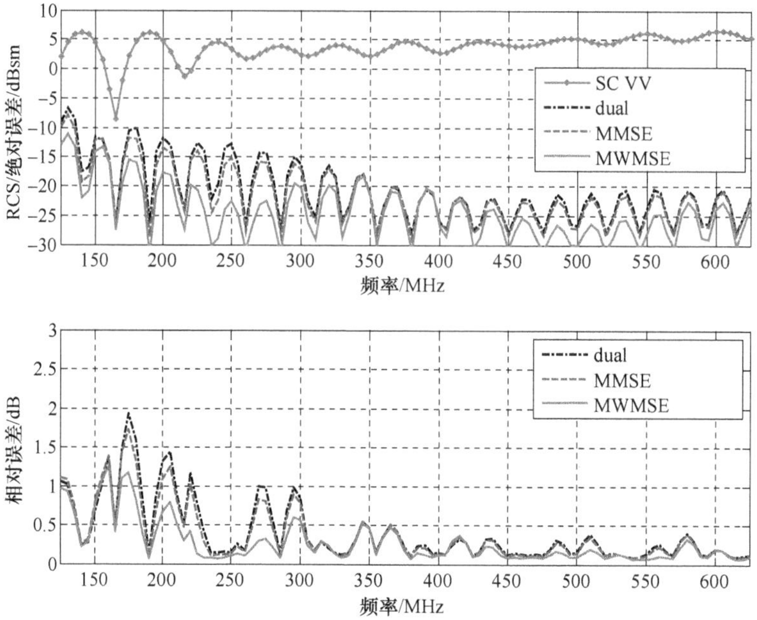

(a) 小圆柱(SC)

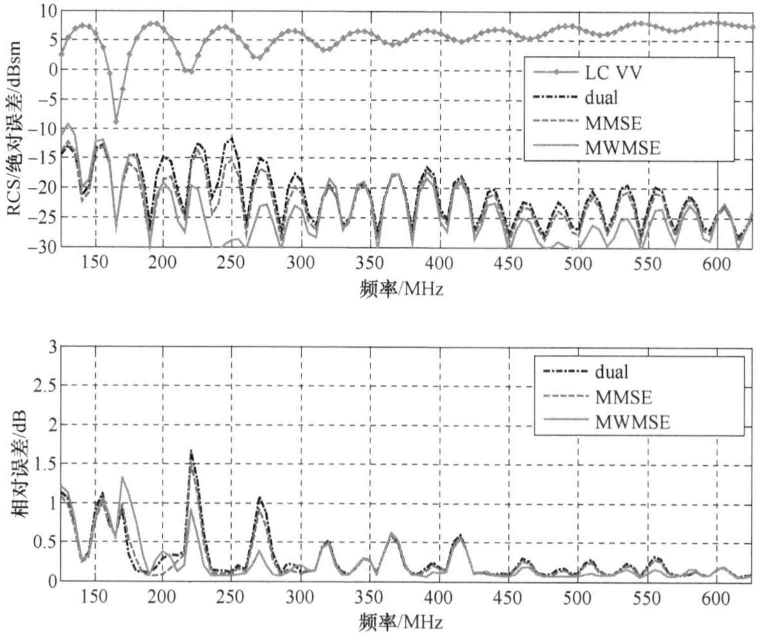

(b) 大圆柱(LC)

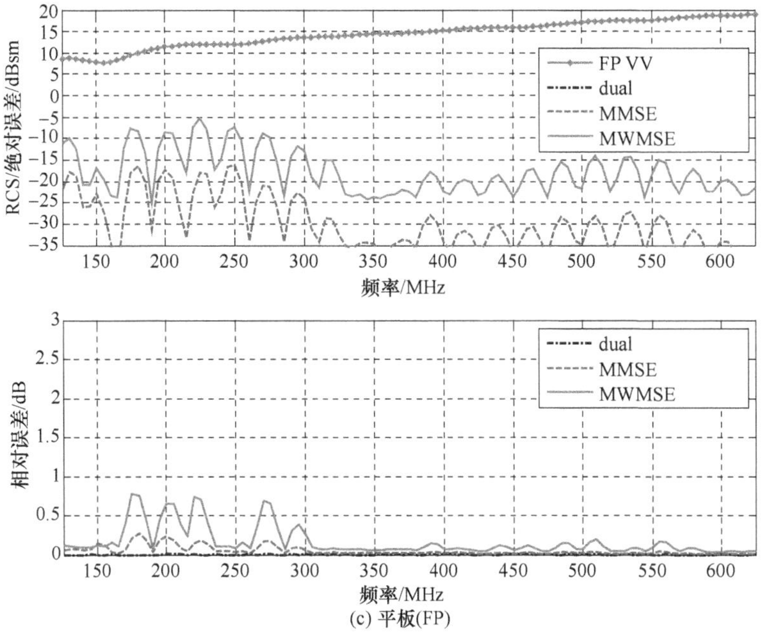

(c) 平板(FP)

图4.10 采用不同误差准则对 CAM 定标体定标测量的误差性能

（3）注意到在 CAM 可代表的三个定标体中，FP 具有最高的 RCS 电平，故仿真传统双重定标中时所选定的主定标体为 FP。根据定义，其绝对误差和相对误差均为零，同 MMSE 和 MWMSE 不具有可比性。仔细分析图 4.10 中 SC、LC 两个定标体的测量定标误差特性可以发现，无论是在绝对误差还是相对误差意义上，MMSE 和 MWMSE 准则总是优于传统的双重定标准则（也即采用单个主定标体导出定标函数的情况）。这表明，当采用多个定标体进行双重定标测量和处理时，充分利用所有定标体的测量数据并基于某种最小均方误差准则来导出定标函数，比简单地仅采用具有最高 RCS 电平的定标体作为主定标体导出的定标函数具有更好的稳健性和更小的定标误差。

（4）由图 4.10 还可以看出，在信杂比较低时，三种误差准则中，MWMSE 同时具有最小的绝对误差和相对误差。例如，对于定标体 SC 和 LC，总体上 MWMSE 准则的误差性能均是最优的；在信杂比很高时，例如对于 FP，MMSE 准则具有比 MWMSE 误差准则更好的误差性能。

应该指出，在低可探测性目标散射特性测量中，我们所感兴趣的往往是如何最大限度地提高低 RCS 电平的测量精度。例如，对于大多数隐身飞行器的 RCS 测试，其 RCS 高电平往往出现在侧向方位上，测试中信杂比很高，但一般并不是我们所关注的重点；相反，目标鼻锥向的 RCS 一般为低电平，测试中信杂比较低，但却是关注重点，希望可以测得尽可能准确。MWMSE 准则可以很好地契合这一 RCS 测量实际工程应用中的定标技术需求，保证在信杂比较低时相对定标误差最小化。

4.5 常用 RCS 定标体

理论上，任何物体只要可以得到其 RCS 真值都可以用作为定标体。但是，从工程应用角度考虑，定标体的选取一般应满足以下技术条件：

(1) 定标体的散射场或 RCS 值在所有测量频段(甚至角度)上都可精确预测。

(2) 定标体的制造成本低、易于加工制造、且加工容差易于控制在合理的范围内。

(3) 为了减小安装对准带来的误差，起码应该在球面或柱面坐标系之一条件下，定标体的 RCS 对姿态是不敏感的。

(4) 定标体的 RCS 对频率和姿态角不应过于敏感。

此外，在定标体选取和应用中，还应注意以下问题：

(1) 定标体的 RCS 计算值是否足够精确。

(2) 定标体的机械加工容差是否在可接受的范围内。

(3) 定标体与安装支架之间的耦合是否足够小，不致引起过度的定标耦合误差。

按照以上基本标准考虑，传统上常见的 RCS 定标体有金属球、金属平板、角形反射器、以及直立安装的短粗金属圆柱体[9-12]等。随着现代先进 RCS 测试场中低散射金属支架的广泛采用以及双重定标技术的出现，球面柱[13]、双柱[14,15]、双球柱[16]等一些新型定标体也已提出并开始得到应用。

对于传统的 RCS 定标体，一些文献已经有详细讨论，本节的这部分内容在很大程度上也是直接采纳了文献[4]和文献[17]中的讨论。对于近年来出现的新型 RCS 定标体，尤其是北京航空航天大学相关研究小组近年来提出的几种新型定标体[13,16]，此前国内外尚未见文献报道和讨论，而由于它们同短粗圆柱体[9-12]一样，非常适合用于采用低散射金属支架的现代 RCS 测试场，其实际工程应用正变得越来越广泛，因此将作为本节和后续章节讨论的重点。

4.5.1 金属导体球

金属球是应用最广泛的 RCS 定标体之一，其主要优点是 RCS 理论值可通过米氏(Mie)级数展开进行简单计算，RCS 不受姿态角的影响，且加工制造也比较容易。金属球定标体的主要缺点是其 RCS 对外形加工加工误差比较敏感；其双站散射特性可能造成大的定标体－安装支架耦合散射误差；此外，金属球在低散射金属支架上不便于安装。由于金属球的后两个缺点,使得目前大多数采用低散射金属支架的先进 RCS 测试场均放弃采用金属球,而是采用短粗圆柱体作为定标体。

不论在瑞利区、谐振区或光学区,金属导电球都是最有用的定标体之一。下面给出金属球散射场的精确级数解公式。

略去时谐因子 $\exp(-j\omega t)$ 后,金属导电球的后向散射函数计算公式为[4]

$$\sqrt{\boldsymbol{\sigma}^{\mathrm{sph}}(f)} = \frac{c}{\sqrt{\pi}f}\sum_{n=1}^{\infty}(-1)^n(n+0.5)(b_n - a_n) \tag{4.55}$$

式中:a 为导电球半径;f 为雷达频率;c 为电磁波的传播速度;且

$$a_n = \frac{\mathrm{j}_{l,n}(ka)}{\mathrm{h}_{l,n}^{(1)}(ka)} \tag{4.56}$$

$$b_n = \frac{ka \cdot \mathrm{j}_{l,n-1}(ka) - n \cdot \mathrm{j}_{l,n}(ka)}{ka \cdot \mathrm{h}_{l,n-1}^{(1)}(ka) - n \cdot \mathrm{h}_{l,n}^{(1)}(ka)} \tag{4.57}$$

式中:$k = 2\pi/\lambda = 2\pi f/c$ 为波数;$\mathrm{j}_{l,n}(x)$ 为第一类球贝塞尔函数;$\mathrm{h}_{l,n}^{(1)}$ 为第一类球汉开尔函数。有

$$\mathrm{h}_{l,n}^{(1)}(x) = \mathrm{j}_{l,n}(x) + \mathrm{j}\mathrm{y}_{l,n}(x) \tag{4.58}$$

式中:$\mathrm{y}_{l,n}(x)$ 为第二类球贝塞尔函数。

图 4.11 示出了半径为 56.4cm 金属球的宽带散射计算结果时频特性分析图。计算参数为:频率 10MHz ~ 5.6GHz,频率步长 10MHz,时频分析窗口带宽 1.2GHz,采用 Blackman 滑动窗傅里叶变换。

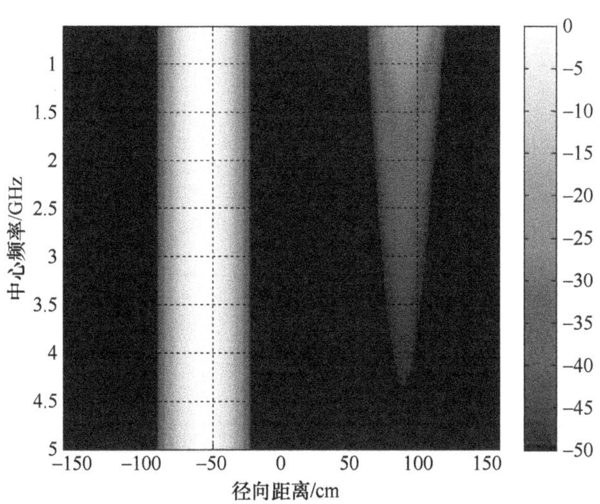

图 4.11　金属球散射特性的时频分析图(见彩图)

根据电磁散射理论,金属球的散射由两个主要散射中心构成,其中一个是镜面反射,它在径向距离上的位置正好在半径处,且其散射强度与频率无关,仅与金属球的半径有关,计算公式为

$$\sigma_{\mathrm{PO}}^{\mathrm{sph}} = \pi a^2 \tag{4.59}$$

金属球上的另一个散射中心为爬行波分量,源于照亮区表面感应电流越过照亮-阴影边界继续在金属球表面传播,并最终在后向方向上形成散射贡献。因此,该爬行波位于距离参考中心$\frac{\pi a}{2}$远的位置处(等于圆周长的1/4),其散射强度随着频率升高而快速衰减,这从图4.11的时频图中可以清晰地看出来。对于半径为56.4cm的金属球,其爬行波散射在频率高于3GHz时大致上已经低于-35dBsm,此时其对金属球总散射的贡献已经可以忽略不计。正因如此,在高频区,金属球的RCS可以采用式(4.59)来计算且相当精确。

采用式(4.59)RCS计算值归一化后,得到金属球归一化散射函数为

$$\sqrt{\sigma_N^{\mathrm{sph}}(f)} = \frac{\sqrt{\sigma^{\mathrm{sph}}(f)}}{\sqrt{\pi a^2}} = \frac{2}{ka}\sum_{n=1}^{\infty}(-1)^n(n+0.5)(b_n - a_n) \tag{4.60}$$

作为参考,图4.12和图4.13示出了根据式(4.60)计算的金属球归一化散射函数的幅度和相位随ka的变化特性[17],其中ka值从0.02增到20,计算间距为0.02。其中,图4.12(a)示出了瑞利区导电球归一化散射函数的幅度特性,其$ka = 0 \sim 2$;图4.12(b)给出了谐振区导电球归一化散射函数的幅度特性,其$ka = 0 \sim 20$。图4.13给出了瑞利区与谐振区导电球相位随ka的变化曲线。

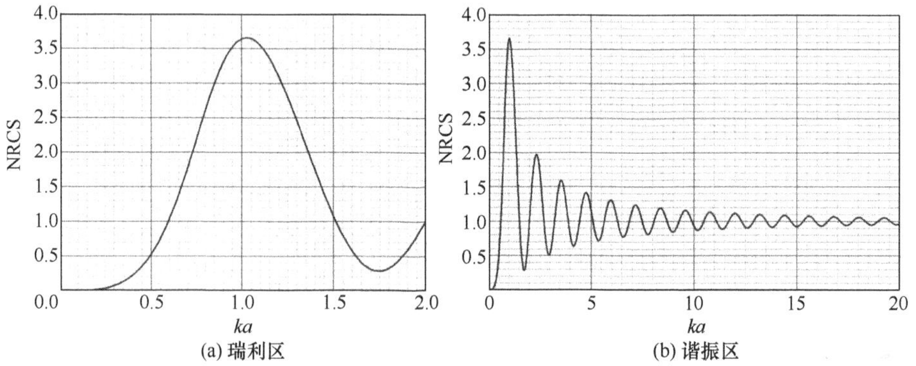

图4.12 导电球的NRCS值[17]

如前所述,金属球的RCS对外形加工误差比较敏感。例如,对于一个常用的直径为20cm左右的金属球,当其加工偏心误差达到1.5%时,采用矩量法计算结果同完美金属球RCS的Mie级数解对比,发现在HH极化下,两者之间的

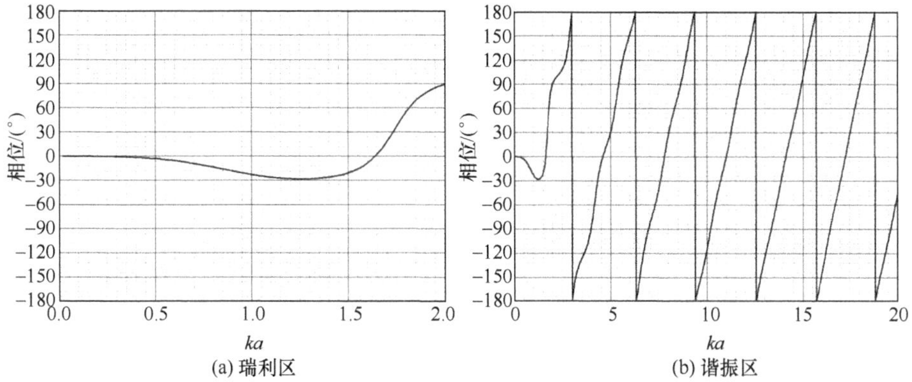

图 4.13　导电球的相位值[17]

峰 - 峰误差高达 1.5dB！可以预计，由于外形不完美，其 VV 极化下的误差不会与 HH 极化的完全相同，这也就意味着在存在加工误差条件下，金属球的 RCS 也是极化敏感和姿态敏感的。解决这一问题别无它法，唯有提高机械加工精度。目前国际上已经商品化的金属球其机械加工精度可以控制在 0.125%（对于一个半径 10.16cm 的金属球，加工精度达到 ±0.0635mm）。

作为例子，图 4.14 示出了标称直径为 20.32、偏心度为 1.5% 的金属球在 HH 极化下 RCS 的矩量法计算结果同 Mie 级数解之间的差值，用 dB 数表示[6]。

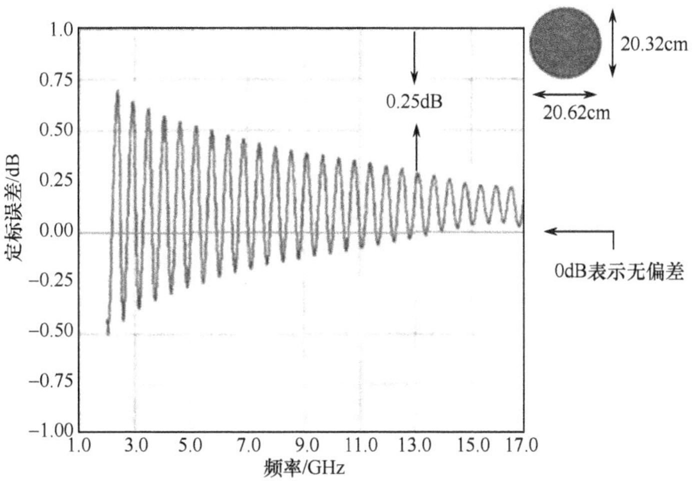

图 4.14　标称直径为 20.32、偏心度为 1.5% 的
金属球数值计算结果同 Mie 精确解之间的偏差[6]

采用金属球作为定标体的最大好处有两个：一是其定标理论值易于通过 Mie 解快速精确计算；二是其 RCS 特性对安装姿态不敏感。主要缺点：一是金属

球的双站散射特性使得定标球-支架之间的耦合散射比较严重，影响定标精度；二是 RCS 理论值对加工精度比较敏感；三是不方便在低散射金属支架上安装，而后者为现代先进 RCS 测试场所广泛采用。

最后，4.10 节中给出了用于计算金属球后向散射 Mie 级数解幅度和相位的 MATLAB 代码，可供 RCS 测试定标计算中参考应用。

4.5.2 短粗金属圆柱和球面柱

4.5.2.1 短粗金属圆柱

图 4.15 示出了直立的短粗金属圆柱定标体在低散射支架上的安装示意图。目前，国际上普遍采用的是一组其高度与直径之比为 7/15（0.4667）的短粗圆柱体[10,12]。

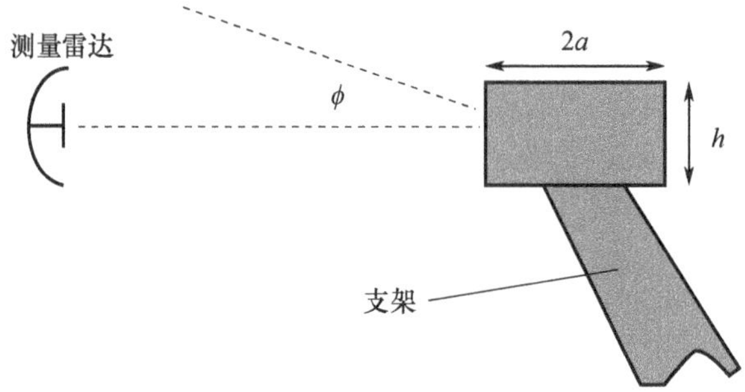

图 4.15 金属圆柱定标体在低散射支架上的安装示意图

直立的金属圆柱体的物理光学近似计算公式为

$$\sigma_{\mathrm{PO}}^{\mathrm{cyl}}(ka)=\frac{2\pi}{\lambda}ah^2=ka\cdot h^2 \tag{4.61}$$

式中：a 和 h 分别为圆柱体的半径和高度；$\lambda=c/f$ 为雷达波长；f 为雷达频率；c 为电磁波的传播速度；$k=\dfrac{2\pi}{\lambda}$为波数。

但是，仅当 ka 值足够大时，PO 近似公式计算才足够精确，很多情况下，PO 公式的计算精度并不足以用于 RCS 定标。对短粗型圆柱体的 RCS 精确计算基本上都是采用基于矩量法的不同 RCS 计算代码。北京航空航天大学基于矩量法对标准圆柱体的 RCS 进行了精确数值计算，并基于短粗圆柱体的散射机理结合数值计算数据，发展了一套可用于不同尺寸的标准圆柱定标体的精确 RCS 计算的参数化模型方法[11]，该方法已获得国家发明专利，其软件代码也已由北京航空航天大学遥感特征实验室公开，并且列于 4.11 节中，可供采用高度与直径之比为 7/15 的短粗圆柱体为定标体的各种 RCS 测试场使用[12]。

金属圆柱体的散射机理远比金属球的复杂，关于其散射机理分析和精确RCS计算方法，稍后将在4.6节专门讨论。作为例子，图4.16和图4.17分别示出了直径为9英寸(22.86cm)的标准金属圆柱体在HH和VV极化下的RCS幅度和相位随频率的变化特性，并给出PO计算结果以资比对。

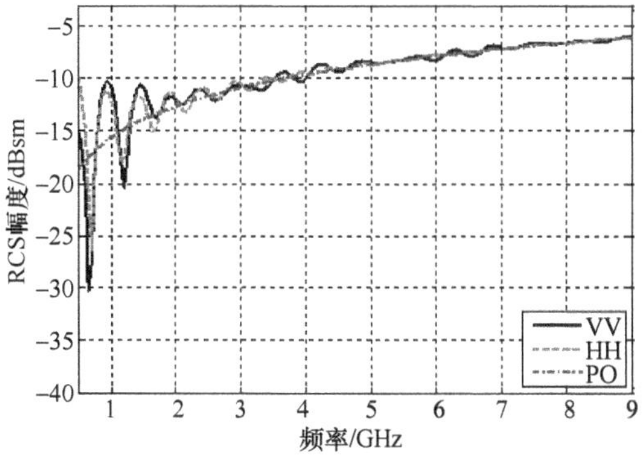

图4.16 标准金属圆柱定标体的RCS幅度特性

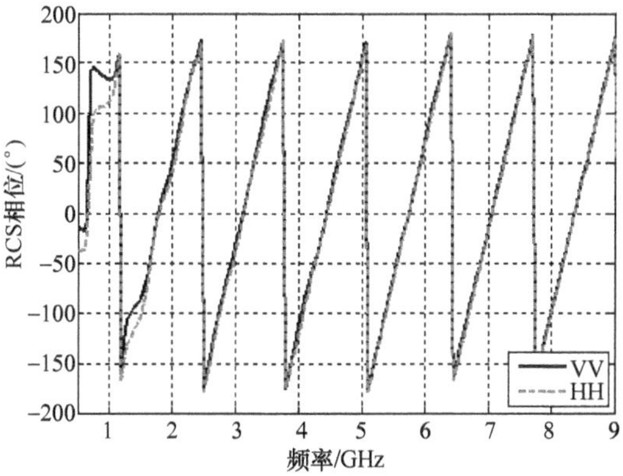

图4.17 标准金属圆柱定标体的RCS相位特性

4.5.2.2 金属球面柱

与金属球相比，短粗金属圆柱的机械加工更为容易，但是其“精确”RCS的计算却困难得多，一般只能采用MoM等数值方法。经验表明，无论是对于采用泡沫支架还是低散射金属支架的测试场，短粗的金属圆柱都是良好的定标体，尤其重要的是，它同金属支架之间的耦合要比金属球小得多。但是，短粗金属圆柱定标体的缺点是，尽管其RCS随方位变化不敏感，但对俯仰变化非常敏感，因此安装中应保证俯仰角精确对准在0°。

为了克服短粗金属圆柱定标体的RCS随俯仰变化非常敏感的问题，北京航空航天大学李志平教授提出一种短粗金属球柱设计[13]，即：将传统直立金属圆柱的柱面改变为球面，其中球面的直径为圆柱高，如图 4.18 所示。

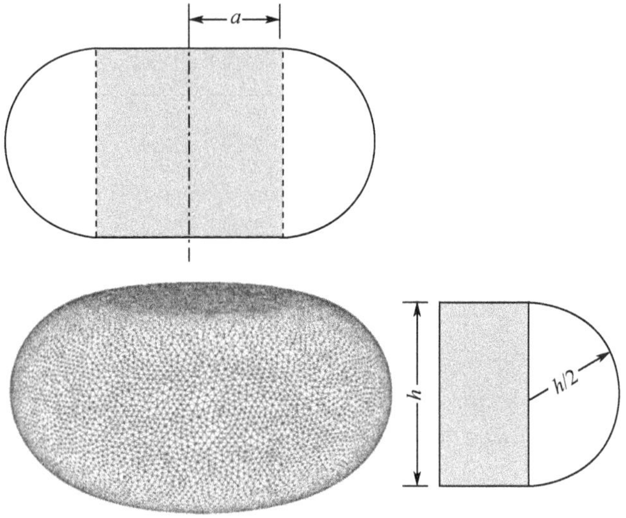

图 4.18　金属球面柱

直立的金属球面柱作为定标体，具有短粗金属圆柱的全部优点，而且继承了金属球的优点，即：在高频区，其 RCS 不随频率变化。同时，球面柱克服了短粗圆柱的缺点，即在一定的范围内，其 RCS 对俯仰角不敏感。直立的金属球面柱体的物理光学近似计算公式为

$$\sigma_{\mathrm{PO}}^{\mathrm{scyl}}(ka)=\frac{\pi}{4}h(h+2a) \tag{4.62}$$

式中：a 和 h 分别为其对应的基本圆柱体的半径和高度。

当然，金属球面柱体的散射机理同样也远比金属球的复杂，关于其散射机理分析和精确 RCS 计算方法，稍后也将在 4.6 节讨论。但是，除了外形加工精度比普通圆柱体较难把握和控制外，有理由认为金属球面柱在大多数 RCS 测量与定标应用中均是一种性能出色的定标体。例如，在地面平面 RCS 测试外场，定标体一般安装高度很高，又不希望定标体对安装姿态敏感，但是定标体尺寸大一点不是问题甚至还可能是个优点，这时就可以采用球面柱作为定标体，因为球面柱定标体可以设计得尺寸大一点，以便能将目标转顶隐藏于腹腔中，而其 RCS 电平又不至于像短粗金属圆柱那么高。

作为例子，图 4.19 和图 4.20 分别示出了以直径为 9 英寸（22.86cm）的标准金属圆柱体为基础，所设计的金属球面柱在 HH 和 VV 极化下的 RCS 幅度和相位随频率的变化特性。

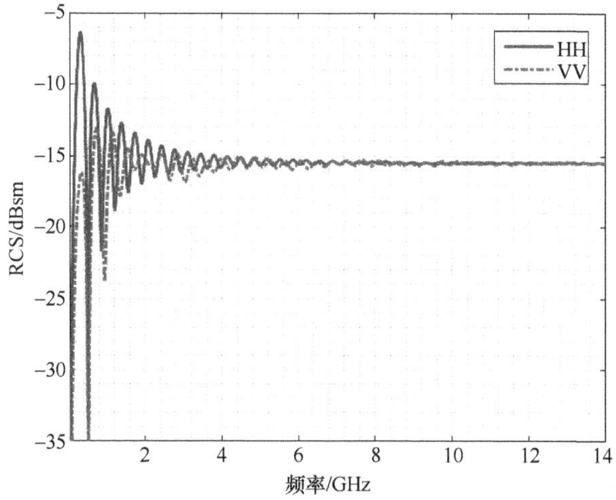

图 4.19　金属球面柱定标体的 RCS 幅度特性

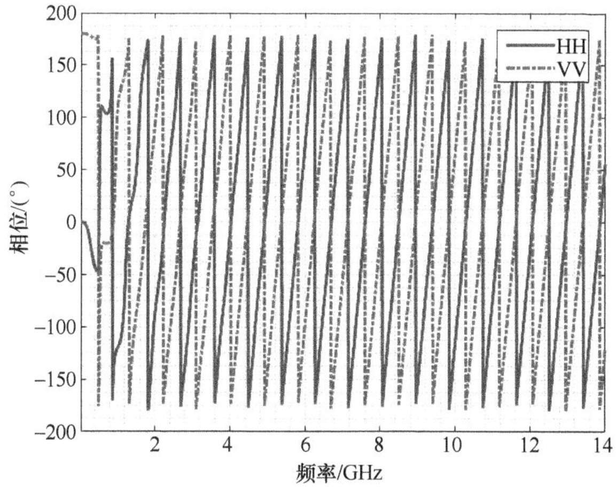

图 4.20　金属球面柱定标体的 RCS 相位特性

4.5.3　双柱定标体和球面双柱定标体

4.5.3.1　双柱定标体

直立的短粗金属圆柱定标体已经被各国 RCS 测量领域的技术人员所广泛采用,因此,采用短粗金属圆柱作为定标体的“双重定标”技术也得到普遍应用,它可以从理论值到测量值两个方面保证金属圆柱体定标的准确性。采用金属圆柱进行双重定标测量的基本思路是:

(1) 采用一套统一的标准短粗圆柱体(其高度与直径之比为7/15),并采用两种以上的数值方法对金属圆柱体的“精确”RCS值进行计算和比对,以得到一套标准的圆柱定标体“理论”值,供各测试场参照使用。

(2) 确保圆柱定标体的机械加工误差足以小到可以保证,当采用其“理论”计算RCS值进行定标时,所产生的误差在可接受的误差限范围内。

(3) 确认标准圆柱定标体的“理论”RCS值计算足够精确,计算误差控制在允许的范围内(例如, ±0.05dB)。

(4) 对加工完成的圆柱定标体进行测量,并将其RCS测量值同“理论”值进行比对分析,确保定标体RCS的准确性。

按照以上技术思路,双重定标过程中,需要两次更换尺寸不同的圆柱定标体,才能完成最终的测量和定标处理,而不同定标体的安装和测量会引入附加的测量定标误差。所谓的双柱定标体(CAM),就是试图解决以上问题而发明出来的。

双柱定标体最早由美国学者Wood等人提出[14,15],它是由两个半径不同且相切的直立圆柱体以及同两个圆柱体圆弧面相切的平面共同构成的封闭几何结构。这样,当将双柱定标体作方位向旋转时,这种外形结构的物体可等效用作为小圆柱、大圆柱和平板等三种定标体。图4.21给出了双柱定标体的几何外形结构示意图。

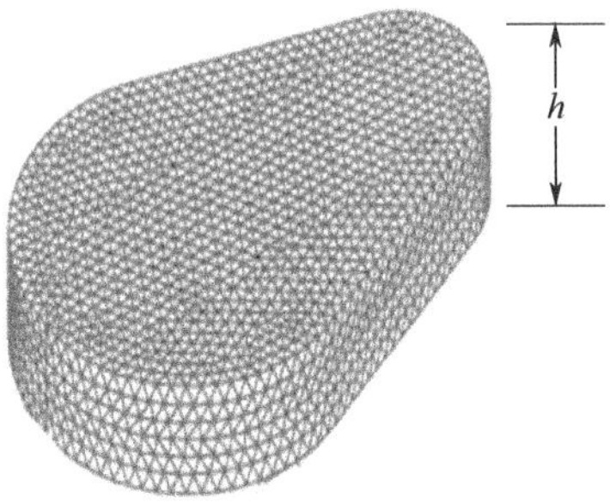

(a) 双柱定标体的3D造型

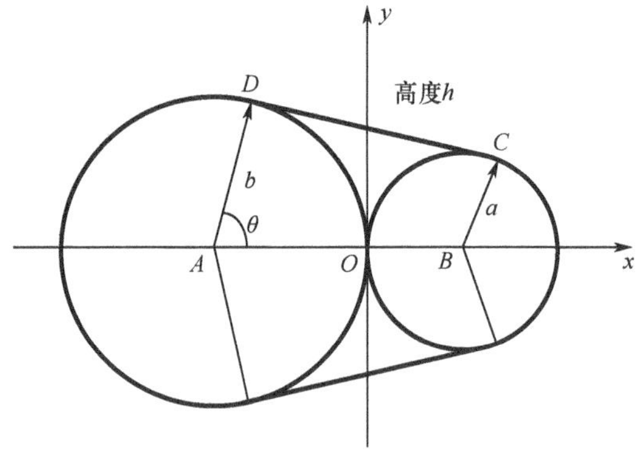

(b) 双柱定标体的横向剖面图

图4.21 双柱定标体的几何结构

如图4.21中所示,假设双柱定标体的两个圆柱体的半径分别为a和b,SC位于x轴的正半轴,圆心在$D=(a,0)$处,电磁波从小圆柱正面入射时的方位角为$\phi=0°$;LC位于x轴的负半轴,圆心在$A=(-b,0)$处,电磁波从大圆柱正面入射时其方位角为$\phi=180°$;直线段BC由大小圆柱的切点构成,由此形成FP散射结构,电磁波从平板正面入射的方位角记为θ。目标参考中心在圆柱切点O处。

这样,存在以下几何关系

$$\overline{BC} = 2\sqrt{ab} \tag{4.63}$$

$$\cos\theta = \frac{b-a}{b+a},\quad \sin\theta = \frac{2\sqrt{ab}}{a+b} \tag{4.64}$$

B 点坐标为$\left(\frac{-2ab}{a+b},\frac{2b\sqrt{ab}}{a+b}\right)$,$C$ 点坐标为$\left(\frac{2ab}{a+b},\frac{2a\sqrt{ab}}{a+b}\right)$,所以线段 BC 满足以下方程

$$y = \frac{a-b}{2\sqrt{ab}}x + \sqrt{ab} \tag{4.65}$$

双柱定标体具有以下优点:

(1) 由于双柱定标体的特殊几何外形,当将双柱定标体作方位向旋转时,单个定标体可等效用作为 SC、LC 和 FP 三种标准定标体。因此,采用单个双柱定标体作方位向旋转测量,即可一次测量提供多个标准体的精确 RCS 参考值。

(2) 目前国际上通常采用的由两个定标体完成定标的所谓“双重定标”,如果采用双柱定标体来实现,则不需要在测量过程中更换不同的定标体,从而可大大节省测量时间,同时降低由定标体替换和安装带来的附加测量不确定度。

(3) 研究表明,双柱定标体在 P 频段等低频段的定标性能要比传统的圆柱定标体的性能更好。

但是,双柱定标体也具有同短粗圆柱体完全一样的缺点,即其 RCS 对俯仰角敏感,因此安装过程中的水平调平非常重要,否则影响测量和定标精度。

双柱定标体的散射机理比较复杂,将在 4.7 节专门讨论。为了先有个直观的理解,图 4.22 示出了双柱定标体的 RCS 幅度随频率和方位的两维变化特性示意图。图中,二维图像表示的是双柱的散射幅度随频率(纵轴)和方位角(横轴)的变化特性,以彩色表示幅度大小;上端示出的是给定频率条件下,双柱散射幅度随方位角的变化特性;左图给出的则是其中一个圆柱面的散射幅度随频率的变化特性。

4.5.3.2　球面双柱定标体

在融合 Wood 等人双柱外形设计[14,15]和李志平球面柱外形设计[13]的基础上,本书提出一种球面双柱(SCAM)定标体外形设计[16],即:将双柱两端的大、小柱面改为球面,而两侧的平板改为“横躺”着的柱面,球面和柱面的直径等于

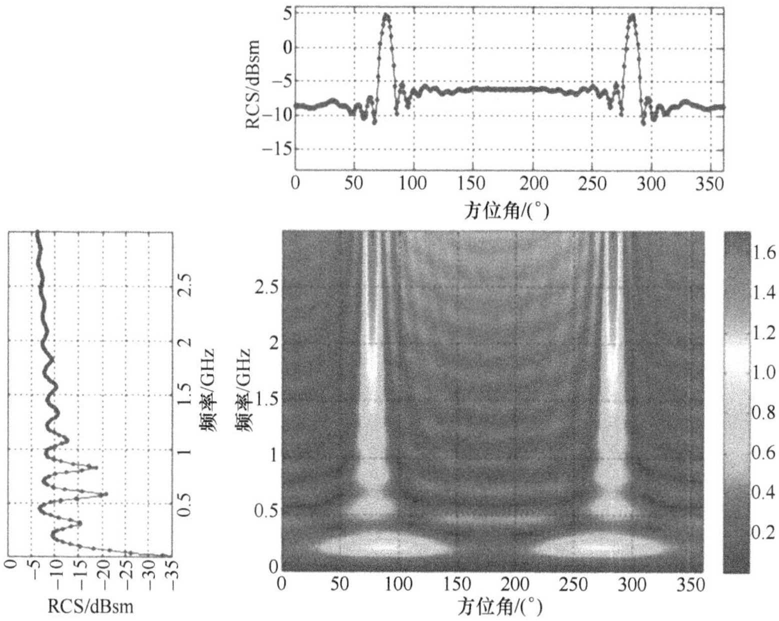

图 4.22 双柱定标体的 RCS 幅度特性示意图

双柱的高。这样得到的球面双柱的几何外形结构如图 4.23 所示。

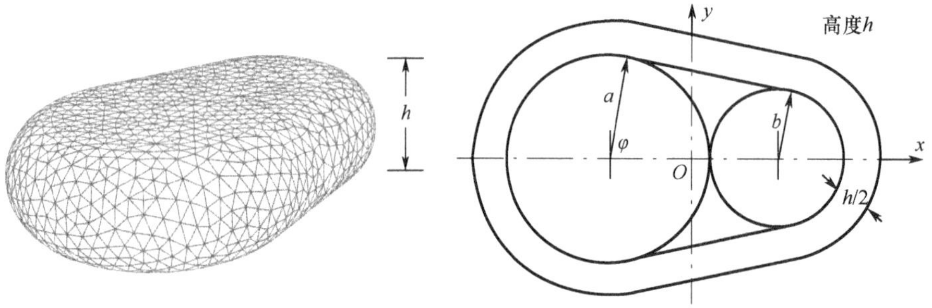

(a) 球面双柱定标体的3D造型 (b) 球面双柱定标体的横向剖面图

图 4.23 球面双柱定标体的几何结构

不难理解,球面双柱作为定标体具有双柱和球面柱的全部优点,而克服了直立短粗圆柱和双柱的全部缺点。

图 4.24 给出了球面双柱定标体的 RCS 幅度随频率和方位的两维变化特性示意图。与图 4.22 类似,其中二维图像表示的是球面双柱的散射幅度随频率(纵轴)和方位角(横轴)的变化特性,以彩色表示幅度大小;上端示出的是给定频率条件下,球面双柱散射幅度随方位角的变化特性;左图给出的则是其中一个球柱面的散射幅度随频率的变化特性。

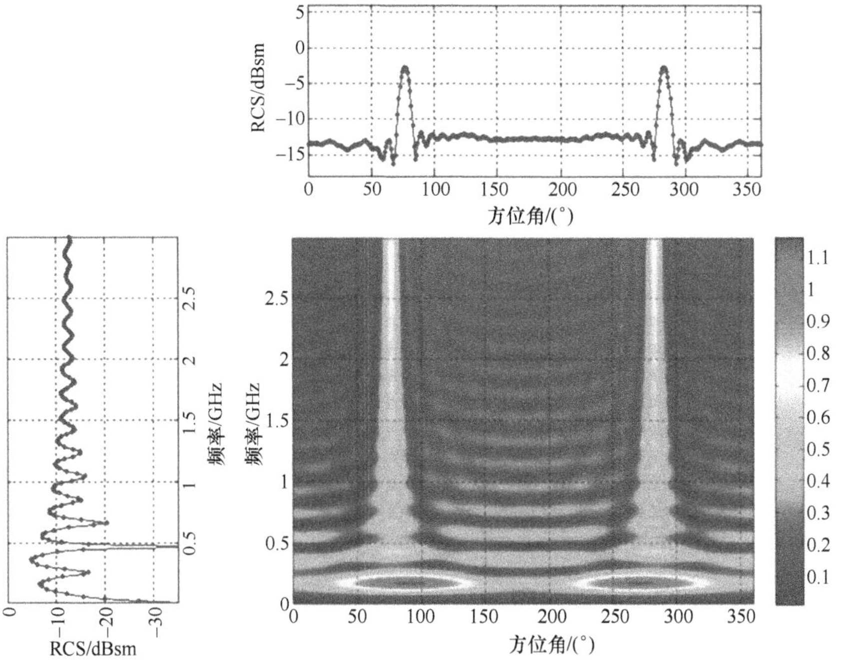

图 4.24　球面双柱体的 RCS 幅度变化特性示意图

4.5.4　金属平板

在几何尺度相同条件下，金属平板的 RCS 要比金属球的 RCS 大好几个数量级。尽管在低散射目标 RCS 测量中平板作为定标体的情况不多，但在测量诸如舰船等具有大散射截面的目标时，常采用角反射器或金属平板作为定标体。金属平板还常与二面角反射器联合使用，作为极化散射矩阵校准测量的标准体。此外，在测量平板雷达吸波材料的反射率时，一般也以同样大小的金属平板为基准。金属平板定标体的主要缺点是散射方向图窄，对俯仰和方位角均敏感，故在使用中通常用激光仪作为平板的法向瞄准工具。

即使对于有限尺寸的金属平板，其后向 RCS 也不易精确计算。这里仅考虑在 xoy 平面内入射的情况，如图 4.25 所示。文献[17]给出了金属平板几种高频区 RCS 计算的解析式，其中，垂直（VV）和水平极化（HH）分别表示入射电场垂直和平行于 xoy 平面。

（1）物理光学（PO）解

$$\sigma_{\mathrm{PO}}^{\mathrm{fp}}=\frac{64\pi}{\lambda^2}a^2b^2\cos^2\phi\left[\frac{\sin(2ka\sin\phi)}{2ka\sin\phi}\right]^2 \tag{4.66}$$

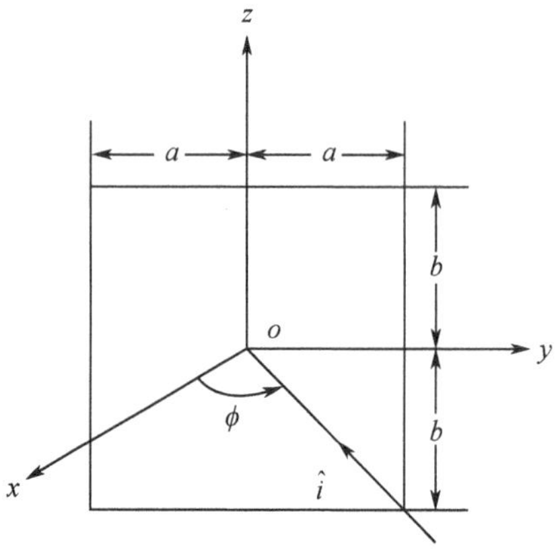

图 4.25　金属平板的几何关系[9]

式中各参数的具体意义可参见图 4.25，同时，注意到式(4.65)的 PO 解是与极化无关的。

(2) 几何绕射理论(GTD)解

$$\sigma_{\mathrm{V,H}}^{\mathrm{GTD}}=\frac{4b^2}{\pi}\left|k_{\mathrm{V,H}}\right|^2 \tag{4.67}$$

式中：

$$\begin{aligned}k_{\mathrm{V}}=&\cos(2ka\sin\phi)+2\mathrm{j}ka\frac{\sin(2ka\sin\phi)}{2ka\sin\phi}\\&-\left(1+\frac{\exp(-\mathrm{j}k4a)}{256\mathrm{j}\pi k^3a^3}\right)^{-1}\left\{\frac{\exp(-\mathrm{j}2ka)}{\sqrt{8\mathrm{j}\pi k2a}}\frac{1}{\mathrm{j}ka\cos\phi}\right.\\&-\frac{1}{8a^2k^2}\left(\frac{\exp(-\mathrm{j}k2a)}{\sqrt{8\mathrm{j}\pi k2a}}\right)^2\left[\frac{(1-\sin\phi)}{(1+\sin\phi)^2}\exp(-2\mathrm{j}ka\sin\phi)\right.\\&\left.\left.+\frac{(1+\sin\phi)}{(1-\sin\phi)^2}\exp(2\mathrm{j}ka\sin\phi)\right]\right\}\end{aligned} \tag{4.68}$$

$$\begin{aligned}k_{\mathrm{H}}=&\cos(2ka\sin\phi)-2\mathrm{j}ka\frac{\sin(2ka\sin\phi)}{2ka\sin\phi}\\&-\frac{8\exp(-\mathrm{j}k2a)}{\sqrt{8\pi\mathrm{j}k2a}}\left(1-\frac{\exp(-\mathrm{j}k4a)}{4\mathrm{j}\pi ka}\right)^{-1}\left\{\frac{1}{\cos\phi}\right.\\&\left.-\frac{\exp(-\mathrm{j}k2a)}{\sqrt{8\mathrm{j}\pi k2a}}\left[\frac{\exp(2\mathrm{j}ka\sin\phi)}{1-\sin\phi}+\frac{\exp(-2\mathrm{j}ka\sin\phi)}{1+\sin\phi}\right]\right\}\end{aligned} \tag{4.69}$$

(3) 一致性渐近理论(UTD)解

垂直极化时的 RCS 为

$$\sigma_{\mathrm{V}}^{\mathrm{UTD}}=\frac{4b^2}{\pi}\left|\cos(2ka\sin\phi)+2\mathrm{j}ka\frac{\sin(2ka\sin\phi)}{2ka\sin\phi}\right|^2 \tag{4.70}$$

水平极化状态的 RCS 为

$$\sigma_{\mathrm{H}}^{\mathrm{UTD}}=8kb^2\left|Q\right|^2 \tag{4.71}$$

式中

$$\begin{aligned}Q=&-\frac{1}{\sqrt{2\mathrm{j}\pi k}}\left[\cos(2ka\sin\phi)-\frac{2\mathrm{j}ka\sin(2ka\sin\phi)}{2ka\sin\phi}\right]\\&+C_1D^{\mathrm{m}}\left(2a,\frac{\pi}{2}+\phi,0\right)\exp(\mathrm{j}ka\sin\phi)\\&+C_3D^{\mathrm{m}}\left(2a,\frac{\pi}{2}-\phi,0\right)\exp(-\mathrm{j}ka\sin\phi)\end{aligned} \tag{4.72}$$

其中

$$C_1=\frac{X+ZY}{1-Z^2}$$

$$C_3=\frac{Y+ZX}{1-Z^2}$$

$$X=\exp(-\mathrm{j}ka\sin\phi)D^{\mathrm{m}}\left(2a,0,\frac{\pi}{2}-\phi\right)\frac{\exp(-\mathrm{j}k2a)}{\sqrt{2a}}$$

$$Y=\exp(\mathrm{j}ka\sin\phi)D^{\mathrm{m}}\left(2a,0,\frac{\pi}{2}+\phi\right)\frac{\exp(-\mathrm{j}k2a)}{\sqrt{2a}}$$

$$Z=D^{\mathrm{m}}(a,0,0)\frac{\exp(-\mathrm{j}k2a)}{\sqrt{2a}}$$

式中:$D^{\mathrm{m}}(L,\phi,\phi')$为半平面的硬边界绕射系数,其计算式比较复杂,感兴趣的读者可参考文献[18]。

图 4.26 给出了利用 PO 计算式计算的正方形金属平板的法向 RCS 随 ka 变化的曲线[17]。

4.5.5　三面角反射器

尽管各种各样的角形反射器均可用作为雷达波强反射体,RCS 测试中最为常用的角形反射器是三角形三面角反射器和矩形或三角形二面角反射器。

三角形三面角由三块三角形板相互正交构成的三面角反射器,如图 4.27(a)所示,其主要散射机理是三个面之间的三次反射。尽管由正方形板或四分之一圆板相互正交构成的三面角反射器有时也用作为雷达波强反射体,如图 4.27(b)和图 4.27(c)所示,但是这两种角反射器一般很少用作为 RCS 定标体。

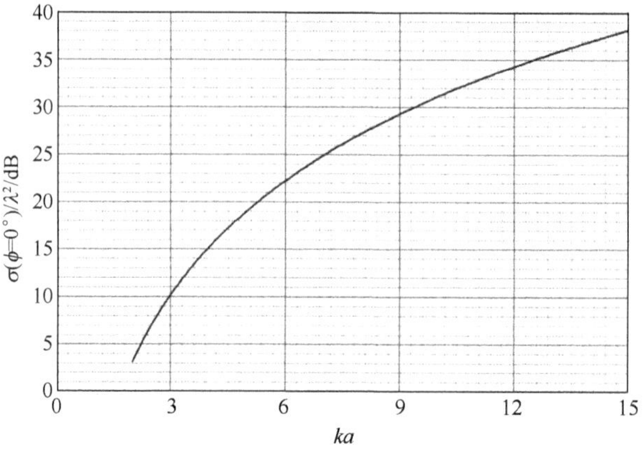

图 4.26　金属平板法向 RCS 随 ka 的变化曲线[17]

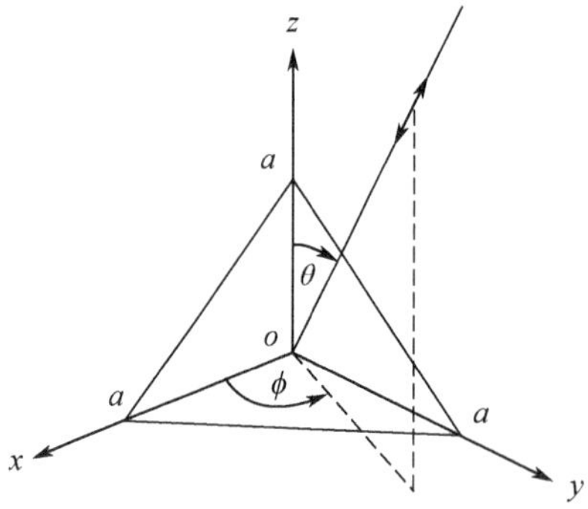

(a) 三角形板三面角反射器

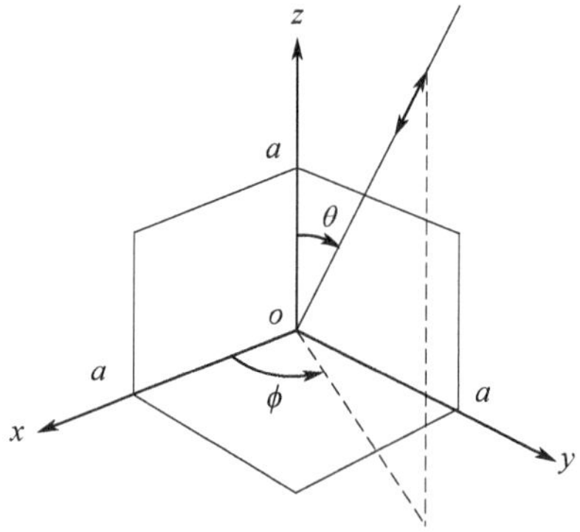

(b) 正方形板三面角反射器

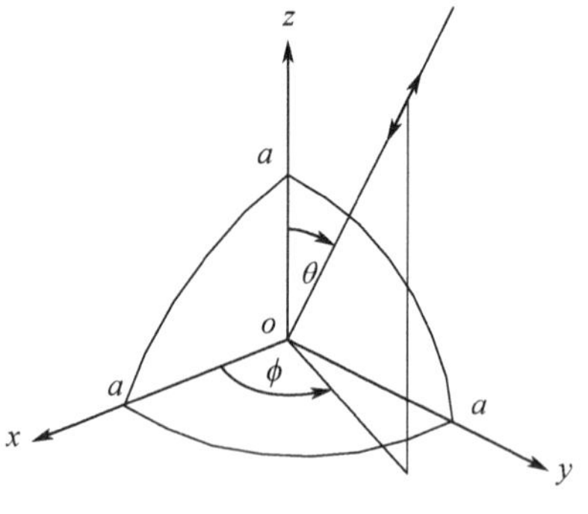

(c) 圆形板三面角反射器

图 4.27　金属三面角反射器[17]

对于三角形三面角反射器,其三个面都是相同的沿短边相连接的等腰三角形,且两两正交,如图 4.28 所示。三个面的长边(长度为 $l=\sqrt{2}a$)形成反射器的口径。这种相互之间的正交性保证了进入角反射器的大部分射线将经历三次内反射(每个面一次),这些三次反射线最后回到来波的方向。这种回转的方向性是造成三面角反射器宽角方向图的原因。

然而,不是所有进入角反射器的射线在离开口径时都会反射三次。取决于口径相对于视线的取向,一些射线在离开另外两块板的二次反射后不会碰到第三块板,并且有一些甚至在离开第一块板的单次反射后不会碰到第二块和第三块板。正如图 4.28 所示的那样,甚至当口径面垂直于雷达视线时也会发生这种情况。

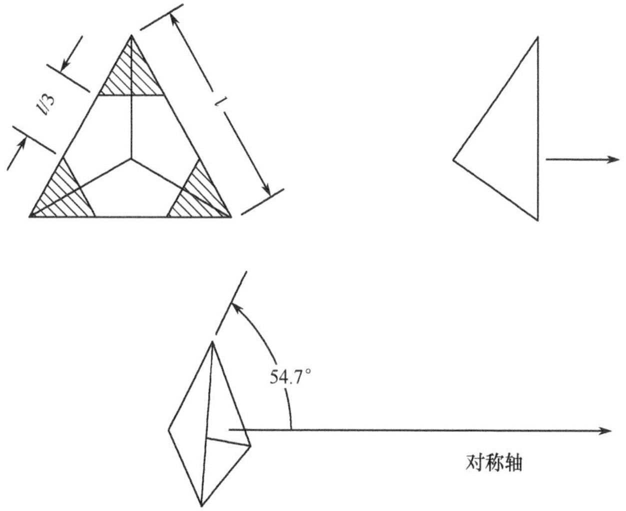

图 4.28　三面角反射器仅三分之二的口径参与导致强回波的三次反射,当口径垂直于雷达视线时,图中带阴影图案的尖端区域没有贡献[19]

图 4.28 中带阴影图案的尖端部分表示了口径上不参与三次散射机制的部分。注意到这些区域精确地占口径面积的 1/3,剩下的起作用的区域(有效区域)是边长为 $l/3$ 的六边形。有效区域的大小和形状随视角的变化而改变,不一定依旧是六边形。但是,如果视线固定在包含对称轴($\theta \approx 54.74°$,$\phi \approx 45°$)和角反射器棱边的平面内,那么有效区域则是随对称轴和视线之间夹角 θ 的余弦而变化的。

对于短边长为 a 的等腰三角板三面角反射器,当入射方向垂直于角反射器口径时,通过将有效多边形的面积 $A = 0.5l^2/\sqrt{3}$ 代入到平板 RCS 计算式 $\sigma = 4\pi A^2/\lambda^2$($A$ 为口径的面积),可得此时三角形板三面角反射器的最大后向 RCS 为

$$\sigma^{\text{tri}} = \frac{\pi l^4}{3\lambda^2} = \frac{4\pi a^4}{3\lambda^2} \tag{4.73}$$

对于边长为 a 的正方形板三面角反射器,其最大后向 RCS 为

$$\sigma^{\text{rect}} = \frac{12\pi a^4}{\lambda^2} \tag{4.74}$$

对于半径为 a 的四分之一圆形板三面角反射器,其最大后向 RCS 为

$$\sigma^{\text{cir}} = \frac{15.6a^4}{\lambda^2} \tag{4.75}$$

图 4.29 给出了这三种角反射器的最大后向 RCS 随 a/λ 的变化曲线。

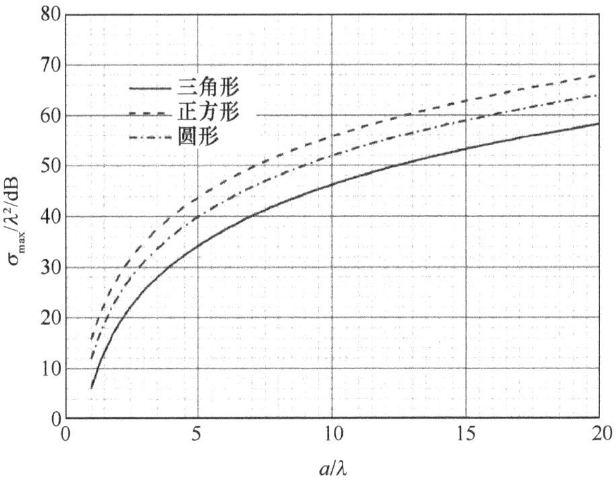

图 4.29 三种三面角反射器的最大后向 RCS 随 a/λ 的变化曲线[17]

图 4.30 示出了典型等腰三角板三面角反射器的归一化 RCS 方向图随空间姿态角变化的分布特性曲线,其中蓝色线区域为 RCS 偏离峰值 -1dB 的变化区域,横坐标和纵坐标的量纲均为角度单位“度”。

目前还没有精度足够高的可准确计算任意入射情况下三面角反射器 RCS 的解析公式,一般需要借助于 MoM 等数值方法或高频法(例如,考虑多次反射的几何光学 - 物理光学方法[20])计算得到。为了让读者对于三面角反射器的相位特性有一个直观的了解,图 4.31 和图 4.32 分别给出了 HH 和 VV 极化条件下,采用 MoM 数值计算得到的三面角反射器散射幅度和相位的变化特性变化特性,雷达视线俯仰角 $\theta = 54.74°$,三面角反射器边长 30cm,摆放姿态为一条边着地(与图 4.33 中 VV 极化时的摆放方式相一致)。可以发现,无论是 HH 还是 VV 极化,在我们所关注的可用于 RCS 定标的方位角范围内,三面角反射器的相位特性是比较平稳的。事实上,采用射线分析不难发现,三面角反射器的等效相位中心位于其直角顶点处。

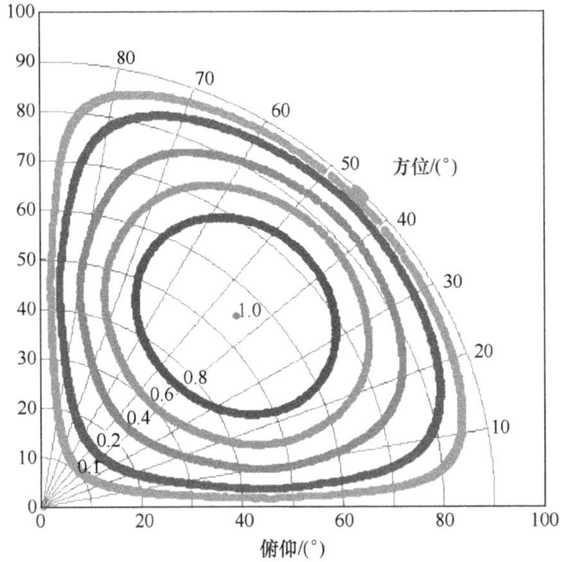

图 4.30　三面角反射器归一化 RCS 方向图的空间分布特性

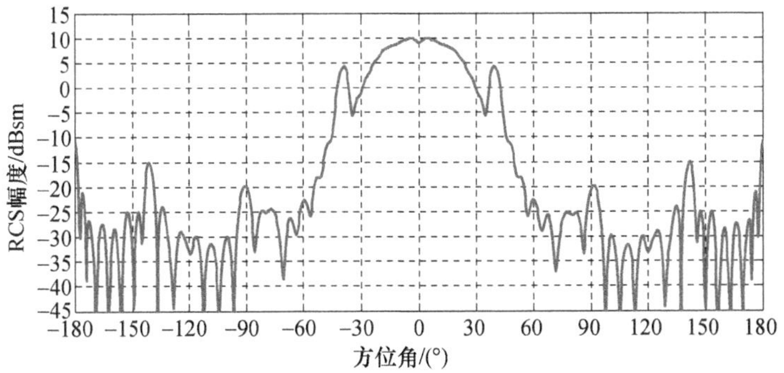

(a) 幅度随方位角的变化

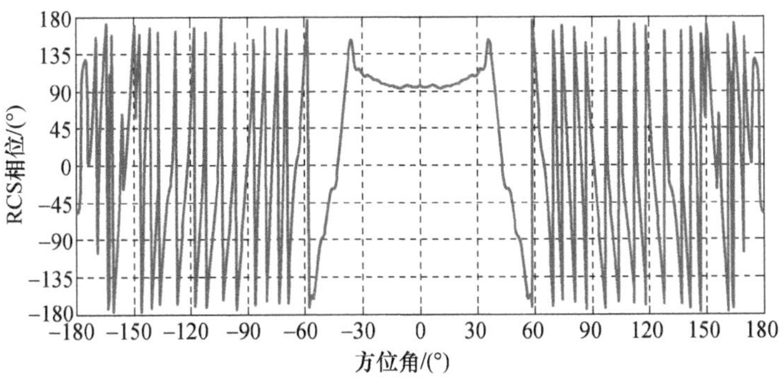

(b) 相位随方位角的变化

图 4.31　三面角反射器散射幅度和相位随方位角变化特性 MoM 计算结果，HH 极化

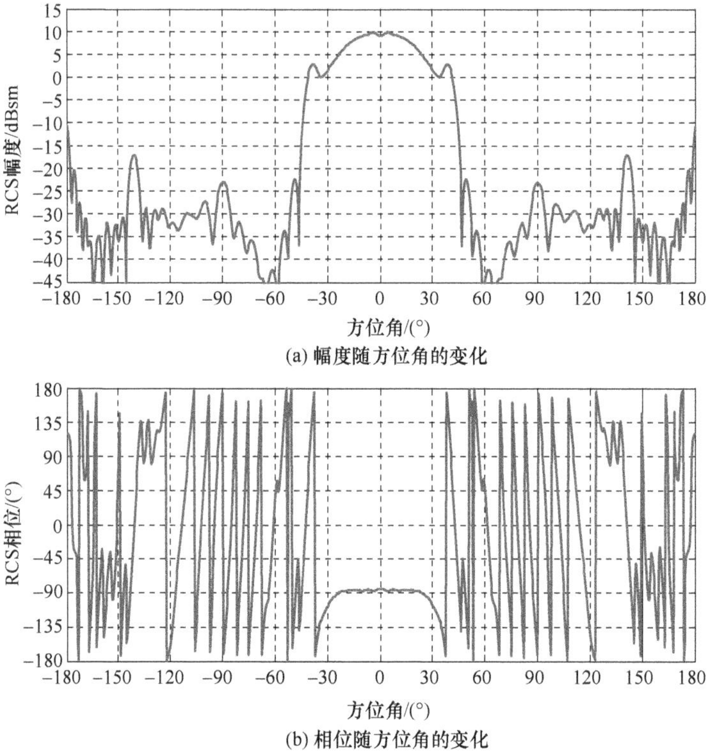

图 4.32　三面角反射器散射幅度和相位随方位角变化特性 MoM 计算结果,VV 极化

最后,作为例子,图 4.33 给出了短边长为 10cm 和 36.8cm 的等腰三角板三面角反射器分别在 10GHz 和 15.2GHz 频率、HH 和 VV 极化下的后向散射 RCS 测量结果,两组结果均来自北京环境特性研究所电磁散射辐射重点实验室。测量中,三面角反射器的摆放方式均为其中一条边着地,其中图 4.33(a)为微波暗室测量结果,图 4.33(b)为外场地平场测量结果。对比图 4.31 和图 4.32 可以发现,MoM 数值计算结果可以很好地反映出三面角反射器的主要散射特征。

必须指出,由于三面角反射器的主要散射机理是口面内的三次反射,尽管从图 4.30 来看,其散射幅度对摆放姿态并不太敏感,但对于一个实际的三面角反射器,其 RCS 真值在很大程度上是取决于该反射器的加工制造精度的,例如三个面之间的相互垂直度、表面加工精度、对边沿和缝隙的处理等。因此,在采用一个具体的角反射器作为 RCS 标准定标体前,应该首先对该角反射器定标体的 RCS 作精确测量。

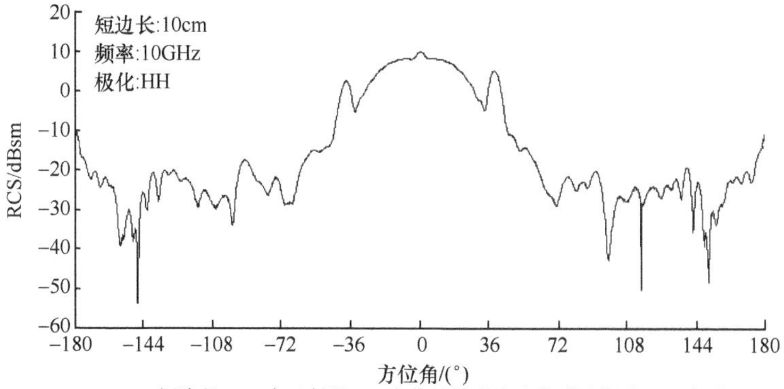

(a) 短边长10cm角反射器RCS方位特性微波暗室测量结果，HH极化

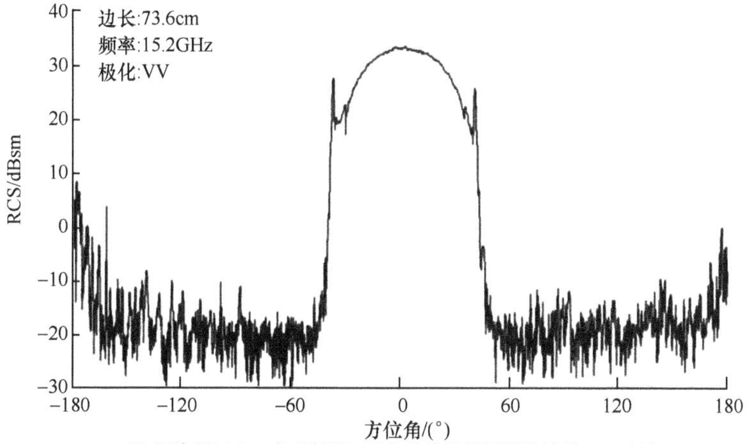

(b) 短边长36.8cm角反射器RCS方位特性外场测量结果，VV极化

图 4.33　三角形三面角反射器的后向 RCS 测量结果

4.5.6　二面角反射器

二面角反射器由两个以直角形式连接的平板构成,尽管平板面可以是任意形状,但用于 RCS 定标和极化校准的二面角反射器大多做成矩形面或三角面的形式,此处主要讨论矩形二面角反射器。

矩形二面角反射器由两块相互垂直的矩形板对接构成,如图 4.34 所示。设矩形平板的高度(沿着二面角的轴)为 h,宽度为 w。如图中所示,矩形直角二面角反射器的主要散射机理是二次反射,每个面一次,当在垂直于二面角反射器轴的平面内从沿着二面角的角平分线的方向对二面角反射器观测时,其散射回波达到峰值。

与三面角反射器类似,二面角反射器的散射方向图在方位面上是宽方向性的,在俯仰面则表现出与矩形平板类似的 sinc 函数散射特性。尽管后一种散射方向特性是人们所不希望的,但二面角反射器具有三面角反射器所没有的一种

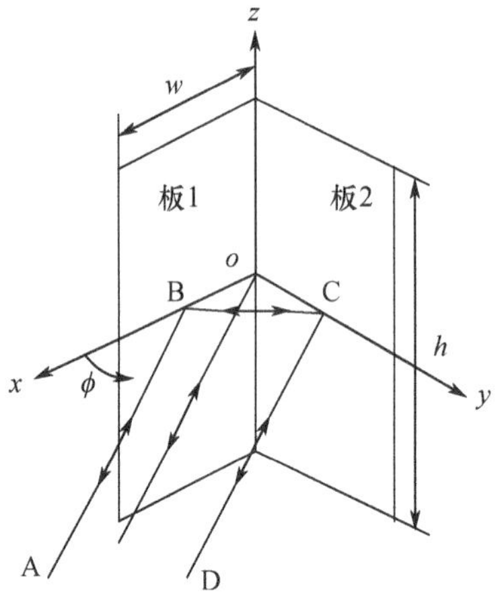

图 4.34　金属二面角反射器[17]

有用特性：通过适当取向，二面角反射器是一种强的交叉极化回波源，因而常用作极化散射矩阵测量中的极化校准体。

二面角反射器的垂直面方向图在峰值处是尖的，而三面角反射器在中心峰值处是连续的。尖峰来源于这样的事实：因为第一个面的反射不会完全照射到第二个面，故二面角反射器的每个平面只有一部分面积参与了二次反射。如图 4.35所示，照射部分的宽度用 b 表示。在视线穿过角平分线后，第二个面变成全部被照，但第一个面的有效宽度立即开始减小。这种有效表面宽度突然改变的结果便是产生了散射尖峰。

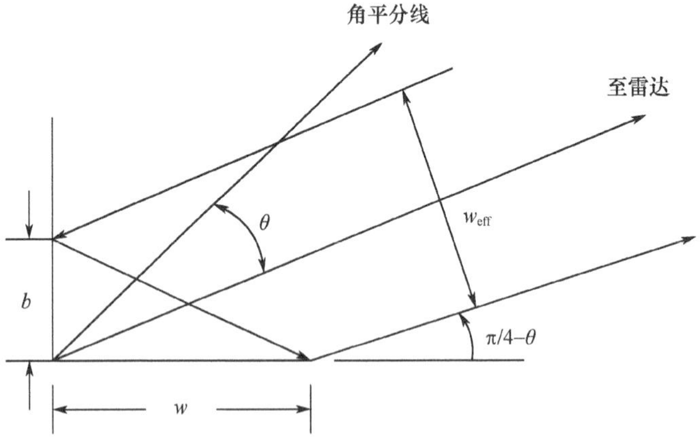

图 4.35　当在垂直于二面角反射器轴的平面内观察时，其两个面的正交性是产生大强散射回波的主要原因[17]

由于当在偏离角反射器角平分线的角度上观测时，二面角反射器仅有一个面的部分面积参与了二次反射机制。这可以用二面角反射器口径的有效宽度

w_{eff}来表示，即

$$w_{eff}=2w\sin(\pi/4-\theta) \tag{4.76}$$

于是，在垂直于二面角反射器轴的平面内，呈现到雷达的口径的有效面积为

$$A=2wh\sin(\pi/4-\theta) \tag{4.77}$$

因此，可得二面角反射器的后向 RCS 为

$$\sigma^{dih}=16\pi(wh/\lambda)^2\sin^2(\pi/4-\theta),\quad 0\leqslant\theta\leqslant\pi/4 \tag{4.78}$$

需要说明的是，式(4.78)仅包含了二次反射的贡献，关于包含一次和二次反射的 90°二面角反射器后向 RCS 的完整表达可参看相关文献[2,20]。

当 $\theta=0°$时，由式(4.78)可得 90°二面角反射器的最大后向 RCS 为

$$\sigma^{dih}=\frac{8\pi wh}{\lambda^2} \tag{4.79}$$

图 4.36 给出了一个由两块电尺寸相对较小的方形平板($w=h=5.6\lambda$)构成的二面角反射器的 RCS 方向图[4]。若根据式(4.75)计算，该二面角反射器的峰值 RCS 应为 14dBm^2，但测量得到的方向图最大值仅为 11dBm^2，这可能是由测量误差造成的，也有可能是反射器的两个表面没有保持 90°，因为在本例中，测试所用角反射器只是由薄铝板折叠而成的，并不是经过精细加工得到的。

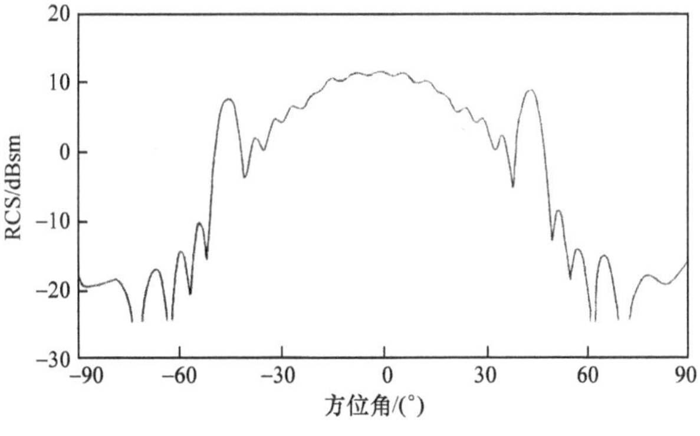

图 4.36　在垂直于二面角反射器轴线的平面内测量的 90°方形板二面角反射器的 RCS 方向图，反射器由一块薄铝板折叠成直角而成，边长为 17.9cm，入射波频率为 9.4GHz[4]

图 4.36 二面角反射器 RCS 方向图中的波纹起因于单次反射平板回波的旁瓣与两个面之间二次反射作用的合成效果。当然，图中方向图两边的“传令兵耳”是单次反射方向图的主瓣。通过简单计算易知，它们应大致比中心 RCS 峰值低 3dB。可是，我们注意到，尽管左边那一个的下降量很接近该值，但是右边那一个下降了仅仅 2dB。虽然差别不大，但是这种不对称说明了测试场或测试

目标不是最佳配置状态。

此外,在方向图的中心处没有可以辨别的尖头,这可能是由于反射器电尺寸相对小以及没有经过精加工而造成的。因为单次反射表面贡献的旁瓣电平是与表面宽度或长度无关的,二次反射机制的回波随电表面宽度的平方而增加,所以,当角反射器变成电大尺寸时,单次反射旁瓣变得不显著。此外,从图 4.35 中方向图的波纹判断,表面宽度 5λ 的角反射器似乎有点太小以致不能用做定标体,或者说采用小尺寸的二面角反射器作为定标体时,其 RCS 值不能简单地采用式(4.75)的高频近似来计算,而需要采用 MoM 等精确数值算法。

这个例子从一个侧面显示,当采用二面角反射器作为 RCS 定标体时,对反射器的精密加工和测试中的摆放安装均具有较严苛的要求。式(4.75)的准确性可以通过选择并精细加工尺寸更大的角反射器来改善,关键要控制两个面的正交性。多次反射的角反射器回波随表面偏离正交而迅速减小,而且当表面变成电大尺寸时减小量要增加。因为附加的角增量传递到三面角第三个面的退出射线上,所以这种影响对三面角来说比二面角更显著。

作为数值计算的例子,图 4.37 和图 4.38 给出了 HH 和 VV 极化下,矩形平板高度为 21cm、宽度 15cm 的二面角反射器散射幅度和相位随方位角变化的计

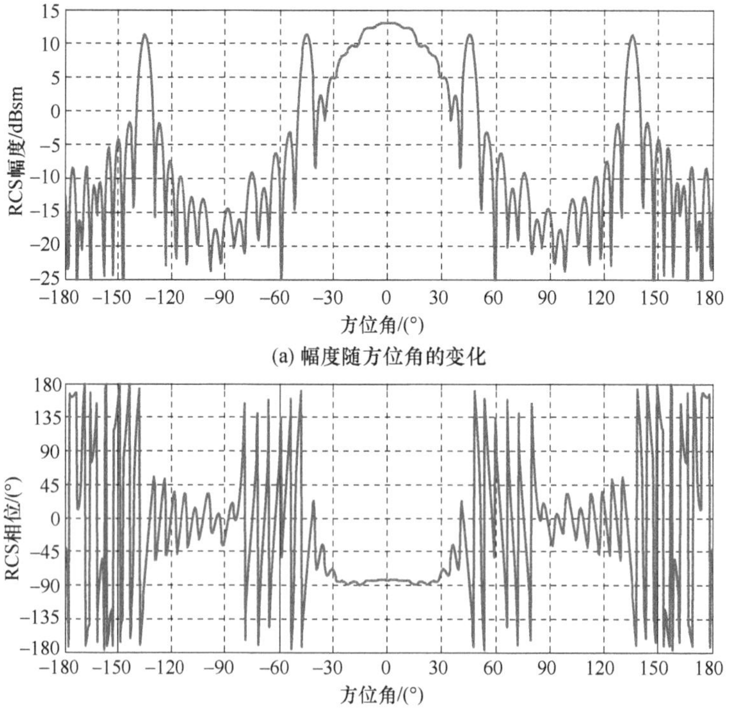

(a) 幅度随方位角的变化

(b) 相位随方位角的变化

图 4.37　矩形二面角反射器散射幅度和相位随方位角变化特性 MoM 计算结果,HH 极化

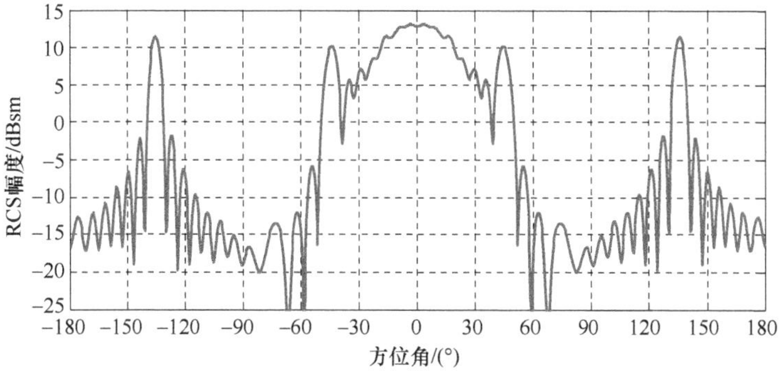

(a) 幅度随方位角的变化

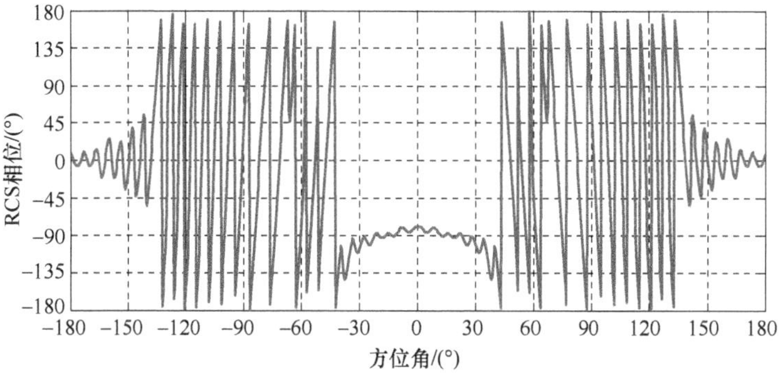

(b) 相位随方位角的变化

图 4.38　矩形二面角反射器散射幅度和相位随方位角变化特性 MoM 计算结果，VV 极化

算结果。从图中可见，二面角反射器的相位特性在定标所关注的区域具有较好的稳定性，相位参考中心在二面角反射器夹角顶点处。

前面已经提及，除二面角和三面角所共有的由于表面夹角失配而造成的回波减小之外，二面角提供了三面角所没有的特征：回波的退极化特性。在大多数情况下，作为 RCS 定标体，这种退极化是一种不希望的特性，但是，对于极化散射矩阵测量定标，这种特性却十分有用。关于如何将二面角反射器用作为极化校准定标体，将在第 7 章中专门讨论。

4.6　短粗圆柱和球面柱定标体的散射机理分析及 RCS 快速精确计算

目前国际上广泛用于 RCS 测量定标的一组 6 个圆柱体属于“短粗”型圆柱体，其高度 - 直径之比为 7/15（即 0.4667），几何外形如图 4.39 所示。这组圆柱体的尺寸参数列于表 4.1 中。

与金属球的散射函数具有精确的 Mie 级数解析解不同，对于金属圆柱体，

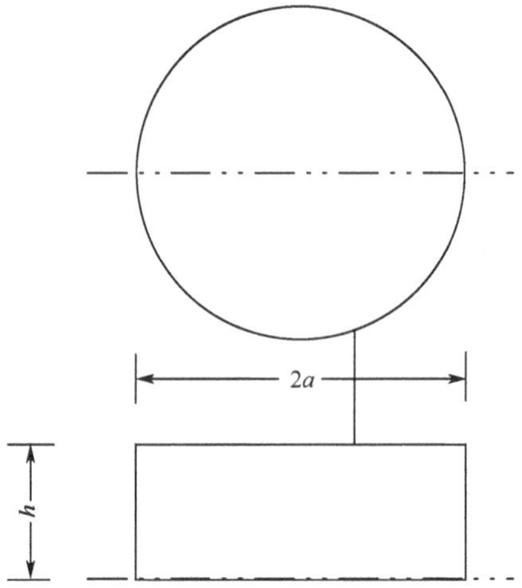

图 4.39　短粗圆柱定标体的几何外形示意图

表 4.1　目前国际上广泛采用的一组短粗圆柱定标体参数

代号	直径		高度	
	公制/mm	英制/inch	公制/mm	英制/inch
J_1800	457.2	18.0	213.4	8.4
K_1500	381.0	15.0	177.8	7.0
L_900	228.6	9.0	106.7	4.2
M_750	190.5	7.5	88.9	3.5
N_450	114.3	4.5	53.3	2.1
O_375	95.3	3.75	44.5	1.75

仅当圆柱为无限长时其散射场才具有解析解。国际和国内学者均已对这样一组金属圆柱体的精确 RCS 计算和测量进行了广泛研究[9-12]。研究表明,为了得到短粗圆柱体 RCS 幅度和相位的精确值,一般应采用矩量法(MoM)进行数值计算。

4.6.1　短粗金属圆柱定标体的散射机理分析

在对短粗圆柱体散射机理分析的基础上,Wei 等人曾试图采用一套经验公式来对圆柱定标体的 RCS 进行外推计算并取得较好效果[9]。但是,其计算精度不足以满足 RCS 定标计算的精度要求。基于对短粗型圆柱体 MoM 数值计算数据进行的散射机理分析和表征目标散射的复指数(CE)模型,本书作者所在研究团队发明了一套可快速精确完成这类圆柱定标体 RCS 快速精确计算的 CE 参数模型法[11-12],本节对该方法进行详细讨论。

首先对短粗型圆柱定标体的电磁散射机理进行分析。为此,对 MoM 计算得到的宽带 RCS 幅度和相位数据进行时频分析。

在 RCS 定标中,圆柱体一般直立安装于低散射支架上,圆柱体的平整面朝向上下,圆弧面垂直指向雷达视线。研究发现:短粗圆柱定标体的主要散射机理包括两种,一种是镜面反射分量,另一种是表面波(包括行波与爬行波)分量。图 4.40 和图 4.41 分别示出了 VV 和 HH 极化下短粗圆柱体电磁散射的各种分量示意图[12]。图中标示为 1 ~6 的各种不同散射机理,详细列于表 4.2 中。

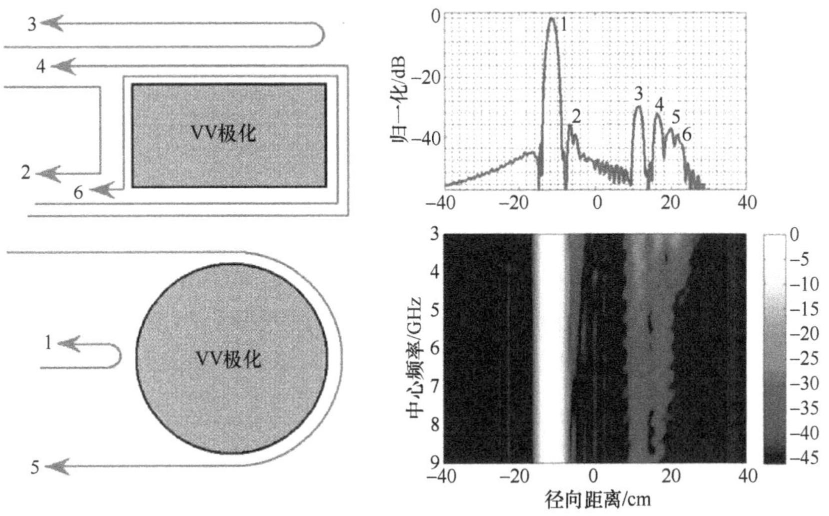

图 4.40　短粗圆柱定标体的散射机理,VV 极化(见彩图)

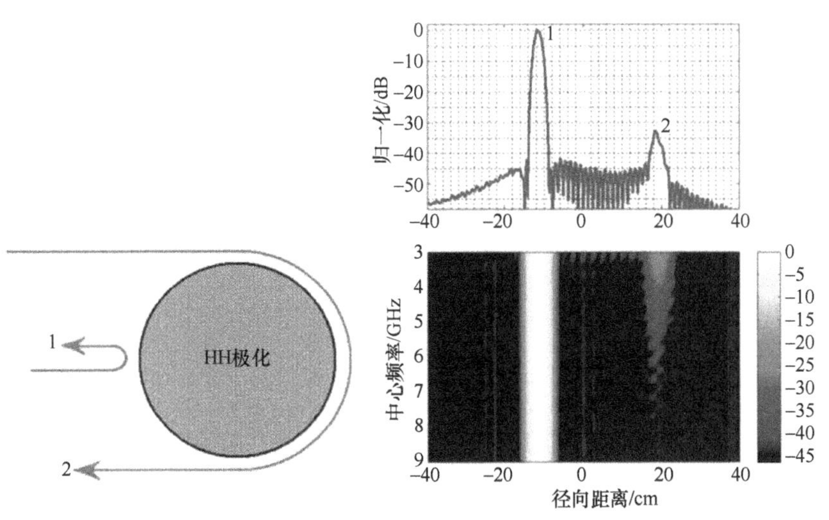

图 4.41　短粗圆柱定标体的散射机理,HH 极化(见彩图)

在图4.40和图4.41的右端分别示出了对直径为9英寸(228.6mm)的圆柱体宽带散射MoM计算数据进行时频分析的结果。根据电磁散射理论,当电磁波入射到金属表面时,仅当入射电场存在平行于或垂直于入射平面的电场分量时才会激发表面波[19],其中入射平面定义为表面法线与入射线共同构成的平面。因此,如表4.2中所列出的,对于VV极化,因在直立圆柱的圆弧面和上下表面均满足激发表面波的条件,故其后向散射至少存在5个不同的表面波分量;而对于HH极化,则由于仅在柱面的圆弧面上激发出表面爬行波,上、下表面不会激发表面波,其主要散机理只有两种。VV和HH极化下的这些散射机理在时频分析图中可以清晰地显示出来。

表4.2 不同极化下短粗圆柱定标体的主要散射机理

VV 极化		
序号	位置计算	散射机理
1	$r_1 = -d/2$	前柱面的镜面反射
2	$r_2 = -d/2 + h/2$	前柱面向上和向下传播的表面行波
3	$r_3 = d/2$	被后边缘所反射的顶部和底部表面行波
4	$r_4 = (d+h)/2$	先沿顶部、底部表面传播、然后沿圆弧面从阴影区爬行向上、下传播的表面波
5	$r_5 = \pi d/4$	沿圆柱面经阴影区爬行的表面爬行波
6	$r_6 = (d+2h)/2$	先沿顶部、底部表面传播,然后沿阴影区弧面爬行,再沿顶部、底部表面传播,最后沿前弧面上、下传播的表面波
HH 极化		
序号	位置计算	散射机理
1	$r_1 = -d/2$	前柱面的镜面反射
2	$r_2 = \pi d/4$	沿圆柱面经阴影区爬行的表面爬行波

图4.42示出了直径为228.6mm的圆柱体的RCS幅度和相位随频率变化特性的MoM计算结果。图中,实线表示VV极化,虚线表示HH极化,点划线则表示PO高频近似的计算结果。

用PO分量归一化的圆柱散射场随频率的变化特性可表示为

$$\sqrt{\widetilde{\boldsymbol{\sigma}}_{\mathrm{cyl}}(f)} = \frac{\sqrt{\boldsymbol{\sigma}_{\mathrm{cyl}}(f)}}{\left|\sqrt{\sigma_{\mathrm{PO}}(f)}\right|} \tag{4.80}$$

式中$\sqrt{\widetilde{\boldsymbol{\sigma}}_{\mathrm{cyl}}(f)}$为圆柱定标体的散射函数;$\sqrt{\boldsymbol{\sigma}_{\mathrm{cyl}}(f)}$为经PO散射分量归一化后的散射函数;$\sqrt{\sigma_{\mathrm{PO}}(f)}$为定标体的PO散射分量。

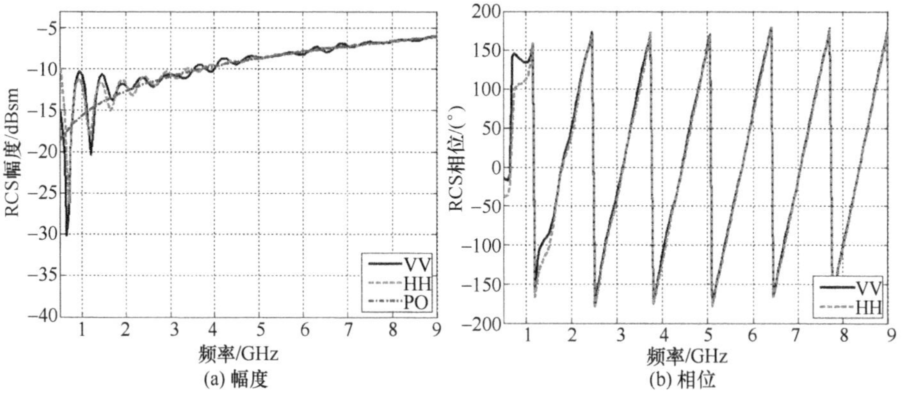

图4.42　直径228.6mm圆柱体RCS幅度和相位随频率的变化特性

式(4.76)中若将频率变量用 $kd=\dfrac{2\pi c}{\lambda}\cdot d$ 代替,则有

$$\sqrt{\tilde{\boldsymbol{\sigma}}_{\mathrm{cyl}}(kd)}=\frac{\sqrt{\boldsymbol{\sigma}_{\mathrm{cyl}}(kd)}}{\left|\sqrt{\sigma_{\mathrm{PO}}(kd)}\right|} \tag{4.81}$$

其中

$$\left|\sqrt{\sigma_{\mathrm{PO}}(kd)}\right|=\sqrt{kd}\cdot h \tag{4.82}$$

图4.43分别示出了直径为228.6mm和114.3mm的金属圆柱体的归一化散射函数随频率从的变化特性。从图中可以发现,除了频率轴具有2倍缩比关系外,经PO归一化后,两者的所有其他变化特性都是完全一样的。其中,对于228.6mm的圆柱体,频率范围为0.5~9GHz;而对于114.3mm的圆柱体,频率范围则为1~18GHz,正好是前者的2倍。

由此可见,对于任何尺寸的圆柱体,只要其高度-直径比保持为7/15,若以 kd 值作为横坐标参变量,则经PO分量归一化后的散射函数 $\sqrt{\tilde{\boldsymbol{\sigma}}_{\mathrm{cyl}}(kd)}$ 是不随圆柱体尺寸变化的。也就是说,对于任何 kd 值,标准圆柱定标体的该归一化散射函数是确定的、唯一的。

从图4.42和图4.43还可看到,爬行波随频率升高而衰减的速度比行波分量要快得多。因为HH极化下金属圆柱的表面波散射分量仅由爬行波组成,而VV极化下多种行波、爬行波散射分量并存,因此,VV极化下PO归一化的散射函数其振荡特性随频率衰减要比HH极化的慢得多。此外,电磁散射理论分析还表明,无论对于HH极化还是VV极化,金属圆柱体上被激发的各种表面波分量幅度均与镜面反射(也即PO分量)成正比,而相位则与传播路径长度成正比,后者取决于圆柱的直径和高度。

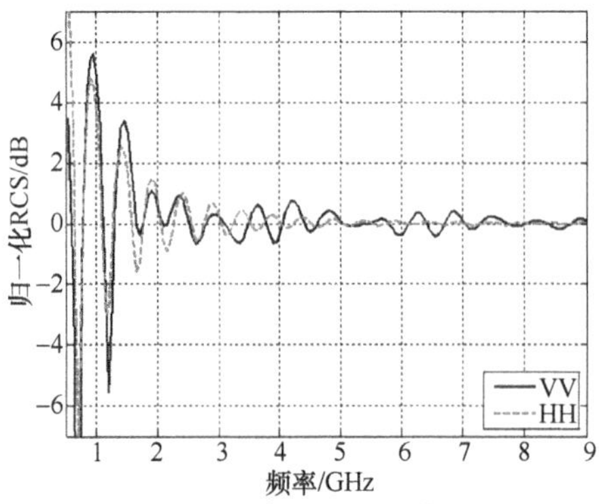

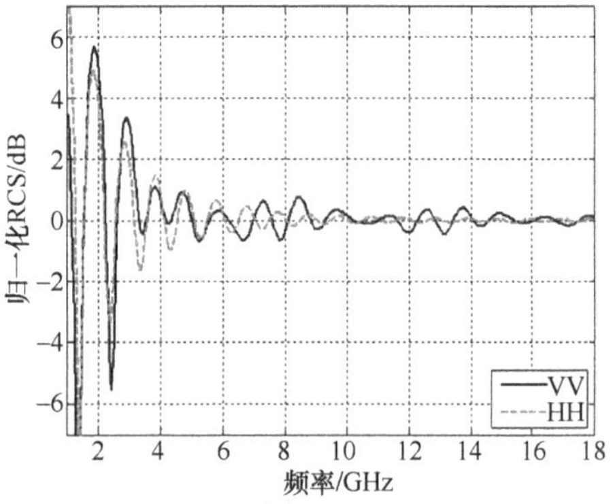

图 4.43　不同尺寸圆柱定标体的归一化散射函数随频率变化特性

由此可见,只要给定高度 - 直径比,无论圆柱体尺寸大小如何改变,在给定极化条件下的归一化散射函数 $\sqrt{\widetilde{\boldsymbol{\sigma}}_{\text{cyl}}(kd)}$ 均是确定的函数,因此可以用同一个参数化模型来建模。为此,我们可通过 MoM 数值计算得到任何一个圆柱定标体的超宽带散射数据,然后采用复指数(CE)模型建立其参数化模型,根据缩比关系,该模型可推广用于任何其他具有相同高度 - 直径比的圆柱定标体的散射计算。上述原理构成了金属圆柱定标体 RCS 快速精确计算的核心基础。

4.6.2　圆柱定标体散射的复指数模型

在第 3 章已经指出,复指数(CE)模型[21,22]可以用于建立目标散射的参数化模型,其基本思想是采用多个复正弦信号之和来表征复杂目标的散射函数,每个信号分量的幅度受到随雷达频率增长或衰减的色散因子的调制。

圆柱体的散射由镜面反射(PO 分量)和表面波散射分量所构成,所有表面波分量均随频率升高而衰减。因此,经 PO 分量归一化的圆柱体散射函数,随着频率升高其幅度终将等于 1。因此,非常适合采用 CE 模型来建立起参数化模型。CE 模型可表示为

$$\sqrt{\widetilde{\boldsymbol{\sigma}}_{\text{cyl\_CE}}(f)} = \sum_{i=1}^{p} a_i \mathrm{e}^{-\left(\alpha_i + \mathrm{j}4\pi\frac{r_i}{c}\right)\cdot f} \tag{4.83}$$

式中:a_i,α_i 和 r_i 分别为复散射幅度、频率色散因子以及目标上第 i 个散射分量到目标参考中心的距离;c 为电磁波的传播速度;p 为模型阶数,也即散射分量的个数(注意单个散射中心可能需要由多个分量来建模);f 为雷达频率。

给定一组 MoM 数值计算得到的圆柱定标体超宽带散射数据,模型阶数可以通过文献[23 - 25]中的方法来确定。基于状态空间法(SSA)的算法[21,23]可用于估计 CE 模型的参数。关于模型阶数估计和参数估计的详细处理程序可参考

文献[23]。

4.6.3　基于 CE 模型的圆柱体散射计算

根据式(4.81)~式(4.83),圆柱定标体的后向散射函数可由下式计算

$$\sqrt{\boldsymbol{\sigma}_{\mathrm{cyl}}(kd)} = \left|\sqrt{\boldsymbol{\sigma}_{\mathrm{PO}}(kd)}\right| \cdot \sqrt{\widetilde{\boldsymbol{\sigma}}_{\mathrm{cyl\_CE}}(kd)} \tag{4.84}$$

如前面所讨论的,对于给定的高度 - 直径比,式(4.84)可用于任何尺寸的圆柱定标体的后向散射函数的精确计算,其基本计算流程如图 4.44 所示。注意到无论采用多少个标准圆柱定标体,只需对其中一个给定尺寸的圆柱体的散射用 MoM 数值计算得到其精确超宽带散射数据,然后建立 CE 参数化模型,则该模型可以用于具有任何尺寸的同类圆柱定标体的散射计算。这样,最终有

$$\sqrt{\boldsymbol{\sigma}_{\mathrm{cyl}}(f)} = \sqrt{\frac{2\pi f}{c}d} \cdot h \cdot \sum_{i=1}^{p} a_i \mathrm{e}^{-\left(\alpha_i + \mathrm{j}4\pi\frac{r_i}{c}\right)\cdot\frac{d}{d_0}f} \tag{4.85}$$

式中:d 和 h 分别为圆柱定标体的直径和高度;d_0 为建立 CE 模型时所采用的 MoM 计算数据所对应的圆柱的直径;a_i,α_i 和 $r_i(i=1,2,\cdots,p)$ 为 CE 模型的参数,分别为复幅度、频率色散因子和到参考中心的距离;p 为模型阶数。

根据以上计算流程,对于给定的高度 - 直径比(例如,7/15)的一组圆柱定标体,一旦建立了其 CE 参数化模型,则后续应用中只需利用该 CE 模型参数并根据缩比原理,完成任何同类圆柱定标体的散射计算,因此可以保证计算的实时性。

同时,注意到 HH 和 VV 极化下,圆柱定标体的散射机理差异很大,因此,需要根据不同极化的 MoM 计算数据,建立不同的 CE 模型分别用于 HH 和 VV 极化的散射计算。

4.6.4　短粗圆柱定标体计算结果分析

本节针对表 4.1 所列的高度 - 直径比等于 7/15 的 6 个圆柱定标体的散射计算进行讨论和分析。4.11 节给出了对于这样一组圆柱定标体散射计算的 CE 模型 MATLAB 代码,尽管采用了参数化模型,但其计算精度足够高,可满足一般 RCS 测试工程应用要求。

首先,我们采用直径为 228.6mm 的 L_900 的几何参数,通过 Feko 软件[26]的 MoM 数值计算得到 0.5 ~ 12GHz 频段内的超宽带散射数据,计算中频率步长为 10MHz。计算结果已经示于图 4.42 中,注意图中只显示了 0.5 ~ 9GHz 范围内的计算结果,以便同直径为 114.3mm 的 N_450 圆柱定标体的数据保持一致的缩比关系,如图 4.44 所示。

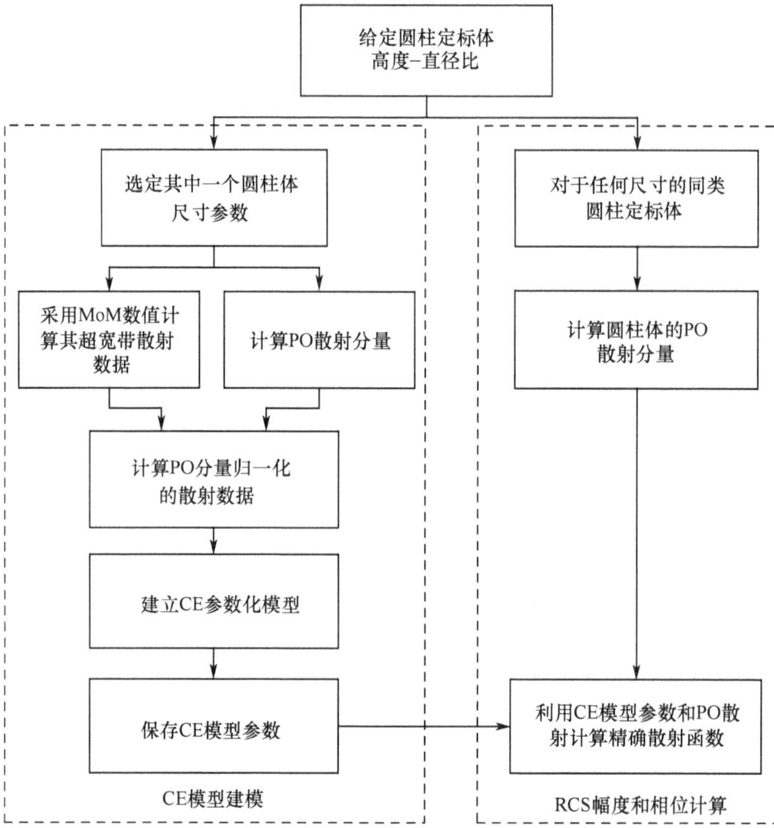

图 4.44　圆柱定标体散射快速计算的 CE 模型建模和 RCS 计算流程

由于 CE 模型的指数特性，当频率非常高时，计算结果容易带来大的偏差。因此，在 Matlab 计算代码中，对于 VV 极化，当 $kd \geqslant 73.1$ 时则对 CE 模型计算“截断”，直接取 PO 计算结果；对于 HH 极化，则当 $kd \geqslant 33.6$ 时对 CE 模型计算“截断”，取 PO 计算结果。上述门限是在仔细分析 CE 模型计算误差特性的基础上设定的，HH 极化的 kd 取值可以较低是因为其散射机理远比 VV 极化时简单。

图 4.45 出了对于 L_900 圆柱定标体在 0.5 ~ 12GHz 频段内，MoM 数值计算数据同 CE 模型计算结果的对比。其中，图 4.45(a) 和图 4.45(b) 分别给出了 VV 极化和 HH 极化的结果，图 4.45(c) 为两种极化下 CE 模型计算结果与 MoM 数据的偏差随 kd 值的变化特性。从图中可见，当 $kd \geqslant 4$ 时，两种极化下所有的 CE 计算数据与 MoM 计算数据之间的偏差均在 ±0.02dB（也即最大偏差小于 0.46%）。

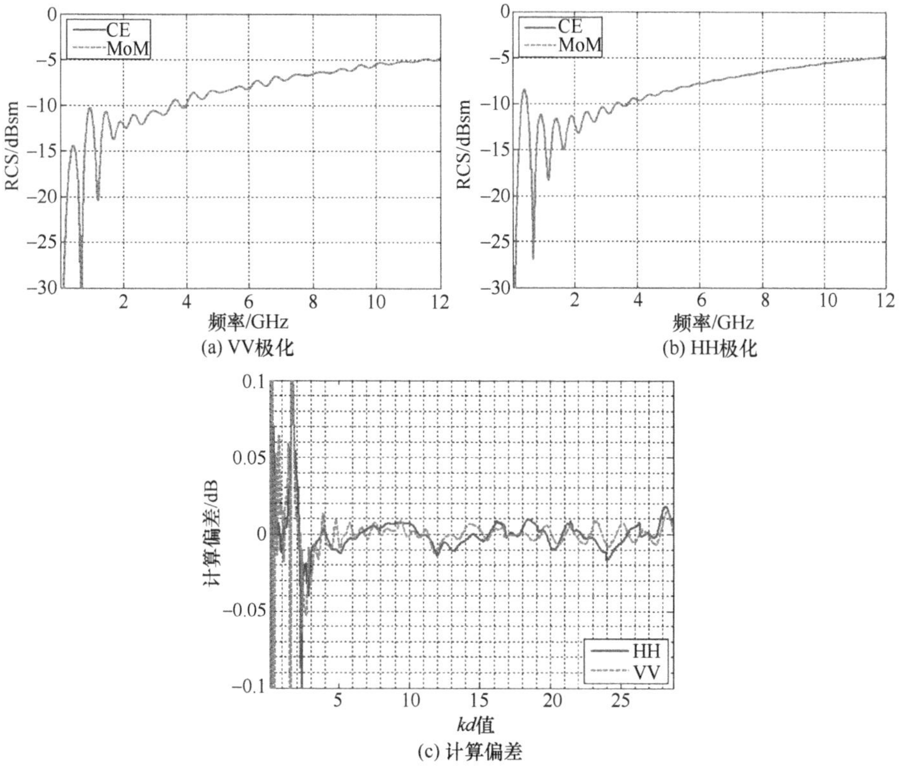

图 4.45　L_900 圆柱定标体 CE 模型计算同 MoM 数据对比

利用从 L_900 圆柱定标体数据得到的 CE 模型,计算了 0.5 ~15GHz 频率范围内 K_1500 圆柱体的 RCS,并同 MoM 计算结果进行了比对。注意 MoM 计算是在 0.5 ~6.5GHz 频段内完成的。如图 4.46 所示,当 $kd \geqslant 4$ 时,两种极化下的 CE 模型计算结果同 MoM 数值结果之间的偏差均不大于 ±0.03dB(也即最大偏差小于 0.8%)。

最后,对比了 O_375 圆柱定标体的 CE 模型计算结果同 MOM 数值结果之间的偏差,计算频段为 0.5 ~40GHz,结果如图 4.47 所示。对比可以发现,当 $kd \geqslant 5$ 时,两种极化下 CE 模型同 MoM 数值计算结果之间的偏差均小于 ±0.03dB。

必须指出,如果采用 MoM 数值方法精确地计算一个定标体在 0.5 ~40GHz 频段内的 RCS 幅度和相位值,在常见的计算机服务器平台上可能至少耗费数周时间,而采用 CE 参数模型,其计算时间仅在 ms 量级,且当 $kd \geqslant 5$ 时,计算不确定度在 ±0.03dB 以内。可见,这种参数化模型方法不但可以达到实时计算,而且计算结果的不确定度完全能够满足工程应用中 RCS 测试定标的精度要求。

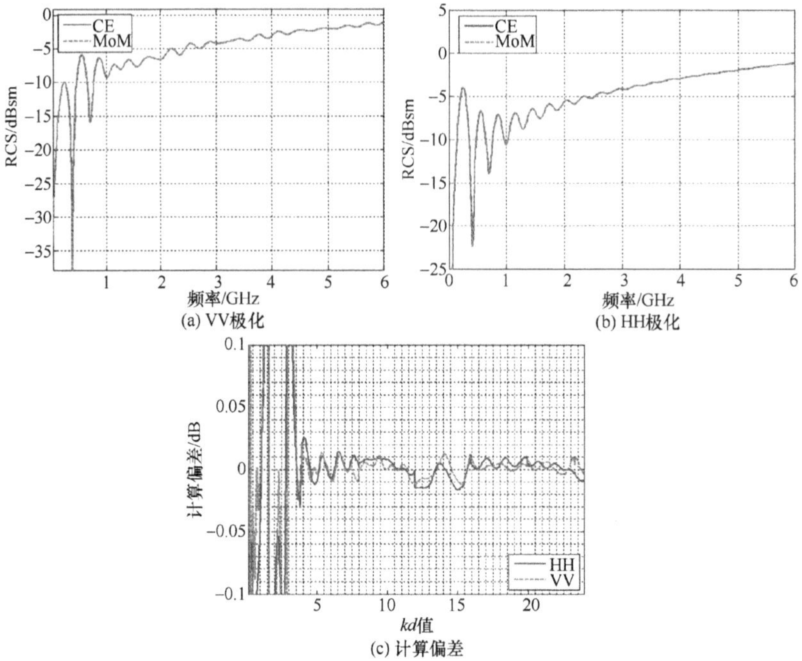

(a) VV极化　(b) HH极化　(c) 计算偏差

图 4.46　K_1500 圆柱定标体 CE 模型计算同 MoM 数据对比

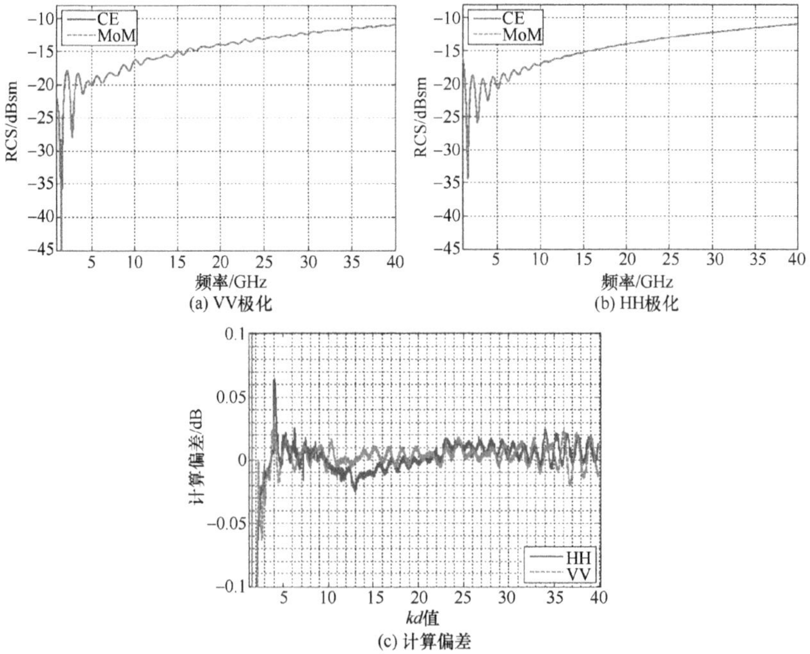

(a) VV极化　(b) HH极化　(c) 计算偏差

图 4.47　O_375 圆柱定标体 CE 模型计算同 MoM 数据对比

4.6.5　球面柱定标体的散射分析与快速计算

在标准圆柱定标体外形基础上构建的金属球面柱定标体，其散射机理主要也是镜面反射和表面波散射。作为例子，图 4.20 和图 4.21 已经给出了典型球面柱体外形 RCS 幅度和相位的频率特性。金属球面柱定标体的散射机理可以采用同圆柱体完全相同的方法进行时频分析，图 4.48(a) 和图 4.47(b) 示出了以 L_900 标准圆柱体的几何尺寸参数为基础，构建的球面柱在 VV 和 HH 极化下的时频分析结果。可以发现，与短粗圆柱体不同，由于其镜面反射来自于球面的后向反射，故不随频率变化，无论是 VV 还是 HH 极化，除镜面反射外，其他散射机理均随频率升高而快速衰减，这表明它作为 RCS 定标体具有类似于金属球的良好散射特性。在光学区，其 RCS 的贡献主要源自镜面反射。此外，VV 极化下的散射机理比 HH 极化下更为复杂，这与短粗圆柱的情况是类似的，其原因不难理解。

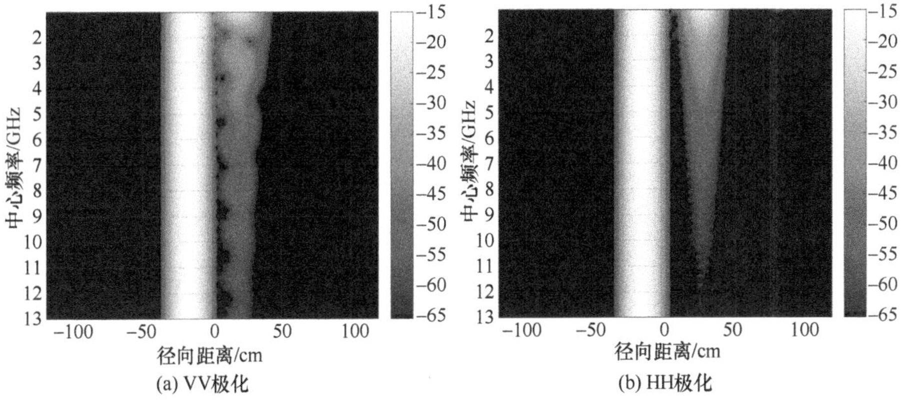

图 4.48　球面柱定标体散射机理的时频分析(见彩图)

由于球面柱的特殊散射机理，同样也可采用 CE 模型建立其 RCS 参数化模型并进行快速精确计算。图 4.49 示出了 L_900 圆柱以及相对应的球面柱定标体的 RCS 幅度随频率变化的特性比对，图 4.50 给出了两者在 HH 和 VV 极化下一维距离像的比对。两幅图中，CYL 代表圆柱体，SCYL 代表球面柱。

从图 4.49 和图 4.50 可见，圆柱与球面柱定标体两者的主要散射机理是基本一致的，两者的极化特性也很相似；两者之间最主要的区别在于圆柱体的 PO 散射分量是与频率成正比的，而球面柱的 PO 散射分量是不随频率变化的。因此，从某种意义上讲，球面柱甚至具有比圆柱体更理想的定标特性，在采用金属支架的大型目标 RCS 测试场的宽带散射定标测量中显得尤为重要。

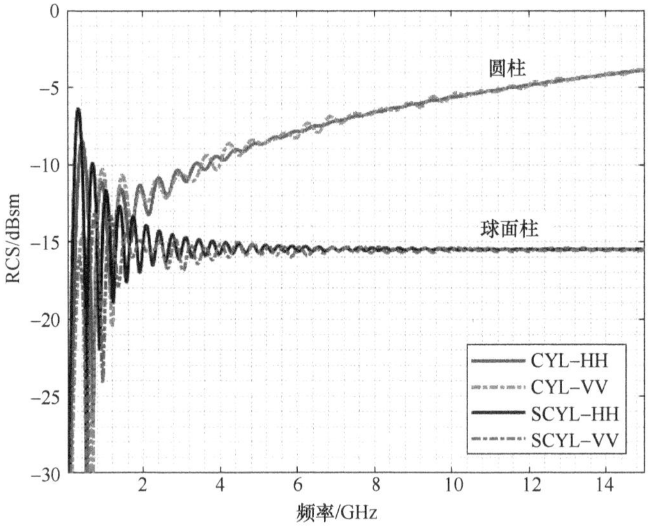

图 4.49　圆柱和球面柱定标体的 RCS 频率特性比对

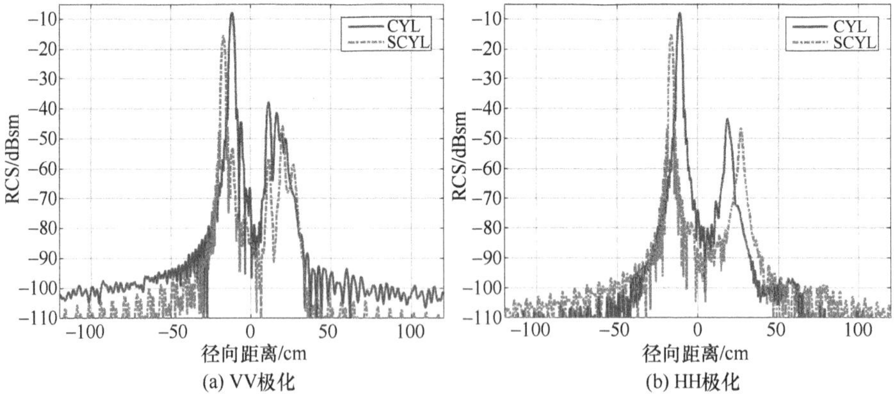

图 4.50　圆柱和球面柱定标体的一维高分辨率距离像比对

4.7　双柱定标体的散射机理分析与 RCS 快速精确计算

4.7.1　双柱定标体的散射机理分析

双柱体用作为 RCS 定标体时,所关注的主要是其两端大、小圆柱和侧向等效平板这三个方向的后向散射。对 MoM 数值计算数据分析表明,在这三个方向上,其后向散射场主要均由三部分构成:镜面反射分量、表面波分量(包括行波和爬行波)和微分不连续处的绕射波,VV 和 HH 极化下的散射机理及其时频分析图分别如图 4.51 和图 4.52 所示。图中不同的数字符号代表不同的散射机理。

图 4.51 和图 4.52 中所标示的各种散射机理如下:①镜面反射;②沿前柱面(照射面)上(下)传播的行波;③在顶部(底部)传播的遇到后沿反射回来的行波;④在顶部→后柱面(阴影面)→底部传播的行波(在底部→后柱面→顶部传播的行波);⑤在顶部→后柱面→底部→前柱面传播的行波(在底部→后柱面→顶部→前柱面传播的行波);⑥前柱面(照射柱面)与侧面平板连接的微分不连续处产生的绕射;⑰大柱面与侧面平板连接的微分不连续处产生的绕射;⑰爬行波遇到小柱体和平板连接部分的微分不连续处反向传播的爬行波;⑧绕过背面阴影区的爬行波。

对比 4.6 节对于短粗圆柱体散射机理分析可以发现,双站和定标体上大小圆柱的散射机理与单个圆柱的散射有所不同。当电磁波照射双柱的 SC 面时,会产生绕射波⑥和绕射波⑰;照射 LC 面时,会产生绕射波⑥和爬行波遇到小圆柱体与平板连接部分的微分不连续处反向传播的爬行波⑰。

图 4.51 和图 4.52 中所采用的双柱定标体的几何参数为:$a=0.5\text{m}$,$b=0.8\text{m}$,$h=0.76\text{m}$,$\theta=76.66°$。由于双柱的几何结构和所给定的几何尺寸,散射机理②与散射机理⑥,散射机理④与散射机理⑧在位置上近似重合。从图中的时频分析结果还可以看出,与圆柱定标体的散射特性类似,无论对于 SC、LC 还是 FP 面,随着频率的增加,表面波得到衰减,其中爬行波的衰减速度比行波快。当雷达频率较低(电尺寸小于几十)时,RCS 不能用 PO 计算值代替,因为在低频段表面波和绕射波分量贡献不能忽略;随着雷达波的频率的进一步升高,行波、爬行波和绕射波对总的后向散射贡献迅速减小。当雷达频率很高时,SC、LC 和 FP 三者各自的散射均趋近于所对应的 PO 散射分量。

4.7.2 双柱定标体的 RCS 快速计算和结果分析

由于双柱定标体的散射特性,在 RCS 定标所关注的 SC、LC 和 FP 面三个方向上的散射特性,与短粗圆柱定标体的散射特性具有相似性。因此,其 RCS 的快速精确计算也可以采用 CE 参数模型方法,计算流程也如图 4.43 所示的流程一致。

采用与前一小节相同几何外形参数的双柱定标体进行了全方位 RCS 和宽带散射计算。图 4.53 和图 4.54 分别示出了采用 MoM 计算,频率分别为

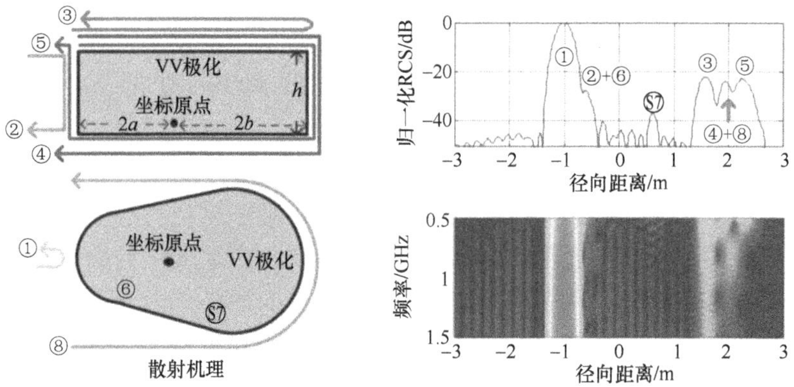

(a) 小圆柱

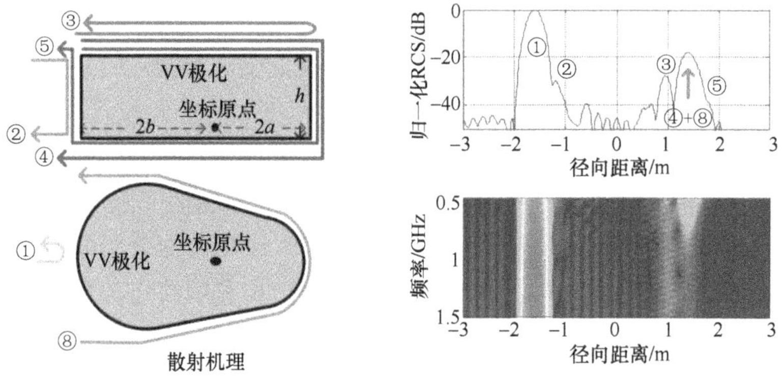

(b) 大圆柱

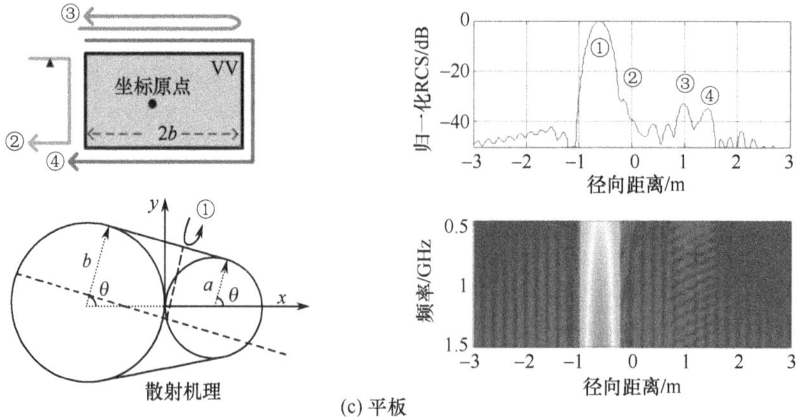

(c) 平板

图 4.51　双柱体的主要散射机理，VV 极化

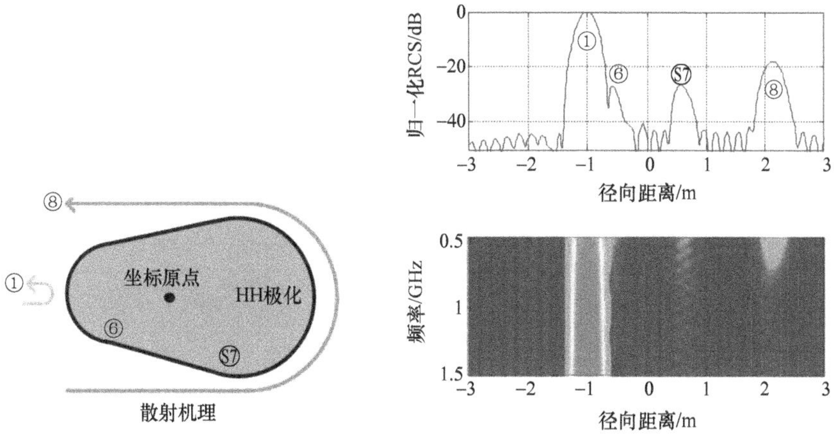

(a) 小圆柱

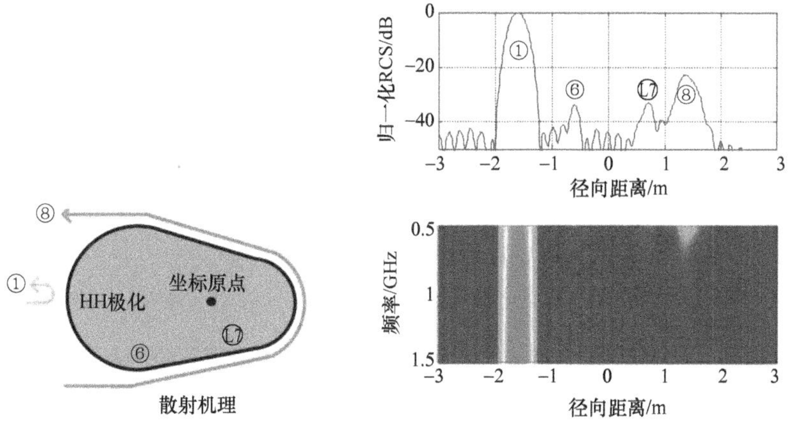

(b) 大圆柱

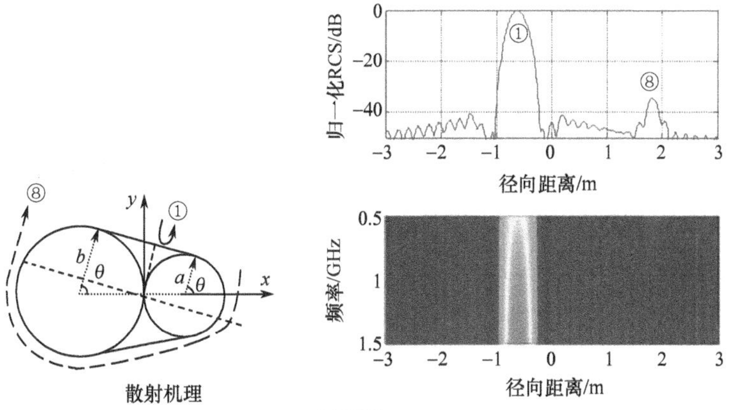

(c) 平板

图 4.52　双柱体的主要散射机理，HH 极化

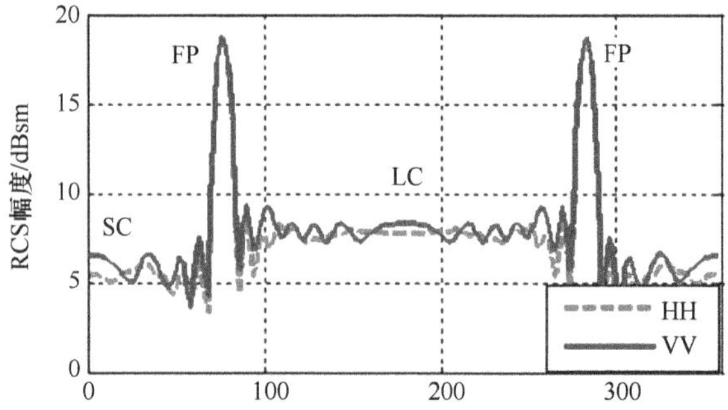

(a) RCS幅度

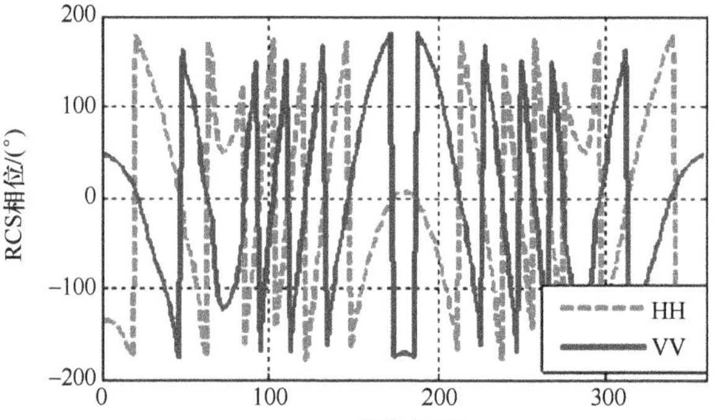

(b) RCS相位

图 4.53　双柱定标体 RCS 幅度和相位随方位角变化特性，频率 600MHz

600MHz 和 1.2GHz 时，VV 和 HH 极化下的 RCS 幅度和相位随方位角的变化特性。从图中可见：对于本例中的双柱定标体，LC、SC 和 FP 三个方向上的 RCS 电平均有显著的差异，有利于将它们用作为多个定标体实现“双重定标”测量。同时，除 FP 面外，LC 和 SC 面的方向图变化特性也是比较平缓的，有利于减小定标体安装带来的测量误差。

采用类似于圆柱定标体建模的方法建立了 SC、LC 和 FP 面三个方向的 RCS 快速计算 CE 模型。其中，用于建立 CE 模型的 MoM 计算数据为 10MHz ~ 1.5GHz 范围内的数值计算结果。

图 4.55 ~ 图 4.57 分别示出了 VV 和 HH 两种化下，对 SC、LC 和 FP 三个方向的 RCS 随频率的变化特性 MoM 数值计算、CE 模型计算结果和两者之间的计算偏差。从图中可见，同 MoM 数值计算结果相比，当频率高于 300MHz 时，对于 RCS 定标所关注的 SC、LC 和 FP 三个方向，CE 模型计算的不确定度总体上在 ± 0.05dB 内。可见，快速计算模型的 RCS 计算精度能够满足 RCS 测试工程实用中的定标计算精度要求。

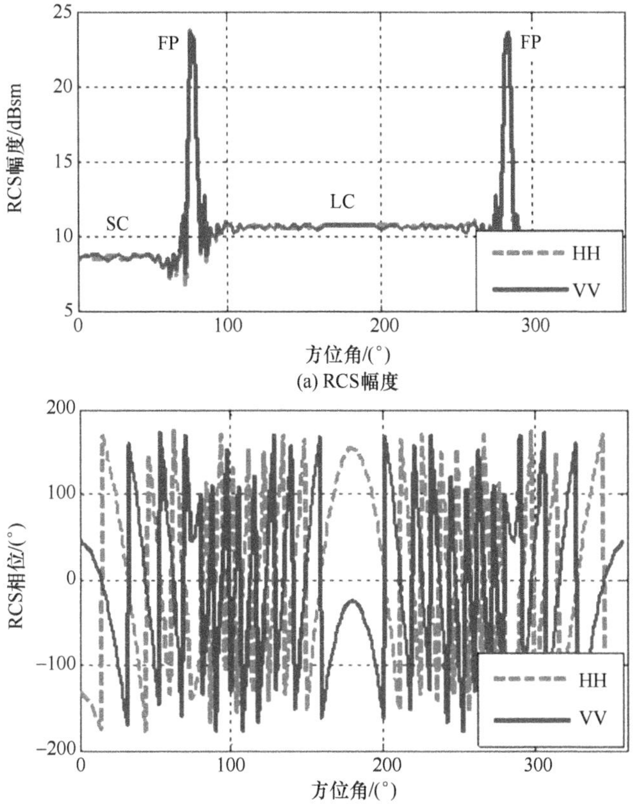

(a) RCS幅度

(b) RCS相位

图 4.54　双柱定标体 RCS 幅度和相位随方位角变化特性,频率 1.2GHz

4.7.3　球面双柱定标体的散射分析与计算

在双柱定标体外形基础上构建的球面双柱定标体,其散射机理主要也是镜面反射、表面波散射和微分不连续处绕射,可以采用与计算与分析双柱定标体散射机理一样的方法,对球面双柱体的散射机理进行时频分析。作为例子,图 4.58 示出了 VV 和 HH 极化下,对典型球面双柱的大球柱端后向散射 MoM 数据的时频分析结果。可以发现,与双柱体的 LC 柱面不同,现在镜面反射由于来自于球面反射,故不随频率变化,无论是 VV 还是 HH 极化,除镜面反射外,其他散射机理均随频率升高而快速衰减,表明它作为 RCS 定标体具有类似于金属球的良好后向散射特性,这一点与球面柱非常类似。由于球面双柱体的特殊外形,其在 HH 极化下的散射机理比 VV 极化下更为复杂,这一点与短粗圆柱体、球面柱体、以及双柱体的散射特征均有所区别。

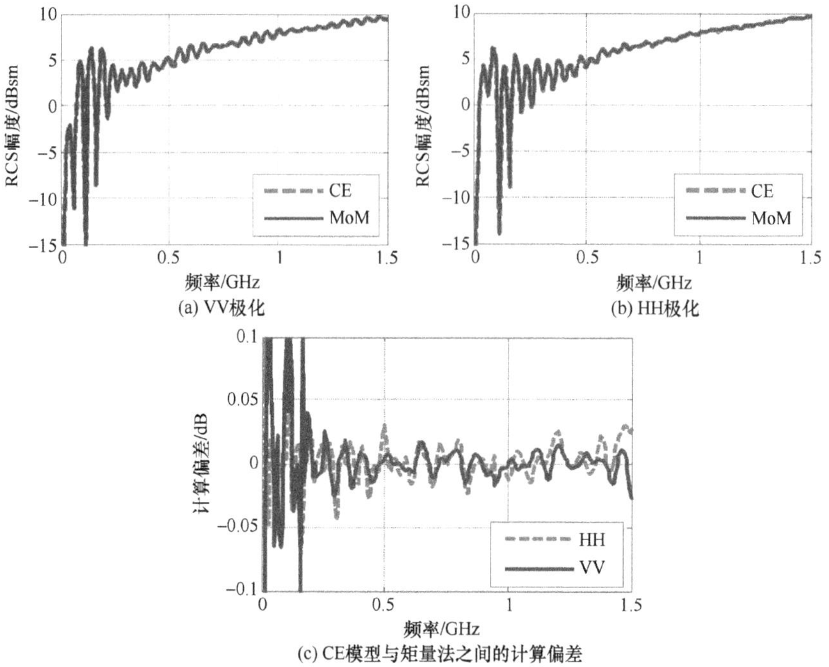

图 4.55　SC 面 RCS 计算结果与矩量法结果对比

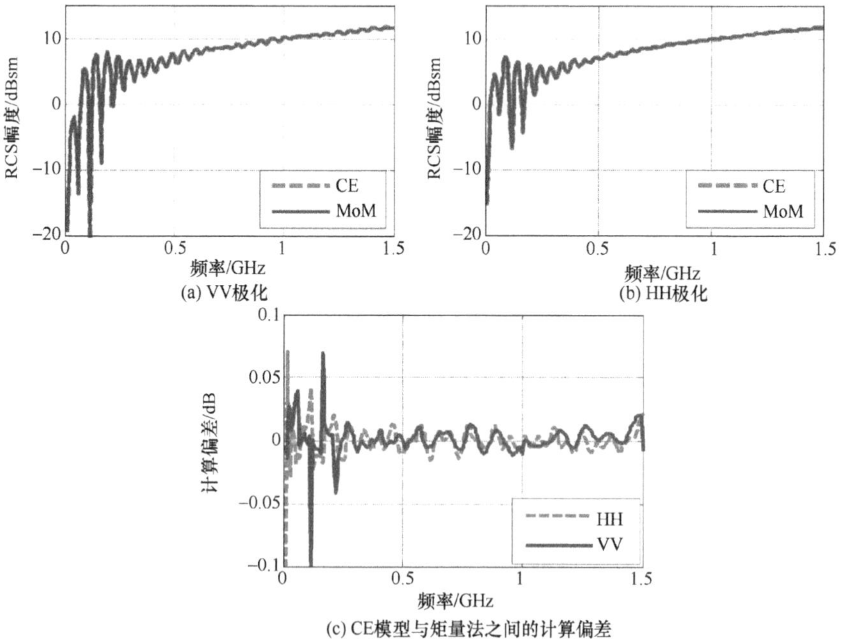

图 4.56　LC 面 RCS 结果与矩量法结果对比

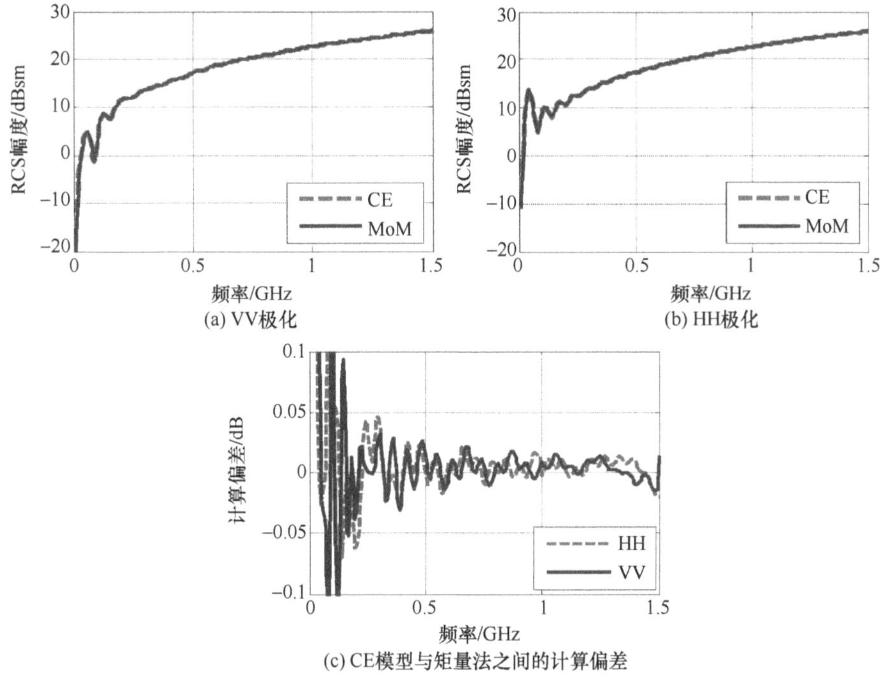

图 4.57　FP 面 RCS 结果与矩量法结果对比

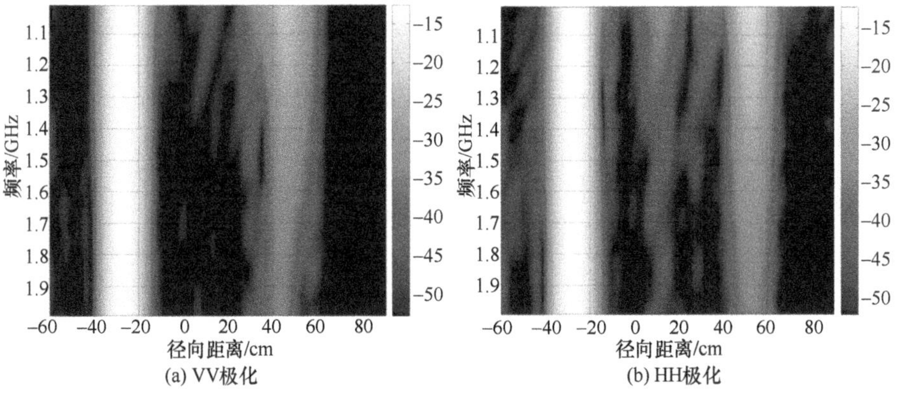

图 4.58　球面双柱定标体散射机理的时频分析结果

同样,由于球面双柱体独特的散射机理,也可采用 CE 模型建立其 RCS 参数化模型并进行快速精确计算。注意到由于球面柱的 PO 散射分量是不随频率变化的,故球面双柱体甚至具有比双柱体更理想的多重定标特性。

4.8 地平场条件下圆柱体定标误差分析

4.8.1 圆柱定标体入射角误差

采用低散射金属支架的 RCS 测试场大多也采用金属圆柱作为定标体。

在地面平面场中，雷达天线的高度与目标高度通常不是相等的。所以无论是直接路径还是间接路径，在电磁波照射到目标时，入射方向与水平面间存在不同的夹角。若定标体为金属球，由于其各向同性，所以这种入射夹角不会造成误差。若定标体为金属圆柱，则会由于各条路径入射角度不同造成回波幅度的差异产生误差。地面平面场中定标体入射角度关系如图 4.59 所示。

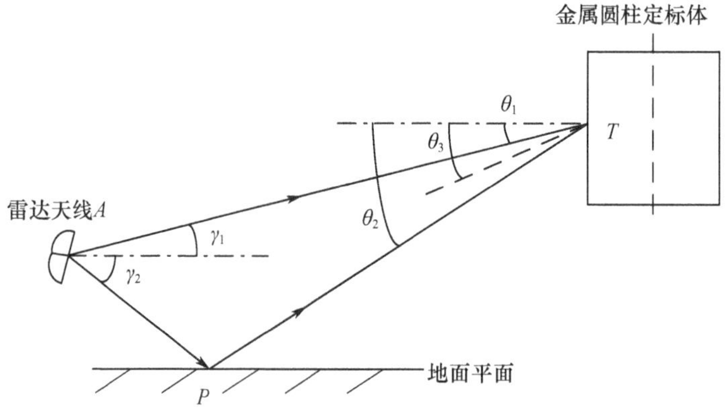

图 4.59 地面平面场定标体入射角度示意图

图 4.59 中金属圆柱定标体竖直放置，圆柱体轴线方向如图中竖直的虚线所示。对于定标体：直接路径 AT 与水平面间的夹角为 θ_1；间接路径 PT 与水平面间的夹角为 θ_2；双向路径 ATP 等效为两路径角平分线处的单站情况，与水平面间的夹角为 θ_3。为简便计算，根据圆柱体对称性及几何关系，有

$$\theta_1 = |-\gamma_1| \tag{4.86}$$

$$\theta_2 = |\gamma_2| \tag{4.87}$$

$$\theta_3 = \frac{|-\gamma_1 + \gamma_2|}{2} \tag{4.88}$$

根据物理光学法，对于半径为 a，高度为 h 的金属圆柱体，当入射方向与侧面法线方向间的夹角 θ 不大时，其 RCS 为[2]

$$\sigma(\theta) = krh^2\left[\cos\theta\,\frac{\sin(kh\sin\theta)}{kh\sin\theta}\right]^2 \tag{4.89}$$

若夹角为 0,即从圆柱体侧面正入射时,有

$$\sigma(0)=kah^2 \tag{4.90}$$

此即式(4.61)。

当入射角偏离圆柱面法线时,金属圆柱体的后向散射会变弱。假设存在入射角 θ 时,圆柱体后向散射的衰减量为 $g(\theta)$,有

$$g(\theta)=\frac{E(\theta)}{E(0)}=\sqrt{\frac{\sigma(\theta)}{\sigma(0)}}=\cos\theta\frac{\sin(kh\sin\theta)}{kh\sin\theta} \tag{4.91}$$

根据地面平面场各条路径间的关系,在第 2 章地平场关系式式(2.17)中进一步引入 $g(\theta)$ 的影响,可得到地平场条件下圆柱定标体的增益因子 K_{cyl} 为

$$K_{\mathrm{cyl}}=|g(\theta_1)f^2(\theta_{\mathrm{d}})+2g(\theta_3)f(\theta_{\mathrm{d}})f(\theta_{\mathrm{i}})+g(\theta_2)f^2(\theta_{\mathrm{i}})|^2 \tag{4.92}$$

通过式(4.91)和式(4.92)可以看出,衰减量 $g(\theta)$ 主要由圆柱体高度的电尺寸 kh 以及各路径的入射角度决定的,从而影响最终的增益因子 K_{cyl}。在地面平面场中,各路径的入射角度又是根据天线高度以及定标体的放置位置来确定的。定义入射角误差为圆柱定标体增益因子 K_{cyl} 与各向均匀定标体的增益因子 K_{sph} 之比为

$$\frac{K_{\mathrm{cyl}}}{K_{\mathrm{sph}}}=\frac{|g(\theta_1)f^2(\theta_{\mathrm{d}})+2g(\theta_3)f(\theta_{\mathrm{d}})f(\theta_{\mathrm{i}})+g(\theta_2)f^2(\theta_{\mathrm{i}})|^2}{|f^2(\theta_{\mathrm{d}})+2f(\theta_{\mathrm{d}})f(\theta_{\mathrm{i}})+f^2(\theta_{\mathrm{i}})|^2} \tag{4.93}$$

为了具体研究圆柱体高度的电尺寸和入射角度对圆柱定标体增益因子及入射角误差的影响,可针对实际地平场进行计算机仿真分析。针对异地同时定标测量几何关系的地平场仿真示例如下:假设目标距离 2000m,目标架高 10m,雷达频率 6GHz,根据地平场几何关系计算,此时要求天线高度为 2.5m。假设定标体的放置距离在 700 ~ 2000m 范围内可变,且采用标准圆柱体,即其高度与直径之比均为 7/15,不同尺寸的圆柱定标体高度分别为 0.15m(3λ)、0.25m(5λ)和 0.5m(10λ)。

如图 4.60 所示为上述仿真参数下定标体的增益因子和入射角误差随距离的变化特性。从图中可以看出:①圆柱定标体的入射角误差主要与圆柱体高度的电尺寸有关,定标体的电尺寸增大,则入射角误差增大;②尽管入射角误差随着定标体架设距离的增大而减小,但是这种变化属于些微变化,对测量误差并不构成实质性影响。

如果将雷达频率更改为 10GHz,此时地平场要求的天线高度为 1.5m,若选取圆柱体的高度分别为 0.09m(3λ)、0.15m(5λ)和 0.3m(10λ),也即定标体的电尺寸与图 4.60 中的一致,且其他参数不变,再次进行仿真计算可以发现,所得到的定标体增益因子和入射角误差随距离的变化特性与图 4.60 基本上是一样

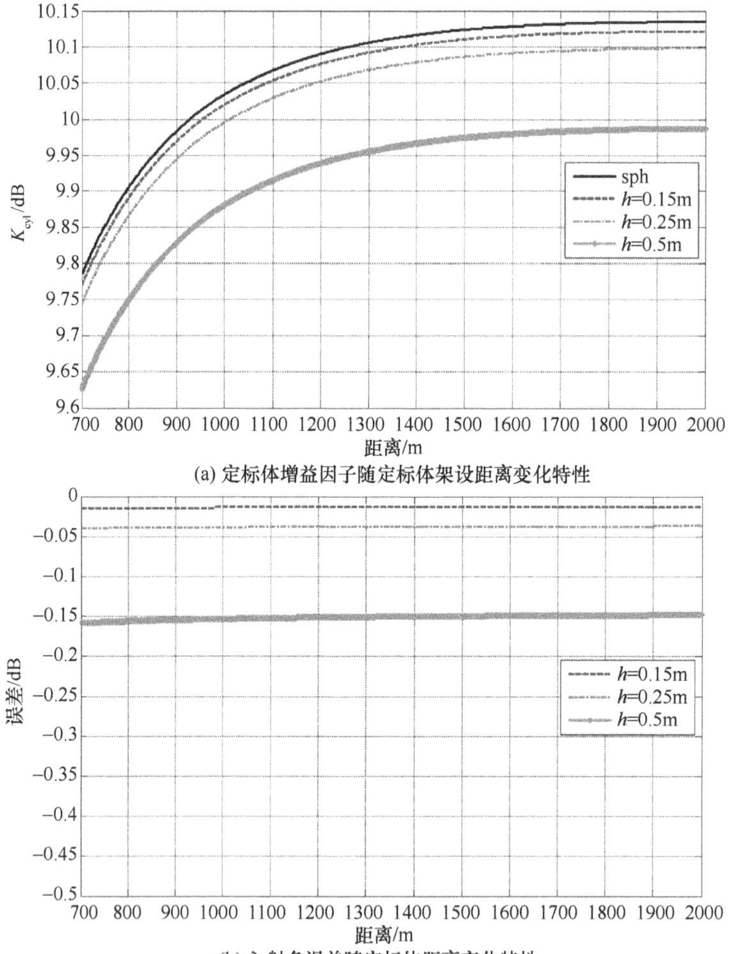

(a) 定标体增益因子随定标体架设距离变化特性

(b) 入射角误差随定标体距离变化特性

图 4.60　地平场条件下圆柱定标体增益因子和
入射角误差随距离的变化特性(频率 6GHz)

的,没有大的不同。反过来,如果维持定标体的物理尺寸仍为 0.15m(5λ)、0.25m(8.33λ)和 0.5m(16.67λ),情况则有所不同,如图 4.61 所示。

对比图 4.60 和图 4.61 可以发现,由于改变了测量频率,导致雷达天线高度的改变,从而改变了各个距离位置上的增益因子。虽然天线高度的改变会引起各路径入射角度的改变,但是在相同电尺寸下(例如图 4.60 中 h = 0.25m 与图 4.61 中 h = 0.15m,两者均对应同一电尺寸),圆柱定标体入射角误差几乎没有发生变化,这说明圆柱体的入射角误差主要是由圆柱体高度的电尺寸决定的,与测量频率和定标体的测量距离几乎无关。

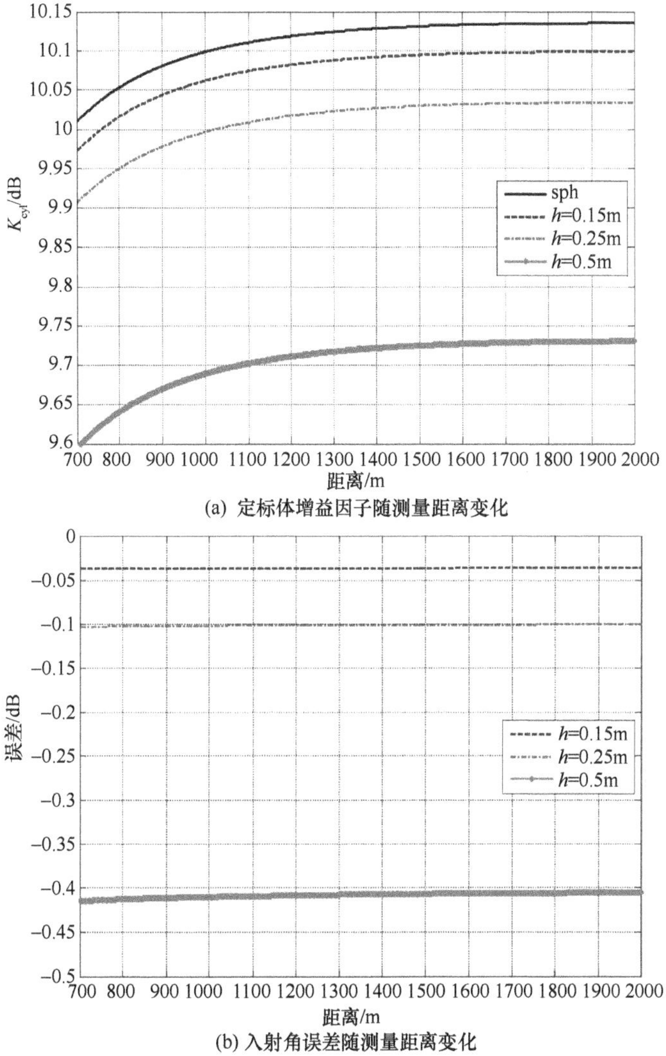

(a) 定标体增益因子随测量距离变化

(b) 入射角误差随测量距离变化

图 4.61 不同尺寸圆柱体定标参数随测量距离变化(10GHz)

另一方面,不同雷达频率、相同定标体物理尺寸下(例如,图 4.60 中 h = 0.5m 与图 4.61 中 h = 0.5m,两者均对应同一物理尺寸),圆柱定标体入射角误差则变化很大,频率越高,入射角造成的误差越大(如前者误差仅 0.15dB 左右,后者误差则超过 0.4dB)。

可见,在实际 RCS 测试中,若要控制入射角误差,首先需要控制圆柱定标体高度的电尺寸。不难理解,这也正是当前世界各国广泛采用短粗金属圆柱体作为 RCS 定标体的重要原因。

4.8.2 圆柱定标体倾角误差

圆柱定标体的倾角误差是指在测量时圆柱体的放置存在一个微小的倾斜角 θ,几何关系示意图如图 4.62 所示。无论对于地平场还是自由空间场,这一倾斜角均会产生圆柱定标体的 RCS 测量误差。

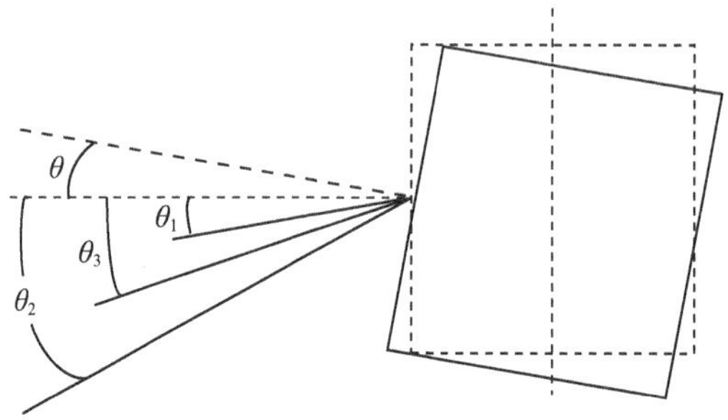

图 4.62 圆柱体放置倾斜角示意图

定义图中所示的圆柱体后仰倾斜时倾角 $\theta>0$,前倾倾斜时倾角 $\theta<0$,当 $\theta=0$ 时,则称此时圆柱体的放置状态为理想状态,如图中虚线所示。根据几何关系,存在倾角时各路径与圆柱体侧面法线间的夹角分别为

$$\theta_1' = \theta_1 + \theta \tag{4.94}$$

$$\theta_2' = \theta_2 + \theta \tag{4.95}$$

$$\theta_3' = \theta_3 + \theta = \frac{\theta_1 + \theta_2}{2} + \theta \tag{4.96}$$

式中:θ_1,θ_2 分别为直接入射波和地面反射波与地平面之间夹角,$\theta_3 = \dfrac{\theta_1 + \theta_2}{2}$。

仿照文献[11]中的方法,对倾角误差进行分析。若将圆柱体存在倾角 θ 时地面平面场的增益因子与理想状态下增益因子的比值定义为圆柱定标体的倾角误差,即

$$\begin{aligned}\Delta(\theta) &= 10\lg\left|\frac{K_{\mathrm{cyl}}(\theta)}{K_{\mathrm{cyl}}(0)}\right| \\ &= 20\lg\left|\frac{g(\theta_1+\theta)f^2(\theta_\mathrm{d}) + 2g(\theta_3+\theta)f(\theta_\mathrm{d})f(\theta_\mathrm{i}) + g(\theta_2+\theta)f^2(\theta_\mathrm{i})}{g(\theta_1)f^2(\theta_\mathrm{d}) + 2g(\theta_3)f(\theta_\mathrm{d})f(\theta_\mathrm{i}) + g(\theta_2)f^2(\theta_\mathrm{i})}\right|\end{aligned} \tag{4.97}$$

由于地面平面场中定标体安放位置处满足 $f(\theta_\mathrm{d}) \approx f(\theta_\mathrm{i})$,上式可简化为

$$\Delta(\theta) = 20\lg\left|\frac{g(\theta_1+\theta) + 2g(\theta_3+\theta) + g(\theta_2+\theta)}{g(\theta_1) + 2g(\theta_3) + g(\theta_2)}\right| \tag{4.98}$$

对分子中的 $g(\theta_i+\theta)$ 项($i=1,2,3$)进行泰勒展开,并保留二阶项,有

$$g(\theta_i+\theta)\approx g(\theta_i)+g'(\theta_i)\cdot\theta+\frac{g''(\theta_i)}{2}\cdot\theta^2 \tag{4.99}$$

对式(4.91)求导计算 $g'(\theta_i)$,有

$$g'(\theta_i)=-\frac{\sin(kh\sin\theta_i)}{kh}+(1-\sin^2\theta_i)\left[\frac{\cos(kh\sin\theta_i)-\operatorname{sinc}(kh\sin\theta_i)}{\sin\theta_i}\right] \tag{4.100}$$

进行小角度近似后,有

$$g'(\theta_i)\approx\frac{[\cos(kh\theta_i)-\operatorname{sinc}(kh\theta_i)]}{\theta_i}-\theta_i\cos(kh\theta_i) \tag{4.101}$$

根据泰勒展开 $\cos x\approx1-\frac{x^2}{2}$、$\sin x\approx x-\frac{x^3}{6}$、$\operatorname{sinc}x\approx1-\frac{x^2}{6}$,上式可化简为

$$g'(\theta_i)\approx k^2h^2\theta_i\left(\frac{\theta_i^2}{2}-\frac{1}{3}\right)-\theta_i \tag{4.102}$$

对于一个实际的 RCS 地面平面测试场,通常 $\theta_i\ll0.1$,$kh\gg1$,因此,有

$$g'(\theta_i)\approx-\frac{k^2h^2\theta_i}{3} \tag{4.103}$$

按照类似的方法计算 $g''(\theta_i)$,有

$$\begin{aligned}g''(\theta_i)&\approx\frac{2[\operatorname{sinc}(kh\theta_i)-\cos(kh\theta_i)]}{\theta_i^2}+kh\left(\theta_i-\frac{1}{\theta_i}\right)\sin(kh\theta_i)-\cos(kh\theta_i)\\&\approx-\frac{1}{3}k^2h^2\end{aligned} \tag{4.104}$$

将式(4.103)和式(4.104)代入式(4.99),得

$$g(\theta_i+\theta)\approx g(\theta_i)-\frac{k^2h^2}{3}\theta_i\theta-\frac{k^2h^2}{6}\theta^2 \tag{4.105}$$

将式(4.105)代入式(4.98),化简后可得

$$\Delta(\theta)=20\lg\left|1-\frac{k^2h^2\theta}{3}\cdot\frac{\theta_1+2\theta_3+\theta_2+2\theta}{g(\theta_1)+2g(\theta_3)+g(\theta_2)}\right| \tag{4.106}$$

在地面平面场中,各路径的入射角度 $\theta_1,\theta_2,\theta_3$ 均非常小,所以有

$$g(\theta_i)\approx1 \tag{4.107}$$

将式(4.101)和式(4.105)代入式(4.106),整理后可得

$$\Delta(\theta) = 20\lg\left|1 - \frac{k^2h^2\theta\theta_3}{3} - \frac{k^2h^2\theta^2}{6}\right| \tag{4.108}$$

根据泰勒展开 $\ln(1+x) \approx x$,式(4.108)最终可化简为

$$\Delta(\theta) = -\frac{10}{3\ln10}(kh)^2\theta(2\theta_3+\theta) = -1.45(kh)^2\theta(\theta_1+\theta_2+\theta) \tag{4.109}$$

从式(4.109)中可以看出,倾角误差与圆柱体高度电尺寸的平方成正比,还与倾角、地平场本身几何关系有关。所以,当测量频率较高时,如果不对圆柱体的电尺寸加以控制,倾角误差会大幅度增加。此外,由于存在$(\theta_1+\theta_2+\theta)$项,导致圆柱体在前倾和后仰相同角度时,所造成的倾角误差特性并不是对称的。事实上,因为我们定义后仰时的倾角为正,故圆柱定标体前倾时的误差较小。

图4.63给出了雷达频率10GHz,标准圆柱定标体的柱高分别为9cm和12cm时,倾角误差随不同倾角的变化特性。很显然,定标体电尺寸越大,倾角误差影响就越严重。另一方面,根据图中结果,对于给定直径的圆柱定标体,为减小倾角误差带来的定标误差,应该尽量控制圆柱定标体的高度,而这也正是目前国际上广泛采用短粗金属圆柱定标体的另一重要原因。

从图中还可以看出,圆柱体的前倾倾角误差与后仰倾角误差是不一致的。当倾角角度一定时,前倾时($\theta<0$)倾角误差较小,后倾时影响较大。因此,在地面平面场中,如果圆柱定标体不能做到以理想状态($\theta=0$)放置,那么宁可略微前倾一点,如果将圆柱定标体的安装倾角控制在1°以内,可以将倾角误差控制在一个很小的数值上。例如本例中,如果安装倾角控制在-0.6°~0°之间,则倾角误差小于0.02dB,几乎可以忽略不计。

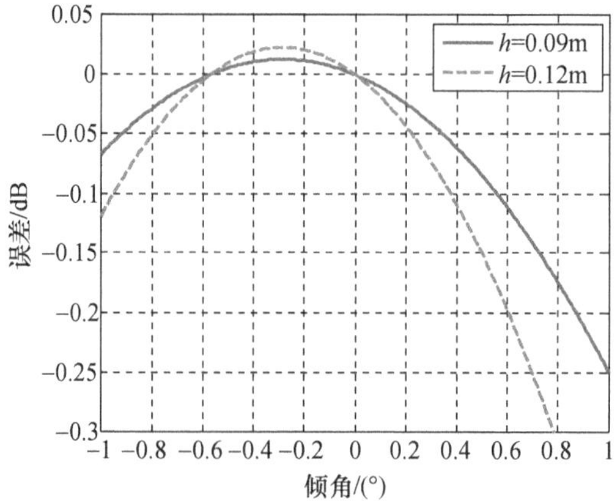

图4.63 标准圆柱定标体的倾角误差

综上分析,在地平场条件下,圆柱定标体的入射角误差和倾角误差均与圆柱高的电尺寸成正比,控制圆柱定标体的柱高,有助于控制上述误差。此外,圆柱定标体放置时略微前倾,既有助于控制倾角误差,同时也减小了入射误差。

4.9 双站 RCS 测量中的定标问题

作为本章的最后一节,我们简要讨论双站 RCS 测量中的定标问题。

双站 RCS 测量几何关系示意图如图 4.64 所示。双站雷达方程可表示为

$$P_r = \frac{P_t G_t G_r \lambda^2}{(4\pi)^3 R_t^2 R_r^2 L_t L_r} \sigma_T^b \tag{4.110}$$

式中:P_r 为接收机输入端功率(W);P_t 为发射机功率(W);G_r 和 G_t 分别为接收天线与发射天线的增益(无因次);L_t 为发射通道总的损耗(无因次);L_r 为接收通道总的损耗(无因次);R_t 和 R_r 分别为目标到发射天线、接收天线的距离(m);σ_T^b 为目标双站散射截面(m^2);λ 为雷达工作波长(m)。

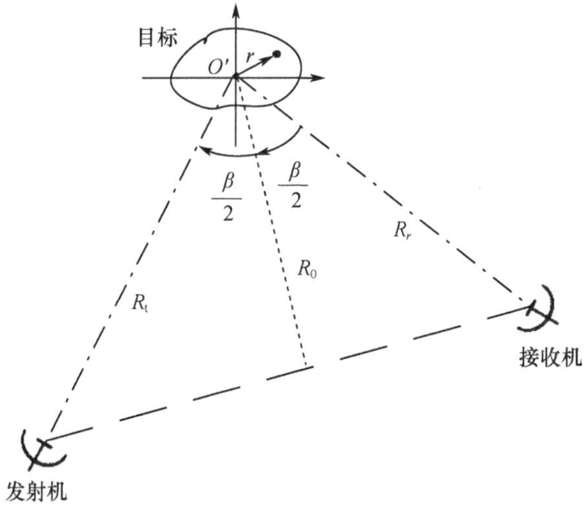

图 4.64 双站 RCS 测量几何关系示意图

直观上看,双站 RCS 测量中的定标与单站 RCS 测量似乎无异,只需依据双站雷达方程,仿照单站情况下的推导即有

$$\sigma_T^b = K_b \cdot \frac{P_{rT}}{P_{rC}} \cdot \sigma_C^b = K_b \cdot \left|\frac{\boldsymbol{S}_T}{\boldsymbol{S}_C}\right|^2 \cdot \sigma_C^b \tag{4.111}$$

式中:σ_T^b 为目标双站 RCS,σ_C^b 为定标体的双站 RCS;P_{rC}和 P_{rT}分别为测定标体和测目标时雷达接收到的回波功率;$\boldsymbol{S}_T$ 和 $\boldsymbol{S}_C$ 分别为单次 RCS 测量采样中,测量目

标和测量定标体时的雷达复回波信号；K_b 为同双站测量几何关系相对应的定标常数，根据双站雷达方程式(4.110)，有

$$K_b = \left(\frac{R_{tT}R_{rT}}{R_{tC}R_{rC}}\right)^2 \cdot \frac{L_{tT}L_{rT}}{L_{tC}L_{rC}} \tag{4.112}$$

式中：R_{tT} 和 R_{tC} 分别为发射通道的目标距离和定标体距离；R_{rT} 和 R_{rC} 分别为接收通道的目标距离和定标体距离；L_{tT} 和 L_{tC} 分别为测目标和测定标体时发射通道的总损耗；L_{rT} 和 L_{rC} 分别为测目标和测定标体时接收通道的总损耗。只要测试中目标距离和定标体距离是确定的，双站几何关系保持不变，则 K_b 值也是确定的常数。

同样，类似地也可将式(4.112)进一步推广到目标双站散射函数测量定标的情况。

然而，尽管双站 RCS 测量与定标在原理上同单站测量和定标无显著差异，但双站散射测量定标的真正难题在于找到一个合适的双站散射定标体。例如，通过 Mie 解对金属球定标体的双站散射进行计算，当 ka 值为 20 时的归一化 RCS 随双站角的变化特性如图 4.65 所示。很明显，对于小双站角测量，金属球用于双站 RCS 定标仍然是合适的，但随着双站角超过 90°以后，其振荡特性越来越严重，将在很大程度上影响定标精度。可见，如何选择合适的定标体，是双站散射测量定标中的重要问题之一。

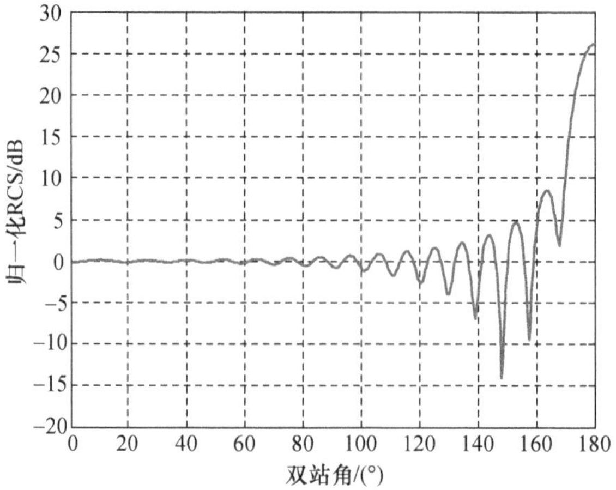

图 4.65　金属球的归一化 RCS 随双站角的变化特性

Alexander 和 Currie 等人[27,28] 在研究如何解决美国空军国立散射测试场(RATSCAT)双站相参测量系统(BICOMS)中的双站 RCS 定标问题时，提出在双站测量中采用两部发射和接收机，通过对定标体的两次单站测量导出双站定标函数，并分析了其定标不确定度。Bradley 等人[29,30] 针对欧洲遥感特征信号实验

室(EMSL)测量条件下的双站定标问题进行了研究,重点分析了给定双站角时金属圆柱体、二面角和三面角反射器、金属圆盘和金属丝网等定标体的定标特性。Monzon 提出一种由金属丝在圆柱体上按一定倾角螺旋绕制而成的双站定标体[31],数值计算表明其具有较好的双站散射特性。本书作者所在研究团队提出一种采用可双轴旋转的双天线有源校准装置,可用于双站测量时的 RCS 定标和极化散射矩阵测量校准[32]。将在第 7 章详细讨论其工作原理和校准方法。

除了定标体的设计和选择外,双站散射测量中还存在目标支架的双站散射影响问题。发泡材料支架和吊挂支架的双站散射一般同单站类似,不会构成影响目标双站散射测量的严重背景杂波。但是,对于采用低散射金属支架的目标 RCS 测试场,金属支架的双站散射可能构成严重的背景杂波,这在目标双站散射测量中也是一个需要深入研究和解决的关键技术问题。

综上,在采用低散射金属支架的 RCS 测试场中,无论是目标支架还是定标体的设计和选择,目前都还是双站散射测量工程实践中需要进一步研究和解决的技术问题。

4.10　金属球散射 Mie 级数解 Matlab 计算代码

```
function[sigma,phi] = test_sphere
% ===========================================================
% MATLAB code for calculation of the complex RCS for a metal sphere
%
% Method: Mie solution
%
% Reference:
%   黄培康. 雷达目标特征信号[M]. 北京:中国宇航出版社,1993.
%
% Function called:[sigma,phi] = sphere_rcs(radius,freq);
%     where
%        Input:radius - - radius of sphere (m),freq - - frequency array (MHz)
%        Output:sigma - - RCS(dBsm),phi - - phase(rad.)
%
% Authored by: X. Xu, Beihang University,Beijing,100191,China
% Dated by: 12 - 25 - 2014
% ===========================================================
clear all
j = sqrt( - 1);
```

```
% Input parameters:
freq=.8:.01:12;     %frequency(GHz)
radius=10;          %size(cm)
Numfreq=length(freq);

%Calculation of Complex RCS: Magnitude(in dBsm) and Phase(in rad.)
[sigma,phi]=sphere_rcs(radius/100,freq*1000);

%Graphics
%RCS magnitude vs. frequency
figure
subplot(211)
plot(freq,sigma,'Linewidth',1.5);
xlabel('Frequency(GHz)')
ylabel('RCS(dBsm)')
grid minor
title(['RCS vs. Frequency for Metal Sphere of Radius ' num2str(radius) ' cm
'])
axis([freq(1) freq(Numfreq) mean(sigma)-10 mean(sigma)+5])

%RCS phase vs. frequency
subplot(212)
plot(freq,phi,'Linewidth',1.5);
xlabel('Frequency(GHz)')
ylabel('Phase(rad.)')
grid on
title(['Phase vs. Frequency for Metal Sphere of Radius ' num2str(radius) '
cm'])
axis([freq(1) freq(Numfreq) -3.5 3.5])

end

%sphere_rcs.m
% ------------------------------------------------------------
%MATLAB code for the calculation of frequency response
%
%Syntax:
%     [sigma,phi]=sphere_rcs(radius,freq)
```

```
%Input:
%       radius - - Radius of the sphere(m)
%       freq - - frequency array(MHz)
%Output:
%       sigma - - Amplitude of the RCS(dBsm)
%       phi - - Phase of the RCS(rad.)
%-----------------------------------------------------------
function[sigma,phi] = sphere_rcs(radius,freq)

  radius = radius;
  nf = length(freq);
  fs = freq(1);
  fe = freq(nf);

  hh = waitbar(0,'Calculating…');

  df = (fe - fs)/real(nf - 1);  %MHz
  for i = 1:nf
    f = fs + (i - 1)*df;  %frequency(MHz)
    wavlen = 300.0/f; %wavelen - - wavelenth(m)
    ka = 2*pi*radius/wavlen;

   [sigma0,phi0] = sphrcs(ka);

    sigma(i) = 10*log10(sigma0*pi*radius*radius + eps); %(dBsm)
    phi(i) = phi0; %(rad.)

    waitbar(i/nf,hh)
  end
  close(hh)
end

%-----------------------------------------------------------
%Normalized RCS amplitude and phase for a conducting sphere
%
%  Syntax:[sigma,phi] = sphrcs(ka)
%
%  Input:
```

```
%        ka - - a = the radius of the sphere, k = 2*pi/wavelength
%  Output:
%        sigma - - RCS Amplitude normalized by pi*a^2
%        phi - - RCS phase(deg.)
% ---------------------------------------------------------
function[sigma,phi] = sphrcs(ka)
  sg = 0.0 + j*0.0;
  sg0 = 100. + j*100.;
  n = 1;
  eps0 = 1e - 12;  %accuracy control constant

  while abs(sg0) > eps0 & n < 1000
      [aj0,y0] = shankl(ka,n - 1);
      [aj1,y1] = shankl(ka,n);
      han0 = aj0 + j*y0;
      han1 = aj1 + j*y1;
      an = aj1/han1;
      bn = (ka*aj0 - n*aj1)/(ka*han0 - n*han1);
      sg0 = (-1)^n*(n + .5)*(bn - an);
      sg = sg + sg0;
     n = n + 1;
  end
  sigma = (2./ka*abs(sg))^2;
  phi = atan2(real(sg),imag(sg));

end

% ---------------------------------------------------------
   function[aj,y] = shankl(x,n)
% ---------------------------------------------------------
  i = 1:1:1000;
  b = 0.0*i;
  if x > = 250.0
    m = round(1.03*x + 65.0);
  elseif x > = 45.0
    m = round(1.1*x + 40.0);
  elseif x > = 10.0
    m = round(1.4*x + 25.0);
```

```
else
  m = round(2.5*x + 13.0);
end
am = m;
a = sin(x);
if abs(a) >1e - 6
  m1 = 0;
else
  a = cos(x);
  m1 = -1;
end
    y1 = 0.0;
    y2 = 1.e - 12;
while m1 < m
    if m<1000
       b(m+1) = y2;
    end
    y3 = (2.*am + 1.0)*y2/x - y1;
    m = m - 1;
    am = m;
    y1 = y2;
    y2 = y3;
end
if m1 = = 0
    b(1) = y2;
end
b = b*a/(y2*x);
y = - cos(x)/x;
y2 = y;
if n ~ = 0
  m = 0;
  am = 0.0;
  y1 = sin(x)/x;
  while m < n
    y = y2*(2.*am + 1.)/x - y1;
    m = m + 1;
    am = m;
    y1 = y2;
```

```
      y2 = y;
    end
  end
  aj = b(n + 1);
end
```

4.11 短粗金属圆柱定标体散射 CE 模型计算 Matlab 代码

```
function[ sig_hh sig_vv] = cylRCS_CE(diam,freq)
% ==============================================================
%MATLAB code used to calculate the complex radar cross section
%of a set of squat cylinder calibrators with a diameter - to - height ratio
%(DHR) being 15 to 7(or 2.1429)
%
%Reference:
%  Xu X J,Xie Z J,He F Y.Fast and accurate RCS calculation for squat cylinder
%  calibrators[J]. IEEE Antennas and Propagation Magazine,2015,57(1):33 - 41.
%
%Input:
%  diam - - Diameter of the cylinder(inches)
%  freq - - Array for frequency vector(Hz)
%
%Output:
%   sig_vv - - Array for complex RCS for VV polarization(m)
%   sig_hh - - Array for complex RCS for HH polarization(m)
%
%Example:
%  [sig_hh sig_vv] = cylRCS_CE(3.75,1.0e + 9:1.0e + 7:40.0e + 9)
%     calculates complex RCS of squat cylinder with diameter 3.75 inches
%     over frequency band of 1GHz ~ 40GHz with a frequency step 10MHz
%
%Author ed by X. Xu,Beihang University,Beijing,100191,China
%Dated by: 12 - 25 - 2014
% ==============================================================
%CE model parameters derived from MoM data of a 9 - inch cylinder
amp_hh = [ 5.088008 + 0.263441i  -3.138755 + 0.936001i …
        -1.213322 - 0.854809i  -0.744264 - 0.677331i …
```

```
        0.507787 + 0.678201i   0.187016 - 0.374488i ...
        -0.320356 - 0.052467i   -0.190035 - 0.035972i ...
        -0.185182 + 0.039992i   0.059794 - 0.030789i ...
        -0.044036 + 0.002216i   -0.017029 - 0.003870i ...
        0.009448 + 0.001175i];

alpha_hh=[ 0.622635   0.221793   0.262890   0.000048 ...
          0.617831   0.378986   0.069427   0.380319 ...
          0.049187   0.457331   0.026572   0.074940 ...
          0.046933];

tau_hh=[ 0.021932   0.125481   -0.062185   -0.076286 ...
        0.293373   -0.113635   0.129852   0.386375 ...
        -0.073705   0.492165   0.123353   0.092168 ...
        0.146207];

amp_vv=[ -2.654485 + 0.013402i   1.414747 + 1.579053i ...
        0.490294 - 0.957650i   -0.706286 - 0.712004i ...
        0.940357 - 0.019474i   -0.098352 + 0.543523i ...
        0.224461 + 0.120938i   0.046234 - 0.152983i ...
        0.126885 + 0.031795i   0.015151 + 0.064458i ...
        0.031515 + 0.050911i   0.055374 + 0.020293i ...
        -0.057805 + 0.003642i   0.042547 + 0.033591i ...
        0.026356 + 0.032443i   0.022668 + 0.031320i ...
        -0.008689 - 0.033677i   0.033039 + 0.002159i ...
        -0.021825 + 0.021693i   0.013298 + 0.018491i ...
        -0.000504 + 0.020983i   -0.000625 + 0.001014i];

alpha_vv=[ 0.152558   0.275408   0.505746   0.000014 ...
          0.736560   0.110239   0.081152   0.083825 ...
          0.093636   0.038305   0.465767   0.475081 ...
          0.019076   0.011440   0.381882   0.382022 ...
          0.035323   0.419197   0.225547   0.298607 ...
          0.014739   0.013849];

tau_vv=[ 0.123639   0.160736   -0.049204   -0.076248 ...
        0.253641   -0.037697   0.076067   -0.074546 ...
        -0.025135   0.125967   0.802483   0.890164 ...
```

```
        0.111715   0.076098   0.592555   0.696051 ...
        0.145402   0.988162   0.314152   0.497528 ...
        -0.040586   -0.009382];

alpha_hh = alpha_hh*1e-8;
tau_hh = tau_hh*1e-8;

alpha_vv = alpha_vv*1e-8;
tau_vv = tau_vv*1e-8;

%PO calculation
Nf = length(freq);
k =2*pi*freq/3.0e+8;     %wavenumber
a = diam*2.54/200;        %cylinder radius,inch to meter
h = 0.466667*a*2;         %cylinder height(m)
ka = k*a;
amp_PO = sqrt(ka)*h;

%Frequency scaled to 9-inch cylinder
fL_ce = freq(1)/(9/diam);
fH_ce = freq(Nf)/(9/diam);
fk = linspace(fL_ce,fH_ce,Nf);

%Complex RCS calculation using CE model
for jj =1:Nf,
    yk_hh(jj) = sum(amp_hh.*exp(-(alpha_hh+1.0i*2*pi*tau_hh)*fk(jj)));
    yk_vv(jj) = sum(amp_vv.*exp(-(alpha_vv+1.0i*2*pi*tau_vv)*fk(jj)));
    if ka(jj)>33.6
       yk_hh(jj) = yk_hh(jj)/abs(yk_hh(jj));
    end
    if ka(jj)>73.1
       yk_vv(jj) = yk_vv(jj)/abs(yk_vv(jj));
    end
end

%Final complex RCS
sig_vv = yk_vv.*amp_PO;
sig_hh = yk_hh.*amp_PO;
```

```
%Graphics
figure   %RCS maglitude
RCS_vv = 20*log10(abs(sig_vv));
RCS_hh = 20*log10(abs(sig_hh));
plot(freq/1e+9,RCS_vv,'r--','linewidth',1.5);
hold on
plot(freq/1e+9,RCS_hh,'b-','linewidth',1.5);
set(gca,'FontName','Arial','FontSize',12);
title(['RCS of Squat Cylinder,Diameter = ',num2str(diam),' Inches']);
xlabel('Frequency(GHz)'); ylabel('RCS(dBsm)');
grid on
legend('VV','HH','Location','SouthEast');
axis([freq(1)/1e+9 freq(length(RCS_vv))/1e+9 min(RCS_vv)-2 max(RCS_hh)
 +2]);

figure   %RCS phase
Phase_vv = angle(sig_vv);
Phase_hh = angle(sig_hh);
plot(freq/1e+9,Phase_vv,'r--','linewidth',1.5);
hold on
plot(freq/1e+9,Phase_hh,'b-','linewidth',1.5);
set(gca,'FontName','Arial','FontSize',12);
title(['RCS of Squat Cylinder,Diameter = ',num2str(diam),' Inches']);
xlabel('Frequency(GHz)'); ylabel('Phase(rad.)');
legend('VV','HH','Location','SouthEast');
grid on
axis([freq(1)/1e+9 freq(length(RCS_vv))/1e+9 -1.1*pi 1.1*pi]);
%End
```

参考文献

[1] Skolnik M I. Introduction to Radar Systems[M]. 3rd Edition. McGraw Hill,2001.

[2] 黄培康. 雷达目标特征信号[M]. 北京:中国宇航出版社,1993.

[3] 吴鹏飞,许小剑. 地面平面场 RCS 测量异地定标误差分析[J]. 雷达学报,2012,1(1):58-62.

[4] Knott E F. Radar Cross Section Measurements[M]. New York: Van Nostrand Reinhold,1993.

[5] 许小剑. 目标雷达散射截面测量与定标处理的方法[P]. 中国发明专利,ZL 2012 1 0484279.6,2014.

[6] Chizever H M,Soerens R J,Kent B M. On Reducing Primary Calibration Error in Radar Cross

Section Measurements[C]. Proc. of the 28th Antenna Measurement Techniques Association Symposium, AMTA'1996, Seattle, WA, 1996:383 – 388.

[7] LaHaie I J. A Technique for Improved RCS Calibration Using Multiple Calibration Artifacts [C]. Proc. of the 35th Antenna Measurement Techniques Association Symposium, AMTA'2013, San Diego, CA, USA, 2013.

[8] Xu X J, Liu Y Z. Dual-calibration Processing Based on Minimum Weighted Mean Squared Error (MWMSE) in RCS Measurement[C]. Proc. of the 37th Antenna Measurement Techniques Association Symposium, AMTA'2015, Long Beach, CA, USA, 2015.

[9] Wei P S P, Reed A W, Ericksen C N, et al. Measurements and Calibrations of Larger Squat Cylinder[J]. IEEE Antennas and Propagation Magazine, 2009, 51(2):412 – 415.

[10] Kent B M, Hill K C, Wood W D Jr. Accuracy and Calculation for AFRL Squat Cylinder RCS Calibration Standards[C]. Proc. of the 22nd Antenna Measurement Techniques Association Symposium, AMTA'2000, Philadelphia, Pennsylvania, Oct., 2000:387 – 392.

[11] 许小剑,贺飞扬,谢志杰. 金属圆柱定标体雷达散射截面计算方法[P]. 中国发明专利, ZL 2012 1 0483182. 3, 2014.

[12] Xu X J, Xie Z J, He F Y. Fast and Accurate RCS Calculation for Squat Cylinder Calibrators [J]. IEEE Antennas and Propagation Magazine, 2015, 57(1):33 – 41.

[13] Li Z P, Wu J H, Wang Z P, et al. A Very Large Measurement System of Compact Range[C]. Proc. of 38th Antenna Measurement Techniques Association Symposium, AMTA'2016, Austin, TX, 2016.

[14] Wood W D, Collins P J, Conn T. The CAM RCS Dual-cal Standard[C]. Proc. of the 25th Antenna Measurement Techniques Association Symposium, AMTA'2003, Irvine, CA, 2003:400 – 403.

[15] Naiva S, Baumgartner M C, Conn T, et al. Implementation of a CAM as a Radar Cross Section (RCS) Dual-calibration Standard[C]. Proc. of the 29th Antenna Measurement Techniques Association Symposium, AMTA'2007, St. Louis, MO, 2007:82 – 87.

[16] 许小剑,刘永泽. 用于目标 RCS 测量中多重定标和背景提取的装置设计及其信号处理方法[P]. 中国发明专利,申请号 201610237378. 2, 2016.

[17] 黄培康,殷红成,许小剑. 雷达目标特性[M],北京:电子工业出版社,2005.

[18] Kouyoumjian R G, Pathak P H. A Uniform Geometrical Theory of Diffraction for an Edge in a Perfectly Conducting Surface[J]. Proc. of IEEE, 1974, 62(11):1448 – 1461.

[19] Knott E F, Shaeffer J F, Tuley M T. Radar Cross Section[M]. 2nd Edition. Scitech Publishing, Inc., Raleigh, NC, 2004.

[20] Anderson W C. Consequences of Nonorthogonality on the Scattering Properties of Dihedral Reflectors[J]. IEEE Trans. on Antennas and Propagation, 1987, 35(10):1154 – 1159.

[21] Naishadham K, Piou J E. A Robust State Space Model for the Characterization of Extended Returns in Radar Target Signatures[J]. IEEE Trans. on Antennas and Propagation, 2008, 56(6):1742 – 1751.

[22] He F Y, Xu X J. A Comparative Study of Two Target Scattering Center Models[C]. IEEE 11th International Conference on Signal Processing (ICSP),2012,3:1931 - 1935.

[23] 贺飞扬. 分布式多频段雷达超分辨率成像技术研究[D]. 北京:北京航空航天大学,2012.

[24] Stoica P, Selen Y. Model-order Selection: a Review of Information Criterion Rules[J]. IEEE Signal Processing Magazine,2004,21:36 - 47.

[25] Akaike H. A New Look at the Statistical Model Identification[J]. IEEE Trans. on Automatic Control,1974(19):716 - 723.

[26] http://www. feko. info/applications[OL]. 2016.

[27] Alexander N T,Currie N C,Tuley M T. Calibration of Bistatic RCS Measurements[C]. Proc. of 17th Antenna Measurement Techniques Association Symposium, AMTA'1995, Columbus, OH,1995:166 - 171.

[28] Currie N C,Alexander N T,Tuley M T. Unique Calibration Issues for Bistatic Radar Reflectivity Measurements[C]. Proc. IEEE 1996 National Radar Conference, An Arbor, Michigan, 1996:142 - 147.

[29] Bradley C J,Collins P J,et al. An Investigation of Bistatic Calibration Objects[J]. IEEE Trans. on Geoscience and Remote Sensing,2005,43(10):2177 - 2184.

[30] Bradley C J,Collins P J,et al. , An Investigation of Bistatic Calibration Techniques[J]. IEEE Trans. on Geoscience and Remote Sensing,2005,43(10):2185 - 2190.

[31] Monzon C. A Cross-polarized Bistatic Calibration Device for RCS Measurements[J]. IEEE Trans. on Antennas and Propagation,2003,51(4):833 - 839.

[32] 许小剑,唐建国. 一种可用于目标双站雷达散射截面测量定标定标与极化校准装置及其测量校准方法[P]. 中国发明专利,ZL201510097351. 2,2016.

第5章 背景测量、提取与抵消技术

在 RCS 测试场和测量雷达设计中，一般通过增加发射机功率、采用地平场测量几何关系、以及采用多个脉冲回波的相干积累等技术来减小噪声的影响。根据第 3 章的讨论，采用地面平面场可以在其他测量参数一定的条件下使接收信噪比最多提高 12dB；根据雷达方程，在其他测量条件不变时，发射机功率每提高 1 倍将使信噪比增加 3dB，而 N 个脉冲回波的相参积累将使信噪比提高 N 倍。可见，对于静态 RCS 测量，只要采用合适的测量系统，信噪比一般不构成 RCS 测量中的重要问题。相反，背景杂波的影响往往成为低可探测目标 RCS 测量的技术瓶颈。

事实上，在实际工程应用中 RCS 测试场及测量设备的设计一般是根据所要求的最小可测 RCS 电平来完成的，故 RCS 测量不确定度往往更多地取决于测试场背景杂波而非接收机噪声。除了良好的测试场和目标支撑系统设计外，用于抑制背景杂波影响的主要技术还包括采用脉冲距离门选通、软件距离门滤波，以及采用背景辅助测量、提取和矢量相减处理等技术。后者正是本章将要讨论的重点。

本章首先简要介绍 RCS 测试中背景杂波抑制的背景调零和软硬件距离门选通技术；然后建立背景矢量相减处理的数学模型，重点分析外场时变测量环境条件下改进的背景相减处理技术；在此基础上，讨论各种背景辅助测量技术与背景信号提取处理方法，进而引出目标导出的背景测量的概念及其信号处理技术；最后，对地平场条件下地面耦合散射抑制技术作简要讨论。

5.1 距离门选通技术

5.1.1 连续波(CW)雷达背景调零技术

在 RCS 测量中，连续波(CW)雷达的背景调零技术可以说是一种“古老”的背景抵消技术，它可以在最简单的普通连续波测量雷达上得以实现，但是即使在宽带高分辨率相参测量雷达已得到广泛应用的今天，其技术思路仍然具有很重要的启示作用。

虽然 CW 调零雷达已是一种过时的 RCS 测量系统,但是这种系统所采用的目标 - 背景回波分离技术与我们后续将要讨论的背景矢量相减技术在原理上是完全相通的。

正如其名,CW 雷达能够连续地发射和接收射频信号,多用于早期的 RCS 室内测试场。在采用 CW 雷达进行 RCS 测量时,室内墙壁回波以及系统本身所产生的各种杂散信号总会出现在系统接收端,除非将其消除或至少大幅度减少,否则这些杂波将干扰甚至完全淹没目标回波信号。由于雷达的工作带宽极窄,而且以固定的频率连续工作,故可以通过提取小部分发射信号来对杂散信号进行调零或抵消。图 5.1 为采用双天线测量实现系统调零回路的示意图[1]。

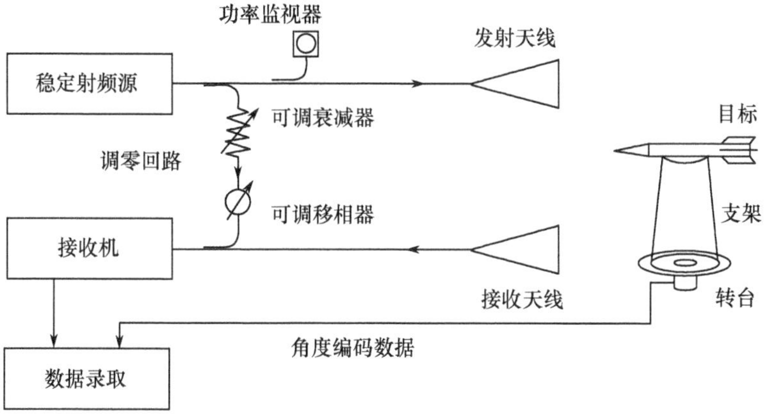

图 5.1　CW 调零回路示意图[1]

在 CW 测量系统中,将振荡频率和输出功率电平均十分稳定的射频功率源直接向一个发射天线馈送射频信号,经过与目标距离相匹配的一定时间延迟后,采用另一个天线接收目标的回波信号以及测试背景(如目标支架、室内墙壁、地面等)的杂散信号,由窄带微波接收机所接收。由于所接收信号是窄带信号,这类窄带接收机的灵敏度通常可达 -120dBm 甚至更好。

通过一个定向耦合器从发射支路耦合出一个小信号,并经由“调零回路”通过另一个定向耦合器将其注入接收支路。其中,调零回路一般由可调衰减器和可调移相器组成。由于注入调零回路的信号电平必为与杂散回波相匹配的微弱信号,故通常采用 30dB 的耦合器,有时还需要在调零回路中再插入一个衰减器。

CW 调零系统的测量操作非常简单,主要步骤如下:

第一步:设置“空室”,设定射频功率源的频率和功率,并把待测目标从支架上取下来,使测试区处于“空室”状态,相当于此时只有背景杂波进入接收天线。

第二步:系统调零,调节调零回路直至接收机的指示为零,即通过调节衰减器和移相器,使得调零回路的射频信号与杂散回波信号之间相互抵消,保证"空室"情况下没有回波信号进入到接收机。若所采用的系统性能稳定,且操作温度与环境温度平衡,则可以在很短的时间内完成调零回路的调节。

第三步:定标测量,把定标体安装到支架上,并录取其回波信号。

第四步:目标测量,从支架上移除定标体,安装待测目标,接收并录取目标随转台角位置变化的回波信号。

第五步:后定标测量,由于系统调零状态通常不是很稳定,故在完成目标回波录取后,需要迅速将目标移除,并重新安装定标体以检验被测目标的回波电平,确保系统处于稳定工作状态。

上述调零测量 CW 系统一般仅限用于待测目标属于体积小、重量轻、便于迅速从支架上装卸等一类目标的测量,而对于那些体积较大,例如需要利用高架起重机装卸的目标,显然很难采用这样的系统进行完全背景抵消并实现精确 RCS 测量。

此外,注意到在单天线系统中无法采用这种方式实现背景杂波调零,但可以通过魔 T 来分离发射信号和接收信号。所谓的魔 T,是一种具有一对对称端口和一对非对称端口的波导器件,当其两个对称端口匹配时,仅有很小一部分或者没有能量能在两个非对称端口间传输,即从一个非对称端口注入的能量能够传输到每个对称端口,而不会到达另一个非对称端口。因此,可以利用魔 T 的这种信号分离特性,从一个非对称端口注入发射信号,使接收机与另一个非对称端口相连接,并将天线连接到其中一个对称端口,从而实现接收机与发射机分离,而这正是实现两者共用一个天线的必要条件。有兴趣的读者请参考文献[1],此处不赘述。

5.1.2 硬件距离门选通

早期的连续波调零雷达通过提取少量发射信号将目标回波和由测试环境散射所产生的背景回波分离开来,脉冲雷达则是通过距离门定时控制来实现目标-背景分离的。尽管两种系统所采用的方式完全不同,但它们均能在一定程度上有效地实现目标回波与环境杂波的分离。脉冲雷达的这种通过采用定时控制实现对目标和背景杂波之间的分离,称为硬件距离门选通。

脉冲硬件距离门选通允许接收、处理和录取指定距离处的雷达回波,同时滤除距离门以外的干扰和杂波信号。其具体应用包括:

(1) 消除使雷达接收机饱和的强回波,例如发射机脉冲泄漏。

(2) 消除干扰杂波,例如来自测试室墙面、外场地面及周边环境的杂散反射信号。

(3) 通过多个硬件距离门,将来自不同目标的回波分离到不同的接收通道,例如在异地同时定标测量中,将位于不同距离上的定标体和被测目标信号通过不同接收通道进行接收和录取。

(4) 对来自被测目标部件的独立回波进行分类,使其便于显示和单独处理,例如采用纳秒级脉冲和距离门选通可实现对目标的厘米或分米级高分辨率测量。

单天线脉冲雷达的原理如图 5.2 所示[1]。在 RCS 测量中,多数脉冲雷达的发射脉冲宽度在 1μs 以内。定时器触发发射机发射一个射频脉冲,经过一定时延(时延长短取决于目标与测量雷达之间的距离)后,接收机完成对目标回波脉冲的接收。对于室外测试场,在脉冲发射后,来自测试场周边环境的杂散回波到达接收天线的时延通常可能长达数微秒,而通过定时器对于接收开关的控制,接收机可以将位于距离门以外的绝大部分杂散回波都滤除掉。

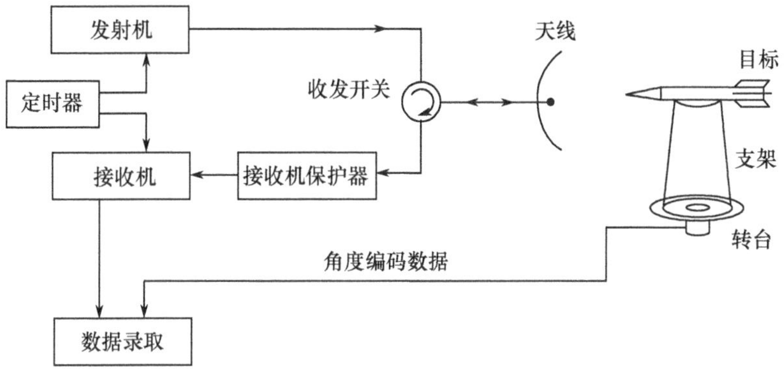

图 5.2 单天线脉冲雷达原理框图[1]

图 5.2 中的定时器实际上是一个脉冲发生器,它产生两个连续脉冲串,分别为发射触发脉冲(标记为 TX)和接收触发脉冲(标记为 RX),RX 脉冲串相对于 TX 脉冲串的时延为射频信号到达目标并返回至接收机的双程传播时间,这种时序关系的示意图如图 5.3 所示。由于这种时延很容易通过电子方式调节,故接收机可以仅对所感兴趣的目标回波进行选通操作。不难理解,仅通过这种定时操作并不能将目标回波信号同与目标同时到达接收机的杂波(例如,目标支架的散射)分离开。为了解决这一问题,一是设计使得接收机距离门尽可能窄,二是在此基础上进一步采取背景测量与矢量相减处理。

TX 脉冲串中的每个脉冲触发发射机通过天线发射一个 RF 脉冲串,脉冲重复周期为 T,其倒数称为脉冲重复频率(PRF)。每个 RF 脉冲的持续时间 τ 可以与触发脉冲自身脉宽一致,也可以根据发射机内部的脉冲电路设定。发射机脉冲长度至少应为信号穿越目标两次(沿发射中心至目标方向)所需时长的 1.5 ~

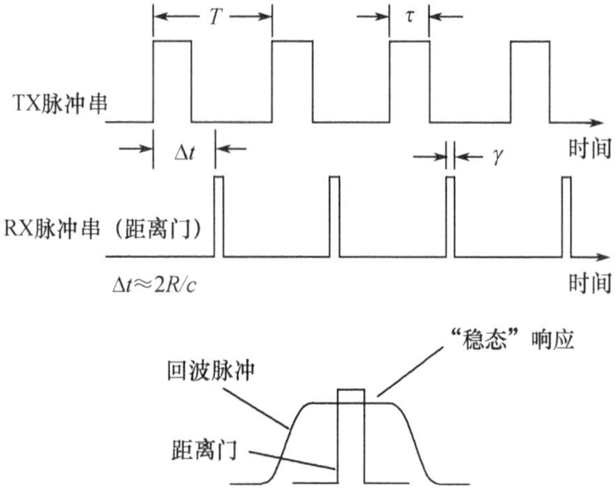

图 5.3　发射机和接收机触发脉冲示意图[1]

2 倍,以保证回波信号能够包含所有目标散射中心(包括表面波)的贡献。接收机定时脉冲串用于控制接收机的开关状态,保证仅当目标回波到达时接收机才处于打开状态。故此,其中的单个接收机定时脉冲被称为"距离门"。

为了仅对目标回波产生响应,滤除一些不相关但又无法避免的测试场杂散回波,距离门的时延应为信号到达目标并返回的双程传播时间 Δt。正如图 5.3 所示,测试操作人员必须能对该时延进行调整及精确设定,以从接收脉冲中采集到稳态目标回波信号。为了使接收机灵敏度最大化,距离门应设置的尽量宽;反过来,为了尽可能滤除时延在目标区附近的各种测试场杂波,又要求距离门应该尽量窄;如果不是采用高分辨率测量模式,而是测量目标的整体 RCS,距离门也同样不应窄于被测目标尺度所对应双程时延的 1.5 ~2 倍。

从以上讨论可见,测量雷达设计者在设置实际脉宽时通常需要折中选择,发射脉冲宽度既要完全覆盖住整个目标区又要兼顾系统的带宽要求。较宽的脉冲可以降低接收机对带宽的要求,从而提高灵敏度,但同时也会增加入射波对测试场的照射面积,由此可能会造成测试场杂散回波电平。因此,脉宽的选择通常就是对这两种互斥需求的折中选择。正因如此,RCS 测试场设计者总是努力保持测试场地干净、无障碍,从而保证场地的杂散回波最小。

距离选通门的主要指标包括[2]:

(1) 插入损耗(当选通门处于"开启"状态时对信号电平的损耗)。

(2) 隔离度(当选通门处于"关闭"状态时滤除强干扰信号的能力)。

(3) 选通性能(拒绝邻近距离范围内杂散信号的能力)。

(4) 距离门宽(一般量纲为 ns 或者 m)等。

5.1.3　软件距离门选通

上面讨论的是硬件上采用一组高速 RF 转换器来创建一个距离选通门，从而通过时域选通消除非目标区距离处干扰杂波的影响。对于宽带 RCS 测量雷达系统，这样一个选通过程也可以通过软件处理来实现。前者称为硬件距离门，后者则称为软件距离门。

当对目标进行宽带扫幅相频测量时，可以获得一定频带范围内的频域散射数据，第 2 章的理论推导指出，对频域数据采用快速傅里叶变换（FFT）算法作傅里叶变换，可以合成目标的高分辨率距离像。图 5.4 示出了对一组宽带测量数据进行软件距离门选通处理的过程示意图，其中：图 5.4(a) 为测量得到的包含背景杂波的宽带散射回波频域数据；图 5.4(b) 为该组数据经快速逆傅里叶变换（IFFT）得到的一维高分辨率距离像，图中虚线表示时域距离门的大致形状和位置，其中时域距离门一般根据目标区位置、尺寸等参数，依照普通数字滤波器设计方法设计而得到；图 5.4(c) 为时域软件距离门的响应特性；图 5.4(d) 为图 5.4(b) 中一维高分辨率距离像与时域距离选通滤波器相乘的结果，这样，就将目标区外的各种杂散信号滤除掉了，只保留了目标区距离像；最后，图 5.4(e) 示出了经软件距离门选通后的距离像经 FFT 重新变换到频域的数据。

此例是典型微波暗室测量与处理的过程和结果。由于采用步进频率连续波扫频测量，原始数据中包含了各种强杂散信号，其结果是被测目标的回波完全被淹没在杂波中，这可从图 5.4(b) 与图 5.4(d) 的对比中看出来，图中包括收发天线间耦合（-9m 附近位置）、微波暗室后墙（13m 左右位置）等杂波，均远比目标区信号强。经软件距离门选通处理后，背景杂波被抑制到很低的水平，目标区信号得到保留，因此，最终在频域主要保留的是目标信号。对比图 5.4(a) 和图 5.4(e) 可以发现，距离门选通处理后的 RCS 电平比原始数据低了将近 20dB，这是远高于目标电平的杂波均被滤除了的结果。

最后，必须指出，像图 5.4 这样的测量和数据处理例子中，由于没有采用硬件脉冲选通门，要求扫频测量的频率步长足够小，频域采样率应该确保一维距离像中不存在距离模糊，不会有其他远距离上的杂波散射混叠到目标区。否则，软件距离门选通是无法滤除混叠到目标区的杂波的。此外，时域软件距离门不能简单地采用矩形脉冲门，而应按照数字滤波器设计的一套方法处理，采用具有类似于图 5.4(c) 中那样响应特性的距离门，否则当把软件距离门选通处理后的距离像数据再次变换回到数据域时，频域数据会被矩形距离门的高旁瓣所污染。

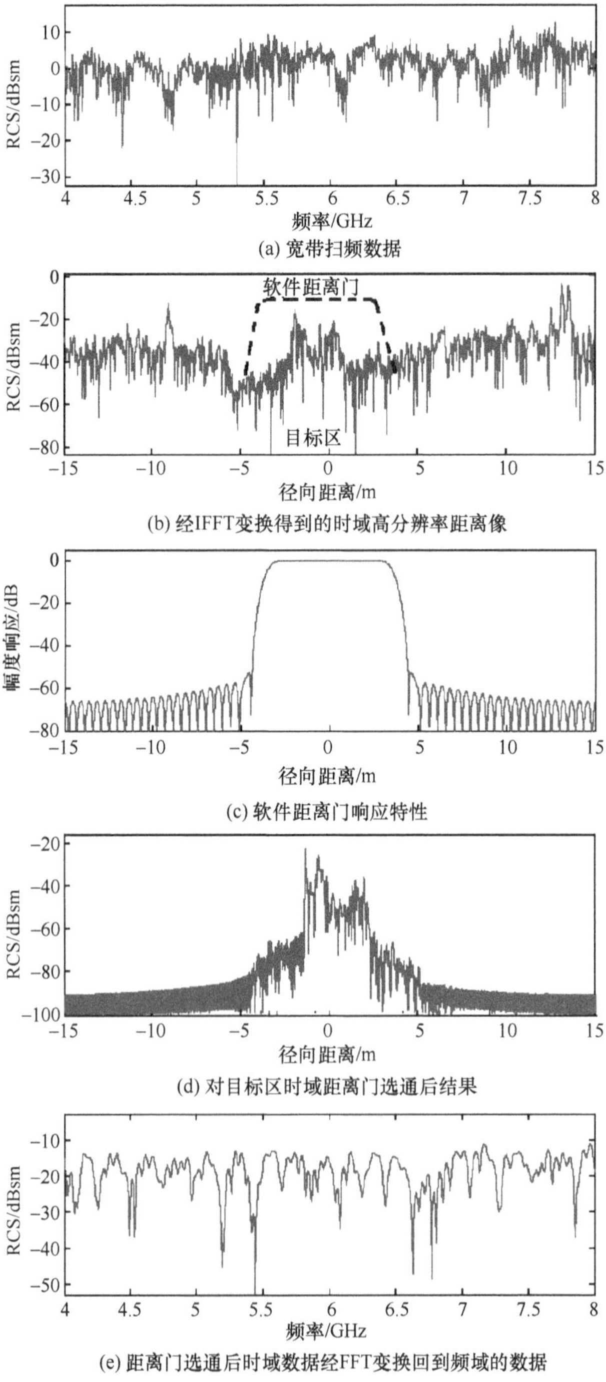

图 5.4　软件距离门消除杂波干扰

5.2　背景矢量相减技术

5.2.1　背景相减处理数学模型

在第 4 章，讨论了采用背景相减处理时目标散射函数测量的定标方程，重写如下

$$\sqrt{\boldsymbol{\sigma}_{\mathrm{T}}(f)}=\boldsymbol{K}(f)\cdot\frac{\boldsymbol{S}_{\mathrm{T}}(f)-\boldsymbol{S}_{\mathrm{BT}}(f)}{\boldsymbol{S}_{\mathrm{C}}(f)-\boldsymbol{S}_{\mathrm{BC}}(f)}\cdot\sqrt{\boldsymbol{\sigma}_{\mathrm{C}}(f)} \tag{5.1}$$

式中：$\sqrt{\boldsymbol{\sigma}_{\mathrm{T}}(f)}$ 和 $\sqrt{\boldsymbol{\sigma}_{\mathrm{C}}(f)}$ 分别为目标和定标体的散射函数；$\boldsymbol{S}_{\mathrm{T}}(f)$ 和 $\boldsymbol{S}_{\mathrm{C}}(f)$ 分别为测目标和测定标体时的雷达回波信号（包含杂波背景）；$\boldsymbol{S}_{\mathrm{BT}}(f)$ 和 $\boldsymbol{S}_{\mathrm{BC}}(f)$ 分别表示没有安装目标和定标体的“空支架”的雷达回波，也即背景杂波；$\boldsymbol{K}(f)$ 为定标系数。

为了完成上述背景相减和定标处理，不但需要测得 $\boldsymbol{S}_{\mathrm{T}}(f)$ 和 $\boldsymbol{S}_{\mathrm{C}}(f)$，还需要测得背景杂波 $\boldsymbol{S}_{\mathrm{BT}}(f)$ 和 $\boldsymbol{S}_{\mathrm{BC}}(f)$。按照式（5.1），为了完成背景相减处理，最为一般的 RCS 测试过程包括以下基本步骤：

步骤 1：t_1 时刻，距离选通门设置在定标区，测量未安装定标体时定标区“空支架”的背景回波 $\boldsymbol{S}_{\mathrm{BC}}(f,t_1)$。

步骤 2：t_2 时刻，在定标支架上安装定标体，距离选通门设置在定标区，测量定标体的回波 $\boldsymbol{S}_{\mathrm{C}}(f,t_2)$。

步骤 3：t_3 时刻，距离选通门设置在目标区，测量未安装目标时的目标区背景回波 $\boldsymbol{S}_{\mathrm{BT}}(f,t_3)$。

步骤 4：t_4 时刻，在目标支架上安装目标，距离选通门设置在目标区，测量目标的回波 $\boldsymbol{S}_{\mathrm{T}}(f,t_4)$。

步骤 5：令 $\boldsymbol{S}_{\mathrm{C}}(f)=\boldsymbol{S}_{\mathrm{C}}(f,t_2)$，$\boldsymbol{S}_{\mathrm{BC}}(f)=\boldsymbol{S}_{\mathrm{BC}}(f,t_1)$，$\boldsymbol{S}_{\mathrm{T}}(f)=\boldsymbol{S}_{\mathrm{T}}(f,t_4)$，$\boldsymbol{S}_{\mathrm{BT}}(f)=\boldsymbol{S}_{\mathrm{BT}}(f,t_3)$，按照式（5.1）进行背景相量相减和目标 RCS 定标处理。

对于异地同时定标测量，有 $t_3=t_1$，$t_4=t_2$，且通过两个距离选通门同时完成目标区和定标区信号的采集。

然而，在实际工程实现中面临以下两个主要问题：

（1）如何实现对背景信号的精确测量。对于采用金属支架的 RCS 测试场，如何测得 $\boldsymbol{S}_{\mathrm{BT}}(f)$ 和 $\boldsymbol{S}_{\mathrm{BC}}(f)$。因为目标支架顶部安装有转台，在测目标时它被隐藏于被测目标的腹腔内，因此测目标时转顶的回波不会对雷达总回波产生实质性影响。另一方面，如果要测得未安装目标时支架本身的背景回波，需要将目标从支架上卸开，而此时原来隐藏的转顶则显露出来。毫无疑问，转顶的雷达强散射会远远超出低散射支架的背景散射。因此，如何解决不放置定标体和不放置

目标时，定标区和目标区的背景回波 $\boldsymbol{S}_{BT}(f)$ 和 $\boldsymbol{S}_{BC}(f)$ 的精确测量，是现代 RCS 测试场能否成功进行背景抵消处理的关键问题之一。

（2）如何克服测量雷达系统和测试场特性随时间飘移带来的不利影响。由于测背景、测目标和定标体一般是在不同时间段进行的，如果测试过程中测量雷达或者整个测试场的响应特性是随时间变化的，则步骤 5 中的背景抵消处理是不完美的，甚至可能完全失效。

5.2.2 背景测量的基本方法

目前在 RCS 测量领域，国际上普遍采用的技术是：

（1）通过细致的低散射设计，使得在感兴趣的测量频段，支架的散射回波远小于目标散射（起码低 20dB 以上），这样，即使不采取背景抵消措施，仍可以在很大程度上保证 RCS 测量的不确定度满足要求。

（2）设计一个辅助测量的低散射端帽，在测背景时对支架顶部的转顶就如同测目标时一样，用低散射端帽将其“隐藏”起来。但是，由于金属支架本身 RCS 电平通常低于 -35dBsm，若要精确测量支架的背景回波，要求低散射端帽的 RCS 电平再低 20dB，也即需要达到 -55dBsm 以下，在大多数情况下这显然是不现实的。因此，低散射端帽的实际作用更多地在于，在加装低散射端帽后，通过对“支架 + 低散射端帽”背景的测量，验证支架的背景电平低于某个门限值而已，这种不够精确的背景测量数据一般不能直接用于背景相减处理。

（3）采用背景辅助测量装置，例如能够在支架顶端平移的低散射载体[3]、随转顶旋转的偏心圆柱体[4]等，并通过辅助测量和后续信号处理完成背景信号提取。

5.3 改进的背景相减处理技术

5.2 节所讨论的背景相减模型和测量与处理基本流程适用于大多数室内 RCS 测试场。对于采用地面平面场的室外 RCS 测试场，由于发射波和散射回波的传输路径均包括直接散射、地面一次和二次反射共 3 条路径，而经由一次和二次反射路径的回波信号均受到地面反射的影响，具体表现为测试场地面反射系数以及传播路径电长度均随测量时间而变化。因此，为了提高此类 RCS 测试场背景抵消处理的有效性，首先应该考虑到测试场上述时变特性的影响，将时变响应特性引入 RCS 测量背景相减与定标处理模型中[5-6]。

5.3.1 数学模型

假设采用如图 5.5 所示的地平场异地定标测量几何关系。RCS 测量满足高信噪比测量条件，即噪声的影响可忽略。若引入测量系统－测试场的时变传递函数对雷达接收回波的影响，根据第 4 章中的讨论，则对于宽带扫频幅相测量，测目标和测定标体时的雷达回波信号可分别表示为

$$\boldsymbol{S}_{\mathrm{T}}(f,t)=H_{\mathrm{T}}(f,t)\cdot[\boldsymbol{T}(f)+\boldsymbol{B}_{\mathrm{T}}(f,t)] \tag{5.2}$$

和

$$\boldsymbol{S}_{\mathrm{C}}(f,t)=H_{\mathrm{C}}(f,t)\cdot[\boldsymbol{C}(f)+\boldsymbol{B}_{\mathrm{C}}(f,t)] \tag{5.3}$$

式中：$H_{\mathrm{T}}(f,t)$ 和 $H_{\mathrm{C}}(f,t)$ 分别为测目标和测定标体时测量系统－测试场的传递函数，是随时间慢变化的，反映了测量雷达系统漂移和测试场类型及其电参数特性随时间的变化特性；$\boldsymbol{S}_{\mathrm{T}}(f,t)$ 和 $\boldsymbol{S}_{\mathrm{C}}(f,t)$ 分别为雷达接收到的目标回波和定标体回波，两者均受到测量雷达－测试场时变传递函数的影响；$\boldsymbol{T}(f)$ 和 $\boldsymbol{C}(f)$ 分别为目标和定标体在给定姿态下的真实散射场，是不随时间而变化的量；$\boldsymbol{B}_{\mathrm{T}}(f,t)$ 和 $\boldsymbol{B}_{\mathrm{C}}(f,t)$ 分别为测目标和测定标体时的固有背景散射，对于 RCS 测试外场，两者均随时间 t 变化，表示由于目标/定标体同支架之间的耦合散射或背景状态的改变，造成架设和未架设目标时，支架固有背景散射的变化。注意到上述散射信号均表示为复数相量。

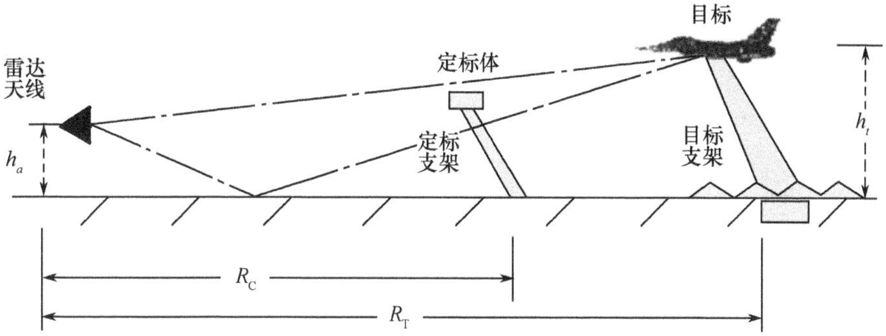

图 5.5　地平场异地同时定标测量几何关系示意图

这样，由式(5.1)，在外场异地定标 RCS 测量中，背景相减和 RCS 定标处理的过程在数学上可表示为

$$\sqrt{\boldsymbol{\sigma}_{\mathrm{T}}(f)}=\frac{\boldsymbol{S}_{\mathrm{T}}(f,t_4)-\boldsymbol{S}_{\mathrm{BT}}(f,t_3)}{\boldsymbol{S}_{\mathrm{C}}(f,t_2)-\boldsymbol{S}_{\mathrm{BC}}(f,t_1)}\cdot\sqrt{\boldsymbol{\sigma}_{\mathrm{C}}(f)} \tag{5.4}$$

式中：$t_1 \sim t_4$ 分别为测定标背景、测定标体、测目标背景、以及测目标的不同时间段，如果是异地同时定标测量，则有 $t_1=t_3, t_2=t_4$；$\boldsymbol{S}_{\mathrm{BT}}(f,t)$ 和 $\boldsymbol{S}_{\mathrm{BC}}(f,t)$ 分别为目标空支架时测得的背景回波和定标体空支架时测得的背景回波，两者可分别表示为

$$\boldsymbol{S}_{\mathrm{BT}}(f,t)=H_{\mathrm{T}}(f,t)\cdot\boldsymbol{B}_{\mathrm{T}}(f,t) \tag{5.5}$$

$$\boldsymbol{S}_{\mathrm{BC}}(f,t)=H_{\mathrm{C}}(f,t)\cdot\boldsymbol{B}_{\mathrm{C}}(f,t) \tag{5.6}$$

这样，由式(5.2)~式(5.6)，有

$$\sqrt{\boldsymbol{\sigma}_{\mathrm{T}}(f)}=\frac{H_{\mathrm{T}}(f,t_4)}{H_{\mathrm{C}}(f,t_2)}\cdot\frac{\boldsymbol{T}(f)+\Delta_{\mathrm{T}}(f,\Delta t_{34})}{\boldsymbol{C}(f)+\Delta_{\mathrm{C}}(f,\Delta t_{12})}\cdot\sqrt{\boldsymbol{\sigma}_{\mathrm{C}}(f)} \tag{5.7}$$

式中：$\boldsymbol{\Delta}_{\mathrm{C}}(f,\Delta t_{12})$和$\boldsymbol{\Delta}_{\mathrm{T}}(f,\Delta t_{34})$为经背景抵消处理后的剩余背景误差

$$\boldsymbol{\Delta}_{\mathrm{C}}(f,\Delta t_{12})=\boldsymbol{B}_{\mathrm{C}}(f,t_2)-\frac{H_{\mathrm{C}}(f,t_1)}{H_{\mathrm{C}}(f,t_2)}\cdot\boldsymbol{B}_{\mathrm{C}}(f,t_1) \tag{5.8}$$

$$\boldsymbol{\Delta}_{\mathrm{T}}(f,\Delta t_{34})=\boldsymbol{B}_{\mathrm{T}}(f,t_4)-\frac{H_{\mathrm{T}}(f,t_3)}{H_{\mathrm{T}}(f,t_4)}\cdot\boldsymbol{B}_{\mathrm{T}}(f,t_3) \tag{5.9}$$

式(5.7)~式(5.9)构成了异地定标 RCS 测量中测试与定标处理的基本数学模型。

为了作进一步的分析，假定

$$H_{\mathrm{T}}(f,t)=A_{\mathrm{T}}(f,t)\,\mathrm{e}^{-\mathrm{j}\phi_{\mathrm{T}}(f,t)} \tag{5.10}$$

$$H_{\mathrm{C}}(f,t)=A_{\mathrm{C}}(f,t)\,\mathrm{e}^{-\mathrm{j}\phi_{\mathrm{C}}(f,t)} \tag{5.11}$$

式中：$A_{\mathrm{T}}(f,t)$，$\phi_{\mathrm{T}}(f,t)$分别为测目标时测量系统－测试场传递函数的时变幅频和相频特性；$A_{\mathrm{C}}(f,t)$，$\phi_{\mathrm{C}}(f,t)$分别为测定标体时测量系统－测试场传递函数的时变幅频和相频特性。

精确的 RCS 测量和定标要求

$$\frac{H_{\mathrm{T}}(f,t_4)}{H_{\mathrm{C}}(f,t_2)}=A_0(f)\,\mathrm{e}^{-\mathrm{j}\phi_0(f)} \tag{5.12}$$

式中：$A_0(f)$为幅频特性，$\phi_0(f)$为相频特性；且

$$\Delta_{\mathrm{T}}(f,\Delta t_{34})=0,\quad \Delta_{\mathrm{C}}(f,\Delta t_{12})=0 \tag{5.13}$$

即背景抵消的剩余误差为0。

现根据图5.5中的异地定标测量的几何关系作进一步分析。如果测试场背景是随时间变化的，则显然，通过多次测量和信号处理并不能解决背景相减和抵消问题。但如果测试场和定标与目标支架均经过仔细设计和优化，且测试过程中定标区和目标区的背景未发生任何改变，因而是不随时间变化的，即$\boldsymbol{B}_{\mathrm{C}}(f,t_2)=\boldsymbol{B}_{\mathrm{C}}(f,t_1)=\boldsymbol{B}_{\mathrm{C}}(f)$，$\boldsymbol{B}_{\mathrm{T}}(f,t_4)=\boldsymbol{B}_{\mathrm{T}}(f,t_3)=\boldsymbol{B}_{\mathrm{T}}(f)$，则此时式(5.8)和式(5.9)变为

$$\boldsymbol{\Delta}_{\mathrm{C}}(f,\Delta t_{12})=\left[1-\frac{H_{\mathrm{C}}(f,t_1)}{H_{\mathrm{C}}(f,t_2)}\right]\cdot\boldsymbol{B}_{\mathrm{C}}(f) \tag{5.14}$$

$$\boldsymbol{\Delta}_{\mathrm{T}}(f,\Delta t_{34})=\left[1-\frac{H_{\mathrm{T}}(f,t_3)}{H_{\mathrm{T}}(f,t_4)}\right]\cdot\boldsymbol{B}_{\mathrm{T}}(f) \tag{5.15}$$

若要求剩余背景误差为 0,则要求

$$H_{\mathrm{T}}(f,t_4)=H_{\mathrm{T}}(f,t_3) \tag{5.16}$$

$$H_{\mathrm{C}}(f,t_2)=H_{\mathrm{C}}(f,t_1) \tag{5.17}$$

因此,精确的 RCS 定标和背景抵消要求测量系统 - 测试场传递函数的幅相特性满足以下 3 个条件

$$A_{\mathrm{T}}(f,t_4)=A_{\mathrm{T}}(f,t_3),\phi_{\mathrm{T}}(f,t_4)=\phi_{\mathrm{T}}(f,t_3) \tag{5.18}$$

$$A_{\mathrm{C}}(f,t_2)=A_{\mathrm{C}}(f,t_1),\phi_{\mathrm{C}}(f,t_2)=\phi_{\mathrm{C}}(f,t_1) \tag{5.19}$$

$$\frac{A_{\mathrm{T}}(f,t_4)}{A_{\mathrm{C}}(f,t_2)}=A_0(f),\phi_{\mathrm{T}}(f,t_4)-\phi_{\mathrm{C}}(f,t_2)=\phi_0(f) \tag{5.20}$$

式(5.18)~式(5.20)构成了对精确的 RCS 测量、背景抵消和定标处理的基本要求,其实质上即要求传递函数是非时变的。但是,由于真实测量雷达和测试场的参数总是随时间有所漂移的,也即上述三式的要求一般是不可能得到完全满足的,除非在测量过程中采用必要的辅助测量和信号处理方法对时变传递函数幅度和相位作补偿处理,使得经过补偿处理后式(5.18)~式(5.20)同时得到满足。这正是后续所要讨论问题的基本出发点。

5.3.2　时变条件下背景相减与定标处理问题分析

根据图 5.5 所示的几何关系,在单站测量且收发共用天线的情况下,由雷达方程式(4.1),对于传递函数 $H_{\mathrm{T}}(f,t)$ 和 $H_{\mathrm{C}}(f,t)$ 的幅频和相频特性,分别有

$$H_{\mathrm{T}}(f,t)=\sqrt{\frac{1}{(4\pi)^3}}\cdot\frac{G(f,t)\cdot F_{\mathrm{T}}(f,t)}{L_{\mathrm{T}}(f)\cdot R_{\mathrm{T}}^2}\cdot\frac{c}{f} \tag{5.21}$$

$$H_{\mathrm{C}}(f,t)=\sqrt{\frac{1}{(4\pi)^3}}\cdot\frac{G(f,t)\cdot F_{\mathrm{C}}(f,t)}{L_{\mathrm{C}}(f)\cdot R_{\mathrm{C}}^2}\cdot\frac{c}{f}\cdot\exp\left[-\mathrm{j}\frac{4\pi f}{c}\Delta R\right] \tag{5.22}$$

式中:天线增益项 $G(f,t)$ 同时包含了雷达发射机和发射天线增益随时间的漂移、接收机增益和接收天线增益随时间漂移的影响;$F_{\mathrm{T}}(f,t)$ 和 $F_{\mathrm{C}}(f,t)$ 为对应于目标区和定标区,随频率和时间变化的地平场增益因子;$L_{\mathrm{T}}(f)$ 和 $L_{\mathrm{C}}(f)$ 为对应于目标区和定标区的传输衰减因子,它们是随频率和时间变化的,但传输衰减因子一般对时间变化不敏感,为简化模型,此处认为是不随时间变化的;R_{T} 和 R_{C} 为对应于目标区和定标区的中心距离,ΔR 为目标与定标体之间的距离差,三者均不随时间变化;c 为电磁波的传播速度;f 为雷达频率。

这样,有

$$\frac{H_{\mathrm{T}}(f,t_n)}{H_{\mathrm{C}}(f,t_m)}=\frac{G(f,t_n)}{G(f,t_m)}\cdot\frac{F_{\mathrm{T}}(f,t_n)}{F_{\mathrm{C}}(f,t_m)}\cdot H_0(f) \tag{5.23}$$

式中：$H_0(f)$为传递函数中可通过测量几何关系和雷达参数确定的幅度和线性相位因子，不随测量时间推移而变化，且有

$$\begin{aligned} H_0(f) &= \left(\frac{R_C}{R_T}\right)^2 \cdot \frac{L_C(f)}{L_T(f)} \cdot \exp\left[-j\frac{4\pi f}{c}\Delta R\right] \\ &= A(f)\exp\left[-j\frac{4\pi f}{c}\Delta R\right] \end{aligned} \tag{5.24}$$

以下讨论两种常见的 RCS 测量情况。

（1）同地定标情况：目标和定标体放置在同一支架上，在时间上按先后顺序测量。若在 RCS 测试中采用同地定标，有 $R_C = R_T$，$L_C(f) = L_T(f)$，此时有 $A(f) = 1$，$\Delta R = 0$，故有

$$H_0(f) = 1 \tag{5.25}$$

（2）异地同时连续定标情况：定标体与目标放置在不同距离上，利用两个距离门实现定标体、目标回波信号同时采集和连续定标测量。此时，一般测试过程中定标体与目标之间的距离较近，且雷达系统的相对带宽较小（否则难以满足地面平面场条件），故可认为$\dfrac{L_C(f)}{L_T(f)}$近似等于常数，因此有

$$H_0(f) = K_0 \cdot \exp\left[-j\frac{4\pi f}{c}\Delta R\right] \tag{5.26}$$

式中：K_0为常数。

由于在 RCS 定标处理中，可根据测量几何关系和雷达参数，并依据雷达方程精确计算出 $H_0(f)$，故该项传递函数通常不会引入明显的定标处理误差。

这样，实际 RCS 测量和处理中可对定标公式(5.7)作适当修正，把不随时间变化的传递函数 $H_0(f)$ 单独分离出来。记 $\Delta t_{mn} = t_n - t_m$，表示 t_m和 t_n两次不同测量之间的时间间隔$(m,n = 1,2,3,4)$。这样，对应地式(5.7)可重写为

$$\sqrt{\boldsymbol{\sigma}_T(f)} = H_m(f,\Delta t_{42}) \cdot \frac{\boldsymbol{T}(f) + \boldsymbol{\Delta}_T(f,\Delta t_{34})}{\boldsymbol{C}(f) + \boldsymbol{\Delta}_C(f,\Delta t_{12})} \cdot H_0(f) \cdot \sqrt{\boldsymbol{\sigma}_C(f)} \tag{5.27}$$

式中：$\boldsymbol{\Delta}_T(f,\Delta t_{34})$和 $\boldsymbol{\Delta}_C(f,\Delta t_{12})$分别为测目标和测定标体过程中，背景抵消处理因测试场－测量系统的传递函数随时间变化而导致的剩余背景误差所带来的影响；$H_m(f,\Delta t_{42})$为在测量定标体（t_2时刻）与测量目标（t_4时刻）期间，测试场－测量系统的传递函数随测试时间变化引起的测量不确定性，且有

$$\begin{aligned} H_m(f,\Delta t_{42}) &= \frac{G(f,t_4)}{G(f,t_2)} \cdot \frac{F_T(f,t_4)}{F_C(f,t_2)} \\ &= H_G(f,\Delta t_{42}) \cdot H_F(f,\Delta t_{42}) \end{aligned} \tag{5.28}$$

式中

$$H_G(f,\Delta t_{mn}) = \frac{G(f,t_m)}{G(f,t_n)} \tag{5.29}$$

为测量雷达系统(含天线)随时间和频率漂移引起的不确定性,通常天线增益变化影响很小,不确定性主要来自于发射机和接收机漂移等因素;下式

$$H_F(f,\Delta t_{mn}) = \frac{F_{\mathrm{T}}(f,t_m)}{F_{\mathrm{C}}(f,t_n)} \tag{5.30}$$

为测试场在测目标和测定标体时两者之间场地增益因子不一致引起的不确定性,主要是由测试场电参数随时间和气象条件等变化所引起的。

可见,如果测试过程中通过测试流程设计或辅助测量手段可以导出传递函数 $H_m(f,\Delta t_{42})$,则在定标处理中用 $1/H_m(f,\Delta t_{42})$ 进行补偿处理,测量雷达系统漂移和测试场环境电特性变化的影响便可得以消除。

式(5.27)中剩余背景误差所带来的测量不确定性可表示如下

$$\begin{aligned}\boldsymbol{\Delta}_{\mathrm{T}}(f,\Delta t_{\mathrm{T}}) &= \left[1 - \frac{H_{\mathrm{T}}(f,t_3)}{H_{\mathrm{T}}(f,t_4)}\right] \cdot \boldsymbol{B}_{\mathrm{T}}(f) \\ &= \left[1 - \frac{G(f,t_3)}{G(f,t_4)} \cdot \frac{F_{\mathrm{T}}(f,t_3)}{F_{\mathrm{T}}(f,t_4)}\right] \cdot \boldsymbol{B}_{\mathrm{T}}(f) \\ &= [1 - H_G(f,\Delta t_{34}) \cdot H_{F\mathrm{T}}(f,\Delta t_{34})] \cdot \boldsymbol{B}_{\mathrm{T}}(f) \\ &= [1 - H_{b\mathrm{T}}(f,\Delta t_{34})] \cdot \boldsymbol{B}_{\mathrm{T}}(f)\end{aligned} \tag{5.31}$$

$$\begin{aligned}\boldsymbol{\Delta}_{\mathrm{C}}(f,\Delta t_{\mathrm{C}}) &= \left[1 - \frac{H_{\mathrm{C}}(f,t_1)}{H_{\mathrm{C}}(f,t_2)}\right] \cdot \boldsymbol{B}_{\mathrm{C}}(f) \\ &= \left[1 - \frac{G(f,t_1)}{G(f,t_2)} \cdot \frac{F_{\mathrm{C}}(f,t_1)}{F_{\mathrm{C}}(f,t_2)}\right] \cdot \boldsymbol{B}_{\mathrm{C}}(f) \\ &= [1 - H_G(f,\Delta t_{12}) \cdot H_{F\mathrm{C}}(f,\Delta t_{12})] \cdot \boldsymbol{B}_{\mathrm{C}}(f) \\ &= [1 - H_{b\mathrm{C}}(f,\Delta t_{12})] \cdot \boldsymbol{B}_{\mathrm{C}}(f)\end{aligned} \tag{5.32}$$

式中

$$H_{b\mathrm{T}}(f,\Delta t_{34}) = H_G(f,\Delta t_{34})H_{F\mathrm{T}}(f,\Delta t_{34}) \tag{5.33}$$

$$H_{b\mathrm{C}}(f,\Delta t_{12}) = H_G(f,\Delta t_{12})H_{F\mathrm{C}}(f,\Delta t_{12}) \tag{5.34}$$

其中

$$H_{F\mathrm{T}}(f,\Delta t_{mn}) = \frac{F_{\mathrm{T}}(f,t_m)}{F_{\mathrm{T}}(f,t_n)} \tag{5.35}$$

为测目标时地平场时变增益因子引起的传递函数不确定性;下式

$$H_{F\mathrm{C}}(f,\Delta t_{mn}) = \frac{F_{\mathrm{C}}(f,t_m)}{F_{\mathrm{C}}(f,t_n)} \tag{5.36}$$

为测定标体时地平场时变增益因子引起的传递函数不确定性。

可见,背景相减剩余误差受到雷达系统漂移 $H_G(f,\Delta t_{34})$(测目标支架背景与测目标期间的雷达系统漂移)、$H_G(f,\Delta t_{12})$(测定标支架背景与测定标体期间的雷达系统漂移)、地平场增益因子变化 $H_{FT}(f,\Delta t_{34})$(测目标支架背景与测目标期间的增益因子变化)以及 $H_{FC}(f,\Delta t_{12})$(测定标支架背景与测定标体期间的增益因子变化)四者的共同影响。

同样,若在测试中通过测试流程设计或辅助测量手段可估计出 $H_{b\mathrm{T}}(f,\Delta t_{34})$ 和 $H_{b\mathrm{C}}(f,\Delta t_{12})$,则在背景相减处理前可对背景测量数据进行适当的幅相补偿处理,从而消除剩余背景误差影响。

根据以上推导,最后有以下 RCS 测试背景相减和定标处理式

$$\sqrt{\boldsymbol{\sigma}_{\mathrm{T}}(f)} = H_m(f,\Delta t_{42}) \cdot \frac{\boldsymbol{T}(f) + [1 - H_{b\mathrm{T}}(f,\Delta t_{34})] \cdot \boldsymbol{B}_{\mathrm{T}}(f)}{\boldsymbol{C}(f) + [1 - H_{b\mathrm{C}}(f,\Delta t_{12})] \cdot \boldsymbol{B}_{\mathrm{C}}(f)} \cdot H_0(f) \cdot \sqrt{\boldsymbol{\sigma}_{\mathrm{C}}(f)} \tag{5.37}$$

式中:$H_m(f,\Delta t_{42})$为在测量定标体(t_2时刻)与测量目标(t_4时刻)期间,测试场 - 测量系统的传递函数随测试时间变化所引起的测量不确定性;$H_{b\mathrm{T}}(f,\Delta t_{34})$为目标区背景抵消剩余误差引起的不确定性,该误差来源于测量目标区背景(t_3时刻)与测量目标(t_4时刻)期间,测试场 - 测量系统的传递函数随测试时间变化所引起的测量不确定性;$H_{b\mathrm{C}}(f,\Delta t_{12})$为定标区背景抵消剩余误差引起的不确定性,该误差来源于测量定标区背景(t_1时刻)与测量定标体(t_2时刻)期间,测试场 - 测量系统的传递函数随测试时间变化所引起的测量不确定性;$H_0(f)$为不随测量时间推移而变化、可通过测量几何关系和雷达参数确定的传递函数幅度和线性相位。

5.3.3 改进的背景相减和 RCS 定标处理

式(5.37)中的 RCS 测试定标处理数学模型完整表达了 RCS 测试和处理过程中,随时间变化和不随时间变化的各种因素对测试不确定度的影响,它清晰地反映出,为了实现精确的 RCS 测量定标处理:一方面,要求精确地计算不随时间变化的传递函数 $H_0(f)$的幅相特性、定标体宽带复散射函数的理论值 $\sqrt{\sigma_{\mathrm{C}}(f)}$;另一方面,还要求获得 RCS 测量数据获取过程中,测试场 - 测量系统传递函数随时间变化的传递函数特性 $H_m(f,\Delta t_{42})$,$H_{b\mathrm{T}}(f,\Delta t_{34})$和 $H_{b\mathrm{C}}(f,\Delta t_{12})$,并对这 3 个传递函数进行补偿,以消除时变因素引起的定标和背景抵消处理误差影响。

多数室内 RCS 测试场采用目标与定标体共用一个支架,也即同地、异时定标测量,由于室内测试环境变化很小,测试场本身背景的时变因素可以忽略不计,也即有 $H_{FT}(f,\Delta t_{mn}) = 1$,$H_{FC}(f,\Delta t_{mn}) = 1$,此时,只要测量雷达系统漂移是单

向的，则通过后定标测量可以实现对 3 个时变传递函数的估计。以下讨论异地同时连续定标测量的情况。按照前述思路，此时改进的背景相减和 RCS 定标处理基本过程如下：

(1) RCS 测量数据获取。

t_1时刻，测量定标区背景回波 $\boldsymbol{S}_{BC}(f,t_1)$；$t_2$时刻，测量定标体的回波 $\boldsymbol{S}_{\mathrm{C}}(f,t_2)$ 为

$$\begin{aligned}\boldsymbol{S}_{\mathrm{C}}(f,t_2) &= \boldsymbol{C}(f) + \boldsymbol{S}_{BC}(f,t_2)\\ &= \boldsymbol{C}(f) + H_{b\mathrm{C}}(f,\Delta t_{12}) \cdot \boldsymbol{S}_{BC}(f,t_1)\end{aligned} \tag{5.38}$$

t_3时刻，测量目标区背景回波 $\boldsymbol{S}_{BT}(f,t_3)$；$t_4$时刻，测量目标的回波 $\boldsymbol{S}_{\mathrm{T}}(f,t_4)$ 为

$$\begin{aligned}\boldsymbol{S}_{\mathrm{T}}(f,t_4) &= \boldsymbol{T}(f) + \boldsymbol{S}_{BT}(f,t_4)\\ &= \boldsymbol{T}(f) + H_{b\mathrm{T}}(f,\Delta t_{34}) \cdot \boldsymbol{S}_{BT}(f,t_3)\end{aligned} \tag{5.39}$$

注意到对于异地同时定标测量，有 $t_3 = t_1, t_4 = t_2$。

(2) 非时变定标函数的计算。

根据所采用的定标体几何参数，计算定标体的宽带复散射函数的理论值 $\sqrt{\sigma_{\mathrm{C}}(f)}$，一般可采用 MoM 等数值计算方法；根据测试场基本几何关系，由式(5.24)计算不随时间变化的传递函数 $H_0(f)$。

(3) 时变传递函数的确定。

首先，因为 $t_3 = t_1, t_4 = t_2$，故

$$\hat{H}_m(f,\Delta t_{42}) = 1 \tag{5.40}$$

对于 $H_{b\mathrm{T}}(f,\Delta t_{34})$ 和 $H_{b\mathrm{C}}(f,\Delta t_{12})$ 的确定，最简单的情况当属定标体自身的散射回波远高于定标区背景散射电平、且定标区离目标区不远的情况。此时，由于测定标体时的信杂比足够高（一般要求达到 30dB 以上），近似地有

$$\hat{H}_{b\mathrm{T}}(f,\Delta t_{34}) \approx \frac{\boldsymbol{S}_{\mathrm{C}}(f,t_3)}{\boldsymbol{S}_{\mathrm{C}}(f,t_4)} \tag{5.41}$$

$$\hat{H}_{b\mathrm{C}}(f,\Delta t_{12}) \approx \frac{\boldsymbol{S}_{\mathrm{C}}(f,t_1)}{\boldsymbol{S}_{\mathrm{C}}(f,t_2)} \tag{5.42}$$

式(5.40)～式(5.42)中，$\hat{H}_m(f,\Delta t_{42})$，$\hat{H}_{b\mathrm{T}}(f,\Delta t_{34})$ 和 $\hat{H}_{b\mathrm{C}}(f,\Delta t_{12})$ 分别为对 $H_m(f,\Delta t_{42})$，$H_{b\mathrm{T}}(f,\Delta t_{34})$ 和 $H_{b\mathrm{C}}(f,\Delta t_{12})$ 的估计值。

(4) 背景相减与定标处理。

一旦得到上述传递函数的估计值，即可通过对回波幅相补偿，实现精确的背景相减和 RCS 定标处理

$$\sqrt{\boldsymbol{\sigma}_{\mathrm{T}}(f)}=\hat{H}_{m}(f,\Delta t_{42})\frac{\boldsymbol{S}_{\mathrm{T}}(f,t_{4})-\boldsymbol{S}_{B\mathrm{T}}(f,t_{3})/\hat{H}_{b\mathrm{T}}(f,\Delta t_{34})}{\boldsymbol{S}_{\mathrm{C}}(f,t_{2})-\boldsymbol{S}_{B\mathrm{C}}(f,t_{1})/\hat{H}_{b\mathrm{C}}(f,\Delta t_{12})}\cdot H_{0}(f)\cdot\sqrt{\boldsymbol{\sigma}_{\mathrm{C}}(f)} \tag{5.43}$$

对于异地同时定标

$$\sqrt{\boldsymbol{\sigma}_{\mathrm{T}}(f)}=\frac{\boldsymbol{S}_{\mathrm{T}}(f,t_{4})-\boldsymbol{S}_{B\mathrm{T}}(f,t_{3})/\hat{H}_{b\mathrm{T}}(f,\Delta t_{34})}{\boldsymbol{S}_{\mathrm{C}}(f,t_{2})-\boldsymbol{S}_{B\mathrm{C}}(f,t_{1})/\hat{H}_{b\mathrm{C}}(f,\Delta t_{12})}\cdot H_{0}(f)\cdot\sqrt{\boldsymbol{\sigma}_{\mathrm{C}}(f)} \tag{5.44}$$

式(5.44)的物理意义是十分明显的：$\hat{H}_m(f,\Delta t_{42})$用于补偿测目标（$t_4$时刻）和测定标体（$t_2$时刻）过程中的系统漂移和测试场增益因子变化；若 $t_4=t_2$，则 $\hat{H}_m(f,\Delta t_{42})=1$；$\boldsymbol{S}_{B\mathrm{T}}(f,t_3)/\hat{H}_{b\mathrm{T}}(f,\Delta t_{34})$用于将测得的目标区背景（$t_3$时刻）等效到测目标时的目标区背景（$t_4$时刻），再与测目标时的回波作背景相减；$\boldsymbol{S}_{BC}(f,t_1)/\hat{H}_{b\mathrm{C}}(f,\Delta t_{12})$用于将测得的定标区背景（$t_1$时刻）等效到测定标体时的定标区背景（$t_2$时刻），再与测定标体时的回波作背景相减；若 $t_3=t_1$，$t_4=t_2$，则 $\hat{H}_{b\mathrm{C}}(f,\Delta t_{12})=\hat{H}_{b\mathrm{T}}(f,\Delta t_{34})$；$H_0(f)$ 为可通过测量几何关系和雷达参数确定的传递函数，$\sqrt{\boldsymbol{\sigma}_{\mathrm{C}}(f)}$为定标体的散射函数，两者均不随测量时间变化。

5.3.4 传递函数参数估计

上一节中讨论了测定标体时满足大信杂比的情况，这对于绝大多数应用无疑是正确的，因为即使测低可探测目标时，由于支架固定背景的存在，为了保证 RCS 定标精度，也应该尽可能选择 RCS 电平较高的定标体，确保对定标体的测量是足够准确的，否则 RCS 定标测量精度便无从谈起。但是，工程实践中确实也可能存在这样的情况，即不能满足定标体测量是高信杂比的条件。例如，在 P 频段，由于金属支架本身 RCS 电平很高，而金属圆柱一类常用定标体的 RCS 电平与频率成反比，也即对于同一定标体，其在 P 频段的 RCS 电平是相对较低的，此时很难保证测定标体的信杂比足够高。

另一方面，正因为在频率低端，RCS 测试场目标支架的背景电平高，背景抵消测量和处理才显得尤为重要。可见，上述改进背景相减与定标处理技术的核心问题在于如何估计出随时间变化的传递函数的参数。只要能利用测量数据估计 3 个传递函数，并在背景相减和定标处理中进行幅度和相位补偿处理，则可大大减小背景相减和定标误差。

为简单起见，这里仅讨论异地同时连续定标测量的情况，这也是当前绝大多数 RCS 测试外场所采用的测量模式。理论上，更一般的情况也可以采用相同的方法求解。

根据上一节分析，在异地同时连续定标测量时，$\hat{H}_m(f,\Delta t_{42})=1$，$\hat{H}_{bC}(f,\Delta t_{12})=\hat{H}_{bT}(f,\Delta t_{34})=H(f)$。将 $H(f)$ 表示为参数化形式[7-10]

$$H(f)=A\cdot \mathrm{e}^{\mathrm{j}4\pi\left(\frac{f}{c}\alpha+\beta\right)} \tag{5.45}$$

式中：A 为幅度增益；α 为随频率线性变化的相位因子；β 为不随频率变化的常数相位因子。

这样，对于给定的测量频率，需要通过对测量数据处理求出 $H(f)$ 的 3 个参数 (A,α,β)，即可完成幅度增益和相移特性补偿，达到提高背景相减效果，进而提高 RCS 测量精度的目的。限于篇幅，以下仅简要介绍其基本技术思路。

在异地同时连续定标测量中，一般在完成背景测量后，定标体的安装是可以快速完成的。在完成定标体安装后，立即对定标体进行测量，把这组定标体测量数据称为"参考定标体测量回波"。而后续随同目标测量同时完成的定标体测量数据则称为"定标体测量回波"。

参考定标体测量回波的参数化模型：由于参考定标体测量数据是在定标体安装完成后立即测量得到的，此时因与背景测量之间的时间间隔很短，测量雷达和测试场的传递函数尚不至于已经发生大的漂移，故可对参考定标体的测量回波直接进行背景相减处理，并建立其参数化模型，例如 CE 模型、AR 模型等[7-11]，记为 $M_0(f_n)$，$n=0,1,\cdots,N-1$ 表示共有 N 个测量频点。

（1）定标体测量回波的参数化模型：对某次特定的目标与定标体同时测量数据，建立定标体测量回波的参数化模型 $M_c(f_n)$，$n=0,1,\cdots,N-1$。

（2）传递函数参数估计：理想情况下，如果不存在系统漂移和测试场环境、地平场增益因子等时变因素影响，应该有 $M_0(f_n)=M_c(f_n)$。由于非理想条件，存在传递函数 $H(f)$ 的影响，有 $M_c(f_n)=M_0(f_n)\cdot H(f)$。因此，可通过建立以下代价函数求得 $H(f)$ 的 3 个参数

$$C=\sum_{n=1}^{N}\left|M_c(f_n)-A\mathrm{e}^{\mathrm{j}\beta}M_0(f_n)\mathrm{e}^{\mathrm{j}4\pi\frac{f_n}{c}\alpha}\right|^2 \tag{5.46}$$

为使参考定标数据同当前时刻连续定标测量数据之间做到幅相一致，要求使代价函数式（5.46）最小化，由此可估计出 $H(f)$ 的 3 个参数 $(\hat{A},\hat{\alpha},\hat{\beta})$。参数估计的具体方法可参见文献[9,11]。

幅相补偿校正、背景相减和 RCS 定标处理：在获得 $H(f)$ 的参数估计后，即可对当前目标测量数据和背景测量数据进行幅相补偿校正，并最终完成背景相减和 RCS 定标处理。完整的处理流程图示于图 5.6 中。注意到实际数据处理中，可能还需包括在不同阶段进行软件距离门选通等处理操作。

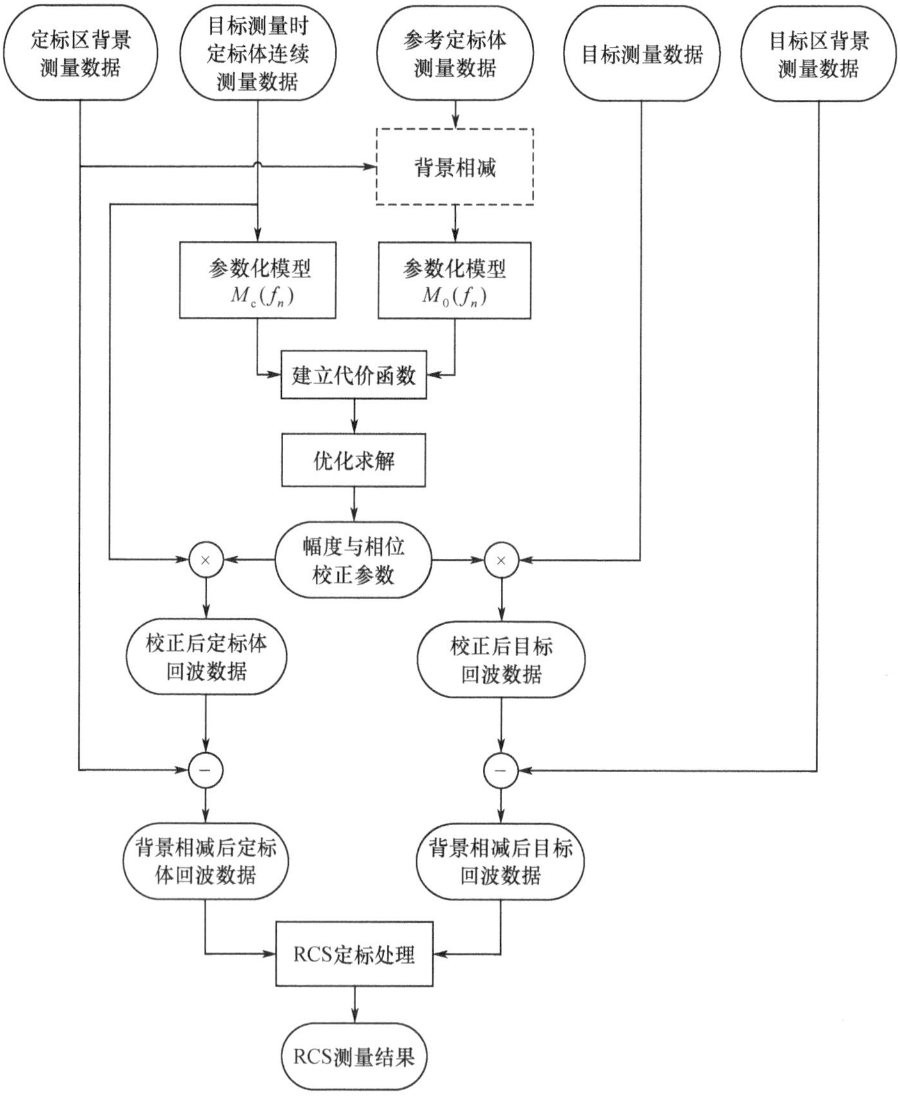

图 5.6　传递函数参数估计与处理流程图

5.4　背景辅助测量技术

直到目前为止，在讨论背景相减和 RCS 定标处理中，一直是假设背景是可以被测量得到的。然而，对于采用金属支架的测试场，用于背景抵消处理的背景回波无法通过直接测量而得到，因为目标支架顶部安装有转台，在测目标时它被隐藏于被测目标的腹腔内，因此测目标时转顶的回波不会对雷达总回波产生实质性影响。另一方面,如果要测得未安装目标时支架本身的背景回波,需要将目标从支架上移开,而此时原来隐藏的转顶则显露出来。显然,转顶的雷达强散射通常会远超出支架的低背景散射。可见,如何解决不放置定标体和不放置被测目标时,定标区和目标区的背景回波的精确测量问题,便成为能否成功进行背景相减、实现目标 RCS 精确定标测量的另一个关键问题。

在采用低散射金属支架的 RCS 测试场中,背景信号不能直接测得,一般是对某种背景辅助测量体进行测量,并通过信号处理算法从辅助测量体测量数据中提取而得到的。本节首先通过数学模型分析 RCS 测试中背景辅助测量的基本原理,然后讨论几种可能的背景辅助测量技术和方法。

5.4.1　基本原理

假设有一个用于背景提取辅助测量的物体(以下简称为辅助测量体),若对该辅助测量体作随时间变化的宽带散射特性回波测量,例如,使辅助测量体相对于雷达作平移运动、或者沿方位向作旋转运动、或者绕雷达视线作旋转运动等,则被测物体随时间变化的散射回波信号可表示为

$$\boldsymbol{S}(f,t)=\boldsymbol{S}_{\mathrm{T}}(f,t)+\boldsymbol{B}(f) \tag{5.47}$$

式中:$\boldsymbol{S}(f,t)$为测量雷达接收到的回波信号,是随时间 t 变化的量;$\boldsymbol{S}_{\mathrm{T}}(f,t)$为辅助测量体的散射回波,也是随时间 t 变化的量;$\boldsymbol{B}(f)$为测试场固定背景回波,不随时间的改变而变化。

上述三个信号分量均为复信号,可表示为同相(I)和正交相位(Q)通道信号,分别记为

$$\boldsymbol{S}(f,t)=S_I(f,t)+\mathrm{j}S_Q(f,t) \tag{5.48}$$

$$\boldsymbol{S}_{\mathrm{T}}(f,t)=T_I(f,t)+\mathrm{j}T_Q(f,t) \tag{5.49}$$

和

$$\boldsymbol{B}(f)=B_I(f)+\mathrm{j}B_Q(f) \tag{5.50}$$

上述三式中,$\mathrm{j}=\sqrt{-1}$为虚数;下标 I 和 Q 分别表示 I 通道和 Q 通道信号,且有

$$\begin{aligned}S_I(f,t)&=A_{\mathrm{S}}(f,t)\cos[\phi_{\mathrm{S}}(f,t)]\\S_Q(f,t)&=A_{\mathrm{S}}(f,t)\sin[\phi_{\mathrm{S}}(f,t)]\end{aligned} \tag{5.51}$$

$$\begin{aligned}T_I(f,t)&=A_{\mathrm{T}}(f,t)\cos[\phi_{\mathrm{T}}(f,t)]\\T_Q(f,t)&=A_{\mathrm{T}}(f,t)\sin[\phi_{\mathrm{T}}(f,t)]\end{aligned} \tag{5.52}$$

其中

$$A_{\mathrm{S}}(f,t)=|\boldsymbol{S}(f,t)|=\sqrt{S_I^2(f,t)+S_Q^2(f,t)} \tag{5.53a}$$

$$\phi_{\mathrm{S}}(f,t)=\arctan\left(\frac{S_Q(f,t)}{S_I(f,t)}\right) \tag{5.53b}$$

$$A_{\mathrm{T}}(f,t) = |\boldsymbol{S}_{\mathrm{T}}(f,t)| = \sqrt{T_I^2(f,t) + T_Q^2(f,t)} \tag{5.54a}$$

$$\phi_{\mathrm{T}}(f,t) = \arctan\left(\frac{T_Q(f,t)}{T_I(f,t)}\right) \tag{5.54b}$$

因此,由式(5.48)~式(5.52)有

$$S_I(f,t) = A_{\mathrm{T}}(f,t)\cos[\phi_{\mathrm{T}}(f,t)] + B_I(f) \tag{5.55a}$$

$$S_Q(f,t) = A_{\mathrm{T}}(f,t)\sin[\phi_{\mathrm{T}}(f,t)] + B_Q(f) \tag{5.55b}$$

或者

$$B_I(f) = S_I(f,t) - A_{\mathrm{T}}(f,t)\cos[\phi_{\mathrm{T}}(f,t)] \tag{5.56a}$$

$$B_Q(f) = S_Q(f,t) - A_{\mathrm{T}}(f,t)\sin[\phi_{\mathrm{T}}(f,t)] \tag{5.56b}$$

从以上数学式可见:只要通过对任何辅助测量体的测量,能够得到 $A_{\mathrm{T}}(f,t)$ 和 $\phi_{\mathrm{T}}(f,t)$,则由式(5.56)即可提取出背景信号。

为此,对式(5.55)关于 t 求导,由于目标支架、测试场地等背景是固定的,因此背景杂波信号并不随 t 变化,故有

$$\mathrm{d}S_I(f,t) = \mathrm{d}A_{\mathrm{T}}(f,t)\cos[\phi_{\mathrm{T}}(f,t)] - A_{\mathrm{T}}(f,t)\sin[\phi_{\mathrm{T}}(f,t)]\mathrm{d}\phi_{\mathrm{T}}(f,t) \tag{5.57a}$$

$$\mathrm{d}S_Q(f,t) = \mathrm{d}A_{\mathrm{T}}(f,t)\sin[\phi_{\mathrm{T}}(f,t)] + A_{\mathrm{T}}(f,t)\cos[\phi_{\mathrm{T}}(f,t)]\mathrm{d}\phi_{\mathrm{T}}(f,t) \tag{5.57b}$$

可见,若有 $\mathrm{d}A_{\mathrm{T}}(f,t)=0$,也即如果做某种运动的辅助测量体其散射回波幅度不随测量时刻 t 变化,则有

$$\mathrm{d}S_I(f,t) = -A_{\mathrm{T}}(f,t)\sin[\phi_{\mathrm{T}}(f,t)]\mathrm{d}\phi_{\mathrm{T}}(f,t) \tag{5.58a}$$

$$\mathrm{d}S_Q(f,t) = A_{\mathrm{T}}(f,t)\cos[\phi_{\mathrm{T}}(f,t)]\mathrm{d}\phi_{\mathrm{T}}(f,t) \tag{5.58b}$$

从而有

$$\phi_{\mathrm{T}}(f,t) = -\arctan\left[\frac{\mathrm{d}S_I(f,t)}{\mathrm{d}S_Q(f,t)}\right] \tag{5.59}$$

且

$$\begin{aligned}\mathrm{d}\phi_{\mathrm{T}}(f,t) &= -\frac{1}{1+\left[\dfrac{\mathrm{d}S_I(f,t)}{\mathrm{d}S_Q(f,t)}\right]^2}\mathrm{d}\left[\frac{\mathrm{d}S_I(f,t)}{\mathrm{d}S_Q(f,t)}\right] \\ &= \frac{\mathrm{d}S_I(f,t)\cdot\mathrm{d}^2S_Q(f,t) - \mathrm{d}^2S_I(f,t)\cdot\mathrm{d}S_Q(f,t)}{[\mathrm{d}S_I(f,t)]^2+[\mathrm{d}S_Q(f,t)]^2}\end{aligned} \tag{5.60}$$

又因为有

$$\frac{\mathrm{d}S_I(f,t)}{\mathrm{d}\phi_{\mathrm{T}}(f,t)} = -A_{\mathrm{T}}(f,t)\sin[\phi_{\mathrm{T}}(f,t)] \tag{5.61a}$$

$$\frac{dS_Q(f,t)}{d\phi_T(f,t)}=A_T(f,t)\cos[\phi_T(f,t)] \tag{5.61b}$$

故有以下关系式

$$A_T(f,t)=\sqrt{\left(\frac{dS_I(f,t)}{d\phi_T(f,t)}\right)^2+\left(\frac{dS_Q(f,t)}{d\phi_T(f,t)}\right)^2} \tag{5.62}$$

这样,首先测量得到辅助测量体的回波信号,然后由式(5.59)得到辅助测量体散射相位 $\phi_T(f,t)$ 的估计值,再由式(5.60)和式(5.62)得到其散射幅度 $A_T(f,t)$ 的估计值。最后,可通过式(5.56)得到背景 I 通道和 Q 通道信号的估计值,从而最终完成背景提取并用于背景相减处理。

因此,背景辅助测量与提取处理的一般过程和步骤如下[12-15]:

(1) 根据 RCS 测试场支架等条件设计并加工一个背景辅助测量体。

(2) 将辅助测量体安装在目标支架上,并按照某种方式相对于测量雷达运动,测量并获取辅助测量体散射回波的 I 通道和 Q 通道信号 $S_I(f,t)$,$S_Q(f,t)$。假设对于给定的频率 f 共测量获得 N 个离散回波信号采样,记为 $S_I(f,t_i)$,$S_Q(f,t_i)$,$i=1,2,\cdots,N$。

(3) 按照前面所讨论的信号处理方案进行处理,得到辅助测量体的散射回波相位 $\phi_T(f,t)$ 和幅度 $A_T(f)$ 的估计值,其中相位估计值为

$$\phi_T(f,t_i)=-\arctan\left[\frac{dS_I(f,t_i)}{dS_Q(f,t_i)}\right],i=1,2,\cdots,N-1 \tag{5.63}$$

幅度估计值根据式(5.62)求出每一时刻的估值,并将全部 $N-2$ 个估计值的均值作为 $A_T(f)$ 的最终估计值,即

$$A_T(f,t)=\frac{1}{N-2}\sum_{i=1}^{N-2}\sqrt{\left(\frac{dS_I(f,t_i)}{d\phi_T(f,t_i)}\right)^2+\left(\frac{dS_Q(f,t_i)}{d\phi_T(f,t_i)}\right)^2} \tag{5.64}$$

其中

$$\frac{dS_I(f,t_i)}{d\phi_T(f,t_i)}=\frac{dS_I(f,t_i)\{[dS_I(f,t_i)]^2+[dS_Q(f,t_i)]^2\}}{dS_I(f,t_i)\cdot d^2S_Q(f,t_i)-d^2S_I(f,t_i)\cdot dS_Q(f,t_i)},i=1,2,\cdots,N-2 \tag{5.65}$$

$$\frac{dS_Q(f,t_i)}{d\phi_T(f,t_i)}=\frac{dS_Q(f,t_i)\{[dS_I(f,t_i)]^2+[dS_Q(f,t_i)]^2\}}{dS_I(f,t_i)\cdot d^2S_Q(f,t_i)-d^2S_I(f,t_i)\cdot dS_Q(f,t_i)},i=1,2,\cdots,N-2 \tag{5.66}$$

$$dS_I(f,t_i)=S_I(f,t_{i+1})-S_I(f,t_i),i=1,2,\cdots,N-1 \tag{5.67a}$$

$$dS_Q(f,t_i)=S_Q(f,t_{i+1})-S_Q(f,t_i),i=1,2,\cdots,N-1 \tag{5.67b}$$

$$d^2S_I(f,t_i)=S_I(f,t_{i+2})+S_I(f,t_i)-2S_I(f,t_{i+1}),i=1,2,\cdots,N-2 \tag{5.68a}$$

$$\mathrm{d}^2 S_Q(f,t_i) = S_Q(f,t_{i+2}) + S_Q(f,t_i) - 2S_Q(f,t_{i+1}), i = 1,2,\cdots,N-2 \tag{5.68b}$$

(4) 求取不同时刻背景的 I 通道和 Q 通道信号估计值，并对全部 $N-2$ 个估计值取平均，作为背景信号的最终估计值，即

$$B_I(f) = \frac{1}{N-2}\sum_{i=1}^{N-2}\{S_I(f,t_i) - A_{\mathrm{T}}(f)\cos[\phi_{\mathrm{T}}(f,t_i)]\} \tag{5.69a}$$

$$B_Q(f) = \frac{1}{N-2}\sum_{i=1}^{N-2}\{S_Q(f,t_i) - A_{\mathrm{T}}(f)\sin[\phi_{\mathrm{T}}(f,t_i)]\} \tag{5.69b}$$

很显然，由于需要作均值估计，测量样本点越多，背景估计精度就越高。事实上，采用不同的辅助测量体进行测量时，可以采用不同的背景信号提取方法。这将在后续作进一步讨论。

5.4.2 平移运动的低散射载体作为背景辅助测量体

该技术由 Morgan 在 1996 年提出[3]。在支架顶端安装一个自身可以前后平移运动的辅助测量载体，如图 5.7 所示。测试中，通过控制该载体前后平移运动，并记录雷达回波幅度和相位，供后续处理以提取出背景回波。

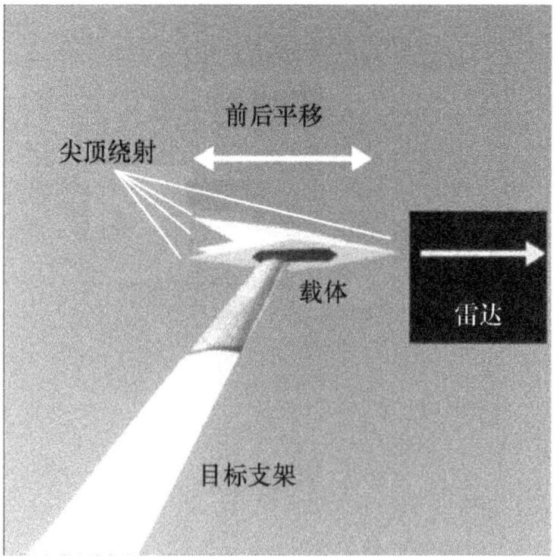

图 5.7 用于背景提取辅助测量的可平移载体[3]

假设共进行了 N 次测量。由于目标只做平移运动，不改变方位角，故对于给定频率，此时辅助测量体自身的散射回波幅度为常数，相位随雷达 - 辅助测量体之间的距离变化而线性变化，如果测量雷达按照等距离间隔采样，有

$$A_T(f,t_i) = A_{\mathrm{T}}(f), i = 1,2,\cdots,N \tag{5.70}$$

$$\phi_{\mathrm{T}}(f,t_i) = \phi_0 + \frac{4\pi}{\lambda}[R_0 + (i-1)\Delta R], i = 1,2,\cdots,N \tag{5.71}$$

$$\boldsymbol{S}(f,t_i)=A_{\mathrm{T}}(f)\exp\left\{\mathrm{j}\left[\phi_0+\frac{4\pi}{\lambda}(R_0+(i-1)\Delta R)\right]\right\}+\boldsymbol{B}(f) \tag{5.72}$$

式中：$\lambda=\dfrac{c}{f}$为雷达波长；c 为传播速度；R_0为初始测量时刻雷达到辅助测量体之间的距离；ΔR 为两次采样之间辅助测量体移动的距离间隔。

因此，通过式(5.63)可以准确地得到一组相位估计值，且有

$$\mathrm{d}\phi_{\mathrm{T}}(f,t_i)=\frac{4\pi}{\lambda}\Delta R,i=1,2,\cdots,N-1 \tag{5.73}$$

进而由式(5.64)～式(5.68)计算得到 $A_{\mathrm{T}}(f)$ 的估计值，最后由式(5.69)得到 I 通道和 Q 通道背景信号的估计值，用于后续的背景相减处理。

采用这种辅助装置的主要缺点是需要设计专门机构驱动辅助测量载体进行前后平移。对于大型目标 RCS 测试场，由于目标转顶尺寸很大，而测量中需要把转顶掩藏于载体中，因此要求所设计的辅助测量载体尺寸必然很大。此外，背景提取辅助测量所要求平移的载体距离正比于雷达波长。频率越低，波长越长，所要平移的距离范围就越大。因此，这种类型的背景辅助测量装置多用于内置式转顶的情况。

5.4.3 旋转偏心圆柱体作为背景辅助测量体

Muth 等人[4]针对平动的低散射载体作为背景辅助测量体所存在的缺点，提出了一种替代技术，即采用偏心的圆柱体进行辅助测量和背景提取，如图 5.8 所示。测试中，通过转顶带动偏心圆柱作方位旋转运动。由于从雷达视线看过去，任何转角下圆柱的投影外形是不变的，故其自身的散射幅度不随方位旋转而变化，但因圆柱是偏心安装在支架转顶上的，这相当于在雷达看来，存在一种等效的平移运动，故其对背景回波的提取处理方法同前面的平移载体是一样的。

(a) 低散射目标支架与转顶　　(b) 偏心圆柱体[4]

图 5.8　用于背景提取辅助测量的偏心圆柱体

对于给定频率，此时辅助测量体的散射回波幅度为常数，相位随雷达－辅助

测量圆柱体镜面反射点之间的距离变化，该距离则随圆柱体作方位旋转而变化。如果测量雷达按照等角度间隔采样，在远场测量条件下，当采样第 i 个回波点时，圆柱体至雷达的距离为

$$\begin{aligned} R_i &= \sqrt{R_0 + \Delta L^2 - 2\Delta L R_0 \cos\varphi_i} - r \\ &\approx R_0 - (\Delta L \cos\varphi_i + r) \end{aligned}, i = 1, 2, \cdots, N \tag{5.74}$$

式中：$\varphi_i = \varphi_0 + (i-1)\Delta\varphi$ 为采样第 i 个点时的圆柱体转角；r 为偏心圆柱体的半径；ΔL 为偏心距。

因此，有

$$A_{\mathrm{T}}(f, t_i) = A_{\mathrm{T}}(f), i = 1, 2, \cdots, N \tag{5.75a}$$

$$\phi_{\mathrm{T}}(f, t_i) = \phi_0 + \frac{4\pi}{\lambda}\{R_0 - \Delta L \cos[\varphi_0 + (i-1)\Delta\varphi] - r\}, i = 1, 2, \cdots, N \tag{5.75b}$$

故通过式(5.63)可以准确地得到一组相位估计值，且有

$$\mathrm{d}\phi_{\mathrm{T}}(f, t_i) = \frac{4\pi}{\lambda}\Delta L \sin\frac{\Delta\varphi}{2}\sin[\varphi_0 + (i-1/2)\Delta\varphi], i = 1, 2, \cdots, N-1 \tag{5.76}$$

进而由式(5.64)~式(5.68)计算得到 $A_T(f)$ 的估计值，最后由式(5.69)得到 I 通道和 Q 通道背景信号的估计值，用于后续的背景相减处理。

采用偏心圆柱体进行辅助测量和背景提取的技术避免了使载体作平移运动的要求，可以直接利用目标转顶对圆柱体旋转测量实现背景辅助测量和背景提取，但是该技术也存在以下明显缺点。

(1) 在对大型目标进行 RCS 测量时，通常要求低散射目标支架和目标转顶承重均很大，这造成目标转顶的尺寸很大。由于用于背景辅助测量的偏心圆柱必须将转顶隐埋在其中，才能模拟真实目标测量条件下的支架背景条件并测量出来，此时所要求的偏心圆柱体尺寸将很大。而在高频区，直立的金属圆柱体自身的 RCS 电平满足以下公式

$$\sigma(f) = \frac{2\pi f}{c} a h^2 \tag{5.77}$$

式中：c 为传播速度；f 为雷达频率；a 为圆柱体的半径；h 为圆柱体的高。

例如，当目标转顶尺寸达到直径 1m、高 0.5m 时，所要求的偏心圆柱直径将大于此尺寸，此时偏心圆柱自身的 RCS 电平在 0dBsm 以上，而即使在较低频段，目标支架背景的 RCS 电平一般也在 −30dBsm 以下，两者之间相差 3 个数量级。此时，若采用偏心圆柱辅助提取支架的背景电平，相当于要从辅助测量回波中精确提取出一个比主回波小 1000 倍以上的微弱信号。显然，若不采取特殊的信号处理算法，其提取精度是难以保证的。

(2) 由于金属圆柱的交叉极化散射分量为零,这种装置无法用于完成交叉极化下的背景辅助测量与提取,因而不适合于极化散射矩阵测量应用。

5.4.4 绕雷达视线旋转的直角二面角反射器作为背景辅助测量体

为了克服偏心金属圆柱体不能用于交叉极化测量中的背景辅助测量与提取的缺点,本书作者所在研究团队提出一个技术方案如下[16]:采用一个绕雷达视线旋转的二面角反射器作为背景辅助测量装置,该装置由二面角反射器、连接杆、角度编码与旋转控制器以及可安装于目标支架上的低散射载体构成,如图 5.9所示。在图 5.9 中,由旋转控制器控制步进电机的转轴带动连接杆转动,由此带动二面角反射器绕雷达视线作旋转运动,同时测量雷达录取二面角反射器在不同转角下的回波数据,供后续背景回波提取处理。

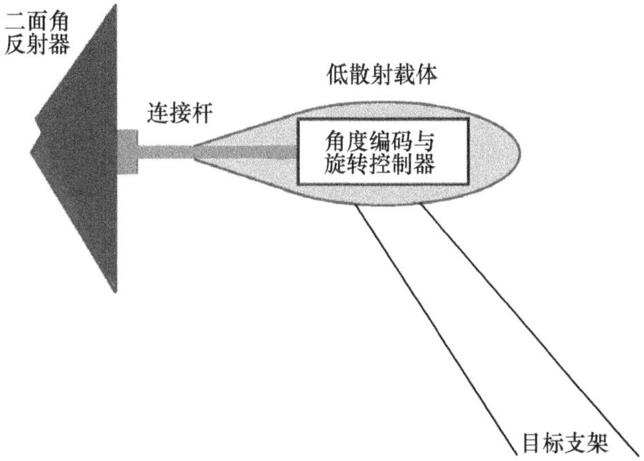

图 5.9　极化测量校准体及其匹配安装控制装置

当直角二面角反射器绕雷达旋转时,其同极化和交叉极化回波幅度均以 2 倍于旋转周期随视线旋转角正弦变化。利用这一特性,可以把绕雷达视线作旋转运动的二面角反射器作为背景辅助测量体,并从其测量回波中将固定背景提取出来。这样,采用绕雷达视线旋转的直角二面角反射器进行测量时,可以一次测量同时完成固定背景提取和极化校准参数导出,其具体原理和方法将在第 7 章讨论。

5.5 背景信号提取的拟合圆方法

上一节重点讨论了背景辅助测量与提取的基本原理,并给出了几个不同的辅助测量方案,其基本原理都是基于辅助测量体的散射幅度随方位角变化近似恒定、而相位则发生变化,这样从统计意义上而言,辅助测量体+背景回波的 I 通道和 Q 通道信号的均值,即代表了不随转角变化的背景回波。尽管这在原理上是正确的,但是,与偏心圆柱等辅助测量体的散射相比,背景杂波散射通常是一个小信号,这就意味着采用简单的统计平均处理难以得到背景回波的精确估计。为此,需要采用特殊的信号处理算法来从辅助体测量中提取出背景小信号。本节讨论从辅助测量体数据中精确提取背景回波的拟合圆处理技术,该技术最早由 Muth 等人提出[4],以后由北京航空航天大学相关研究人员作了多方面改进[16-19]。

拟合圆方法适用于辅助测量体的幅度不随方位旋转变化而改变的情况,例如采用偏心圆柱、偏心球面柱、双柱和球面双柱定标体等作为背景辅助测量体的情况。当采用双柱和球面双柱定标体时,事实上需要针对大、小圆柱或球面柱所在方位范围的数据,分别各拟合一个圆,籍此完成背景信号的提取处理。

以下为了简化模型,仅考虑单个频点测量的情况。实际宽带散射测量中,需要针对每个频点的数据逐一处理,提取每个频点下的背景信号。

5.5.1 信号模型

假设 RCS 测试中不但存在背景,还存在噪声和外来干扰信号的影响。这样,接收到的含噪声复信号 $\boldsymbol{S}_N$ 可表示为

$$\boldsymbol{S}_N(a,\theta,b,\beta) = a\mathrm{e}^{\mathrm{j}\theta} + b\mathrm{e}^{\mathrm{j}\beta} + \boldsymbol{N} + \boldsymbol{I} \tag{5.78}$$

式中:$a\mathrm{e}^{\mathrm{j}\theta}$ 为辅助测量体回波幅度和相位;$b\mathrm{e}^{\mathrm{j}\beta}$ 为背景信号幅度和相位;$\boldsymbol{N}$ 和 $\boldsymbol{I}$ 分别为噪声和外部干扰信号。

实际雷达测量所得到的接收信号 $\boldsymbol{S}_N$ 基本由以上 4 个分量构成,其中辅助测量体信号 $a\mathrm{e}^{\mathrm{j}\theta}$ 和背景信号 $b\mathrm{e}^{\mathrm{j}\beta}$ 是所感兴趣的两部分,而噪声 $\boldsymbol{N}$ 和外来干扰信号 $\boldsymbol{I}$ 是影响背景信号提取并应尽量消除的分量。

5.5.2 噪声和干扰信号滤除

为了从含有噪声和干扰影响的数据中精确提取目标和背景信号,首先要消除噪声和干扰的影响。为此,在对接收信号应用精度拟合算法提取背景之前,需先对测量数据进行预处理,剔除接收信号中的干扰信号并滤除噪声。这里采用最小平方中值法(Least Median of Squares, LMS)[20,21]。

以下讨论中为方便起见,将第 i 个接收到的 I 通道和 Q 通道信号 $(S_I,S_Q)_i$ 用 (x_i,y_i) 表示。最小平方中值法的拟合准则为[20]:

$$\min_{\tilde{A},\tilde{B},\tilde{C}} \{\mathrm{median}[d_i^2]\} = \min_{\tilde{A},\tilde{B},\tilde{C}} \{\mathrm{median}[(\tilde{A}x_i^2 + \tilde{A}y_i^2 + \tilde{B}x_i + \tilde{C}y_i + 1)^2]\},\quad i=1,2,\cdots,N \tag{5.79}$$

式中：d_i为第 i 个数据的残差项；$\tilde{A}$、$\tilde{B}$、$\tilde{C}$ 为拟合圆参数，且 $\tilde{A} \neq 0$；min{ · }为最小化寻优处理；median[·]为取中值运算。

相比于最小二乘法（Least Sum of Squares, LSS），LMS 将 LSS 中的求和变成求中值，其步骤为：先利用式(5.79)求出拟合圆参数 $\tilde{A}$、$\tilde{B}$、$\tilde{C}$，然后采用绝对残差量

$$\Delta d_i = \frac{|\tilde{A}x_i^2 + \tilde{A}y_i^2 + \tilde{B}x_i + \tilde{C}y_i + 1|}{\tilde{\sigma}} \tag{5.80}$$

对数据进行评判，保留绝对残差在阈值以内的点，剔除绝对残差在阈值以外的点，通过这种方法剔除干扰信号。式中 $\tilde{\sigma}$ 是针对 LMS 拟合所构造数据的标准差估计，其具体求法可参见文献[21]。

通过以上分析可以看出，LMS 方法只会从原始数据中剔除病态的数据点，而不会改变其他数据。

5.5.3　拟合圆处理方法

在对原始测量数据滤波处理后，滤除了噪声和干扰信号，仅保留了辅助测量体信号和背景信号。这样，经滤波处理后的接收信号可重写为

$$\boldsymbol{S}(a,\theta,b,\beta) = a\mathrm{e}^{\mathrm{j}\theta} + b\mathrm{e}^{\mathrm{j}\beta} \tag{5.81}$$

也可写成 I、Q 正交信号形式。记 $\boldsymbol{S} = S_I + \mathrm{j}S_Q$，$a\mathrm{e}^{\mathrm{j}\theta} = a_I + \mathrm{j}a_Q$，$b\mathrm{e}^{\mathrm{j}\beta} = b_I + \mathrm{j}b_Q$，$S_I, a_I, b_I$与 S_Q, a_Q, b_Q分别为接收信号、辅助测量体和背景回波的 I、Q 分量，从而有

$$(S_I - b_I) + \mathrm{j}(S_Q - b_Q) = a_I + \mathrm{j}a_Q \tag{5.82}$$

且

$$(S_I - b_I)^2 + (S_Q - b_Q)^2 = a^2 \tag{5.83}$$

从式(5.83)可知，信号 $\boldsymbol{S}$ 在 $I-Q$ 平面上的轨迹是一个圆心偏离原点的圆或圆弧，圆心的位置(b_I, b_Q)正是背景信号的 I、Q 分量，圆的半径 a 为辅助定标体信号的幅值，如图 5.10 所示。因此，通过曲线拟合算法对接收信号(S_I, S_Q)进行拟合圆处理，则圆心位置代表背景杂波的 I、Q 分量，圆的半径为辅助测量体的 RCS 幅度，从而同时获得辅助测量体回波和背景杂波的 I、Q 分量估计值。这样，背景信号提取问题转化为曲线拟合问题[4]。

曲线拟合算法一般可分为代数拟合法和几何拟合法两大类。由于 I 通道和 Q 通道通常都存在误差，所以通常采用几何拟合法，其中最常见的是正交距离回归法（Orthogonal Distance Regression, ODR）[4,22]。但 ODR 在拟合处理中需要进行迭代运算[23]，计算速度较慢。此处采用 Chernov 等提出的高精度算法（hyper-

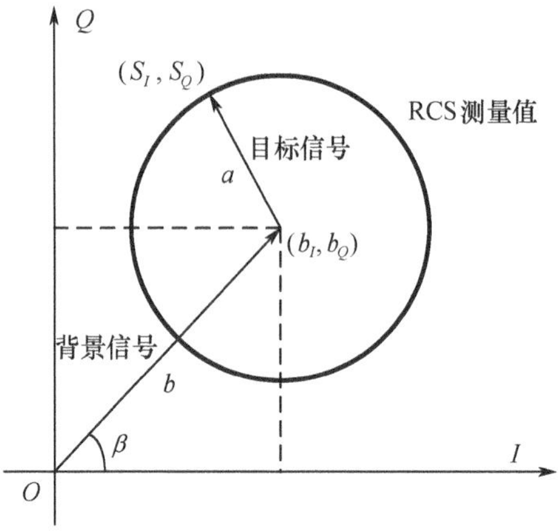

图5.10　接收信号在 I/Q 平面上的轨迹

accurate, Hyper)，它属于代数拟合方法，研究表明该算法精度与 ODR 几乎一样高，同时兼具快速性[24]。

Hyper 算法的拟合准则为[24,25]

$$\min\left\{\sum_{i=1}^{N}(Ax_i^2+Ay_i^2+Bx_i+Cy_i+D)^2\right\} \tag{5.84}$$

约束条件为

$$8\bar{z}A^2+8\bar{x}AB+8\bar{y}AC+4AD+B^2+C^2=1 \tag{5.85}$$

式中：A,B,C,D 为拟合圆参数，$A\neq0$；$z_i=x_i^2+y_i^2$，$\bar{x},\bar{y},\bar{z}$ 分别为 x_i,y_i,z_i 的均值，即 $\bar{x}=\frac{1}{N}\sum_{i=1}^{N}x_i$，$\bar{y}=\frac{1}{N}\sum_{i=1}^{N}y_i$，$\bar{z}=\frac{1}{N}\sum_{i=1}^{N}z_i=\frac{1}{N}\sum_{i=1}^{N}(x_i^2+y_i^2)$。

对式(5.84)和式(5.85)进行优化求解，求得 A,B,C,D 后，背景信号和辅助测量体的信号可分别得到如下

$$b_I=-\frac{B}{2A} \tag{5.86a}$$

$$b_Q=-\frac{C}{2A} \tag{5.86b}$$

$$a_I=S_I-b_I \tag{5.87a}$$

$$a_Q=S_Q-b_Q \tag{5.87b}$$

为使背景提取处理算法具有良好的鲁棒性，对实际测量数据一般先进行 LMS 滤波，再采用 Hyper 拟合圆处理，称为 LMS-Hyper 处理。如有必要，也可考虑先对接收信号先进行 LMS 滤波，滤除干扰信号；再进行低通（Low-Pass filter,

LP)滤波,进一步滤除高频起伏分量,使得用于曲线拟合的信号更加平滑;最后再进行 Hyper 拟合圆处理并获得背景信号,这一过程称为 LMS-LP-Hyper 处理[19]。

5.5.4　仿真与结果分析

为了研究真实测量场景和非完美辅助测量体散射特性条件下,拟合圆方法对背景信号的提取精度,进行以下数值仿真。首先,为衡量背景信号提取的精度,定义背景信号提取误差

$$\Delta e_B = \left| 10\lg \frac{\hat{b}_I^2 + \hat{b}_Q^2}{b^2} \right| \tag{5.88}$$

式中:背景信号估计$(\hat{b}_I, \hat{b}_Q)$可通过 LMS-Hyper 或 LMS-LP-Hyper 法获得;b 为真值。

5.5.4.1　Hyper 算法的精确性

利用普通代数拟合、ODR 和 Hyper 三种算法处理表 5.1 中的数据[26],得出拟合圆的参数和均方误差(MSE)如表 5.2 所列和图 5.11 所示。

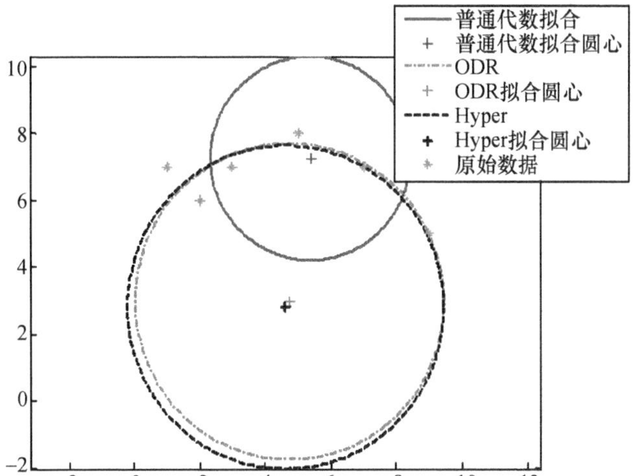

图 5.11　三种拟合圆算法结果对比

表 5.1　原始数据[26]

S_I	1	2	5	7	9	3
S_Q	7	6	8	7	5	7

表 5.2 不同算法结果比较

	b_I	b_Q	a	MSE	计算时间/ms
普通代数拟合	5.3794	7.2532	3.0370	10.8533	0.0141
ODR	4.7398	2.9835	4.7142	1.2276	0.1964
Hyper	4.6155	2.8074	4.8276	1.2541	0.0218

由表 5.2 可知,Hyper 算法精度要优于普通的代数拟合且同 ODR 算法一样具有高精度;但 ODR 算法的计算耗时几乎是 Hyper 算法的 10 倍。因此,当原始测量数据样本很大时,ODR 算法由于需要迭代而导致的运算速度慢的缺点会越发明显,因此不适合实际 RCS 测量数据的处理应用,Hyper 算法是更好的选择。

5.5.4.2 LMS - Hyper 算法的鲁棒性

假设辅助测量体为偏心圆柱体,仿真参数如表 5.3 所列。目标幅度起伏 0.5dB,测量样本数 360,其中受到干扰信号污染的数据占 11%,干扰信号的幅值取为同圆柱体的散射幅度等值,相位服从[0,2π]内的均匀分布,采用 B 类起伏。此外,特别注意此处的信杂比(SCR)定义为辅助测量体散射电平与背景电平之间的比值,也即 SCR 越高,对于背景小信号的提取越困难。

表 5.3 自由空间场仿真参数设置

参数	数值	
雷达与转台中心距离/m	2000	
雷达工作波长/m	0.6	
偏心圆柱半径/m	1.0	
圆柱体旋转角度/(°)	360	
采样间隔/(°)	0.2	
背景信号幅度	由 SCR 确定	
干扰信号幅值	与辅助测量体的散射幅度等值	
信噪比/dB	60	
辅助测量体幅度起伏	无起伏	幅度为定值
	A 类起伏	均匀分布
	B 类起伏	周期性余弦分布
巴特沃斯低通滤波器	阶数	8
	归一化截止频率/Hz	0.05
蒙特卡罗次数	150	
背景信号提取误差门限/dB	0.5	

图 5.12 所示为不同拟合算法的结果。从图中可见，由于干扰信号的存在，在不进行 LMS 滤波时，Hyper 法得到的拟合圆结果误差较大；而采用 LMS 滤波可有效地识别和剔除干扰信号，LMS-Hyper 法得到的拟合圆与理想圆几乎完全重合。可见，LMS-Hyper 处理算法具有良好的鲁棒性和精度。此外，研究表明，由于 LMS-LP-Hyper 算法是基于 LMS-Hyper 算法的，因此它也具有相同的特性，但此例中由于仿真中采用的是周期性幅度起伏，没有必要采用 LMS-LP-Hyper 处理。

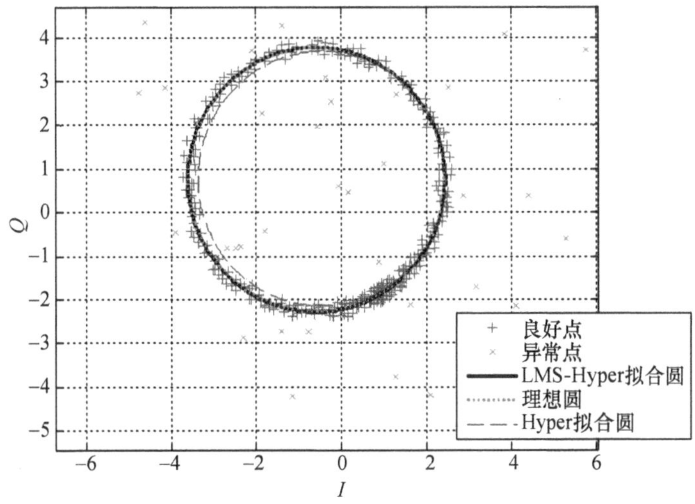

图 5.12　存在干扰信号条件下不同拟合圆算法的结果对比

5.5.4.3　辅助测量体散射幅度起伏对背景信号提取精度的影响

图 5.13 示出了当辅助测量体散射幅度分别为无起伏、A 类和 B 类起伏且幅度起伏达到 2dB 时，采用 LMS-Hyper 和 LMS-LP-Hyper 算法处理得到的背景信号提取精度与偏心距的关系，其中 SCR 为 10dB，假设圆柱的偏心距变化范围为 0.0047 ~ 0.15m。

图 5.14 示出了当辅助测量体散射信号分别为无起伏、A 类和 B 类幅度起伏且起伏达到 2dB 时，采用 LMS-Hyper 和 LMS-LP-Hyper 算法处理得到的背景信号提取精度与信杂比的关系。其中偏心距为 0.15m（$\lambda/4$），SCR 的变化范围为 10 ~ 40dB。

从图 5.14 可以看出，在辅助测量体散射幅度无起伏时，算法能够精确地剔除干扰信号，并以很高的精度提取出背景信号，表明这两种算法均具有很好的鲁棒性和背景提取精度。当辅助测量体散射幅度存在起伏时，背景信号提取精度将大大地降低，主要原因是幅度起伏增大了 Hyper 算法拟合的难度。干扰信号

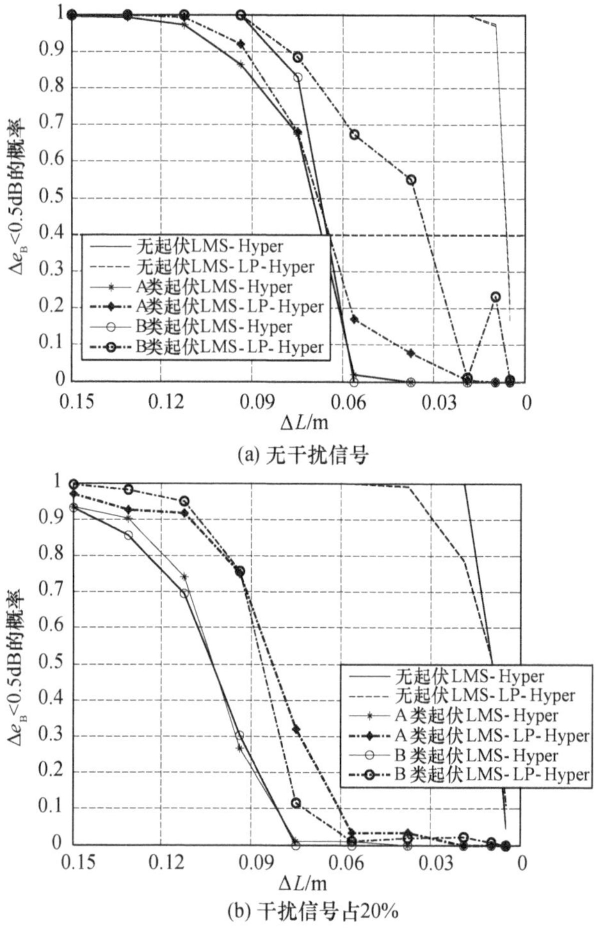

(a) 无干扰信号

(b) 干扰信号占20%

图 5.13　SCR 为 10dB 时的背景信号提取性能

的存在会进一步降低算法对背景信号的提取精度,主要原因是起伏使良态信号和干扰信号的区别变得模糊,不利于干扰信号的剔除。

由上述仿真结果可见,在采用拟合圆方法的背景信号提取中,辅助测量体的散射幅度起伏对背景信号提取精度会产生重要影响。因此,实际 RCS 测量应用中应该注意以下几点。

(1) 尽可能采用没有幅度起伏的辅助测量体,因为散射幅度起伏会降低 Hyper 拟合圆精度,从而降低背景信号提取精度,且通常 A 类起伏(随机起伏)的影响比 B 类起伏(周期性起伏)严重。

(2) 尽可能采用散射幅度较小的辅助测量体,因为 SCR 越小,背景信号提取精度越高。

(3) 辅助测量体的偏心距应尽可能大于 $\lambda/4$,以便提高拟合圆的精度,进而

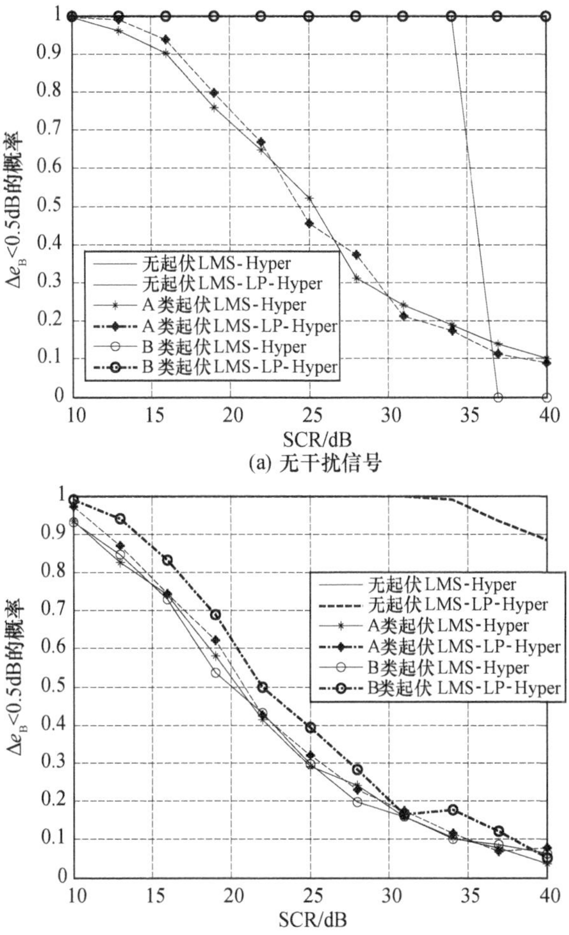

(a) 无干扰信号

(b) 干扰信号占20%

图 5.14　偏心距为 $\lambda/4$ 条件下的背景信号提取精度

获得高精度的背景信号。

（4）应尽可能避免外部干扰的影响，尽管这在低频段往往十分困难。如果存在外部干扰的影响，幅度起伏使得辅助测量体信号与干扰信号的区别变得模糊，不利于剔除干扰信号，从而进一步降低背景信号提取精度。

5.6　目标导出的背景测量与提取处理技术

上一节重点讨论了从偏心圆柱、偏心球面柱、双柱和球面双柱等一类具有散射幅度不随方位旋转变化、可同时作为 RCS 定标体和背景辅助测量体的方位旋转测量回波中精确提取背景信号，同时也提取出被测物体自身的散射信号的拟合圆处理技术，其主要优点是通过这类辅助测量体的测量和拟合圆处理，可同时得到背景信号和定标信号；缺点是如果要同时兼顾定标，这类辅助测量体的 RCS 一般应高出背景电平至少 20 ~ 30dB，否则低信杂比太低影响定标精度，而高信杂比又对背景信号的精确提取不利。所以，定标测量与背景提取辅助测量其实是一对矛盾，很难同时完美地兼顾。

本节讨论一类具有更广泛适用性的背景信号提取技术，即基于零多普勒杂波（ZDC）检测和最大概率处理的背景信号测量与提取技术。

5.6.1 零多普勒杂波背景提取

零多普勒杂波是 RCS 测试中的固有现象：在 RCS 测试中，被测目标随转顶作方位旋转，其回波相位随方位旋转而快速变化，具有较高的多普勒频率；另一方面，低散射金属支架、目标区周边环境等背景是静止的，因此背景杂波具有零多普勒频率的特点，故也称为零多普勒杂波[27,28]。

本书作者所在研究小组提出一种直接采用低散射端帽作为背景辅助测量体，进而通过信号处理得到背景估计值并完成背景抵消处理的方法[13,29]。其基本原理是：辅助测量体散射回波幅度和相位随方位角快速变化、因而在一定方位角范围内作平均处理，其数学期望值为零，而固定背景杂波因具有不随辅助测量体随方位旋转测量而变化，其数学期望值为常数。现简单推导如下：

辅助测量体作为被测目标时，其随方位角变化的回波信号可统一表示为

$$\boldsymbol{S}(f,\theta) = \boldsymbol{T}(f,\theta) + \boldsymbol{B}(f) \tag{5.89}$$

式中：$\boldsymbol{T}(f,\theta)$ 为目标的真实散射回波信号；$\boldsymbol{B}(f)$ 为固定背景信号。

假设目标的二维散射分布函数为 $\boldsymbol{\Gamma}(x,y)$，或在极坐标下表示为 $\boldsymbol{\Gamma}(r,\phi)$，测量雷达接收到的旋转目标回波信号可表示为

$$\boldsymbol{T}(f,\theta) = \int_0^{2\pi}\int_0^{L}\boldsymbol{\Gamma}(r,\varphi)\exp\left\{-\mathrm{j}\frac{4\pi}{\lambda}(R-R_0)\right\}r\mathrm{d}r\mathrm{d}\varphi \tag{5.90}$$

式中：$\lambda = \dfrac{c}{f}$为雷达波长；L 为目标的最大尺寸；R_0 为雷达到目标旋转中心之间的距离；R 为雷达到目标上任意一散射点(r,φ)之间的距离，有

$$R = \sqrt{R_0^2 + r^2 + 2R_0 r\sin(\varphi-\theta)} \tag{5.91}$$

对于远场测量，有

$$R \approx R_0 + r\sin(\varphi-\theta) \tag{5.92}$$

将式（5.90）与式（5.91）结合，有

$$\boldsymbol{T}(f,\theta) = \int_0^{2\pi}\int_0^{L}\boldsymbol{\Gamma}(r,\varphi)\exp\left\{-\mathrm{j}\frac{4\pi}{\lambda}r\sin(\varphi-\theta)\right\}r\mathrm{d}r\mathrm{d}\varphi$$

$$= T_I(f,\theta) - \mathrm{j}T_Q(f,\theta) \tag{5.93}$$

式中

$$T_I(f,\theta) = \int_0^{2\pi}\int_0^{L}\boldsymbol{\Gamma}(r,\varphi)\cos\left(\frac{4\pi}{\lambda}r\sin(\varphi-\theta)\right)\cdot r\mathrm{d}r\mathrm{d}\varphi \tag{5.94}$$

和

$$T_Q(f,\theta) = \int_0^{2\pi}\int_0^{L}\boldsymbol{\Gamma}(r,\varphi)\sin\left(\frac{4\pi}{\lambda}r\sin(\varphi-\theta)\right)\cdot r\mathrm{d}r\mathrm{d}\varphi \tag{5.95}$$

分别为辅助测量体散射回波信号的同相和正交相位分量。

易知,对于给定的雷达频率 f 或波长 λ,若所测目标为电大尺寸的目标,即 $L \gg \lambda$,因为 $\int_0^{2\pi}\cos\varphi\mathrm{d}\varphi = 0$, $\int_0^{2\pi}\sin\varphi\mathrm{d}\varphi = 0$,有

$$\underset{\theta\in[0,2\pi)}{E}[\boldsymbol{T}(f,\theta)] = \underset{\theta\in[0,2\pi)}{E}[T_I(f,\theta)] - \mathrm{j}\underset{\theta\in[0,2\pi)}{E}[T_Q(f,\theta)]$$
$$= \boldsymbol{\Gamma}(0,0) \tag{5.96}$$

式中: $\underset{\theta\in[0,2\pi)}{E}[\ ]$ 为对方位角 $\theta\in[0,2\pi)$ 的数学期望。

因此

$$\underset{\theta\in[0,2\pi)}{E}[\boldsymbol{S}(f,\theta)] = \underset{\theta\in[0,2\pi)}{E}[\boldsymbol{T}(f,\theta)] + \boldsymbol{B}(f)$$
$$= \boldsymbol{\Gamma}(0,0) + \boldsymbol{B}(f) \tag{5.97}$$

式(5.97)告诉我们,只要被测目标在转台中心附近不存在重要的散射中心,即 $\boldsymbol{\Gamma}(0,0)=0$,则通过对回波信号的 I、Q 分量求方位平均,可直接得到固定背景信号分量。而低散射端帽的设计一般满足该条件,因此可用作为背景提取辅助测量体。

采用上述统计平均技术直接提取背景信号技术的主要缺点是:由于背景提取是对低散射端帽沿方位向求平均得到的,所提取的背景信号中存在辅助测量体本身散射回波的影响。特别地,对于低散射端帽这类散射体,其侧向的 RCS 电平较高,可能高出背景杂波电平 50dB 以上,此时如果只作平均而不加其他必要处理措施,其结果会严重影响背景测量与提取的精度,进而影响后续背景抵消处理的有效性。

5.6.2　基于最大概率的背景提取方法

用作为辅助测量体的低散射端帽,一般设计为类似于图 5.15 所示的低散射外形,其基本散射特征是:当雷达波沿其鼻锥向或尾向照射时,低散射端帽的散射回波主要来自于两端尖顶的散射,这种散射具有很低的散射电平,一般低于目

标支架背景的散射电平或至少在同一量级；当雷达波沿侧向照射时，其散射回波则主要来自于侧面的镜面反射，此时的散射可能远高于支架背景电平。

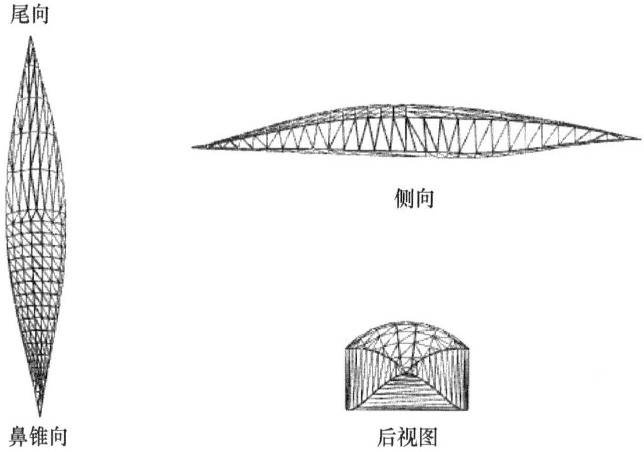

图 5.15　典型低散射端帽类辅助测量体外形示意图

因此，此类低散射端帽的全方位散射特性在数据域（频率－方位角域）的散射回波具有图 5.16 所示的变化特性。针对作为背景提取辅助测量体的低散射端帽的上述散射特性，可以设计出利用此类辅助测量体进行方位旋转测量，并从测量数据中提取出固定背景信号的数据域方法，也即基于最大概率原理的背景测量与提取数据域处理方法。

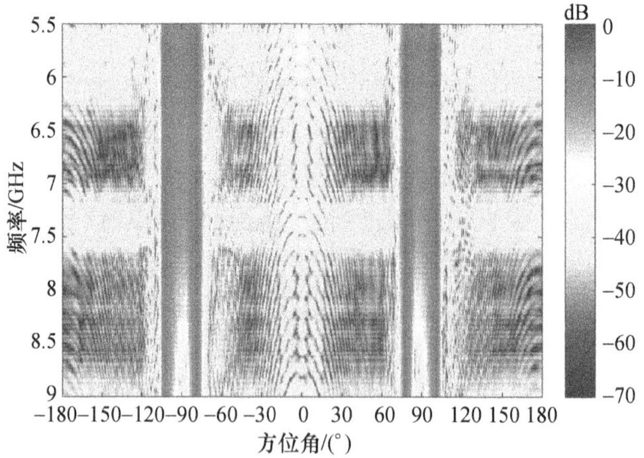

图 5.16　“低散射端帽＋固定背景”RCS 幅度随频率和方位角变化特性（见彩图）

基于最大概率的背景测量与提取数据域处理方法利用了低散射端帽一类辅助测量体其散射回波的频率－方位角域变化特性。

将式(5.94)和式(5.95)重写为雷达波长的函数如下

$$T_I(\lambda,\theta) = \int_0^{2\pi}\int_0^{L}\boldsymbol{\Gamma}(r,\varphi)\cos[\Phi(\lambda,\theta,r,\varphi)]\cdot r\mathrm{d}r\mathrm{d}\varphi \tag{5.98}$$

和

$$T_Q(\lambda,\theta) = \int_0^{2\pi}\int_0^{L}\boldsymbol{\Gamma}(r,\varphi)\sin[\Phi(\lambda,\theta,r,\varphi)]\cdot r\mathrm{d}r\mathrm{d}\varphi \tag{5.99}$$

式中

$$\Phi(\lambda,\theta,r,\varphi) = \frac{4\pi}{\lambda}r\sin(\varphi-\theta) \tag{5.100}$$

由于除侧向散射以外的大多数方位角下，低散射端帽的回波电平比固定支架背景的散射电平低或者量级相当，且低散射端帽的长度通常可达数米甚至10m 以上，其散射主要来自于两端尖顶的散射。因此，由式(5.100)易知，对于微波频段(波长为厘米至分米量级)，回波相位随方位的变化是剧烈的，根据式(5.98)~式(5.100)，无需在 360°全方位范围内取平均，只需采用小方位窗口对数据进行滑窗统计平均处理，其数学期望也将满足下式

$$\underset{\theta\in\theta_k\pm\Delta}{E}[\boldsymbol{T}(f,\theta)] = \underset{\theta\in\theta_k\pm\Delta}{E}[T_I(f,\theta)] - \mathrm{j}\underset{\theta\in\theta_k\pm\Delta}{E}[T_Q(f,\theta)] = 0 \tag{5.101}$$

式中：$\underset{\theta\in\theta_k\pm\Delta}{E}[\;]$为方位角窗口为 $\theta_k-\Delta\leqslant\theta\leqslant\theta_k+\Delta$ 内的所有测量数据的数学期望；θ_k为第 k 个方位角位置；2Δ 为以 θ_k为中心，对散射回波数据做平均处理的方位滑窗宽度。

因此，有

$$\underset{\theta\in\theta_k\pm\Delta}{E}[\boldsymbol{S}(f,\theta)] = \underset{\theta\in\theta_k\pm\Delta}{E}[\boldsymbol{T}(f,\theta)] + \boldsymbol{B}(f) = \boldsymbol{B}(f) \tag{5.102}$$

式(5.102)表明，对作方位旋转测量的低散射端帽一类辅助测量体的散射测量数据做方位滑动窗平均处理，可得到固定背景产生的零多普勒杂波的估计值。

与 360°全方位统计平均一样，采用上述方位滑窗处理得到 ZDC 估计值的主要缺点仍然是，当辅助测量体的散射电平比固定背景杂波电平强得多，或者辅助测量体的强散射源偏离旋转中心距离不够远时(例如当测量雷达对低散射端帽侧向照射时)，所得到的 ZDC 估计值会受到辅助测量体自身散射回波残余的严重影响，影响 ZDC 估计精度。

图 5.17 示出了方位滑窗平均处理方法得到的 ZDC 估计在数据域(随频率和方位变化)和时间域(一维高分辨率距离像随方位变化)特性示意图。从图中可清楚地看出，在低散射端帽两侧附近的方位角范围内，由于被测物体的 RCS 电平远远高于固定背景电平，滑窗统计平均得到的 ZDC 估计受到辅助测量体散射的严重污染。这样的背景数据不能用于后续的背景相减处理。

根据式(5.101)，对作方位旋转测量的辅助测量体散射数据做方位滑动窗

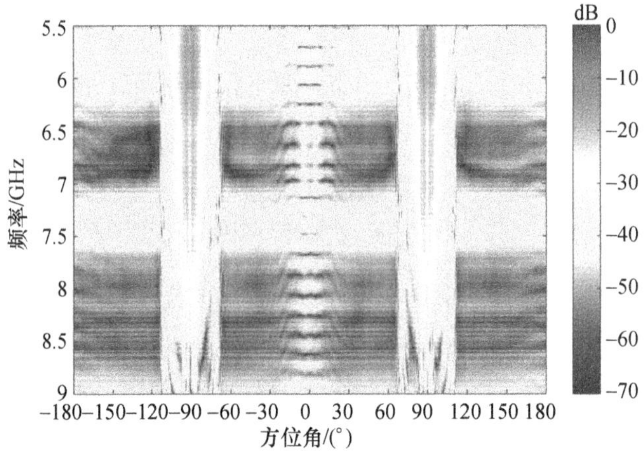

(a) 数据域：ZDC估计随频率和方位变化特性

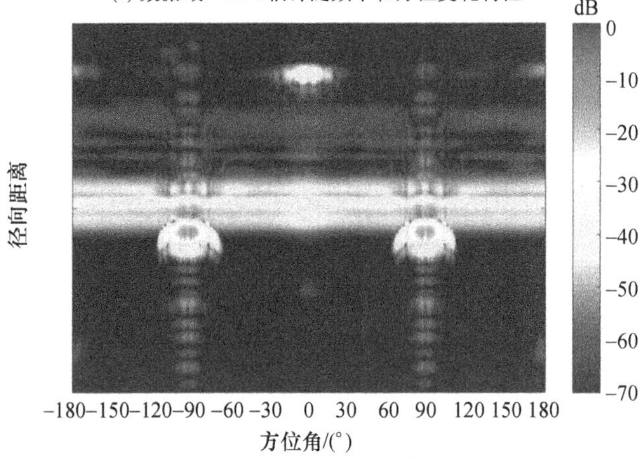

(b) 时域：ZDC估计的一维高分辨率距离像随方位变化特性

图 5.17　传统方位滑窗平均处理方法得到的 ZDC 估计示意图(见彩图)

平均处理后,得到的是固定背景的 ZDC 估计值随频率和方位的变化量。而理论上,固定背景的散射回波是不随方位角变化的。因此,ZDC 估计值随方位的变化量主要由以下两个信号分量造成:

(1) 滑窗平均处理后辅助测量体的散射残余分量;

(2) 辅助测量体 - 目标支架间随方位变化的耦合散射分量。

如果在滑窗平均得到的 ZDC 估计中存在辅助测量体的散射残余分量和/或辅助测量体 - 目标支架间随方位变化的耦合散射分量,即对于给定频点 f_i 和方位 θ_k,滑窗平均所得到的 ZDC 估计值为

$$\hat{\boldsymbol{B}}(f_i,\theta_k) = \underset{\theta\in\theta_k\pm\Delta}{E}\left[\boldsymbol{S}(f_i,\theta)\right] + \boldsymbol{B}(f_i) = \Delta\boldsymbol{\Gamma}(f_i,\theta_k) + \boldsymbol{B}(f_i) \qquad (5.103)$$

式中:$\Delta\boldsymbol{\Gamma}(f_i,\theta_k)$ 为经方位滑窗平均处理后辅助测量体的散射残余分量和辅助测

量体－目标支架间耦合散射分量的综合影响。

为了消除这两种残余信号分量 $\Delta\boldsymbol{\Gamma}(f_i,\theta_k)$ 对于真实 ZDC 估计的影响，这里提出基于最大概率的背景测量与提取处理方法[30-32]，其基本思路是：在获取辅助测量体全方位 RCS 幅相测量数据后，首先通过方位滑窗处理得到 ZDC 估计随方位的变化特性，然后通过概率统计直方图处理，求取每个频点下 ZDC 幅度和相位估计的全方位统计量，得到具有最大概率的 ZDC 幅度和相位，并把这个统计量作为最终的 ZDC 估计值。

基于最大概率的背景提取处理既可以在数据域进行，也可以在时域（高分辨率距离像域）完成。

5.6.3　数据域处理方法

基于最大概率的背景测量与处理流程如图 5.18 所示。基本测量与背景杂波提取处理的步骤如下：

步骤 1：辅助测量体的全方位 RCS 幅相数据获取。

在低散射端帽等辅助测量体安装于目标支架转顶上的状态下，对低散射端帽等一类辅助测量体作 360°全方位旋转测量，获得不同方位角下的窄带或宽带散射回波幅度和相位数据，从而得到“辅助测量体＋目标支架”的混合回波宽带测量样本，称为“全方位 RCS 测量原始幅相数据”。

步骤 2：ZDC 估计。

针对“全方位 RCS 测量原始幅相数据”中每个测量频点，选择一定宽度的方位窗口做方位滑窗平均处理，得到每个方位下的 ZDC 估计，包括幅度估计和相位估计值。

步骤 3：最大概率幅度和最大概率相位计算。

通过概率统计直方图处理，求取每个频点下 ZDC 幅度和相位估计的全方位统计量：最大概率幅度 $A_{\mathrm{p\,max}}(f_i)$ 和最大概率相位 $\phi_{\mathrm{p\,max}}(f_i)$，$i=1,2,\cdots,N_f$。

步骤 4：基于最大概率统计量的门限处理。

依据上述最大概率幅度和相位统计量设定幅度门限因子和相位门限因子，针对每个频点和每个方位的 ZDC 幅度与相位估计，完成门限处理，即如果当前 ZDC 幅度或相位估计与最大概率幅度 $A_{\mathrm{p\,max}}(f_i)$ 和最大概率相位 $\phi_{\mathrm{p\,max}}(f_i)$ 之间的差异超过门限值，则该处的 ZDC 估计用最大概率幅度 $A_{\mathrm{p\,max}}(f_i)$ 和最大概率相位 $\phi_{\mathrm{p\,max}}(f_i)$ 值替换。如此，得到每个频点和方位下的最终 ZDC 估计值，也即固定背景杂波的估计值。

步骤 5：背景相减处理。

原始测量数据与固定背景杂波估计数据之间作相量相减，得到背景抵消后的目标回波数据。

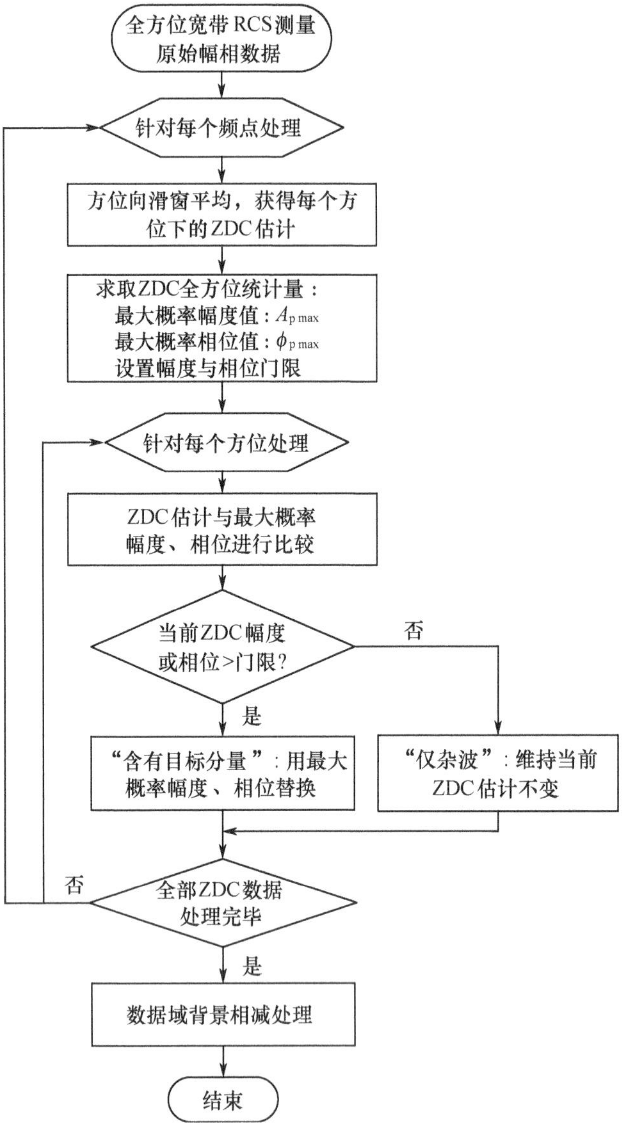

图 5.18　基于最大概率的背景测量与 ZDC 提取数据域处理流程图

5.6.4　时域处理方法

基于最大概率的背景测量与提取时域处理方法利用了低散射端帽一类辅助测量体其散射回波的频率 - 方位角域变化特性及其一维高分辨距离像(HRRP)随方位的变化特性。对式(5.103)两端作快速逆傅里叶变换(IFFT),并根据 IFFT 的线性变换特性,有

$$\underset{\theta\in\theta_k\pm\Delta}{E}[\mathrm{IFFT}(\boldsymbol{S}(f,\theta))]=\underset{\theta\in\theta_k\pm\Delta}{E}[\mathrm{IFFT}(\boldsymbol{T}(f,\theta))]+\mathrm{IFFT}(\boldsymbol{B}(f))$$
$$=\mathrm{IFFT}(\boldsymbol{B}(f))\tag{5.104}$$

也即

$$\underset{\theta\in\theta_k\pm\Delta}{E}[\boldsymbol{s}(t,\theta))]=\underset{\theta\in\theta_k\pm\Delta}{E}[\boldsymbol{s}_{\mathrm{T}}(t,\theta))]+\boldsymbol{b}(t)=\boldsymbol{b}(t)\tag{5.105}$$

式中:$\boldsymbol{s}(t,\theta)=\mathrm{IFFT}(\boldsymbol{S}(f,\theta))$,$\boldsymbol{s}_{\mathrm{T}}(t,\theta)=\mathrm{IFFT}(\boldsymbol{T}(f,\theta))$,$\boldsymbol{b}(t)=\mathrm{IFFT}(\boldsymbol{B}(f))$,分别为随方位变化的“辅助测量体 + 支架”HRRP 和辅助测量体的 HRRP 以及不随方位变化的固定背景杂波的 HRRP。

注意到对于任何方位角,若存在辅助测量体散射残余分量和/或辅助测量体 - 目标支架间耦合散射分量的影响,即 $\underset{\theta\in\theta_k\pm\Delta}{E}[\boldsymbol{s}_{\mathrm{T}}(t_i,\theta))]=\Delta\boldsymbol{\Gamma}(t_i,\theta)\neq0$,则在时域对于给定的距离单元(在时域可表示为 t_i)下,有

$$\hat{\boldsymbol{b}}(t_i,\theta)=\Delta\boldsymbol{\Gamma}(t_i,\theta)+\boldsymbol{b}(t_i)\tag{5.106}$$

式中:$\Delta\boldsymbol{\Gamma}(t_i,\theta)$为辅助测量体散射残余分量和/或辅助测量体 - 目标支架间耦合散射分量的影响。

从图 5.17(b)中可明显看出,在辅助测量体的侧向、鼻锥向和尾向等方位角下,辅助测量体散射残余分量以及耦合散射分量对 ZDC 估计造成了严重影响,这从其 HRRP 随方位的变化特性中可以清晰看出。为了消除这种误差影响,可采用基于最大概率统计的时域处理,其处理流程图如图 5.19 所示,基本测量与背景杂波提取处理的步骤如下:

步骤 1:辅助测量体的全方位 RCS 幅相数据获取。

在低散射端帽等辅助测量体安装于目标支架转顶上的状态下,对低散射端帽等一类辅助测量体作 360°全方位旋转测量,获得不同方位角下的窄带或宽带散射回波幅度和相位数据,从而得到“辅助测量体 + 目标支架”的混合回波宽带测量样本,称为“全方位 RCS 测量原始幅相数据”。

步骤 2:数据域 ZDC 估计。

针对“全方位 RCS 测量原始幅相数据”中每个测量频点,选择一定宽度的方位窗口做方位滑窗平均处理,得到每个方位下的 ZDC 估计,包括幅度估计和相位估计值。

步骤 3:ZDC 估计的 HRRP 计算。

对方位滑窗平均处理得到的每个方位下的 ZDC 幅相数据作快速逆傅立叶变换,得到每个方位角下 ZDC 估计的 HRRP,包括 HRRP 幅度和相位。

步骤 4:最大概率幅度和最大概率相位计算。

通过概率统计直方图处理,求取 ZDC - HRRP 每个距离单元下幅度和相位估计的全方位统计量:最大概率幅度 $A_{\mathrm{p\,max}}(t_i)$ 和最大概率相位 $\phi_{\mathrm{p\,max}}(t_i)$,$i=1,2,\cdots,N_{\mathrm{t}}$,其中 N_{t}为 HRRP 的距离单元个数。

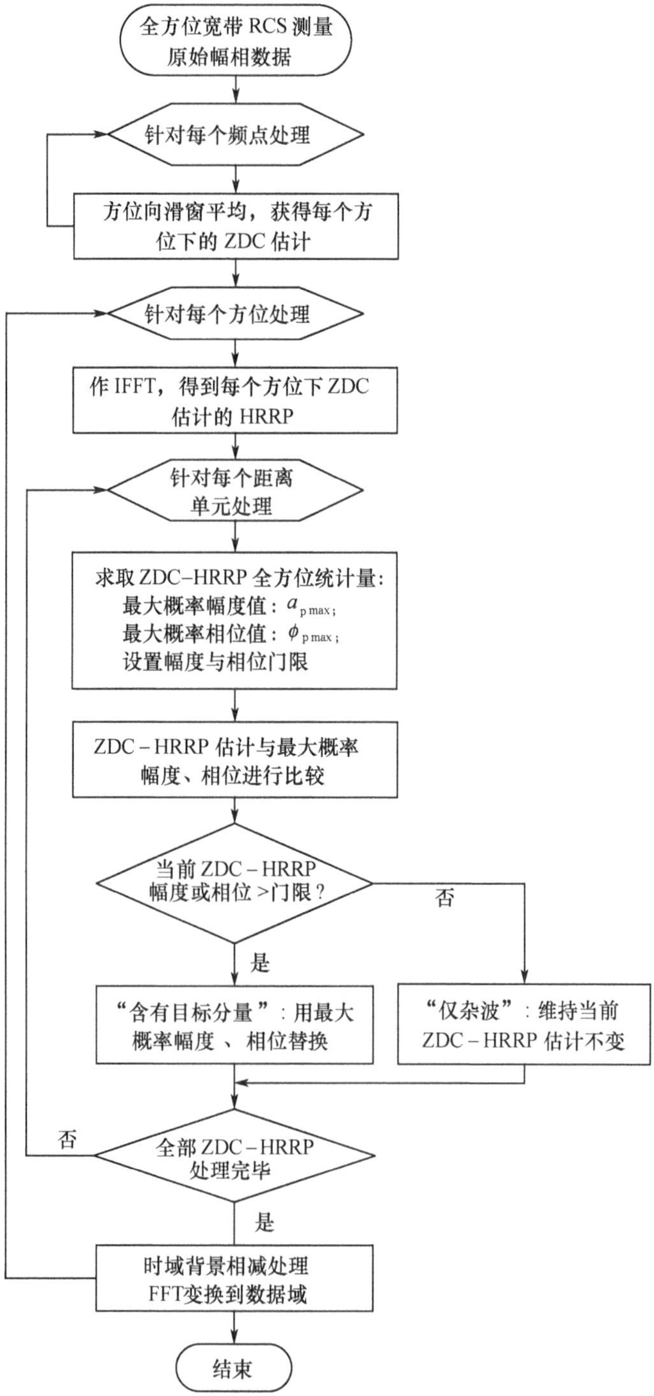

图 5.19　基于最大概率的背景测量与 ZDC 提取时间域处理流程图

步骤 5:基于最大概率统计量的时域门限处理。

依据上述最大概率幅度和相位统计量设定幅度门限因子和相位门限因子,针对每个距离单元和每个方位的 ZDC - HRRP 幅度与相位估计,完成门限处理,即如果当前单元的 ZDC - HRRP 幅度或相位估计与最大概率幅度 $A_{\mathrm{p\,max}}(t_i)$ 和最大概率相位 $\phi_{\mathrm{p\,max}}(t_i)$ 之间的差异超过门限值,则该处的 ZDC - HRRP 估计用最大概率幅度 $A_{\mathrm{p\,max}}(t_i)$ 和最大概率相位 $\phi_{\mathrm{p\,max}}(t_i)$ 值替换。如此,得到每个距离单元和方位下的最终 ZDC - HRRP 估计值,也即固定背景杂波的高分辨率距离像估计值。

步骤 6:时域背景相减处理。

对原始测量数据的 HRRP 与背景杂波的 ZDC - HRRP 时域估计之间作相量相减,得到背景抵消后的目标回波时域数据。

步骤 7:时域背景相减处理。

对背景抵消后的时域数据作一维 FFT,得到背景抵消后目标回波的数据域数据,也即目标 RCS 幅度相位随频率和方位变化的数据,可用于后续各种处理。

上述步骤 6 和步骤 7 的处理顺序也可反过来进行,即先将 ZDC - HRRP 数据经一维 FFT 变换到数据域 ZDC,再直接对原始测量数据作背景相减处理。

最后指出,采用最大概率门限数据域处理或时域处理可以在很大程度上消除辅助测量体散射信号残余对 ZDC 估计的影响,提高 ZDC 估计精度。但是,其可能的缺点是,由于所有超过门限的 ZDC 估计数据点均由最大概率幅度和相位统计量所代替,如果该统计量不能很好地代表当前频点和方位下的杂波背景估计,则用于后续背景相减处理时,仍可能造成较大的背景抵消残余误差。为了解决这一问题,可在采用最大概率门限数据域处理或时域处理的基础上,对于所有超过门限的 ZDC 数据点,不是简单地由最大概率幅度和相位统计量代替,而是根据其邻近的多个数据点建立预测模型(例如线性预测模型[10,33]、复指数模型[34,35]等),进而采用模型预测数据代替当前超过门限的 ZDC 数据点,从而进一步解决上述方法 ZDC 估计用于后续背景相减处理时,可能造成较大的背景抵消残余的问题。

5.6.5　目标导出的背景测量

根据本节的讨论,只要辅助测量体的散射特性满足:①电尺寸足够大,从而其散射回波相位起伏随方位旋转的变化足够快。②在旋转中心附近的小区域内不存在显著散射中心。即可以将该物体作为背景辅助测量体。

大多数采用金属低散射支架和外置转顶的 RCS 测试场都同时配套有低散射端帽,这种低散射端帽的几何外形设计使得其散射特性一般都满足上述条件,且在大多数方位角下,低散射端帽自身的散射电平比较低,有利于背景信号提取。可见,低散射端帽是一种比较理想的背景辅助测量体。

对于隐身飞行器一类低可探测性目标,当采用金属低散射支架支撑进行RCS测量时,由于需要将目标转顶内嵌于目标腹部,这实际上意味着该被测目标本身的散射特性也满足上述两个条件。也就是说,本节所提出的背景辅助测量与提取处理技术,原理上也可用于从目标测量数据直接导出背景信号并用于背景抵消处理。

可见,本节实质上提出了一种“目标导出的背景测量技术”。当然,这一技术可否真正应用,主要取决于被测目标的散射特性。笔者的建议是:在获得目标宽带散射测量数据后,先对其一维高分辨率距离像随方位的变化特性进行仔细分析,在可以确认被测目标在转顶区附近确实不存在具有重要影响的散射中心条件下,则可以采用“目标导出的背景测量”。

作为例子,图5.20给出了对美国佐治亚技术研究所(GTRI)电磁测试场采集的一组T72坦克成像数据,该数据曾作为MSTAR公共数据库予以发布[10]。在这里,雷达置于一个固定高塔的电梯平台上,平台承重1t,其高度可在3~90英尺之间任意调节。转台置于离发射塔150英尺的地面上,直径22.5英尺,承

(a) 目标区场景

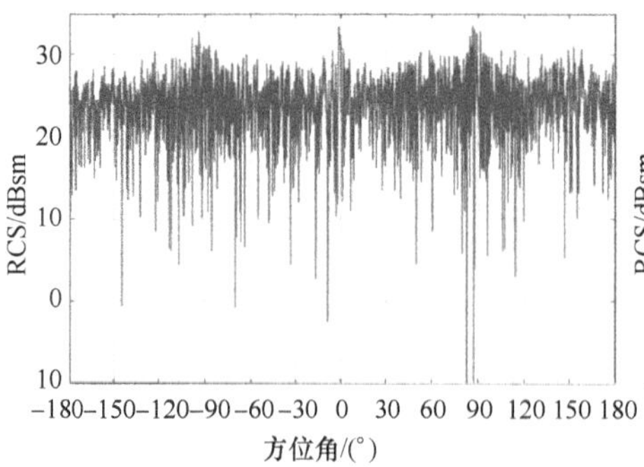

(b) 背景抵消前

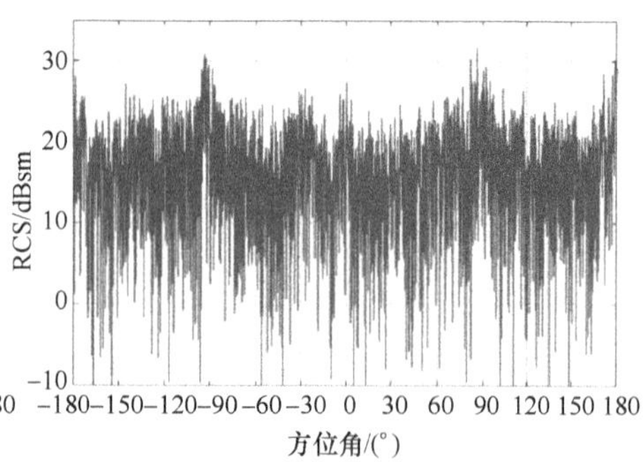

(c) 背景抵消后

图5.20 T72坦克测试数据背景抵消前后RCS随方位变化结果

重 100t。测试条件为中心频率 9.6GHz，带宽 660MHz，360°全方位测量，角度采用间隔 0.05°。图 5.20(a)示出了测试现场目标区场景，从中可以看出目标区背景非常混杂；图 5.20(b)给出了背景提取与抵消前的一组 RCS 随方位变化特性，可以发现背景杂波的影响非常严重。图 5.20(c)给出了基于“目标导出的背景测量”技术提取背景并完成背景抵消处理后的结果，很明显，背景杂波得到很好的抑制。为进一步观察背景提取与抑制效果，图 5.21(a)～图 5.21(c)给出了背景抵消前后目标一维高分辨率距离像随方位角的变化特性。其中，图 5.21(a)～图 5.21(c)分别为背景抵消前、背景抵消后以及所提取的背景杂波一维高分辨率距离像随方位的变化。可见，“目标导出的背景测量”可以很好地提取出固定背景并用于背景抵消处理。

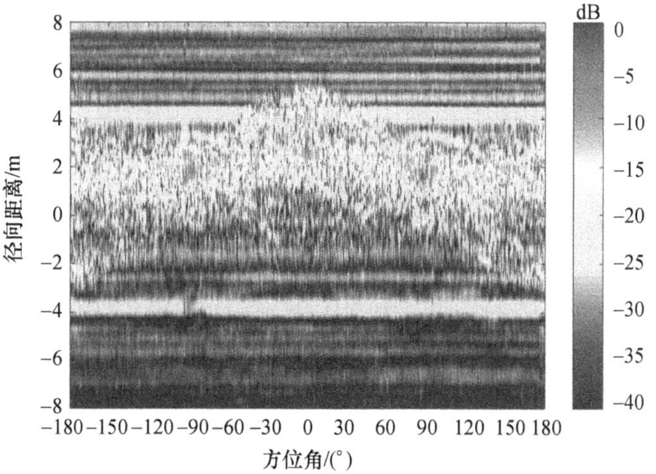

(a) 背景抵消前

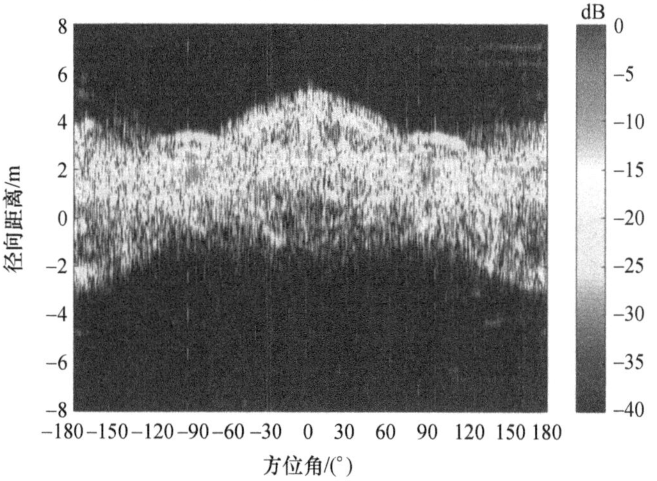

(b) 背景抵消后

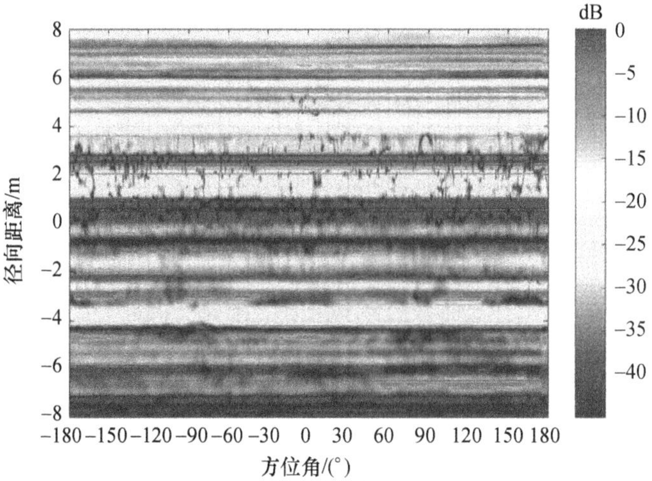

(c) 提取的背景

图 5.21　T72 坦克测试数据背景抵消前后一维距离像随方位变化特性(见彩图)

5.7　地平场条件下地面耦合散射抑制技术

在低可探测性目标 RCS 外场测试中,背景杂波和地面耦合散射杂波往往是影响目标 RCS 测量精度的主要因素。其中,背景杂波主要来源于目标支架以及地面的固定杂波的散射,为了提高测量精度,一般可通过辅助测量来提取背景杂波信号,并采用背景相减处理技术以抑制背景杂波的影响。另一方面,地面耦合散射杂波则是由被测目标同地面之间的多径耦合散射所造成的,同时随着被测目标的方位旋转,这种耦合散射杂波也将随目标方位角的变化而改变。因此,无法采用类似于背景杂波辅助测量与提取的方法进行耦合杂波提取和抑制。

为了消除目标与地面之间的耦合散射,多数 RCS 测试场采取将被测目标架高到比目标尺寸大的高度,同时对目标区地面采用铺覆吸波材料等措施,以便一方面减小这种耦合散射,另一方面通过软件距离门选通将目标 - 地面耦合信号直接滤除。但是,如果被测目标尺寸很大,而可用的目标支架高度又有限,则此时目标 - 地面耦合信号仍然可能对测量结果产生不良影响[36,37]。原理上,此时可通过本节所讨论的技术来对目标 - 地面耦合散射作进一步抑制。

5.7.1　地面耦合散射的信号模型

图 5.22 示出了典型的 RCS 测试外场几何关系示意图。

根据图 5.22 中的测量几何关系,雷达接收到的总散射回波为

$$\boldsymbol{S}(f) = \boldsymbol{T}(f) + \boldsymbol{B}(f) + \boldsymbol{G}_{\text{coup}}(f) \tag{5.107}$$

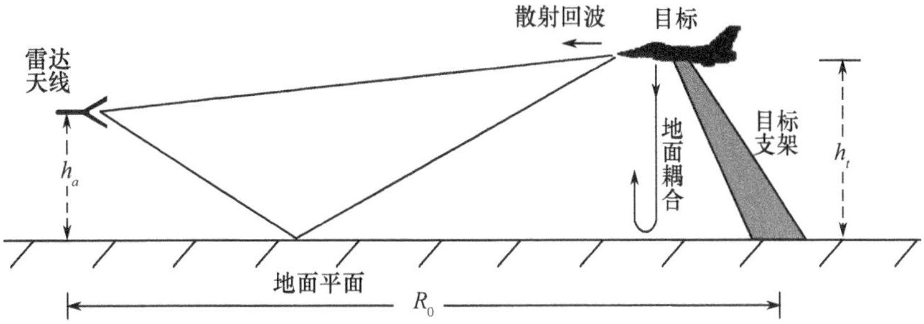

图 5.22 目标 RCS 测试外场几何关系示意图

式中:$\boldsymbol{S}(f)$为接收到的总散射回波;$\boldsymbol{T}(f)$为目标散射回波;$\boldsymbol{B}(f)$为支架等背景散射回波;$\boldsymbol{G}_{\mathrm{coup}}(f)$为目标与地面之间的耦合散射回波,$f$为雷达频率。其中

$$\boldsymbol{T}(f)=\boldsymbol{T}_0(f)\left[1+2\rho\exp(-\mathrm{j}k\delta)+\rho^2\exp(-\mathrm{j}2k\delta)\right] \tag{5.108}$$

为地平场测量几何关系条件下的目标多径散射。式中 $\boldsymbol{T}_0(f)$为目标真实散射回波;ρ 为地面的反射系数;$k=\dfrac{2\pi f}{c}$为波数;c 为电波传播速度

$$\delta=\frac{2h_{\mathrm{a}}h_{\mathrm{t}}}{R_0} \tag{5.109}$$

为地面一次反射路径同直接路径之间的双程差。式中 h_a为天线高度;h_t为目标高度;R_0为测量雷达到目标的距离。当这三者之间满足地平场条件下目标散射回波功率最大化时有

$$h_{\mathrm{a}}h_{\mathrm{t}}=\frac{\lambda_0}{4}R_0 \tag{5.110}$$

式中:$\lambda_0=c/f_0$为中心波长;f_0为雷达中心频率。

5.7.2 不同散射回波的特性分析

注意到在由式(5.107)~式(5.110)所构成的信号模型中,当目标支架高度 h_{t}发生小的变化时,例如由 h_{t1}变为 $h_{\mathrm{t2}}=h_{\mathrm{t1}}+\Delta h$,其中 $\Delta h<\lambda_0$时,目标散射回波 $\boldsymbol{T}(f)$、支架等背景散射回波 $\boldsymbol{B}(f)$、目标与地面之间的耦合散射回波 $\boldsymbol{G}_{\mathrm{coup}}(f)$分别具有以下变化特性。

(1) 目标散射回波 $\boldsymbol{T}(f)$:当目标高度由 h_{t1}变为 $h_{\mathrm{t2}}=h_{\mathrm{t1}}+\Delta h(\Delta h<\lambda_0)$时,目标散射回波 $\boldsymbol{T}(f)$几乎不会发生变化,因为对于一个实际的散射测试外场,通常测量雷达到目标的距离 R_0在千米量级,天线高度 h_{a}在米的量级,目标高度(也即支架高度)h_{t}在 10 米量级。当目标高度改变不到一个波长时,雷达-目标之间的观测俯仰角几乎不变,而直接路径同多次反射路径之间的双程差 δ 变化远小于一个波长。例如,当$f=3\mathrm{GHz}$,$h_{\mathrm{a}}=1\mathrm{m}$,$h_{\mathrm{t1}}=20\mathrm{m}$,$R_0=2000\mathrm{m}$ 时,若 Δh 变化

不超过一个波长，即 10cm，则 $\Delta\delta = \delta_1 - \delta_2 = \dfrac{2h_a}{R_0}\Delta h \leqslant 1\text{cm}$，仅为 1/10 波长，如图 5.23所示。根据信号模型公式式(5.108)，故有

$$\boldsymbol{T}_2(f) \approx \boldsymbol{T}_1(f) = \boldsymbol{T}(f) \tag{5.111}$$

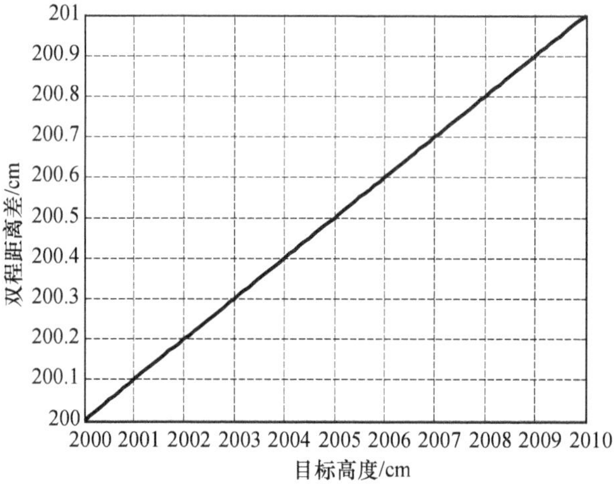

图 5.23　目标高度微小变化导致的双程差变化特性示意图

(2) 背景散射回波 $\boldsymbol{B}(f)$ 将发生变化：由于背景散射主要来自于目标支架的散射和场地的杂散散射，目标支架高度的改变将引起总的背景散射回波变化。不同支架高度时的散射回波可分别记为 $\boldsymbol{B}_1(f)$ 和 $\boldsymbol{B}_2(f)$。

(3) 目标与地面之间的耦合散射回波 $\boldsymbol{G}(f)$ 也将发生变化：由于雷达－目标之间的观测几何关系仅有细微变化，不同支架高度下目标与地面之间的耦合散射回波变化主要体现在相位的改变上，由图 5.22 的几何关系可知，当目标支架高度由 h_{t1} 变为 $h_{t2} = h_{t1} + \Delta h$ 时，目标与地面之间的耦合散射回波 $\boldsymbol{G}(f)$ 的相位将变化 $2k\Delta h$，故有

$$\boldsymbol{G}_{\text{coup2}}(f) = \boldsymbol{G}_{\text{coup1}}(f)\exp(-\text{j}2k\Delta h) = \boldsymbol{G}_{\text{coup}}(f)\exp(-\text{j}2k\Delta h) \tag{5.112}$$

5.7.3　消除耦合散射的方法

根据以上分析，在目标支架高度分别为 h_{t1} 和 $h_{t2} = h_{t1} + \Delta h$ 时进行目标散射测量时，雷达接收到的总散射回波分别为

$$\boldsymbol{S}_1(f) = \boldsymbol{T}(f) + \boldsymbol{B}_1(f) + \boldsymbol{G}_{\text{coup}}(f) \tag{5.113}$$

$$\boldsymbol{S}_2(f) = \boldsymbol{T}(f) + \boldsymbol{B}_2(f) + \boldsymbol{G}_{\text{coup}}(f)\exp(-\text{j}2k\Delta h) \tag{5.114}$$

且有

$$\boldsymbol{S}_{01}(f) = \boldsymbol{S}_1(f) - \boldsymbol{B}_1(f) = \boldsymbol{T}(f) + \boldsymbol{G}_{\text{coup}}(f) \tag{5.115}$$

$$\boldsymbol{S}_{02}(f) = \boldsymbol{S}_2(f) - \boldsymbol{B}_2(f) = \boldsymbol{T}(f) + \boldsymbol{G}_{\text{coup}}(f)\exp(-\text{j}2k\Delta h) \tag{5.116}$$

式中：$\boldsymbol{S}_{01}(f)$ 和 $\boldsymbol{S}_{02}(f)$ 分别为目标支架高度为 h_{t1} 和 $h_{t2}=h_{t1}+\Delta h$ 时，分别经过背景矢量相减处理后的回波散射回波。

由方程式(5.115)和式(5.116)联合求解，即可得到目标散射回波 $\boldsymbol{S}_{\mathrm{T}}(f)$ 和地面耦合散射回波 $\boldsymbol{G}_{\mathrm{coup}}(f)$，从而消除地面耦合散射杂波对目标散射测量的影响。式(5.115)和式(5.116)的解为

$$\boldsymbol{T}(f)=\frac{\boldsymbol{S}_{01}(f)-\boldsymbol{S}_{02}(f)\exp(\mathrm{j}2k\Delta h)}{1-\exp(\mathrm{j}2k\Delta h)} \tag{5.117}$$

$$\boldsymbol{G}_{\mathrm{coup}}(f)=\frac{\boldsymbol{S}_{01}(f)-\boldsymbol{S}_{02}(f)}{1-\exp(-\mathrm{j}2k\Delta h)} \tag{5.118}$$

由此可见，对于地平场，通过目标支架微调高度并作两次测量，可以提取出目标的真实散射回波信号，消除地面耦合散射的影响。

参考文献

[1] Knott E F. Radar Cross Section Measurements[M]. New York: Van Nostrand Reinhold, 1993.

[2] Walton E K, et al. IEEE Std. 1502-2007: IEEE Recommended Practice for Radar Cross - Section Test Procedures[M]. IEEE Antennas & Propagation Society, IEEE Press, 2007.

[3] Morgan D P. RCS Target Support Background Determination Using a Translating Test Body [C]. Proc. of the 18th Antenna Measurement Techniques Association Symposium, AMTA′1996, 1996: 15 - 17.

[4] Muth L A, Wang C M, Conn T. Robust Separation of Background and Target Signals in Radar Cross Section Measurements[J]. IEEE Trans. on Instrumentation and Measurement. 2005, 54(6): 2462 - 2468.

[5] 许小剑. 异地连续定标 RCS 测量中改进背景相减技术的信号处理方法[P]. 中国发明专利, ZL 2012 1 0535816.5, 2014.

[6] 许小剑. 目标雷达散射截面积测量与定标处理的方法[P]. 中国发明专利, ZL 2012 1 0484279.6, 2014.

[7] Xu X J, Li J. Ultrawide-Band Radar Imagery from Multiple Incoherent Frequency Subband measurements[J]. Journal of Systems Engineering and Electronics, 2011, 22(3): 398 - 404.

[8] Jia L, Xu X J. A New Procedure for Ultra Wideband Radar Imaging from Sparse Subband Data [C]. 2006 8th International Conference on Signal Processing, Guilin, China, Nov. 2006, 4: 2724 - 2727.

[9] 贺飞扬. 分布式多频段雷达超分辨率成像技术研究[D]. 北京: 北京航空航天大学, 2012.

[10] 栾瑞雪, 许小剑. 周期性凹口数据的雷达图像恢复[J]. 信号处理, 2009, 25(3): 493 - 496.

[11] 贾莉. 多个频段宽带雷达回波的相干处理及联合成像[D]. 北京: 北京航空航天大学, 2008.

[12] Xu X J. A New Approach for Background Clutter Extraction in Radar Cross Section Measurement [C]. 2016 IEEE/ACES International Conference on Wireless Information Technology and Systems (ICWITS) and Applied Computational Electromagnetics (ACES), 2016: 1 - 2.

[13] Xu X J. A Background and Target Signal Separation Technique for Exact RCS Measurement [C]. Proc. Int. Conf. on Electromagnetics in Advanced Applications, ICEAA'2012, 2012: 891 - 894.

[14] 许小剑. 用于 RCS 测试的背景提取方法和装置[P]. 中国发明专利, ZL 201210484290.2, 2014.

[15] 许小剑. 雷达散射截面积测试场背景信号获取方法[P]. 中国发明专利, ZL 201210483132.5, 2014.

[16] Xu X J, Sun S S. A Background Extraction Technique for Polarimetric RCS Measurement [C]. 2013 International Radar Conference, Adelaide, Australia, 2013: 394 - 397.

[17] Yang X L, Quan S H, Liu Q H. A Fast and Robust Method for Target and Background Estimation in RCS Measurements Based on 'Hyperaccurate' Algebraic Circle Fit[C]. Proc. of the IEEE 9th International Symposium on Antennas Propagation and EM Theory, ISAPE' 2010, 2010: 622 - 625.

[18] Sun S S, Xu X J. Background Signal Extraction Technique for Fluctuating Target in RCS Measurements[C]. Proc. IEEE International Conference on Measurement, Information and Control, MIC'2012, 2012: 256 - 260.

[19] 孙双锁. RCS 测试中的数据处理技术[D]. 北京:北京航空航天大学, 2013.

[20] Rousseeuw P J. Least Median Square Regression[J]. J. Amer. Stat. Assoc., 1984, 79 (388): 871 - 880.

[21] Rousseeuw P J, Leroy A M. Robust Regression and Outlier Detection[M]. New York: Wiley, 1987.

[22] Boggs P T, Rogers J E. Orthogonal Distance Regression[J]. Contemp. Math., 1990, 112 (1): 183 - 194.

[23] Madsen K, Nielsen H B, Tingleff O. Method for Non-Linear Least Squares Problems[M]. 2nd Edition. Denmark: Technical University of Denmark, 2004.

[24] Al - Sharadqah A., Chernov N. Error Analysis for Fitting Algorithms[J]. Electronic Journal of Statistics, 2009, 3(1): 886 - 911.

[25] http://www. math. uab. edu/ chernov/cl.

[26] Gander W, Golub G H, Strebel R. Least-squares Fitting of Circles and Ellipses[J]. BIT Numerical Mathematics, 1994, 34(4): 558 - 578.

[27] Showman A, Sangston K, Richards M. Correction of Artifacts in Turntable Inverse Synthetic Aperture Radar Images[M]. Proc. SPIE-3066, Radar Sensor Technology Ⅱ, 1997: 40 - 51.

[28] Showman A, Sangston K, Richards M. Comparison of Two Algorithms for Correcting Zero-Doppler Clutter in Turntable ISAR Imagery[M]. IEEE Conference Record of the Thirty-Second Asilomar Conference on Signal, System and Computers, 1998: 411 - 415.

[29] Liang L Y, Xu X J. An Improved Procedure for ZDC Reduction in High Resolution Imaging of Rotating Targets[C]. Proc. 2016 IEEE 13th International Conference on Signal Processing, ChengDu, China, Nov. 2016:1476 - 1479.

[30] 许小剑. 目标 RCS 测量中背景提取与抵消的最大概率数据域处理方法[P]. 中国发明专利,申请号 201610764900.2,2016.

[31] 许小剑. 目标 RCS 测量中背景提取与抵消的最大概率时域处理方法[P]. 中国发明专利,申请号 201610764605.7,2016.

[32] 许小剑. 目标 RCS 测量中基于最大概率门限与模型预测联合处理的背景提取方法[P]. 中国发明专利,申请号 201610813955.8,2016.

[33] Cuomo K M, Piou J E, Mayhan J T. Ultra-wideband Coherent Processing[J]. The Lincoln Laboratory Journal, 1997, 10(2):203 - 222.

[34] He F Y, Xu X J. A Comparative Study of Two Target Scattering Center Models[C]. IEEE 11th International Conference on Signal Processing (ICSP), 2012(3):1931 - 1935.

[35] Naishadham K, Piou J E. A Robust State Space Model for the Characterization of Extended Returns in Radar Target Signatures[J]. IEEE Trans. on Antennas and Propagation, 2008, 56(6):1742 - 1751.

[36] Stach J F, Burns J W. Mitigation of Target Illumination and Multipath Errors in Ground Plane RCS Measurement[C]. Proc. of the 20th Antenna Measurement Technique Association Symposium, AMTA'1998,1998:67 - 71.

[37] LaHaie I J, Blischke M A. Mitigation of Multipath and Ground Interactions in RCS Measurement Using a Single Target Translation[C]. Proc. of the 23rd Antenna Measurement Technique Association Symposium, AMTA'2001,2001.

第6章 高分辨率 RCS 诊断成像

目标高分辨率雷达图像是通过处理一定雷达频带和观测角范围内的散射数据,对目标散射分布函数的重构。高分辨率成像所需信息反映了所接收到的复信号幅度和相位差异,这种差异体现在目标 RCS 随雷达频率和姿态角的变化特性上。宏观上,目标回波幅度决定了目标散射特征的强度,而回波相位则反映了扩展目标散射特征的空间分布关系。目标 RCS 成像测量的基本目的是通过对目标的散射特性进行一维、二维和三维高分辨率成像,对目标的电磁散射特性进行诊断和分析,以便改进目标设计,降低目标整机和部件的 RCS 电平,或者通过对目标散射机理的理解和特征提取,实现目标分类识别。

本章将讨论高分辨率 RCS 测试诊断成像技术。首先建立目标散射成像信号模型,介绍复杂目标高频散射机理与散射中心的概念和基本类型;然后讨论目标高分辨率成像原理与分辨率,详细推导目标二维高分辨率成像和三维干涉成像处理算法。通过对典型目标的散射机理及其雷达图像的分析,阐述如何理解 RCS 图像,讨论目标 RCS 图像像素值与目标 RCS 之间的关系。最后,讨论针对特定 RCS 成像测量任务需求,进行成像测量参数选择和试验设计的基本方法与准则。

6.1 目标散射成像信号模型

为了便于读者阅读和后续进一步讨论雷达对三维扩展目标观测几何关系以及目标的三维成像模型,现将第 1 章中图 1 -6 再次给出,如图 6.1 所示。

在第 1 章已经指出,根据图 6.1 所示的雷达对三维扩展目标观测几何关系以及随雷达波数矢量 $\boldsymbol{k}$ 变化(也即随雷达频率和观测角变化)的目标散射分布函数 $\boldsymbol{\Gamma}(\boldsymbol{r},\boldsymbol{k})$,在远场测量条件下,扩展目标的雷达回波可表示为[1,2]

$$\boldsymbol{S}_{\mathrm{r}}(\boldsymbol{k}) = K_0\exp(\mathrm{j}2\boldsymbol{k}\cdot\boldsymbol{R}_0)\cdot\boldsymbol{S}_{\mathrm{t}}(\boldsymbol{k})\cdot\iiint_{D^3}\boldsymbol{\Gamma}(\boldsymbol{r},\boldsymbol{k})\exp(-\mathrm{j}2\boldsymbol{k}\cdot\boldsymbol{r})\mathrm{d}\boldsymbol{r} \tag{6.1}$$

式中:D^3 为包围三维扩展目标的空间体积,若在全部观测空间波数域 $\boldsymbol{K}_{\mathrm{V}}$ 内,雷达

发射信号具有均匀的空间谱分布特性，也即满足

$$|\boldsymbol{S}_{\mathrm{t}}(\boldsymbol{k})| = S_0, \boldsymbol{k} \in \boldsymbol{K}_{\mathrm{V}} \tag{6.2}$$

式中：S_0为常数。

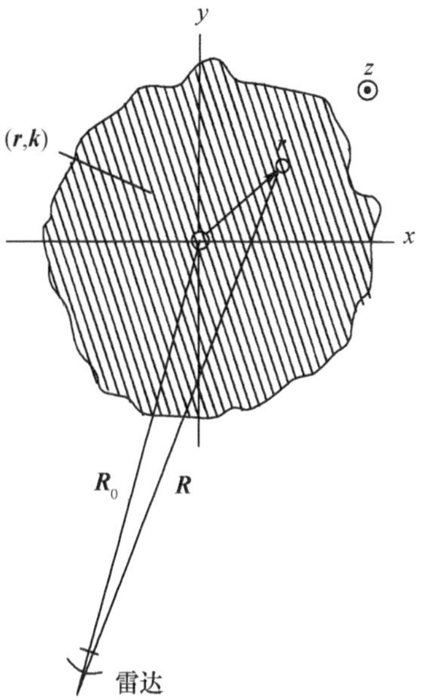

图 6.1　雷达对三维扩展目标观测几何关系示意图

此时，式(6.1)可简化为

$$\boldsymbol{S}_{\mathrm{r}}(\boldsymbol{k}) = G_0 \cdot \iiint_{D^3} \boldsymbol{\Gamma}(\boldsymbol{r},\boldsymbol{k}) \exp(-\mathrm{j}2\boldsymbol{k} \cdot \boldsymbol{r}) \mathrm{d}\boldsymbol{r} \tag{6.3}$$

式中：G_0为复数常数，对于后续的问题讨论没有实质性影响，不妨忽略不计，则有

$$\boldsymbol{S}_{\mathrm{r}}(\boldsymbol{k}) = \iiint_{D^3} \boldsymbol{\Gamma}(\boldsymbol{r},\boldsymbol{k}) \exp(-\mathrm{j}2\boldsymbol{k} \cdot \boldsymbol{r}) \mathrm{d}\boldsymbol{r} \tag{6.4}$$

式(6.4)指出：在雷达波数域，雷达接收到的目标散射回波信号 $\boldsymbol{S}_{\mathrm{r}}(\boldsymbol{k})$同目标散射分布函数 $\boldsymbol{\Gamma}(\boldsymbol{r},\boldsymbol{k})$之间存在三维傅里叶变换关系。

对目标成像的主要目的是要通过雷达的有限观测数据获得目标散射分布函数 $\boldsymbol{\Gamma}(\boldsymbol{r},\boldsymbol{k})$的估计值 $\hat{\boldsymbol{\Gamma}}(\boldsymbol{r},\boldsymbol{k})$。理论上，若全部观测空间波数域为 $\boldsymbol{K}_{\mathrm{V}}$，有下式成立

$$\hat{\boldsymbol{\Gamma}}(\boldsymbol{r},\boldsymbol{k}) = \iiint_{\boldsymbol{K}_{\mathrm{V}}} \boldsymbol{S}_{\mathrm{r}}(\boldsymbol{k}) \exp(\mathrm{j}2\boldsymbol{k} \cdot \boldsymbol{r}) \mathrm{d}\boldsymbol{k} \tag{6.5}$$

与式(6.4)一样，此处也忽略了对问题讨论并无实质性影响的复常数。注意到在这里目标散射分布函数 $\boldsymbol{\Gamma}(\boldsymbol{r},\boldsymbol{k})$或其估计值 $\hat{\boldsymbol{\Gamma}}(\boldsymbol{r},\boldsymbol{k})$既是目标空间三维向

量 $\boldsymbol{r}$ 的函数，又是雷达观测空间三维波数向量 $\boldsymbol{k}$ 的函数，这使得对于目标散射分布函数的求解变得极其复杂，必须对上述成像模型作进一步的简化。

根据复杂目标高频散射的稀疏特性，三维目标散射分布函数表征了目标上各离散散射中心的位置分布和散射幅度特性。由于单个散射中心具有类似于"点"的性质，因此，为简化式(6.5)所给出的散射分布函数重建公式，可假定在雷达观测频段和观测姿态角范围内，三维目标散射分布函数在给定位置上的单个散射单元最多只包含一个散射中心，且该散射中心的散射幅度和固有相位不随雷达频率和观测姿态角变化，也即满足

$$\boldsymbol{\Gamma}(\boldsymbol{r},\boldsymbol{k}) = \boldsymbol{\Gamma}(\boldsymbol{r}),\boldsymbol{k} \in \boldsymbol{K}_{\mathrm{V}},\boldsymbol{r} \in \boldsymbol{V} \tag{6.6}$$

这样，可以通过对雷达在三维波数空间的观测回波 $\boldsymbol{S}_{\mathrm{r}}(\boldsymbol{k})$ 作逆傅里叶变换，重建目标三维散射分布函数 $\boldsymbol{\Gamma}(\boldsymbol{r})$，有

$$\hat{\boldsymbol{\Gamma}}(\boldsymbol{r}) = \iiint_{\boldsymbol{K}_{\mathrm{V}}} \boldsymbol{S}_{\mathrm{r}}(\boldsymbol{k}) \exp(\mathrm{j}2\boldsymbol{k}\cdot\boldsymbol{r})\mathrm{d}\boldsymbol{k} \tag{6.7}$$

注意到式(6.7)中的积分域受限于雷达观测波数域的范围 $\boldsymbol{K}_V$，它由雷达载波频率、信号带宽和观测姿态角变化范围所共同决定。

我们将从有限空间波数域测量数据重构的目标散射分布函数 $\hat{\boldsymbol{\Gamma}}(\boldsymbol{r})$ 称为目标的高分辨率"雷达像"。很明显，由于实际目标是一个在三维空间体积尺寸有限的物体，它所对应的波数空间域必是无限的，而雷达观测不可能在无限空间波数域实现。因此，就数学上的完备性而言，采用雷达在三维波数空间的有限测量永远也不可能得到目标散射分布函数的"真实"量测，至多只能从有限的雷达观测中得到目标散射分布函数的一个估计量 $\hat{\boldsymbol{\Gamma}}(\boldsymbol{r})$：如果雷达仅能在固定姿态下对静止目标做宽带散射观测，那么可以得到目标散射分布函数沿雷达视线方向上随距离的分布特性，也即目标一维高分辨率距离像；如果雷达可以对目标随方位或者俯仰角变化的散射特性作宽带测量，那么可以得到目标散射分布函数沿雷达视线和垂直于视线的方位或俯仰方向的分布特性，也即得到目标二维散射图像；最后，如果雷达可以在三维波数空间获取目标散射回波数据，则可以得到在给定测量频段目标散射分布函数的三维高分辨率重构，也即得到目标散射分布的三维图像。

6.2 复杂目标高频散射机理

6.2.1 散射中心的概念

目标散射分布函数 $\boldsymbol{\Gamma}(\boldsymbol{r},\boldsymbol{k})$ 代表了三维扩展目标上不同部位的"散射分布"

特性。在高频区,人造目标的散射呈现“稀疏性”,这是由于此时同目标尺寸相比,雷达波长 $\lambda \to 0$,因此目标的散射场近似于光学反射,遵从局部性原理,也即散射场只与反射点附近小邻域的几何性质及该点的入射场有关,各邻近区域间的耦合散射作用可以忽略。因此,可以把目标的三维散射分布等效为由一系列离散分布的孤立散射体组成,这种在目标空间稀疏分布的离散散射体称为“目标散射中心”。相应地,由于麦克斯韦方程的线性性质,目标整体的散射总场可以通过每个散射中心散射场的矢量叠加得到,也即雷达接收到的目标散射总回波可以表示为由一系列离散分布的孤立散射体的回波矢量叠加而成。

散射中心这一概念是在理论分析中产生的,迄今并没有严格的数学证明。但是,这并不意味着散射中心的概念是人为的结果。通过精确的高分辨率成像测量,雷达工程师不仅观测到了多散射中心的一维、二维和三维空间分布,而且这些多散射中心的矢量合成散射场和目标总 RCS 同理论计算或者实际测量得到的总散射场和 RCS 均吻合得很好。

文献[1]对于目标散射中心的概念作了深入的分析和讨论,本节将引述其中关于散射中心的电磁理论解释的结果。此外,雷达成像中的目标散射中心概念也可以通过测量雷达的“带通”特性加以解释。

6.2.1.1　散射中心的电磁理论解释

要从数学上严格证明散射中心的概念是非常困难的。然而,从已有的一些典型目标的近似解出发,散射中心的概念可以很容易地得到解释,并由此可以看出,在高频区,目标散射不是全部目标表面所贡献的,而是可以用一系列离散的散射中心来完全表征。根据电磁散射理论,每个散射中心都相当于斯特拉顿－朱(Stratton-chu)积分中的一个数字不连续处[4]。从几何观点来分析,就是目标外形结构的一些表面不连续处和曲率不连续处。

为了从电磁散射的角度来理解目标散射中心的概念,让我们来研究纯导电圆柱体的物理光学后向散射[1]。如图 6.2(a)所示,假设有一平面波入射到完纯导电圆柱体上,入射磁场为

$$\boldsymbol{H}_i = \hat{\varphi} H_0 \exp(\mathrm{j}k\,\hat{\boldsymbol{r}} \cdot \boldsymbol{r}') \tag{6.8}$$

当散射体的尺寸是入射波长的许多倍时,用物理光学法可以足够精确地计算其后向散射场。略去时谐因子 $\mathrm{e}^{\mathrm{j}\omega t}$,有[5]

$$\boldsymbol{E}_{\mathrm{s}} = -\frac{\mathrm{j}k\eta_0}{4\pi}\frac{\exp(-\mathrm{j}kr)}{r}\hat{\boldsymbol{r}} \times \int_{S'} 2(\hat{\boldsymbol{n}} \times \boldsymbol{H}_i) \times \hat{\boldsymbol{r}} \exp(\mathrm{j}k\hat{\boldsymbol{r}} \cdot \boldsymbol{r}')\,\mathrm{d}s' \tag{6.9}$$

式中,$\hat{\boldsymbol{n}}$ 为表面向外的单位法矢量;$\boldsymbol{H}_{\mathrm{i}}$ 为表面上某点的入射磁场强度;$\boldsymbol{r}'$ 为表面上从源点到积分点的径向矢量;积分号 $\int_{S'}$ 表示对雷达照明面的积分;$k = 2\pi/\lambda$ 为

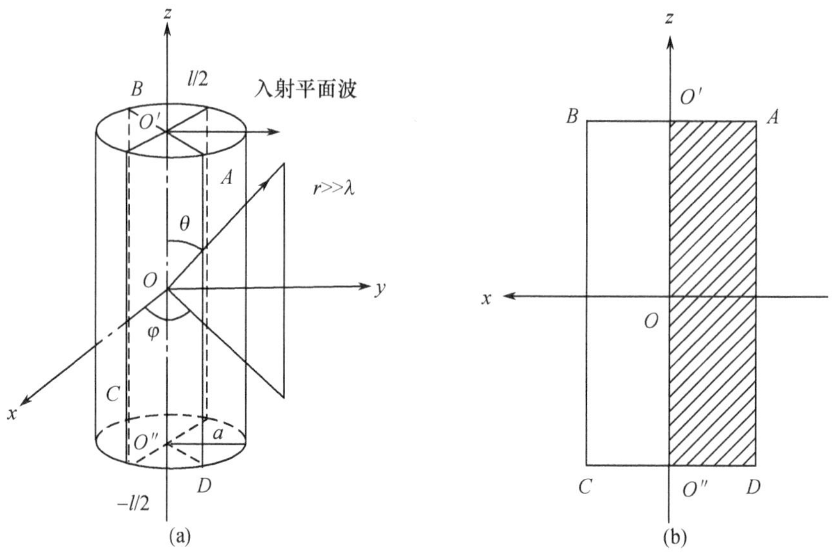

图 6.2　入射于金属圆柱体的平面波[1]

雷达波数；η_0为自由空间波阻抗；$\hat{\boldsymbol{r}}$ 为源点到场点的径向单位矢量，$\hat{\boldsymbol{r}}=\dfrac{\boldsymbol{r}}{r}$。

根据式(6.9)可计算出圆柱体的后向散射场为

$$\begin{aligned}\boldsymbol{E}_{\mathrm{s}} &= \frac{\mathrm{j}k_0\eta_0H_0}{2\pi}\,\frac{\exp(-\mathrm{j}kr)}{r}\sin\theta\hat{\boldsymbol{\theta}}\int_{-\frac{l}{2}}^{\frac{l}{2}}\int_{\varphi-\pi/2}^{\varphi+\pi/2} \\ &\quad \cdot\exp\{\mathrm{j}2k[a\sin\theta\cos(\varphi-\varphi')+z'\cos\theta]\}a\mathrm{d}\varphi'\mathrm{d}z' \\ &= \frac{\eta_0H_0a\tan\theta}{4\pi}\,\frac{\exp(-\mathrm{j}kr)}{r}[\exp(\mathrm{j}kl\cos\theta)-\exp(-\mathrm{j}kl\cos\theta)] \\ &\quad \cdot\int_{\varphi-\pi/2}^{\varphi+\pi/2}\exp[\mathrm{j}2ka\sin\theta\cos(\varphi-\varphi')]\mathrm{d}\varphi' \end{aligned}\tag{6.10}$$

式(6.10)最右边沿圆周的积分不易计算，但可以利用驻相法来近似地计算。令

$$I=\int_{\varphi-\pi/2}^{\varphi+\pi/2}\exp[\mathrm{j}2ka\sin\theta\cos(\varphi-\varphi')]\mathrm{d}\varphi' \tag{6.11}$$

并设 $x=\varphi-\varphi'+\pi/2$，则式(6.11)可化简为

$$I=\int_0^{\pi}\exp(\mathrm{j}2ka\sin\theta\sin x)\mathrm{d}x \tag{6.12}$$

显然，式(6.12)中的驻相点 $x_0=\dfrac{\pi}{2}$，可利用驻相法积分公式，即

$$\int f(x)\exp[\mathrm{j}g(x)]\mathrm{d}x\approx\left[\frac{2\pi}{-\mathrm{j}g''(x_0)}\right]^{\frac{1}{2}}f(x_0)\exp[\mathrm{j}g(x_0)] \tag{6.13}$$

求得积分 I,近似为

$$I \approx \left[\frac{\pi}{\mathrm{j}ka\sin\theta}\right]^{\frac{1}{2}} \exp(\mathrm{j}2ka\sin\theta) \tag{6.14}$$

将式(6.14)代入式(6.10),最后得

$$\begin{aligned}\boldsymbol{E}_{\mathrm{s}} = \hat{\boldsymbol{\theta}} \frac{E_0 a\tan\theta}{4\pi} \frac{\exp(-\mathrm{j}kr)}{r} \sqrt{\frac{\pi}{\mathrm{j}ka\sin\theta}} \exp(\mathrm{j}2ka\sin\theta) \\ \cdot [\exp(\mathrm{j}kl\cos\theta) - \exp(-\mathrm{j}kl\cos\theta)]\end{aligned} \tag{6.15}$$

式中:$E_0 = \eta_0 H_0$ 为与入射场有关的幅度因子;a 为圆柱体的半径;l 为圆柱体的高;k 为波数。

由式(6.15)可见,圆柱体的后向散射场是以球面波 $\frac{\exp(-\mathrm{j}kr)}{r}$ 形式向外传播的,且该球面波由两部分组成。这两部分的相移都恰与圆柱体上的 A 和 D 两点与参考点 O' 和 O'' 的程差有关,其后向散射场可以看成是由 A 和 D 点处的点散射源所产生的,A 和 D 即为散射中心。

通过上面高频电磁散射渐近计算的例子,可以对散射中心的概念有一个基本而清楚的认识。虽然用物理光学法来作近似处理是比较粗糙的,然而,它却可以用数学解析式来说明散射中心的概念。如果结合几何绕射理论,则散射中心的概念将更加形象化。实际上,根据凯勒几何绕射理论的局部场原理,在高频极限情况下,绕射场只取决于绕射点附近很小一个区域内的物理性质和几何性质,而与距绕射点较远的物体的几何形状无关,这与等效多散射中心的概念也是一致的。但仅此还不足以全面地分析计算总的电磁场,还必须考虑镜面反射、蠕动波与行波效应引起的散射。

例如,在第 4 章曾对用作为定标体的直立短粗圆柱体的宽带散射特性进行时频分析(参见图 4-40 和图 4-41),在 VV 极化下,金属圆柱的后向散射除了柱面的镜面强反射,还包括至少 5 种同表面波有关的散射分量。为了分析的方便,人们把这些散射机理也视为某种散射中心引起的散射。这样,散射中心的概念就被扩大了[1]。

6.2.1.2　散射中心的带通滤波解释

一个线性时不变(LTI)系统的冲击响应函数可以看成是一个低通(LP)、高通(HP)、带通(BP)或全通(AP)滤波器。首先研究一个方波信号通过不同的滤波器时的响应特性,它对于理解目标电磁散射问题有所帮助。对于给定的输入波形,在研究 LTI 系统的输出时,既可以采用时域方法(波形与 LTI 系统的冲击响应的卷积),也可采用频域方法(信号频谱与 LTI 系统频率响应相乘)。

考虑如图 6.3 所示的矩形波信号,其对应的频谱特性是一个 sinc 函数。

根据矩形波信号的傅里叶级数展开可知,在频域,方波的陡峭上升沿和下降沿信息主要包含在其频谱的高频分量中,而波形的主要能量则集中在较低的频谱分量中。这与图 6.3 中矩形波的频谱特征是完全相一致的。

当一个矩形波信号通过一个特定的低通滤波器时,该低通滤波器的输出如图 6.4 所示。图中分别给出了低通滤波器的输出频谱及其对应的时域波形。从图 6.4 可以发现,在低通滤波器的输出响应中,由于大量的高频分量被滤除,其时域波形尽管大体上保留了矩形波的形状和能量,但是原矩形波陡峭的边缘信息则几乎完全丢失了。

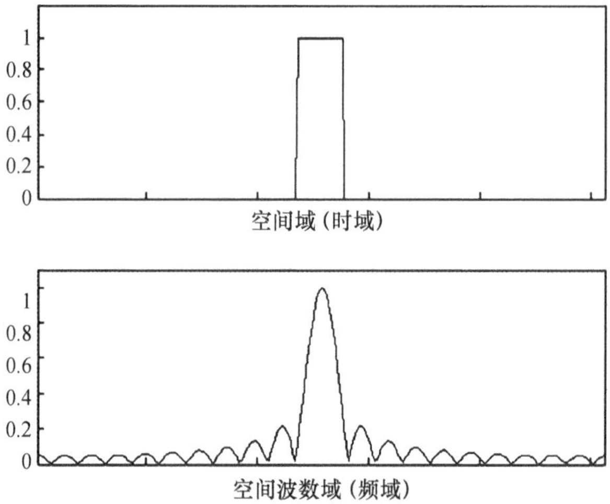

图 6.3　矩形波信号及其频谱

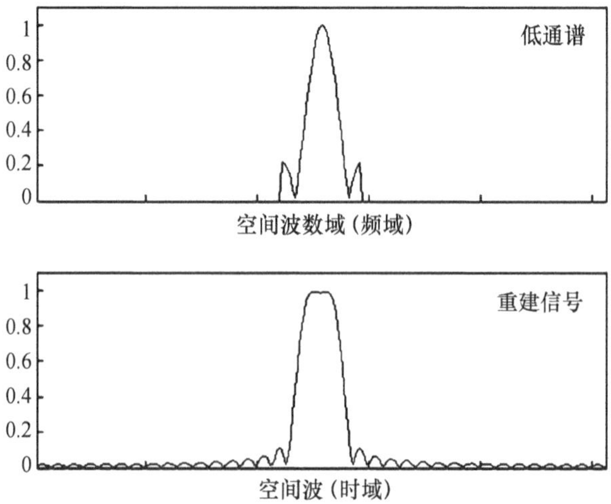

图 6.4　矩形波通过低通滤波器后的输出响应

另一方面,当同一矩形波信号通过一个带通滤波器,如图 6.5 所示,由于代表输入信号主要能量的低频分量被滤除,滤波器的输出幅度大大降低,更重要的是,该输出波形已经完全不同于原矩形波波形。相反,这时,仅保留了反映矩形波上升沿和下降沿的两个较窄的脉冲峰波形。

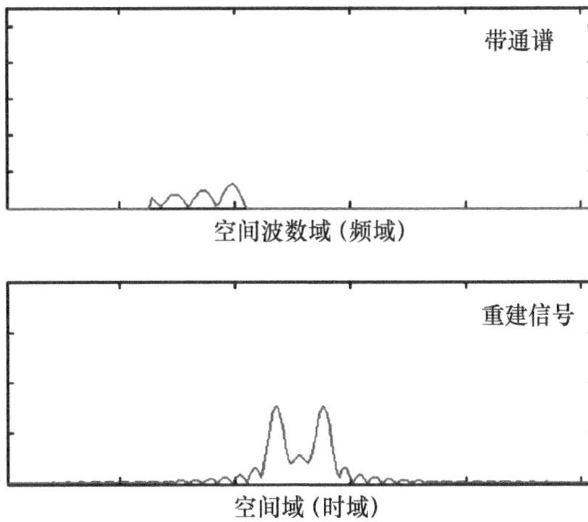

图 6.5　矩形波信号通过带通滤波器的输出

可以想像,在雷达测量中,当雷达发射一个较宽的视频脉冲信号,且其上升和下降沿都比较平缓时,对于任何扩展目标,得到的雷达回波波形也都将是一个上升和下降沿比较平缓的宽脉冲。相反,当发射一个脉宽极窄(其上升和下降沿必然陡峭)的脉冲波形时,如果脉冲宽度比目标尺寸要窄很多,则扩展目标的回波将呈现类似于如图 6.5 所示的多个峰值,这些峰值会出现在目标不连续位置处,即更多地取决于目标表面不连续处,这同前一节讨论的高频散射的局部性原理以及散射中心的概念是一致的。

上述一维波形通过滤波器后的响应特性可以直接推演到二维和三维情形。图 6.6 示出了二维矩形物体及其对应的二维空间谱、低通及带通响应特征。可见,在带通响应情况下,二维矩形物体的形状信息被丢失;相反,仅保留了部分边沿信息或顶点信息。可见,这也与雷达目标电磁散射中的散射中心概念相吻合。

我们知道,雷达系统工作在射频频段,其发射和接收信号的带宽不可能无限宽,是典型的带通滤波系统。如果把一个雷达系统简化为 LTI 系统,则根据上面的讨论,如果雷达可以发射和接收从频率为零开始的低频信号(因而可获得目标的低通滤波响应),则可以从回波信号中恢复出目标的大致形体信息,这与目标在低频区的散射特点相似。反之,如果雷达发射和接收有限带宽的高频信号(因而可获得目标的带通滤波器响应),则目标的形体信息将丢失,只能保留其不连续处等细节信息,这与高频区的等效散射中心概念相吻合。

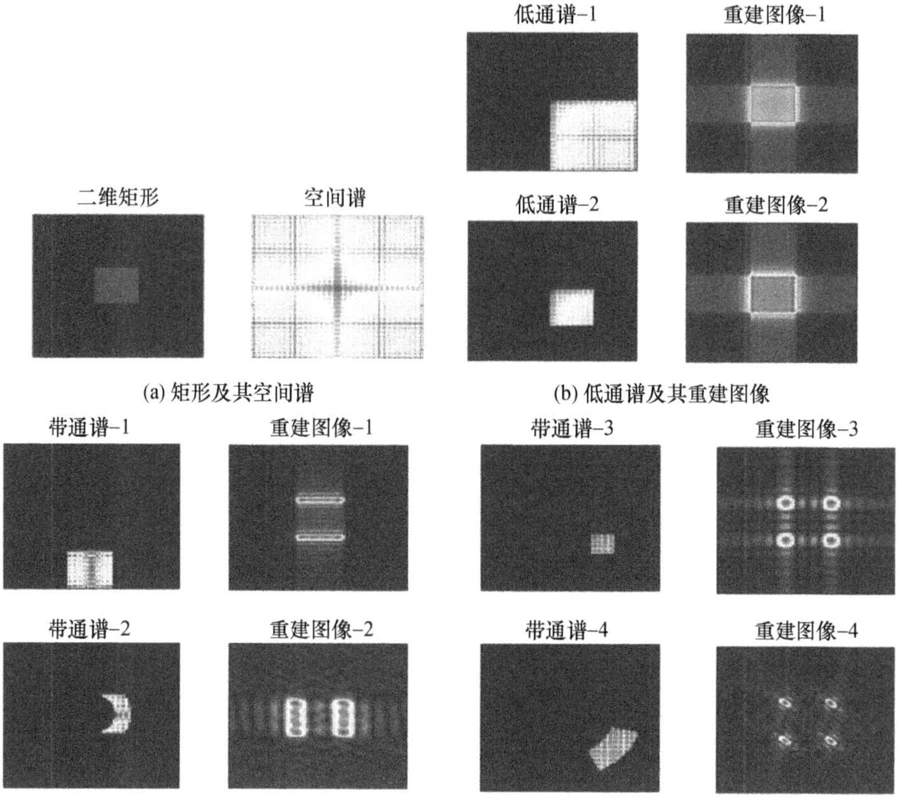

(a) 矩形及其空间谱　　(b) 低通谱及其重建图像

(c) 带通谱及其重建图像

图 6.6　二维矩形物体空间谱及其低通和带通谱的重建图像

尽管实际复杂目标的散射不像这里解释的如此简单和理想化，但是，上述一维和二维带通滤波器的响应特性的例子，为我们解释复杂目标电磁散射中心的概念提供了信号与系统理论方面的基础，可以帮助我们加深对目标在高频区散射的局部性和散射中心的客观存在性的认识。

6.2.2　复杂目标的高频散射机理

在高频区，散射结构的几何细节对散射起着重要作用，目标 RCS 主要决定于其形状、表面材料与粗糙度。目标外形的不连续导致 RCS 增大，对于光滑凸形导电目标，其 RCS 常近似于雷达视线方向的轮廓截面积。然而，当目标含有棱边、拐角、凹腔或介质等情况时则不然。目标上不同的散射结构随频率和姿态角的变化敏感。根据复杂目标电磁散射的特点，目标散射中心主要可分为以下类型[1,6]：

（1）镜面反射。

（2）棱边绕射。

（3）尖端散射。

（4）行波及爬行波散射。

（5）凹腔体等多次反射型散射。

（6）天线型散射等。

图 6.7 示出了典型飞机类目标的各种主要散射现象，基本上同上述几类散射相对应[7,8]。同时，作为例子，还给出了典型飞机缩比模型的高分辨率二维成

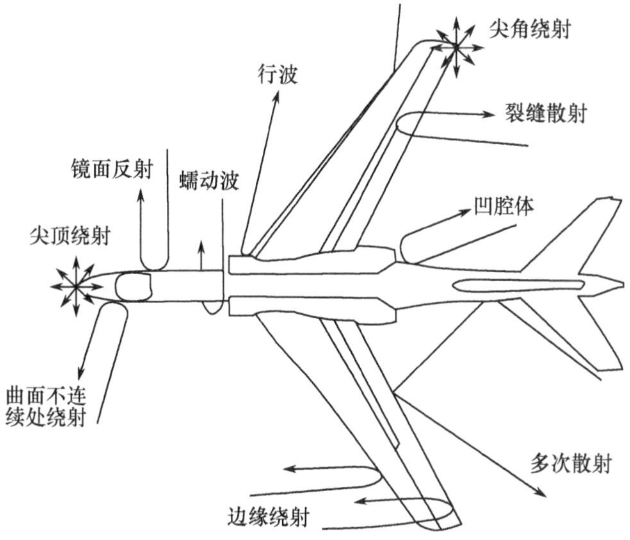

(a) 典型飞机目标的主要散射机理[9]

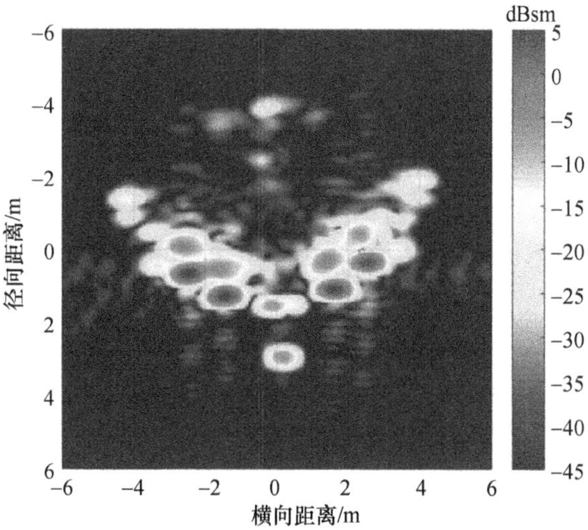

(b) 典型飞机目标的二维散射分布示例

图 6.7　复杂目标高频散射机理

像结果,该二维散射图像很好地反映出人造目标散射的稀疏特性。

目标多散射中心概念的引入,使得极为复杂的电磁散射分析计算问题大为简化。把几乎算不出来的复杂积分简化为计算某些散射中心的散射场,而这些散射中心的散射场通常可以用物理光学或几何绕射理论的结果计算出来。同时,对散射中心的深入研究,有助于进一步理解复杂目标的电磁散射机理,也是复杂目标 RCS 诊断成像的基础。

6.2.2.1 镜面散射中心

当光滑的表面被电磁波照射时,若入射方向与表面法向的方向一致,则产生镜面反射。这时,在后向的散射就认为是这个散射中心产生的镜面反射。对于双站情况,即非后向散射的情况,若入射线与散射线的夹角的平分线与曲面的法线重合,则认为此散射中心产生于镜面反射。在大多数情况下,镜面反射点并不是一个固定的"点",而是随入射的方位不同而滑动的。镜面反射点通常仅在某一有限的方位角范围内起作用。

6.2.2.2 边缘(棱边)散射中心

尖劈的边缘、锥柱的底部边缘等都属于这一类型的散射中心。一般情况下,仅边缘上的一两个点起作用。特殊情况下,整个边缘都起作用。例如锥体,当沿锥轴向入射时,底部边缘上的所有点都起作用,而当其他方向入射时,仅一两点起作用,这一两点是由入射线与锥轴所构成的平面与锥底部边缘的交点。如前所述,镜面反射点仅在某一有限的方位范围内起作用,在其他大部分方位范围下对散射回波无重要贡献。而边缘散射点则相反,它在大部分方位角内对散射回波都有贡献,并且有时其值很大。

6.2.2.3 尖顶散射中心

尖锥或喇叭形目标的尖顶散射都属于这一类情况。除非锥角很大,否则这种散射中心的散射场都比较小。对有些目标而言,其边缘或顶端可能是圆滑的而不是尖锐的。如果此时的曲率半径远小于雷达波长,一般可作为边缘或尖顶散射中心处理;反之,如果其曲率半径大于雷达波长,则在某些方位角产生镜面反射,除此之外,还产生二阶边缘绕射(即由表面一阶导数连续、二阶导数不连续造成的绕射),后者对散射的贡献一般很小。

6.2.2.4 行波与爬行波

如第 3 章中所指出的,细长的金属表面可以支持表面行波的传播。仅当入射电场在入射面内存在平行和垂直于目标表面的分量时,才会激发表面行波;如果在入射面内不存在电场分量，则不会在目标表面激发行波。因此，当电磁波近轴向入射到细长目标时，若入射电磁场有一个平行于轴的分量，则会产生一种类似于行波的散射场。

爬行波又称为阴影散射波，就是入射波绕过目标的后部（即未被照射到的阴影部分）然后又传播到前面来而形成的散射。这种散射场是随频率升高而衰减的，在高频区主要是在轴向入射时对目标总的散射场有较大影响。

6.2.2.5　凹腔体

这类散射中心包括各种飞行器喷口、进气道、开口的波导、以及角反射器等复杂的多次反射型散射。由于其散射结构十分复杂，除一些特殊的情况外，很难进行解析分析。

6.2.2.6　天线型散射

天线散射和加载散射体的散射实际上是同一问题的两种不同提法。所谓加载散射体，是指联接有一个或多个负载的联接端加上一定的电压、电流约束条件。因此，物体的散射场既依赖于物体的几何形状，也依赖于物体的负载。散射场的幅度和相位都会随负载而改变。因此，天线型散射也是一类复杂的散射问题。

从上述列举的散射中心可以看出，散射中心并不一定是一个“点”，如开口的腔体等。在实际应用中，通常把它们作为一个散射中心来处理，而事实上它们本身又可能包含多个散射中心。因此，在实际问题的分析处理中，散射中心的概念已经远远超出了“点”的范畴。

6.2.3　散射中心的解析近似

目标散射中心概念是以光学区散射为条件而引入的，它使得许多极为复杂的电磁散射分析计算问题大为简化。通过高频近似，把散射场计算的复杂积分简化为对一些局部散射中心的散射场求和，而这些散射中心的散射场通常可以通过物理光学近似或几何绕射理论的结果计算出来。不同的散射中心类型具有不同的频率特性。作为例子，表 6.1 给出了高频区典型散射结构 RCS 与频率的关系[9]。

事实上，大量研究结果表明，即使不完全满足高频区散射条件，也仍然可以采用散射中心的概念来对目标的散射特性进行解释。例如，在第 4 章中讨论过的金属球、短粗金属圆柱、球面柱、双柱和球面双柱体等定标体，除了在频率极低的低频区外，无论在谐振区还是光学区，其散射场均可借助于散射中心的概念并采用参数化模型进行近似计算，且计算精度与 MoM 数值结果之间的误差在 ±0.05dB 以内。

表 6.1　高频区典型散射结构 RCS 与频率的关系[10]

金属散射结构	RCS 与频率的关系
角反射器	f^2
平板	f^2
圆柱(或任何单曲表面)	f^1
球(或任何双曲表面)	f^0
曲边缘	f^{-1}
锥尖	f^{-2}

可见,对各种散射中心的深入研究,有助于进一步理解复杂目标的电磁散射机理。作为例子,以下给出用各种理论对具体散射中心的解析近似的一些结果。由于散射中心的解析近似问题本身非常复杂,以下仅给出几个基本结果,用以说明散射中心的频率特性与空间特性,这对于理解复杂目标的雷达像非常重要。

如果不计入单个散射中心在目标上的具体位置,则可仿照目标散射函数的定义式(1.20)在波数域定义单个目标散射中心的散射函数 $\sqrt{\boldsymbol{\sigma}(k)}$,它与第 1 章中目标散射函数的意义完全一致,只不过在那里定义是针对复杂目标作为一个整体给出的,而此处则是把单个散射中心作为"目标"给出的。因此,有

$$\sqrt{\boldsymbol{\sigma}(k)}=\lim_{R\to\infty}\sqrt{4\pi}R\cdot\exp(-\mathrm{j}\boldsymbol{k}\cdot\boldsymbol{R})\cdot\frac{\boldsymbol{E}_{\mathrm{s}}(k)}{\boldsymbol{E}_{\mathrm{i}}(k)}\tag{6.16}$$

式中:$\boldsymbol{k}$ 为空间波数向量,其模值 $k=|\boldsymbol{k}|=\dfrac{2\pi}{\lambda}=\dfrac{2\pi f}{c}$,其中 λ 为雷达波长,c 为传播速度,方向为指向目标中心的雷达视线方向;$\boldsymbol{R}$ 为距离向量,其模值为 $R=|\boldsymbol{R}|$,方向为由目标指向雷达。这样,单个目标散射中心的 RCS 为 $\sigma=\left|\sqrt{\boldsymbol{\sigma}(k)}\right|^2$。

6.2.3.1　镜面反射

考虑三类主要的镜面反射:双曲面、单曲面和平板。它们的共同特征是:在后向散射情况下,对线极化无去极化作用,而对圆极化则使之反向旋转;在某些大双站角下,可能会使线极化完全去极化。这类散射中心一般可用物理光学方法来近似[6,7]。

(1) 双曲面:对于双曲面型镜面反射,将其物理光学积分式渐进展开,可得其散射函数为

$$\sqrt{\boldsymbol{\sigma}(k)}=-\sqrt{\pi a_1 a_2}\tag{6.17}$$

式中：a_1，a_2为镜面反射点处曲面的曲率半径。当 $a_1 = a_2$时，可导出金属球面的散射函数为

$$\sqrt{\boldsymbol{\sigma}(k)} = -\sqrt{\pi}a \tag{6.18}$$

式中：a 为金属球的半径。

由式(6.17)和式(6.18)给出的金属椭球和金属球的 RCS 计算式分别为 $\pi a_1 a_2$和 πa^2，正是常见的结果。事实上，根据 Mie 级数解，可导出金属球镜面反射中心散射函数更为精确的解析解为[6]

$$\sqrt{\boldsymbol{\sigma}(k)} = -\sqrt{\pi}a[1 + \mathrm{j}(2ka)^{-1} + 0.5(ka)^{-4}] \tag{6.19}$$

当金属球的半径大于 1 个波长时，加入修正项的式(6.19)与未加修正项的式(6.18)之间相差不超过 0.03dB。

(2) 单曲面：对于像圆柱、圆锥一类单曲型镜面反射，当入射角 $\varphi_i = 0$（入射线与母线垂直时），其散射函数可表示为[6]

$$\sqrt{\boldsymbol{\sigma}(k)} = \sqrt{k}\exp\left(-\mathrm{j}\frac{3\pi}{4}\right)\int_0^h R^{0.5}\mathrm{d}z \tag{6.20}$$

式中：z 为沿镜面反射线的坐标；h 为曲面线长；R 为曲面的曲率半径。

例如，对于半径为 a、高 h 的直立金属圆柱体，曲率为常数 $R = a$，将其代入式(6.20)，有

$$\sqrt{\boldsymbol{\sigma}(k)} = \sqrt{ka}h\exp\left(-\mathrm{j}\frac{3\pi}{4}\right) \tag{6.21}$$

可见，其 RCS 计算值为 $\sigma(k) = kah^2$，与式(4.61)是一致的。

对于柱面斜入射时情况（入射角 $\varphi_i \neq 0$ 时），有

$$\sqrt{\boldsymbol{\sigma}(k)} = \sqrt{ka}h\left(\cos\varphi_i\frac{\sin(kh\sin\varphi_i)}{kh\sin\varphi_i}\right)\exp\left(-\mathrm{j}\frac{3\pi}{4}\right) \tag{6.22}$$

对于顶部和底部半径分别为 a_1和 a_2的直立圆台，有 $R = (a_2 - z\sin\alpha)/\cos\alpha$，$\alpha$ 为半锥角，代入式(6.20)并用 a_1和 a_2表示高度 h，可计算得到

$$\sqrt{\boldsymbol{\sigma}(k)} = 2\sqrt{\frac{k(a_2^3 - a_1^3)}{\cos\alpha}}\frac{1}{3\sin\alpha}\exp\left(-\mathrm{j}\frac{3\pi}{4}\right) \tag{6.23}$$

当 $a_1 = 0$ 时即为圆锥，记 $a = a_2$，有

$$\sqrt{\boldsymbol{\sigma}(k)} = 2\sqrt{\frac{ka^3}{\cos\alpha}}\frac{1}{3\sin\alpha}\exp\left(-\mathrm{j}\frac{3\pi}{4}\right) \tag{6-24}$$

(3) 平板：对于金属平板表面的镜面反射，其散射函数为

$$\sqrt{\boldsymbol{\sigma}(k)} = -\mathrm{j}\frac{kA}{\sqrt{\pi}} \tag{6.25}$$

式中:A 为平板镜面反射区的面积。它给出的法线方向($\varphi=0$)上的 RCS 计算式为$\dfrac{4\pi A^2}{\lambda^2}$,与式(4.66)也是一致的。

6.2.3.2 直劈绕射

完纯导体直劈对平面波的绕射,是电磁散射中的经典问题。对于长度为 l 的直劈,假定雷达发射机和接收机位于劈的角平分线位置附近,雷达视线与直劈棱线垂直,此时的后向散射函数可表示为[8]

$$\sqrt{\boldsymbol{\sigma}(k)}=\begin{cases}\dfrac{l\exp\left(-\mathrm{j}\dfrac{\pi}{4}\right)}{\sqrt{\pi}}(X-Y), & \text{入射电场矢量与直劈棱线垂直时}\\ \dfrac{l\exp\left(-\mathrm{j}\dfrac{\pi}{4}\right)}{\sqrt{\pi}}(X+Y), & \text{入射电场矢量与直劈棱线平行时}\end{cases} \tag{6-26}$$

式中,绕射系数

$$X=\frac{\dfrac{1}{n}\sin\left(\dfrac{\pi}{n}\right)}{\cos\left(\dfrac{\pi}{n}\right)-1} \tag{6.27}$$

$$Y=\frac{\dfrac{1}{n}\sin\left(\dfrac{\pi}{n}\right)}{\cos\left(\dfrac{\pi}{n}\right)-\cos\left(\dfrac{2\varphi_i}{n}\right)} \tag{6.28}$$

为平面波入射时的绕射系数,其中 n 为以 π 归一化的外劈角;入射方位角 φ_i 以构成直劈的一个平面为参考[10,11]。

6.2.3.3 曲劈绕射

对于曲劈造成的散射,当曲劈半径很小时,可当作直劈处理,并加入高阶修正项对结果进行修正。当半径较大时,可用物理光学方法处理。对于其曲率半径为 a 曲劈(例如圆盘的棱边),其后向散射函数可表示为[8]

$$\sqrt{\boldsymbol{\sigma}(k)}=\begin{cases}\sqrt{\dfrac{a}{k}}\exp\left(-\mathrm{j}\dfrac{\pi}{4}\right)(X-Y), & \text{入射电场向量与劈棱线垂直时}\\ \sqrt{\dfrac{a}{k}}\exp\left(-\mathrm{j}\dfrac{\pi}{4}\right)(X+Y), & \text{入射电场向量与劈棱线平行时}\end{cases} \tag{6-29}$$

式中:a 为劈曲率半径;绕射系数 X,Y 仍由式(6.27)和式(6.28)计算。

6.2.3.4　尖顶与圆顶散射

对于圆锥尖顶散射，当方位角 φ 小于半锥角时，若入射电场向量与垂直于圆锥轴的平面平行，则其散射函数可近似为[7]

$$\sqrt{\boldsymbol{\sigma}(k)}=\left(-\frac{\mathrm{j}2\sqrt{\pi}}{k}\right)\left(\frac{\alpha}{2}\right)^{2}\left[\frac{3+\cos^{2}\varphi}{4\cos^{3}\varphi}\right] \tag{6.30}$$

式中：α 为半锥角。这一结果与物理光学结果相符。

实际目标中，更多的则是圆顶情形，而且圆顶散射的贡献比尖顶要大得多。应用物理光学法，其轴向的散射函数为

$$\sqrt{\boldsymbol{\sigma}(k)}=-\sqrt{\pi}\left[a-\frac{j}{2k}\right]+\frac{j}{4k\cos^{2}\alpha}\exp[-\mathrm{j}2ka(1-\sin\alpha)] \tag{6.31}$$

非轴向情况下的解析式要复杂得多，在此不多介绍。此外，凹腔体、行波与蠕动波一类散射中心，一般难以作解析近似，在实际问题分析中，通常必须加以简化处理，也可基于测量数据建立其参数化模型。

6.3　成像点扩展函数与分辨率

如上面所讨论的，对目标上散射中心的位置和幅度分布（也即目标散射分布函数）的空间分辨能力和散射强度估计精度，取决于测量雷达能够在多大程度上在三维空间波数域对目标散射场的测量。在静态目标 RCS 诊断成像测试中，应用最为广泛的是二维转台目标测量与成像，现在来讨论这种目标二维成像情况。

6.3.1　成像点扩展函数

静态 RCS 测试场转台目标旋转二维成像的几何关系如图 6.8 所示[1]。根据图 6.8 所示双站成像测量的几何关系，图中目标坐标系为 (x,y)，雷达坐标系为 (u,v)。

在极坐标下，$x=r\cos\varphi$，$y=r\sin\varphi$，旋转目标的回波信号数学表达式可表示为

$$\boldsymbol{S}(k,\theta)=\int_{0}^{2\pi}\int_{-\infty}^{+\infty}\boldsymbol{\Gamma}(r,\varphi)\exp\{-\mathrm{j}2\pi k[(R_{\mathrm{t}}+R_{\mathrm{r}}-2R_{0})/2]\}r\mathrm{d}r\mathrm{d}\varphi \tag{6.32}$$

式中：$\boldsymbol{S}(k,\theta)$ 为随雷达波数（频率）和方位转角变化的目标回波；R_0 为目标旋转中心到雷达发射机与接收机连线的距离；R_{t} 和 R_{r} 分别为目标到雷达发射机和接

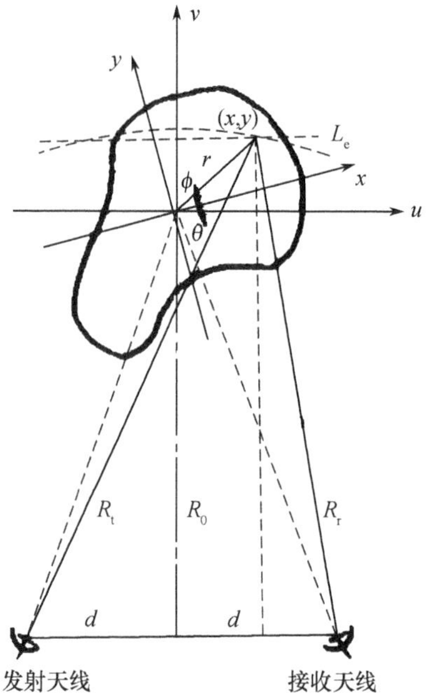

图 6.8　旋转目标微波成像测量几何关系

收机的距离;$\boldsymbol{\Gamma}(r,\varphi)$为极坐标下的目标二维散射分布函数,在图像域也可表示为直角坐标函数。

式(6.32)中指数项中的距离部分可表示为

$$L_e = \frac{1}{2}(R_t + R_r - 2R_0)$$

$$= \frac{1}{2}\left\{\sqrt{R_0^2 + r^2 + d^2 + 2r[R_0\sin(\phi-\theta) + d\cos(\phi-\theta)]}\right.$$

$$\left. + \sqrt{R_0^2 + r^2 + d^2 + 2r[R_0\sin(\phi-\theta) - d\cos(\phi-\theta)]} - 2R_0\right\} \quad (6.33)$$

式(6.33)描述了成像测量的积分路径,根据解析几何知识可知,该式所描述的是一簇椭圆轨迹。

如果成像中对目标的测量为单站测量,即图 6.8 中的 $d=0$,则式(6.33)变为

$$L_e = \sqrt{R_0^2 + r^2 + 2rR_0\sin(\phi-\theta)} - R_0 \quad (6.34)$$

它所描述的是一簇圆轨迹。就是说,单站测量时,目标测量中的投影积分轨迹为圆弧曲线。

更进一步，当测量中的雷达距离满足 $R_0 >> r$，即通常所说的远场测量条件时，则有

$$L_e \approx r\sin(\phi - \theta) \tag{6.35}$$

式(6.35)描述的是一直线。因此，在远场成像(平面波前)测量条件下，旋转目标的回波信号数学表达式可表示为

$$\boldsymbol{S}(k,\theta) = \int_0^{2\pi}\int_{-\infty}^{+\infty} \boldsymbol{\Gamma}(r,\varphi)\exp\{-\mathrm{j}2\pi kr\sin(\theta-\varphi)\}r\mathrm{d}r\mathrm{d}\varphi \tag{6.36}$$

以极坐标表达的目标图像重建估值可以表示为

$$\hat{\boldsymbol{\Gamma}}(r,\varphi) = \int_{-\frac{\Delta\theta}{2}}^{+\frac{\Delta\theta}{2}}\int_{k_{\min}}^{k_{\max}} \boldsymbol{S}(k,\theta)\exp\{\mathrm{j}2\pi kr\sin(\theta-\varphi)\}k\mathrm{d}k\mathrm{d}\theta \tag{6.37}$$

式中：$\hat{\boldsymbol{\Gamma}}(r,\varphi)$ 为利用雷达有限观测数据重建的目标二维散射分布函数，也即目标二维图像；$\Delta\theta$ 为目标所转过的最大转角；$k_{\min} = \dfrac{2f_{\min}}{c}$，$k_{\max} = \dfrac{2f_{\max}}{c}$ 分别对应于雷达最低和最高频率 $f_{\min}$ 和 $f_{\max}$；c 为传播速度。

在空间波数域，转台目标二维成像观测所覆盖的范围如图 6.9 所示。

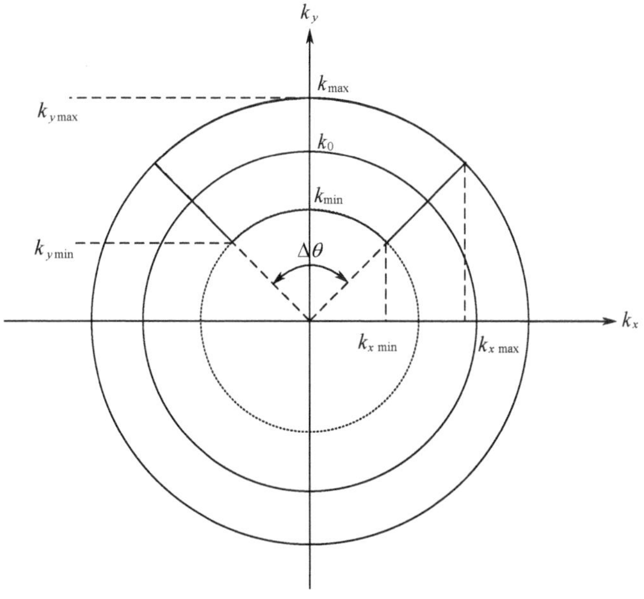

图 6.9　旋转目标二维成像测量所覆盖的空间波数范围

雷达成像的点扩展函数(PSF)是成像系统对于理想点目标的冲击响应函

数。为了得到旋转目标二维成像的 PSF，在式(6.37)中令

$$\boldsymbol{S}(k,\theta)=\begin{cases}1, & \Delta\theta/2\leqslant\theta\leqslant\Delta\theta/2,k_{\min}\leqslant k\leqslant k_{\max}\\0, & 其他\end{cases}\tag{6.38}$$

有

$$P(r,\varphi,B,\Delta\theta)=\int_{-\frac{\Delta\theta}{2}}^{+\frac{\Delta\theta}{2}}\int_{k_{\min}}^{k_{\max}}\exp\{\mathrm{j}2\pi kr\sin(\theta-\varphi)\}k\mathrm{d}k\mathrm{d}\theta\tag{6.39}$$

式中：$B=f_{\max}-f_{\min}=\frac{c}{2\pi}(k_{\max}-k_{\min})$为雷达带宽。

因此，旋转目标成像的 PSF 是雷达信号带宽 B 和目标转角 $\Delta\theta$ 的函数。

6.3.2 小角度旋转成像

当成像中目标的转角很小，满足 $\Delta\theta\ll1$ 时，在$[-\Delta\theta/2,+\Delta\theta/2]$的积分区间内，有 $\sin\theta\approx\theta,\cos\theta\approx1$，代入式(6.39)，同时利用极坐标 - 直角坐标变换关系式 $x=r\cos\varphi,y=r\sin\varphi$，有

$$\begin{aligned}P(x,y,B,\Delta\theta)&=\int_{-\frac{\Delta\theta}{2}}^{+\frac{\Delta\theta}{2}}\int_{k_{\min}}^{k_{\max}}\exp\{\mathrm{j}2\pi[k\sin\theta\cdot x+k\cos\theta\cdot y)]\}k\mathrm{d}k\mathrm{d}\theta\\&\approx\int_{k_{x\min}}^{k_{x\max}}\int_{k_{y\min}}^{k_{y\max}}\exp\{\mathrm{j}2\pi[k_x\cdot x+k_y\cdot y)]\}\mathrm{d}k_y\mathrm{d}k_x\end{aligned}\tag{6.40}$$

根据图 6.9 中波数谱域关系，有

$$k_{x\max}\approx k_0\sin\left(\frac{\Delta\theta}{2}\right),k_{x\min}\approx k_0\sin\left(\frac{\Delta\theta}{2}\right)\tag{6.41}$$

和

$$k_{y\max}=k_{\max}\cos\left(\frac{\Delta\theta}{2}\right)\approx k_{\max},k_{y\min}=k_{\min}\cos\left(\frac{\Delta\theta}{2}\right)\approx k_{\min}\tag{6.42}$$

因此

$$P(x,y,B,\Delta\theta)\approx\mathrm{sinc}\left(\frac{k_{\max}-k_{\min}}{2}y\right)\mathrm{sinc}\left(k_0\sin\left(\frac{\Delta\theta}{2}\right)x\right)\tag{6.43}$$

图 6.10 示出了转角为 10°时，旋转目标小角度成像测量数据在空间波数域的支撑集以及对应的 PSF 特性。可见，此时的成像 PSF 基本上是二维可分离的 sinc 函数，与式(6.43)中的近似是一致的。

成像分辨率指在空间上(包括距离、横向距离/方位、高度/俯仰)区分相近目标或者散射体的能力。下面根据 PSF 在径向距离和横向距离上的分布特性

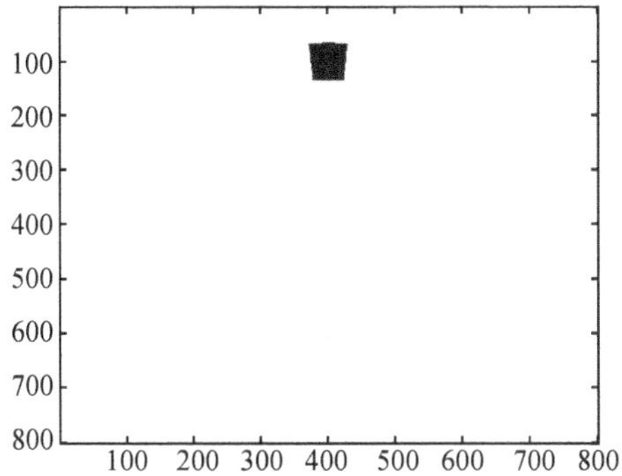

(a) 10° 旋转目标成像测量所覆盖的空间波数范围

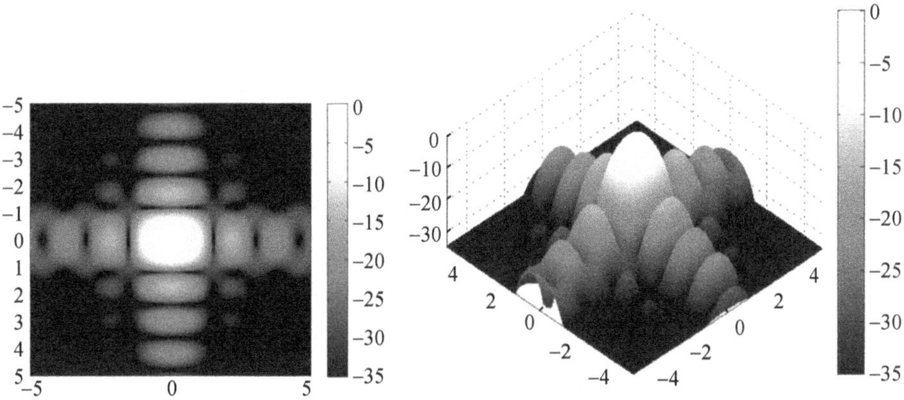

(b)　　(c)

图 6.10　旋转成像近似矩形频谱信号及其时域波形

来讨论小角度旋转成像时的分辨特性。

6.3.2.1　径向距离分辨率

在式(6.43)中,令 $x=0$,有

$$P(y,B)\approx \mathrm{sinc}\left(\frac{k_{\max}-k_{\min}}{2}y\right)=\mathrm{sinc}\left(\frac{\pi B}{c}y\right) \tag{6.44}$$

式中:B 为雷达带宽;c 为电磁波的传播速度。

这是一个 sinc 函数,它在图像域将延拓到无穷远处,其主瓣的第一个零点出现在 $y=c/B$ 处。图 6.11 为对于这样一个 PSF,两个相邻点目标的 PSF 响应波形可分辨程度的示意图。当这两个点目标离得很近时,其叠加结果,合并为单个峰形波(图 6.11(a)),直观上不能分辨开。如果这两个信号所相距的间隔正好等于其主瓣的 3dB 宽度,则这两个信号叠加的结果,处于可分辨的临界状态(图 6.11(b))。当一个点目标响应的波峰刚好落在另一个点目标响应的第一个零点上时，则这两个点响应信号的叠加如图 6.11(c)所示，此时这两个信号可以容易地分辨开。根据瑞利分辨准则[14]，这就是这两个信号的可分辨点。

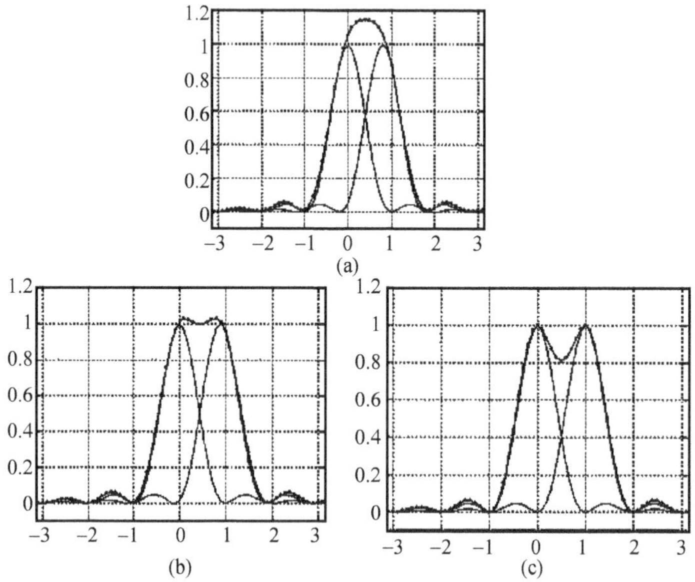

图 6.11　两个 sinc 函数波形可分辨性示意图

因此，假设径向距离分辨率为 δ_y，根据上述讨论并结合图 6.11，它应满足

$$\mathrm{sinc}\left(\frac{\pi B}{c}2\delta_y\right)=0 \tag{6.45}$$

从而解得

$$\delta_y=\frac{c}{2B} \tag{6.46}$$

式中：B 为雷达发射信号的带宽；c 为电磁波的传播速度。

6.3.2.2　横向距离分辨率

在式(6.43)中，令 $y=0$，有

$$P(x,k_0,\Delta\theta)\approx\mathrm{sinc}\left(k_0\sin\left(\frac{\Delta\theta}{2}\right)x\right) \tag{6.47}$$

同样采用瑞利分辨准则，假设横向距离分辨率为 δ_x，它应满足

$$\mathrm{sinc}\left(k_0\sin\left(\frac{\Delta\theta}{2}\right)2\delta_x\right)=0 \tag{6.48}$$

从而求解得到

$$\delta_x=\frac{\lambda_0}{4\sin\left(\frac{\Delta\theta}{2}\right)} \tag{6.49}$$

式中：$\Delta\theta$为旋转目标合成圆孔径成像所对应的方位张角；λ_0为雷达中心波长。

当 $\Delta\theta \ll 1$ 时，有 $\sin\left(\frac{\Delta\theta}{2}\right) \approx \frac{\Delta\theta}{2}$，故式(6.49)可简化为

$$\delta_x \approx \frac{\lambda_0}{2\Delta\theta} \tag{6.50}$$

式(6.46)和式(6.50)即为旋转目标小角度成像时的径向和横向距离分辨率计算公式。

6.3.3 目标旋转 360°成像

当目标旋转 360°成像时，在 PSF 表达式中对应有 $\Delta\theta = 2\pi$，根据贝塞尔函数关系式有

$$\begin{aligned} P(r,\varphi,k_{\min},k_{\max},2\pi) &= \int_{k_{\min}}^{k_{\max}} \int_{-\pi}^{+\pi} \exp\{\mathrm{j}2\pi kr\sin(\theta-\varphi)\}\,\mathrm{d}\theta \cdot k\mathrm{d}k \\ &= \int_{k_{\min}}^{k_{\max}} k \cdot \mathrm{J}_0(2\pi kr)\,\mathrm{d}k \end{aligned} \tag{6.51}$$

因此，对于任何 φ 均有[15]

$$P(r,k_{\min},k_{\max}) = k_{\max}\frac{\mathrm{J}_1(2k_{\max}r)}{\pi r} - k_{\min}\frac{\mathrm{J}_1(2k_{\min}r)}{\pi r} \tag{6.52}$$

式中：$\mathrm{J}_1(\cdot)$为一阶第一类贝塞尔函数；r 为极坐标下图像域的径向距离坐标。

由此可见，成像系统 PSF 是各向同性的，同极坐标角度变量 φ 没有关系。根据贝塞尔函数的性质，$\frac{\mathrm{J}_1(r)}{r}$的第一个零点位于 $r = 3.832$ 处。利用瑞利分辨准则，可知 360°全方位旋转成像时，图像的全方位分辨率 δ_r满足以下关系

$$\frac{1.92}{k_{\max}} \leqslant \delta_r < \frac{1.92}{k_{\min}} \tag{6.53}$$

或

$$0.31\lambda_{\min} \leqslant \delta_r < 0.31\lambda_{\max} \tag{6.54}$$

因此，不妨取

$$\delta_r \approx 0.31\lambda_0 \tag{6.55}$$

作为成像分辨率的估计值。

在 $k_{\max} = k_{\min} = k_0$的极限情况下（对应于 360°旋转窄带连续波雷达成像），式(6.51)中的 PSF 变为[16]

$$P(r,k) = 2k_0(2k_0 r) \tag{6.56}$$

由于零阶第一类贝塞尔函数 $\mathrm{J}_0(r)$的第一个零点位于 $r = 2.405$ 处，根据瑞利分辨准则，此时的成像分辨率为

$$\delta_r \approx \frac{1.21}{k_0} \approx 0.2\lambda_0 \tag{6.57}$$

图6.12示出了360°旋转目标成像空间波数域的范围以及对应的PSF特性。

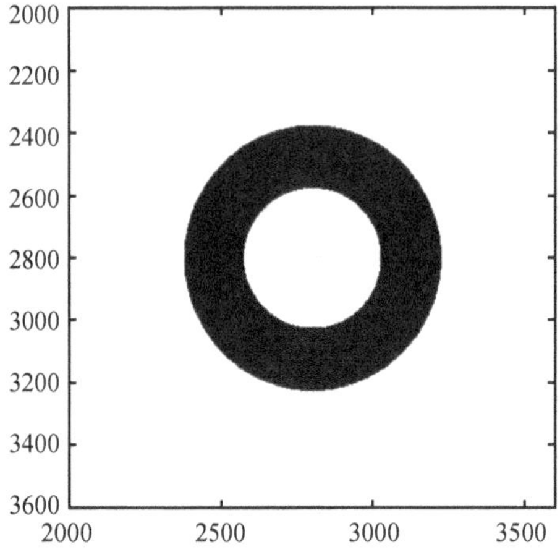

(a) 360°旋转目标成像测量所覆盖的空间波数范围

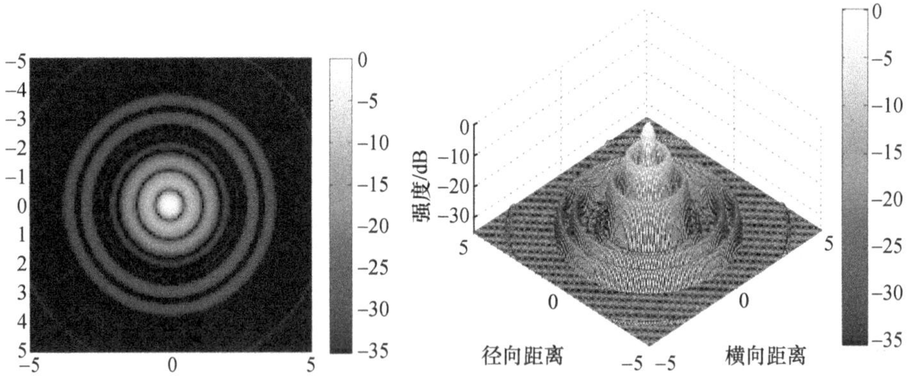

(b) PSF

图6.12　360°旋转目标逆合成孔径成像的PSF

由此可见,360全方位旋转目标成像,理论上可以达到极高的全向分辨率(达到几分之一个雷达波长),获得这一极高分辨率的条件是要求被成像目标的散射分布函数是各向同性的,也即目标上多散射中心的散射特性不随方位角变化,且散射中心无迁移现象,从而可在360°范围内均匀合成成像孔径。然而,以下的两个原因决定了小角度旋转成像更具有实用价值:

(1) 实际的复杂雷达目标一般不可能满足散射中心各向同性且无迁移现象这一限制,仅像金属球、竖直放置的金属圆柱等沿高度维是旋转对称体这类目标才具有上述特性。因此,工程实用上一般得不到理论推导的名义成像分辨率。

(2) 现代宽带和超宽带雷达技术已日益成熟,利用宽带甚至超宽带信号本身就可以得到对目标的极高径向距离分辨率,而在较高的微波频段,对目标的横向距离高分辨一般又只要求有一个相对较小的目标转角。

6.3.4 超宽带大转角目标成像

若用中心波数 $k_0=\dfrac{2f_0}{c}$ 归一化,成像数据域可表示为

$$\boldsymbol{S}(\kappa,\theta)=\begin{cases}1, & \Delta\theta/2\leqslant\theta\leqslant\Delta\theta/2,1-B_r/2\leqslant\kappa\leqslant1+B_r/2\\0, & 其他\end{cases}\tag{6.58}$$

式中:$\kappa=k/k_0$,$B_r=(f_{max}-f_{min})/f_0$ 为相对带宽。这样,成像 PSF 可表示为

$$P(r,\varphi,B_r,\Delta\theta)=\int_{-\frac{\Delta\theta}{2}}^{+\frac{\Delta\theta}{2}}\int_{1-B_r/2}^{1+B_r/2}\exp\{j2\pi\kappa r\sin(\theta-\varphi)\}\kappa d\kappa d\theta\tag{6.59}$$

式(6.59)可表示为贝塞尔函数的渐近展开式为[17]

$$P(r,\varphi,B_r,\Delta\theta)=\frac{\exp\{-j\varphi\}}{r}\left[\Delta\theta\sum_{n=-\infty}^{+\infty}\frac{jh_{n-1}(r,B_r)}{\exp\{j(n-1)\varphi\}}\text{sinc}\left(n\frac{\Delta\theta}{2}\right)\right]+\frac{\exp\{-j\varphi\}}{r}h_s(r,\varphi,B_r,\Delta\theta)\tag{6.60}$$

式中

$$h_{n-1}(r,B_r)=-\left(1+\frac{B_r}{2}\right)J_{n-1}\left[\left(1+\frac{B_r}{2}\right)r\right]+\left(1-\frac{B_r}{2}\right)J_{n-1}\left[\left(1-\frac{B_r}{2}\right)r\right]\tag{6.61}$$

$$\begin{aligned}h_s(r,\varphi,B_r,\Delta\theta)=&-B_r\text{sinc}\left[\frac{B_r}{2}r\cos\left(\frac{\Delta\theta}{2}+\varphi\right)\right]\exp\left\{j\left[r\cos\left(\frac{\Delta\theta}{2}+\varphi\right)-\frac{\Delta\theta}{2}\right]\right\}\\&+B_r\text{sinc}\left[\frac{B_r}{2}r\cos\left(\frac{\Delta\theta}{2}-\varphi\right)\right]\exp\left\{j\left[r\cos\left(\frac{\Delta\theta}{2}-\varphi\right)+\frac{\Delta\theta}{2}\right]\right\}\end{aligned}\tag{6.62}$$

作为例子,图 6.13 示出了当旋转角为 120°时,成像测量数据在空间波数域的支撑集以及对应的 PSF 特性。

可以证明[18],式(6.60)的小角度近似为

$$P(x,y,B_r,\Delta\theta)\approx\text{sinc}\left(\frac{B_r}{2}y\right)\text{sinc}\left(\sin\left(\frac{\Delta\theta}{2}\right)x\right)\tag{6.63}$$

这与式(6.43)是一致的。

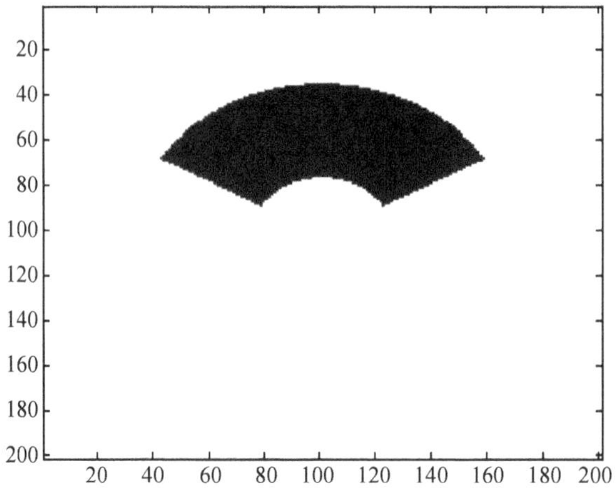

(a) 120°旋转目标成像测量数据的空间波数支撑集

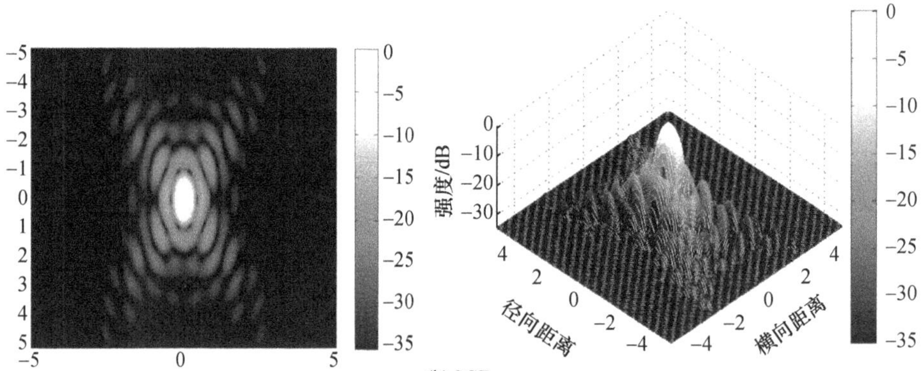

(b) PSF

图6.13　旋转目标逆合成孔径成像的PSF

同样可证明,对于360°全方位测量成像,其PSF与式(6.52)也是一致的。

但是,对于既非小角度又非360°旋转成像,式(6.60)具有非常复杂的渐近展开表达式。为了研究超宽带、大转角成像的径向和横向分辨率,对旋转目标成像中的扇形波数空间支撑集作矩形近似,如图6.14所示,后者的PSF可采用式(6.43)计算。通过比对式(6.40)和式(6.43)中沿径向和横向距离方向的一维PSF的主瓣和旁瓣特性,分析超宽带、大转角成像时的分辨特性。

在图6.14中,超宽带、大转角成像扇形数据域支撑集由一个矩形支撑集来近似,其中

$$k_{y\max} = k_{\max}, k_{y\min} = k_{\min} \tag{6.64}$$

$$k_{x\max} = k_0 \sin\frac{\Delta\theta}{2}, k_{x\min} = -k_0 \sin\frac{\Delta\theta}{2} \tag{6.65}$$

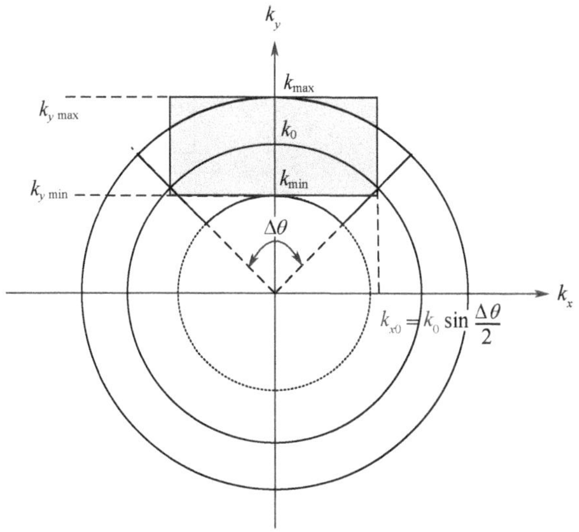

图 6.14　超宽带、大转角成像扇形数据支撑集的矩形近似

这样，超宽带、大转角成像下的分辨特性可以由式(6.40)或式(6.60)近似估计出。表 6.2 为三组成像参数的列表，而图 6.15 示出了表 6.2 所给出的三组成像参数条件下，由矩形支撑集近似并用式(6.60)计算以及针对扇形支撑集直接采用式(6.40)计算得到的一维 PSF 特性比对[18]。

表 6.2　三组成像参数列表[18]

	第一组	第二组	第三组
相对带宽 B_r	0.1	0.35	1.1
成像转角 $\Delta\theta$/(°)	10	35	110

从图 6.15 可见，前两组成像参数条件下，直接计算和采用矩形支撑集近似估计的 PSF 主瓣特性之间非常接近；仅对于第三组成像参数条件，采用矩形支撑集近似会带来较大的误差，而此时相对带宽大于 1 且成像转角大于 100°，属于超宽带、超大转角成像的情况，这样的成像条件在常规 RCS 测量诊断成像应用中并不常见。

6.3.5　三维空间分辨率

根据上一节的讨论，RCS 二维诊断成像中，横向距离/方位分辨率是通过转台旋转得到的合成圆孔径来得到的。类似地，RCS 三维成像中，高度/俯仰维的分辨率是依靠沿俯仰方向的合成孔径来获得的。

事实上，三维空间分辨率可以通过波数空间来描述。对于给定的频率 f，对应的波长为 $\lambda=\frac{c}{f}$，c 为波传播速度；对应的波数为 $k=\frac{2\pi}{\lambda}=\frac{2\pi f}{c}$。

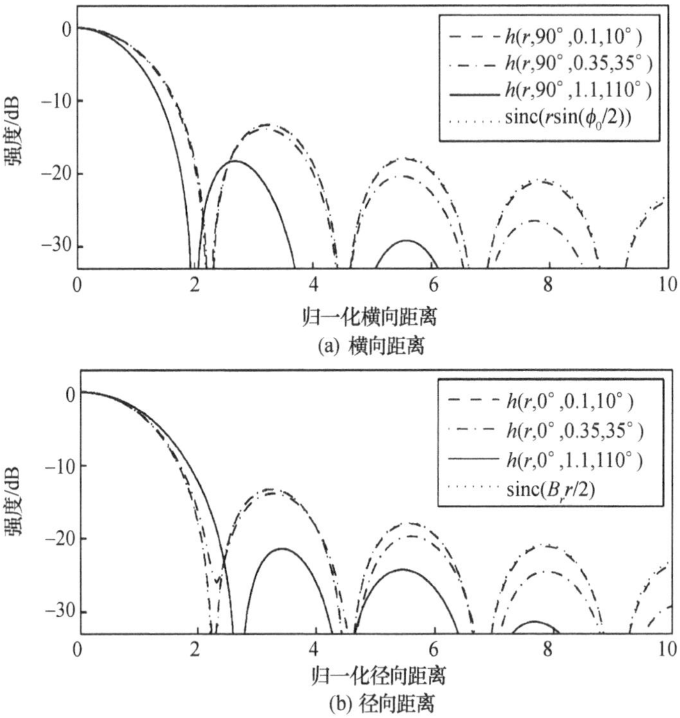

图 6.15　三组不同成像参数下的一维 PSF 主瓣特性比对

图 6.16 示出了转台目标成像时，宽带扫频－方位－俯仰三维数据获取测量时，对应的波数空间关系，图中彩色标示的 Keystone 形立体区域即为三维成像的数据样本空间。通过处理旋转目标宽带扫频－方位－俯仰三维的后向散射信号采样，得到 RCS 图像三维空间分辨率。其中，径向距离分辨率由式(6.46)决定，方位向分辨率由式(6.50)决定。不难理解，俯仰向分辨率具有同式(6.50)类似的公式，只不过此时的转角范围 $\Delta\theta$ 表示的是俯仰向的转角范围而已。

在波数空间，散射场产生的测量样本定义如下

$$k^2=(k_x\cos\alpha)^2+(k_y\cos\beta)^2+(k_z\cos\gamma)^2 \tag{6.66}$$

式中：α，β 和 γ 分别指绕目标空间直角坐标下三个轴(x,y,z)转过的角度。在这样一种空间谱域立体区域内，每一个样本点的位置由雷达波长（图 6.16 中为沿 k_x 方向）和另外两个角度范围（图中分别为 k_y 和 k_z 维）所决定。

对于距离－方位二维高分辨率成像，RCS 测量雷达进行宽带扫频和沿方位方向扫角测量，在 k－空间坐标所对应的距离和方位分别为$\dfrac{2\pi f}{c}\cos\theta$ 和$\dfrac{2\pi f}{c}\sin\theta$，$\theta$ 为目标方位角（此处为目标转过的与坐标轴 x 轴的夹角）。成像的空间分辨率与按图像坐标系方向采样的成像测量数据域谱体积在一定程度上成反比。

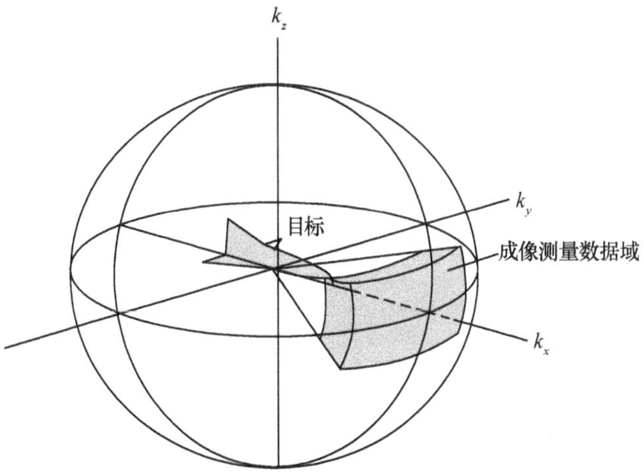

图 6.16　旋转目标 RCS 成像的三维空间谱域示意图

但是,RCS 诊断成像测量的动态范围很大,虽然分辨率的经典定义提供了真实测量条件下相同幅度散射体的最小可分辨间隔,当成像中存在与强散射体邻近的弱散射体时,对弱散射中心的分辨并不完全取决于成像系统点扩展函数主瓣的宽度,而是还取决于 PSF 的旁瓣电平,这将在本章稍后进一步讨论。

6.4　二维图像重建处理算法

6.4.1　图像重建的滤波 - 逆投影算法

如上一节所讨论的,根据图 6.8 所示双站成像测量的几何关系,以极坐标表达的目标图像重建估值可以表示为

$$\hat{\boldsymbol{\Gamma}}(r,\varphi) = \int_{-\frac{\Delta\theta}{2}}^{+\frac{\Delta\theta}{2}} \int_{k_{\min}}^{k_{\max}} \boldsymbol{S}(k,\theta)\exp\{\mathrm{j}2\pi k L_{\mathrm{e}}\} k\mathrm{d}k\mathrm{d}\theta \tag{6.67}$$

式中:$\boldsymbol{S}(k,\theta)$ 为测量得到的随频率(波数)和方位角变化的回波信号;$\hat{\boldsymbol{\Gamma}}(r,\phi)$ 为利用有限频带和有限方位角测量数据重建的目标图像;$\Delta\theta$ 为目标的最大旋转角;$k_{\min} = \dfrac{2f_{\min}}{c}$,$k_{\max} = \dfrac{2f_{\max}}{c}$ 分别对应于雷达最低和最高频率 $f_{\min}$ 和 $f_{\max}$;c 为光速;L_{e} 由式(6.33) ~ 式(6.35)之一所确定。

滤波 - 逆投影(FBP)算法可直接用极坐标格式数据重建目标图象。用滤波 - 逆投影算法实现图象重建式(6.67)时可表示为

$$\hat{\boldsymbol{\Gamma}}(r,\varphi) = \int_{-\frac{\Delta\theta}{2}}^{+\frac{\Delta\theta}{2}} \boldsymbol{P}_{\theta}(L_{\mathrm{e}}) \exp\{\mathrm{j}2\pi k_{\min} L_{\mathrm{e}}\} \mathrm{d}\theta \tag{6.68}$$

$$\boldsymbol{P}_{\theta}(L_{\mathrm{e}}) = \int_{0}^{k_{\max}-k_{\min}} (k - k_{\min}) \boldsymbol{S}(k + k_{\min},\theta) \exp\{\mathrm{j}2\pi k L_{\mathrm{e}}\} \mathrm{d}k \tag{6.69}$$

采用滤波－逆投影法可实现目标精密成像且易于完成近场－远场修正，特别适合于RCS测试场对目标散射中心作精密诊断成像处理。RCS测量工程应用经验表明，成像公式式(6.67)推导中做必要的近场修正，则并不要求雷达发射波为平面电磁波前（可以是柱面波前），因此所导出的图像重建算法适用于单站、双站、远场和近场测量等各种不同条件下的成像处理。

6.4.2 图像旁瓣抑制技术

旋转目标成像中所获取的数据支撑集呈现为扇形波数谱，方位和频率向的频谱截断决定了成像系统点扩展函数具有很高的图像旁瓣。点扩展函数的峰值旁瓣电平（PSL）和积分旁瓣比（ISLR）是衡量图像质量的重要技术指标[19]。作为例子，表6.3列出了不同成像谱窗条件下，点扩展函数的峰值旁瓣电平（PSL）和积分旁瓣比（ISLR）值。作为对比，表中还同时给出了几种常见窗函数对应的点扩展函数PSL和ISLR的参考值[20]。

表6.3 不同成像条件下成像点扩展函数的主瓣宽度和旁瓣特性

谱窗	主瓣宽度（过零点）	峰值旁瓣电平/dB	积分旁瓣比/dB
矩形（边长 k_B）	$1/k_B$	-13	-5
线圆（半径 k_0）	$0.4/k_0$	-8	-2
圆盘（半径 k_B）	$1.2/k_B$	-17	-11
Hann（边长 k_B）	$2.0/k_B$	-31	-31
Hamming（边长 k_B）	$2.0/k_B$	-43	-22
Blackman（边长 k_B）	$3.0/k_B$	-58	-52

对于超宽带、大转角成像，由于没有简单的解析公式可用，因此从图6.15所给出的PSF主瓣和旁瓣特性同矩形谱域的PSF（sinc函数）比对分析可以发现，即使成像转角达到35°时，其PSF特性仍与sinc函数相当接近；仅当旋转角度非常大时（例如图中转角达到110°时），两者之间才存在显著差异，而后者在工程应用中并不常见。

由此可见，在大多数情况下的实际RCS成像工程应用中，通常可以采用传统的锥形窗加窗处理来抑制图像旁瓣电平；特殊情况下，当进行360°全方位旋转成像处理时,则可以采用变迹滤波技术来抑制图像旁瓣[21,22]。

6.4.2.1　小角度旋转成像

小角度旋转成像的波数空间支撑集位于近似矩形的区域,因此,无论采用什么成像算法,其积分核均可以用狄雷克里(Dirrichlet)核函数[20]来近似。因此,在图像重建中,只需对二维频率－方位测量数据用可分离的二维锥形窗函数加窗处理,即可实现图像旁瓣的抑制。

6.4.2.2　360°旋转成像

当目标作 360°旋转成像时,根据上一节对于其 PSF 的分析,图像重建中的积分核函数为贝塞尔函数,有

$$P(r) = \int_{k_{\min}}^{k_{\max}} k \cdot \mathrm{J}_0(2\pi kr)\,\mathrm{d}k \tag{6.70}$$

研究表明[16],此时不能采用传统的锥形窗加权处理来抑制旁瓣电平。文献[21]提出,可采用变迹滤波器来进行旁瓣抑制。基本方法如下:

根据式(6.70)的积分核函数,设计一个一维变迹滤波器 $T(k)$,并在滤波－逆投影成像过程中,针对每个方位角下的成像测量数据进行滤波处理,以实现二维图像的旁瓣抑制。滤波函数的设计可通过求解下述方程而得到

$$\begin{aligned} P_H(r) &= \int_{k_{\min}}^{k_{\max}} T(k) \cdot k \cdot \mathrm{J}_0(2\pi kr)\,\mathrm{d}k \\ &= \int_{k_{\min}}^{k_{\max}} H(k) \cdot \mathrm{J}_0(2\pi kr)\,\mathrm{d}k \end{aligned} \tag{6.71}$$

式中:$H(k) = k \cdot T(k)$。

实际应用中,首先设定滤波后的点扩展函数 $P_H(r)$ 的主瓣特性,然后依据成像测量频率参数由式(6.71)联立一组线性方程组,通过投影法等方法求解得到滤波函数 $H(k)$,并用于图像重建中的测量数据滤波。

应该注意,这种方法得到的滤波函数或许对于真实测量数据并非完全有效甚至是不合适的,其原因包括两个方面:一方面,真实目标散射中心的各向同性特性难以保证,例如,如果目标上某个散射中心只在 60°方位范围内可见,则即使旋转 360°成像,得到的关于该散射中的测量数据,实质上仍只有 60°的合成孔径角,此时采用上述变迹滤波处理,显然难以得到令人满意的结果。另一方面,对于在 360°方位上完全各向同性但随雷达实现移动的散射中心,其成像结果则因为加窗处理反而变得难以理解。例如,金属球的散射由镜面反射和爬行波构成,如果进行 360°旋转成像,在二维图像空间应该表现为两个圆环,其中内圆环

为镜面反射,外圆环代表爬行波(参见本章稍后图 6.29(j))。如果在图像重建中作加窗处理,很显然,这两个圆环将被破坏。可见,在 360°旋转成像中,有时或许不加旁瓣抑制处理更为合适。

6.4.2.3 超宽带、大角度旋转成像

在超宽带、大转角成像条件下,成像系统的 PSF 解析表达式只有渐近展开式。理论上,仍可采用前述变迹滤波的思路设计旁瓣抑制滤波器[22]。一般做法是:先对随频率变化的数据加锥形处理,抑制径向距离旁瓣;然后依据式(6.70)中 PSF 设计变迹滤波器,抑制横向距离旁瓣。

然而,成像处理的经验表明,只要成像转角不超过 90°,方位向旁瓣依然可通过采用锥形窗加权得到较好抑制。应该注意的是,在大角度成像中,无论采用什么成像算法,抑制旁瓣的锥形窗加权处理应该分别沿成像处理数据支撑域的频率维和方位角维进行(而不是由极坐标数据插值到直角坐标后再在矩形数据域加窗!),如图 6.17 所示。

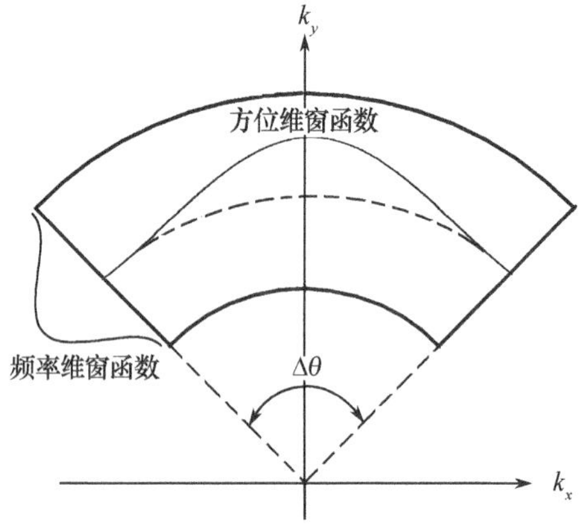

图 6.17 大转角成像扇形测量数据域的加窗方法示意图

6.5 目标三维干涉诊断成像

如前所指出的,从理论上讲雷达目标三维成像可以通过获取目标的频率-方位-俯仰三维波数空间谱来实现其三维图像重构,但是,这种方法的实际工程应用非常有限,主要原因是它所要求获取的关于目标三维波数空间谱的测量数据量太大,即使测试设备不难实现,测量时间代价也仍然太大,除非必须,否则一般不进行此类三维成像测量。由此可见,目标 RCS 三维成像实用化的关键在于如何简化数据获取要求,以最少的观测数据重建目标的三维散射信息。

本节讨论一种可大大简化成像测量数据采集过程的三维成像技术，它利用在不同天线高度上得到的两幅二维复图像，通过相位干涉成像处理获得目标的三维散射中心图象。当然，由于这里高度信息是通过相位干涉得到的，此时并不存在所谓的“俯仰向分辨率”，不能对同一距离 - 方位分辨单元内存在多个分布在不同高度上的散射中心进行分辨。

6.5.1　相位干涉成像几何关系

如图 6.18 所示[23]，假设发射天线置于距离目标旋转中心 O 为 R_t 远处，其坐标位置为 $\left(R_{t0}\sin\dfrac{\beta}{2},R_{t0}\cos\dfrac{\beta}{2},h_t\right)$，其中 β 为发射与接收天线之间的双站角；两个接收天线的位置分别为 $\left(-R_{r0}\sin\dfrac{\beta}{2},-R_{r0}\cos\dfrac{\beta}{2},h_1\right)$ 和 $\left(-R_{r0}\sin\dfrac{\beta}{2},-R_{r0}\cos\dfrac{\beta}{2},h_2\right)$。假设所有天线的方向图均能保证对目标区均匀照射，故天线方向图的影响可以忽略。目标三维散射函数记为 $\boldsymbol{\Gamma}(x,y,z)$。

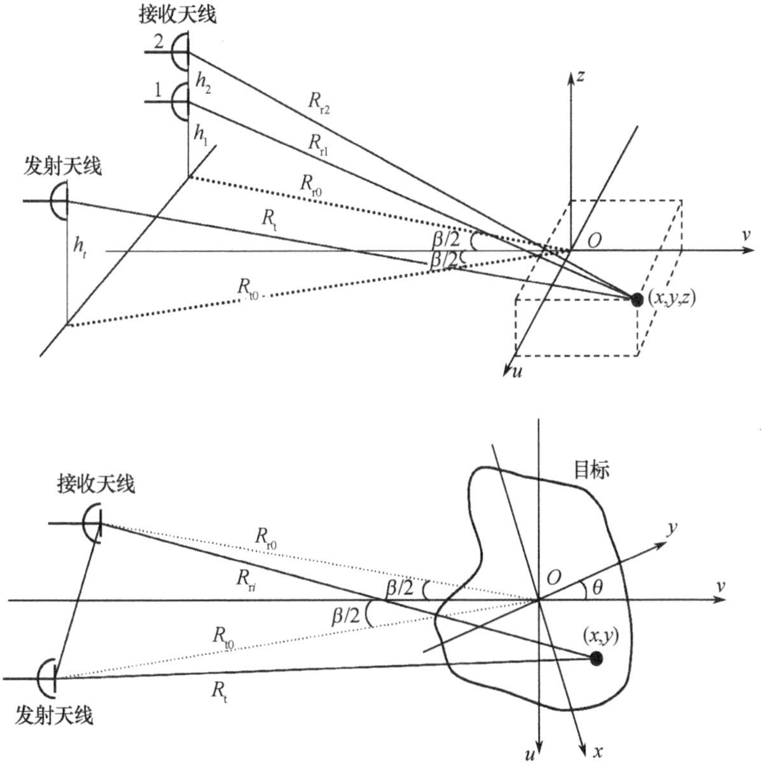

图 6.18　雷达双天线与目标之间的三维干涉成像几何关系

第 i 个接收天线收到的目标回波信号可表示为[23,24]

$$\boldsymbol{S}_{ri}(f,\theta) = C_0\iiint_{D^3}\boldsymbol{\Gamma}(x,y,z)\exp\left\{-\mathrm{j}\frac{2\pi}{\lambda}(R_t + R_{ri})\right\}\mathrm{d}x\mathrm{d}y\mathrm{d}z \tag{6.72}$$

式中：$i=1,2$；C_0 为复常数；D^3 为目标的三维尺度。且有

$$R_t(x,y,z,\theta) = \sqrt{\left(u - R_{t0}\sin\frac{\beta}{2}\right)^2 + \left(v + R_{t0}\cos\frac{\beta}{2}\right)^2 + (z-h_t)^2} \tag{6.73}$$

$$R_{ri}(x,y,z,\theta) = \sqrt{\left(u - R_{r0}\sin\frac{\beta}{2}\right)^2 + \left(v + R_{r0}\cos\frac{\beta}{2}\right)^2 + (z-h_i)^2} \tag{6.74}$$

以及

$$u = x\cos\theta + y\sin\theta \tag{6.75}$$

$$v = y\cos\theta - x\sin\theta \tag{6.76}$$

由式(6.73)～式(6.76)有

$$R_t(x,y,z,\theta) = \sqrt{R_{t0}^2 + x^2 + y^2 + (z-h_t)^2 - 2R_{t0}\left[x\sin\left(\theta+\frac{\beta}{2}\right) - y\cos\left(\theta+\frac{\beta}{2}\right)\right]} \tag{6.77}$$

$$R_{ri}(x,y,z,\theta) = \sqrt{R_{r0}^2 + x^2 + y^2 + (z-h_i)^2 - 2R_{r0}\left[x\sin\left(\theta-\frac{\beta}{2}\right) - y\cos\left(\theta-\frac{\beta}{2}\right)\right]} \tag{6.78}$$

6.5.2 二维图像重建

假设目标二维散射分布函数 $\boldsymbol{\Gamma}_z(x,y)$ 可认为是三维散射分布函数 $\boldsymbol{\Gamma}(x,y,z)$ 在 $z=0$ 平面上的积分投影，即

$$\boldsymbol{\Gamma}_z(x,y) = \int_D \boldsymbol{\Gamma}(x,y,z)\mathrm{d}z \tag{6.79}$$

对于单个接收天线，二维成像测量的回波信号可表示为

$$\boldsymbol{E}_{si}(f,\theta) = \iint_{D^2}\boldsymbol{\Gamma}_z(x,y)g_i(f,\theta,x,y)\mathrm{d}x\mathrm{d}y \tag{6.80}$$

式中

$$g_i(f,\theta,x,y) = \exp\left\{-\mathrm{j}\frac{2\pi}{\lambda}[R_t(x,y,0,\theta) + R_{ri}(x,y,0,\theta)]\right\} \tag{6.81}$$

因此，目标二维散射分布函数的重建关系式为

$$\boldsymbol{\Gamma}_{zi}(x,y) = \iint_{\kappa^2}\boldsymbol{S}_{ri}(f,\theta)g_i^*(f,\theta,x,y)\mathrm{d}f\mathrm{d}\theta \tag{6.82}$$

式中：$\boldsymbol{\kappa}^2$ 为目标二维成像测量波数空间谱支撑域；上标 * 为复共轭。

当目标成像测量数据在 $f_{\max}\leqslant f\leqslant f_{\min}$，$-\dfrac{\Delta\theta}{2}\leqslant\theta\leqslant+\dfrac{\Delta\theta}{2}$ 支撑域进行时，重建的

目标二维图像为

$$\hat{\boldsymbol{\Gamma}}_{zi}(x,y) = \int_{f_{\min}-\Delta\theta/2}^{f_{\max}+\Delta\theta/2}\int \boldsymbol{S}_{ri}(f,\theta)g_i^*(f,\theta,x,y)\mathrm{d}f\mathrm{d}\theta \tag{6.83}$$

6.5.3 三维干涉成像原理

小角度旋转目标雷达成像系统是根据距离 - 多普勒原理设计的相干成像系统。当目标相对雷达做小角度旋转时,雷达回波中产生多普勒频率变化信息,它经过对接收信号的相干处理,可以得到对目标的横向分辨率,利用宽带雷达信号可以获得目标的径向分辨率,同时保留了波程所对应的相对相位信息。单幅二维图像的相位信息并没有多大用处,但是,对在高度方向上位置有微小差别的两幅天线所测得的两幅二维图像进行相位干涉处理,就可获得关于目标的高度维信息。下面推导高度 - 相位差函数。

参考图 6.18 中的几何关系。两幅二维 ISAR 图像之间的相位差可表示为

$$\Delta\phi(x,y,z,\alpha_1,\alpha_2) = \frac{2\pi}{\lambda}[R_{r1}(x,y,z,0) - R_{r2}(x,y,z,0)] \tag{6.84}$$

式中:$R_{r1}(x,y,z,0)$,$R_{r2}(x,y,z,0)$分别为在转角 0°时,目标到接收天线 1 和接收天线 2 的距离。另外

$$\alpha_i = \arctan\left(\frac{h_i}{R_{r0}}\right), i=1,2 \tag{6.85}$$

且有

$$R_{ri}(x,y,z,0) = \sqrt{\frac{R_{r0}^2}{\cos^2\alpha_i} + x^2 + y^2 + z^2 + 2R_{r0}\left[x\sin\frac{\beta}{2} + y\cos\frac{\beta}{2} - z\tan\alpha_i\right]} \tag{6.86}$$

对上式作泰勒展开,对于典型成像测量条件,有$\frac{D}{R_{r0}} << 1$,故在后续推导中,我们保留所有$\left(\frac{D}{R_{r0}}\right)^2$项,忽略更高阶小量,从而有

$$\begin{aligned}R_{ri}(x,y,z,0) \approx & \frac{\cos^3\alpha_i}{2R_{r0}}z^2 + \sin\alpha_i\left(\frac{x\sin\frac{\beta}{2} + y\cos\frac{\beta}{2}}{R_{r0}}\cos^2\alpha_i - 1\right)z \\ & + \frac{R_{r0}}{\cos\alpha_i} + \left(x\sin\frac{\beta}{2} + y\cos\frac{\beta}{2}\right)\cos\alpha_i \\ & + \frac{(x^2+y^2)\cos\alpha_i - \left(x\sin\frac{\beta}{2} + y\cos\frac{\beta}{2}\right)^2\cos^3\alpha_i}{2R_{r0}}\end{aligned} \tag{6.87}$$

将式(6.87)代入式(6.84),有

$$\Delta\phi(x,y,z,\alpha_1,\alpha_2)=\frac{2\pi}{\lambda}[A(\alpha_1,\alpha_2)z^2+B(x,y,\alpha_1,\alpha_2)z+C(x,y,\alpha_1,\alpha_2)) \tag{6.88}$$

式中

$$A(\alpha_1,\alpha_2)=\frac{1}{2R_{r0}}k_1(\alpha_1,\alpha_2) \tag{6.89}$$

$$B(x,y,\alpha_1,\alpha_2)=(\sin\alpha_2-\sin\alpha_1)\left[1-\frac{x\sin\frac{\beta}{2}+y\cos\frac{\beta}{2}}{R_{r0}}k_2(\alpha_1,\alpha_2)\right] \tag{6.90}$$

$$C(x,y,\alpha_1,\alpha_2)=\left[\frac{R_{r0}}{\cos\alpha_1\cos\alpha_2}-x\sin\frac{\beta}{2}-y\cos\frac{\beta}{2}-\frac{x^2+y^2}{2R_{r0}}+\frac{\left(x\sin\frac{\beta}{2}+y\cos\frac{\beta}{2}\right)^2}{2R_{r0}}k_3(\alpha_1,\alpha_2)\right](\cos\alpha_2-\cos\alpha_1) \tag{6.91}$$

$$k_1(\alpha_1,\alpha_2)=\cos^3\alpha_1-\cos^3\alpha_2 \tag{6.92}$$

$$k_2(\alpha_1,\alpha_2)=1-\sin^2\alpha_2-\sin^2\alpha_1-\sin\alpha_2\sin\alpha_1 \tag{6.93}$$

$$k_3(\alpha_1,\alpha_2)=\cos^2\alpha_1+\cos\alpha_1\cos\alpha_2+\cos^2\alpha_2 \tag{6.94}$$

由此,解下列方程,可以得到高度值 z

$$A(\alpha_1,\alpha_2)z^2+B(x,y,\alpha_1,\alpha_2)z+C'(x,y,\alpha_1,\alpha_2)=0 \tag{6.95}$$

式中

$$C'(x,y,\alpha_1,\alpha_2)=C(x,y,\alpha_1,\alpha_2)-\frac{\Delta\phi(x,y,z,\alpha_1,\alpha_2)}{2\pi}\lambda \tag{6.96}$$

式(6.95)的解为

$$z(x,y)=\frac{-B+\sqrt{B^2-4AC'}}{2A} \tag{6.97}$$

6.5.3.1 远场成像

在三维干涉成像中,有 $\alpha_2=\alpha_1+\Delta\alpha$,其中 $\Delta\alpha$ 是一个小角度,根据奈奎斯特采样定理,必须满足 $\Delta\alpha\leqslant\frac{\lambda}{2D}$。不难证明,在式(6.92)~式(6.94)中,有

$$|k_1(\alpha_1,\alpha_1+\Delta\alpha)|\leqslant\frac{2}{\sqrt{3}}\Delta\alpha \tag{6.98}$$

$$-2\leqslant k_2(\alpha_1,\alpha_1+\Delta\alpha)\leqslant 1 \tag{6.99}$$

$$0 \leqslant k_3(\alpha_1, \alpha_1 + \Delta\alpha) \leqslant 3 \tag{6.100}$$

当满足远场测量条件，即

$$\frac{D^2}{R_{r0}} \leqslant \frac{\lambda}{2} \tag{6.101}$$

在式(6.89)～式(6.91)中，所有包含$\frac{1}{R_{r0}}$的项均可忽略而不会引起大的误差。此时

$$z_f(x,y) \approx \frac{1}{B_f(\alpha_1,\alpha_2)}\left[\frac{\lambda}{2\pi}\Delta\phi(x,y,\alpha_1,\alpha_2) - C_f(x,y,\alpha_1,\alpha_2)\right] \tag{6.102}$$

式中

$$B_f(\alpha_1,\alpha_2) = \sin\alpha_2 - \sin\alpha_1 \tag{6.103}$$

$$C_f(x,y,\alpha_1,\alpha_2) \approx \left(\frac{R_{r0}}{\cos\alpha_1\cos\alpha_2} - x\sin\frac{\beta}{2} - y\cos\frac{\beta}{2}\right)(\cos\alpha_2 - \cos\alpha_1) \tag{6.104}$$

6.5.3.2　地平面成像

此时，测量几何关系满足 $\alpha_2 = -\alpha_1 = \alpha$，$A(\alpha_1,\alpha_2) = 0$，$C(x,y,\alpha_1,\alpha_2) = 0$，有

$$z_g(x,y) \approx \frac{\lambda}{2\pi}\frac{\Delta\phi(x,y,\alpha)}{B_g(x,y,\alpha)} \tag{6.105}$$

式中

$$B_g(x,y,\alpha) = \left(2 - \frac{x\sin\frac{\beta}{2} + y\cos\frac{\beta}{2}}{R_{r0}}\cos^2\alpha\right)\sin\alpha \tag{6.106}$$

对于远场地平面成像，有

$$B_g(x,y,\alpha) \approx 2\sin\alpha \tag{6.107}$$

6.5.3.3　单天线成像

当采用单天线成像时，双站角为$\beta = 0$，且发射和接收共用同一天线，因此两次二维成像测量中，发射天线的高度也是变化的，有 $R_{t1} = R_{r1}$，$R_{t2} = R_{r2}$，因此式(6.84)变为

$$\begin{aligned}\Delta\phi(x,y,z,\alpha_1,\alpha_2) &= \frac{2\pi}{\lambda}(R_{r1} - R_{r2} + R_{t1} - R_{t2}) \\ &= \frac{4\pi}{\lambda}[R_{r1}(x,y,z,0) - R_{r2}(x,y,z,0)]\end{aligned} \tag{6.108}$$

相应地,式(6.96)变为

$$C'(x,y,\alpha_1,\alpha_2)=C(x,y,\alpha_1,\alpha_2)-\frac{\Delta\phi(x,y,z,\alpha_1,\alpha_2)}{4\pi}\lambda \tag{6.109}$$

有

$$z_f(x,y)\approx\frac{1}{B_f(\alpha_1,\alpha_2)}\left[\frac{\lambda}{4\pi}\Delta\phi(x,y,\alpha_1,\alpha_2)-C_f(x,y,\alpha_1,\alpha_2)\right] \tag{6.110}$$

$$z_g(x,y)\approx\frac{\lambda}{4\pi}\frac{\Delta\phi(x,y,\alpha)}{B_g(x,y,\alpha)} \tag{6.111}$$

必须注意,在三维干涉成像测量中,要求接收天线之间在高度方向上的间隔应保证满足以下条件,即

$$\alpha=\tan^{-1}\frac{h_2}{R_{r0}}-\tan^{-1}\frac{h_1}{R_{r0}}\leqslant\frac{\lambda_{\min}}{2D} \tag{6.112}$$

式中:$\lambda_{\min}$为最短雷达波长;D为目标在高度方向的最大尺寸。

6.5.4 同一分辨单元存在多个散射中心时的影响

应该指出,目标 RCS 三维干涉成像采用的是相位干涉“测高”原理,得到目标上各散射中心的高度位置,不是“真三维”成像。三维相位干涉成像只能测出二维图像中当前分辨单元内散射体的“高度”,其假设前提条件是该分辨单元只存在有一个散射中心,因此只要测出该散射中心的高度,结合二维 ISAR 图像已经在径向距离和方位向上得到了该散射中心的位置估计,由此实现目标散射中心的三维位置估计,也即得到了目标的干涉三维像。

上述假设意味着,如果在用于相位干涉处理的二维 ISAR 图像中,单个距离-横向距离分辨单元内,目标在高度方向存在多个散射中心,但在二维图像中没有被分辨开,如图 6.19 所示,则此时违背了三维干涉成像的前提条件。现在来讨论由此所造成对干涉成像的影响。

如图 6.19 所示,假设在二维 ISAR 像的分辨单元(x,y)上存在 M 个分布在不同高度上的散射中心,第 k 个散射中心的散射幅度、固有相位和高度位置分别用 σ_k,δ_k,z_k表示。

在推导干涉成像回波相位关系中,假定用于三维相位干涉处理的每幅二维 ISAR 像 $\hat{\boldsymbol{\Gamma}}_z(x,y)$代表了目标三维散射分布函数 $\boldsymbol{\Gamma}(x,y,z)$沿高度维方向的积分投影。为简单且不失一般性,这里讨论远场测量成像的情况。

根据图 6.18 和图 6.19,第 i 个接收天线到第 k 个散射中心的距离可表示为

$$R_{ik}\approx\frac{R_{r0}}{\cos\alpha_i}-\left(x\sin\frac{\beta}{2}-y\cos\frac{\beta}{2}\right)\cos\alpha_i-z_k\sin\alpha_i \tag{6.113}$$

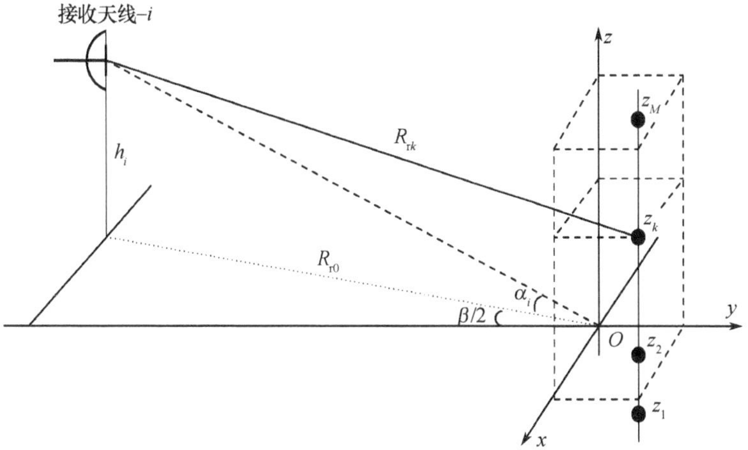

图 6.19　同一单元内存在多个散射中心示意图

因此,分布在不同高度上的 M 个散射中心沿 z 轴在二维平面上的积分散射函数可表示为

$$\boldsymbol{\Gamma}_z(x,y) = \sum_{k=1}^{M} \sigma_k \exp\left\{\mathrm{j}\frac{2\pi}{\lambda}R_{ik} + \delta_k\right\} = \sigma_{ei}\exp\{j\varsigma_{ei}\} \tag{6.114}$$

式(6.114)意味着同一距离－方位分辨单元内沿高度维方向分布的 M 个散射中心,在二维 ISAR 图像中表现为存在单个等效的散射中心,该等效散射中心的幅度和相位分别为

$$\sigma_{ei} = \sqrt{\sum_{k=1}^{M}\sum_{l=1}^{M}\sigma_k\sigma_l\cos\left[\frac{2\pi}{\lambda}(z_k - z_l)\cos\alpha_i + \delta_k - \delta_l\right]} \tag{6.115}$$

$$\varsigma_{ei} = \frac{2\pi}{\lambda}\left[\frac{R_{r0}}{\cos\alpha_i} - \left(x\sin\frac{\beta}{2} - y\cos\frac{\beta}{2}\right)\cos\alpha_i\right] - \tan^{-1}\frac{V_{Mi}}{U_{Mi}} \tag{6.116}$$

其中

$$U_{Mi} = \sum_{k=1}^{M}\sigma_k\cos\left(\frac{2\pi}{\lambda}z_k\sin\alpha_i - \delta_k\right) \tag{6.117}$$

$$V_{Mi} = \sum_{k=1}^{M}\sigma_k\sin\left(\frac{2\pi}{\lambda}z_k\sin\alpha_i - \delta_k\right) \tag{6.118}$$

可见,等效散射中心的散射幅度取决于 σ_k,δ_k,z_k 以及观测角 α_i;等效散射中心的相位其第一项同是否存在多个散射中心无关,仅第二项同 M 个散射中心有关。将等效相位的第二项表示为

$$\varsigma_i = \arctan\frac{V_{Mi}}{U_{Mi}} \tag{6.119}$$

可以把它看成是在二维像分辨单元(x,y)处等效散射中心的“固有相位”。

在三维干涉成像中,通过两幅图像的相位差导出散射中心的高度估计值,其中假设单个分辨单元散射中心的“固有相位”是不随观测角变化的。但是,由式(6.116)可知,若同一分辨单元在高度方向存在多个散射中心,则其等效散射中心的“固有相位”是随观测角变化的!因此,必然会对相位干涉处理带来不利影响。

为了分析这一影响,对式(6.116)中的等效散射中心固有相位对观测角作偏微分,有

$$\frac{\partial \varsigma_i}{\partial \alpha_i} = \frac{\frac{2\pi}{\lambda}\sum_{k=1}^{M}\sum_{l=1}^{M} z_l \cos\alpha_i \cdot \sigma_k \sigma_l \cos\left[\frac{2\pi}{\lambda}(z_k - z_l)\cos\alpha_i + \delta_k - \delta_l\right]}{\sigma_{ei}^2} \tag{6.120}$$

此式说明等效散射中心的固有相位随观测角的变化快慢在很大程度上取决于该等效散射中心的散射幅度大小。如果等效散射中心的散射幅度很大,则其固有相位随观测角呈现慢变化;反之,若等效散射幅度很小,则固有相位随观测角的变化呈现快变化。这正是常说的目标角闪烁现象。可见,二维图像单个分辨单元存在多散射中心,进而引起的相位闪烁,是影响三维干涉成像的重要因素。

不过,以下几点原因使得目标三维干涉成像仍然具有重要的工程应用价值:

(1) 在目标 RCS 三维干涉成像中,通常只关注那些存在强散射中心的分辨单元,因此在进行相位干涉处理前,可对用于干涉处理的两幅二维图像进行阈值处理,通过设定一定的门限电平,滤除那些散射很小的单元,使其不参与相位干涉处理,从而大大减小相位闪烁的影响。

(2) 已经证明[25,26],单个二维分辨单元的相位闪烁与该分辨单元在高度维的尺度成正比。在三维干涉成像中,用于相位干涉处理的是两幅高分辨率二维散射图像,而二维图像的获得是通过处理频率-方位测量数据得到的,二维成像处理本身相当于是一个“加权分集”处理的过程。通过分集处理,已经使得目标散射中心相位闪烁的影响大大减小。因此,如果同一二维分辨单元内存在多个散射中心时,通过干涉处理,仍可望获得有效高度值,它反映的是等效散射中心的高度位置。

(3) 许多感兴趣的人造目标(例如飞机),其在同一二维分辨单元内出现高度为的多个强散射中心的几率不是很高,这降低了相位闪烁影响三维干涉成像质量的可能性。

(4) 三维干涉成像只需测得两幅二维图像并通过相位干涉处理即可得到散射中心的高度位置,而真三维成像则需要在第三维(俯仰维)进行大量的数据采集,无论是测量时间还是处理数据量都是巨大的,这在很多实际应用中甚至是不

现实的。

6.5.5 成像示例

下面我们给出几个目标干涉三维成像的例子。

第一个例子是双天线平面成像几何关系的例子[23]。成像处理采用一高一低两副天线,两者之间夹角0.2°,其等效雷达视线与地面平行;测量雷达中心频率9.25GHz,带宽1.8GHz,方位转角12°,测量距离12m。图6.20示出了某飞机模型的微波暗室成像结果。其中图6.20(a)和图6.20(b)为两幅不同天线高度下的二维散射中心分布图像,图6.20(c)为从这两幅二维像导出的目标散射中心的高度分布,即其三维像。由于可以得到目标散射中心的三维分布情况,从图中可以看到,该目标在测量过程中并不是完全水平放置的,而是有一个横滚角,这在二维散射中心像中是无法看出来的。因此,就目标散射中心精密诊断而言,三维散射成像是非常必要的。

为了减小同一分辨单元多个散射中心相位闪烁的影响,应该尽量提高二维成像的分辨率。在测量条件受限时,也可通过超分辨成像技术首先对二维成像数据进行超分辨处理,再对超分辨二维像进行三维干涉成像处理[27]。图6.21给出了对图6.20中相同测量数据,先进行二维超分辨成像,再进行三维干涉成像的结果。从图中可见,超分辨成像有助于获得更好的三维成像效果。

第二个例子为马萨诸塞大学罗威尔分校亚毫米波技术实验室(Submillimeter-Wave Technology Laboratory, University of Massachusetts Lowell)采用1.56THz波对T55坦克1:16缩比模型的真三维ISAR和三维ISAR干涉全极化成像结果,成像带宽为8GHz[28,29]。如图6.22所示为HH、VH、HV和VV四种线极化组合下坦克模型的真三维ISAR成像结果。

我们知道,真三维ISAR成像通过在目标俯仰(高度)维的一系列角采样,实现对高度方向散射中心分布的高分辨率,而三维干涉ISAR成像只采用两个具有不同高度的天线测量,通过相位干涉实现对“目标高度”的测量。根据前面的讨论,前者数据获取工作量很大,但可以分辨相同距离-方位单元内的多个散射中心;而后者数据获取工作量很小,但不能分辨同一距离-方位单元内的多个散射中心,只能得到一个“等效散射中心“的高度。那么,对于一个复杂目标,其三维干涉ISAR图像与真三维ISAR图像之间究竟会有多大的差异呢?这自然是所有RCS测量工程师和目标特性研究人员所关心的问题。作为例子,图6.23示出了马萨诸塞大学罗威尔分校亚毫米波技术实验室的实验结果,图中给出的是对于图6.22(a)中所示同一T55坦克目标模型,在不同视角下真三维ISAR像与三维ISAR干涉像之间的比对[29]。如前所述,由于三维干涉ISAR图像受同一距离-方位单元内的散射幅度和相位闪烁影响,三维干涉ISAR处理前一般

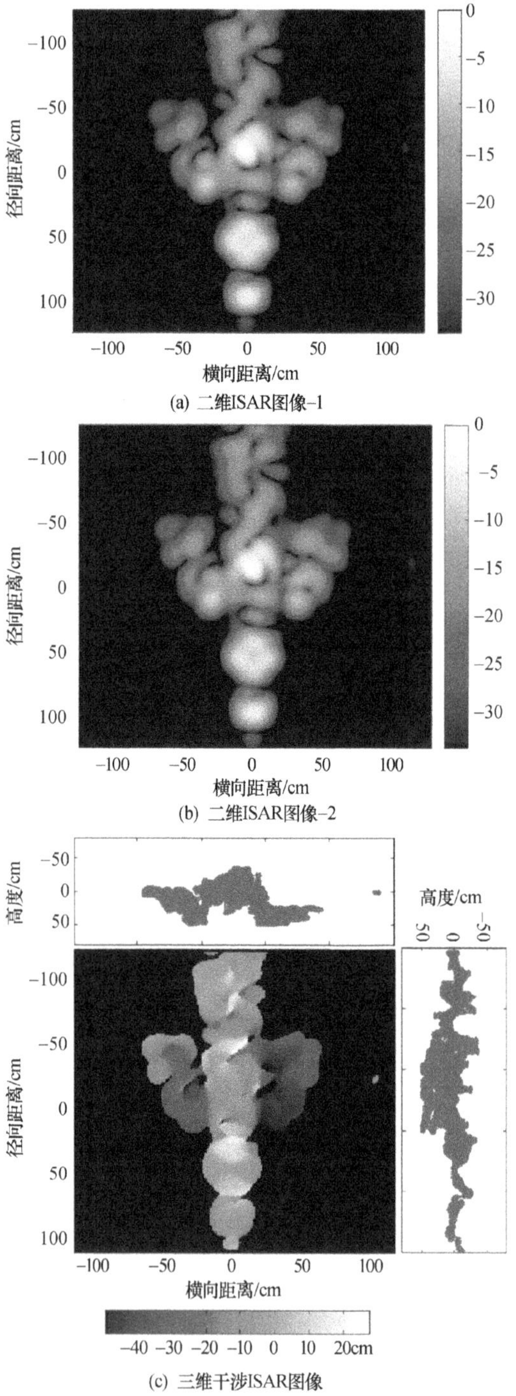

图 6.20　某飞机模型二维和三维散射中心图像[23]（见彩图）

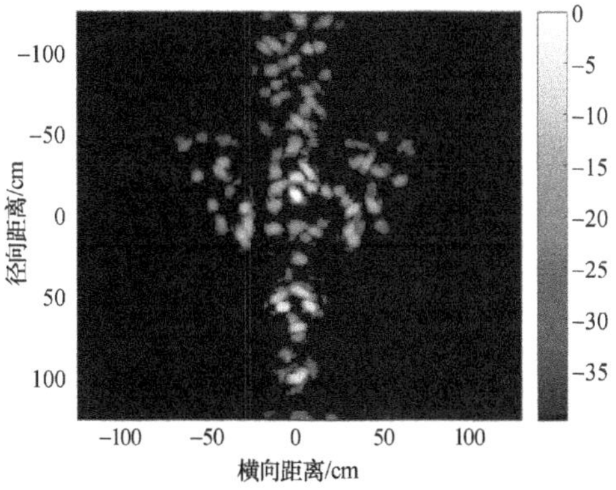

(a) 二维ISAR图像-1

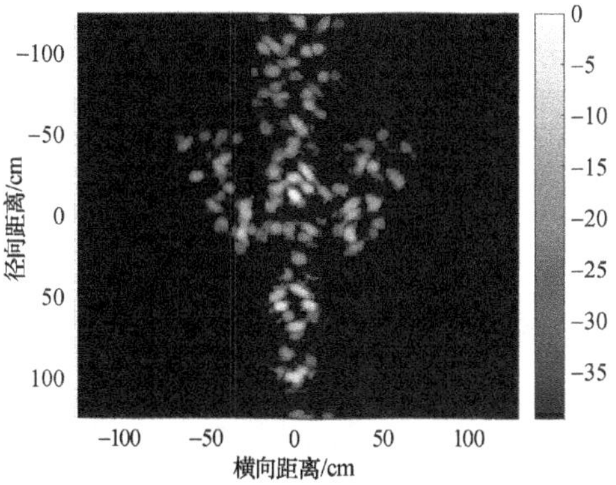

(b) 二维ISAR图像-2

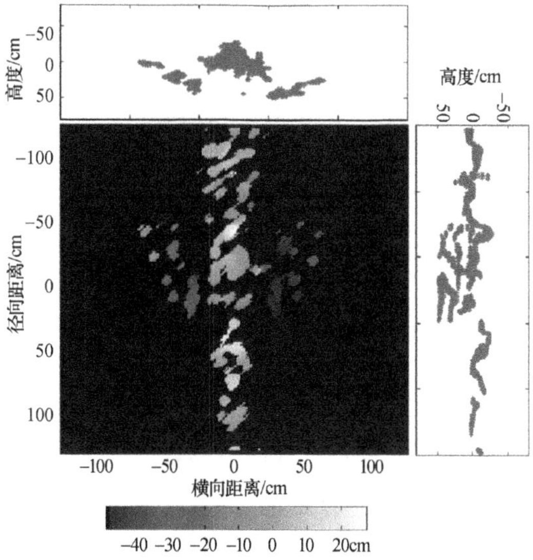

(c) 三维干涉ISAR图像

图 6.21　某飞机模型二维和三维超分辨成像结果[27]（见彩图）

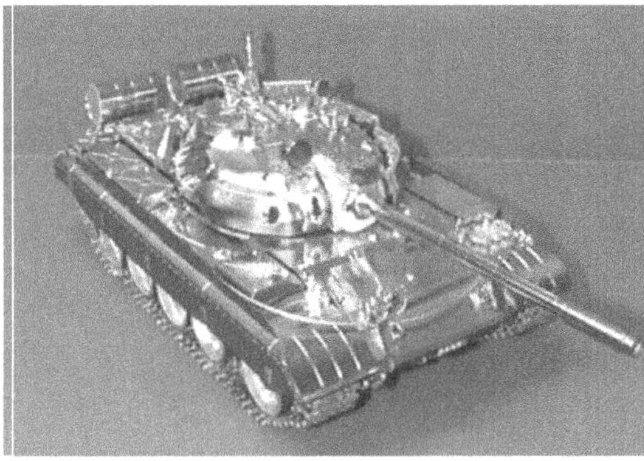

(a) 目标模型

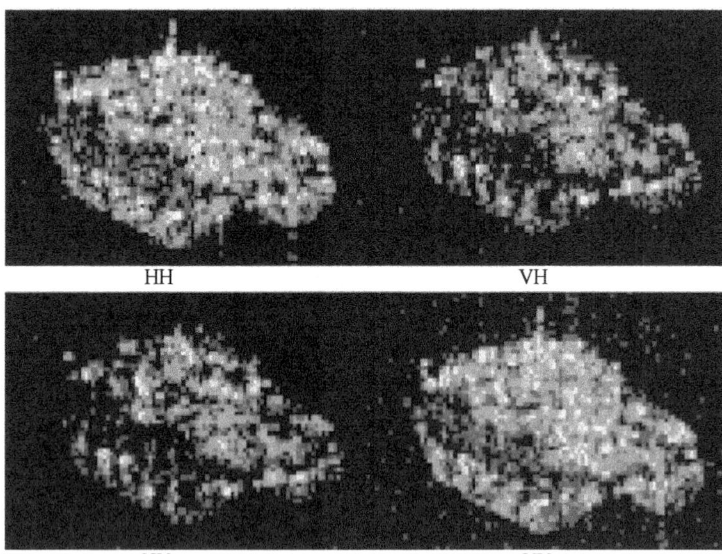

(b) 全极化三维ISAR像

图 6.22 T55 坦克缩比模型全极化三维成像结果[28]（见彩图）

应先作图像门限处理，把低于一定门限值的像素剔除不参与干涉处理，本例中图像动态范围取为 20dB，图中给出了前视、斜平面视和侧视三种情况下的三维图像比对。

从图 6.23 可见，即使对于坦克这样的复杂模型，两种三维图像之间仍然具有很好的相似性的。当然，在有些分辨单元，也存在明显的差异，这主要是因为三维干涉 ISAR 图像不能分辨同一距离－方位单元内多个高度不同的散射中心，只能得到一个“等效散射中心”的高度值。在实际工程应用中，通过目标－图像之间的关联分析，多数情况下一般都可以比较容易地对这种情况作出正确

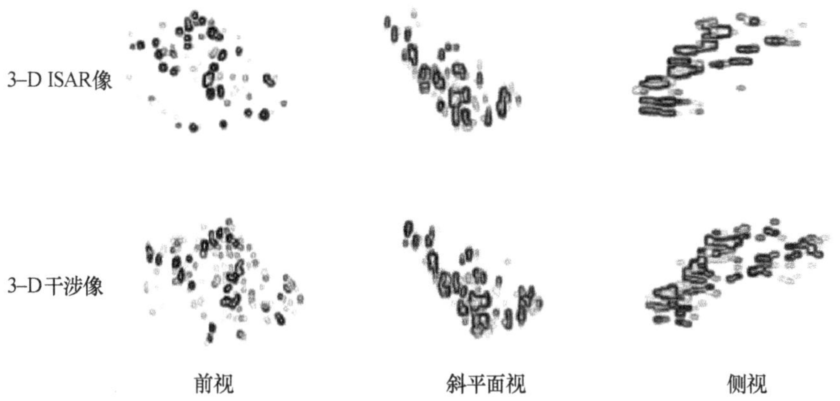

图 6. 23　T55 坦克缩比模型真三维 ISAR 像与三维干涉成像结果比对[29]

分析和判断。

鉴于三维干涉 ISAR 像只需通过双天线测量得到两幅二维 ISAR 像并进行相位干涉处理，可大大减少数据获取工作量和 RCS 测量时间，可见，三维干涉 ISAR 成像应该可以作为目标成像诊断的重要测量手段之一，尤其是当存在地面耦合、杂波等影响时，它可以作为很好的识别这类特殊散射分量的测量与分析工具。

6. 6　RCS 图像理解

如本章一开始所指出的，目标 RCS 成像测量的基本目的是通过对目标进行一维、二维和三维高分辨率成像，对目标的电磁散射特性进行诊断和分析，以便改进目标设计，降低目标整机和部件的 RCS 电平，或者通过对目标散射机理的理解和特征提取，实现目标分类识别。

可见光频段的波长仅为亚微米级，大多数人造目标其表面在可见光频段属于“粗糙”表面，因而其电磁散射具有“弥散”特性，此时所得到的传感器图像可以较好地呈现物体的外形轮廓特征。与可见光图像不同，微波雷达的波长在厘米至毫米量级。因此，在雷达看来，多数人造目标具有“光滑”的表面，目标的雷达像主要体现了复杂目标体的各种散射机理在目标空间的分布特征。目标上不同的散射机理在雷达像中具有不同的表现形式，因此，目标的雷达散射图像同其可见光图像之间往往存在巨大的差异。而人们眼睛日常所看到的多为物体的可见光图像，人脑从人出生的那天起就开始适应了对物体可见光图像的理解和认知，图像自动处理和理解算法也是依靠人来开发的。可见，如何理解复杂目标的高分辨率雷达散射图像，是目标 RCS 成像诊断测量的重要方面。

为了更好地讨论这一问题,首先讨论金属球的一维和二维高分辨率雷达像。

6.6.1 金属球的一维和二维散射图像

可以说,无论是在人眼看来还是雷达看来,金属球都应该算是最简单的散射体之一了。表面光滑的理想金属导体球对雷达观测俯仰、方位角和天线极化均不敏感。金属球的电磁散射具有解析表达式,可通过 Mie 级数渐近展开式精确计算。一些研究人员也通过宽带测量对其高分辨率雷达像进行了研究[30,31]。

下面对一个半径为56.42cm 的金属球的宽带散射幅度和相位用 Mie 级数解进行精确计算,并分析其一维和二维高分辨率成像特性。之所以选择半径为56.42cm,是因为在光学区其 RCS 电平正好为 0dBsm,这样便于对成像得到的散射中心强度特性进行比对分析。

6.6.1.1 一维 HRRP

图 6.24 示出了金属球的主要散射机理。大致来说,其主要散射分量包括两个部分:镜面反射分量和表面爬行波散射分量。因此,金属球的一维 HRRP 主要由两个散射中心组成:较强的散射中心为金属球的镜面反射,其散射幅度不随频率变化且等于金属球投影圆盘的面积,也即等于金属球在光学区的 RCS,为 0dBsm,由于计算中目标参考中心选择在球心,故该镜面散射中心的位置位于球半径 56.42cm 处;较弱的散射中心为金属球表面爬行波的贡献,它是绕过球光滑的阴影区表面后再返回来的散射分量,所以该散射中心相对于镜面散射中心的距离等于球半径加上 1/4 圆周长(注意此处均为单程距离),也即在距参考中心约 88.62cm 处。

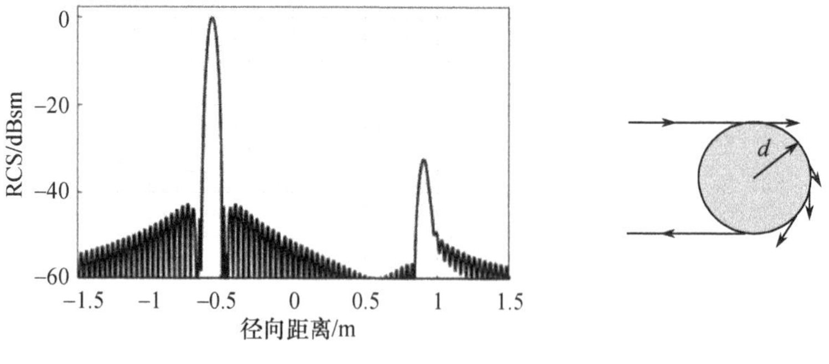

图 6.24 金属球的散射机理示意图

图 6.25 ~ 图 6.27 中分别给出了金属球在 10MHz ~ 2GHz、10MHz ~ 5GHz 和 2 ~ 10GHz 频段的散射幅度、相位随频率的变化特性以及经加窗傅里叶变换后得到的一维高分辨率距离像。图 6.25(a)、图 6.26(a)和图 6.27(a)为 RCS 强度

随频率的变化,图 6.25(b)、图 6.26(b)和图 6.27(b)为 RCS 相位随频率的变化,图 6.25(c)、图 6.26(c)和图 6.27(c)为一维 HRRP,图 6.25(d)、图 6.26(d)和图 6.27(d)中的两个小图分别为对金属球 HRRP 中两个散射中心的局部放大图。其中,用不同颜色和线型给出的 4 组 HRRP 分别代表不加窗(细实线,旁瓣电平为 13.4dB)、加 Hann 窗(粗实线,旁瓣电平为 32dB)、Hamming 窗(虚线,旁瓣电平为 42dB)和 Blackman 窗(点划线,旁瓣电平为 58dB)处理的成像结果。

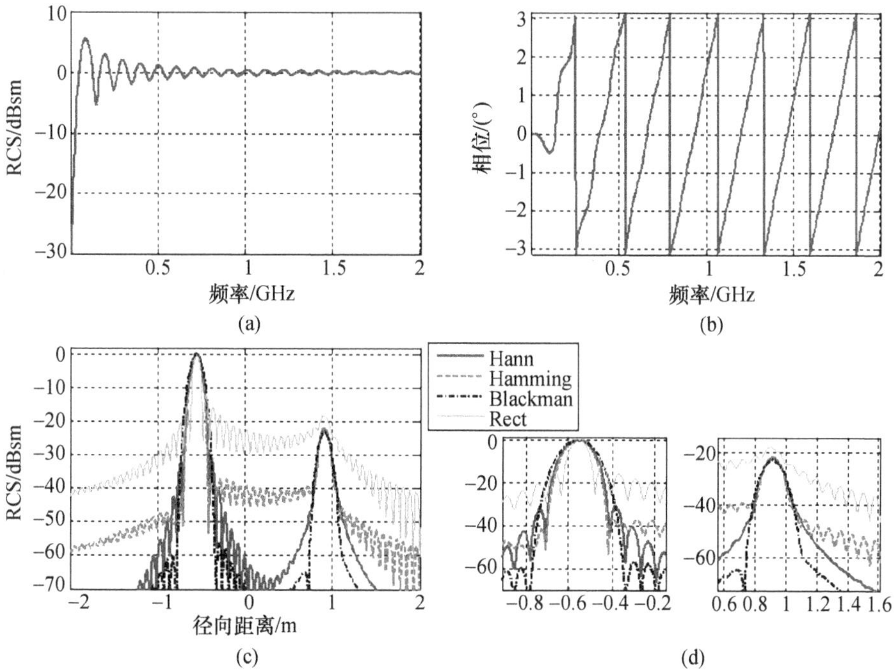

图 6.25　金属球的宽带散射幅相和一维 HRRP:10MHz ~ 2GHz

从图 6.25 ~ 图 6.27 可以看到,对于金属球的两个散射中心一维高分辨率距离成像,不同成像和处理条件下,其成像结果具有很大差异。

对于金属球的镜面反射中心,由于其散射幅度不随频率变化,无论在什么频段、采用多大带宽、以及采用不同的加窗处理,在一维 HRRP 图像中,该散射中心定标后的图像像素最大值始终为 0dBsm 左右,这表明在一维 HRRP 中,其 RCS 值得到了正确的反映。

另一方面,对于金属球的爬行波散射中心,情况则比较复杂。

首先,不同频段下,其成像像素点的强度是不一样的,这是可以预计的,因为金属球的爬行波散射中心其散射幅度随频率升高是衰减的,故频段越高,它相对于镜面散射中心的散射强度越弱。图 6.28 示出了通过滑动窗傅里叶变换处理

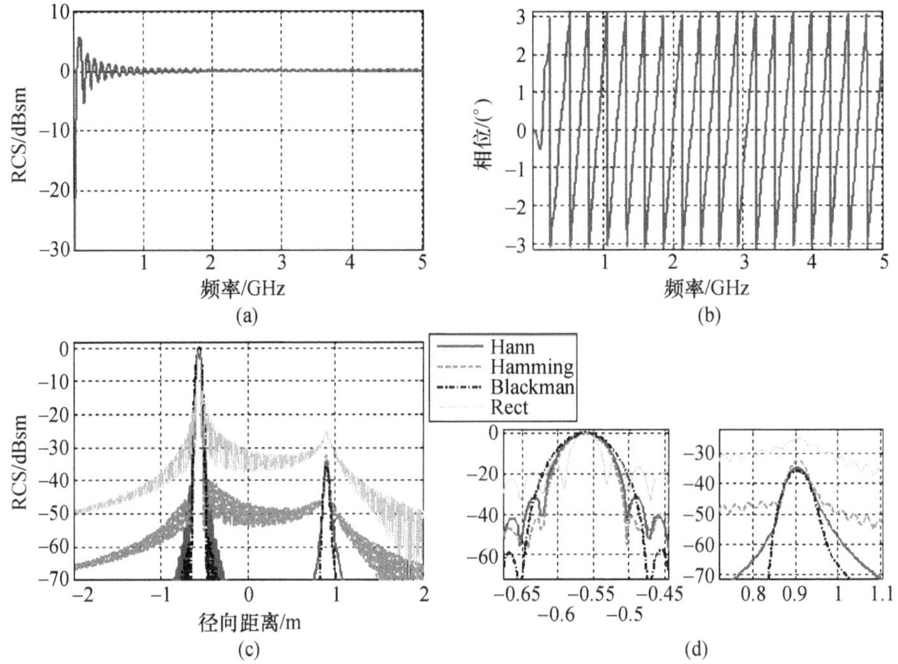

图 6.26　金属球的宽带散射幅相和一维 HRRP：10MHz～5GHz

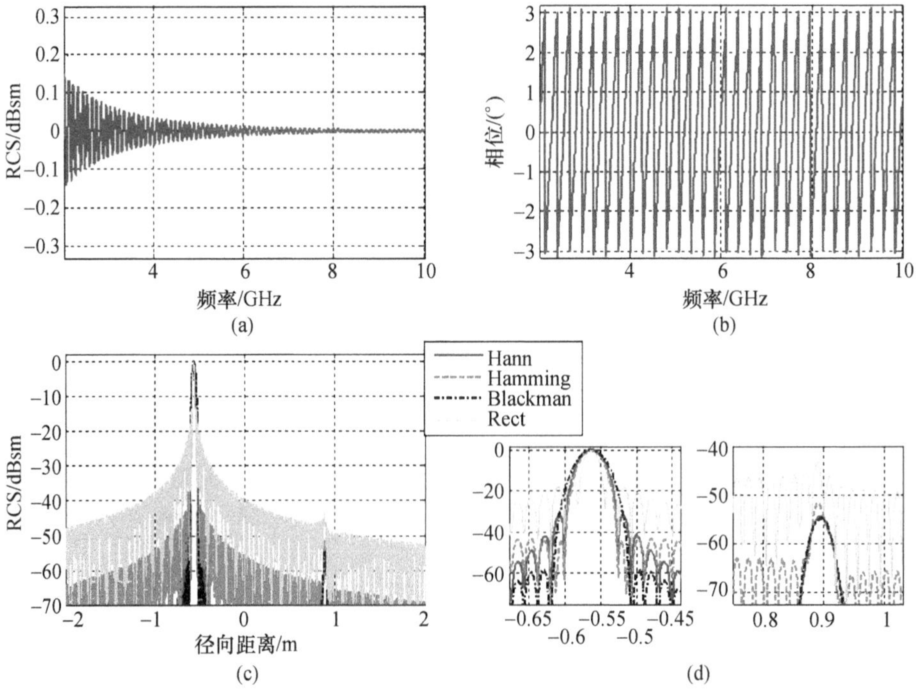

图 6.27　金属球的宽带散射幅相和一维 HRRP：2～10GHz

时频分析得到的该金属球 HRRP 随频率变化的特性，从图中可清晰看出镜面散射中心的散射幅度不随频率变化，而爬行波散射中心则随频率衰减的特性。

其次，注意到由于爬行波的散射幅度随频率升高而衰减，它不属于理想点散射源，因此对于采用不同窗函数加窗处理是敏感的。从图中可以发现，采用旁瓣电平越低的窗函数加窗处理，所得到的图像像素值越低，但旁瓣电平却未必越低。例如，Hamming 窗的旁瓣电平本来比 Hann 窗差不多低 10dB，但此处加 Hamming 窗时爬行波的图像旁瓣反而比 Hann 窗时高出许多。另一方面，即使已经对不同窗函数作了能量归一化定标处理，但加 Hann 和 Blackman 窗时，爬行波散射中心的像素强度值则比加 Hamming 窗时低。事实上，在本例中，所有情况下不加窗处理的爬行波散射幅度均为最高。显然，这是由于不同形状窗函数对低频段具有强散射的回波信号加窗处理，导致其能量损失有所不同而造成的。这给成像处理中该不该加窗、加什么窗处理带来了困扰：由于在高频段金属球爬行波散射中心比镜面散射中心弱很多，如果不作旁瓣抑制加窗处理，该散射中心就会被镜面散射中心的旁瓣所淹没；如果加窗处理，则在一维 HRRP 中该散射中心的像素峰值又不那么精确，如图 6.28 所示。

金属球的一维高分辨率成像结果告诉我们，经图像定标后得一维距离像，对于不随频率变化的散射中心，其像素峰值可以很好地反映出该散射中心的真实 RCS 值；对于随频率变化的散射中心，其 HRRP 像素峰值不能定量反映出散射中心的 RCS 电平，只能定性地反映出该散射中心在成像积分频段内的一个相对 RCS 电平，因为像素峰值不但受到该散射中心频率特性的影响，还受到成像处理中所选择的窗函数的影响。

6.6.1.2　二维图像

根据上面的讨论，金属球的主要散射机理包括两个散射中心：靠近雷达的散射中心为镜面散射，RCS 值不随频率、姿态角变化；远离雷达的散射中心为表面爬行波散射，根据时频分析结果，它的散射随着频率的升高而降低。为了分析具有不同频率特性的散射中心的二维成像特性，现在来进一步研究金属球的二维成像特性。

由于金属球的两个主要散射中心均不随方位角变化，因此，理论上可以对其进行 360°全方位测量成像。此处，为了进一步分析金属球的两个散射中心在二维图像中的幅度和位置特性，我们仍然采用 Mie 级数渐近展开解计算半径为 56.42cm 金属球在 10MHz ~ 2GHz 频段的幅度和相位，采用滤波 - 逆投影算法，二维成像处理中在频率维加 Hann 窗，方位维不加窗。

图 6.29 分别示出了计算得到 RCS 幅度、相位、一维 HRRP 以及合成孔径角分别为 10°、30°、60°、120°、180°和 360°时的二维 ISAR 像。在所有情况下，两个

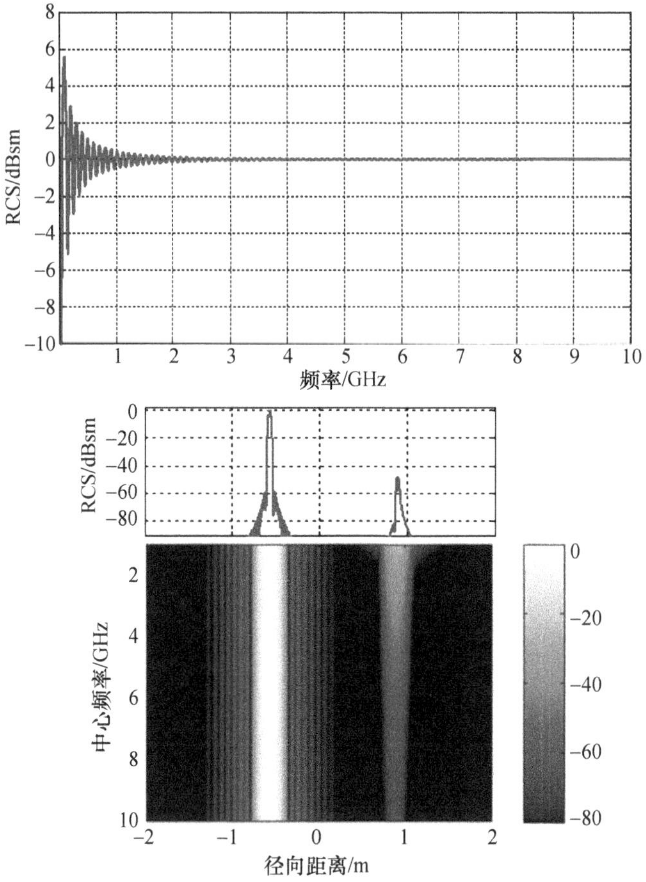

图 6.28　金属球的 HRRP 随频率变化特性

散射中心在图像中均可以清晰分辨开。注意到由于对于金属球而言,在任何姿态角下其回波的幅相特性都是一样的,且两个散射中心均偏离参考中心。因此,金属球的二维像并不是简单地表现为两个“点”,而是两个圆弧。特别地,在 360°成像时,金属球的二维像表现为两个圆环,其中内环为镜面散射中心的像,外环为表面爬行波散射中心的像。

需要特别关注的是每幅图像中镜面散射中心的强度值。对比图 6.29 可以发现,两个散射中心尽管在任何姿态角下的散射幅度都是相同的,但采用不同的合成孔径角进行成像,得到散射中心图像的峰值强度则是不同的:这里采用了严格的“图像定标”,既考虑了滤波 - 逆投影算法处理的影响,也考虑了窗函数能量的归一化,因此理论上每个散射中心的像素强度就应该代表了该散射中心的 RCS 值,但事实远非如此!

表 6.5 给出了在 6 个不同成像合成孔径角下,金属球镜面散射中心的像素

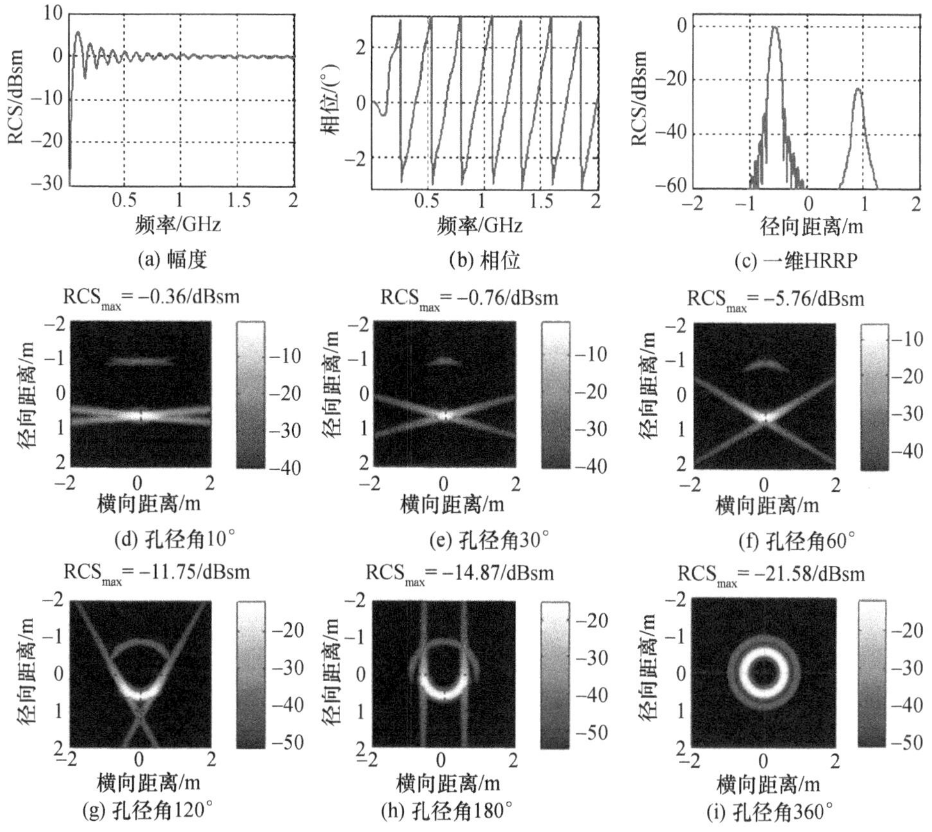

图 6.29　金属球的二维图像随合成孔径角变化特性

强度峰值。注意到该金属球的镜面散射中心 RCS 电平真值为 0dBsm，从以上结果可见，仅当合成孔径角 30°以内时，图像中散射中心的强度与 RCS 真值相比误差是小于 1dB 的。也就是说，随着成像孔径角不断增大，定标后的散射中心强度值电平越来越低，偏离该散射中心 RCS 真值越来越远！

表 6.5　不同成像孔径角下金属球镜面散射中心的峰值

孔径角/(°)	10	30	60	120	180	360
像素峰值/dBsm	-0.36	-0.76	-5.76	-11.75	-14.87	-21.58

对于金属球爬行波散射中心的二维像，也有类似的情况。究其原因，是因为金属球的两个散射中心都是“发散的”。无论对于金属球的镜面散射中心还是爬行波散射中心，它们都随雷达观测角的变化而在目标表面“滑动”，因此，二维成像处理结果，不能在成像平面上聚焦为两个“点”，而是形成两个“圆环”。另一方面，在推导 RCS 成像公式和对图像定标处理时，已经作了“理想散射点”的假设，也即目标上单个散射中心的散射幅度和位置均不随雷达频率和观测角变

化,当目标上散射中心不满足上述假设条件时,所得到的成像结果尽管反映了目标的真实散射机理,但单个散射中心在图像中不一定表现为一个“点”,有可能是“发散”的,其像素峰值也不能反映真实目标的 RCS 值。

6.6.2 不同散射机理在图像中的表现形式

以上金属球的一维 HRRP 和二维 ISAR 像的成像结果使我们认识到:无论对于小角度还是大角度合成孔径成像,由于在成像处理和对图像定标中已经作了“理想散射点”的假设,对于复杂目标的成像结果,仅当目标散射中心满足其散射幅度和位置均不随雷达频率和观测角变化这一假设前提条件时,最终得到的定标后图像其像素位置才能正确反映目标散射中心的正确位置,像素峰值才能反映目标散射中心的真实 RCS 值;若不满足该假设前提条件,散射中心在图像中将在一定程度上是“发散”的,其像素峰值也不能反映真实目标的 RCS 值。可见,对于一个简单的金属球,其 ISAR 图像都如此难以解释,更毋论对复杂目标散射图像的理解了。

为了进一步分析复杂目标上各种不同的散射机理在 SAR/ISAR 图像中的表现形式,本小节给出几个典型的例子,通过对这些典型散射图像的深入分析,有助于从事 RCS 成像诊断的工程师更好地理解和解释测量所得到的 RCS 成像数据。

6.6.2.1 凹腔体结构的散射图像

图 6.30 示出了一端短路的矩形波导腔体[32]的 RCS 和一维高分辨率距离像的特性。其中,图 6.30(a)给出了该腔体的几何外形和尺寸参数,图 6.30(b)示出了 RCS 随俯仰角的变化特性图,图 6.30(c)示出了其一维 HRRP 随俯仰角的变化特性。

本例的目标属于深腔结构,当对目标进行俯仰角扫描测量,从 0°一直变化到 90°时,无论从 RCS 特性曲线还是一维 HRRP,均可发现偶数次多次反射对其后向散射存在重要影响。其中,在 10 ~ 20°附近,主要贡献为 2 次反射,也即由腔体内测上、下表面同底部平板之间构成的直角二面角反射器的散射;在 30 ~ 40°附近,主要为 4 次反射构成的贡献,其反射路径已经在图 6.30(a)中示出。如此类推,随着俯仰角的增加,还存在着 6 次、8 次、10 次、12 次和 14 次反射。RCS 随俯仰角的起伏变化可以在一定程度上看出这种偶数次反射的结果,而在一维 HRRP 随俯仰角的变化特性图中则可清晰地反映出这种腔体多次反射的散射机理,因为随着反射次数的增加,电波的行程越来越长。因此,在一维 HRRP 随俯仰角的变化特性图中,不同反射次数的散射机理及其影响范围可以在径向距离上清晰分辨开。

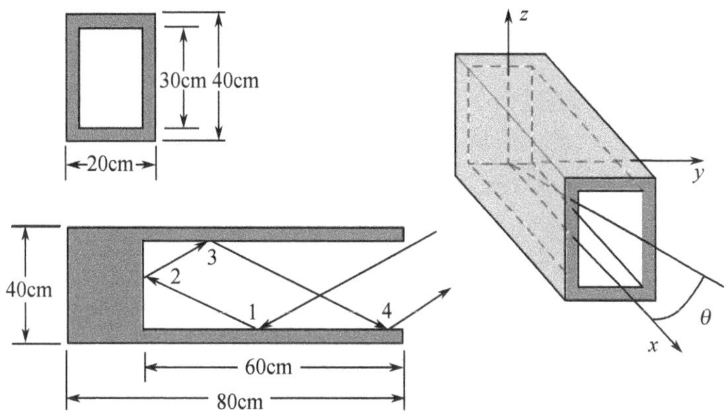

(a) 腔体几何结构及4次反射示意图

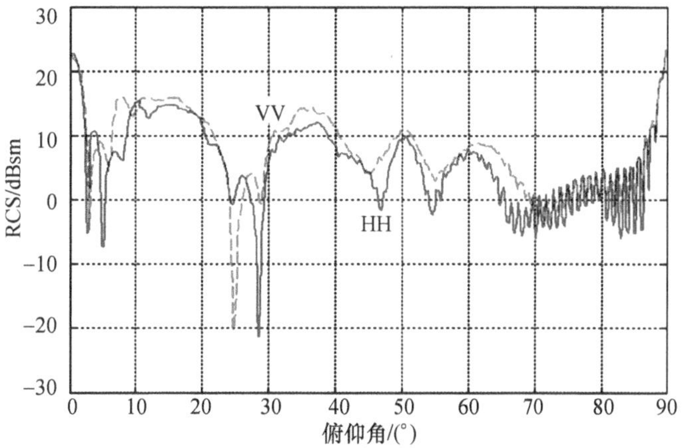

(b) RCS随入射俯仰角变化特性

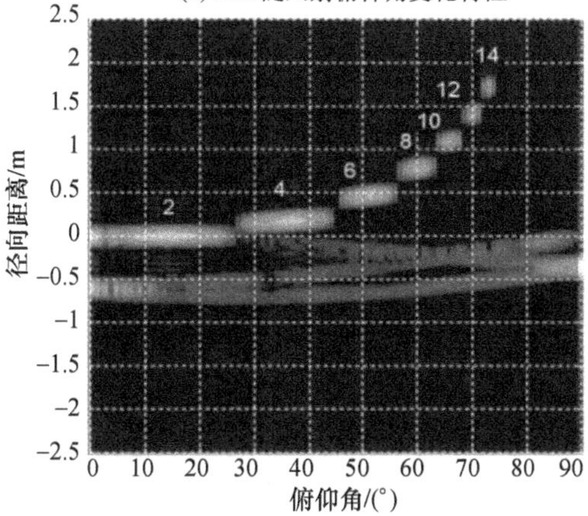

(c) 一维HRRP随入射俯仰角变化特性

图 6.30　一端短路的矩形波导腔体的 RCS 和 HRRP 随俯仰角变化特性

空腔结构的这种多次散射机理在二维 ISAR 像上表现会比一维 HRRP 更为复杂、更难以解释。由于没有获得本例空腔结构的二维成像数据，采用另一个稍简单一些的例子来加以说明。

图 6.31 示出了文献[33]给出的一个尺寸为 12cm、一端开口而另一端短路的立方体空腔 RCS 和二维 ISAR 像计算与测量的结果。其中，图 6.31(a)为对该立方体空腔测量场景的照片；图 6.31(b)为采用弹跳射线法与物理光学法(PO)、物理绕射理论(PTD)、一致性绕射理论(UTD)相结合的 RCS 高频渐近计算结果同测量结果的比对；图 6.31(c)为射线追踪计算和实测得到的二维 ISAR 图像比对，注意计算的频率范围为 20 ~ 40GHz，测量的频率范围则为 25 ~ 40GHz，两者略有不同，成像方位角范围为 -90° ~ +90°，这与图 6.31(b)中的 RCS 计算范围是一致的，只不过那里只给出了对称数据中的 1/2。从图 6.31 可见，无论是 RCS 还是二维 ISAR 像，高频渐近计算与实测结果之间均具有很好的一致性。

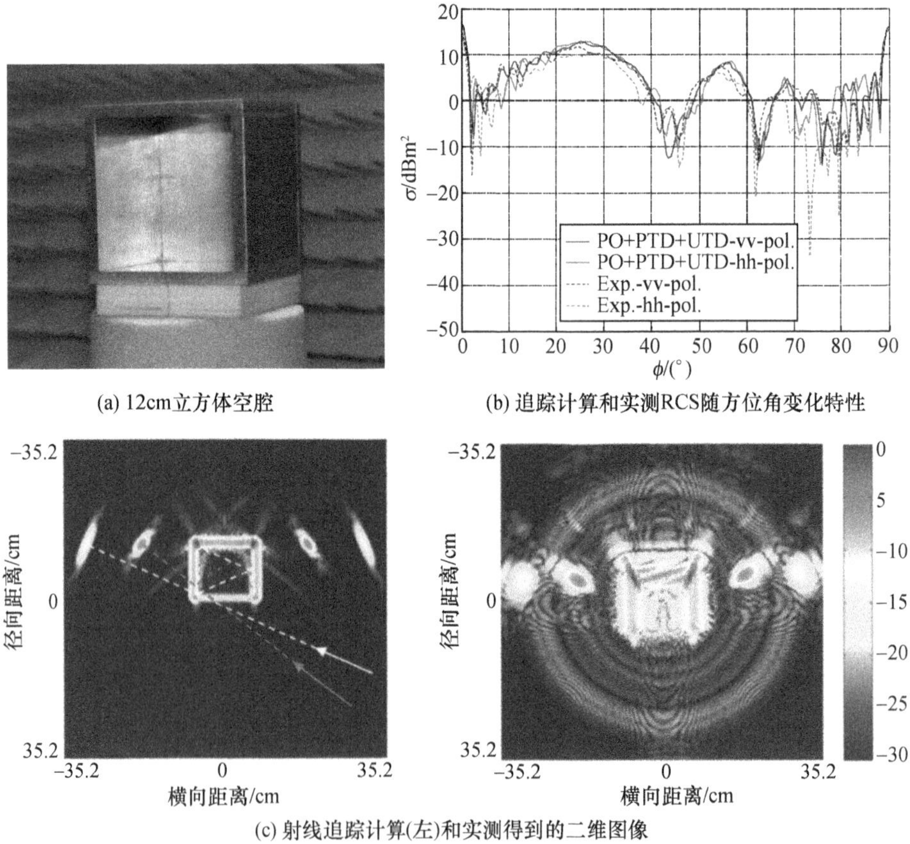

(a) 12cm立方体空腔

(b) 追踪计算和实测RCS随方位角变化特性

(c) 射线追踪计算(左)和实测得到的二维图像

图 6.31　立方体空腔体的计算与实测 RCS 图像[33]（见彩图）

对于当前的立方体空腔,其二维 ISAR 像中的主要强散射中心包括:

(1) 空腔短路端2 个直角尖顶处的强散射,来自于在角度 0° ±40°范围内形成的二面角反射器偶数次反射,该二面角由内侧面和底端面所构成。这样的二面角反射器在二维图像中等效于在直角尖顶位置形成一个强散射中心,其等效关系如图 6.35(c)所示。

(2) 与空腔外轮廓基本对应的左右 2 个“亮边”,系由空腔左右两外侧平板的镜面后向反射产生的。

(3) 在计算图像中还可以清晰看出短路端底部镜面反射形成的“亮边”,而测量结果中这条“亮边”并不明显,而是代之以另外 3 个散射中心,这 3 个散射中心更像是角反射器型散射。这可能是因为实测中空腔位置摆放在俯仰向的水平度和垂直度不够、造成目标姿态存在一个小的俯仰角和/或横滚角,其结果形成了腔体上下内表面同短路端表面构成的角型反射机制,在不同方位角下位于不同的部位,从而在图像中产生 3 个散射中心。

(4) 除了在空腔大致尺寸和外形轮廓范围内的上述强散射中心,还可在横向距离远远超出目标几何外形尺寸的位置上看见另外 4 个显著的散射中心,且呈左右对称分布,其中 2 个位于横向距离近端,另 2 个位于更远端。这是空腔中的多次反射造成的,其形成机理可进一步解释如下:

为了便于读者理解,图 6.31(c)中的高频渐近计算图像中以射线形式示出了这 4 个散射中心的形成机理:任何入射到空腔左右两侧的雷达波经 3 次反射后,其行程都最终等效于在另一侧的直角顶点位置处出射,被雷达天线所接收;而任何入射到空腔左右两侧的雷达波经 5 次反射后,其行程最终都等效于在同一侧的直角顶点位置处出射,并被雷达天线所接收。其结果,在方位 -90° ~0°和 0° ~ +90°角度范围内,各形成了一对多次反射强散射中心,其中 3 次反射的位置较靠近被测目标体,散射幅度也较强,而 5 次反射的位置离被测目标体较远,散射幅度也弱一些。

这个例子使我们认识到,即使对于像立方体空腔这样相对简单几何外形的目标,由于存在复杂的多次反射机理,其散射图像也可以是相当复杂的,如果不借助于射线追踪分析,图像甚至是很难理解和解释的。

6.6.2.2 带下垫面的目标散射图像

地面和海面目标的散射回波,除了与目标自身有关,通常还同目标所处的下垫面有关,这是由于目标与下垫面之间可能存在耦合散射。

图 6.32 示出了美国陆军研究实验室位于佐治亚技术研究所(GTRI)的 RCS 测试场,采用高塔架设测量雷达、以一定的擦地角对放置于地面转台上 T72 坦克目标的 ISAR 成像场景和成像结果。其中,图 6.32(a)为 T72 坦克现场测量场

景,图6.32(b)为X频段小角度旋转成像的结果,注意原始测量数据中包含了强地杂波影响,图中的ISAR像是在做了固定杂波消除处理[34]后的图像。

此图像有两个显著特点:一是在雷达波照亮面,坦克的轮廓形状比较明显,二是在离开目标外形的距离近端,存在一个明显的孤立强散射中心。一些参考文献将该散射中心归结为目标侧面与地面构成的二面角反射[35]。但是,如图6.32(c)中所示,仔细研究其成像几何关系可以发现,如此构成的二面角型反射,无论目标部件位于何处不同的高度,其最终都将等效为在目标散射部件正下方地面的反射,不应该出现在远离目标形体之外的距离近端。所以,文献中对上述孤立散射中心形成机理的解释是不准确的。相反,目标-地面之间耦合散射构成的二面角反射器型散射机理,却可以很好地解释雷达波照亮面一侧目标轮廓比较清晰的成像特征。

(a) T72坦克目标

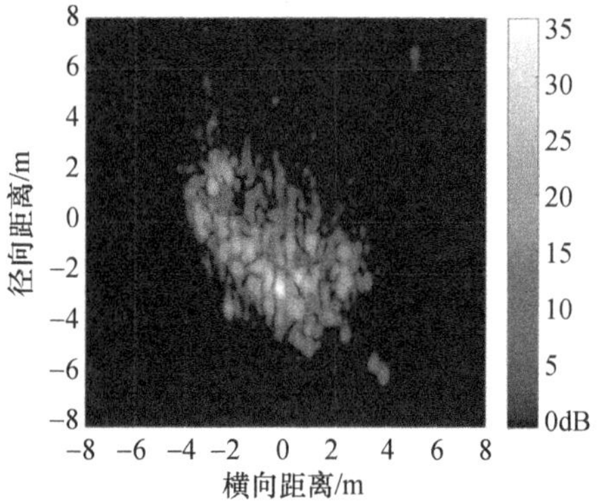

(b) 二维ISAR像(−2.2,3.4)

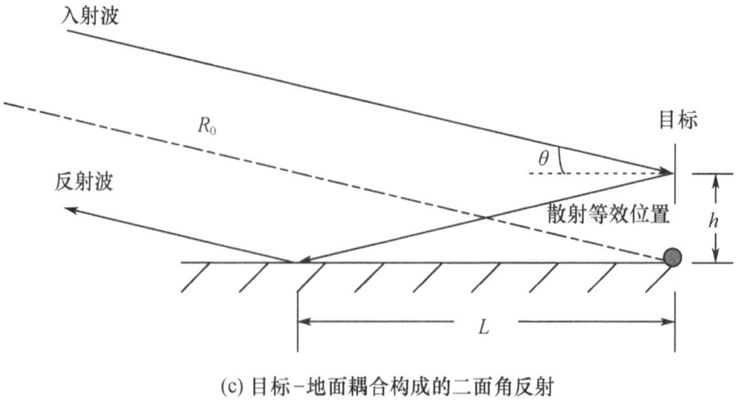

(c) 目标-地面耦合构成的二面角反射

图6.32　T72坦克地面转台成像

那么,这个距离近端孤立散射中心究竟由什么散射机理造成的呢?仔细观察T72坦克的各种散射结构可以发现,在转塔上外挂了一个柱状圆筒,它与转塔之间可能构成二面角反射结构，与转塔、坦克车身之间甚至可能构成三面角反射器类型的散射结构。当散射体具有一定的高度时，其在二维图像中可以表现为“顶底倒置”，即当三维目标散射结构位于一定的高度上时，在以一定擦地角观测的雷达看来，它的距离将比其真实距离更近，这样，该散射体在二维图像中的径向距离位置会比其真实距离更近，也即出现了所谓的图像“顶底倒置”，如图 6.33(a)中所示。在这里，位于不同距离 $x_1 \sim x_4$、不同高度 $h_1 \sim h_4$ 的散射点，由于在雷达看来都是等距离的，故在二维像上都会落在 x_0 的位置上。由此可以判断，图 6.32(b)中的距离近端孤立散射中心，应该源自于坦克转塔上外挂柱形物体与转塔、坦克车身之间所形成的复杂角形反射结构的散射回波。

由于地面下垫面的存在，雷达－目标－下垫面三者之间还可能构成多径散射，从而造成同一散射体在二维图像上产生 3 个散射中心，也即出现所谓的图像“重影”，如图 6.33(b)所示。在这里，高于地面的散射体其直接散射回波在二维图像中表现为位于径向距离近端；经过地面一次反射(包括两条路径：雷达－目标－地面－雷达和雷达－地面－目标－雷达)的回波相当于散射体与地面之间构成二面角反射，其在二维图像中径向距离位置将位于散射体投影到正下方的地面上，因此比直接散射回波的像更远一些；经过地面两次反射(传播路径为雷达－地面－目标－地面－雷达)的回波其传播路程最长，因此在二维图像中径向距离最远。这样，由于多径效应影响，单个散射体在二维图像中便出现了 3 个散射中心，也即出现了图像“重影”。一些情况下也可能只能明显看到地面一次反射回波的像，这是因为地面两次反射的信号较弱的原因；另一些情况下，例如平静水面上的金属结构桥梁，则甚至可以出现更多重的“重影”，这是因为水面的镜像反射系数接近于 1，回波中不仅仅存在经海面一次和二次反射的回波，还存在更高次的海面反射回波[36]。

多径效应在小擦地角成像时尤为明显。作为例子，图 6.34 示出了美国桑迪亚国家实验室采用机载 X 频段 SAR 成像雷达对地面坦克目标的成像场景和 SAR 图像[37]。可见，在 4 英寸(10.16cm)分辨率下，在雷达照亮方向目标的轮廓外形相当清晰，坦克的炮管图像出现三重“重影”，可以很清晰地看出除了其自身的直接散射，还存在较强的地面一次反射和二次反射回波，这与前面关于地面目标散射机理和图像特征的分析完全一致。

6.6.2.3 不同成像面高度对三维目标成像的影响

对于三维目标，其二维像除了与成像几何关系有关外，还与成像面高度的设置密切相关。我们仍然以佐治亚技术研究所对 T72 坦克的地面转台成像数据来加以说明。图 6.35 给出了 T72 坦克 360°全方位旋转成像的结果，图 6.35 分别给出了成像面高度分别取 0m、1m、2.3m 和 3.3m 时的 ISAR 像。

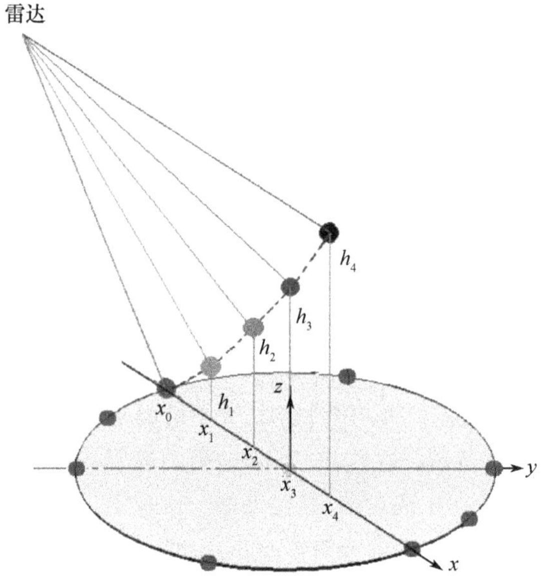

(a) 具有一定高度的散射体在地平面上的像：顶底倒置

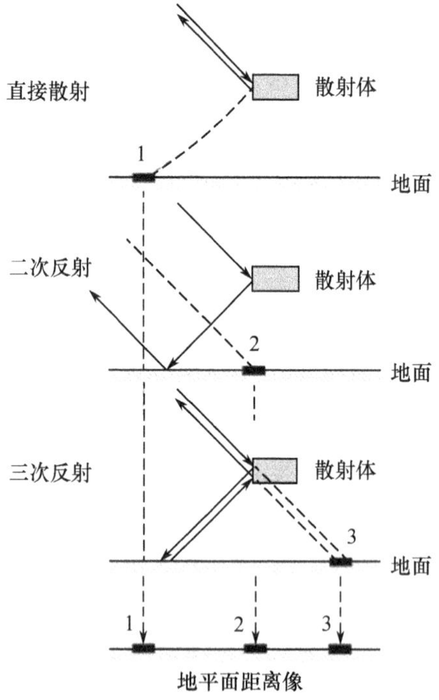

(b) 多径散射图像：“重影”

图 6.33　雷达成像中的顶底倒置与多径效应引起的“重影”

(a) 地面坦克目标　　(b) 机载SAR图像

图 6.34 地面坦克的机载 SAR 图像

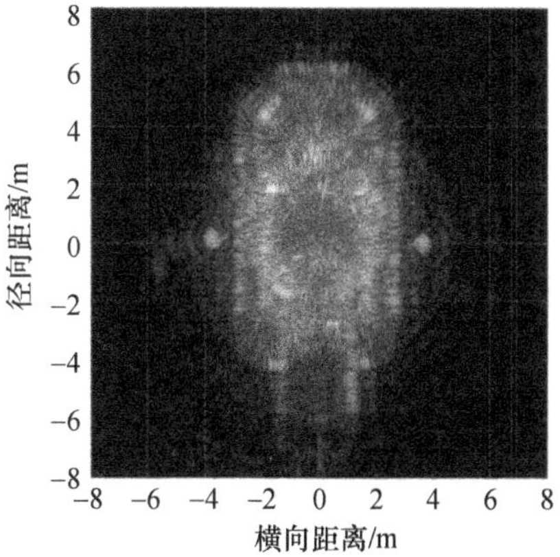

(a) 成像面高度0m

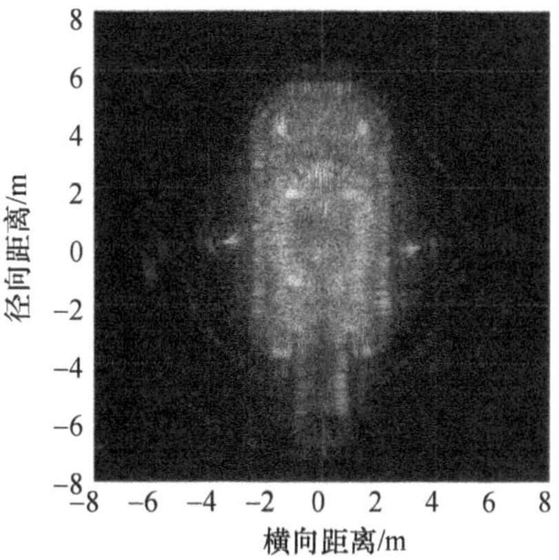

(b) 成像面高度1m

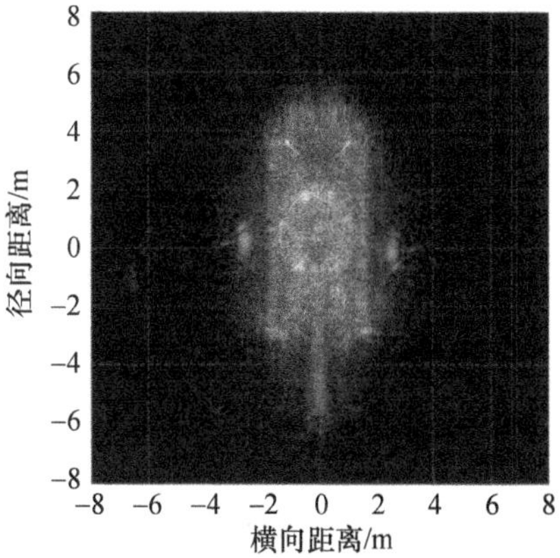

(c) 成像面高度2.3m

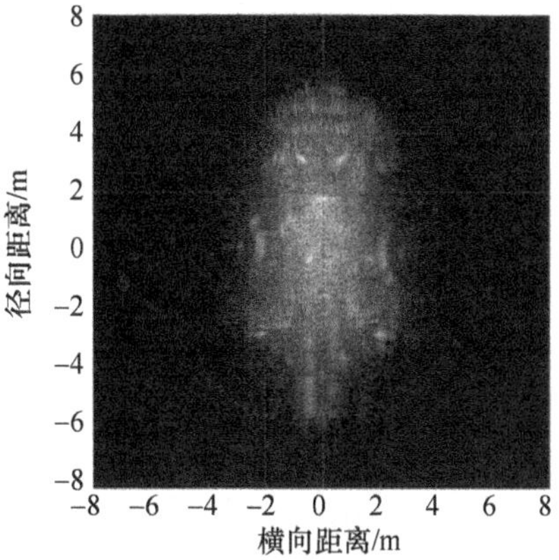

(d) 成像面高度3.3m

图 6.35 T72 坦克在不同成像面高度下 360°全方位 ISAR 像

仔细分析可以发现,在不同成像面高度上,图像中会对不同的散射中心聚焦。例如,在0m和1m高度上,坦克炮管都高于这个高度,因在左侧和右测观测时均会出现“顶底倒置”,最终在全方位成像图中出现“重影”。而在2.3m高度处,炮管则是“聚焦”的,这意味着其真实高度大致在2.3m附近(注意这是相对高度,与成像测量中定标体的放置高度有关)。最后,当成像面高度为3.3m时,炮管图像再次出现“重影”,且其特征与成像面高度1m时正好相反,表明此成像面高度已经高于目标真实高度。对位于坦克形体外两侧的孤立散射中心的图像也有类似的情况,其在成像面高度0m、1m和2.3m、3.3m时的表现也是相反,这表明该散射中心一定位于1~2.3m之间,这与目标上的实际情况也是一致的,该散射结构比炮管的高度要低一些(注意本例中雷达波擦地角为15°)。

6.6.2.4 行波和爬行波的影响

关于爬行波的影响,我们在金属球的成像例子中已有清晰的认识。下面给出一个导电细金属杆的后向散射成像例子[38],成像几何关系如图6.36(a)所示,金属杆长183cm,轴向入射时为方位0°。图6.36(b)给出了在3~8GHz频段内,其RCS幅度随频率和方位变化的极坐标图,注意图中只给出了180°方位范围的变化特性,另一半是完全对称的,此外中心部分还给出了4GHz频点的RCS曲线。图6.36(c)和图6.36(d)给出了其一维HRRP随方位变化的极坐标图以及不同方位角下的二维ISAR成像图。

在这里,雷达发射波为HH极化,根据表面波形成机理,在大部分方位角下表面行波都是存在的,其中在接近于轴向的方位下会激发出很强的表面行波,这在图6.36(c)中可以清晰地看到。随着表面波在金属杆上来回多次在两端处被反射和绕射(辐射),其RCS图像表现形式相当复杂。

在掠入射的一个很小方位角范围内,金属杆的后向散射主要是前端(距离近端)的绕射贡献。随着掠入射角慢慢增大,将出现一个很强的行波散射,其出现的角位置符合式(3.1)。频率4GHz时波长为7.5cm,而金属杆长183cm,故此时行波散射峰值出现在10°左右。注意对于不同波长,行波的散射峰值出现的角度是不同的,频率越高该角度值越小,这从图6.36(b)中可清晰看出。

表面行波沿着金属杆长度方向传播,到达其一端时将产生绕射(辐射)同时也被反射,沿表面向另一端传播,如此重复往返。这样,细长金属杆的后向散射回波中主要包括以下散射机理:前端绕射、尾端绕射、行波、两次绕射、三次绕射以及更高阶的绕射波,其中更高阶的绕射波仅在所激发表面波足够强时才比较明显。图6.36(d)示出了掠入射角分别为10°,30°和50°时的二维成像结果,注意3帧图像对应的最大像素值是不同的,分别为-12.31,-30.11和-35.47dBsm[38]。

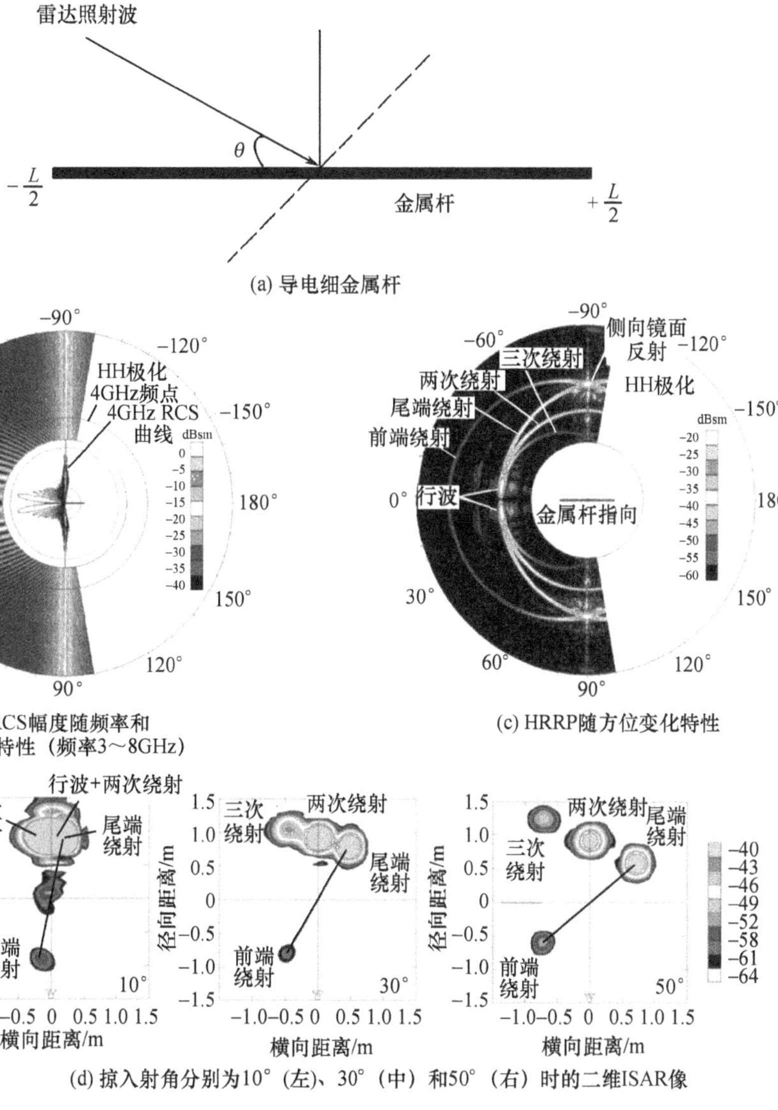

图6.36 细长金属杆的散射及其成像特性[38]（见彩图）

6.6.2.5 具有活动部件目标的ISAR像

作为本小节的最后一个例子，图6.37给出了飞行中的喷气式飞机的ISAR成像图[39,40]，此图中，雷达从飞机的鼻锥向对目标测量成像。从图中可见，由于飞机发动机旋转叶片的调制作用（称为喷气发动机调制，JEM），沿横向距离出现一条在径向距离上相当宽的“噪声带”，它甚至把目标后部机身的散射都淹没了。通过 JEM 建模和散射与成像分析,这种现象可以得到很好的解释[41,42]。

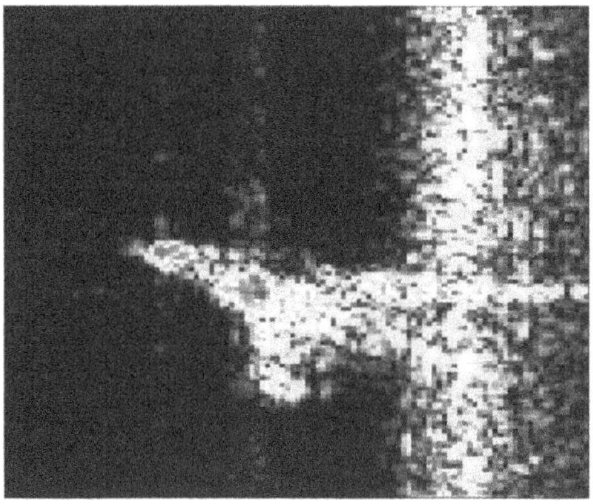

图 6.37　飞行中的喷气飞机 ISAR 像[39]

6.6.3　如何解释 SAR /ISAR 图像的像素值

上一小节讨论了复杂目标各种散射机理在 SAR/ISAR 图像中的表现形式,本小节讨论图像像素值与目标 RCS 之间的关系。认识各种散射机理在二维图像中的不同表现以及图像像素值同目标 RCS 之间的关系,有助于 RCS 成像诊断测试人员对被测目标图像的快速判读、目标散射现象以及 RCS 数据的解释。Melin 借助于 Parseval 定理对 ISAR 图像的像素值同目标 RCS 之间的关系进行了讨论[43],以下主要引述他的研究结果。

6.6.3.1　图像数据与频域数据的变换关系

在实际目标散射成像测量时,通常所采集的是目标在给定频带和一定姿态转角范围的 RCS 数据。参见图 6.9,假设测量数据位于空间频率域 $K_f \in [k_{x\min}, k_{x\max}; k_{y\min}, k_{y\max}]$,归一化的散射数据为

$$\tilde{S}(f_x, f_y) = \frac{1}{A_f} S(f_x, f_y) W_f(f_x, f_y) \tag{6.121}$$

式中:$W_f(f_x, f_y)$表示在空间频率域平面 K_f 区域内部为 1,外部为 0 的窗函数;A_f 为该窗函数的积分

$$A_f = \iint_{K_f} W_f(f_x, f_y)\,\mathrm{d}f_x \mathrm{d}f_y \tag{6.122}$$

为了便于推导图像数据和空间频率域数据的关系,此处暂且省略成像处理中的加窗、补零等操作,这些操作不会从本质上影响对数据的解释,同时假设小角度成像,这样可直接通过对归一化复散射数据作二维逆傅里叶变换,得到对应

的复图像 $\hat{\boldsymbol{\Gamma}}(x,y)$，即

$$\hat{\boldsymbol{\Gamma}}(x,y) = \iint_{K_f} \tilde{\boldsymbol{S}}(f_x,f_y)\exp[-\mathrm{j}2\pi(f_x x + f_y y)]\mathrm{d}f_x\mathrm{d}f_y \tag{6.123}$$

式中：$\hat{\boldsymbol{\Gamma}}(x,y)$ 的量纲为 m；强度图像 $|\hat{\boldsymbol{\Gamma}}(x,y)|^2$ 的量纲为 m^2。通过对 $\hat{\boldsymbol{\Gamma}}(x,y)$ 作二维傅里叶变换，可得到 $\tilde{\boldsymbol{S}}(f_x,f_y)$，即

$$\tilde{\boldsymbol{S}}(f_x,f_y) = \iint_{D^2} \hat{\boldsymbol{\Gamma}}(x,y)\exp[\mathrm{j}2\pi(f_x x + f_y y)]\mathrm{d}x\mathrm{d}y \tag{6.124}$$

式中：D^2 表示二维目标空间的维度。

由图 6.9，有 $u = x\cos\theta + y\sin\theta$，$v = x\sin\theta + y\cos\theta$，因此

$$f_x x + f_y y = \frac{2f}{c}v \tag{6.125}$$

故可将式(6.124)改写为

$$\tilde{\boldsymbol{S}}(f_x,f_y) = \iint_{D^2} \hat{\boldsymbol{\Gamma}}(x,y)\exp\left[\mathrm{j}4\pi v\frac{f}{c}\right]\mathrm{d}x\mathrm{d}y \tag{6.126}$$

可见，可将 $\hat{\boldsymbol{\Gamma}}(x,y)$ 看作观测数据 $\tilde{\boldsymbol{S}}(f_x,f_y)$ 的“散射分布密度”，这与目标散射函数 $\boldsymbol{\Gamma}(x,y)$ 的定义及其物理意义是一致的。

若将目标 $x-y$ 平面划分成 M 个互不重叠的区域 $D_{xy,m}$，$m=1,2,\cdots,M$，则 $\tilde{\boldsymbol{S}}(f_x,f_y)$ 亦被分成 M 个不同的部分 $\tilde{\boldsymbol{S}}_m(f_x,f_y)$，即

$$\tilde{\boldsymbol{S}}_m(f_x,f_y) = \iint_{D_{xy,m}} \hat{\boldsymbol{\Gamma}}(x,y)\exp[\mathrm{j}2\pi(f_x x + f_y y)]\mathrm{d}x\mathrm{d}y \tag{6.127}$$

且有

$$\tilde{\boldsymbol{S}}(f_x,f_y) = \sum_{m=1}^{M}\tilde{\boldsymbol{S}}_m(f_x,f_y) \tag{6.128}$$

由式(6.128)可知，归一化散射数据 $\tilde{\boldsymbol{S}}(f_x,f_y)$ 等于各个子区域 $D_{xy,m}$ 的散射 $\tilde{\boldsymbol{S}}_m(f_x,f_y)$ 之和。

6.6.3.2　基于帕萨瓦(Parseval)定理解释 ISAR 图像

设空间频率平面 K_f 区域的 RCS 数据为 $\sigma(f_x,f_y)$，则由前面的定义，有

$$\begin{aligned}\sigma(f_x,f_y) &= |\boldsymbol{S}(f_x,f_y)|^2 = |A_f\tilde{\boldsymbol{S}}(f_x,f_y)|^2 = A_f^2\tilde{\boldsymbol{S}}(f_x,f_y)\tilde{S}_N^*(f_x,f_y)\\ &= A_f^2\sum_{m=1}^{M}|\tilde{\boldsymbol{S}}_m(f_x,f_y)|^2 + 2A_f^2\sum_{m=1}^{M-1}\sum_{l=m+1}^{M}\mathrm{Re}(\tilde{\boldsymbol{S}}_m(f_x,f_y)\tilde{\boldsymbol{S}}_l^*(f_x,f_y))\end{aligned} \tag{6.129}$$

可见,空间频率 K_f 区域的 RCS(也即 RCS 测量雷达直接测得的 RCS)不仅取决于各个子区域 $D_{xy,m}$ 的散射 $\tilde{\boldsymbol{S}}_m(f_x,f_y)$,还受各个子区域之间散射相互作用的影响。但是,若对区域 K_f 内的 RCS 数据取均值,则有

$$\begin{aligned}\sigma_{\mathrm{av}} &= \frac{1}{A_f}\iint_{K_f}\sigma(f_x,f_y)\,\mathrm{d}f_x\mathrm{d}f_y = \frac{1}{A_f}\iint_{K_f}|\boldsymbol{S}(f_x,f_y)|^2\mathrm{d}f_x\mathrm{d}f_y \\ &= A_f\iint_{K_f}|\tilde{\boldsymbol{S}}(f_x,f_y)|^2\mathrm{d}f_x\mathrm{d}f_y\end{aligned} \tag{6.130}$$

由帕萨瓦定理,可知

$$\iint_{K_f}|\tilde{\boldsymbol{S}}(f_x,f_y)|^2\mathrm{d}f_x\mathrm{d}f_y = \iint_{D^2}|\hat{\boldsymbol{\Gamma}}(x,y)|^2\mathrm{d}x\mathrm{d}y = \sum_{m=1}^{M}\iint_{D_{xy,m}}|\hat{\boldsymbol{\Gamma}}(x,y)|^2\mathrm{d}x\mathrm{d}y \tag{6.131}$$

从而有

$$\sigma_{\mathrm{av}} = A_f\sum_{m=1}^{M}\iint_{D_{xy,m}}|\hat{\boldsymbol{\Gamma}}(x,y)|^2\mathrm{d}x\mathrm{d}y \tag{6.132}$$

式(6.132)表明,空间频率域 K_f 内的 RCS 均值 σ_{av} 等于强度图像 $|\hat{\boldsymbol{\Gamma}}(x,y)|^2$ 在不同子区域 $D_{xy,v}$ 上的积分之和乘以空间频率域 K_f 的窗函数的积分 A_f。

对于转台目标 ISAR 成像,可假设宽带成像散射数据获取条件为:$\frac{-\theta_m}{2}\leqslant\theta\leqslant\frac{\theta_m}{2}$,$f_0-\frac{B}{2}\leqslant f\leqslant f_0+\frac{B}{2}$,其中,$\theta_m$ 为最大转角,f_0 为中心频率,B 为雷达带宽,则 ISAR 图像方位向和距离向分辨率分别为

$$\begin{cases}\Delta x = \dfrac{c}{4f_0\sin(\theta_m/2)} \\ \Delta y = \dfrac{c}{2B}\end{cases} \tag{6.133}$$

根据雅可比行列式计算可得

$$A_f = \iint_{K_f}\mathrm{d}f_x\mathrm{d}f_y = \iint_{K_f}|J|\,\mathrm{d}f\mathrm{d}\theta \tag{6.134}$$

式中,J 为雅可比行列式,由式(6.125)可得

$$\begin{aligned}J &= \begin{vmatrix}\dfrac{\partial f_x}{\partial f} & \dfrac{\partial f_x}{\partial\theta} \\ \dfrac{\partial f_y}{\partial f} & \dfrac{\partial f_y}{\partial\theta}\end{vmatrix} = \begin{vmatrix}\dfrac{2\sin\theta}{c} & \dfrac{2f\cos\theta}{c} \\ \dfrac{2\cos\theta}{c} & -\dfrac{2f\sin\theta}{c}\end{vmatrix} \\ &= -\frac{4f}{c^2}\end{aligned} \tag{6.135}$$

故

$$A_f = \iint_{K_f} \frac{4f}{c^2}\mathrm{d}f\mathrm{d}\theta = \frac{2}{c^2}(\theta_{\max} - \theta_{\min})(f_{\max}^2 - f_{\min}^2) = \frac{4f_0 B\theta_m}{c^2} \tag{6.136}$$

所以,式(6.132)的离散化形式可表示为

$$\sigma_{\mathrm{av}} = A_f \sum_{m=1}^{M} \iint_{D_{xy,m}} |\hat{\boldsymbol{\Gamma}}(x,y)|^2 \mathrm{d}x\mathrm{d}y = A_f \sum_{m=1}^{M} \sum_{x,m} \sum_{y,m} |\hat{\boldsymbol{\Gamma}}(x,y)|^2 \Delta x \Delta y \tag{6.137}$$

由此可见,空间频率域 K_f内的 RCS 均值等于对应的二维 ISAR 强度图像各像素值之和乘以图像域分辨单元的面积和空间频率域数据区域窗函数的积分。

在小角度成像条件下,有 $\Delta x = \frac{c}{2f_0\theta_m}$,$\Delta y = \frac{c}{2B}$,从而

$$A_f = \frac{1}{\Delta x}\frac{1}{\Delta y} \tag{6.138}$$

则式(6.137)可以化简为

$$\sigma_{\mathrm{av}} = \sum_{m=1}^{M} \sum_{x,m} \sum_{y,m} |\hat{\boldsymbol{\Gamma}}(x,y)|^2 \tag{6.139}$$

式(6.139)表明,在小转角成像时,空间频率域 K_f内的 RCS 均值 σ_{av}等于强度图像$|\hat{\boldsymbol{\Gamma}}(x,y)|^2$的各像素值之和。

作为验证示例,图 6.38 示出了从图 6.29 所示的半径为 56.42cm 的金属球,在不同成像转角下的二维 ISAR 像由式(6.137)计算得到的平均 RCS 值。在 0.1 ~2.01GHz 频段内,该金属球的 RCS 平均值真值为 0.23dBsm。在转角 180°以内时,由像素值计算得到的平均 RCS 值与真值之间的偏差小于 0.1dB;即使在 360°旋转成像范围内,最大偏差也小于 0.3dB。而另一方面,从图 6.29 可见,仅当合成孔径角 30°以内时,图像中散射中心的强度峰值与金属球的 RCS 真值相比误差是小于 1dB 的;随着成像孔径角不断增大,图像中散射中心强度峰值电平越来越偏离金属球的 RCS 真值,最大偏离可达 20dB 以上。

综上可见:

(1) 复杂目标的雷达图像是通过对目标宽带散射测量数据加权、相参积分等处理后得到的对目标散射分布函数的估计值,并由此实现在一维、二维和三维空间对目标上各种散射机理进行分辨。

(2) 经过定标处理的目标强度图像其量纲为平方米(m^2)或者分贝平方米(dBsm),具有同目标 RCS 相同的量纲。

(3) 雷达图像像素的电平值不应直接解释为目标的 RCS 电平,但在空间频率域和图像域,两者数据之间满足帕萨瓦定理:空间频率域 K_f内的 RCS 均值 σ_{av}与强度图像$|\boldsymbol{\Gamma}(x,y)|^2$的像素值之间满足式(6.137)所给出的关系;在小角度旋

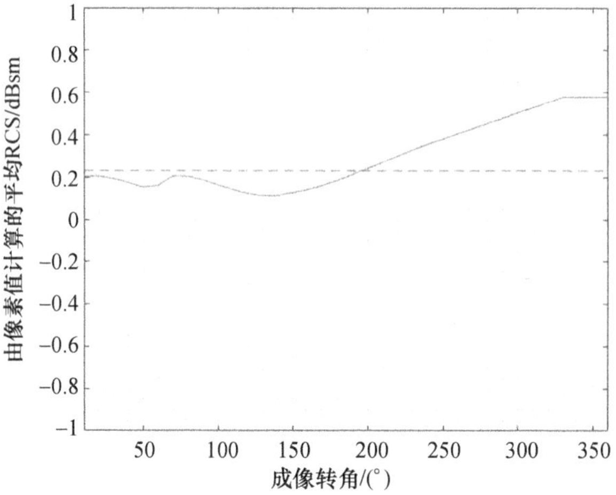

图 6.38　不同成像转角下由式(6.137)计算的金属球平均 RCS 值

转成像条件下,空间频率域 K_f 内的 RCS 均值 σ_{av} 等于强度图像 $|\boldsymbol{\Gamma}(x,y)|^2$ 的全部像素值之和。

6.7　成像测量任务的试验设计

频率和角度响应一般采用均匀步长采样形成复数序列,对复数序列进行插值 - 傅里叶变换或滤波 - 逆投影处理获得图像。

根据离散信号处理中的采样定理,当两个采样间的相位变化超过 2π 时,引起图像模糊,因此,无论是频率步长还是角度步长的选取,都应满足两个采样样本间的相位变化小于 2π。违背此采样准则,则导致信号混叠和模糊。注意到由混叠引起的模糊不涉及物理方面,而是对目标响应进行离散、均匀的频率和角度采样的结果。

6.7.1　距离不模糊对频率步长的要求

对于步进频率 RCS 测量雷达,若频率步进间隔为 Δf,所引起的双程相位增量 $\Delta\phi$ 则为

$$\Delta\phi = \frac{4\pi\Delta f}{c}R \tag{6.140}$$

式中:R 为单程雷达距离。

$\Delta\phi$ 所产生的相位增量为达到 2π 弧度时,产生的最大不模糊距离为

$$R_u = \frac{c}{2\Delta f} \tag{6.141}$$

对于连续波系统，若超过这个最大不模糊距离，就会产生信号混叠，且以 R_u 为模值形成周期性折叠。

这表明，当测量距离增加时，频率步长应当减小。不过，脉冲雷达系统提供的时域（距离）选通能力可以减轻上述限制，因为通过硬件距离门，脉冲系统可以抑制在感兴趣目标区域（距离门）以外的散射回波，从而使更近或更远距离上的散射体回波不会混叠到距离选通门内。这样，对于 RCS 测量脉冲雷达，其步进频率步长的选取主要决于距离门宽度，需要保证距离门范围内不发生混叠现象。若距离门宽度为 $\tau\mu s$，对应的距离宽度为

$$L = \frac{c}{2}\tau = 150\tau \quad (\text{m}) \tag{6.142}$$

此时，要求最大频率步长满足以下条件

$$\Delta f \leqslant \frac{c}{2L} = \frac{1}{\tau} \quad (\text{MHz}) \tag{6.143}$$

6.7.2　方位向不模糊对角度间隔的要求

不模糊方位采样间隔在某种意义上类似于距离向情形。角度采样间隔应使得在整个目标横向尺寸范围内产生的最大相位差小于 2π 弧度。若目标的横向最大尺寸（注意，在 360°方位范围内，这也即目标的最大线度尺寸，无所谓径向还是横向！）为 D，则当角度采样间隔为 $\Delta\theta$ 时，产生的相位差满足

$$\Delta\phi = \frac{4\pi D}{\lambda_{\min}}\sin\Delta\theta < 2\pi \tag{6.144}$$

式中：$\lambda_{\min} = \frac{c}{f_{\max}}$对应于成像中的最高雷达频率（如 8 ~ 10GHz 频带内测量成像时，对应于 10GHz 而不是中心频率 9GHz！）。

因此，要求角度采样间隔满足

$$\Delta\theta < \frac{\lambda_{\min}}{2D} \tag{6.145}$$

必须注意，在多数 RCS 静态测试场中，目标的转角是由转顶旋转来实现的。如果采用的是伺服电机而不是步进电机驱动目标转顶，目标在雷达测量采样过程中连续不停地转动。也就是说，雷达在任何一个扫频测量周期内，目标的方位转角都是不同的。在这种测量模式下，一般应该采用方位向加密采样测量模式（也即要求转台的转速更慢），否则需要对成像测量数据先作插值预处理，以保证获得高质量的目标图像。

6.7.3　二维成像测量参数选择示例

为了进一步讨论二维成像测量中的试验设计和参数选择问题，现以步进频

率测量雷达为例,结合图 6.39 给出的频率步进波形来进行讨论。

如图 6.39 中所示,若假设脉冲重复周期为 T_p,一个完整的步进频率脉冲串周期为 T_R,有 $T_R = NT_p$,其中 N 为频率步进的个数,也即一个方位角下的频率采样个数。

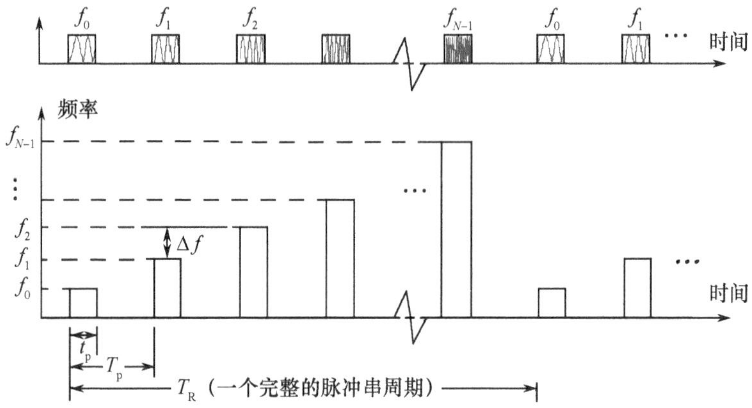

图 6.39 步进频率脉冲串组

根据前面的讨论,若要通过一串脉冲频率步进测量,合成高质量的一维距离像,有以下条件要求

$$\begin{cases} \Delta f \leqslant \dfrac{c}{2L} \\ \delta_r = \dfrac{c}{2B} = \dfrac{c}{2(N-1)\Delta f}, \text{在 } N \text{ 个频率步进时间 } T_R \text{ 内目标姿态无显著变化} \end{cases} \tag{6.146}$$

式(6.146)中第一个条件为距离不模糊对频率步长提出的要求,第二个条件隐含了两层意思:一是要求分辨率足够高时,给定频率步长则要求频率采样个数 N(也即一串频率步进脉冲的个数)足够大;二是脉冲个数越多,表明所需的扫频测量周期(也即脉冲串重复周期)T_R越长,而方位向不模糊成像测量要求满足式(6.143),对于频率步进测量雷达和目标连续旋转的情况,若转台的转速为 Ω(rad/s)(例如,若转台每小时旋转一周,则 $\Omega = 0.00175$(rad/s),则在一个脉冲串重复周期内,将转过 $\Omega \cdot T_R$弧度。显然,方位不模糊要求

$$\Delta\theta = \Omega \cdot T_R << \frac{\lambda_{\min}}{2D} \tag{6.147}$$

之所以式(6.147)中取了"远小于"逻辑运算符,是因为式(6.144)中的第二条要求目标在一个扫频测量周期内姿态无显著改变才能合成无畸变一维高分辨率距离像。

注意到式(6.146)对转台的低转速要求是非常高的。当然,如果转台采用步进旋转测量的"走-停-走"模式,则方位步进间隔只需满足式(6.143)即可。

6.7.4 三维成像测量

三维成像测量比二维成像多出另一个角度维,其参数计算方法与二维成像中的角度计算相同。

参考文献

[1] 黄培康. 雷达目标特征信号[M]. 北京:中国宇航出版社,1993.

[2] Sullivan R J. Microwave Radar:Imaging and Advanced Concepts[M]. Boston, Artech House, 2000.

[3] 许小剑,黄培康. 雷达系统及其信息处理[M]. 北京:电子工业出版社,2010.

[4] Stratton J A. Electromagnetic Theory[M]. New York: McGraw-Hill, 1941.

[5] Ross R A. Investigation of Scattering Principles, Vol. III: Analytical Investigation[R]. AD-856560, 1969.

[6] Bechtel M E. Short Pulse Target Characteristics[M]. Jesk (ed.), Atmospheric Effects on Radar Target Identification and Imaging, 1976:3-53.

[7] Bechtel M E. Application of Geometrical Diffraction Theory to Scattering from Cones and Disks [J]. Proceedings of IEEE, 53(8):877-882.

[8] Knott E F, Shaeffer J F, Tuley M T. Radar Cross Section[M]. 2nd Edition. Scitech Publishing, Inc., Raleigh, NC, 2004.

[9] Shirman Y D. Computer Simulation of Aerial Target Radar Scattering, Recognition, Detection and Tracking[M]. Norwood, MA: Artech House, 2002.

[10] 黄培康,殷红成,许小剑. 雷达目标特性[M]. 北京:电子工业出版社,2005.

[11] Kouyoumjian R G, Pathak P H. A Uniform Geometrical Theory of Diffraction for an Edge in a Perfectly Conducting Surface[J]. Proc. of IEEE, 1974, 62(11):1448-1461.

[12] Senior T B A, Uslenghi P L E. High-frequency Backscattering from a Finite Cone[J]. Radio Science, 1971, 6(3):393-406.

[13] Blore W E. The Radar Cross Section of Ogives, Double-backed Cones, Double-rounded Cones and Cone Spheres[J]. IEEE Trans. on Antennas and Propagation, 1964, 12(5): 582-590.

[14] Born M, Wolf E. Principles of Optics: Electromagnetic Theory of Propagation, Interference and Diffraction of Light[M]. 7th Edition. Cambridge University Press, 1999.

[15] Chuan Y-H P. High Resolution Digital Radar Imaging of Rotating Objects[R]. AD-A087510, 1980.

[16] Mensa D L. High Resolution Radar Imaging[M]. Norwood, MA: Artech House, 1981.

[17] Vu V T, Sjögren T K, Pettersson M I, et al. An Impulse Response Function for Evaluation of

UWB SAR Imaging[J]. IEEE Trans. on Signal Processing, 2010, 58(7):3927 - 3932.
[18] Vu V T, Sjögren T K, Pettersson M I. On Synthetic Aperture Radar Azimuth and Range Resolution Equations[J]. IEEE Trans. on Aerospace and Electronic Systems, 2012, 48(2): 1764 - 1769.
[19] Walton E K, et al. IEEE Std. 1502-2007: IEEE Recommended Practice for Radar Cross-Section Test Procedures[M]. IEEE Antennas & Propagation Society, IEEE Press, 2007.
[20] Harris F J. On the use of Windows for Harmonic Analysis with the Discrete Fourier Transform [J]. Proceedings of IEEE, 1978, 66(1):51 - 83.
[21] 黄培康,许小剑. 旋转目标成像中的旁瓣抑制研究[J]. 宇航学报,1988,4:24 - 31.
[22] Xu X J, Narayanan R M. Range Sidelobe Suppression Technique for Coherent Ultra-wideband Random Noise Radar Imaging[J]. IEEE Trans. on Antennas and Propagation, 2001, 49 (12):1836 - 1842.
[23] Xu X J, Narayanan R M. Three-dimensional Interferometric ISAR Imaging for Target Scattering Diagnosis and Modeling[J]. IEEE Trans. on Image Processing, 2001, 10(7): 1094 - 1102.
[24] Xu X J, Xiao Z H, Luo H, et al. Three-dimensional Interferometric ISAR Imaging with Applications to the Scattering Diagnosis of Complex Radar Targets[C]. Proc. SPIE on Radar Sensor Technology IV, 1999,3704:208 - 214.
[25] Borden B H. Requirements for Optimal Glint Reduction by Diversity Methods[J]. IEEE Trans. on Aerospace and Electronic Systems, 1994, 30(4):1108 - 1114.
[26] Borden B H. High-frequency Statistical Classification of Complex Targets Using Severely Aspect-limited Data[J]. IEEE Trans. on Antennas and Propagation, 1996, 34(12): 1455 - 1459.
[27] Xu X J, Narayanan R M. Enhanced Resolution in SAR/ISAR imaging Using Iterative Sidelobe Apodization[J]. IEEE Trans. on Image Processing, 14(4), 2005:537 - 547.
[28] Goyette T M, Dickinson J C, Waldmana J, et al. A 1.56THz Compact Range for W-band Imagery of Scale-model Tactical Targets[C], Proceedings of SPIE, Algorithms for Synthetic Aperture Radar Imagery VII, 2000,4053:615 - 622.
[29] Goyette T M, Dickinson J C, Waldmana J, et al. Three Dimensional Fully Polarimetric W-band ISAR Imagery of Scale Model Tactical Targets Using a 1.56THz Compact Range[C]. Proc. of SPIE, Algorithms for Synthetic Aperture Radar Imagery X, 2003, 5095:66 - 74.
[30] Skinner J P, Kent B M, Wittmann R C, et al. Radar Image Normalization and Interpretation [C]. Proc. of the 19th Antenna Measurement Technique Association, AMTA'1997,1997: 303 - 307.
[31] Skinner J P, Kent B M, Wittmann R C, et al. Normalization and Interpretation of Radar Images[J]. IEEE Trans. on Antennas and Propagation, 1998, 46(4):502 - 506.
[32] 崔凯. 基于快速近似方法的海上目标电磁散射特性计算[D]. 北京:北京航空航天大学,2008.

[33] Weinmann F, Vaupel T. SBR Simulations and Measurements for Cavities Filled with Dielectric Material[C]. IEEE Antennas and Propagation Society International Symposium (APSURSI), 2010:1 -4.

[34] 栾瑞雪. 高背景电平下转台 ISAR 成像数据处理技术研究[D]. 北京:北京航空航天大学,2008.

[35] Soumekh M. Synthetic Aperture Radar Signal Processing: With MATLAB Algorithms[M]. New York: Wiley, 1999:487 -552.

[36] Lee J S, Ainsworth T L, Krogagor E, et al. Polarimetric Analysis of Radar Signatures of a Manmade Structure[C]. 2006 7th International Symposium on Antennas, Propagation & EM Theory, ISAPE'2006,2006:1 -4.

[37] http://www. sandia. gov/radar[OL]. 2005.

[38] Hilliard D, Kim T, Mensa D. Scattering Effects of Traveling Wave Currents on Linear Features[C]. Proc. of the 37th Antenna Measurement Technique Association, AMTA' 2015,2015.

[39] Li J F. Model-Based Signal Processing for Radar Imaging of Targets with Complex Motions [D]. PhD dissertation, the University of Texas at Austin, 2002.

[40] Li J F, Ling H. Application of Adaptive Chirplet Representation for ISAR Feature Extraction from Targets with Rotating Parts[J]. IEE Proceedings on Radar, Sonar and Navigation, 2003, 150(4):284 -291.

[41] Bell M,Grubbs R A. JEM Modeling and Measurement for Radar Target Identification[J]. IEEE Trans. on Aerospace and Electronic Systems, 1993, 29(1):73 -87.

[42] 秦尧. 空中目标雷达特征信号建模研究[D]. 北京:北京航空航天大学,2006.

[43] Melin J O. Interpreting ISAR Images by means of Parseval's Theorem[J]. IEEE Trans. on Antennas and Propagation, 2007, 55(2):498 -501.

第7章 极化测量与校准技术

在任意姿态角下，大多数复杂目标对不同极化入射波的散射回波也不相同，且其散射场的极化也会不同于入射场的极化，这种现象称为退极化（depolarization）或交叉极化（cross-polarization）。因此，极化特性也是目标的本质特征之一。为完整地描述目标电磁散射的极化特性，需要引入目标极化散射矩阵（Polarimetric Scattering Matrix, PSM）的概念。

但是，在目标极化散射矩阵测量中，测量雷达接收到的信号不仅与待测目标的极化散射矩阵有关，还同测量系统发射通道和接收通道的响应特性有关。与传统 RCS 测量中为了消除系统响应特性对于 RCS 定量测量的影响而需采用定标体进行定标一样，为了消除测量系统响应特性对于极化散射矩阵定量测量的影响，也必须通过对其理论极化散射矩阵已知的极化校准体的测量，进而提取出测量系统的极化校准参数，并利用这些参数对目标极化散射矩阵测量数据进行同极化和交叉极化通道校准，由此获得被测目标极化散射矩阵的定量测量。这一过程称为极化校准测量与处理，是本章所要讨论的主题。

本章首先简要介绍目标极化散射矩阵的概念，建立互易系统和非互易系统的极化散射测量信号模型；接着讨论无源极化校准技术，重点讨论以直角二面角反射器为极化校准体的校准测量与处理新技术，包括全极化校准、非线性极化校准、以及同时完成极化背景域极化校准的技术和方法；然后讨论有源极化校准技术，提出一种可旋转双天线有源极化校准器（Rotable Dual Antenna Polarimetric Active Radar Calibrator, RODAPARC），并对采用 RODAPARC 进行极化测量和校准的各种方法进行了分析和讨论。最后，简要讨论双站极化测量与校准技术，并提出一种双站有源极化校准器技术设计和测量方案。

7.1 极化散射矩阵概念

黄培康等人所著《雷达目标特性》一书第 6 章[1] 对极化散射矩阵作了详细的讨论，在具体讨论极化测量与校准技术前，本节首先建立极化散射矩阵的定义和概念,其主要内容直接来自于文献[1]。

7.1.1 电磁波的极化表征

电磁波的极化定义了空间某一固定点上电场矢量 $\boldsymbol{E}$ 的空间指向随时间变化的方式。从空间中一固定观察点看,当 $\boldsymbol{E}$ 的矢端轨迹是直线时,则称这种波为线极化;当 $\boldsymbol{E}$ 的矢端轨迹是圆时,则称这种波为圆极化;当 $\boldsymbol{E}$ 的矢端轨迹是椭圆时,则称这种波为椭圆极化。线极化和圆极化是椭圆极化的特殊情况。对于圆极化和椭圆极化,$\boldsymbol{E}$ 的矢端可以按顺时针方向或逆时针方向运动。如果观察者顺着传播方向看过去,$\boldsymbol{E}$ 的矢端运动方向符合右手法则,则称为右旋极化,反之则称为左旋极化。

对于平面电磁波,电磁场矢量总是与传播方向垂直。任意极化的平面电磁波可以分解为两个相互正交的线极化波。当将电场矢量分解为沿两个相互正交的极化状态(称为极化基)的分量时,可以用所谓的琼斯(Jones)矢量[2]来描述某种极化状态。

对于图 7.1 所示的斜入射平面波,任意极化的入射波可以分解为电场垂直于入射面(入射线与边界法线构成的平面)的铅垂(Perpendicular)直线极化波和电场平行于入射面的平行(Parallel)线极化波,分别用 $\boldsymbol{E}_{\perp\perp}$ 和 $\boldsymbol{E}_{//}$ 表示,这是一对正交分量。在讨论电磁散射理论问题时常采用这种定义。

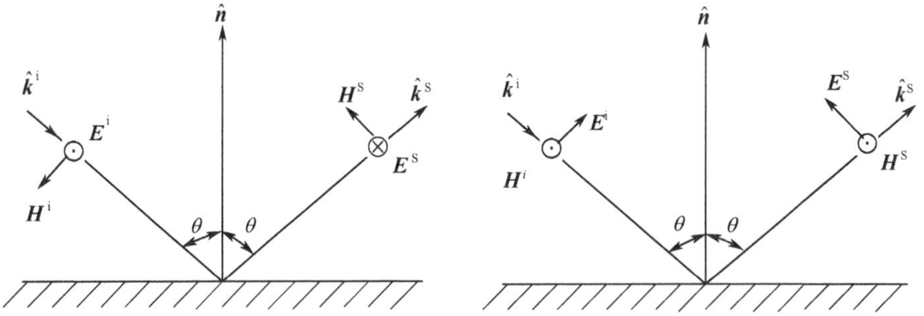

(a) 电场垂直于入射面(铅垂极化)　(b) 电场平行于入射面(平行极化)

图 7.1 斜入射到导体平板上的平面电磁波

在雷达测量中,电场矢量与地面平行时定义为水平极化(Horizontal, H),电场矢量与地面垂直时定义为垂直极化(Vertical, V)。这与上面所述"平行极化""垂直极化"是不同的,后文写作 h 和 v,请注意两者的区别。在本书中主要讨论 RCS 测量问题,所有极化问题都是按照雷达极化定义来讨论的。

一般地,任意极化的电场 $\boldsymbol{E}$ 都可以表示成为两个正交极化的叠加。见图 7.2,电场 $\boldsymbol{E}$ 可写成

$$\boldsymbol{E}=\boldsymbol{E}_{\mathrm{p}}+\boldsymbol{E}_{\mathrm{q}}=E_{\mathrm{p}}\hat{\boldsymbol{p}}+E_{\mathrm{q}}\hat{\boldsymbol{q}}=E[\sin\psi\,\hat{\boldsymbol{p}}+\cos\psi\exp(\mathrm{j}\delta)\hat{\boldsymbol{q}}] \tag{7.1}$$

式中：$\hat{\boldsymbol{p}}$和$\hat{\boldsymbol{q}}$为由$\hat{\boldsymbol{p}}\times\hat{\boldsymbol{q}}=\hat{\boldsymbol{k}}$所定义的一组正交极化单位矢量；$\hat{\boldsymbol{k}}$为传播方向的单位矢量；$\delta$为$E_{\mathrm{p}}$超前$E_{\mathrm{q}}$的时间相位角；$\psi$为$\boldsymbol{E}$与$\hat{\boldsymbol{p}}$的夹角。

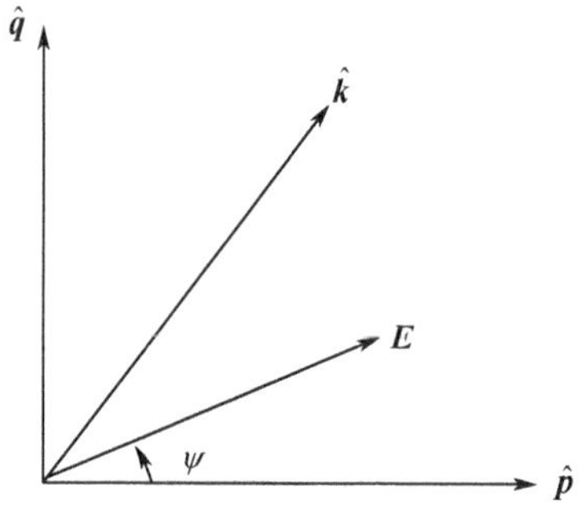

图 7.2　电场的极化分解

由式(7.1)可定义出表7.1所列的极化术语。

表 7.1　极化术语

极化比(两个极化分量之比)		$E_{\mathrm{v}}/E_{\mathrm{h}}=\cot\psi\exp(\mathrm{j}\delta)$
线极化		$\psi=0$(水平)，$\psi=\pi/2$(垂直)
±45°线极化		$\psi=\pm\pi/4,\delta=0$
椭圆极化	左旋	$0<\delta<\pi$
	右旋	$-\pi<\delta<0$
圆极化	左旋	$\psi=\pi/4,\delta=\pi/2$
	右旋	$\psi=\pi/4,\delta=-\pi/2$

任意极化波既可以分解为水平与垂直线极化波的矢量和，也可以分解为两个正交圆极化波的矢量和。右旋、左旋圆极化单位矢量$\hat{\boldsymbol{R}}$、$\hat{\boldsymbol{L}}$同水平、垂直线极化单位矢量$\hat{\boldsymbol{h}}$、$\hat{\boldsymbol{v}}$之间满足以下关系

$$\begin{bmatrix}\hat{\boldsymbol{R}}\\ \hat{\boldsymbol{L}}\end{bmatrix}=\frac{1}{\sqrt{2}}\begin{bmatrix}1 & -\mathrm{j}\\ 1 & \mathrm{j}\end{bmatrix}\begin{bmatrix}\hat{\boldsymbol{h}}\\ \hat{\boldsymbol{v}}\end{bmatrix} \tag{7.2}$$

令电场的圆极化形式与线极化形式相等，可以得到圆极化分量与线极化分量的相互转换关系，用矩阵表示为

$$\begin{bmatrix}E_{\mathrm{R}}\\ E_{\mathrm{L}}\end{bmatrix}=\frac{1}{\sqrt{2}}\begin{bmatrix}1 & \mathrm{j}\\ 1 & -\mathrm{j}\end{bmatrix}\begin{bmatrix}E_{\mathrm{h}}\\ E_{\mathrm{v}}\end{bmatrix} \tag{7.3}$$

或

$$\begin{bmatrix}E_{\mathrm{h}}\\ E_{\mathrm{v}}\end{bmatrix}=\frac{1}{\sqrt{2}}\begin{bmatrix}1 & 1\\ -\mathrm{j} & \mathrm{j}\end{bmatrix}\begin{bmatrix}E_{\mathrm{R}}\\ E_{\mathrm{L}}\end{bmatrix} \tag{7.4}$$

上面介绍了采用线极化和圆极化两种正交矢量来表示任意极化波的方法，实际上也可以采用其他任意一对正交矢量基来表示，但上述两种方法是最常用的。

7.1.2　极化散射矩阵的定义

有了电磁波极化的概念，对入射波和目标之间的相互作用可由极化散射矩阵 $\boldsymbol{S}$ 来描述，将散射场 $\boldsymbol{E}^{\mathrm{S}}$ 各分量和入射场 $\boldsymbol{E}^{\mathrm{i}}$ 各分量联系起来，可表示为

$$\boldsymbol{E}^{\mathrm{S}} = \boldsymbol{S}\boldsymbol{E}^{\mathrm{i}} \tag{7.5}$$

如果雷达发射源和接收机离目标足够远，则到达目标处的入射波和到达接收机处的散射波都可看成是平面波。因此，$\boldsymbol{S}$ 是一个二阶矩阵，式(7.5)变成

$$\begin{bmatrix} \boldsymbol{E}_{\mathrm{p}}^{\mathrm{S}} \\ \boldsymbol{E}_{\mathrm{q}}^{\mathrm{S}} \end{bmatrix} = \frac{1}{\sqrt{4\pi r}} \begin{bmatrix} S_{\mathrm{pp}} & S_{\mathrm{pq}} \\ S_{\mathrm{qp}} & S_{\mathrm{qq}} \end{bmatrix} \begin{bmatrix} \boldsymbol{E}_{\mathrm{p}}^{\mathrm{i}} \\ \boldsymbol{E}_{\mathrm{q}}^{\mathrm{i}} \end{bmatrix} \tag{7.6}$$

式中：下标 p 和 q 为一组正交极化基。$\boldsymbol{S}$ 的元素一般是复数，故又可写成

$$\boldsymbol{S} = \begin{bmatrix} |S_{\mathrm{pp}}|\exp(\mathrm{j}\phi_{\mathrm{pp}}) & |S_{\mathrm{pq}}|\exp(\mathrm{j}\phi_{\mathrm{pq}}) \\ |S_{\mathrm{qp}}|\exp(\mathrm{j}\phi_{\mathrm{qp}}) & |S_{\mathrm{qq}}|\exp(\mathrm{j}\phi_{\mathrm{qq}}) \end{bmatrix} \tag{7.7}$$

在散射矩阵定义式(7.6)中融入了因子 $\frac{1}{\sqrt{4\pi r}}$，这与考普兰 Copeland[2] 和辛克雷尔(Sinclair)[3] 等的定义一致，也与第 1 章中关于目标散射函数的定义相一致，所以在后续关于极化测量与校准的讨论中，主要采用这一定义。

一些参考文献可能采用不同的定义，例如拉克(Ruck)[4] 采用以下定义

$$\begin{bmatrix} E_{\mathrm{p}}^{\mathrm{S}} \\ E_{\mathrm{q}}^{\mathrm{S}} \end{bmatrix} = \begin{bmatrix} S_{\mathrm{pq}} & S_{\mathrm{pq}} \\ S_{\mathrm{qp}} & S_{\mathrm{qq}} \end{bmatrix} \begin{bmatrix} E_{\mathrm{p}}^{\mathrm{i}} \\ E_{\mathrm{q}}^{\mathrm{i}} \end{bmatrix} \tag{7.8}$$

来表示极化散射矩阵，注意此处的定义没有融入因子 $\frac{1}{\sqrt{4\pi r}}$。

按照拉克给出的定义，散射矩阵元素与雷达散射截面积之间的关系为

$$\sigma_{\mathrm{pq}} = 4\pi r^2 |S_{\mathrm{pq}}|^2 \tag{7.9}$$

而按照式(7.7)定义，则散射矩阵元素与雷达散射截面积之间的关系为

$$\sigma_{\mathrm{pq}} = |S_{\mathrm{pq}}|^2 \tag{7.10}$$

后者避免了距离因子 r，是所希望的。但是，式(7.9)则同 RCS 的定义式保持了很好的一致性。读者应该注意不同参考文献所给出定义式的差异，并在实际应用中注意量纲转换。

如果目标是线性散射体，那么，任意目标的单站后向散射矩阵是对称的，也即有

$$S_{\mathrm{pq}} = S_{\mathrm{qp}} \tag{7.11}$$

这种对称性可从互易定理证得。如果将发射天线和接收天线的作用互换,互易定理指出,互换后的接收天线处感应的开路电压与原来的相同,相当于

$$[\boldsymbol{p}^{\mathrm{r}},\boldsymbol{q}^{\mathrm{r}}]\begin{bmatrix}S_{\mathrm{pp}} & S_{\mathrm{pq}}\\ S_{\mathrm{qp}} & S_{\mathrm{qq}}\end{bmatrix}\begin{bmatrix}\boldsymbol{p}^{\mathrm{i}}\\ \boldsymbol{q}^{\mathrm{i}}\end{bmatrix}=[\boldsymbol{p}^{\mathrm{i}},\boldsymbol{q}^{\mathrm{i}}]\begin{bmatrix}S_{\mathrm{pp}} & S_{\mathrm{pq}}\\ S_{\mathrm{qp}} & S_{\mathrm{qq}}\end{bmatrix}\begin{bmatrix}\boldsymbol{p}^{\mathrm{r}}\\ \boldsymbol{q}^{\mathrm{r}}\end{bmatrix} \tag{7.12}$$

式中:上标 r 和 i 分别为接收天线和发射天线的极化。显然,只有当 $S_{\mathrm{pq}}=S_{\mathrm{qp}}$时,式(7.12)才能得到满足。

如果目标关于包含从发射天线到目标的射线的平面对称,那么,总可以选择适当的坐标系使 $S_{\mathrm{pq}}=0$。例如图 7.3 所示的两对角导线目标[1],从发射天线到目标的射线位于对称面上,与导线垂直,选择坐标系使 y 轴位于这个平面内。若发射仅有 y 分量的波 $\boldsymbol{E}_y^{\mathrm{i}}$,则在某一瞬间,入射波将激励起如图 7.3 所示的感应电流,当该电流再一次辐射时,垂直分量将相互抵消,即 $\boldsymbol{E}_x^{\mathrm{S}}$必须等于零,因此,$S_{xy}=0$。

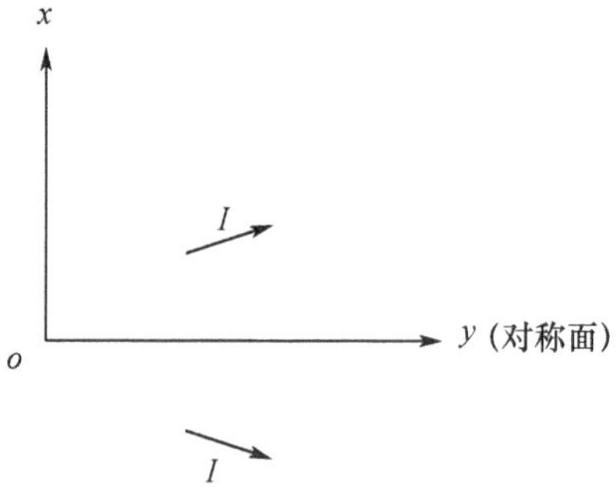

图 7.3　对称面与简单目标[1]

一般来说,双站散射矩阵并不具有对称性,为了完整地表征 $\boldsymbol{S}$ 需要求出 4 个振幅和 4 个相位。但是,在某些特殊情况下,双站散射矩阵 $\boldsymbol{S}$ 也可以得到简化。本章以后如无特别说明,均指的是后向散射矩阵。

表 7.2 给出了几种简单目标在光学区的后向散射矩阵,注意表中给出的 $\boldsymbol{S}$ 是采用各自目标的后向散射截面 σ 平方根值归一化后的"归一化极化散射矩阵",因此与其实际 RCS 值相差一个常数[1]。

表 7.2　几种简单目标的极化散射矩阵[1]

目 标	极化散射矩阵 $\boldsymbol{S}$	
	线极化	圆极化
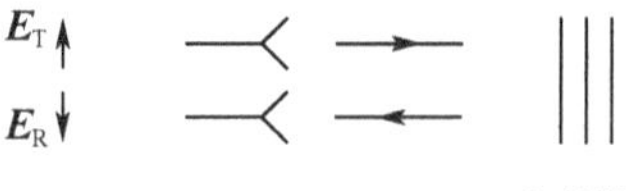 垂直偶极子	$\begin{bmatrix}0 & 0\\ 0 & -1\end{bmatrix}$	$\frac{1}{2}\begin{bmatrix}1 & -1\\ -1 & 1\end{bmatrix}$

（续）

目标	极化散射矩阵 $\boldsymbol{S}$	
	线极化	圆极化
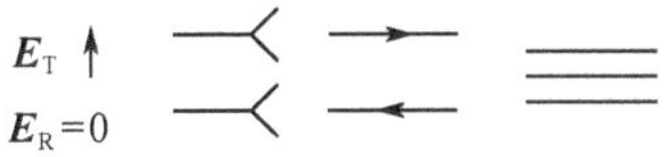 水平偶极子	$\begin{bmatrix} -1 & 0 \\ 0 & 0 \end{bmatrix}$	$\frac{1}{2}\begin{bmatrix} -1 & -1 \\ -1 & -1 \end{bmatrix}$
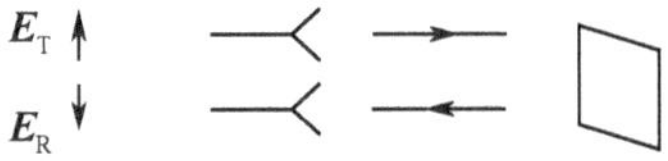 平板、圆盘或球	$\begin{bmatrix} -1 & 0 \\ 0 & -1 \end{bmatrix}$	$\begin{bmatrix} 0 & -1 \\ -1 & 0 \end{bmatrix}$
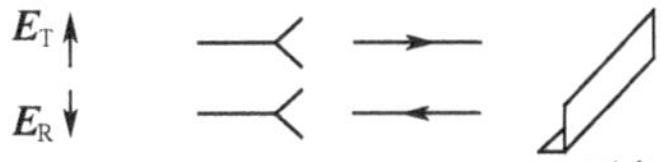 二面角（偶次反射）	$\begin{bmatrix} 1 & 0 \\ 0 & -1 \end{bmatrix}$	$\begin{bmatrix} 1 & 0 \\ 0 & 1 \end{bmatrix}$
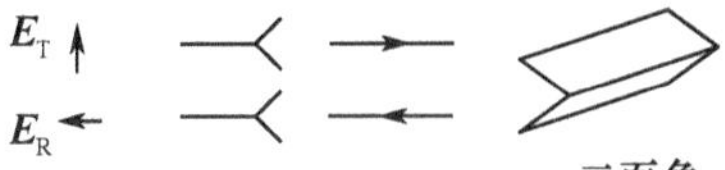 二面角旋转45度	$\begin{bmatrix} 0 & 1 \\ 1 & 0 \end{bmatrix}$	$\begin{bmatrix} -\mathrm{j} & 0 \\ 0 & \mathrm{j} \end{bmatrix}$
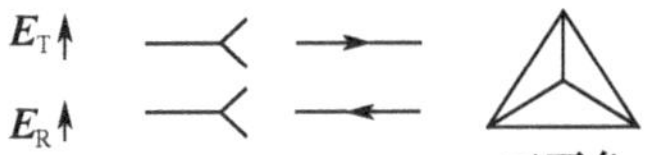 三面角（奇次反射）	$\begin{bmatrix} -1 & 0 \\ 0 & -1 \end{bmatrix}$	$\begin{bmatrix} 0 & -1 \\ -1 & 0 \end{bmatrix}$

7.1.3　极化散射矩阵变换

以正交极化基$(\hat{\boldsymbol{p}},\hat{\boldsymbol{q}})$表示的矢量$\boldsymbol{E}_{\mathrm{pq}}$，可以用另一以正交极化基$(\hat{\boldsymbol{x}},\hat{\boldsymbol{y}})$表示的矢量$\boldsymbol{E}_{xy}$来表示，有

$$\boldsymbol{E}_{\mathrm{pq}} = \boldsymbol{U}\boldsymbol{E}_{xy} \tag{7.13}$$

式中：$\boldsymbol{U}$是一个酉阵，它的元素是以原来的极化基表示的。酉阵的特点是$\boldsymbol{U}^{\mathrm{H}} = \boldsymbol{U}^{-1}$，上标“H”表示赫米特共轭（Hermitian），即转置后取共轭。例如，对于线－圆极化基的变换，有

$$\boldsymbol{U} = \frac{1}{\sqrt{2}}\begin{bmatrix} 1 & \mathrm{j} \\ 1 & -\mathrm{j} \end{bmatrix} \tag{7.14}$$

矩阵$\boldsymbol{U}$可取为[5]

$$\boldsymbol{U} = \frac{1}{\sqrt{1+|\varsigma|^2}}\begin{bmatrix} 1 & -\varsigma^* \\ \varsigma & 1 \end{bmatrix} \tag{7.15}$$

式中：ς为新的极化基中第一个基（例如 p）同以原来极化基为基的极化比。

这样，若将以正交极化基$(\hat{\boldsymbol{p}},\hat{\boldsymbol{q}})$表示的散射矩阵$S_{\mathrm{pq}}$用另一个以正交极化基$(\hat{\boldsymbol{x}},\hat{\boldsymbol{y}})$表示的散射矩阵$\boldsymbol{S}_{xy}$来表示，则两者之间的变换关系为

$$\boldsymbol{S}_{\mathrm{pq}}=\boldsymbol{U}\boldsymbol{S}_{xy}\boldsymbol{U}^{-1} \tag{7.16}$$

在一个坐标系内定义的散射矩阵可以通过单位变换转换成其他坐标系中的另一种形式。如果知道某一组正交坐标系中的极化散射矩阵，也可通过同样的方法得到另一组正交坐标系中的极化散射矩阵。线－圆极化散射矩阵的变换即为一例。

圆极化分量的散射场可写成

$$\begin{bmatrix}\boldsymbol{E}_{\mathrm{R}}^{\mathrm{S}}\\ \boldsymbol{E}_{\mathrm{L}}^{\mathrm{S}}\end{bmatrix}=\frac{1}{\sqrt{4\pi}r}\begin{bmatrix}S_{\mathrm{RR}} & S_{\mathrm{RL}}\\ S_{\mathrm{LR}} & S_{\mathrm{LL}}\end{bmatrix}\begin{bmatrix}\boldsymbol{E}_{\mathrm{R}}^{\mathrm{i}}\\ \boldsymbol{E}_{\mathrm{L}}^{\mathrm{i}}\end{bmatrix} \tag{7.17}$$

圆极化和线极化可通过矩阵$\boldsymbol{T}=\frac{1}{\sqrt{2}}\begin{bmatrix}1 & -\mathrm{j}\\ 1 & \mathrm{j}\end{bmatrix}$变换来进行相互变换。通过简单的矩阵乘法，由线极化矩阵元来计算圆极化矩阵元，这一过程由以下矩阵变换完成

$$\begin{bmatrix}S_{\mathrm{RR}} & S_{\mathrm{RL}}\\ S_{\mathrm{LR}} & S_{\mathrm{LL}}\end{bmatrix}=\boldsymbol{T}\begin{bmatrix}1 & 0\\ 0 & 1\end{bmatrix}\begin{bmatrix}S_{\mathrm{hh}} & S_{\mathrm{hv}}\\ S_{\mathrm{vh}} & S_{\mathrm{vv}}\end{bmatrix}\boldsymbol{T}^{-1} \tag{7.18}$$

圆极化矩阵各元为

$$\begin{bmatrix}S_{\mathrm{RR}}\\ S_{\mathrm{RL}}\\ S_{\mathrm{LR}}\\ S_{\mathrm{LL}}\end{bmatrix}=\frac{1}{2}\begin{bmatrix}1 & -\mathrm{j} & -\mathrm{j} & -1\\ 1 & \mathrm{j} & -\mathrm{j} & 1\\ 1 & -\mathrm{j} & \mathrm{j} & 1\\ 1 & \mathrm{j} & \mathrm{j} & -1\end{bmatrix}\begin{bmatrix}S_{\mathrm{hh}}\\ S_{\mathrm{hv}}\\ S_{\mathrm{vh}}\\ S_{\mathrm{vv}}\end{bmatrix} \tag{7.19}$$

反之，也可由圆极化矩阵元算出线极化矩阵元为

$$\begin{bmatrix}S_{\mathrm{hh}}\\ S_{\mathrm{hv}}\\ S_{\mathrm{vh}}\\ S_{\mathrm{vv}}\end{bmatrix}=\frac{1}{2}\begin{bmatrix}1 & 1 & 1 & 1\\ \mathrm{j} & -\mathrm{j} & \mathrm{j} & -\mathrm{j}\\ \mathrm{j} & \mathrm{j} & -\mathrm{j} & -\mathrm{j}\\ -1 & 1 & 1 & -1\end{bmatrix}\begin{bmatrix}S_{\mathrm{RR}}\\ S_{\mathrm{RL}}\\ S_{\mathrm{LR}}\\ S_{\mathrm{LL}}\end{bmatrix} \tag{7.20}$$

由以上两式实现线－圆极化散射矩阵的相互变换。

当用线极化的单位矢量如$\hat{\boldsymbol{h}}$和$\hat{\boldsymbol{v}}$来描述极化状态时，必须注意到由于目标散射，坐标系改变了原来的三个正交分量的正交方式。例如对于一按右手系$\hat{\boldsymbol{h}}\times\hat{\boldsymbol{v}}=\hat{\boldsymbol{k}}^{\mathrm{i}}$传播的入射波，来自目标散射波则是按左手系$\hat{\boldsymbol{h}}\times\hat{\boldsymbol{v}}=\hat{\boldsymbol{k}}^{\mathrm{S}}$传播的。为了使矩阵运算正确，必须回到右手系，以克服由于散射引起的变化，所以在式(7.18)中引

入了一个附加矩阵。对于具有对称面的目标，$S_{hv}=S_{vh}=0$，那么有

$$S_{RR}=S_{LL}=\frac{1}{2}(S_{hh}-S_{vv}) \tag{7.21}$$

$$S_{RL}=S_{LR}=\frac{1}{2}(S_{hh}+S_{vv}) \tag{7.22}$$

显然，对称平面使得左旋和右旋圆极化回波是等价的。

作为一个特例，考虑导电或均匀介质球目标，因为 $S_{hh}=S_{vv}$，所以式(7.21)和式(7.22)分别简化为

$$S_{RR}=S_{LL}=0 \tag{7.23}$$

$$S_{RL}=S_{LR}=S_{hh}\text{或}S_{vv} \tag{7.24}$$

式(7.23)和式(7.24)表明：①金属或均匀介质球体的电磁散射同极化方式无关；②对于入射到球体的圆极化波，其散射波的极化方向与入射波的极化方向正交，这正是采用圆极化波抑制雨滴后向散射杂波的理论基础。

7.2　极化测量与校准模型

7.2.1　极化校准问题的提出

在目标极化散射矩阵的测量中，雷达接收到的信号不仅与待测目标的极化散射矩阵有关，还与测量系统发射通道和接收通道的响应特性有关。影响极化测量不确定度的主要误差因素有以下几点[6,7]。

(1) 测量系统幅度和相位噪声引起的统计误差。

(2) 系统线性误差，包括：系统频响特性、内部与外部器件失配等引起的误差；天线的极化纯度、微波信号传播路径耦合、杂散反射等引起的发射与接收通道中的极化耦合与极化隔离误差等。

(3) 系统中有源器件非理想特性引起的非线性误差等。

其中，噪声统计误差可以通过提高测量信噪比、采用多次测量平均处理等来加以消除；系统频响特性非理想、内部与外部器件失配等引起的误差可通过内部定标得以减小；而通道间的极化耦合与天线的极化纯度、收发隔离度等密切相关，往往是极化散射矩阵测量中影响系统误差的主要因素[8,9]。

韦斯贝克(Wiesbeck)等人给出的一个典型例子列于表 7.3 中[6]，表中给出了当天线极化隔离度为 -20dB 时，在不作校准测量和处理时，对各种不同的极化散射矩阵测量时将产生的相对测量误差。这个表非常具有启发性，从表中可见：

(1) 如果目标的同极化电平相当，而交叉极化电平较低时，因有限极化隔离

度而引起的交叉极化测量误差甚至可达几十分贝。

(2) 如果目标的交叉极化 RCS 电平与同极化的相当,则因极化隔离度有限而带来的同极化和交叉极化测量误差都比传统的、不考虑交叉极化影响时的误差要高。

(3) 如果目标的一个同极化 RCS 电平比另一个高很多,同时交叉极化电平又比同极化低很多,则有限极化隔离度不但使交叉极化测量误差大到完全不可接受,同时也使 RCS 偏低的同极化测量误差显著偏大。

表 7.3 中的数值具有典型参考意义,也就是说:由于极化耦合的影响,如果不进行极化校准,目标交叉极化特性的测量不确定度往往是完全不能接受的!为了减小极化测量不确定度,必须进行极化通道校准测量和处理。

表 7.3 极化隔离度为 -20dB 时导致的极化测量相对误差[6]

真实极化散射矩阵 RCS 值/dBsm			相对测量误差/dB		
S_{hh}	$S_{hv}=S_{vh}$	S_{vv}	Δ_{hh}	$\Delta_{hv}=\Delta_{vh}$	Δ_{vv}
0	-30	0	0.05	17.2	0.05
0	-20	0	0.17	9.5	0.17
0	-10	0	0.53	4.3	0.53
0	0	0	1.57	1.57	1.57
0	-20	+10	0.35	14.2	≈0
0	-20	+20	0.90	21.45	≈0
0	-20	+30	2.43	30.45	≈0

根据式(7.7),一个复极化散射矩阵共计有 8 个未知量,即 4 个幅值和 4 个相位量。但是,在 RCS 测量中,一般并不关心绝对相位,因此,在式(7.7)中,任何一个相位元素都可以作为其他几个的相位基准,例如,若选取 ϕ_{pp} 为参考,则式(7.7)变成

$$\boldsymbol{S}=\exp(\mathrm{j}\phi_{pp})\begin{bmatrix}|S_{pp}| & |S_{pq}|\exp[\mathrm{j}(\phi_{pq}-\phi_{pp})]\\ |S_{qp}|\exp[(\mathrm{j}(\phi_{qp}-\phi_{pp})] & |S_{qq}|\exp[\mathrm{j}(\phi_{qq}-\phi_{pp})]\end{bmatrix} \tag{7.25}$$

上式等号右边除去 $\exp(\mathrm{j}\phi_{pp})$ 以外的矩阵称为相对散射矩阵,包含 4 个幅度和 3 个相对相位,共 7 个独立参量。

如不作特别说明,本书后续也将相对散射矩阵简称为散射矩阵。对于单站测量情况,由于 $|S_{pq}|=|S_{qp}|$, $\phi_{pq}=\phi_{qp}$,故式(7.25)可进一步简化为只有 5 个独立参量的矩阵,可以写成

$$\boldsymbol{S}=\begin{bmatrix}|S_{pp}| & |S_{pq}|\exp(\mathrm{j}\varphi_{pq})\\ |S_{pq}|\exp(\mathrm{j}\varphi_{pq}) & |S_{qq}|\exp(\mathrm{j}\varphi_{qq})\end{bmatrix} \tag{7.26}$$

因此,在后面的讨论中为简单起见,无论何种情况下,极化散射矩阵均记为 $\boldsymbol{S}=\begin{bmatrix} S_{pp} & S_{pq} \\ S_{qp} & S_{qq} \end{bmatrix}$,其中 p、q 为一对正交极化基,每个矩阵元素 S_{pq} 均为复数,这样并不会影响后续的所有讨论和结果。

7.2.2 极化测量信号模型

考虑背景杂波、雷达各极化通道间存在交叉耦合以及增益失衡等情况,目标极化散射矩阵的测量量与真值之间的关系如图 7.4 所示[9]。

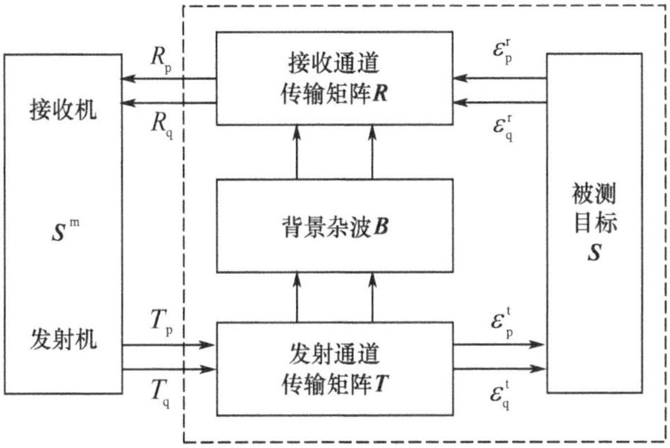

图 7.4　极化散射矩阵测量误差模型

接收到的极化信号可表示为[9-13]

$$\boldsymbol{S}^m=\boldsymbol{G}*\boldsymbol{R}(\boldsymbol{S}+\boldsymbol{B})\boldsymbol{T}+\boldsymbol{N}=\boldsymbol{G}*\mathbf{RST}+\boldsymbol{G}*\mathbf{RBT}+\boldsymbol{N} \tag{7.27}$$

式中:$\boldsymbol{S}^m$为雷达接收信号矩阵;$\boldsymbol{T}$ 和 $\boldsymbol{R}$ 分别为系统发射和接收通道矩阵; $\boldsymbol{S}$ 为目标真实极化散射矩阵;$\boldsymbol{B}$ 和 $\boldsymbol{N}$ 分别为背景和噪声矩阵;$\boldsymbol{G}$ 为系统各通道的增益矩阵;运算符 $*$ 代表矩阵元素之间点乘。

对于多数雷达测量系统,通道增益矩阵 $\boldsymbol{G}$ 可以融入发射矩阵和接收矩阵,其条件为

$$\boldsymbol{G}=\begin{bmatrix} g_{pp} & g_{pq} \\ g_{qp} & g_{qq} \end{bmatrix}=\begin{bmatrix} g_p^r g_p^t & g_p^r g_q^t \\ g_q^r g_p^t & g_q^r g_q^t \end{bmatrix} \tag{7.28}$$

式中:各矩阵元素 g_{pq}左下标 p 指示接收回波信号的极化方向,右下标 q 指示发射信号的极化方向;g_p^t 和 g_q^t、g_p^r 和 g_q^r 分别为一对正交极化的发射和接收通道增益。

如果通道增益矩阵 $\boldsymbol{G}$ 满足式(7.28),则它可以直接融入发射和接收矩阵 $\boldsymbol{T}$ 和 $\boldsymbol{R}$;否则,极化校准流程必须通过校准测量数据获得该矩阵。

与传统 RCS 定标测量一样,对于式(7.27)中的极化测量信号模型,以下为

简化讨论，认为信噪比足够高，噪声 $\boldsymbol{N}$ 对于测量的影响可以忽略。另外，背景杂波影响矩阵 $\boldsymbol{G} * \mathbf{RBT}$ 是需要被抑制的，不妨简记为 $\boldsymbol{B}$。这样，式(7.27)可简化为

$$\boldsymbol{S}^{\mathrm{m}} = \boldsymbol{G} * \mathbf{RST} + \boldsymbol{B} \tag{7.29}$$

极化校准的目的是从实测数据中尽可能不失真地还原出目标的真实极化散射矩阵，求解方程为

$$\boldsymbol{S} = \boldsymbol{R}^{-1} \cdot \left(\frac{\boldsymbol{S}^{\mathrm{m}} - \boldsymbol{B}}{\boldsymbol{G}}\right) \cdot \boldsymbol{T}^{-1} \tag{7.30}$$

式中：除号运算符为矩阵元素点除运算。

可见，必须同时求得系统增益矩阵 $\boldsymbol{G}$、收发通道传输矩阵 $\boldsymbol{R}$、$\boldsymbol{T}$ 和背景杂波 $\boldsymbol{B}$，才能实现对任意被测目标的极化校准。

极化校准的通常做法是：控制测试环境的背景杂波足够低从而可忽略其对测量的影响，近似地有 $\boldsymbol{B}=0$；或者测量得到背景杂波矩阵 $\boldsymbol{B}$，并进行背景向量相减处理，消除背景的影响，有

$$\boldsymbol{M} = \boldsymbol{S}^{\mathrm{m}} - \boldsymbol{B} = \boldsymbol{G} * \boldsymbol{R} \cdot \boldsymbol{S} \cdot \boldsymbol{T} \tag{7.31}$$

在此基础上，利用其理论极化散射矩阵已知的目标作为极化校准体，结合对该极化校准体的实测极化散射矩阵数据，通过式(7.30)建立理论极化散射矩阵与经过背景抵消后的测量值之间的量化关系，以便求解雷达测量系统的校准参数 $\boldsymbol{G}$、$\boldsymbol{R}$ 和 $\boldsymbol{T}$，最后有

$$\boldsymbol{S} = \boldsymbol{R}^{-1} \cdot \frac{\boldsymbol{M}}{\boldsymbol{G}} \cdot \boldsymbol{T}^{-1} \tag{7.32}$$

7.2.3 非互易系统

假设收发采用一对正交极化天线，极化基记为 p 和 q。式(7.31)可展开写成矩阵元素形式为

$$\begin{bmatrix} M_{\mathrm{pp}} & M_{\mathrm{pq}} \\ M_{\mathrm{qp}} & M_{\mathrm{qq}} \end{bmatrix} = \begin{bmatrix} g_{\mathrm{pp}} & g_{\mathrm{pq}} \\ g_{\mathrm{qp}} & g_{\mathrm{qq}} \end{bmatrix} * \begin{bmatrix} R_{\mathrm{pp}} & R_{\mathrm{pq}} \\ R_{\mathrm{qp}} & R_{\mathrm{qq}} \end{bmatrix} \cdot \begin{bmatrix} S_{\mathrm{pp}} & S_{\mathrm{pq}} \\ S_{\mathrm{qp}} & S_{\mathrm{qq}} \end{bmatrix} \cdot \begin{bmatrix} T_{\mathrm{pp}} & T_{\mathrm{pq}} \\ T_{\mathrm{qp}} & T_{\mathrm{qq}} \end{bmatrix} \tag{7.33}$$

式中，经背景抵消后的测量信号矩阵为

$$\boldsymbol{M} = \begin{pmatrix} M_{\mathrm{pp}} & M_{\mathrm{pq}} \\ M_{\mathrm{qp}} & M_{\mathrm{qq}} \end{pmatrix} \tag{7.34}$$

接收矩阵为

$$\boldsymbol{R} = \begin{pmatrix} R_{\mathrm{pp}} & R_{\mathrm{pq}} \\ R_{\mathrm{qp}} & R_{\mathrm{qq}} \end{pmatrix} \tag{7.35}$$

发射矩阵为

$$\boldsymbol{T}=\begin{pmatrix} T_{\mathrm{pp}} & T_{\mathrm{pq}} \\ T_{\mathrm{qp}} & T_{\mathrm{qq}} \end{pmatrix} \tag{7.36}$$

通过如下方式对接收矩阵对角化,即

$$\boldsymbol{R}=\boldsymbol{R}_{n}\boldsymbol{\varepsilon}^{\mathrm{r}} \tag{7.37}$$

其中

$$\boldsymbol{R}_{n}=\begin{pmatrix} R_{\mathrm{pp}} & 0 \\ 0 & R_{\mathrm{qq}} \end{pmatrix} \tag{7.38}$$

$$\boldsymbol{\varepsilon}^{\mathrm{r}}=\begin{pmatrix} 1 & \varepsilon_{\mathrm{p}}^{\mathrm{r}} \\ \varepsilon_{\mathrm{q}}^{\mathrm{r}} & 1 \end{pmatrix} \tag{7.39}$$

式中:$\varepsilon_{\mathrm{p}}^{r}$和 $\varepsilon_{\mathrm{q}}^{r}$为接收通道归一化交叉极化因子,$\varepsilon_{\mathrm{p}}^{\mathrm{r}}=\dfrac{R_{\mathrm{pq}}}{R_{\mathrm{pp}}}$,$\varepsilon_{\mathrm{q}}^{\mathrm{r}}=\dfrac{R_{\mathrm{qp}}}{R_{\mathrm{qq}}}$。

同样,也可对发射矩阵对角化,即

$$\boldsymbol{T}=\boldsymbol{\varepsilon}^{\mathrm{t}}\boldsymbol{T}_{n} \tag{7.40}$$

其中

$$\boldsymbol{T}_{n}=\begin{pmatrix} T_{\mathrm{pp}} & 0 \\ 0 & T_{\mathrm{qq}} \end{pmatrix} \tag{7.41}$$

$$\boldsymbol{\varepsilon}^{\mathrm{t}}=\begin{pmatrix} 1 & \varepsilon_{\mathrm{q}}^{\mathrm{t}} \\ \varepsilon_{\mathrm{p}}^{\mathrm{t}} & 1 \end{pmatrix} \tag{7.42}$$

式中:$\varepsilon_{\mathrm{p}}^{\mathrm{t}}$和 $\varepsilon_{\mathrm{q}}^{\mathrm{t}}$为发射通道归一化交叉极化因子,$\varepsilon_{\mathrm{q}}^{\mathrm{t}}=\dfrac{T_{\mathrm{pq}}}{T_{\mathrm{qq}}}$,$\varepsilon_{\mathrm{p}}^{\mathrm{t}}=\dfrac{T_{\mathrm{qp}}}{T_{\mathrm{pp}}}$。

这样,式(7.33)可写为

$$\begin{bmatrix} M_{\mathrm{pp}} & M_{\mathrm{pq}} \\ M_{\mathrm{qp}} & M_{\mathrm{qq}} \end{bmatrix}=\begin{bmatrix} g_{\mathrm{pp}} & g_{\mathrm{pq}} \\ g_{\mathrm{qp}} & g_{\mathrm{qq}} \end{bmatrix} * \begin{bmatrix} R_{\mathrm{pp}} & 0 \\ 0 & R_{\mathrm{qq}} \end{bmatrix} \cdot \begin{bmatrix} 1 & \varepsilon_{\mathrm{p}}^{\mathrm{r}} \\ \varepsilon_{\mathrm{q}}^{\mathrm{r}} & 1 \end{bmatrix} \cdot \begin{bmatrix} S_{\mathrm{pp}} & S_{\mathrm{pq}} \\ S_{\mathrm{qp}} & S_{\mathrm{qq}} \end{bmatrix} \cdot \begin{bmatrix} 1 & \varepsilon_{\mathrm{q}}^{\mathrm{t}} \\ \varepsilon_{\mathrm{p}}^{\mathrm{t}} & 1 \end{bmatrix} \cdot \begin{bmatrix} T_{\mathrm{pp}} & 0 \\ 0 & T_{\mathrm{qq}} \end{bmatrix} \tag{7.43}$$

展开后有

$$\begin{bmatrix} M_{\mathrm{pp}} & M_{\mathrm{pq}} \\ M_{\mathrm{qp}} & M_{\mathrm{qq}} \end{bmatrix}=\begin{bmatrix} g_{\mathrm{pp}} & g_{\mathrm{pq}} \\ g_{\mathrm{qp}} & g_{\mathrm{qq}} \end{bmatrix} * \begin{bmatrix} A_{\mathrm{pp}}(S_{\mathrm{pp}}+\varepsilon_{\mathrm{p}}^{\mathrm{r}}S_{\mathrm{qp}}+\varepsilon_{\mathrm{p}}^{\mathrm{t}}S_{\mathrm{pq}}+\varepsilon_{\mathrm{p}}^{\mathrm{r}}\varepsilon_{\mathrm{q}}^{\mathrm{t}}S_{\mathrm{qq}}) & A_{\mathrm{pq}}(\varepsilon_{\mathrm{q}}^{\mathrm{t}}S_{\mathrm{pp}}+\varepsilon_{\mathrm{p}}^{\mathrm{r}}\varepsilon_{\mathrm{q}}^{\mathrm{t}}S_{\mathrm{qp}}+S_{\mathrm{pq}}+\varepsilon_{\mathrm{p}}^{\mathrm{r}}S_{\mathrm{qq}}) \\ A_{\mathrm{qp}}(\varepsilon_{\mathrm{q}}^{r}S_{\mathrm{pp}}+S_{\mathrm{qp}}+\varepsilon_{\mathrm{q}}^{\mathrm{r}}\varepsilon_{\mathrm{p}}^{\mathrm{t}}S_{\mathrm{pq}}+\varepsilon_{\mathrm{p}}^{\mathrm{t}}S_{\mathrm{qq}}) & A_{\mathrm{qq}}(\varepsilon_{\mathrm{q}}^{\mathrm{r}}\varepsilon_{\mathrm{q}}^{\mathrm{t}}S_{\mathrm{hh}}+\varepsilon_{\mathrm{q}}^{\mathrm{t}}S_{\mathrm{qp}}+\varepsilon_{\mathrm{q}}^{\mathrm{r}}S_{\mathrm{pq}}+S_{\mathrm{qq}}) \end{bmatrix} \tag{7.44}$$

式中:$A_{\mathrm{pp}}=R_{\mathrm{pp}}T_{\mathrm{pp}}$;$A_{\mathrm{qq}}=R_{\mathrm{qq}}T_{\mathrm{qq}}$;$A_{\mathrm{pq}}=R_{\mathrm{pp}}T_{\mathrm{qq}}$;$A_{\mathrm{qp}}=R_{\mathrm{qq}}T_{\mathrm{pp}}$。

构造一个新的点乘矩阵

$$\tilde{\boldsymbol{G}} = \begin{bmatrix} \tilde{g}_{pp} & \tilde{g}_{pq} \\ \tilde{g}_{qp} & \tilde{g}_{qq} \end{bmatrix} = \begin{bmatrix} g_{pp}A_{pp} & g_{pq}A_{pq} \\ g_{qp}A_{qp} & g_{qq}A_{qq} \end{bmatrix} \tag{7.45}$$

式中：$\tilde{g}_{pp} = g_{pp}A_{pp} = g_{pp}R_{pp}T_{pp}$；$\tilde{g}_{qq} = g_{qq}A_{qq} = g_{qq}R_{qq}T_{qq}$；$\tilde{g}_{pq} = g_{pq}A_{pq} = g_{pq}R_{pp}T_{qq}$；$\tilde{g}_{qp} = g_{qp}A_{qp} = g_{qp}R_{qq}T_{pp}$。则式(7.44)可写为

$$\begin{bmatrix} M_{pp} & M_{pq} \\ M_{qp} & M_{qq} \end{bmatrix} = \begin{bmatrix} \tilde{g}_{pp} & \tilde{g}_{pq} \\ \tilde{g}_{qp} & \tilde{g}_{qq} \end{bmatrix} * \begin{bmatrix} S_{pp} + \varepsilon_p^r S_{qp} + \varepsilon_p^t S_{pq} + \varepsilon_p^r \varepsilon_p^t S_{qq} & \varepsilon_q^t S_{pp} + \varepsilon_p^r \varepsilon_q^t S_{qp} + S_{pq} + \varepsilon_p^r S_{qq} \\ \varepsilon_q^r S_{pp} + S_{qp} + \varepsilon_q^r \varepsilon_p^t S_{pq} + \varepsilon_p^t S_{qq} & \varepsilon_q^r \varepsilon_q^t S_{pp} + \varepsilon_q^t S_{qp} + \varepsilon_q^r S_{pq} + S_{qq} \end{bmatrix} \tag{7.46}$$

式(7.46)也可写为

$$\begin{bmatrix} M_{pp} & M_{pq} \\ M_{qp} & M_{qq} \end{bmatrix} = \begin{bmatrix} \tilde{g}_{pp} & \tilde{g}_{pq} \\ \tilde{g}_{qp} & \tilde{g}_{qq} \end{bmatrix} * \begin{bmatrix} 1 & \varepsilon_p^r \\ \varepsilon_q^r & 1 \end{bmatrix} \cdot \begin{bmatrix} S_{pp} & S_{pq} \\ S_{qp} & S_{qq} \end{bmatrix} \cdot \begin{bmatrix} 1 & \varepsilon_q^t \\ \varepsilon_p^t & 1 \end{bmatrix} \tag{7.47}$$

可见，对于非互易系统，极化校准共需求解 8 个未知量，即$\begin{bmatrix} \tilde{g}_{pp} & \tilde{g}_{pq} \\ \tilde{g}_{qp} & \tilde{g}_{qq} \end{bmatrix}$和 ε_p^r，ε_q^r，ε_p^t，ε_q^t，其中 p，q 分别代表一组正交极化基，$\begin{bmatrix} \tilde{g}_{pp} & \tilde{g}_{pq} \\ \tilde{g}_{qp} & \tilde{g}_{qq} \end{bmatrix}$代表 4 种极化组合下的 RCS 定标因子，$\varepsilon_p^r$，$\varepsilon_q^r$，$\varepsilon_p^t$，$\varepsilon_q^t$代表 4 种极化组合下的极化通道耦合校准因子。在采用水平和垂直线极化时，p = h，q = v。

7.2.4 互易系统

对于一个互易系统，发射矩阵 $\boldsymbol{T}$ 可由接收矩阵 $\boldsymbol{R}$ 的转置得到，即

$$\boldsymbol{T} = \boldsymbol{R}^{\mathrm{T}} \tag{7.48}$$

有 $\varepsilon_p^t = \varepsilon_p^r = \varepsilon_p$，$\varepsilon_q^t = \varepsilon_q^r = \varepsilon_q$，这样，式(7.43)可写为

$$\begin{bmatrix} M_{pp} & M_{pq} \\ M_{qp} & M_{qq} \end{bmatrix} = \begin{bmatrix} g_{pp} & g_{pq} \\ g_{qp} & g_{qq} \end{bmatrix} * \begin{bmatrix} R_{pp} & 0 \\ 0 & R_{qq} \end{bmatrix} \cdot \begin{bmatrix} 1 & \varepsilon_p \\ \varepsilon_q & 1 \end{bmatrix} \cdot \begin{bmatrix} S_{pp} & S_{pq} \\ S_{qp} & S_{qq} \end{bmatrix} \cdot$$

$$\begin{bmatrix} 1 & \varepsilon_q \\ \varepsilon_p & 1 \end{bmatrix} \cdot \begin{bmatrix} R_{pp} & 0 \\ 0 & R_{qq} \end{bmatrix} \tag{7.49}$$

采用类似于式(7.46)的方式展开,有

$$\begin{bmatrix} M_{pp} & M_{pq} \\ M_{qp} & M_{qq} \end{bmatrix} = \begin{bmatrix} \tilde{g}_{pp} & \tilde{g}_{pq} \\ \tilde{g}_{qp} & \tilde{g}_{qq} \end{bmatrix} * \begin{bmatrix} S_{pp} + \varepsilon_p S_{pq} + \varepsilon_p S_{qp} + \varepsilon_p^2 S_{qq} & \varepsilon_q S_{pp} + \varepsilon_p \varepsilon_q S_{qp} + S_{pq} + \varepsilon_p S_{qq} \\ \varepsilon_q S_{pp} + S_{qp} + \varepsilon_q \varepsilon_p S_{pq} + \varepsilon_p S_{qq} & \varepsilon_q^2 S_{pp} + \varepsilon_q S_{qp} + \varepsilon_q S_{pq} + S_{qq} \end{bmatrix} \tag{7.50}$$

式中:$\tilde{g}_{pp} = g_{pp} A_{pp} = g_{pp} R_{pp} T_{pp} = g_{pp} R_{pp}^2$;$\tilde{g}_{qq} = g_{qq} A_{qq} = g_{qq} R_{qq} T_{qq} = g_{qq} R_{qq}^2$;$\tilde{g}_{pq} = g_{pq} A_{pq} = g_{pq} R_{pp} T_{qq} = g_{pq} R_{pp} R_{qq}$;$\tilde{g}_{qp} = g_{qp} A_{qp} = g_{qp} R_{qq} T_{pp} = g_{qp} R_{qq} R_{pp}$。

式(7.50)也可写为

$$\begin{bmatrix} M_{pp} & M_{pq} \\ M_{qp} & M_{qq} \end{bmatrix} = \begin{bmatrix} \tilde{g}_{pp} & \tilde{g}_{pq} \\ \tilde{g}_{qp} & \tilde{g}_{qq} \end{bmatrix} * \begin{bmatrix} 1 & \varepsilon_p \\ \varepsilon_q & 1 \end{bmatrix} \cdot \begin{bmatrix} S_{pp} & S_{pq} \\ S_{qp} & S_{qq} \end{bmatrix} \cdot \begin{bmatrix} 1 & \varepsilon_q \\ \varepsilon_p & 1 \end{bmatrix} \tag{7.51}$$

可见,对于互易系统,极化校准共需求解 6 个未知量,即$\begin{bmatrix} \tilde{g}_{pp} & \tilde{g}_{pq} \\ \tilde{g}_{qp} & \tilde{g}_{qq} \end{bmatrix}$和 ε_p,ε_q,其中 p,q 分别代表一组正交极化基。如果进一步满足关系 $\tilde{g}_{pq} = \tilde{g}_{qp}$,则只有 5 个未知量。同样,这里$\begin{bmatrix} \tilde{g}_{pp} & \tilde{g}_{pq} \\ \tilde{g}_{qp} & \tilde{g}_{qq} \end{bmatrix}$代表 4 种极化组合下的 RCS 定标因子,$\varepsilon_p$,$\varepsilon_q$代表互易系统的极化通道耦合校准因子。在采用水平和垂直线极化时,p = h,q = v。

7.3　无源极化校准技术

用于极化校准的标准体大致上可分为无源极化校准和有源极化校准体。理论上,任何物体如果通过可控的姿态调整,其极化散射矩阵理论值为已知的,则该物体便有可能用于极化校准测量。如果该物体属于无源装置,例如金属细导线、角型反射器、圆柱体、球体、平板等标准体,称为无源极化校准体(Polarimetric Passive Radar Calibrator, PPRC)。反之,如果是通过有源信号转发和天线极化控制来实现的,则该类装置称为有源极化校准体(Polarimetric Active Radar Calibrator, PARC)。

由于极化校准最多需要对8个未知量进行求解,而同一组测量最多可列出4个独立方程,且常见的几种校准体在典型姿态下往往只有两个矩阵元素非零,考虑到矩阵元素为零所对应的观测量因很难达到高信噪比要求而不能用于方程求解,这意味着一次测量中只有两个方程可用于参数求解,因此,必须通过对多个极化校准体的测量,才能完成全部校准参数求解。

实际测量中,每更换一次极化校准体,不但将带来附加的测量工作量,而且将产生更多的测量不确定性因素,影响测量不确定度并最终影响所求得极化校准参数的精度。因此,在实际RCS工程测量,一般尽可能选择采用最少校准体个数的测量方案,例如,通过对单个极化校准体绕雷达视线的旋转测量,达到等效多个校准体测量的目的。这样,那些对视线转角其理论极化散射矩阵具有解析解的标准体便成为极化校准体的首选,最常见的便是金属偶极子(细长金属杆)和二面角反射器。

金属偶极子的极化散射矩阵随视线转角的变化特性为[15]

$$\boldsymbol{S}_{\mathrm{P}}(\theta)=\begin{bmatrix} S_{\mathrm{Phh}}(\theta) & S_{\mathrm{Phv}}(\theta) \\ S_{\mathrm{Pvh}}(\theta) & S_{\mathrm{Pvv}}(\theta) \end{bmatrix}=k_{\mathrm{P}}\begin{bmatrix} \cos^2\theta & \sin\theta\cos\theta \\ \sin\theta\cos\theta & \sin^2\theta \end{bmatrix} \tag{7.52}$$

式中:θ为绕雷达视线的转角,当$\theta=0°$时为(水平,垂直)放置;k_{P}为常数。

作为极化校准体,偶极子确实具有良好的极化散射矩阵特性,尤其是其同极化特性很难找到其他简单标准体来代替。但是在实际测量中如何安装和控制偶极子绕雷达视线旋转是个重要问题[16],因此迄今为止很少被实际采用。

对于直角二面角反射器,如图7.5所示,固定X轴,二面角的折线在YOZ平面内顺时针旋转θ角后的散射矩阵为[16-18]

$$\boldsymbol{S}_{\mathrm{D}}(\theta)=\begin{bmatrix} S_{\mathrm{Dhh}}(\theta) & S_{\mathrm{Dhv}}(\theta) \\ S_{\mathrm{Dvh}}(\theta) & S_{\mathrm{Dvv}}(\theta) \end{bmatrix}=k_{\mathrm{D}}\begin{bmatrix} -\cos2\theta & \sin2\theta \\ \sin2\theta & \cos2\theta \end{bmatrix} \tag{7.53}$$

同偶极子相比,二面角反射器的安装和旋转操控要便利得多,因此在实际RCS极化校准测量中得到广泛应用。本节重点讨论基于二面角反射器的无源极化测量与校准技术。为简便起见,此处仅讨论单站极化测量情况。

7.3.1 直角二面角反射器的极化散射矩阵

常用于极化矩阵的校准的金属二面角反射器包括矩形和三角板二面角反射器[1]。以矩形二面角反射器为例,它是将一块矩形金属平板对折成直角而成,它能在方位向上很宽的角度范围内提供较强和稳定的同极化后向RCS;对于电大尺寸的二面角反射器,其理论RCS可用高频渐近方法求解。在极化校准中,其精确极化散射矩阵可采用MoM数值计算。

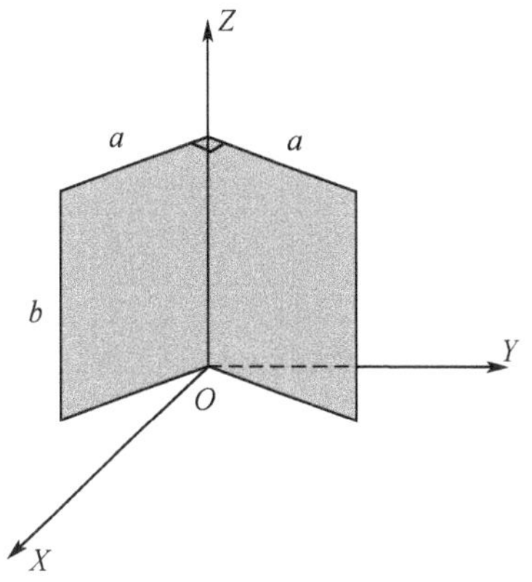

(a) 正立

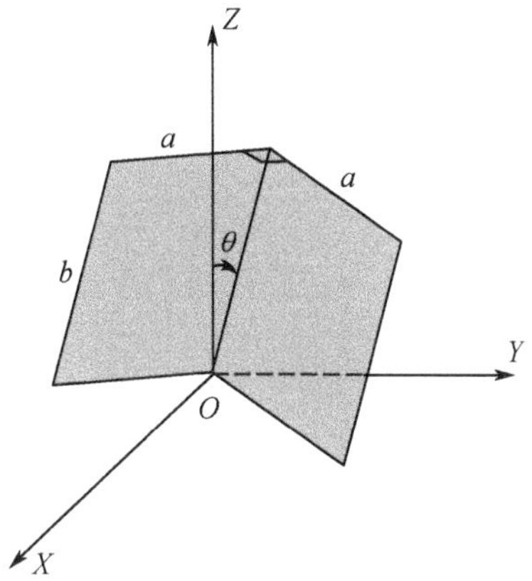

(b) 绕雷达视线顺时针旋转θ角

图 7.5　二面角反射器示意图

对于矩形直角二面角反射器,在高频近似条件下有

$$k_{\mathrm{D}}=\frac{\mathrm{j}\sqrt{8\pi}ab}{\lambda} \tag{7.54}$$

式中:a、b 分别为二面角的宽和高;λ 为雷达波长。

对于等腰三角板直角二面角反射器,在高频近似下有

$$k_{\mathrm{D}}=\frac{\mathrm{j}\sqrt{2\pi}ab}{\lambda} \tag{7.55}$$

式中:a 为三角板的高;b 为三角板的底边(也即二面角反射器的高);λ 为雷达波长。

图 7.6 和图 7.7 分别示出了高 21cm、宽 15cm 的矩形平板和底边长 35.8cm、高 17.6cm 的三角板直角二面角反射器,在雷达入射波正入射时的后向散射随频率的变化特性及其对应的一维距离像。图中给出的是矩量法计算结果。从图 7.6 和图 7.7 可见,通常三角板二面角反射器的散射特性比矩形二面角反射器的要理想一些,主要是在所感兴趣的视线转角下,由于受绕射影响较小,其散射幅度随频率的起伏较小,这从两者的一维高分辨率距离像中可以明显看出。

注意到根据式(7.52),任意旋转角 θ 下二面角反射器的散射矩阵也可以通过其在 0°时的散射分量来表示[18],有

$$\begin{bmatrix} S_{\mathrm{Dhh}}(\theta) & S_{\mathrm{Dhv}}(\theta) \\ S_{\mathrm{Dvh}}(\theta) & S_{\mathrm{Dvv}}(\theta) \end{bmatrix}=\begin{bmatrix} S_{\mathrm{Dhh}}(0)\cos^2\theta+S_{\mathrm{Dvv}}(0)\sin^2\theta & S_{\mathrm{Dvv}}(0)-S_{\mathrm{Dhh}}(0))\sin\theta\cos\theta \\ (S_{\mathrm{Dvv}}(0)-S_{\mathrm{Dhh}}(0))\sin\theta\cos\theta & S_{\mathrm{Dhh}}(0)\sin^2\theta+S_{\mathrm{Dvv}}(0)\cos^2\theta \end{bmatrix} \tag{7.56}$$

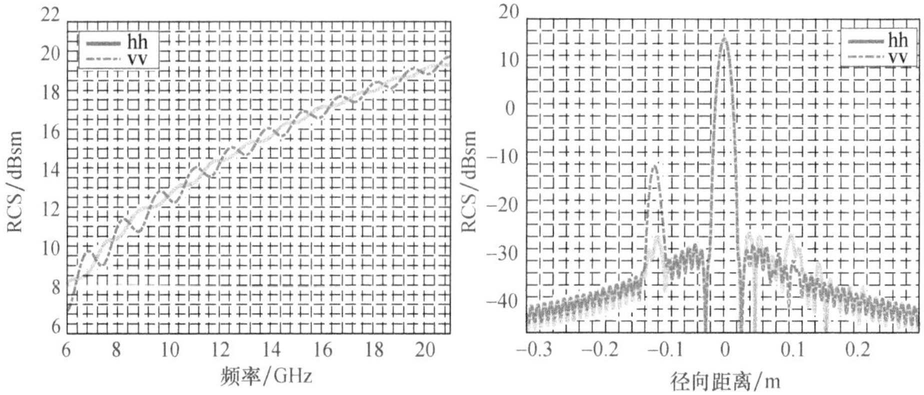

(a) RCS随频率变化特性　　(b) 一维高分辨率距离像

图 7.6　矩形平板二面角反射器的散射特性

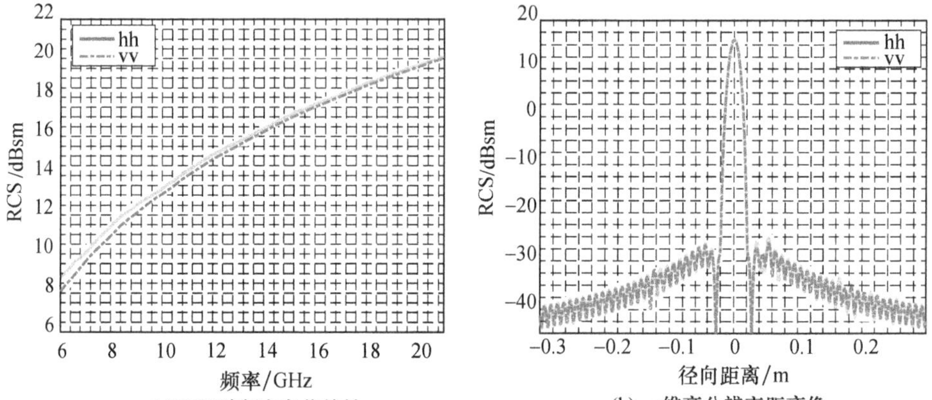

(a) RCS随频率变化特性　　(b) 一维高分辨率距离像

图 7.7　三角形平板二面角反射器的散射特性

最后，根据式(7.53)，直角二面角反射器在旋转角分别为0°，22.5°，45°时，其极化散射矩阵分别有

$$\begin{cases} \boldsymbol{S}_{\mathrm{D}}(0^\circ) = k_{\mathrm{D}}\begin{bmatrix} -1 & 0 \\ 0 & 1 \end{bmatrix} \\ \boldsymbol{S}_{\mathrm{D}}(22.5^\circ) = \dfrac{\sqrt{2}}{2}k_{\mathrm{D}}\begin{bmatrix} -1 & 1 \\ 1 & 1 \end{bmatrix} \\ \boldsymbol{S}_{\mathrm{D}}(45^\circ) = k_{\mathrm{D}}\begin{bmatrix} 0 & 1 \\ 1 & 0 \end{bmatrix} \end{cases} \tag{7.57}$$

直角二面角反射器绕雷达视线旋转时的上述极化散射矩阵特性，使得它作

为一种良好的极化校准体而得到广泛应用。

7.3.2 全极化校准技术

文献中给出了各种不同的极化校准测量与解算技术[6-20]，如利用单个标定体的校准技术[18]、利用三个标定体的校准技术[9,20]等传统方法，以及在极化隔离度较差时，采用全极化校准以便进一步改善极化校准不确定度[11-13,17]的方法等。鉴于后者的良好性能，本节重点介绍全极化校准测量与处理技术。

以下讨论采用直角二面角反射器作为校准体、天线极化为水平和垂直线极化时的全极化校准过程。为讨论上的简洁性，我们假设测量系统的交叉耦合因子 ε_h 和 ε_v 较小，也即 $|\varepsilon_\mathrm{h}| \ll 1$，$|\varepsilon_\mathrm{v}| \ll 1$ 这也符合绝大多数极化测量系统的实际情况。例如，如果极化隔离度大于15dB，则这两个因子小于0.03。

全极化校准的基本思路是：利用一个其理论散射矩阵和RCS电平已知的非退极化校准体（例如金属球、金属平板等）对二面角反射器散射矩阵的同极化分量进行定标，并利用二面角反射器绕雷达视线任意旋转角下的散射矩阵，均可通过转角为0°时的同极化散射分量计算出来这一重要特性，通过对二面角反射器在不同转角下的极化测量数据，完成极化校准参数化的求解。

注意到在得到了同极化分量 $\hat{S}_\mathrm{Dhh}(0°)$ 和 $\hat{S}_\mathrm{Dvv}(0°)$ 的估计值后，通过坐标旋转，在旋转角 θ 下的散射矩阵元素 $\hat{S}_\mathrm{Dhh}(\theta)$，$\hat{S}_\mathrm{Dhv}(\theta)$，$\hat{S}_\mathrm{Dvh}(\theta)$ 和 $\hat{S}_\mathrm{Dvv}(\theta)$ 均可根据式(7.56)计算得到。

首先，利用其表面法线同雷达视线平行的圆形金属平板作为第一个校准体，其理论极化散射矩阵有以下形式

$$\boldsymbol{S}^{(1)} = k_\mathrm{D}^{(1)}\begin{bmatrix}1 & 0\\0 & 1\end{bmatrix} \tag{7.58}$$

在高频近似条件下，对于金属圆盘有[1]

$$k_\mathrm{D}^{(1)} = -\frac{1}{2}\left[\mathrm{j}kd^2 + \sqrt{\frac{d}{k\pi}}\mathrm{e}^{-\mathrm{j}(2kd-\pi/4)}\right] \tag{7.59}$$

式中：d 为金属圆盘的半径；$k=\dfrac{2\pi}{\lambda}$；λ 为雷达波长。

将式(7.47)展开，并注意到 $S_\mathrm{hv}=S_\mathrm{vh}=0$，有

$$M_\mathrm{hh}^{(1)} = \tilde{g}_\mathrm{hh}(S_\mathrm{hh}^{(1)} + \varepsilon_\mathrm{h}^\mathrm{r}\varepsilon_\mathrm{h}^\mathrm{t}S_\mathrm{vv}^{(1)}) \tag{7.60}$$

$$M_\mathrm{vv}^{(1)} = \tilde{g}_\mathrm{vv}(S_\mathrm{vv}^{(1)} + \varepsilon_\mathrm{v}^\mathrm{r}\varepsilon_\mathrm{v}^\mathrm{t}S_\mathrm{hh}^{(1)}) \tag{7.61}$$

式中：$S_\mathrm{hh}^{(1)}$ 和 $S_\mathrm{vv}^{(1)}$ 为理论已知量；$M_\mathrm{hh}^{(1)}$ 和 $M_\mathrm{vv}^{(1)}$ 为测量已知量。

利用$|\varepsilon_h^r| \ll 1, |\varepsilon_h^t| \ll 1, |\varepsilon_v^r| \ll 1, |\varepsilon_v^t| \ll 1$的假设，上两式括号中的后一项可以忽略，从而有增益因子 $\tilde{g}_{hh}$和 $\tilde{g}_{vv}$的估计量为

$$\hat{g}_{hh} = \frac{M_{hh}^{(1)}}{S_{hh}^{(1)}} \tag{7.62}$$

$$\hat{g}_{vv} = \frac{M_{vv}^{(1)}}{S_{vv}^{(1)}} \tag{7.63}$$

其次，在有了增益因子估计量 $\hat{g}_{hh}$和 $\hat{g}_{vv}$后，可以对二面角反射器的同极化散射分量进行校准。利用绕雷达视线旋转角为0°时的二面角反射器作为第二个校准体，其理论极化散射矩阵为 $\boldsymbol{S}^{(2)} = \boldsymbol{S}_D(0°) = k_D\begin{bmatrix} -1 & 0 \\ 0 & 1 \end{bmatrix}$有

$$\hat{S}_{Dhh}(0°) = S_{hh}^{(2)} = \frac{M_{hh}^{(2)}}{\hat{g}_{hh}} \tag{7.64}$$

$$\hat{S}_{Dvv}(0°) = S_{vv}^{(2)} = \frac{M_{vv}^{(2)}}{\hat{g}_{vv}} \tag{7.65}$$

式中：$\hat{S}_{Dhh}(0°)$和 $\hat{S}_{Dvv}(0°)$分别为二面角反射器在旋转角 0°时的同极化散射分量估计值。

注意到根据式(7.56)，在有了 $\hat{S}_{Dhh}(0°)$和 $\hat{S}_{Dvv}(0°)$的估计值后，通过坐标旋转，二面角反射器在任意旋转角下的散射矩阵估计值均可通过计算得到，记为 $\hat{S}_{Dhh}(\theta)$，$\hat{S}_{Dhv}(\theta)$，$\hat{S}_{Dvh}(\theta)$和 $\hat{S}_{Dvv}(\theta)$。

第三，将二面角反射器绕雷达视线旋转一个角度 θ，可得到第三组或更多组测量，且满足

$$\begin{bmatrix} M_{hh}(\theta) & M_{hv}(\theta) \\ M_{vh}(\theta) & M_{vv}(\theta) \end{bmatrix} = \begin{bmatrix} \hat{g}_{hh} & \tilde{g}_{hv} \\ \tilde{g}_{vh} & \hat{g}_{vv} \end{bmatrix} *$$

$$\begin{bmatrix} \hat{S}_{Dhh}(\theta) + \varepsilon_h^r\hat{S}_{Dvh}(\theta) + \varepsilon_h^t\hat{S}_{Dhv}(\theta) + \varepsilon_h^r\varepsilon_h^t\hat{S}_{Dvv}(\theta) & \varepsilon_v^t\hat{S}_{Dhh}(\theta) + \varepsilon_h^r\varepsilon_v^t\hat{S}_{Dvh}(\theta) + \hat{S}_{Dhv}(\theta) + \varepsilon_h^r\hat{S}_{Dvv}(\theta) \\ \varepsilon_v^r\hat{S}_{Dhh}(\theta) + \hat{S}_{Dvh}(\theta) + \varepsilon_v^r\varepsilon_h^t\hat{S}_{Dhv}(\theta) + \varepsilon_h^t\hat{S}_{Dvv}(\theta) & \varepsilon_v^r\varepsilon_v^t\hat{S}_{Dhh}(\theta) + \varepsilon_v^t\hat{S}_{Dvh}(\theta) + \varepsilon_v^r\hat{S}_{Dhv}(\theta) + \hat{S}_{Dvv}(\theta) \end{bmatrix} \tag{7.66}$$

注意式中等式左边为测量量；等式右边带“^”的参量为已知量，其他为未知量。

7.3.2.1 互易系统

对于互易系统，有 $\varepsilon_h^t = \varepsilon_h^r = \varepsilon_h$，$\varepsilon_v^t = \varepsilon_v^r = \varepsilon_v$，且因 $\hat{S}_{Dhv}(\theta) = \hat{S}_{Dvh}(\theta)$，故若忽

略二阶交叉项，两个同极化分量可近似为

$$M_{\mathrm{hh}}^{(3)}(\theta) \approx \hat{g}_{\mathrm{hh}}[\hat{S}_{\mathrm{Dhh}}(\theta) + 2\varepsilon_{\mathrm{h}}\hat{S}_{\mathrm{Dhv}}(\theta)] \tag{7.67}$$

$$M_{\mathrm{vv}}^{(3)}(\theta) = \hat{g}_{\mathrm{vv}}[\hat{S}_{\mathrm{Dvv}}(\theta) + 2\varepsilon_{\mathrm{v}}\hat{S}_{\mathrm{Dhv}}(\theta)] \tag{7.68}$$

从上述两式可解得

$$\hat{\varepsilon}_{\mathrm{h}} = \frac{\dfrac{M_{\mathrm{hh}}^{(3)}(\theta)}{\hat{g}_{\mathrm{hh}}} - \hat{S}_{\mathrm{Dhh}}(\theta)}{2\hat{S}_{\mathrm{Dhv}}(\theta)} \tag{7.69}$$

$$\hat{\varepsilon}_{\mathrm{v}} = \frac{\dfrac{M_{\mathrm{vv}}^{(3)}(\theta)}{\hat{g}_{\mathrm{vv}}} - \hat{S}_{\mathrm{Dvv}}(\theta)}{2\hat{S}_{\mathrm{Dhv}}(\theta)} \tag{7.70}$$

进而利用式(7.66)中交叉极化测量量，可求得 $\tilde{g}_{\mathrm{hv}}$ 和 $\tilde{g}_{\mathrm{vh}}$ 的估计值

$$\hat{g}_{\mathrm{hv}} = \frac{M_{\mathrm{hv}}^{(3)}(\theta)}{\hat{\varepsilon}_{\mathrm{v}}\hat{S}_{\mathrm{Dhh}}(\theta) + \hat{\varepsilon}_{\mathrm{h}}\hat{\varepsilon}_{\mathrm{v}}\hat{S}_{\mathrm{Dvh}}(\theta) + \hat{S}_{\mathrm{Dhv}}(\theta) + \hat{\varepsilon}_{\mathrm{h}}\hat{S}_{\mathrm{Dvv}}(\theta)} \tag{7.71}$$

$$\hat{g}_{\mathrm{vh}} = \frac{M_{\mathrm{vh}}^{(3)}(\theta)}{\hat{\varepsilon}_{\mathrm{v}}\hat{S}_{\mathrm{Dhh}}(\theta) + \hat{S}_{\mathrm{Dvh}}(\theta) + \hat{\varepsilon}_{\mathrm{v}}\hat{\varepsilon}_{\mathrm{h}}\hat{S}_{\mathrm{Dhv}}(\theta) + \hat{\varepsilon}_{\mathrm{h}}\hat{S}_{\mathrm{Dvv}}(\theta)} \tag{7.72}$$

至此，对于互易系统，极化校准所需 6 个未知量的估计值 $\hat{g}_{\mathrm{hh}}$，$\hat{g}_{\mathrm{vv}}$，$\hat{g}_{\mathrm{hv}}$，$\hat{g}_{\mathrm{vh}}$，$\hat{\varepsilon}_{\mathrm{h}}$ 和 $\hat{\varepsilon}_{\mathrm{v}}$ 便已全部求得。

7.3.2.2　非互易系统

利用绕雷达视线旋转角为 45°时的二面角反射器测量第四组数据，其理论极化散射矩阵为 $\boldsymbol{S}^{(4)} = \boldsymbol{S}_{\mathrm{D}}(45°) = k_{\mathrm{D}}\begin{bmatrix} 0 & 1 \\ 1 & 0 \end{bmatrix}$。

忽略二阶交叉项，根据式(7.66)中两个交叉极化分量有以下式

$$M_{\mathrm{hv}}^{(4)} = M_{\mathrm{hv}}(45) \approx \tilde{g}_{\mathrm{hv}}\hat{S}_{\mathrm{Dhv}}(45) \tag{7.73}$$

$$M_{\mathrm{vh}}^{(4)} = M_{\mathrm{vh}}(45) \approx \tilde{g}_{\mathrm{vh}}\hat{S}_{\mathrm{Dvh}}(45) \tag{7.74}$$

从而可得到增益因子 $\tilde{g}_{\mathrm{hv}}$ 和 $\tilde{g}_{\mathrm{vh}}$ 的估计值

$$\hat{g}_{\mathrm{hv}} = \frac{M_{\mathrm{hv}}^{(4)}}{\hat{S}_{\mathrm{Dhv}}(45)} \tag{7.75}$$

$$\hat{g}_{\mathrm{vh}} = \frac{M_{\mathrm{vh}}^{(4)}}{\hat{S}_{\mathrm{Dvh}}(45)} \tag{7.76}$$

此外，对于非互易系统，若忽略二阶交叉项，由式(7.66)，且根据式(7.56)，即使对于一个实际二面角反射器可能有 $\hat{S}_{\mathrm{Dhh}}(0)\neq\hat{S}_{\mathrm{Dvv}}(0)$，但 $\hat{S}_{\mathrm{Dvh}}(\theta)=\hat{S}_{\mathrm{Dhv}}(\theta)$ 则总是成立的，这样，从第三组测量有以下近似式

$$\varepsilon_{\mathrm{h}}^{\mathrm{r}}+\varepsilon_{\mathrm{h}}^{\mathrm{t}}\approx\frac{M_{\mathrm{hh}}^{(3)}}{\hat{g}_{\mathrm{hh}}\hat{S}_{\mathrm{Dhv}}(\theta)}-\frac{\hat{S}_{\mathrm{Dhh}}(\theta)}{\hat{S}_{\mathrm{Dhv}}(\theta)}=X_{\mathrm{hh}} \tag{7.77}$$

$$\varepsilon_{\mathrm{v}}^{\mathrm{t}}+\varepsilon_{\mathrm{v}}^{\mathrm{r}}\approx\frac{M_{\mathrm{vv}}^{(3)}}{\hat{g}_{\mathrm{vv}}\hat{S}_{\mathrm{Dhv}}(\theta)}-\frac{\hat{S}_{\mathrm{Dvv}}(\theta)}{\hat{S}_{\mathrm{Dhv}}(\theta)}=X_{\mathrm{vv}} \tag{7.78}$$

$$\varepsilon_{\mathrm{v}}^{\mathrm{t}}+\varepsilon_{\mathrm{h}}^{\mathrm{r}}\frac{\hat{S}_{\mathrm{Dvv}}(\theta)}{\hat{S}_{\mathrm{Dhh}}(\theta)}\approx\frac{M_{\mathrm{hv}}^{(3)}}{\hat{g}_{\mathrm{hv}}\hat{S}_{\mathrm{Dhh}}(\theta)}-\frac{\hat{S}_{\mathrm{Dhv}}(\theta)}{\hat{S}_{\mathrm{Dhh}}(\theta)}=X_{\mathrm{hv}} \tag{7.79}$$

$$\varepsilon_{\mathrm{v}}^{\mathrm{r}}+\varepsilon_{\mathrm{h}}^{\mathrm{t}}\frac{\hat{S}_{\mathrm{Dvv}}(\theta)}{\hat{S}_{\mathrm{Dhh}}(\theta)}\approx\frac{M_{\mathrm{vh}}^{(3)}}{\hat{g}_{\mathrm{vh}}\hat{S}_{\mathrm{Dhh}}(\theta)}-\frac{\hat{S}_{\mathrm{Dvh}}(\theta)}{\hat{S}_{\mathrm{Dhh}}(\theta)}=X_{\mathrm{vh}} \tag{7.80}$$

理论上，利用式(7.77)～式(7.80)联合求解，可得到 $\varepsilon_{\mathrm{h}}^{\mathrm{t}}$，$\varepsilon_{\mathrm{h}}^{\mathrm{r}}$，$\varepsilon_{\mathrm{v}}^{\mathrm{t}}$和 $\varepsilon_{\mathrm{v}}^{\mathrm{r}}$四个参数的估计值，并由此完成非互易系统的所有 8 个校准参数的估计值 $\hat{g}_{\mathrm{hh}}$，$\hat{g}_{\mathrm{vv}}$，$\hat{g}_{\mathrm{hv}}$，$\hat{g}_{\mathrm{vh}}$以及 $\varepsilon_{\mathrm{h}}^{\mathrm{t}}$，$\varepsilon_{\mathrm{h}}^{\mathrm{r}}$，$\varepsilon_{\mathrm{v}}^{\mathrm{t}}$和 $\varepsilon_{\mathrm{v}}^{\mathrm{r}}$的求解。

但是，仔细研究可以发现，在高频条件下，理论上用于校准的二面角反射器的散射矩阵满足 $\hat{S}_{\mathrm{Dhh}}(0)=\hat{S}_{\mathrm{Dvv}}(0)$，从而有$\dfrac{\hat{S}_{\mathrm{Dvv}}(\theta)}{\hat{S}_{\mathrm{Dhh}}(\theta)}=-1$，此时上述 4 个方程并不是相互独立的。如式(7.77)与式(7.80)左右两端相加，以及式(7.78)与式(7.79)左右两端相减，有

$$\varepsilon_{\mathrm{h}}^{\mathrm{r}}+\varepsilon_{\mathrm{v}}^{\mathrm{r}}=X_{\mathrm{hh}}+X_{\mathrm{vh}}=X_{\mathrm{vv}}-X_{\mathrm{hv}} \tag{7.81}$$

同样，式(7.77)与式(7.79)左右两端相加，以及式(7.78)与式(7.80)左右两端相减，则有

$$\varepsilon_{\mathrm{h}}^{\mathrm{t}}+\varepsilon_{\mathrm{v}}^{\mathrm{t}}=X_{\mathrm{hh}}+X_{\mathrm{hv}}=X_{\mathrm{vv}}-X_{\mathrm{vh}} \tag{7.82}$$

可见，即使 $\hat{S}_{\mathrm{Dhh}}(0)=\hat{S}_{\mathrm{Dvv}}(0)$不满足但二者很接近，也会使得式(7.77)～式(7.80)成为病态方程组，故不能仅依靠这 4 个方程求解出全部 4 个交叉极化因子，而需要借助于其他三次测量的交叉极化通道测量数据来求解。这样便带来了新的问题：利用这些交叉极化通道数据意味着参数化求解过程中采用了低信噪比的测量数据，由此得到的极化校准参数不确定度可能变劣。

7.3.2.3 关于稳健性的讨论

上面讨论了采用两个校准体，其中一个具有非退极化特性（如金属球、金属

平板等)、另一个为二面角反射器时,通过 3 次(互易系统)或者 4 次(非互易系统)测量,得到全部极化校准参数的测量和参数求解方法。其中:

对于互易系统,通过对第一个非去极化定标体的测量先求得同极化通道 RCS 定标因子 $\hat{g}_{hh}$,$\hat{g}_{vv}$,再利用二面角反射器在旋转角为 0°时的同极化通道测量数据求得经 RCS 定标后的二面角"理论"极化散射矩阵估计值,最后利用二面角反射器转过 θ 角的同极化通道测量数据求得极化通道校准因子 $\hat{\varepsilon}_h$,$\hat{\varepsilon}_v$,并利用交叉极化通道测量数据求得交叉极化通道 RCS 定标因子 $\hat{g}_{hv}$,$\hat{g}_{vh}$。为保证校准参数求解过程不使用小信号测量量,全部校准过程需要 3 次测量。

对于非互易系统,通过对第一个非去极化定标体的测量先求得同极化通道 RCS 定标因子 $\hat{g}_{hh}$,$\hat{g}_{vv}$,再利用二面角反射器在旋转角为 45°时的交叉极化通道测量数据求得交叉极化通道 RCS 定标因子 $\hat{g}_{hv}$,$\hat{g}_{vh}$,然后利用二面角反射器在旋转角为 0°时的同极化通道测量数据求得经 RCS 定标后的二面角"理论"极化散射矩阵估计值,最后利用二面角反射器转过 θ 角的同极化通道和交叉极化通道测量数据求得全部 4 个极化通道耦合因子 ε_h^t,ε_h^r,ε_v^t 和 ε_v^r。为保证校准参数过程不使用小信号测量量,全部校准过程需要 4 次测量。

从以上校准测量和求解过程可见,对于互易系统,只需通过 3 次测量,对于非互易系统,则通过 4 次测量即可完成校准参数的求解,且在第一、第二次测量中,由于理论极化散射矩阵的交叉极化分量均为零,其测量量属于小信号量,故不用于参数求解;同样,在第四次测量中,由于理论散射矩阵的同极化分量为零,故此时同极化测量量属于小信号量,也不用于参数求解。

但是,无论对于互易系统还是非互易系统,极化校准参数的求解均利用了第三次测量中的同极化和交叉极化全部 4 个分量,因此极化参数提取的鲁棒性在很大程度上取决于该组测量量用于参数求解的有效性。为了保证用于参数求解的所有测量量均为非小信号量,应该仔细选取二面角反射器的旋转角 θ。例如,若取 $\theta = 22.5°$,此时其理论极化散射矩阵为 $\boldsymbol{S}_D(22.5°) = \frac{\sqrt{2}}{2}k_D\begin{bmatrix} -1 & 1 \\ 1 & 1 \end{bmatrix}$,交叉极化和同极化分量在相同量级。

对于互易系统,从参数求解式(7.69)~式(7.72)可见,此时 4 个求解式的分母都为非小量,故可很好地避免极化校准参数测量与处理因小信号测量误差造成的不确定性。

另一方面,对于非互易系统,则存在以下问题:

首先,从参数求解式(7.77)~式(7.80)可以发现:4 个方程左、右两端均为小量,尤其是式(7.79)和式(7.80),由于同极化分量的理论值符号相反,有可能造成等式两边的量均为极小量,此时的方程可能是奇异的,求解结果并不可靠。反过来,如果选择一个旋转角 θ,使得二面角反射器回波的同极化与交叉极化分量之间存在大的差异，则4个分量中必有两个分量属于小信号测量量，由于信噪比问题，测量量本身的不确定度可能很大，其求解结果也是不可靠的。可见，如何选取旋转角 θ，是一个需要折衷处理的问题。

其次，对于理想的二面角反射器，式(7.77)～式(7.80)这4个方程并不是相互独立的。因此，仅依靠这4个方程不能求解出全部4个交叉极化因子，此时需要借助于其他3次测量的交叉极化通道测量数据求解，而利用这些交叉极化通道数据则意味着求解过程中采用了低信噪比数据，很难保证极化校准参数的稳健性。

很明显，非互易系统的极化校准测量与处理是一个值得进一步深入研究的课题。在实际应用中，采用下面7.3.4小节中的非线性极化校准处理，通过对二面角反射器旋转360°的全部数据作傅里叶级数展开，取其二阶系数用于校准参数提取，等效地提高了交叉极化测量通道的信噪比；对于采用平板等非退极化校准体测量中，则可通过采用足够多的回波进行相参积累来提高交叉极化通道的信噪比，从而保证用于校准参数提取的测量数据的有效性。

最后，注意到理论上无论对于互易系统还是非互易系统，第一个非退极化校准体的测量并非是必须的，仅通过对二面角反射器的三次测量就可以完成极化校准参数提取。例如：

对于互易系统，利用旋转角为0°和45°的测量值，可获得增益矩阵的估计值 $\begin{bmatrix} \hat{g}_{hh} & \hat{g}_{hv} \\ \hat{g}_{vh} & \hat{g}_{vv} \end{bmatrix}$，再利用旋转角为 θ 的测量值，可求得交叉极化因子 $\hat{\varepsilon}_h$，$\hat{\varepsilon}_v$。但是，这个校准测量过程的主要问题如下：

(1) 用于校准参数求解的二面角反射器在0°时的“理论值”直接采用了理想理论结果，不是通过RCS定标导出的，非理想二面角反射器的影响因素被完全带入校准参数求解中。

(2) 此时交叉极化因子解的不确定度是同增益矩阵的全部4个估计值均有关联的，而7.3.2.1节中所给出的校准过程，交叉极化因子的求解只与同极化通道增益因子有关，显然其在参数的不确定度上具有优势。

对于非互易系统，利用旋转角为0°和45°的测量值，可获得增益矩阵的估计值 $\begin{bmatrix} \hat{g}_{hh} & \hat{g}_{hv} \\ \hat{g}_{vh} & \hat{g}_{vv} \end{bmatrix}$，再利用旋转角为 θ 的二面角反射器测量值，加上旋转角为0°时的交叉极化通道测量值或者旋转角为45°时的同极化通道测量值，便可解出4个交叉极化因子 ε_h^t，ε_h^r，ε_v^t 和 ε_v^r。但是，这个校准过程的主要问题如下：

(1) 同互易系统中一样，用于校准参数求解的二面角反射器在0°时的“理论值”直接采用了理想理论结果，不是通过RCS定标导出的，非理想二面角反射器的影响因素被完全带入校准参数求解中，且交叉极化因子解的不确定度是同增益矩阵的全部 4 个估计值均有关联的。

(2) 求解过程用到了旋转角为 0°时的交叉极化通道测量值或者旋转角为 45°时的同极化通道测量值，这些量属于小信号量，测量过程中很难保证足够高的信噪比，因此影响到所求解参数的不确定度，甚至因为是病态方程导致其求解结果是不可信的。

可见，一般而言，采用两个标准体的极化校准测量与处理，将具有更好的不确定度。必须指出，测量信杂比的提高有赖于测试场背景控制、测量与抵消处理，测量信噪比则是可以通过相参积累来提高的。这正是接下来的两个小节所要讨论的问题。

7.3.3 同时完成极化背景与极化校准测量的技术

迄今为止，几乎所有的公开参考文献在讨论极化校准问题时，都回避了极化背景测量与背景抵消问题，也即均假设极化校准中背景已经测得且可通过每个极化通道的背景抵消处理，消除背景对于极化校准的影响。本节提出一种可同时完成极化背景测量与极化校准测量的技术。

根据式(7.53)，二面角反射器随雷达视线旋转时其极化散射矩阵的变化特性呈现为正弦变化特性，且周期为 π。本书作者所在研究团队提出，绕雷达视线旋转的二面角反射器回波的周期性特性，可用于同时完成极化背景测量和极化校准测量，进而一次性同时解决极化背景测量、背景抵消和极化校准测量与校准参数提取问题[21,22]。现讨论如下。

首先，假设采用一个直角二面角反射器作为极化校准体，该二面角反射器通过连接杆与一个带角度编码器的步进电机转轴相连接，可由控制器控制步进电机的转轴带动连接杆转动，由此带动二面角反射器绕雷达视线作旋转运动。极化校准测量中，不是简单地测量几个典型转角下的极化回波，而是同时录取二面角反射器在转角为 0° ~ 180°或 0° ~ 360°时的全部极化回波数据，供后续背景提取和极化校准处理。

对于采用低散射金属支架的极化测量系统，能完成上述测量的典型装置如图 7.8 所示。该辅助装置所采用的二面角反射器可以是任意直角二面角反射器，例如矩形平板、三角板二面角反射器等。一般认为，采用三角板反射器具有更好的周期对称性。同时，注意到将驱动二面角反射器转动的电机等控制装置容于其中的金属罩外形应该采用低散射设计，以保证辅助测量装置非旋转部分的散射不会构成背景散射的重要分量，因为目标测量时，该装置是必须从支架上移除以便安装被测目标的。不难理解，采用 RCS 测试场常用的金属支架低散射端帽这样的低散射设计，通常可以满足此处的使用要求。

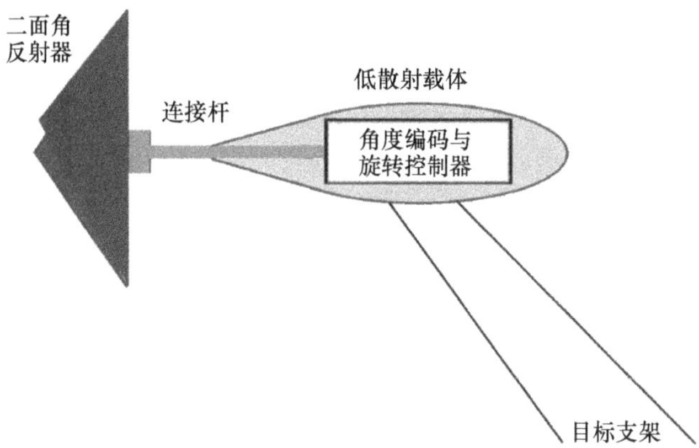

图 7.8 用于同时完成背景和极化校准测量的可旋转二面角反射器装置

7.3.3.1 信号模型

在考虑背景影响时,对于非互易系统,其极化信号模型可表示为

$$\begin{bmatrix} M_{pp}^{B} & M_{pq}^{B} \\ M_{qp}^{B} & M_{qq}^{B} \end{bmatrix} = \begin{bmatrix} \tilde{g}_{pp} & \tilde{g}_{pq} \\ \tilde{g}_{qp} & \tilde{g}_{qq} \end{bmatrix} * \begin{bmatrix} 1 & \varepsilon_{p}^{r} \\ \varepsilon_{q}^{r} & 1 \end{bmatrix} \cdot \begin{bmatrix} S_{pp} & S_{pq} \\ S_{qp} & S_{qq} \end{bmatrix} \cdot \begin{bmatrix} 1 & \varepsilon_{q}^{t} \\ \varepsilon_{p}^{t} & 1 \end{bmatrix} + \begin{bmatrix} B_{pp} & B_{pq} \\ B_{qp} & B_{qq} \end{bmatrix} \tag{7.83}$$

对于互易系统,其极化信号模型为

$$\begin{bmatrix} M_{pp}^{B} & M_{pq}^{B} \\ M_{qp}^{B} & M_{qq}^{B} \end{bmatrix} = \begin{bmatrix} \tilde{g}_{pp} & \tilde{g}_{pq} \\ \tilde{g}_{qp} & \tilde{g}_{qq} \end{bmatrix} * \begin{bmatrix} 1 & \varepsilon_{p} \\ \varepsilon_{q} & 1 \end{bmatrix} \cdot \begin{bmatrix} S_{pp} & S_{pq} \\ S_{qp} & S_{qq} \end{bmatrix} \cdot \begin{bmatrix} 1 & \varepsilon_{q} \\ \varepsilon_{p} & 1 \end{bmatrix} + \begin{bmatrix} B_{pp} & B_{pq} \\ B_{qp} & B_{qq} \end{bmatrix} \tag{7.84}$$

上两式中其他参数符号的意义与上一节的完全相同,$\begin{bmatrix} M_{pp}^{B} & M_{pq}^{B} \\ M_{qp}^{B} & M_{qq}^{B} \end{bmatrix}$和$\begin{bmatrix} B_{pp} & B_{pq} \\ B_{qp} & B_{qq} \end{bmatrix}$分别表示存在背景影响时,4 个极化通道的"目标 + 背景"测量和背景回波分量,前者是已知测量量,后者是在极化校准参数求解前需要首先从测量回波信号中通过背景提取和抵消处理予以消除的量。这样,一旦获得 4 个通道背景回波的估计值$\begin{bmatrix} \hat{B}_{pp} & \hat{B}_{pq} \\ \hat{B}_{qp} & \hat{B}_{qq} \end{bmatrix}$,则式(7.83)和式(7.84)可分别改写如下:

对于非互易系统，有

$$\begin{bmatrix} M_{pp}^{B}-\hat{B}_{pp} & M_{pq}^{B}-\hat{B}_{pq} \\ M_{qp}^{B}-\hat{B}_{qp} & M_{qq}^{B}-\hat{B}_{qq} \end{bmatrix}=\begin{bmatrix} \tilde{g}_{pp} & \tilde{g}_{pq} \\ \tilde{g}_{qp} & \tilde{g}_{qq} \end{bmatrix}*\begin{bmatrix} 1 & \varepsilon_{p}^{r} \\ \varepsilon_{q}^{r} & 1 \end{bmatrix}\cdot\begin{bmatrix} S_{pp} & S_{pq} \\ S_{qp} & S_{qq} \end{bmatrix}\cdot\begin{bmatrix} 1 & \varepsilon_{q}^{t} \\ \varepsilon_{p}^{t} & 1 \end{bmatrix} \tag{7.85}$$

对于互易系统，有

$$\begin{bmatrix} M_{pp}^{B}-\hat{B}_{pp} & M_{pq}^{B}-\hat{B}_{pq} \\ M_{qp}^{B}-\hat{B}_{qp} & M_{qq}^{B}-\hat{B}_{qq} \end{bmatrix}=\begin{bmatrix} \tilde{g}_{pp} & \tilde{g}_{pq} \\ \tilde{g}_{qp} & \tilde{g}_{qq} \end{bmatrix}*\begin{bmatrix} 1 & \varepsilon_{p} \\ \varepsilon_{q} & 1 \end{bmatrix}\cdot\begin{bmatrix} S_{pp} & S_{pq} \\ S_{qp} & S_{qq} \end{bmatrix}\cdot\begin{bmatrix} 1 & \varepsilon_{q} \\ \varepsilon_{p} & 1 \end{bmatrix} \tag{7.86}$$

可见，无论是互易系统还是非互易系统，只要能获得 4 个极化通道的背景回波估计$\begin{bmatrix} \hat{B}_{pp} & \hat{B}_{pq} \\ \hat{B}_{qp} & \hat{B}_{qq} \end{bmatrix}$，则将背景抵消后的测量数据$\begin{bmatrix} M_{pp}^{B}-\hat{B}_{pp} & M_{pq}^{B}-\hat{B}_{pq} \\ M_{qp}^{B}-\hat{B}_{qp} & M_{qq}^{B}-\hat{B}_{qq} \end{bmatrix}$用于求解极化校准参数，其处理过程同前一小节所讨论的是完全一样的。

另一方面，就背景抵消处理而言，无需对 4 个通道的背景测量作极化校准去获得其精确极化散射矩阵，只需获得背景杂波在 4 个通道的响应信号，然后直接从“目标 + 背景”测量数据中将背景信号减去，即可完成极化背景相减处理。这样，问题的关键在于如何从二面角反射器旋转测量数据中提取出背景回波信号分量。

7.3.3.2 极化背景测量的原理

为了进一步讨论如何从绕雷达视线旋转的二面角反射器的极化回波测量中分离并提取出背景回波，以更一般的非互易系统为例，考虑背景影响时可将式(7.46)改写为

$$\begin{bmatrix} M_{pp}^{B} & M_{pq}^{B} \\ M_{qp}^{B} & M_{qq}^{B} \end{bmatrix}=\begin{bmatrix} \tilde{g}_{pp}(S_{pp}+\varepsilon_{p}^{r}S_{qp}+\varepsilon_{p}^{t}S_{pq}+\varepsilon_{p}^{r}\varepsilon_{p}^{t}S_{qq}) & \tilde{g}_{pq}(\varepsilon_{q}^{t}S_{pp}+\varepsilon_{p}^{r}\varepsilon_{q}^{t}S_{qp}+S_{pq}+\varepsilon_{p}^{r}S_{qq}) \\ \tilde{g}_{qp}(\varepsilon_{q}^{r}S_{pp}+S_{qp}+\varepsilon_{q}^{r}\varepsilon_{p}^{t}S_{pq}+\varepsilon_{p}^{t}S_{qq}) & \tilde{g}_{qq}(\varepsilon_{q}^{r}\varepsilon_{q}^{t}S_{pp}+\varepsilon_{q}^{t}S_{qp}+\varepsilon_{q}^{r}S_{pq}+S_{qq}) \end{bmatrix}+\begin{bmatrix} B_{pp} & B_{pq} \\ B_{qp} & B_{qq} \end{bmatrix} \tag{7.87}$$

当对绕雷达视线旋转的二面角反射器的极化回波求数学期望时，若在测量中以 π 的整数倍对角反射器旋转测量并采样，有

$$\underset{\theta\in[0,n\pi)}{E}\left\{\begin{bmatrix} M_{pp}^{B}(\theta) & M_{pq}^{B}(\theta) \\ M_{qp}^{B}(\theta) & M_{qq}^{B}(\theta) \end{bmatrix}\right\}=\underset{\theta\in[0,n\pi)}{E}\left\{\begin{bmatrix} M_{pp}(\theta) & M_{pq}(\theta) \\ M_{qp}(\theta) & M_{qq}(\theta) \end{bmatrix}\right\}+\begin{bmatrix} B_{pp} & B_{pq} \\ B_{qp} & B_{qq} \end{bmatrix} \tag{7.88}$$

式中：$\underset{\theta\in[0,n\pi)}{E}\{\}$为对每个矩阵元素求数学期望运算，等式右边第一项为二面角反射器[0,2π)转角范围内全部回波的数学期望，第二项为背景的数学期望。注意背景是固定的，不随转角而改变，故$\underset{\theta\in[0,n\pi)}{E}\left\{\begin{bmatrix} B_{pp} & B_{pq} \\ B_{qp} & B_{qq} \end{bmatrix}\right\}=\begin{bmatrix} B_{pp} & B_{pq} \\ B_{qp} & B_{qq} \end{bmatrix}$，有

$$\underset{\theta\in[0,n\pi)}{E}\left\{\begin{bmatrix} M_{pp}(\theta) & M_{pq}(\theta) \\ M_{qp}(\theta) & M_{qq}(\theta) \end{bmatrix}\right\}=\underset{\theta\in[0,n\pi)}{E}\left\{\begin{bmatrix} \tilde{g}_{pp}(S_{pp}(\theta)+\varepsilon_p^r S_{qp}(\theta)+\varepsilon_p^t S_{pq}(\theta)+\varepsilon_p^r\varepsilon_p^t S_{qq}(\theta)) & \tilde{g}_{pq}(\varepsilon_q^t S_{pp}(\theta)+\varepsilon_p^r\varepsilon_q^t S_{qp}(\theta)+S_{pq}(\theta)+\varepsilon_p^r S_{qq}(\theta)) \\ \tilde{g}_{qp}(\varepsilon_q^r S_{pp}(\theta)+S_{qp}(\theta)+\varepsilon_q^r\varepsilon_p^t S_{pq}(\theta)+\varepsilon_p^t S_{qq}(\theta)) & \tilde{g}_{qq}(\varepsilon_q^r\varepsilon_q^t S_{pp}(\theta)+\varepsilon_q^t S_{qp}(\theta)+\varepsilon_q^r S_{pq(\theta)}+S_{qq}(\theta)) \end{bmatrix}\right\} \tag{7.89}$$

对于二面角反射器，由式(7.53)可知，所有4个极化分量均与$\cos2\theta$或$\sin2\theta$成正比，由于$\int_0^{\pi}\cos2\theta\mathrm{d}\theta=\int_0^{\pi}\sin2\theta\mathrm{d}\theta=0$，故在测量中只要以π的整数倍旋转测量并采样，其结果在旋转角范围内的全部测量数据求数学期望，均满足

$$\underset{\theta\in[0,n\pi)}{E}\left\{\begin{bmatrix} S_{pp}(\theta) & S_{pq}(\theta) \\ S_{qp}(\theta) & S_{qq}(\theta) \end{bmatrix}\right\}=0 \tag{7.90}$$

从而有

$$\underset{\theta\in[0,n\pi)}{E}\left\{\begin{bmatrix} M_{pp}(\theta) & M_{pq}(\theta) \\ M_{qp}(\theta) & M_{qq}(\theta) \end{bmatrix}\right\}=0 \tag{7.91}$$

进而有

$$\underset{\theta\in[0,n\pi)}{E}\left\{\begin{bmatrix} M_{pp}^B(\theta) & M_{pq}^B(\theta) \\ M_{qp}^B(\theta) & M_{qq}^B(\theta) \end{bmatrix}\right\}=\begin{bmatrix} B_{pp} & B_{pq} \\ B_{qp} & B_{qq} \end{bmatrix} \tag{7.92}$$

式(7.92)告诉我们：当将极化校准体二面角反射器绕雷达视线转过π的整数倍，也即旋转半周、一周或多周时，即$\theta=0\sim n\pi(n=1,2,\cdots)$时，理论上只需对每个极化通道下测得的“极化校准体+背景”回波采样作数学平均统计处理，即可提取出不同极化通道背景回波分量，所提取出的极化背景信号分量可用于极化背景抵消处理。实际测量和数据处理中，可采用更为复杂的拟合圆处理技术[23]来完成背景提取。

由此，同时完成了极化背景和极化校准测量。

7.3.4 非线性极化校准处理技术

Muth 根据二面角反射器随雷达视线旋转时其极化散射矩阵的变化特性呈

现为正弦周期变化这一特性，提出一种非线性极化校准技术，该技术首先对二面角反射器旋转测量数据作傅里叶级数展开，并取其二阶傅里叶系数用于极化校准[17]。Muth 同时指出，该技术对于测量系统漂移不敏感，可较好解决测量系统漂移造成的校准参数估计不确定度问题。

为讨论上的简单，以互易系统为例。对应于式(7.49)，有

$$\begin{bmatrix} M_{hh}^B & M_{hv}^B \\ M_{vh}^B & M_{vv}^B \end{bmatrix} = \begin{bmatrix} \tilde{g}_{hh}(S_{hh}+\varepsilon_h S_{hv}+\varepsilon_h S_{vh}+\varepsilon_h^2 S_{vv}) & \tilde{g}_{hv}(\varepsilon_v S_{hh}+\varepsilon_h\varepsilon_v S_{vh}+S_{hv}+\varepsilon_h S_{vv}) \\ \tilde{g}_{vh}(\varepsilon_v S_{hh}+S_{vh}+\varepsilon_v\varepsilon_h S_{hv}+\varepsilon_h S_{vv}) & \tilde{g}_{vv}(\varepsilon_v^2 S_{hh}+\varepsilon_v S_{vh}+\varepsilon_v S_{hv}+S_{vv}) \end{bmatrix} + \begin{bmatrix} B_{hh} & B_{hv} \\ B_{vh} & B_{vv} \end{bmatrix} \tag{7.93}$$

当采用绕雷达视线旋转的二面角反射器作为极化校准体时，由式(7.53)，在转角 θ 下，有

$$M_{hh}^B(\theta) = \tilde{g}_{hh}k_D[(-1+\varepsilon_h^2)\cos 2\theta + 2\varepsilon_h \sin 2\theta] + B_{hh} \tag{7.94}$$

$$M_{hv}^B(\theta) = \tilde{g}_{hv}k_D[(\varepsilon_h-\varepsilon_v)\cos 2\theta + (1+\varepsilon_h\varepsilon_v)\sin 2\theta] + B_{hv} \tag{7.95}$$

$$M_{vh}^B(\theta) = \tilde{g}_{vh}k_D[(\varepsilon_h-\varepsilon_v)\cos 2\theta + (1+\varepsilon_h\varepsilon_v)\sin 2\theta] + B_{vh} \tag{7.96}$$

$$M_{vv}^B(\theta) = \tilde{g}_{vv}k_D[(1-\varepsilon_v^2)\cos 2\theta + 2\varepsilon_v \sin 2\theta] + B_{vv} \tag{7.97}$$

测量中，使二面角反射器绕雷达视线旋转 360°，并对 4 个极化通道中每个通道的测量数据均作傅里叶级数展开。根据二面角反射器的理论极化散射矩阵，对于具有理想散射特性的二面角反射器且不存在背景杂波影响时，4 个极化通道测量数据的傅里叶级数展开均应该只存在二阶系数，其他系数均应为零。但是，如果二面角反射器的散射特性非理想，同时还存在背景杂波影响，则有

$$M_{pq}^B(\theta) = c_{2,pq}\cos 2\theta + s_{2,pq}\sin 2\theta + b_{0,pq} + \cdots \tag{7.98}$$

式中：$c_{2,pq}$，$s_{2,pq}$ 为傅里叶级数展开的二阶系数；$b_{0,pq}$ 为傅里叶级数展开零阶系数；其他各阶展开系数不是此处极化校准处理所感兴趣的，故不予列出。

对比式(7.98)与式(7.94)～式(7.97)易知：极化背景信号是不随旋转角变化的“直流”分量，对应于傅里叶级数展开零阶系数 $b_{0,pq}$，也即有

$$B_{pq} = b_{0,pq} \tag{7.99}$$

另一方面，又有

$$r_{2,h} = \frac{s_{2,hh}}{c_{2,hh}} = \frac{-2\varepsilon_h}{1-\varepsilon_h^2} \tag{7.100}$$

$$r_{2,v} = \frac{s_{2,vv}}{c_{2,vv}} = \frac{2\varepsilon_v}{1-\varepsilon_v^2} \tag{7.101}$$

从而可求解得到

$$\varepsilon_{\mathrm{h}} = \frac{1 \pm \sqrt{1 + r_{2,\mathrm{h}}^2}}{r_{2,\mathrm{h}}} \tag{7.102}$$

$$\varepsilon_{\mathrm{v}} = \frac{-1 \pm \sqrt{1 + r_{2,\mathrm{v}}^2}}{r_{2,\mathrm{v}}} \tag{7.103}$$

取 $|\varepsilon_{\mathrm{h}}| < 1$，$|\varepsilon_{\mathrm{v}}| < 1$ 的解作为最终解即可。

对比上一小节的方法与此处求取交叉极化耦合因子的求取方法可见：在上一小节中，交叉极化因子 ε_{h}，ε_{v} 的求解是采用同极化分量通过式(7.94)和式(7.97)来求解的，其不确定度与先期求得的增益因子的不确定度有关；而此处交叉极化因子的解与增益因子是无关的。因此，采用二阶傅里叶级数展开系数的非线性极化校准具有以下显著优点：

(1) 极化校准过程中可直接完成背景提取和抵消处理，故不受背景杂波的影响。

(2) 交叉极化参数求解只利用了二阶傅里叶系数，故不受二面角反射器因加工制造不尽完美等因素引起的高阶散射影响，同时等效地提高了信噪比。

(3) 大大减小了测量系统漂移的影响。

事实上，由于极化背景信号对应于傅里叶级数展开零阶系数 $b_{0,\mathrm{pq}}$，故傅里叶级数展开法为从旋转二面角反射器回波数据中提取固定背景信号提供了一种新的方法。因此，在实际校准处理中，可以采用傅里叶级数展开方法先求得交叉极化耦合因子的估计值 $\hat{\varepsilon}_{\mathrm{h}}$，$\hat{\varepsilon}_{\mathrm{v}}$ 以及背景信号矩阵估计值 $\begin{bmatrix} \hat{B}_{\mathrm{hh}} & \hat{B}_{\mathrm{hv}} \\ \hat{B}_{\mathrm{vh}} & \hat{B}_{\mathrm{vv}} \end{bmatrix}$，进而求解增益矩阵 $\begin{bmatrix} \hat{g}_{\mathrm{hh}} & \hat{g}_{\mathrm{hv}} \\ \hat{g}_{\mathrm{vh}} & \hat{g}_{\mathrm{vv}} \end{bmatrix}$。

理论上，这一方法可以直接推广用于非互易系统的极化参数求解。

作为例子，图 7.9 示出了在普通非微波暗室测量环境下，采用金属平板和一个旋转的二面角反射器作为极化校准体，对另一个绕雷达视线旋转 45°斜置的矩形直角二面角反射器的宽带极化散射矩阵校准的结果。注意到此时该二面角反射器的同极化分量理论 RCS 值为 0，交叉极化分量则达到 RCS 最大值。由于采用双天线测量，校准过程按照非互易系统进行参数求解。根据所求得的极化校准参数，测量系统校准前的交叉极化隔离度不足 -20dB；由于采用了从旋转二面角反射器的散射信号求取傅里叶级数展开系数，并将二阶系数用于极化参数求解，消除了固定背景对于极化校准参数提取的影响，即使对于当前的强杂波背景测量环境，仍使得极化校准后交叉极化隔离度达到 45dB 以上，由此验证了非线性极化校准处理技术的优异性能。

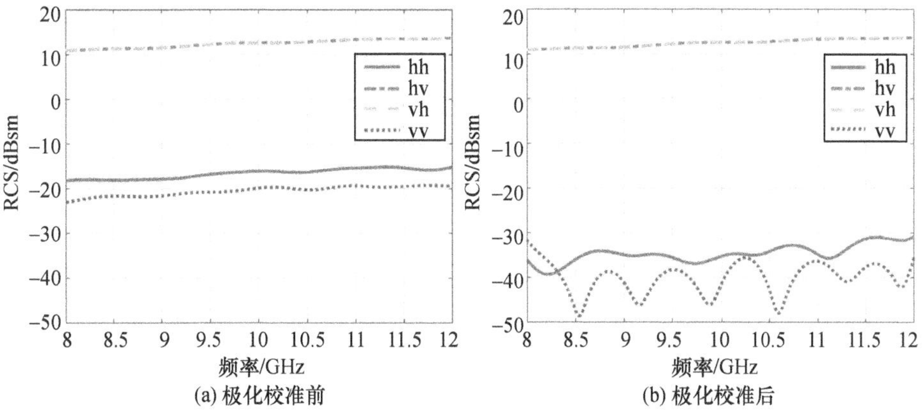

图7.9 极化校准测量结果

7.4 有源极化校准技术

7.4.1 有源极化校准器

最基本的有源极化校准器(PARC)是一个带有光纤延时线的有源转发器,其简单的结构框图如图7.10所示[24]。PARC的工作过程为:接收天线接收来自极化测量雷达的发射信号,该信号经放大器放大处理后,由带通滤波器滤除雷达工作频段以外的杂波;通过调节延时线的延时大小来等效改变测量距离,使测量雷达距离门可以设置在一个无杂波区处,这样可以消除PARC装置或者周边环境背景杂波的影响,使得近似地有 $\boldsymbol{B}=0$;最后,该信号再经转发天线转发射出去,供极化测量雷达接收和极化校准处理。接收和转发天线可以分置馈源共口径,也可以是分置口径(即采用双天线)。

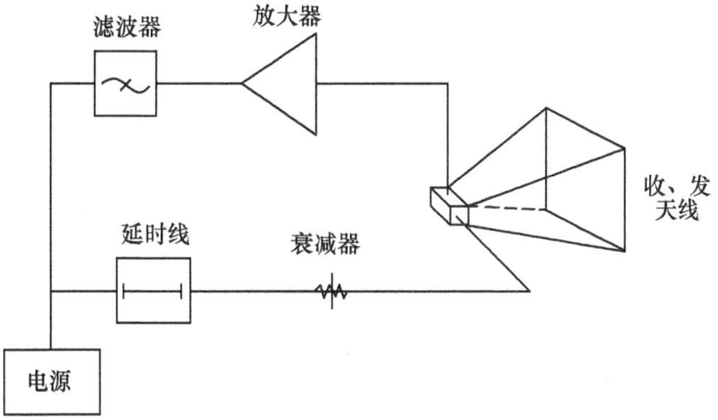

图7.10 PARC结构框图

与无源定标体相比,PARC 的雷达散射截面积不受物理尺寸限制,且 RCS 电平可以通过调节衰减器来改变,其 RCS 理论计算值为[25,26]

$$\sigma = G_{\text{Loop}} \cdot \frac{G_{\text{T}} \cdot G_{\text{R}} \cdot \lambda^2}{4\pi} \tag{7.104}$$

式中:G_{T}和 G_{R}分别为 PARC 转发天线和接收天线的增益;G_{Loop}为图 7.10 中除天线外,整个回路的总增益。实际应用中,一般可通过相对定标的方法测量得到其理论 RCS 值大小。

PARC 的收发天线一般采用喇叭天线,天线具有单一的线极化方式。如图 7.11所示,我们称天线的线极化状态与水平 X 轴(水平向右)的夹角为天线的极化角。若 PARC 接收天线的极化角为 θ_{r},转发天线的极化角为 θ_{t},则 PARC 的理论极化散射矩阵可表示为[25]

$$\boldsymbol{S}_{\text{P}} = \sqrt{\sigma} \cdot \boldsymbol{J}_{\text{t}} \cdot \boldsymbol{J}_{\text{r}}^{\text{T}} = \sqrt{\sigma} \cdot \begin{bmatrix} \cos\theta_{\text{t}} \cdot \cos\theta_{\text{r}} & \cos\theta_{\text{t}} \cdot \sin\theta_{\text{r}} \\ \sin\theta_{\text{t}} \cdot \cos\theta_{\text{r}} & \sin\theta_{\text{t}} \cdot \sin\theta_{\text{r}} \end{bmatrix} \tag{7.105}$$

式中:$\boldsymbol{J}_{\text{t}} = [\cos\theta_{\text{t}} \quad \sin\theta_{\text{t}}]^{\text{T}}$和 $\boldsymbol{J}_{\text{r}} = [\cos\theta_{\text{r}} \quad \sin\theta_{\text{r}}]^{\text{T}}$分别为 PARC 转发天线和接收天线的琼斯(Jones)矢量,上标 T 表示矩阵或向量的转置运算。

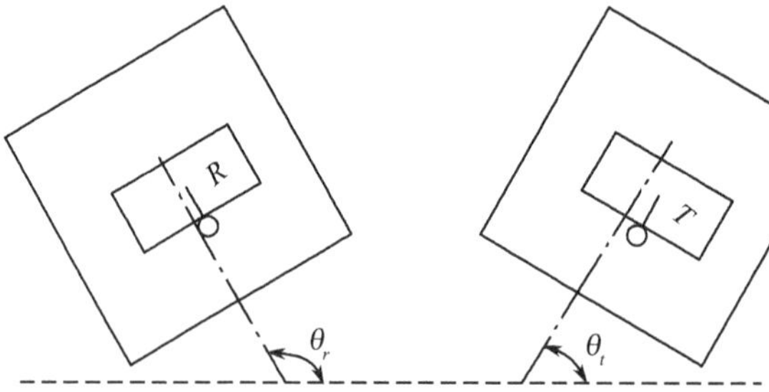

图 7.11　双天线 PARC 天线正视图

关于式(7.105)的详细推导我们将稍后给出。根据式(7.105),若采用双天线 PARC 设计,通过改变接收天线的极化角 θ_{r}和转发天线的极化角 θ_{t},可以获得 PARC 各种极化角组合的理论极化散射矩阵 $\boldsymbol{S}_{\text{P1}}, \boldsymbol{S}_{\text{P2}}, \cdots, \boldsymbol{S}_{\text{P}n}$,结合对应的极化散射矩阵测量值 $\boldsymbol{M}_{\text{P1}}, \boldsymbol{M}_{\text{P2}}, \cdots, \boldsymbol{M}_{\text{P}n}$,则与无源极化校准中一样可列写出若干方程组,进而可求解出极化校准参数。

实际应用中,所得到的极化校准参数的不确定度在很大程度上取决于极化校准测量中所选用校准体的理论极化散射矩阵是否精确,以及极化校准参数求解方程是否足够稳健。

7.4.2　基于单天线有源极化校准器的极化校准技术

萨拉班迪(Sarabandi)等人[24]提出一种单天线 PARC 的结构,其原理框图参见图 7.12 所示。在天线口面内部有一对相互正交放置的馈源,分别用于接收信号和转发信号,这样,接收和转发信号的极化方式始终是相互正交的,也即$\theta_t = \theta_r + \frac{\pi}{2}$,如图 7.12 所示。这样,其理论极化散射矩阵可表示为[24]

$$\boldsymbol{S}_{\mathrm{P}} = \frac{\sqrt{\sigma}}{2} \cdot \begin{bmatrix} -\sin 2\theta_r & \cos 2\theta_r - 1 \\ \cos 2\theta_r + 1 & \sin 2\theta_r \end{bmatrix} \tag{7.106}$$

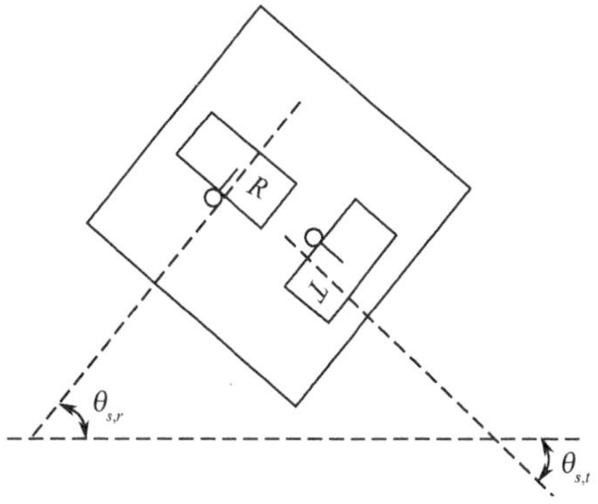

图 7.12　单天线 PARC 天线正视图

因此,通过将天线绕雷达视线旋转至不同的角位置,天线的收发极化状态也随之而改变,从而获得不同的极化散射矩阵。

采用这种 PARC 极化校准的基本步骤如下[24]:

(1) 计算两种姿态下单天线 PARC 的极化散射矩阵的理论值 $\boldsymbol{S}_{\mathrm{P1}}$,$\boldsymbol{S}_{\mathrm{P2}}$。

(2) 测量两种姿态下的单天线 PARC 的测量值 $\boldsymbol{M}_{\mathrm{P1}}$,$\boldsymbol{M}_{\mathrm{P2}}$,在测量中,经延时线处理使得接收回波被延时到远离 PARC 所在的距离处,从而可消除背景杂波的影响。

(3) 将上述 $\boldsymbol{M}_{\mathrm{P1}}$,$\boldsymbol{M}_{\mathrm{P2}}$,$\boldsymbol{S}_{\mathrm{P1}}$ 及 $\boldsymbol{S}_{\mathrm{P2}}$ 通过信号模型式(7.106)建立联立方程组,从而可求解得到极化校准参数。

虽然单天线 PARC 结构简单且能够较好地完成极化校准工作,但它存在以下缺点:

(1) PARC 天线的接收极化方式和发射极化方式始终是相互正交的,收发天线极化不能任意组合,这大大减少了其理论极化散射矩阵的形式,很多特殊形式的极化散射矩阵无法通过这种单天线 PARC 得到,比如单位矩阵,从而限制了其应用范围。

(2) 由于该方案是对某几个天线转角的 PARC 进行测量而获得实测数据,当测量中存在微小转角误差时,会对极化校准精度产生大的影响;因此,采用这种 PARC 的极化校准参数提取算法的稳健性较差,一旦校准过程中某时刻的系统测量值存在异常值或较大误差时,就会大大降低所提取校准参数的精度。

(3) 由于一对正交极化馈源同时工作,无法在天线口面处加装极化滤波装置来提高天线的极化隔离度,而 PARC 自身极化隔离度的高低在很大程度上决定了极化校准精度。

7.4.3 可旋转双天线有源极化校准器(RODAPARC)

本书作者所在研究团队提出一种采用带旋转控制机构的双天线 PARC 装置[25,26],称为可旋转双天线有源极化校准器(RODAPARC)。该 RODAPARC 装置的收发天线可以工作在各种极化组合,通过 RODAPARC 模拟实现多种常用无源定标体的极化散射矩阵,从而可大大扩展传统 PARC 的应用范围。此外,通过在收、发天线口面分别加装极化滤波器,可大大提高交叉极化隔离度,解决单天线 PARC 所存在的交叉极化耦合给极化校准所带来的消极影响问题。

图 7.13 示出了可旋转双天线有源极化校准装置的组成原理框图以及一个典型的 RODAPARC 装置照片。

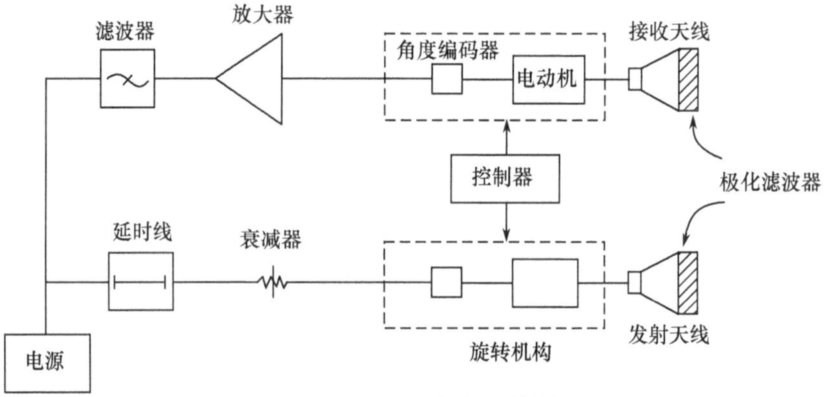

(a) RODAPARC组成原理框图

(b) RODAPARC装置

图 7.13 可旋转双天线有源极化校准器

在图 7.13 中，RODAPARC 的接收和转发天线各由一个喇叭天线组成。为了尽可能减小天线交叉极化耦合误差、提高极化隔离比，在每个天线口面处可加装微带极化滤波器装置[27]。

每个喇叭天线均安装在一个带有角度编码的旋转机构上，由控制器控制每个天线可独立地绕雷达视线转动，同时可给出天线的角位置信息。天线旋转机构主要由角度编码器、步进电机及通讯接口电路等组成，通过控制器，可以实时精确地控制每个天线的旋转速度及转角位置。在工作状态下，收、发天线转动到不同位置时的典型极化组合正视图可参见图 7.11 所示。

图 7.13 中的放大器、滤波器、衰减器、延时线、电源等的工作原理同传统的 PARC 无异，在此不作讨论。与传统单天线 PARC 相比，采用可旋转双天线的 RODAPARC 的第一个重要优点是，通过在天线口面处加装极化滤波器，可使得收、发天线各自的极化隔离度大大提高，有利于提高极化校准精度。

天线口面处的极化滤波器可采用极化栅微带滤波器设计，其示意图如图 7.14所示。假设典型极化栅导线的宽度为 d，导线间距为 D，天线辐射方向为沿 Z 轴正方向，如图 7.14(a)所示，参数设计可参考[27]。极化栅正视图如图 7.14(b)所示，以水平线为 X 轴，取栅的导线的倾角为 α，假设由馈源辐射出的某线极化波为 $\boldsymbol{E}_i$，经由极化栅滤波后所得到的垂直极化分量和水平极化分量分别为 E_{rv} 和 E_{rh}，则两正交分量的幅度比为[27]

$$\frac{|E_{rv}|}{|E_{rh}|}=\frac{|\boldsymbol{E}_i|\cdot\sin\alpha}{|\boldsymbol{E}_i|\cdot\cos\alpha}=\tan\alpha \tag{7.107}$$

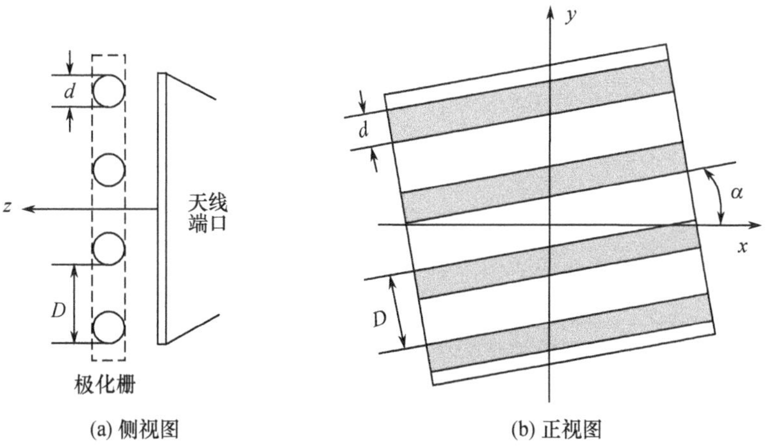

图 7.14　极化栅示意图

可见，当 $\alpha=0°$，即极化栅在天线工作于水平极化时可用作水平极化滤波器，其垂直极化分量幅度为 0，理论上，可以滤除垂直极化分量；同理，在天线工作于垂直极化时，极化栅可用作垂直极化滤波器，即 $\alpha=90°$，理论上，可以滤除水平极化分量。

由于 RODAPARC 中的每个天线都是可以独立绕雷达视线旋转的，极化滤波器则固定于天线口面，故天线旋转中每个极化滤波器是随着喇叭天线一起绕雷达视线转动的。因此，只要将上述极化栅安装在图 7.13 中的喇叭天线口面外端口处，使极化栅的导线方向与喇叭天线极化方式相一致，则无论天线工作在何种线极化状态，均可起到滤除交叉极化耦合的作用，从而大大提高天线的极化隔离度。

同传统已有的单天线 PARC 装置相比，采用可旋转双天线的 RODAPARC 其第二个重要优点是，由于采用了可旋转双天线设计，收、发天线的不同姿态组合可构成各种不同的极化组合，由此可设计出不同的极化校准测量方案和校准算法。

RODAPARC 作为转发器进行接收和转发极化信号的过程中，其接收天线的极化状态与雷达发射信号的极化状态共同决定了 RODAPARC 接收能量的大小；同样，RODAPARC 转发天线的极化状态与雷达接收天线的极化状态共同决定了雷达所能接收到来自 RODAPARC 发射信号的强弱。而 Jones 矢量能够很好的描述有源极化测量中，雷达与 RODAPARC 间收发功率的关系。

若对于 RODAPARC 和极化测量雷达，均选取水平极化和垂直极化作为一对正交基。对于 RODAPARC，该组极化基记为 $(\boldsymbol{h}', \boldsymbol{v}')$，电波传播方向为 $\boldsymbol{k}'$，其收发天线满足右手法则，即 $\boldsymbol{h}'\times\boldsymbol{v}'=\boldsymbol{k}'$。定义天线的线极化状态 $\boldsymbol{v}'$ 正方向为参考，顺时针旋转过的夹角称为天线的极化角，这样，RODAPARC 收发天线工作极化状态如图 7.15 所示。其中实线箭头表示天线的主极化方向，θ_r 为接收天线的极化角，θ_t 为转发天线的极化角。

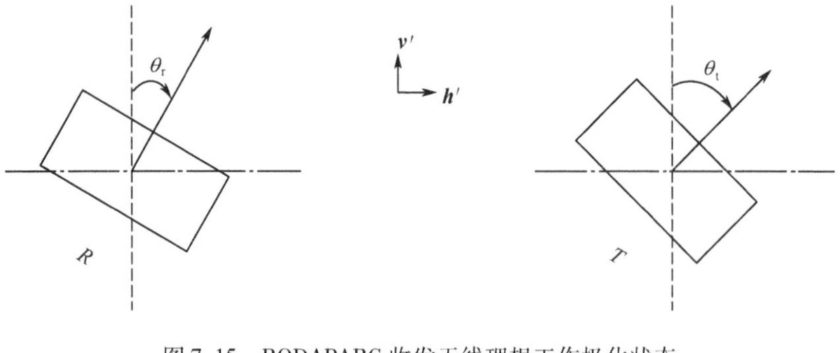

图 7.15　RODAPARC 收发天线理想工作极化状态

对于测量雷达系统，以水平极化和垂直极化作为一对正交基为例，记为 $(\boldsymbol{h}, \boldsymbol{v})$。定义由天线馈源指向天线口面的方向为电波传播方向 $\boldsymbol{k}$，且有 $\boldsymbol{h}\times\boldsymbol{v}=\boldsymbol{k}$。

则 RODAPARC 和极化测量雷达的两组极化基之间满足关系：$(\boldsymbol{h}', \boldsymbol{v}') = (-\boldsymbol{h}, \boldsymbol{v})$。如图 7.16 所示，令 $\boldsymbol{p}_{\mathrm{r}}$ 和 $\boldsymbol{p}_{\mathrm{t}}$ 分别表示 RODAPARC 接收天线和转发天线的极化方式的单位矢量。

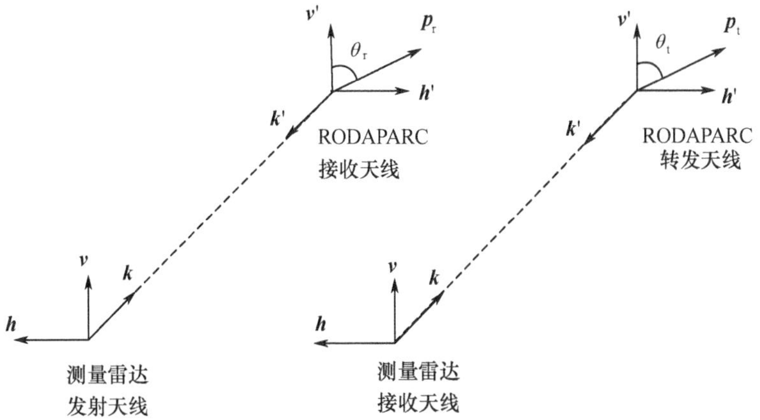

图 7.16　有源极化测量与校准系统坐标系

矢量 $\boldsymbol{p}_{\mathrm{r}}$ 和 $\boldsymbol{p}_{\mathrm{t}}$ 在 RODAPARC 收发天线的极化基上的归一化投影分量可分别表示为

$$\boldsymbol{J}_{\mathrm{r}} = \begin{bmatrix} J_{\mathrm{r}}^{\mathrm{h}} \\ J_{\mathrm{r}}^{\mathrm{v}} \end{bmatrix} = \begin{bmatrix} -\sin\theta_{\mathrm{r}} \\ \cos\theta_{\mathrm{r}} \end{bmatrix} \tag{7.108}$$

和

$$\boldsymbol{J}_{\mathrm{t}} = \begin{bmatrix} J_{\mathrm{t}}^{\mathrm{h}} \\ J_{\mathrm{t}}^{\mathrm{v}} \end{bmatrix} = \begin{bmatrix} -\sin\theta_{\mathrm{t}} \\ \cos\theta_{\mathrm{t}} \end{bmatrix} \tag{7.109}$$

由此，可得到 RODAPARC 的理论极化散射矩阵表达式为[25,26]

$$\boldsymbol{S}_{\mathrm{P}} = \sqrt{\sigma_{\mathrm{d}}} \cdot \boldsymbol{J}_{\mathrm{t}} \cdot \boldsymbol{J}_{\mathrm{r}}^{\mathrm{T}} = \sqrt{\sigma_{\mathrm{d}}} \cdot \begin{bmatrix} \sin\theta_{\mathrm{t}} \cdot \sin\theta_{\mathrm{r}} & -\sin\theta_{\mathrm{t}} \cdot \cos\theta_{\mathrm{r}} \\ -\cos\theta_{\mathrm{t}} \cdot \sin\theta_{\mathrm{r}} & \cos\theta_{\mathrm{t}} \cdot \cos\theta_{\mathrm{r}} \end{bmatrix} \tag{7.110}$$

式中：σ_{d} 为双天线同极化条件下 RODAPARC 的 RCS。

7.4.3.1　静态模式下 RODAPARC 的理论极化散射矩阵

静态工作模式是指 RODAPARC 始终以某一固定姿态进行接收和转发雷达信号。也就是在测量过程中，RODAPARC 调整好姿态后保持不动，待测量完毕后再调整它至下一个姿态。表 7.4 列出了几种特殊的静态工作模式（简称为“工况”）及其对应的理论极化散射矩阵。

表7.4　静态工作模式下RODAPARC几种特殊形式的理论极化散射矩阵

静态工况	RODAPARC收发天线的极化角		$S_P=\begin{bmatrix}S_{hh} & S_{hv}\\ S_{vh} & S_{vv}\end{bmatrix}$
	θ_r	θ_t	
1	$\frac{\pi}{4}$	$\frac{\pi}{4}$	$S_P=\frac{1}{2}\sqrt{\sigma_d}\cdot\begin{bmatrix}1 & -1\\ -1 & 1\end{bmatrix}$
2	$\frac{\pi}{4}$	0	$S_P=\sqrt{\frac{\sigma_d}{2}}\cdot\begin{bmatrix}0 & 0\\ -1 & 1\end{bmatrix}$
3	$\frac{\pi}{4}$	$\frac{\pi}{2}$	$S_P=\sqrt{\frac{\sigma_d}{2}}\cdot\begin{bmatrix}1 & -1\\ 0 & 0\end{bmatrix}$
4	0	$\frac{\pi}{4}$	$S_P=\sqrt{\frac{\sigma_d}{2}}\cdot\begin{bmatrix}0 & -1\\ 0 & 1\end{bmatrix}$
5	$\frac{\pi}{2}$	$\frac{\pi}{4}$	$S_P=\sqrt{\frac{\sigma_d}{2}}\cdot\begin{bmatrix}1 & 0\\ -1 & 0\end{bmatrix}$
6	$\frac{\pi}{2}$	0	$S_P=\sqrt{\sigma_d}\cdot\begin{bmatrix}0 & 0\\ -1 & 0\end{bmatrix}$
7	$\frac{\pi}{2}$	$\frac{\pi}{2}$	$S_P=\sqrt{\sigma_d}\cdot\begin{bmatrix}1 & 0\\ 0 & 0\end{bmatrix}$
8	0	0	$S_P=\sqrt{\sigma_d}\cdot\begin{bmatrix}0 & 0\\ 0 & 1\end{bmatrix}$
9	0	$\frac{\pi}{2}$	$S_P=\sqrt{\sigma_d}\cdot\begin{bmatrix}0 & -1\\ 0 & 0\end{bmatrix}$

对于表7.4中的工况1，目前尚没有找到拥有此种极化散射矩阵形式的无源定标体。可将该极化散射矩阵写为

$$\boldsymbol{S}_P=\sqrt{\sigma_d}\cdot\begin{bmatrix}1 & 0\\ 0 & 1\end{bmatrix}+\sqrt{\sigma_d}\cdot\begin{bmatrix}0 & -1\\ -1 & 0\end{bmatrix}\tag{7.111}$$

如果采用无源极化校准体，这种极化散射矩阵形式可以由金属球、金属平板或三面角反射器与一个强交叉极化标准体（例如绕雷达视线旋转45°放置的二面角反射器）叠加而得到。

对于工况 5 ~ 工况 9 则分别对应于 4 种不同姿态下偶极子的散射矩阵[1,15]。这种矩阵形式的好处在于它可使校准过程大大简化,提高测量和处理效率。

7.4.3.2 动态模式下 RODAPARC 的极化散射矩阵

RODAPARC 工作于动态模式是指在整个测量过程中,RODAPARC 的收发天线处于旋转状态,可以是收发天线中的一个在旋转,而另一个天线保持某种转角不动,或者收发天线都绕雷达视线旋转。下面介绍动态模式下几种收发极化组合下 RODAPARC 的理论极化散射矩阵。

(1) 工况 1:RODAPARC 转发天线保持 45°线极化,即 $\theta_t = 45°$,而接收天线在 0 ~ 360°范围内旋转,此时 RODAPARC 的理论极化散射矩阵为

$$\boldsymbol{S}_{c1}^{P} = K_P \cdot \begin{bmatrix} \cos\theta_r & \sin\theta_r \\ \cos\theta_r & \sin\theta_r \end{bmatrix} \tag{7.112}$$

式中:$K_P = \sqrt{\dfrac{\sigma_d}{2}}$。

系数 K_P 可在极化校准前,利用其他定标体对 RODAPARC 进行 RCS 定标而得到,也可通过式(7.104)计算得到,此处均视为已知量。可见,在该种情况下,RODAPARC 极化散射矩阵的 4 个分量均随接收天线的极化角 θ_r 呈正余弦规律变化。

(2) 工况 2:保持转发天线与接收天线极化方式相同,且两天线在 0 ~ 360°范围内同步旋转,始终满足关系 $\theta_r = \theta_t$。此时,RODAPARC 的理论极化散射矩阵为

$$\boldsymbol{S}_{c2}^{P} = \frac{K_P}{\sqrt{2}} \cdot \begin{bmatrix} \cos2\theta_r & \sin2\theta_r \\ \sin2\theta_r & -\cos2\theta_r \end{bmatrix} + \frac{K_P}{\sqrt{2}} \cdot \begin{bmatrix} 1 & 0 \\ 0 & 1 \end{bmatrix} \tag{7.113}$$

故此时 RODAPARC 可视为一个既有类似二面角反射器散射特性,又兼有金属球散射特性的综合校准体。

(3) 工况 3:转发天线与接收天线极化方式相互正交,且保持同步旋转,即始终满足关系:$\theta_r = \theta_t + \dfrac{\pi}{2}$,此时,RODAPARC 的理论极化散射矩阵为

$$\boldsymbol{S}_{c3}^{P} = \frac{K_P}{2} \cdot \begin{bmatrix} -\sin2\theta_t & \cos2\theta_t - 1 \\ \cos2\theta_t + 1 & -\sin2\theta_t \end{bmatrix} \tag{7.114}$$

在这种情况下,双天线 RODAPARC 与单天线 PARC 情形类似。需要注意的是,文献[24]中,收发天线满足的关系为:$\theta_t = \theta_r + \dfrac{\pi}{2}$,所以式(7.114)与

式(7.106)有所差异,但现有的单天线 PARC 极化校准方案完全适用于 RODAPARC。

(4) 工况 4:转发天线与接收天线的初始角度相同,为方便表示,假设都为零,即 $\varphi_r=\varphi_t=0$。它们以不同角速度匀速旋转,且有 $\Omega_r=Q\cdot\Omega_t$,其中 Ω_r 和 Ω_t 分别为接收天线和发射天线的旋转角速度,Q 为有理数。此时,RODAPARC 的理论极化散射矩阵为

$$\boldsymbol{S}_{c4}^{P}=\frac{K_P}{2}\cdot\begin{bmatrix}\cos[(Q-1)\Omega_t\cdot t]-\cos[(Q+1)\Omega_t\cdot t] & \sin[(Q+1)\Omega_t\cdot t]-\sin[(Q-1)\Omega_t\cdot t]\\ \sin[(Q+1)\Omega_t\cdot t]+\sin[(Q-1)\Omega_t\cdot t] & \cos[(Q-1)\Omega_t\cdot t]+\cos[(Q+1)\Omega_t\cdot t]\end{bmatrix}\tag{7.115}$$

式中:t 为测量时间。此时,可应用文献[30]中所提出的动态有源极化校准方法进行极化校准。

以上仅从 RODAPARC 可能拥有的若干种极化散射矩阵进行了讨论。针对特殊形式的极化散射矩阵而言,合理地设计校准方案,有助于校准过程的简化。

7.4.4 基于 RODAPARC 的极化校准技术

根据非互易和互易系统的极化信号模型式(7.47)和式(7.51),在极化校准中,只要通过一系列的测量和解算求得参数 $\begin{bmatrix}\tilde{g}_{pp} & \tilde{g}_{pq}\\ \tilde{g}_{qp} & \tilde{g}_{qq}\end{bmatrix}$ 和 $\varepsilon_p^r,\varepsilon_q^r,\varepsilon_p^t,\varepsilon_q^t$,即可完成极化校准。而通过可旋转双天线有源极化校准器得到上述极化校准参数的方法可多种多样。下面仅简要介绍 3 种典型方案。

7.4.4.1 RODAPARC 一个天线固定、另一个天线作 360°旋转

在 RODAPARC 收、发天线中,保持其中一个天线固定(也即工作在固定的极化状态)、另一个天线可作 0°~360°旋转(也即极化状态可在 0°~360°范围内变化)。例如,转发天线固定,接收天线绕极化测量雷达视线作 360°旋转。

首先,转发天线保持 45°线极化不变,即 $\theta_t=45°$,接收天线在 0°~360°范围内旋转。此时,理论极化散射矩阵由式(7.110)给出。若分别取 $\theta_r=90°$ 和 $\theta_r=0°$,则由式(7.110)可知,对应姿态下的理论极化散射矩阵分别为

$$\boldsymbol{S}_{c1,1}^{P}=K_P\cdot\begin{bmatrix}0 & 1\\ 0 & 1\end{bmatrix}\tag{7.116}$$

$$\boldsymbol{S}_{c1,2}^{P}=K_P\cdot\begin{bmatrix}1 & 0\\ 1 & 0\end{bmatrix}\tag{7.117}$$

其次，接收天线保持 45°线极化不变，即 $\theta_r = 45°$，转发天线在 0°～360°范围内旋转。取 $\theta_t = 90°$和 $\theta_t = 0°$，则对应姿态下的理论极化散射矩阵分别为

$$\boldsymbol{S}_{c1,3}^{P} = K_P \cdot \begin{bmatrix} 0 & 0 \\ 1 & 1 \end{bmatrix} \tag{7.118}$$

$$\boldsymbol{S}_{c1,4}^{P} = K_P \cdot \begin{bmatrix} 1 & 1 \\ 0 & 0 \end{bmatrix} \tag{7.119}$$

仿照采用二面角反射器进行无源极化校准的测量和处理流程，由式(7.116)～式(7.119)给定的 4 个特殊理论散射矩阵所对应的测量数据，可求出 8 个极化校准参数。

7.4.4.2　RODAPARC 两个天线以相同极化作 360°同步旋转

保持转发天线与接收天线极化方式相同，且两天线在 0°～360°范围内同步旋转。此时，RODAPARC 的极化散射矩阵由式(7.113)确定，RODAPARC 可视为一个既有二面角反射器散射特性又兼有金属球散射特性的综合校准体，因此可以仿照传统上采用二面角反射器和金属球或金属平板等无源极化校准测量与处理方法，实现有源极化校准。

7.4.4.3　转发天线与接收天线极化方式相互正交且 360°同步旋转

转发天线与接收天线极化方式相互正交且同步旋转。即始终满足关系：$\theta_r = \theta_t + \dfrac{\pi}{2}$，此时，PARC 的极化散射矩阵由式(7.114)决定，其极化校准工作过程与 7.4.2 小节中所描述的单天线 PARC 是等效的，故可采用类似的方法进行测量和校准。

除了以上所列举的 3 个例子，可旋转双天线有源极化校准器的收、发天线还可以有各种不同组合，从而可获得更多形式的极化散射矩阵用于极化校准，此处不一一列举。

应该指出，由于 RODAPARC 的理论极化散射矩阵同样具有正弦/余弦周期性特性，基于傅里叶级数展开系数的非线性极化校准处理技术同样适用于有源极化校准器的情况。

最后，作为例子，图 7.17 给出了图 7.13(b)中的 RODAPARC 装置在收发天线始终以相同的极化方式，按照顺时针方向绕雷达视线旋转 180°时，其 I 通道和 Q 通道极化散射信号随转角的变化特性测量结果。总体上，其变化趋势与理论结果是一致的，实际用于极化校准时，需要通过其他方法首先对该极化校准装置的 RCS 特性和极化特性进行校准。图 7.18 给出了绕雷达视线 45°旋转斜置的矩形直角二面角反射器其极化散射特性通过 RODAPARC 校准前后测量结果。

从图中可见，经过极化校准后，交叉极化隔离度提高了 15dB 以上，初步验证了 RODAPARC 作为极化校准体的良好性能。

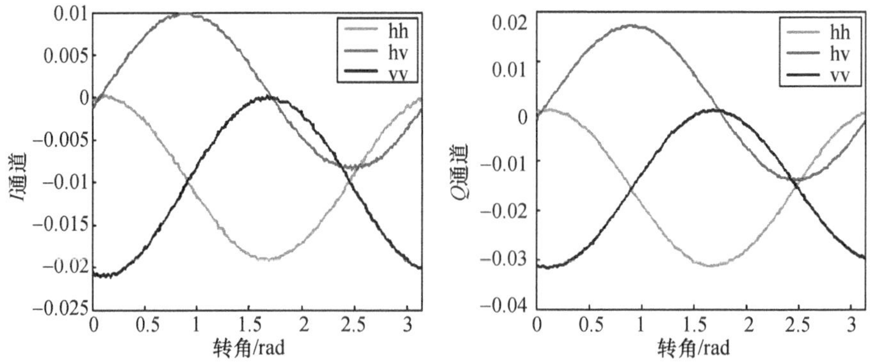

图 7.17　RODAPARC 的极化散射随视线转角变化特性测量结果

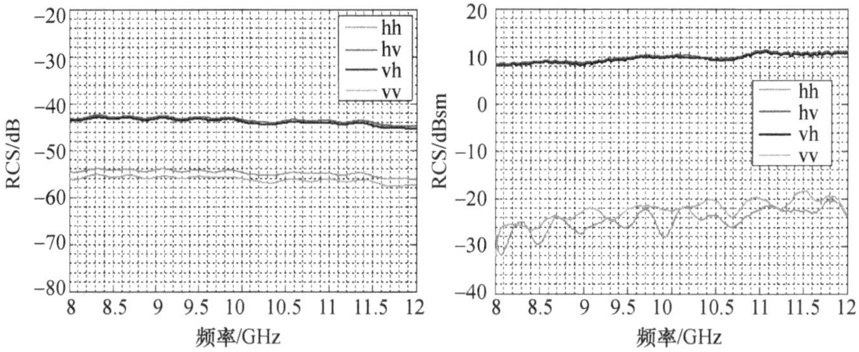

(a) 校准前　(b) 校准后

图 7.18　矩形直角二面角反射器散射特性通过 RODAPARC 校准前后测量结果

7.5　双站测量极化校准

7.5.1　双站无源极化校准体

布莱德雷（Bradley）等人[37,38]针对欧洲遥感特征信号实验室（EMSL）测量条件下的双站定标问题进行了研究，重点分析了给定双站角时金属圆柱体、二面角和三面角反射器、金属圆盘和金属丝网等定标体的定标特性。研究表明，这些传统定标体的 RCS 特性均存在随着双站角增大，定标体的双站散射呈现随双站角振荡起伏问题，容易造成大的定标误差。

在单站测量条件下，直立的直角二面角反射器当绕雷达视线转过 22.5°时，其极化散射矩阵具有$\begin{bmatrix} -1 & 1 \\ 1 & 1 \end{bmatrix}$的形式，使其成为一个良好的极化校准体。但是，对于双站测量，旋转 22.5°的二面角反射器的同极化和交叉极化散射特性用作为极化校准标准体则不尽如意。文献[39]采用矩量法对 ka 值为25 的二面角反射器的同极化和交叉极化分量进行了计算，其结果如图 7.19 所示。可见，仅在一个很小的双站角范围内，二面角反射器的同极化和交叉极化散射量是比较稳定、且在相同量级的。因此，二面角反射器仅能用作为单站极化校准器。

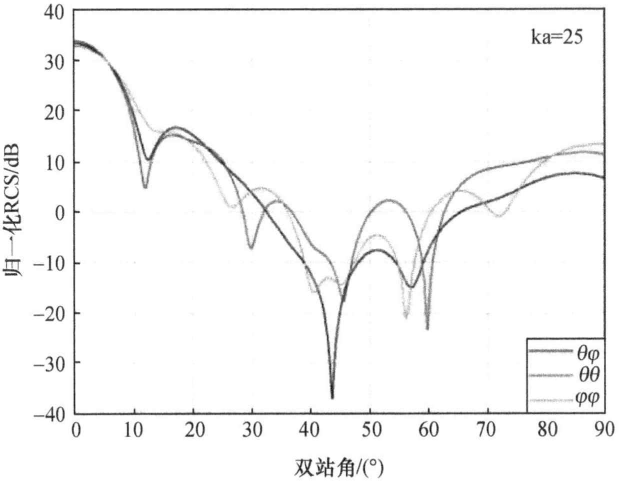

图 7.19　二面角反射器的双站散射特性[39]

Monzon 提出一种双站定标体设计[40]，将金属导电线在介质圆柱体上按一定倾角 β 螺旋绕制而成，如图 7.20 所示。数值计算表明这种定标体具有较好的双站散射特性和交叉极化散射特性。但是，导致这种定标体设计迄今并未见真正付诸工程实用的主要技术缺陷包括三个方面：①由于需要严格按照某种倾角将金属导电线绕制在介质圆柱体上，实体加工制造比较困难；②对这种极化校准装置的理论散射值的精确计算存在一定困难；③加工误差如何影响定标精度难以进行解析分析。

文献[39]在范(Van)等人[16]工作的基础上，提出一种新的双站无源极化校准体设计：在传统短粗圆柱定标体的柱面以一定的倾角雕刻螺旋形三角凹槽，形成短粗螺纹柱，柱面的凹槽构成二面角反射器型散射，从而使得无论是单站还是双站情况下，均可形成较强的同极化和交叉极化散射。这种短粗螺纹柱的外形如图 7.21 所示。对该短粗螺纹柱在 1 ~ 18GHz 范围内的宽带散射和 ka 值为 25 时的双站散射采用矩量法进行了计算，结果如图 7.22 所示。从图中可见：在高频区且双站角不大于 95°时，其同极化和交叉极化散射分量处在统一量级，且随频率的变化特性和随双站散射的变化特性均比较稳定,可用作为双站极化校准体。

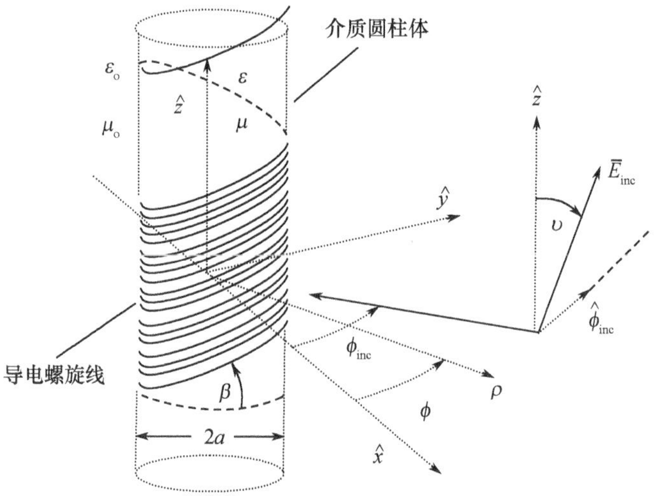

图 7.20　Monzon 设计的双站极定标体

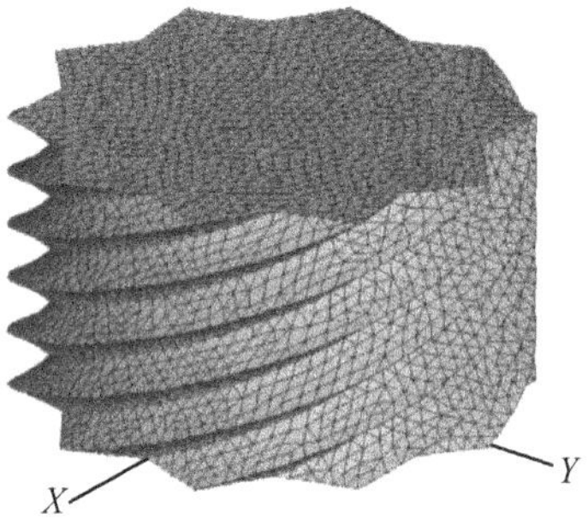

图 7.21　文献[39]中设计的双站极化校准体外形

7.5.2　双站有源极化校准器

本书作者所在研究团队在 RODAPARC 的基础上,提出一种采用带双轴旋转控制机构的双天线 PARC 装置,称为双站有源极化校准器(BPARC),可同时解决双站散射测量条件下目标双站 RCS 定标和双站极化散射矩阵测量极化校准问题[28]。作为 RCS 定标体,BPARC 可克服现有各种无源 RCS 定标体的全部缺点,保证不同双站角下 RCS 定标值的稳定性;作为双站极化散射矩阵测量的极化校准体,BPARC 既保留了已有单站极化校准 PARC 装置的全部优点,同时又可用于双站极化校准,增加了传统 PARC 装置的双站 RCS 定标和双站极化校准功能。

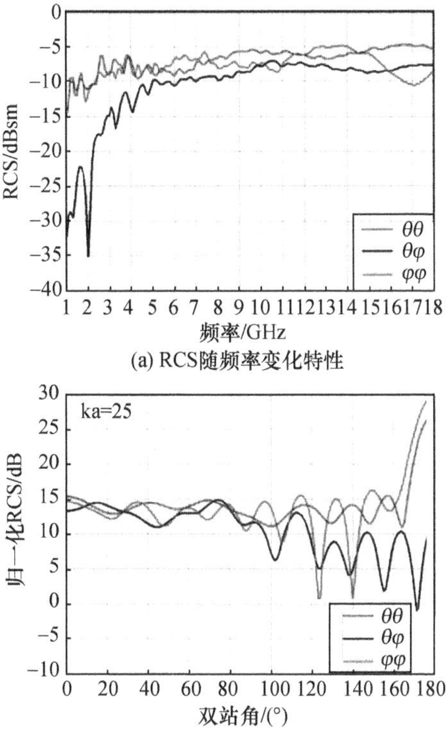

(a) RCS随频率变化特性

(b) RCS随双站角变化特性

图 7.22 短粗螺纹柱的双站极化散射特性[39]

BPARC 的总体结构示意图如图 7.23 所示。图中,双站散射测量 RCS 定标与极化校准装置由接收天线、发射天线、两个方位 - 视线双轴旋转单元、方位旋转驱动与控制器、俯仰旋转驱动与控制器、射频组合、电源组合、相关匹配安装接口以及远程控制接口等功能模块组成。

接收天线用于接收双站测量雷达发射天线的辐射信号,由射频电缆馈给射频组合,经放大、滤波、延时和衰减器对输出信号电平调节后,由射频电缆馈给转发天线,完成射频信号向双站测量雷达接收天线的辐射,如图 7.24 所示。接收和转发天线各由一个喇叭天线组成,同时,与 RODAPARC 一样,为了尽可能减小天线交叉极化耦合误差、提高极化隔离度,在每个天线口面处可加装微带极化滤波器装置。每个喇叭天线均安装在一个带有角度编码的方位 - 视线双轴旋转机构上,由控制器控制每个天线可独立地绕雷达视线旋转和绕方位转动,同时可给出天线的视线转角和方位转角的精确位置信息。

方位旋转驱动与控制器通过控制方位转台,完成对 BPARC 接收和转发天线在方位向的转动,并通过方位角编码器给出每个天线的方位位置信息。视线旋转驱动与控制器则通过控制视线旋转电机,完成对 BPARC 接收和转发天线

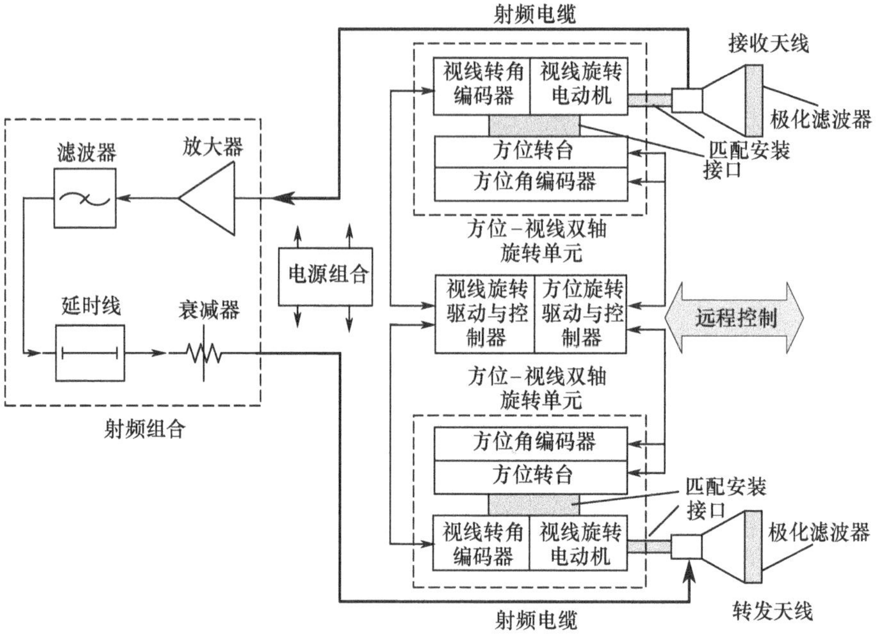

图 7.23　双站散射测量 RCS 定标与极化校准装置的总体结构示意图

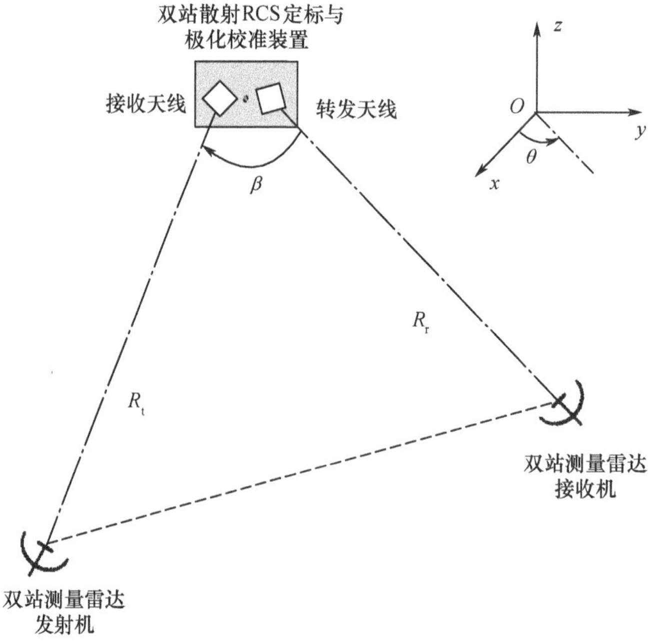

图 7.24　BPARC 在具体测量中同双站极化测量雷达之间的几何关系示意图

绕视线轴的转动,并通过视线角编码器给出每个天线的视线转角位置信息。通过方位－视线双轴旋转联合控制,既可以实时精确地控制 BPARC 接收天线精确对准双站测量雷达的发射天线、转发天线精确地对准双站测量雷达的接收天线,又可以实时精确地控制 BPARC 每个天线绕测量雷达视线的旋转速度及转角位置,后者使得 BPARC 可以像单站时的 RODAPARC 一样,完成极化散射校准所需的各种组合工况操作。

由此可见,BPARC 可以实现任意双站角下的极化校准测量,且无论测量双站角多大,BPARC 的理论 RCS 值和极化散射矩阵特性均不随双站角发生变化,从而保证了 BPARC 装置可用于完成单站、双站 RCS 测量和极化校准各种应用场合。同时,无源极化校准和单站 RODAPARC 的各种极化校准方法均可直接推广用于 BPARC 的双站测量校准中。

综上可见,采用可旋转双天线的单站(RODAPARC)和双站(BPARC)有源极化校准装置具有以下重要优点:

(1) 由于采用双天线设计,使得 RODAPARC 和 BPARC 可以在天线口面处加装极化滤波器,从而提高其交叉极化隔离比,为提高极化校准精度提供了可能。

(2) 由于采用可旋转双天线设计,使得 RODAPARC 和 BPARC 具有多种多样的工况组合以及对应的理论极化散射矩阵,突破了传统二面角反射器、偶极子等无源极化校准体其理论极化散射矩阵相对单一的限制。特别是,在特定工况下,有源极化校准体具有"二面角反射＋金属平板/金属球组合"的极化散射特性,避免了极化校准测量中为避免奇异性或者低信噪比而需要采用多个校准体的问题。

(3) 通过在 RODAPARC 和 BPARC 中设置可变延时线,可将其转发回波延时到不受背景杂波影响的雷达距离门位置,从而避免装置本身或者安装支架等强背景杂波对于极化校准测量的影响。这一特性对于外场和靶场雷达极化校准具有特殊的重要性。

鉴于有源极化校准装置的上述优点,采用有源极化校准的技术和方法应该作为后续研究的重点工作之一。

参考文献

[1] 黄培康,殷红成,许小剑. 雷达目标特性[M]. 北京:电子工业出版社,2005.

[2] Copeland J R. Radar Target Classification by Polarization Properties[J]. Proceedings of the IRE, 1960, 48(7):1290－1296.

[3] Sinclair G. The Transmission and Reception of Elliptically Polarized Waves[J]. Proceedings of the IRE, 1950, 38(2):148－151.

[4] Ruck G T, Barrick D E, Stuart W D, et al. Radar Cross Section Handbook[M]. Volume 1, New York: Plenum Press, 1970.

[5] 王被德．雷达极化理论和应用[M]. 电子工业部第十四研究所,1994.

[6] Wiesbeck W, Kahny D. Single Reference, Three Target Calibration and Error Correction for Monostatic, Polarimetric Free Space Measurements[J]. Proceedings of the IEEE, 1991, 79(10):1551 - 1558.

[7] Riegger S, Wiesbeck W. Wide-band Polarimetry and Complex Radar Cross Section Signatures[J]. Proceedings of the IEEE, 1989, 77(5): 649 - 658.

[8] Ulaby F T, Moore R K,Fung A K. Microwave Remote Sensing: Active and Passive[M]. Boston, MA: Addison-Wesley, 1986.

[9] Wiesbeck W, Riegger S. A Complete Error Model for Free Space Polarimetric Measurements[J]. IEEE Trans. on Antennas and Propagation, 1991, 39(8):1105 - 1111.

[10] Freeman A. A New System Model for Radar Polarimeters[J]. IEEE Trans. on Geoscience and Remote Sensing, 1991, 29(5):761 - 767.

[11] Welsh B M, Kent B M, Buterbaugh A L. Full Polarimetric Calibration for Radar Cross-section Measurements: Performance Analysis[J]. IEEE Trans. on Antennas and Propagation, 2004, 52(9):2357 - 2365.

[12] Muth L A. Calibration Standards and Uncertainties in Radar Cross Section Measurements[C]. Proc. of the 21th Antenna Measurement Techniques Association Symposium, AMTA' 1999:326 - 331.

[13] Welsh B M, Muth L A, Buterbaugh A L, et al. Full Polarimetric Calibration for RCS Measurement Ranges: Performance Analysis and Measurements Results[C]. Proc. of the 20th Antenna Measurement Techniques Association Symposium, AMTA'1998:100 - 105.

[14] Whitt M W, Ulaby F T, Polatin P, et al. A General Polarimetric Radar Calibration Technique[J]. IEEE Trans. on Antennas and Propagation, 1991, 39(1):62 - 67.

[15] Dallmann T, Heberling D. Discrimination of Scattering Mechanisms via Polarimetric RCS Imaging[J]. IEEE Antennas and Propagation Magazine, 2014, 56(3):154 - 165.

[16] Van T, Welsh B, Forster W, et al. Study of Calibration Targets for Full-polarimetric RF Measurements[C]. Proc. of the 26th Antenna Measurement Techniques Association Symposium, AMTA' 2004, Stone Mountain Park, GA, 2004.

[17] Muth L A. Nonlinear Calibration of Polarimetric Radar Cross Section Measurement Systems[J]. IEEE Antennas and Propagation Magazine, 2010, 52(3):187 - 192.

[18] Gau J R J, Burnside W D. New Polarimetric Calibration Technique Using a Single Calibration Dihedral[J]. IEE Proceeding on Microwave, Antennas and Propagation, 1995, 142(1): 19 - 25.

[19] Chen T J, Chu T H, Chen F C. A new Calibration Algorithm of Wide-band Polarimetric Measurement System[J]. IEEE Trans. on Antennas and Propagation, 1991, 39(8):1188 - 1192.

[20] 肖志和,巢增明,蒋欣. 雷达目标极化散射矩阵测量技术[J]. 系统工程与电子技术,1996,18(3):23-32.

[21] Xu X J, Sun S S. A Background Extraction Technique for Polarimetric RCS Measurement [C]. Proc. 2013 International Conference on Radar,2013:394-397.

[22] 孙双锁,许小剑,李亦同. 雷达散射截面积测量中的背景信号提取方法[P]. 中国发明专利 ZL2012 1 0483648. X,2015.

[23] 孙双锁. RCS 测试中的数据处理技术[D]. 北京:北京航空航天大学,2013.

[24] Sarabandi K, Ulaby F T. Performance Characterization of Polarimetric Active Radar Calibrators and a New Single Antenna Design[J]. IEEE Trans. on Antennas and Propagation,1992, 40 (10):1147-1154.

[25] 唐建国,许小剑, 吴鹏飞. 一种可旋转双天线有源极化校准装置及其极化校准方法[P]. 中国发明专利,申请号 201510097351. 3,2015.

[26] 唐建国. 目标 RCS 测量中有源极化校准技术研究[D]. 北京:北京航空航天大学,2016.

[27] Kuloglu M, Chen C-C. Ultrawideband Electromagnetic Polarization Filter (UWB-EMPF) Applications to Conventional Horn Antennas for Substantial Cross-polarization Level Reduction [J]. IEEE Antennas and Propagation Magazine,2013, 55(2):280-288.

[28] 许小剑,唐建国. 一种可用于目标双站雷达散射截面积测量定标与极化校准装置及其测量校准方法[P]. 中国发明专利,ZL201510097312. 3, 2016.

[29] Tang J G, Xu X J. A New Polarimetric Active Radar Calibrator and Calibration Technique [C]. SPIE Image and Signal Processing for Remote Sensing, Toulouse, France, 2015, 9643:96431U-1~96431U-8.

[30] 何密, 王雪松, 肖顺平, 等. 点目标无源极化校准研究进展[J]. 电波科学学报, 2012, 26(6):1218-1226.

[31] 许小剑,黄培康. 雷达系统及其信息处理[M]. 北京:电子工业出版社,2010.

[32] 黄培康. 雷达目标特征信号[M]. 北京:中国宇航出版社,1993.

[33] Knott E F, Shaeffer J F, Tuley M T. Radar Cross Section[M]. 2nd Edition. Scitech Publishing, Inc. , Raleigh, NC, 2004.

[34] Kell R E. On the Derivation of Bistatic RCS from Monostatic Measurements[J]. Proceedings of the IEEE, 1965, 53(8):983-988.

[35] Alexander N T, Currie N C, Tuley M T. Calibration of Bistatic RCS Measurements[C]. Proc. of the 17th Antenna Measurement Techniques Association Symposium, AMTA'1995, Columbus, OH,1995:166-171.

[36] Currie N C, Alexander N T, Tuley M T. Unique Calibration Issues for Bistatic Radar Reflectivity measurements[C]. Proc. IEEE 1996 National Radar Conference, An Arbor, Michigan, May 1996:142-147.

[37] Bradley C J, Collins P J, et al. An Investigation of Bistatic Calibration Objects[J]. IEEE Trans. on Geoscience and Remote Sensing, 2005, 43(10):2177-2184.

[38] Bradley C J, Collins P J, et al. An Investigation of Bistatic Calibration Techniques[J]. IEEE Trans. on Geoscience and Remote Sensing, 2005, 43(10):2185 - 2190.
[39] Bai Y, Yin H C, Dong C Z. Computational Research on Calibration Target for Full - Polarimetric Scattering Measurement[C]. Proc. 2016 International Conference on Electromagnetics in Advanced Applications, ICEAA' 2016, 2016:516 - 518.
[40] Monzon C. A Cross-polarized Bistatic Calibration Device for RCS Measurements[J]. IEEE Trans. on Antennas and Propagation, 2003, 51(4):833 - 839.

第 8 章 RCS 数据的处理、评估与报告

RCS 数据的处理、可视化、不确定度分析和报告是 RCS 测试完整流程中的重要组成部分。美国于 20 世纪 90 年代中期开始组织实施国防部测试场认证,将 ANSI/NCSL Z－540 规范引入 RCS 测试技术领域,开展 RCS 测试场可行性认证,开发 RCS 数据存档通用数据格式,发展误差分析方法并用于 RCS 测量不确定性分析[1-6]。美国电气与电子工程师协会(IEEE)天线与传播学会于 2007 年正式发布了 RCS 测试技术标准《IEEE 1502—2007 标准:IEEE 雷达散射截面积测试推荐实践》[7]。我国在该技术领域的相关工作也处于持续推进中。

作为本书的最后一章,本章结合我国相关国军标、美国 ANSI/NCSL Z－540 规范和 IEEE1502—2007 标准,讨论 RCS 测试数据分析与处理、RCS 数据可视化、不确定度评估、以及 RCS 测试文档的组织与报告。

8.1 RCS 数据的统计处理

现代先进 RCS 测试场除了可以完成传统意义上的目标 RCS 随频率、目标姿态、天线极化等变化特性的测量外,还可完成目标高分辨率一维(1D)、二维(2D)和三维(3D)成像、极化散射矩阵等测量,因此 RCS 测量的内涵已经比传统 RCS 的概念大大扩充。RCS 数据用户面临的主要测量与处理数据类型如下:

(1) 窄带 RCS 扫角测量数据。

(2) 宽带 RCS 扫频扫角测量数据。

(3) 一维高分辨率径向距离像测量与处理数据。

(4) 二维 ISAR 成像测量与图像处理数据。

(5) 三维成像测量与图像处理数据。

(6) 极化散射矩阵测量与处理数据等。

本节主要讨论窄带 RCS 测量数据的统计处理,其主要内容来自于文献[7,8]。

多数被测目标属于复杂目标,自身包含数十甚至数百个散射中心,在较高雷达频段上,其合成的 RCS 随姿态角的变化起伏往往非常剧烈。

一方面，电磁散射理论工作者、低可探测目标研究人员等用户通常希望得到采样足够细密、尽量详尽的原始 RCS 数据，并把这些数据作为比对标准，同预测计算的理论数据逐一进行比较，以判定计算方法是否选择正确，各部件间的遮蔽和耦合关系是否考虑周全，表面波、爬行波等的影响是否处理得当；或者从测量数据的细节变化中找出起主导作用的散射机理，寻求可能的 RCS 减缩办法并判定减缩的效果。目标分类和识别也特别重视目标电磁散射数据所包含的原始信息。

另一方面，也有一些用户对 RCS 数据关注的重点不在于目标 RCS 的原始数据，而是需要利用处理后的数据。例如，对于雷达总体设计而言，RCS 测量目的之一是确定雷达对目标的检测能力。目标检测是一个统计处理过程，大多数检测分析用一个统计模型来表征目标起伏，同时对杂波、多路径及机内噪声等也采用统计模型来描述。此时，用户所关心的可能是在与目标姿态角有关的一定空间立体角范围内对全部 RCS 数据进行统计处理。

举例而言，对于空中目标的 RCS，人们最为关心的是存在威胁的有限扇区或空间立体锥范围内的 RCS 统计量。以飞机为例，最重要的威胁扇区往往是鼻锥向 $\pm 45°$方位角环绕目标横滚轴所构成的立体锥内。传统上，各种目标在给定威胁扇区内的散射特征可用 RCS 均值、中值、标准偏差、分位数统计、RCS 概率密度分布函数（PDF）、累积概率分布函数（CDF）等表示。

还需特别注意，由于 RCS 数据的动态范围一般很大，为了压缩 RCS 散射数据的量程范围，减少 RCS 数据在存储媒质上的字长，经过定标的原始 RCS 数据通常都是按照对数值来记录的，因此必须特别关注统计数据处理是在线性空间还是对数空间完成的。

RCS 数据对数值（dBm^2）和算术值（m^2）的关系为

$$\sigma_{\mathrm{dB}} = 10\lg\sigma_{\mathrm{sm}} \tag{8.1}$$

$$\sigma_{\mathrm{sm}} = 10^{\frac{\sigma_{\mathrm{dB}}}{10}} \tag{8.2}$$

式中：σ_{dB}，σ_{sm}分别为以对数值和以算术值表示的 RCS。

在后续讨论中，“对数空间”指的是取对数形式的 RCS 数据，即分贝平方米值，“线性空间”指的是以平方米值表示的 RCS 数据。在做进一步的数据处理之前，首先要清楚所面临的数据是哪一个空间的数据。一般情况下，如不作特别说明或者为了特定目的，RCS 数据的统计处理应该在线性空间进行。

8.1.1 滑窗统计处理

RCS 数据的滑窗统计处理是对原始 RCS 数据处理最常用的形式，例如通过滑窗处理求取分段均值、分段中值和分段 RCS 分位数等。滑窗统计处理的具体做法是：将全方位 360°的 RCS 原始数据或某个扇区内的数据，按照一定的滑窗宽度和滑动步长逐段求取均值、中值和不同分位数值等，最终得到全方位或给定扇区上的分段 RCS 统计特性曲线，其中滑窗宽度和滑动步长的选取对于结果具有重要影响。

8.1.1.1 滑窗宽度的选择

在滑窗统计处理时，首先必须确定一次统计取多少个 RCS 原始数据点。RCS 测量中一般是按照固定的角度间隔（如 0.5°，0.2°，0.1°等）进行采样的，取多少个连续的数据点，实际上就等于选择一个进行统计的角度窗口宽度。窗口宽度的选择一般根据以下两个因素来定：

（1）目标尺寸及其姿态变化相对于雷达视线张角的瞬时变化范围：例如，对于海上目标，由于海面的水动力作用驱动目标作六自由度运动，由此造成的姿态不确定性相对于雷达视线的变化可能达到 ±5°甚至更大；对于空中目标，当远离雷达站时瞬时姿态的变化一般只有 1°～2°，但距离近时也可能达 5°之多。即使静态测试场 RCS 测量中也仍然存在类似问题，比如，在 1000m 处测量目标横向尺寸 10m 的目标，目标的张角为 0.57°。采用小于这个张角瞬时变化范围的窗口宽度进行统计处理，其实际统计意义就有限。

（2）被测目标的散射起伏特性：一般准则是在选定的统计窗口内至少需要包含 3～4 个起伏波瓣。在微波频段，多数飞行器目标对应的这个窗口宽度的典型值在 1°～10°，具体取决于雷达频段和目标尺寸及复杂度。当然，有时为了同以往已经求得的统计结果进行对比，也可能按照过往处理类似数据的经验来选择窗口宽度。

8.1.1.2 滑动步长的选择

在确定角度滑窗宽度的同时，还必须选择滑动步长，即角度窗口每次统计处理时沿 RCS 散射图的移动量。滑动步长既可以小到等于数据采集时的角度分辨率，即每次只有一个新的数据进入待统计的集合，同时舍去最老的一个数据；也可以大到与窗口宽度本身一样大，这样每次用于进行统计处理的是一整套全新的数据，不存在数据重叠。但是，滑动步长不得大于窗口宽度，否则将会在散射图上产生“统计缺口”。

显然，滑动步长过大，处理结果将过于粗糙；反之，滑动步长越小，生成的散射图越精细，但可能导致简化处理后的数据量依然很大，且所需的处理时间也长。因此，滑动步长的大小应根据具体要求而定，1°、2°甚或 5°都是惯常采用的。在目标 RCS 测试期间，常常通过对滑窗统计处理数据的分析，对已完成的测试结果作出即时的初步评估，以便确定后续测试项目的进程安排。

此外，对于全方位数据处理（例如 0°～360°方位），应注意在求取 0°附近数据的滑窗统计时,应该把另一端邻近 360°方位窗口上的数据纳入滑窗统计;而在处理 360°附近数据的滑窗统计时,同样也应将另一端邻近 0°方位窗口的数据纳入处理;也就是说 0° ~360°两端数据要互为衔接并用于统计处理,而不能简单地取零。

8.1.1.3 均值

线性空间的平均值为

$$\bar{\sigma} = \frac{1}{N}\sum_{i=1}^{N}\sigma_{ism} \tag{8.3}$$

除非特殊需求,否则滑窗统计平均处理应该在线性数据空间进行。在存储记录或绘图显示时,线性空间的 RCS 均值一般仍应转换为对数值,但这绝不意味可以在对数空间直接求平均,而是必须按照先求反对数、后平均、再求对数的步骤进行。其理由可解释如下:

线性空间平均值的对数为

$$10\lg\bar{\sigma} = 10\lg\left[\frac{1}{N}\sum_{i=1}^{N}\sigma_{ism}\right] \tag{8.4}$$

而对数空间的平均值则为

$$\begin{aligned}\bar{\sigma}_{dB} &= \frac{1}{N}\sum_{i=1}^{N}\sigma_{idB}\\ &= \frac{1}{N}\sum_{i=1}^{N}\left[10\lg\sigma_{ism}\right]\\ &= 10\lg\left(\prod_{i=1}^{N}\sigma_{ism}\right)^{1/N}\end{aligned} \tag{8.5}$$

可见,前者是 $\sigma_{i\,sm}$ 算术平均的对数,而后者是 $\sigma_{i\,sm}$ 几何平均的对数值,二者显然是不一样的。

图 8.1 所示为典型目标 360°全方位 RCS 数据的滑窗平均处理结果。其中,图 8.1(a)为固定滑动步长 2°,滑窗宽度分别为 5°,10°和 15°时的滑窗平均处理结果;图 8.1(b)为固定滑窗宽度 10°,滑动步长分别为 1°,2°和 5°时的处理结果。可见,滑窗宽度的选择对于滑窗平均处理的结果影响很大,相对而言,滑动步长对于滑窗平均的影响较小。

8.1.1.4 中值和百分位数

RCS 统计中的 $m\%$ 分位数 $\sigma_{m\%}$ 定义为

$$\mathrm{CDF}(\sigma_{m\%}) = \int_{-\infty}^{\sigma_{m\%}} P(\sigma)\,\mathrm{d}\sigma = m\% \tag{8.6}$$

式中:CDF 为累积概率分布。

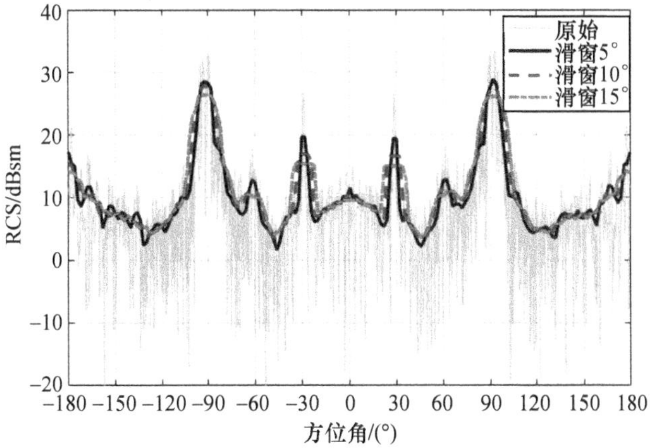

(a) 滑动步长2°，不同滑窗宽度

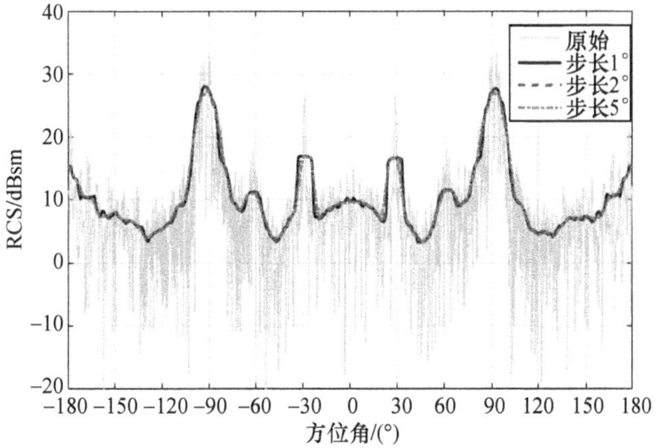

(b) 滑窗宽度10°，不同滑动步长

图 8.1　RCS 滑窗平均处理结果比对

中值即 50% 概率值或 50% 分位数，其意义为比它高或比它低的数据各占 1/2，故名中值。因此，RCS 中值 σ_m 定义为

$$\mathrm{CDF}(\sigma_m) = \int_{-\infty}^{\sigma_m} P(\sigma)\mathrm{d}\sigma = 50\% \tag{8.7}$$

中值也记作 $\sigma_{50\%}$。

如果对整个扇区内的大量 RCS 数据求取分位数值，得到的为单个数据点；如果在全方位 360°上按选定的滑窗宽度和滑动步长分段求取分位数值，得到的是一条分段分位数值曲线。

图 8.2 给出了典型飞机目标 360°全方位 RCS 滑窗求中值的处理结果。如图 8.2(a)所示为固定滑动步长 2°，滑窗宽度分别为 5°，10°和 15°时的滑窗求中值处理结果；图 8.2(b)所示为固定滑窗宽度 10°，滑动步长分别为 1°，2°和 5°时

的中值处理结果。可见，与平均处理时类似，滑窗宽度的选择对于滑窗中值处理的结果影响很大，滑动步长则相对而言的影响较小。

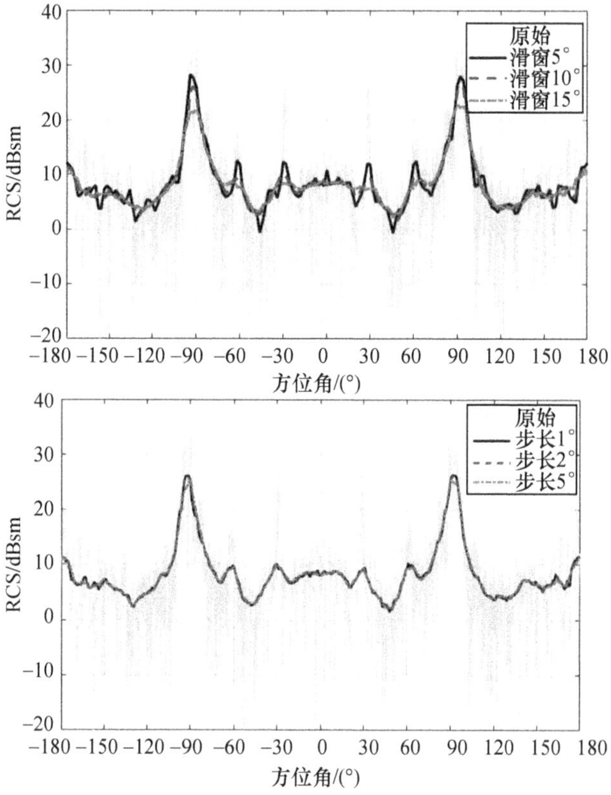

图 8.2　RCS 滑窗中值处理结果比对

除了中值，其他最常用的百分位数是 10% 概率值（$\sigma_{10\%}$）和 90% 概率值（$\sigma_{90\%}$）。同 50% 概率值（$\sigma_{50\%}$）的定义相仿，它们分别定义为

$$\mathrm{CDF}(\sigma_{10\%}) = \int_{-\infty}^{\sigma_{10\%}} P(\sigma)\mathrm{d}\sigma = 10\% \tag{8.8}$$

$$\mathrm{CDF}(\sigma_{90\%}) = \int_{-\infty}^{\sigma_{90\%}} P(\sigma)\mathrm{d}\sigma = 90\% \tag{8.9}$$

$\sigma_{20\%}$ 和 $\sigma_{80\%}$ 等亦可依此类推。按照定义，显然有以下不等式成立

$$\sigma_{10\%} \leqslant \sigma_{20\%} \leqslant \sigma_{50\%} \leqslant \sigma_{80\%} \leqslant \sigma_{90\%} \tag{8.10}$$

尽管历史上由于计算速度等原因，曾经提出采用插值法求取中值和分位数，但现代计算机的运算速度已经可以以足够快的速度采用排序分拣法进行直接计算。例如，如果需要计算滑窗中值和 $m\%$ 分位数，可以直接对窗口内数据采用冒泡法等算法进行从小到大排序，依次挑选满足式(8.6)所对应的数即为 $m\%$ 分

位数。

举例而言，假设窗口内共有 $N+1$ 个数据，且 N 为偶数，当数据从小到大排列时，拣出第（$N \times 10\% + 1$）个就是 $\sigma_{10\%}$；拣出第（$N \times 90\% + 1$）个就是 $\sigma_{90\%}$；而最中间那个（第 $N/2+1$ 个）就是 $\sigma_{50\%}$。如果 N 为奇数，则可采取邻近两个数据插值的方法来计算。

滑窗分段求取的 $\sigma_{10\%}$，$\sigma_{50\%}$（也即中值）和 $\sigma_{90\%}$ 的 RCS 统计特性示于图 8.3 中。由图可知，$\sigma_{10\%}$ 曲线和 $\sigma_{90\%}$ 曲线之间分贝数之差反映了目标原始散射曲线上"条带"的宽窄程度。如果 $\sigma_{10\%}$ 与 $\sigma_{90\%}$ 互相靠近，表明目标散射回波对姿态角呈现慢变而稳定；反之，当 $\sigma_{10\%}$ 与 $\sigma_{90\%}$ 相隔很宽时，则表明目标散射回波随姿态角变化剧烈，有很大的起伏。可见，$\sigma_{10\%}$ 和 $\sigma_{90\%}$ 不仅仅是一种平滑处理，同时也是表征目标散射起伏特性的一种手段。

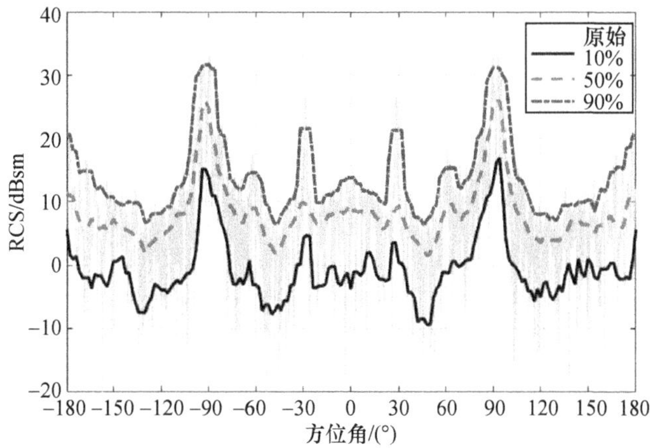

图 8.3　RCS 滑窗分段 $\sigma_{10\%}$ 和 $\sigma_{90\%}$ 分位数特性

注意到由于求取中值和分位数是通过排序分拣法求得的，故可以直接在对数空间操作，但如果需要作插值计算，则理论上也应该回到线性数据空间进行计算。

当某一扇区上的 RCS 数据符合对数正态分布时，则理论上其均值和中值是相等的，$\sigma_{90\%}$ 比中值高 1.29 倍标准偏差，而 $\sigma_{10\%}$ 比中值低 1.29 倍标准偏差。$\sigma_{10\%}$ 和 $\sigma_{90\%}$ 还可应用于雷达系统的检测门限设计和检测概率计算等。此外，通过中值－均值比是大于 1 还是小于 1，可以大致判断出当前目标的 RCS 概率密度分布偏离正态分布的方向和偏离程度。

8.1.2　概率密度和累积概率分布

概率密度函数和累积分布函数通常是在一个较大的扇区上求取的。概率密度函数定义为雷达散射截面积位于 σ_0 和 $\sigma_0 + \mathrm{d}\sigma$ 之间的概率，即

$$P(\sigma_0 \leqslant \sigma \leqslant \sigma_0 + \mathrm{d}\sigma) = \int_{\sigma_0}^{\sigma_0+\mathrm{d}\sigma} p(\sigma)\mathrm{d}\sigma \tag{8.11}$$

式中:$p(\sigma)$为概率密度函数。根据定义,有

$$P(\sigma) = p(\sigma)\mathrm{d}\sigma \leqslant 1 \tag{8.12}$$

并且有

$$\int_{-\infty}^{\infty} p(\sigma)\mathrm{d}\sigma = 1 \tag{8.13}$$

即位于范围 $-\infty \leqslant \sigma \leqslant \infty$ 内的概率为1。

对于离散的RCS数据,连续的概率密度函数 $p(\sigma)$ 变为离散的概率密度直方图 $p(n\Delta)$,其计算方法如下:设在该扇区内出现的RCS最大值和最小值分别为 $\sigma_{\max}$ 和 $\sigma_{\min}$,将等 $\sigma_{\max} - \sigma_{\min}$ 分为 N 个值段,值段长度为

$$\Delta = (\sigma_{\max} - \sigma_{\min})/N \tag{8.14}$$

在第 $n(1 \leqslant n \leqslant N)$ 个值段中,RCS数据出现的次数记为 I_n。根据基本定义,有

$$\begin{aligned}\int_{(n-0.5)\Delta}^{(n+0.5)\Delta} p(\sigma)\mathrm{d}\sigma &= p(n\Delta)\Delta \\ &= \frac{\text{第}\,n\,\text{段中出现的次数}}{\text{总出现的次数}} = \frac{I_n}{J_N}\end{aligned} \tag{8.15}$$

式中

$$J_N = \sum_{n=1}^{N} I_n \tag{8.16}$$

因此,离散数据条件下的概率密度函数为

$$P(n\Delta) = \frac{I_n}{\Delta \cdot J_N} \tag{8.17}$$

将所求扇区内的RCS原始数据全部读入计算机,并逐一扫描,判定其值属于哪一个值段,将该段的计数器加1。全部数据扫完之后,便可根据式(8.17)计算从 $n=1$ 到 N 的概率密度直方图。

累积分布函数定义为目标雷达散射截面积低于某个 σ 值的概率,即

$$P(\sigma) = \int_{-\infty}^{\sigma} p(\sigma)\mathrm{d}\sigma \tag{8.18}$$

它是从 $-\infty$ 到 σ 区间上PDF曲线下的面积。由式(8.13)知

$$P(\infty) = \int_{-\infty}^{\infty} p(\sigma)\mathrm{d}\sigma = 1 \tag{8.19}$$

对于离散的RCS数据,CDF可由PDF直方图下的面积求出

$$\begin{aligned}\mathrm{CDF}(n\Delta) &= \sum_{i=1}^{n} p(i\Delta)\Delta \\ &= \sum_{i=1}^{n} \frac{I_i}{\Delta \cdot J}\Delta = \frac{J_n}{J_N}\end{aligned} \tag{8.20}$$

式中：$J_n = \sum_{i=1}^{n} I_i$ 为从第 1 段到第 n 段(包括第 n 段)的数据总个数。

8.1.3　目标 RCS 起伏的统计模型

RCS 起伏统计模型在雷达系统仿真、目标检测等方面具有重要的应用，常用的 RCS 起伏模型包括瑞利(Rayleigh)分布、χ^2 分布(含 Swerling 模型)、赖斯(Rice)分布、对数正态(Log - Normal)分布等[8-17]。如果目的只是为了更精确的建模和统计目标仿真，也可采用非参数化模型[18]。

8.1.3.1　瑞利分布

瑞利分布模型的物理机理源于由 n 个独立散射中心，且其中没有明显起主导作用的强散射源所构成复杂目标的散射[9,17]。

假设复杂目标由 n 个独立散射中心组成，其远场电场强度 E_S 由 n 个独立散射中心的电场矢量 $\boldsymbol{E}_k$ 合成而得到，即

$$E_S = \left| \sum_{k=1}^{n} |\boldsymbol{E}_k| \exp\left(\frac{\mathrm{j}4\pi d_k}{\lambda}\right) \right| \tag{8.21}$$

式中：$\boldsymbol{E}_k$ 为第 k 个散射中心在目标局部坐标系下的散射电场矢量；d_k 为第 k 个散射中心离参考点的距离；λ 为雷达波长；n 为散射中心数目。

根据目标雷达散射截面积 σ 的定义，有

$$\sigma = \left| \sum_{k=1}^{n} \sqrt{\sigma_k} \exp\left(\frac{\mathrm{j}4\pi d_k}{\lambda}\right) \right|^2 \tag{8.22}$$

式中：$\sqrt{\sigma_k}$ 为第 k 个散射中心的复 RCS(包含散射中心的幅度和固有相位)。

若假设：①相位 $4\pi d_k/\lambda$ 在 $[0,2\pi)$ 内均匀分布；②各独立散射中心具有相同的 RCS 值，即 $\sigma_k = \sigma_0$。则 σ 的概率密度分布问题等效于 σ 在两维空间 $x-y$ 内均匀游动，其 x 向分量为 $\sqrt{\sigma_0}\cos(4\pi d_k/\lambda)$，$y$ 向分量为 $\sqrt{\sigma_0}\sin(4\pi d_k/\lambda)$，因此接收回波场强的概率密度函数表达为

$$p(x,y)\mathrm{d}x\mathrm{d}y = \frac{\exp[-(x^2+y^2)/n\sigma_0]}{\pi n\sigma_0}\mathrm{d}x\mathrm{d}y \tag{8.23}$$

经坐标变换等数学处理不难导出[17]

$$p(\sigma)\mathrm{d}\sigma = \begin{cases} \dfrac{\exp[-\sigma/n\sigma_0]}{n\sigma_0}\mathrm{d}\sigma, & \sigma > 0 \\ 0, & \sigma \leqslant 0 \end{cases} \tag{8.24}$$

因此，由 n 个独立等幅度散射中心 σ_0 组合而成的目标，其 RCS 起伏的概率密度函数为

$$p(\sigma)=\frac{\exp(-\sigma/\tilde{\sigma})}{\tilde{\sigma}} \tag{8.25}$$

式中：$\tilde{\sigma}=n\sigma_0$。

可见，RCS起伏符合瑞利分布模型的目标其物理散射机理是：该复杂目标由多个相互独立且具有相同散射幅度的散射中心组成，其结果目标总的RCS起伏概率密度函数$p(\sigma)$由式(8.25)给出。

应该注意，之所以式(8.25)定义的模型称为瑞利分布，是因为目标的回波电压v(也即场强)服从标准瑞利分布，即

$$p(v)=\frac{2v}{\tilde{v}^2}\exp(-v^2/\tilde{v}^2) \tag{8.26}$$

而实际上式(8.25)本身所表示的RCS(相当于回波功率)分布则属于指数分布。

8.1.3.2 χ^2分布

χ^2(Chi－square)分布统计模型是对Swerling与Marcum等提出的Swerling Ⅰ～Ⅳ模型以来的一种推广[12]。RCS的随机变量σ的χ^2分布概率密度函数可表示为[12]

$$p(\sigma)=\frac{k}{(k-1)!\,\bar{\sigma}}\left(\frac{k\sigma}{\bar{\sigma}}\right)^{k-1}\exp\left(-\frac{k\sigma}{\bar{\sigma}}\right)\quad \sigma>0 \tag{8.27}$$

式中：σ为RCS随机变量；$\bar{\sigma}$为RCS平均值；k为双自由度数值，称$2k$为χ^2分布模型的自由度数。

χ^2统计模型属于新一代的RCS起伏统计模型，它具有通用性，包含更多的雷达目标类型；表达式也比较简洁，变参数只有一个，双自由度k值可以不是正整数，因而概率密度拟合曲线的精度较高；它包含了传统的4种Swerling模型。其中Swerling－Ⅰ为2自由度χ^2分布，Swerling－Ⅲ为4自由度χ^2分布，其对应关系如表8.1所列[12]。

表8.1 χ^2分布与Swerling分布对应关系[12]

χ^2分布双自由度k值	Swerling分布	χ^2分布
1	Swerling－Ⅰ	2自由度χ^2分布
N	Swerling－Ⅱ	$2N$自由度χ^2分布
2	Swerling－Ⅲ	4自由度χ^2分布
$2N$	Swerling－Ⅳ	$4N$自由度χ^2分布

（1）Swerling－Ⅰ。

当 $k=1$ 时，式(8.27)可化为

$$p(\sigma)=\frac{1}{\bar{\sigma}}\exp\left(-\frac{\sigma}{\bar{\sigma}}\right) \tag{8.28}$$

称为 2 自由度 χ^2 分布，也即传统的 Swerling－Ⅰ分布。

该式也即为式(8.25)，属于指数分布。由前述可知，它表示由均匀多个独立散射中心组合的目标。它的起伏特性为慢起伏，一次扫描中脉间相关。典型目标例如从鼻锥向观测小型喷气飞机等。

（2）Swerling－Ⅲ。

当 $k=2$ 时，式(8.27)化为

$$p(\sigma)=\frac{4\sigma}{\bar{\sigma}^2}\exp\left(-\frac{2\sigma}{\bar{\sigma}}\right) \tag{8.29}$$

称为 4 自由度 χ^2 分布，也即传统的 Swerling－Ⅲ分布。

它表示由一个占支配地位的强散射中心与其他均匀独立散射中心组合的目标。它的起伏特性为慢起伏，一次扫描中脉间相关。典型目标例如螺旋桨推进飞机、直升机等。

（3）Swerling－Ⅱ。

当 $k=N$ 时，式(8.27)化为

$$p(\sigma)=\frac{N}{(N-1)!\ \bar{\sigma}}\left(\frac{N\sigma}{\bar{\sigma}}\right)^{N-1}\exp\left(-\frac{N\sigma}{\bar{\sigma}}\right) \tag{8.30}$$

式中：N 为一次扫描中脉冲积累个数。

式(8.30)称为 $2N$ 自由度 χ^2 分布，也即传统的 Swerling－Ⅱ分布。它表示由均匀多个独立散射中心组合的目标。它的起伏特性为快起伏，一次扫描中脉间不相关。典型目标例如喷气飞机、大型民用客机等。

（4）Swerling－Ⅳ。

当 $k=2N$ 时，式(8.27)化为

$$p(\sigma)=\frac{2N}{(2N-1)!\ \bar{\sigma}}\left(\frac{2N\sigma}{\bar{\sigma}}\right)^{2N-1}\exp\left(-\frac{2N\sigma}{\bar{\sigma}}\right) \tag{8.31}$$

式中：N 为一次扫描中脉冲积累个数。

式(8.31)称为 $4N$ 自由度 χ^2 分布，也即传统的 Swerling－Ⅳ分布。它表示由一个占支配地位的强随机散射中心与其他均匀独立散射中心组合的目标。它的起伏特性为快起伏，一次扫描中脉间不相关。典型目标例如舰船、卫星、侧向观察的导弹与高速飞行体等。

（5）Marcum 模型。

在 χ^2 分布模型中，当 $k\to\infty$ 时，σ 变为常值，即 Marcum 分布。它表示非起伏

目标。典型目标例如不受环境和噪声干扰的金属球等。为帮助读者更好地理解不同目标起伏模型的含义，图 8.4 示出了 Swerling－Ⅰ～Ⅳ和 Marcum 模型的雷达回波示意图，它们形象地反映了不同起伏模型回波的特点[17]。

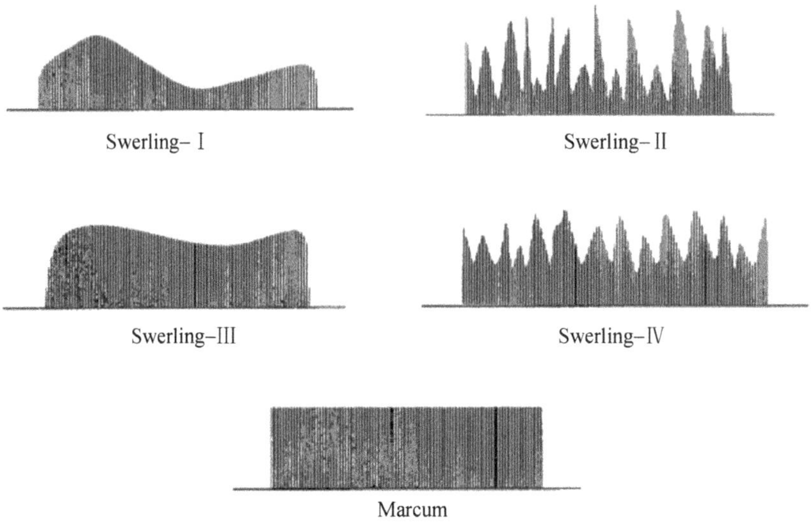

图 8.4　不同目标起伏模型的雷达回波示意图[17]

χ^2分布相对于传统 Swerling 模型来说，最大优点是双自由度 k 值可以不是正整数。对一具体雷达目标，如果测得其 RCS 随姿态角变化的数据，可以通过统计处理，并用最小均方差拟合等方法得出 χ^2分布的 k 参数值。

8.1.3.3　Rice 分布模型

Rice 分布表示由一个稳定幅度 RCS 与多个瑞利散射中心组合的目标。一个 RCS 随机变量 σ 的 Rice 分布概率密度函数为[17]

$$p(\sigma)=\frac{1}{\psi_0}\exp\left(-s-\frac{\sigma}{\psi_0}\right)I_0\left(2\sqrt{\frac{s\sigma}{\psi_0}}\right)\qquad \sigma>0 \tag{8.32}$$

式中：$s=\dfrac{\text{稳定体 RCS}}{\text{多个瑞利散射体组合平均 RCS}}$，它是一个无量纲的量；$\psi_0$为 σ 瑞利分布那部分分量的平均值；$I_0(\cdot)$为零阶第一类修正贝塞尔函数。

Rice 分布具有 ψ_0与 s 共 2 个统计参数，且其平均值为

$$\bar{\sigma}=\psi_0(1+s) \tag{8.33}$$

方差为

$$\sigma^2=\psi_0^2(1+2s) \tag{8.34}$$

式中：s 可以不是正整数，自 0～∞ 任意变化，它表示稳定散射体在组合目标中的权重。当 $s=0,k=1,N$ 时就演变为 Swerling－Ⅰ和 Swerling－Ⅱ情况，也即无稳

定散射体情况；而当 $s\to\infty$ 时即为非起伏目标。Rice 分布能更精确地表述 Swerling - Ⅲ和 Swerling - Ⅳ情况，可惜这种分布形式在数学上不易处理，因此可以把 Rice 分布拟合到 χ^2 分布处理。

8.1.3.4 对数正态分布模型

对数正态分布表示由电大尺寸的不规则外形散射体组合的目标，例如大的舰船、卫星与空间飞行器等目标。一个 RCS 随机变量 σ 的对数正态分布概率密度函数可表示为[16]

$$p(\sigma)=\frac{1}{\sigma\sqrt{4\pi\ln\rho}}\exp\left[-\frac{\ln^2\left(\frac{\sigma}{\sigma_m}\right)}{4\ln\rho}\right]\qquad\sigma>0\tag{8.35}$$

式中：σ_m为 σ 的中值；ρ 为 σ 的平均值同中值之比，即 $\rho=\bar{\sigma}/\sigma_0$。

对数正态分布也有 σ_m与 ρ 共 2 个统计参数，其中，平均值为

$$\bar{\sigma}=\sigma_m\rho\tag{8.36}$$

方差为

$$\sigma^2=\bar{\sigma}^2(\rho^2-1)\tag{8.37}$$

对数正态目标常出现比中值 σ_m大很多的 RCS 值，虽然出现的概率很小，即随着平均中值比 ρ 值增大，其概率密度分布曲线的拖尾越严重，这些目标的 ρ 值大致在$\sqrt{2}<\rho<4$ 范围（而 Swerling - Ⅰ的 $\rho=1.44$，Swerling - Ⅲ的 $\rho=1.18$）。由于对数正态分布模型的 ρ 参数可变，因此它能拟合许多类型的目标，可惜通过这种统计模型来求雷达检测概率时不容易处理，因此一般也将它等效到 χ^2分布来计算单个检测脉冲的信噪比，从而求出检测概率。

应该注意，复杂目标的 RCS 是频率和姿态角敏感的。当谈论各种 RCS 起伏模型时，并不意味着某个目标的 RCS 起伏特性在任何频段、任何姿态下都是一成不变地符合某个单一统计分布的。例如，很多飞机从鼻锥向观测时，其 RCS 起伏特性符合自由度在 2 附近的 χ^2分布；但当雷达从侧向观测时，则往往符合对数正态分布。

8.1.3.5 非参数化模型

非参数化统计模型采用目标 RCS 的各阶中心矩来表征目标，并用正交多项式来逼近其概率密度分布。若采用勒让德（Legendre）正交多项式逼近，则目标 RCS 的概率密度可表示为[18]

$$p_L(\sigma)=\frac{1}{\sigma_L}\sum_{n=0}^{\infty}b_nL_n\left(\frac{\sigma-\bar{\sigma}}{\sigma_L}\right)\tag{8.38}$$

式中：$\sigma_L=\sigma_{\max}-\sigma_{\min}$为 RCS 极差；$\bar{\sigma}$ 为 RCS 均值；b_n为一组系数，有

$$b_n = \frac{2n+1}{2}\sum_{k=0}^{[n/2]}\frac{(-1)^k(2n-2k)!}{2^n k!(n-k)!(n-2k)!}\frac{M_\sigma^{(n-2k)}}{\sigma_L^{n-2k}} \tag{8.39}$$

式中：$[n/2]$为取整数；$M_\sigma^{(k)}$为 k 阶中心矩

$$M_\sigma^{(k)} = \int_{-\infty}^{+\infty}(\sigma-\bar{\sigma})^k p_L(\sigma)\mathrm{d}\sigma \tag{8.40}$$

其估计量可以直接从用于统计的 RCS 数据计算得到。

经验表明，采用非参数化建模时一般取 10～30 阶中心矩即可通过式(8.38)精确重建目标 RCS 概率密度函数。

最后，作为例子，图 8.5 给出了用 X 频段垂直极化雷达侧向观测典型歼击机目标得到的静态实测数据的概率密度和累积分布函数统计曲线及其同几种理论统计模型的比较[18]。图中除用实线画出实测数据的统计分布曲线外，还同时画出参数化模型、对数正态分布和 χ^2 分布模型的分布曲线。可以发现，实测数

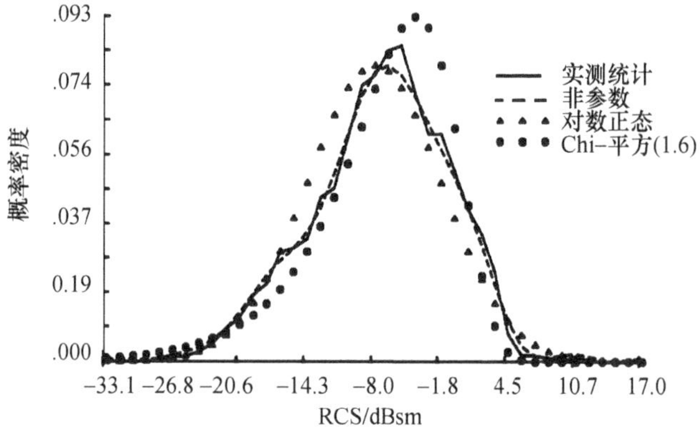

(a) 概率密度分布

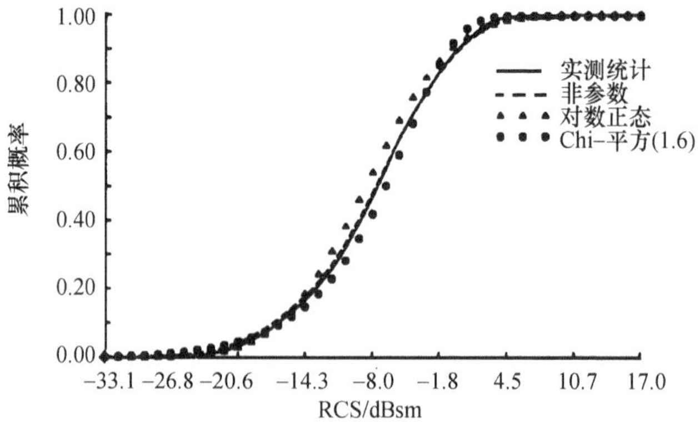

(b) 累积概率分布

图 8.5 典型歼击机静态 RCS 统计分布模型

据很难同几种经典统计模型完全拟合，但通过非参数化建模却可以很好地逼近其概率密度分布。

8.2　目标上强散射源提取与定位技术

在高分辨率诊断成像测量中，人们所关心的往往是复杂目标上不同强散射源的位置和强度，以便同被测目标的具体散射结构对应起来。因此，目标上强散射源的提取与定位，是高分辨率诊断成像处理的重要内容之一。

8.2.1　回波信号模型

如图 8.6 所示，在高频区，如果把人造目标的雷达像看成是由一些孤立的散射中心组成的，则此时雷达接收到的回波可以离散化的形式表示为

$$S_{\mathrm{r}}(f,\theta) = \sum_{k=1}^{L} a_k(f,\theta,\alpha_k)\exp\left[-\mathrm{j}\frac{4\pi f}{c}r_k\right]G^2(\alpha_k)\left(\frac{R}{r_k}\right)^2 + v \qquad (8.41)$$

式中：f 为雷达波频率；θ 为雷达方位角；L 为目标散射中心个数；a_k 为散射中心 k 的幅度；r_k 为雷达到散射中心 k 的距离；R 为雷达到观测目标中心的距离；α_k 为 R 和 r_k 之间的夹角，也即雷达对于散射中心 k 的斜视角；G 为雷达天线增益；c 为光速；v 为噪声影响。

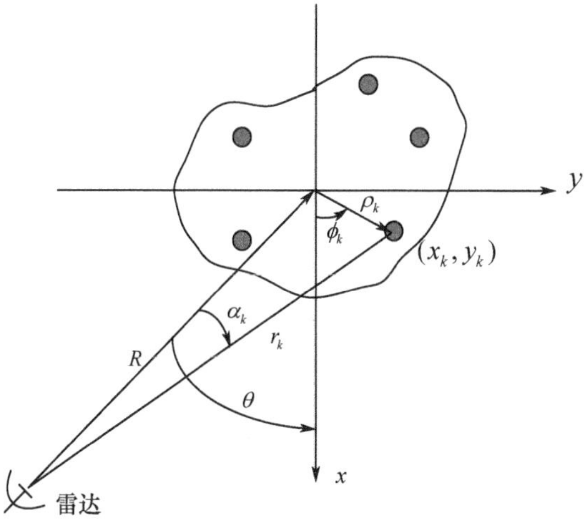

图 8.6　雷达和目标几何关系示意图

在远场条件下，可以近似认为 $R/r_k \approx 1$，从而有 $r_k \approx R-(x_k\cos\theta + y_k\sin\theta)$，$\alpha_k \approx 0$，$G \approx 1$，$a_k(f,\theta,\alpha_k) \approx a_k(f,\theta)$，式中 (x_k, y_k) 为散射中心 k 在以目标中心为原点的直角坐标下的坐标。因此，远场雷达接收到的回波可以近似为

$$S_r(f,\theta) = \sum_{k=1}^{L} a_k(f,\theta)\exp\left\{-\mathrm{j}\frac{4\pi f}{c}[R-(x_k\cos\theta + y_k\sin\theta)]\right\}+v \tag{8.42}$$

如果认为点散射中心的幅度 a_k 是恒定的,不计雷达到目标中心距离 R 引起的恒定相位,且令 $f_x = f\cos\theta, f_y = f\sin\theta$, 则式(8.42)可简化为

$$S_r(f_x,f_y) = \sum_{k=1}^{L} a_k\exp\left[\mathrm{j}\frac{4\pi}{c}(f_x x_k + f_y y_k)\right]+v \tag{8.43}$$

因此,当频率和方位角变化时,远场回波信号可以用下面的线性模型来近似

$$S_r(n_1,n_2) = \sum_{k=1}^{L} a_k\exp[\mathrm{j}(n_1\omega_{1k} + n_2\omega_{2k})] + v(n_1,n_2) \tag{8.44}$$

式中:$n_1 = 0,\cdots,N_1-1$;$n_2 = 0,1,\cdots,N_2-1$。

上述模型是所有基于线性谱模型的雷达成像和散射中心提取的基础。

8.2.2 基于 sinc 模型的目标散射中心峰值特征提取

根据前述信号模型,复杂目标的散射可以归结为由一些离散的散射中心相干迭加而成,每个散射中心在雷达像中表现为一个图像峰值点。不同的目标有不同的峰值分布,所以,最简单的散射中心提取方法是对图像像素求取梯度,以此确定目标图像的峰值位置,从而实现目标散射中心的提取。

尽管梯度法计算简单,但其缺点也是明显的:一是对于两个没有完全分辨开的散射中心,只能提取出一个散射点;二是位置精度不高,只能做到像素大小的1/2。为了改善散射中心提取精度,需要采取更细致的信号处理。

图像目标峰值表现为图像上的局部极大值,它本质上是点散射体响应和成像系统点扩展函数卷积的结果。文献[19,20]提出利用二维高斯函数拟合局部的峰值。尽管上述基于高斯模型的算法看似取得较好的计算结果,但因为这些算法的前提是均假设成像点扩展函数是二维高斯函数,这一假设在光学成像系统是成立的,但对于绝大多数 SAR/ISAR 成像系统均是不正确的。

在第 6 章已经指出,在小角度成像条件下,SAR/ISAR 成像中系统 PSF 是二维 sinc 函数,故从二维 SAR/ISAR 图像提取目标散射中心位置和峰值的算法应该以成像系统 PSF 为二维 sinc 函数为基本出发点[21]。因此,对于目标上单个散射中心,可用一个二维可分离的 sinc 模型来描述,可表示为

$$P(x,y) = h_0\mathrm{sinc}[h_x(x-x_0)]\mathrm{sinc}[h_y(y-y_0)] \tag{8.45}$$

对式(8.45)中目标散射中心峰值模型进行泰勒展开,可近似为

$$P(x,y) \approx h_0\frac{\pi h_x(x-x_0) - \frac{1}{3!}\pi^3 h_x^3(x-x_0)^3}{\pi h_x(x-x_0)}\cdot\frac{\pi h_y(y-y_0) - \frac{1}{3!}\pi^3 h_y^3(y-y_0)^3}{\pi h_y(y-y_0)}$$

$$= h_0\left[1-\frac{1}{6}\pi^2h_x^2(x-x_0)^2\right]\left[1-\frac{1}{6}\pi^2h_y^2(y-y_0)^2\right] \tag{8.46}$$

上式可表示为多项式的形式如下

$$P(x,y)=a_1x^2+a_2y^2+a_3x^2y^2+a_4xy^2+a_5yx^2+a_6xy+a_7x+a_8y+a_0 \tag{8.47}$$

式中：

$$a_0=h_0\left(1-\frac{1}{6}\pi^2h_y^2x_0^2-\frac{1}{6}\pi^2h_x^2y_0^2+\frac{1}{36}\pi^4h_x^2h_y^2x_0^2y_0^2\right]$$

$$a_1=-\frac{1}{6}\pi^2h_0h_x^2\left(1-\frac{1}{6}h_y^2y_0^2\right)$$

$$a_2=-\frac{1}{6}\pi^2h_0h_y^2\left(1-\frac{1}{6}h_x^2x_0^2\right)$$

$$a_3=\frac{1}{36}\pi^4h_0h_x^2h_y^2$$

$$a_4=-\frac{1}{18}\pi^4h_0h_x^2h_y^2x_0$$

$$a_5=-\frac{1}{18}\pi^4h_0h_x^2h_y^2y_0$$

$$a_6=\frac{1}{9}\pi^4h_0h_x^2h_y^2x_0y_0$$

$$a_7=\frac{1}{3}\pi^2h_0h_x^2x_0\left(1-\frac{1}{6}h_y^2y_0^2\right)$$

$$a_8=\frac{1}{3}\pi^2h_0h_y^2y_0\left(1-\frac{1}{6}h_x^2x_0^2\right)$$

式(8.47)包含 9 个待求参数，如果能求得该式中的多项式系数[$a_0,a_1,a_2,a_3,a_4,a_5,a_6,a_7,a_8$]，就能够得到目标的峰值特征：峰值位置($x_0,y_0$)，峰值幅度 h_0，以及峰值宽度等参数。

针对一帧 ISAR 图像，目标散射中心峰值特征的具体提取步骤如下：

(1) 由于峰值在图像上表现为局部极大值(一阶导数为零)，利用梯度法搜索整幅图像，得到 k 个散射中心峰值位置的粗略估计值。

(2) 对于上一步得到的每个峰值点，利用 sinc 模型进一步拟合得到更为精确的结果。对 k 个峰值点，依次对以每个峰值点为中心的 3×3 邻域进行式(8.47)的多项式曲面拟合，得到满足(8 - 47)式的一组多项式系数[$a_0,a_1,a_2,a_3,a_4,a_5,a_6,a_7,a_8$]以及峰值模型 $P(x,y)$。

（3）将以每个峰值点为中心的 3×3 邻域划分为更为精细的网格（比如说 21×21），从而得到采样率更高的 $P(x,y)$。计算 $P(x,y)$ 的最大值及其位置，作为 k 个散射中心的峰值幅度 h_0 及峰值位置（x_0,y_0）更为精确的估计值。

（4）实际复杂目标的幅度是指包含初始相位的复幅度，该方法通过对图像数据进行处理仅得到了目标点散射中心的位置和幅度信息，为了获取相应的相位信息，可利用基于梯度法的 sinc 模型拟合方法获取点散射中心的位置（x_k，y_k），再利用最小二乘法获得点散射中心包含初相信息的复幅度。

作为例子，图 8.7 和图 8.8 给出了利用缩比飞机模型通过紧缩场在暗室中的实测数据进行散射中心峰值特征提取及 RCS 合成外推的结果。原始测量数据的频率为 8～15GHz，方位角沿飞机的鼻锥向 ±10°。采用方位角为 ±5°的部分数据进行 ISAR 成像和散射中心的提取以及 RCS 测量数据的合成与外推。图 8.7(a) 为利用 ±5°数据成像的结果；设定散射中心个数为 40，分别采用梯度法和 sinc 模型方法进行散射中心提取。图 8.7(b) 为基于梯度法的提取结果，图 8.7(c) 为利用基于 sinc 模型的方法拟合得到的散射中心位置。注意到处理过程中，输入给 sinc 模型方法进一步处理的、由梯度法初步提取的散射中心个数应该远大于 40，否则 sinc 模型提取结果与传统梯度法的结果差异不会如此明显。

根据所提取得到的散射中心位置及复幅度结果，利用雷达回波计算公式(8.43)进行合成与外推，可以获得其他频点或者方位角下目标 RCS 数据。图 8.8示出了采用图 8.7(b) 和图 8.7(c) 中散射中心模型，对频率为 8GHz、方位角 ±10°范围内的目标 RCS 合成及外推结果。从图中观察 RCS 变化的整体趋势可见，采用 sinc 模型提取的散射中心其 RCS 外推效果明显较好，说明采用上述 SAR/ISAR 图像亚像素处理技术进行散射中心提取是有效的和必要的。

8.2.3 散射中心提取的 CLEAN 技术

在雷达成像中，由于成像测量带宽和观测角的限制，当采用基于快速傅里叶变换（FFT）的算法进行成像处理时，若干不进行加窗处理，会产生很大的旁瓣效应，这些旁瓣相互叠加，一方面会形成图像伪峰，另一方面因旁瓣的反相干涉，也可能将原本比较强的单个散射中心减弱为多个弱散射源。这使得上述基于 sinc 模型的方法仍不够精确。CLEAN 算法[22,23]通过减去强散射中心的点散射方程来去除大目标及其旁瓣，从而使被旁瓣掩盖的弱散射中心显露出来。因此，CLEAN 算法也可用于散射中心提取。其主要步骤如下[24]：

（1）对原始频域数据进行 FFT 变换生成雷达图像。

（2）在雷达图像中找出最亮的点，记录该点的复幅度及位置（x_k,y_k）。

（3）从雷达图像中最亮点所在位置，减去由复幅度 $Ae^{j\phi}$ 加权的点扩展函数。

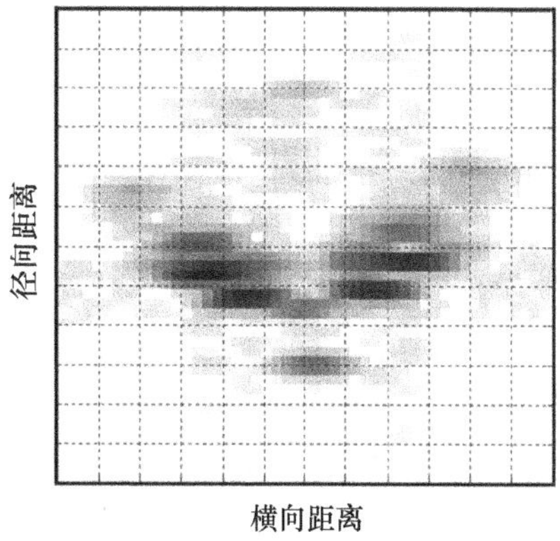

(a) 鼻锥向 ±5° 测量数据ISAR成像

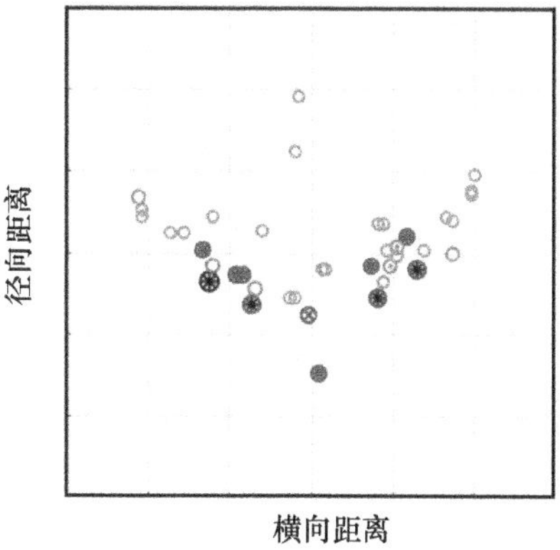

(b) 梯度法提取结果

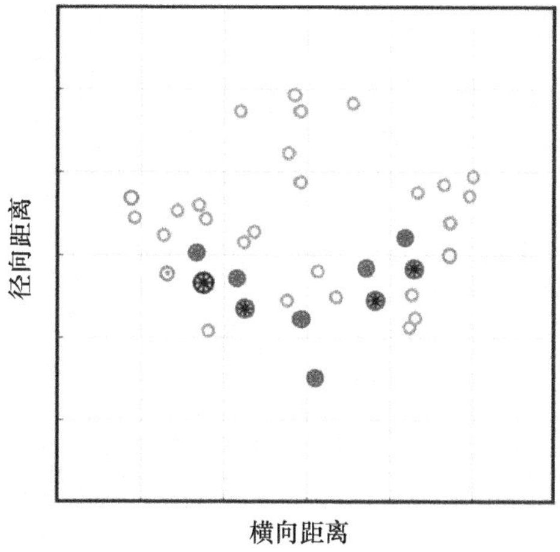

(c) sinc模型方法提取结果

图 8.7 ISAR 成像和散射中心提取结果(见彩图)

(4) 重复上述步骤,寻找下一个最亮点。

(5) 当所有的目标都被减去,或达到噪声门限时停止计算。

(6) 记录所有被减去的点的位置和对应幅度。

点扩展函数的选择是 CLEAN 算法的关键。如前所讨论的,此处也应选取二维 sinc 函数。注意到 CLEAN 方法虽然没有提高图像的分辨率,但是它通过对点散射源主瓣的提取,有效抑制了旁瓣对图像的干扰,使得散射中心提取精度得以提高。

8.2.4 散射中心提取的子空间谱估计法

子空间谱估计方法的基本原理是即将信号划分为若干子空间,按照子空间

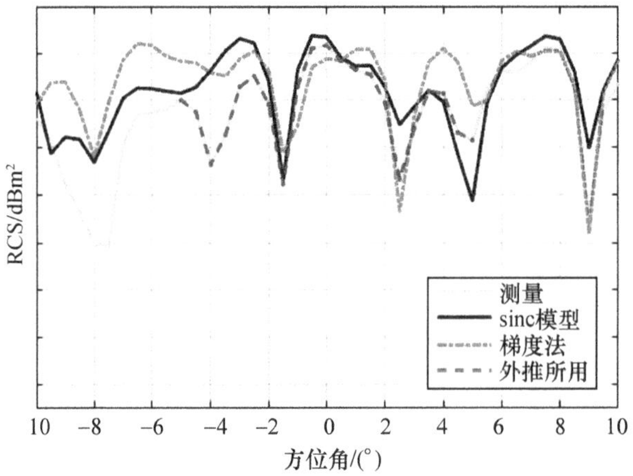

图 8.8　采用不同方法提取的散射中心模型 RCS 数据合成与外推结果

自相关矩阵特征值的大小,将其对应的特征向量空间划分为信号空间和噪声空间,从而进行谱估计[25]。在散射中心提取中具有很高精度的旋转不变子空间方法(Estimate of Signal Parameters via Rotational Invariance Techniques, ESPRIT)就属于子空间谱估计方法,它是在多重信号分类(Multiple Signal Classification, MUSIC)算法基础上发展起来的。为此,我们先介绍 MUSIC 方法。

8.2.4.1　MUSIC 方法

先就一维信号介绍一下 MUSIC 方法的基本原理。信号的一维模型为

$$e(n) = \sum_{k=1}^{L} a_k \exp(\mathrm{j}n\omega_k) + v(n) \tag{8.48}$$

式中:$n=1,2,\cdots,N$。写成矢量形式为

$$\boldsymbol{e} = \boldsymbol{Sa} + \boldsymbol{v} \tag{8.49}$$

式中:

$$\boldsymbol{e} = [e(1) \quad e(2) \quad \cdots \quad e(N)]^{\mathrm{T}}$$

$$\boldsymbol{S} = [\boldsymbol{s}_1 \quad \boldsymbol{s}_2 \quad \cdots \quad \boldsymbol{s}_L]$$

$$\boldsymbol{s}_k = [1 \quad \exp(\mathrm{j}\omega_k) \quad \cdots \quad \exp\{\mathrm{j}(N-1)\omega_k\}]^{\mathrm{T}}$$

$$\boldsymbol{a} = [a_1\exp(\mathrm{j}\omega_1) \quad a_2\exp(\mathrm{j}\omega_2) \quad \cdots \quad a_L\exp(\mathrm{j}\omega_L)]^{\mathrm{T}}$$

$$\boldsymbol{v} = [v(1) \quad v(2) \quad \cdots \quad v(N)]^{\mathrm{T}}$$

信号的自相关矩阵为

$$\begin{aligned}\boldsymbol{R} &= E[\boldsymbol{ee}^{\mathrm{H}}] = E[(\boldsymbol{Sa}+\boldsymbol{v})(\boldsymbol{Sa}+\boldsymbol{v})^{\mathrm{H}}] \\ &= E[\boldsymbol{Saa}^{\mathrm{H}}\boldsymbol{S}^{\mathrm{H}}] + E[\boldsymbol{Sav}^{\mathrm{H}}] + E[\boldsymbol{va}^{\mathrm{H}}\boldsymbol{S}^{\mathrm{H}}] + E[\boldsymbol{vv}^{\mathrm{H}}]\end{aligned} \tag{8.50}$$

式中:$E[\cdot]$为求数学期望;上标 H 表示赫米特共轭(也即转置后取共轭)。

由于真实信号与噪声互不相关，同时认为噪声是均值为0、方差为σ^2的高斯白噪声，则式(8.50)可以变形为

$$\boldsymbol{R}=E[\boldsymbol{Saa}^{\mathrm{H}}\boldsymbol{S}^{\mathrm{H}}]+E[\boldsymbol{vv}^{\mathrm{H}}]=\boldsymbol{S}E[\boldsymbol{aa}^{\mathrm{H}}]\boldsymbol{S}^{\mathrm{H}}+\sigma^2\boldsymbol{I} \tag{8.51}$$

易知$E[a_i\exp(\mathrm{j}\omega_i)a_i^*\exp(-\mathrm{j}\omega_i)]=|a_i|^2$，$E[a_i\exp(\mathrm{j}\omega_i)a_j^*\exp(-\mathrm{j}\omega_j)]=0(i\neq j)$，$(\cdot)^*$表示共轭，则

$$E[\boldsymbol{aa}^{\mathrm{H}}]=E\begin{bmatrix}|a_1|^2 & 0 & \cdots & 0\\ 0 & |a_2|^2 & \cdots & 0\\ 0 & 0 & \ddots & 0\\ 0 & 0 & \cdots & |a_L|^2\end{bmatrix}=\boldsymbol{D} \tag{8.52}$$

所以

$$\boldsymbol{R}=\boldsymbol{SDS}^{\mathrm{H}}+\sigma^2\boldsymbol{I} \tag{8.53}$$

令$\lambda_1\geqslant\lambda_2\geqslant\cdots\geqslant\lambda_N$为$\boldsymbol{R}$的特征值，$v_1\geqslant v_2\geqslant\cdots\geqslant v_N$为$\boldsymbol{SDS}^{\mathrm{H}}$的特征值。则由式(8.53)可以得到

$$\lambda_i=v_i+\sigma^2,i=1,2,\cdots,N \tag{8.54}$$

由式(8.52)可知$\boldsymbol{SDS}^{\mathrm{H}}$的阶数为$L$，所以$v_{L+1}=\cdots=v_N=0$，$\lambda_{L+1}=\cdots=\lambda_N=\sigma^2$。令$\boldsymbol{q}_1,\boldsymbol{q}_2,\cdots,\boldsymbol{q}_N$分别为$\boldsymbol{R}$的特征值$\lambda_1,\lambda_2,\cdots,\lambda_N$对应的特征向量，则

$$\boldsymbol{Rq}_i=\lambda_i\boldsymbol{q}_i$$

由式(8.53)和式(8.54)可得

$$(\boldsymbol{SDS}^{\mathrm{H}}+\sigma^2\boldsymbol{I})\boldsymbol{q}_i=(v_i+\sigma^2)\boldsymbol{q}_i$$

所以

$$\boldsymbol{SDS}^{\mathrm{H}}\boldsymbol{q}_i=v_i\boldsymbol{q}_i$$

当$i=L+1,L+2,\cdots,N$时

$$\boldsymbol{SDS}^{\mathrm{H}}\boldsymbol{q}_i=0 \tag{8.55}$$

又由于矩阵$\boldsymbol{S}$列满秩，矩阵$\boldsymbol{D}$为满秩对角矩阵，因此，式(8.55)可进一步变形为

$$\boldsymbol{S}^{\mathrm{H}}\boldsymbol{q}_i=0,i=L+1,L+2,\cdots,N \tag{8.56}$$

或

$$\boldsymbol{s}_l^{\mathrm{H}}\boldsymbol{q}_i=0,i=L+1,L+2,\cdots,N,l=1,2,\cdots,L \tag{8.57}$$

这就是 MUSIC 方法的基本原理。下面介绍二维 MUSIC 算法的具体实现过程。

二维 MUSIC 方法与一维 MUSIC 方法基本一致。首先按照前述过程，计算信号$\boldsymbol{e}$的自相关矩阵$\boldsymbol{R}$。对于 MUSIC 方法，由于无需计算$\boldsymbol{R}$的逆矩阵，子空间大小M_1、M_2的约束也有所放松，一般选取$M_1\in[N_1/3,2N_1/3]$，$M_2\in[N_1/3,$

$2N_1/3]$，同时要求满足

$$\begin{cases} N_1 - L + 1 \geqslant M_1 \geqslant L \\ N_2 - L + 1 \geqslant M_2 \geqslant L \end{cases} \tag{8.58}$$

式中：L 为信源个数。

接着对 $\boldsymbol{R}$ 进行特征向量分解，并将特征值由大到小排列，前 L 个特征值对应的特征向量所组成的空间为信号空间

$$\boldsymbol{Q}_s = [q_1 \quad q_2 \quad \cdots \quad q_L] \tag{8.59}$$

其余特征向量所组成的空间为噪声空间

$$\boldsymbol{Q}_v = [q_{L+1} \quad q_{L+2} \quad \cdots \quad q_K] \tag{8.60}$$

于是可以得到信号的二维 MUSIC 谱估计为

$$P_{\text{MUSIC}}(\omega_1, \omega_2) = \frac{1}{\boldsymbol{a}(\omega_1, \omega_2)^{\text{H}} \boldsymbol{Q}_v \boldsymbol{Q}_v^{\text{H}} \boldsymbol{a}(\omega_1, \omega_2)} \tag{8.61}$$

或

$$P_{\text{MUSIC}}(\omega_1, \omega_2) = \boldsymbol{a}(\omega_1, \omega_2)^{\text{H}} \boldsymbol{Q}_s \boldsymbol{Q}_s^{\text{H}} \boldsymbol{a}(\omega_1, \omega_2) \tag{8.62}$$

式中

$$\boldsymbol{a}(\omega_1, \omega_2) = \boldsymbol{a}_2(\omega_2) \otimes \boldsymbol{a}_1(\omega_1) \tag{8.63}$$

式中⊗代表 Kronecker 乘积

$$\boldsymbol{a}_i(\omega_i) = [1 \quad \exp(\mathrm{j}\omega_i) \quad \cdots \quad \exp\{\mathrm{j}(M-1)\omega_i\}]^{\text{T}}, i = 1, 2 \tag{8.64}$$

式(8.61)和式(8.62)代表的两种 MUSIC 方法对于散射中心定位的准确度大体相当，但对于二维信号，后者的计算量要远小于前者。

8.2.4.2 ESPRIT 方法

ESPRIT 方法的基本原理是在 MUSIC 方法基本原理的基础上作进一步公式推展得到的。令 $\boldsymbol{Q}_s = [q_1 \quad q_2 \quad \cdots \quad q_L]$ 为信号空间，由前一小节可知

$$\boldsymbol{SDS}^{\text{H}} \boldsymbol{Q}_s = \boldsymbol{Q}_s \begin{bmatrix} \lambda_1 - \sigma^2 & & & \\ & \lambda_2 - \sigma^2 & & \\ & & \ddots & \\ & & & \lambda_L - \sigma^2 \end{bmatrix} = \boldsymbol{Q}_s \boldsymbol{\Lambda}$$

则有

$$\boldsymbol{Q}_s = \boldsymbol{SDS}^{\text{H}} \boldsymbol{Q}_s \boldsymbol{\Lambda}^{-1} = \boldsymbol{SC} \tag{8.65}$$

式中：$\boldsymbol{C} = \boldsymbol{DS}^{\text{H}} \boldsymbol{Q}_s \boldsymbol{\Lambda}^{-1}$。

再令

$$\boldsymbol{Q}_{s1} = [\boldsymbol{I}_{N-1} \quad \boldsymbol{0}] \boldsymbol{Q}_s \tag{8.66}$$

$$\boldsymbol{Q}_{s2} = [\boldsymbol{0} \quad \boldsymbol{I}_{N-1}] \boldsymbol{Q}_s \tag{8.67}$$

$$\boldsymbol{S}_1=[\boldsymbol{I}_{N-1}\quad \boldsymbol{0}]\boldsymbol{S} \tag{8.68}$$

$$\boldsymbol{S}_2=[\boldsymbol{0}\quad \boldsymbol{I}_{N-1}]\boldsymbol{S} \tag{8.69}$$

$$\boldsymbol{s}_{1k}=[1\quad \exp(\mathrm{j}\omega_k)\quad \cdots\quad \exp\{\mathrm{j}(N-2)\omega_k\}]^{\mathrm{T}} \tag{8.70}$$

$$\boldsymbol{s}_{2k}=[\exp(\mathrm{j}\omega_k)\quad \exp(\mathrm{j}2\omega_k)\quad \cdots\quad \exp\{\mathrm{j}(N-1)\omega_k\}]^{\mathrm{T}} \tag{8.71}$$

式中：$\boldsymbol{I}_{N-1}$为 $N-1$ 阶单位矩阵，$\boldsymbol{S}$ 的定义参见式(8.49)。则由式(8.70)和式(8.71)可以得到

$$\begin{aligned}\boldsymbol{S}_2&=[\boldsymbol{s}_{21}\quad \boldsymbol{s}_{22}\quad \cdots\quad \boldsymbol{s}_{2L}]=[\exp(\mathrm{j}\omega_1)\boldsymbol{s}_{11}\quad \exp(\mathrm{j}\omega_2)\boldsymbol{s}_{12}\quad \cdots\quad \exp(\mathrm{j}\omega_L)\boldsymbol{s}_{1L}]\\&=\boldsymbol{S}_1\begin{bmatrix}\exp(\mathrm{j}\omega_1)&&&\\&\exp(\mathrm{j}\omega_2)&&\\&&\ddots&\\&&&\exp(\mathrm{j}\omega_L)\end{bmatrix}=\boldsymbol{S}_1\boldsymbol{U}\end{aligned} \tag{8.72}$$

式中：$\boldsymbol{U}=\begin{bmatrix}\exp(\mathrm{j}\omega_1)&&&\\&\exp(\mathrm{j}\omega_2)&&\\&&\ddots&\\&&&\exp(\mathrm{j}\omega_L)\end{bmatrix}$。

再由式(8.66)～式(8.69)和式(8.72)可以得到

$$\begin{aligned}\boldsymbol{Q}_{s2}&=[\boldsymbol{0}\quad \boldsymbol{I}_{N-1}]\boldsymbol{Q}_s=[\boldsymbol{0}\quad \boldsymbol{I}_{N-1}]\boldsymbol{SC}=\boldsymbol{S}_2\boldsymbol{C}=\boldsymbol{S}_1\boldsymbol{UC}=[\boldsymbol{I}_{N-1}\quad \boldsymbol{0}]\boldsymbol{SUC}\\&=[\boldsymbol{I}_{N-1}\quad \boldsymbol{0}]\boldsymbol{SC}(\boldsymbol{C}^{-1}\boldsymbol{UC})=[\boldsymbol{I}_{N-1}\quad \boldsymbol{0}]\boldsymbol{Q}_s(\boldsymbol{C}^{-1}\boldsymbol{UC})=\boldsymbol{Q}_{s1}\boldsymbol{C}^{-1}\boldsymbol{UC}\end{aligned}$$

也即

$$\boldsymbol{Q}_{s2}=\boldsymbol{Q}_{s1}\boldsymbol{C}^{-1}\boldsymbol{UC} \tag{8.73}$$

最终有

$$\boldsymbol{C}^{-1}\boldsymbol{UC}=(\boldsymbol{Q}_{s1}^{\mathrm{H}}\boldsymbol{Q}_{s1})^{-1}\boldsymbol{Q}_{s1}^{\mathrm{H}}\boldsymbol{Q}_{s2} \tag{8.74}$$

因此，只要对式(8.74)右端作特征值分解，所得特征值的相位即为所求的频点。

二维 ESPRIT 方法的具体实现种类很多，其中基于 Hankel 分块矩阵的一类准确度较高，这里只针对其中一种实现方法进行介绍。

选择参数 P 和 Q，其取值范围分别与 MUSIC 方法中的 M_1、M_2相同。选取 $P\times(N_1-P+1)$维 Hankel 分块矩阵，即

$$\boldsymbol{Y}_1=\begin{bmatrix}\boldsymbol{Y}_{(0)}&\boldsymbol{Y}_{(1)}&\cdots&\boldsymbol{Y}_{(N_1-P)}\\\boldsymbol{Y}_{(1)}&\boldsymbol{Y}_{(2)}&\cdots&\boldsymbol{Y}_{(N_1-P+1)}\\\vdots&\vdots&\ddots&\vdots\\\boldsymbol{Y}_{(P-1)}&\boldsymbol{Y}_{(P)}&\cdots&\boldsymbol{Y}_{(N_1-1)}\end{bmatrix} \tag{8.75}$$

式中：$\boldsymbol{Y}_{(n)}$为 $Q\times(N_2-Q+1)$维 Hankel 分块矩阵，即

$$\boldsymbol{Y}_{(n)}=\begin{bmatrix} e(n,0) & e(n,1) & \cdots & e(n,N_2-Q) \\ e(n,1) & e(n,2) & \cdots & e(n,N_2-Q+1) \\ \vdots & \vdots & \ddots & \vdots \\ e(n,Q-1) & e(n,Q) & \cdots & e(n,N_2-1) \end{bmatrix} \tag{8.76}$$

对 $\boldsymbol{Y}_1$进行奇异值分解，得到由其特征向量按列组成的矩阵 $\boldsymbol{U}_1$，取 $\boldsymbol{U}_1$的前 L 列得到信号空间 $\boldsymbol{U}_{S1}$。

计算

$$\boldsymbol{F}_1=(\underline{\boldsymbol{U}_{S1}})''\overline{\boldsymbol{U}_{S1}} \tag{8.77}$$

式中：$(\underline{\boldsymbol{U}_{S1}})''$为 $\boldsymbol{U}_{S1}$的伪逆矩阵。

令

$$E_1=\sum_{k=1}^{Q}\sum_{l=1}^{P}E_{k,l}^{Q\times P}\otimes E_{l,k}^{P\times Q} \tag{8.78}$$

式中：$\boldsymbol{E}_{k,l}^{K\times L}$为一个 $K\times L$ 大小的矩阵，它的第(k,l)个元素为 1，其余元素均为 0。则

$$\boldsymbol{F}_2=(\underline{\boldsymbol{E}_1\boldsymbol{U}_{S1}})''(\overline{\boldsymbol{E}_1\boldsymbol{U}_{S1}}) \tag{8.79}$$

求一个可以使矩阵

$$\boldsymbol{F}=\beta\boldsymbol{F}_1+(1-\beta)\boldsymbol{F}_2 \tag{8.80}$$

对角化的矩阵 $\boldsymbol{T}$。

计算

$$\begin{aligned}\boldsymbol{\psi}_M&=\boldsymbol{T}\boldsymbol{F}_M\boldsymbol{T}^{-1}\\ \boldsymbol{\psi}_N&=\boldsymbol{T}\boldsymbol{F}_N\boldsymbol{T}^{-1}\end{aligned} \tag{8.81}$$

则 $\boldsymbol{\psi}_M$和 $\boldsymbol{\psi}_N$相应对角线元素的相位组成的频率对即为所求。

MUSIC 和 ESPRIT 方法对频谱的位置估计都较为精确，其中 ESPRIT 方法精确度更高，但这两种方法都不能准确的估计出频谱的幅度，一般可在完成散射中心位置估计后，采用最小二乘法[25]对频谱幅度进行估计。

作为例子，4 个点散射中心在空间坐标中的位置如图 8.9(a)所示，按标号顺序分别为(1.0,1.0)，(0.9,0.9)，(0.7,0.7)和(0.9,0.7)，散射幅度分别为 5,10,10 和 8。成像仿真频率 9～10GHz，方位角 ±3°。这样，图像的两维名义分辨率均为 0.15m[24]。

图 8.9(b)和图 8.9(c)分别给出了不加窗和加 30dB 切比雪夫窗时，采用 FFT 方法得到的再现图像。图 8.9(d)给出了 CLEAN 处理后的图像，图 8.9(e)和图 8.9(f)给出了 MUSIC 和 ESPRIT 处理的结果图像。对于每幅图像，将其能

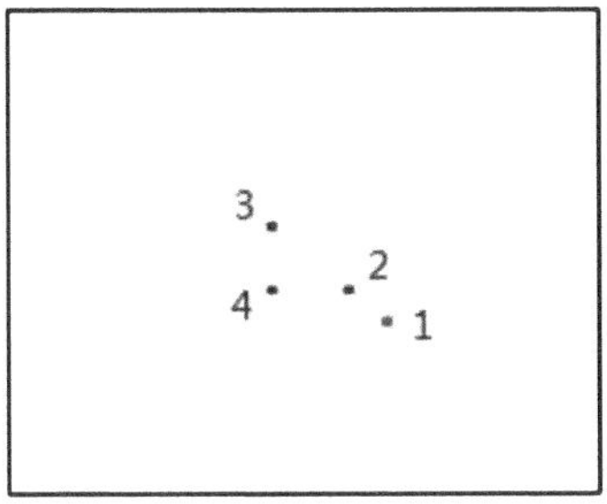

(a) 真实点源分布

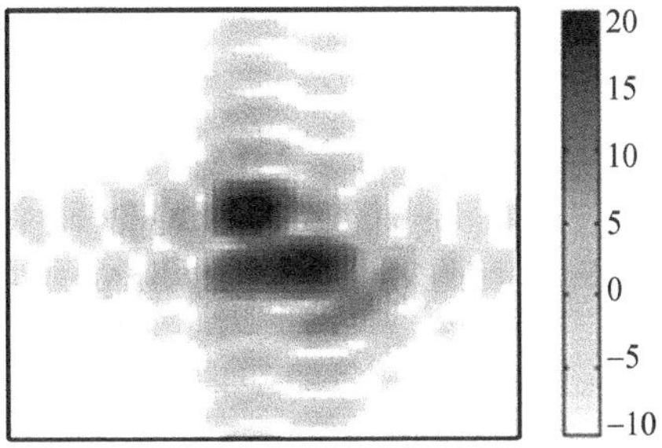

(b) 未加窗FFT处理图像

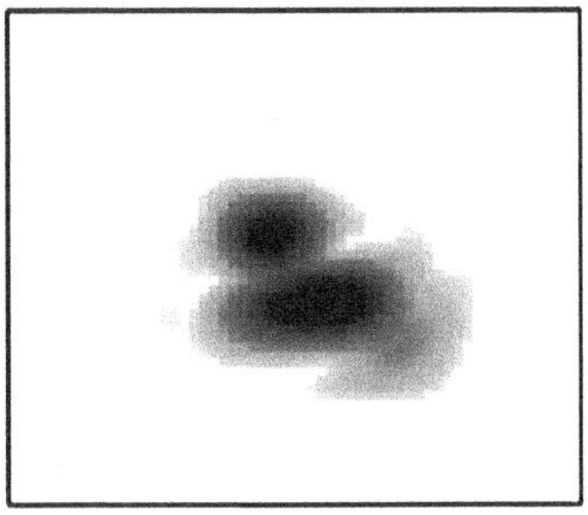

(c) 加窗FFT处理图像

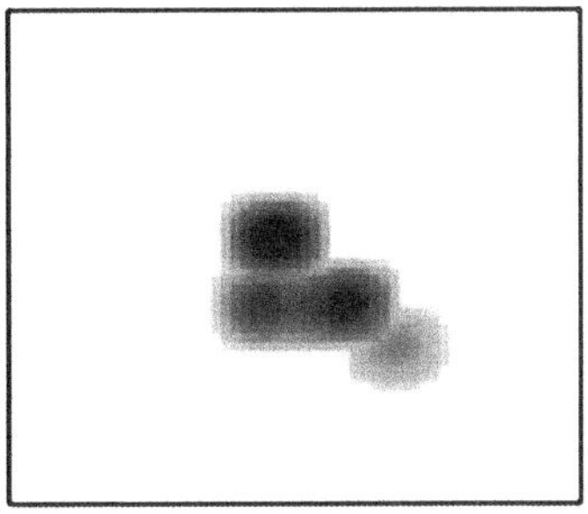

(d) CLEAN处理图像

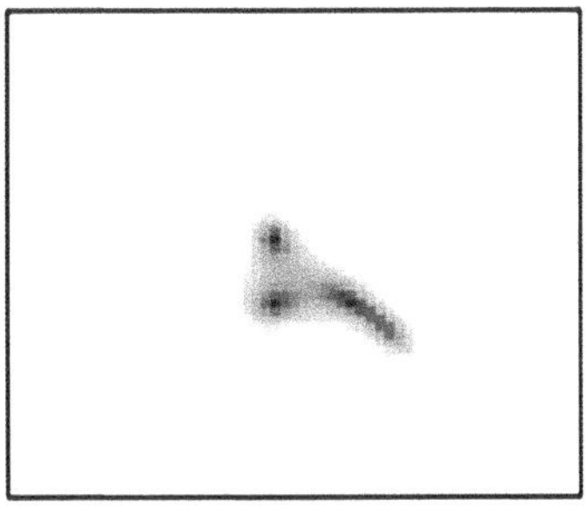

(e) MUSIC处理图像

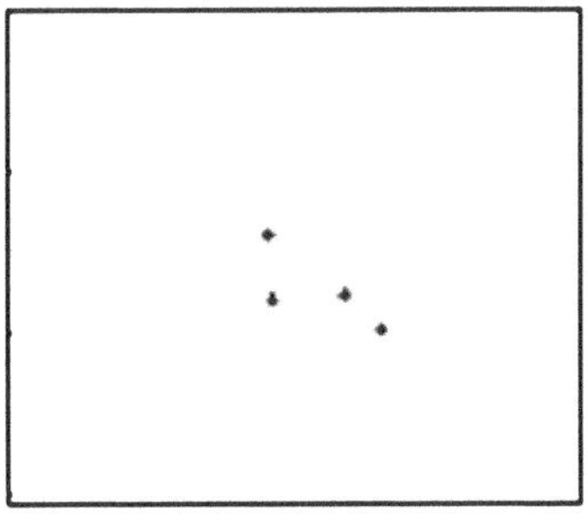

(f) ESPRIT处理图像

图 8.9　点散射中心仿真数据超分辨率成像结果

分辨出的点散射中心进行幅度和位置的提取，提取结果如表 8.2所列。

从图 8.9(b)和图 8.9(c)可以看到，加窗处理后点散射中心的旁瓣被明显抑制，但图像的分辨率也有所下降。在这两幅图中都可以清晰地分辨出点散射中心 2 和点散射中心 3，点散射中心 1 隐约可见，而在点散射中心 4 几乎完全被点散射中心 2 的旁瓣所掩盖。对于点散射中心 2 和点散射中心 3，表 8.2 中给出了它们的位置和幅度。可以看到，加窗后点散射中心幅度有所降低，这是由于加窗后点扩展函数主瓣展宽，导致峰值降低。

表 8.2 不同成像方法确定的点散射中心位置及幅度

	点散射中心 1		点散射中心 2		点散射中心 3		点散射中心 4	
成像方法	位置	幅度	位置	幅度	位置	幅度	位置	幅度
真实图像	(1.0,1.0)	5	(0.9,0.9)	10	(0.7,0.7)	10	(0.9,0.7)	8
FFT	无法确定		(0.90,0.88)	8.75	(0.70,0.70)	10.15	无法确定	
CLEAN	(1.02,1.00)	2.81	(0.90,0.88)	7.99	(0.70,0.70)	9.13	(0.90,0.68)	6.14
MUSIC	无法确定		(0.88,0.85)	1.41	(0.70,0.70)	3.46	(0.90,0.70)	2.76
ESPRIT	(0.99,0.99)	4.52	(0.88,0.89)	9.54	(0.70,0.70)	10.03	(0.90,0.71)	7.65

图 8.9(d)是在图 8.9(b)的基础上利用 CLEAN 算法处理的结果,设置门限为 9.54dB,共找到 4 个点散射中心,如表 8.2 中所列,它们的位置都比较准确,但幅度比真值略有降低。

图 8.9(e)和图 8.9(f)分别为设置点散射中心个数为 4 时,利用 MUSIC 和 ESPRIT 方法的成像结果。其中 ESPRIT 方法准确地给出了 4 个散射中心的位置,MUSIC 方法可以清楚地确定点散射中心 2、点散射中心 3 和点散射中心 4 的位置,但是点散射中心 1 的位置很难确定。此外,MUSIC 图像虽然带有幅度,但这个幅度是不准确的,表 8.2 中给出了 MUSIC 方法的伪幅度,它与真实幅度相差很远。ESPRIT 方法则在得到位置参数化后,利用最小二乘法可以确定每个散射中心的幅度,从表中可以看出,这样得到的散射中心幅度是比较准确的。总体上,MUSIC 方法和 ESPRIT 方法的分辨率都很高,相比之下 ESPRIT 方法要更为准确。

因此,总体上而言,在处理速度允许的条件下,ESPRIT 方法应作为散射中心提取中优先选用的方法。

顺便指出,在 RCS 诊断成像中,如果雷达成像测量是在较大的方位范围内完成的,这种极坐标格式数据是不能直接采用 ESPRIT 方法进行谱估计处理的。研究表明,只要旋转角范围不是太大,一般可采用以下方法处理:先利用滤波逆投影法再现目标二维图像,再通过二维 FFT 变换将图像数据反变换到数据域,由此得二维直角坐标下的 RCS 数据,并进而采用 ESPRIT 法进行处理,一般可获得比较准确的谱估计结果。

8.3 RCS 数据的可视化

8.3.1 目标观测坐标系

8.3.1.1 目标球面坐标系

根据我国国家军用标准 GJB3038A[26],目标球面坐标系如图 8.10 所示。

坐标系原点为目标几何中心(在 RCS 测量中为转台旋转中心),x 轴指向目标鼻锥方向,y 轴垂直于 x 轴指向目标左舷,z 轴竖直向上,与 x 和 y 轴构成右手坐标系。

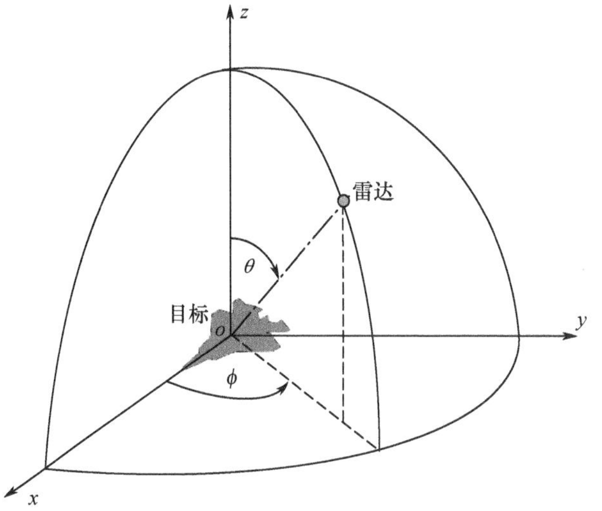

图 8.10 目标球面坐标系以及视向角定义

目标方位视向角定义为在 xoy 平面内雷达视线负矢量与 x 轴正矢量之间的夹角 ϕ,范围为 0°~360°或者 -180° ~ +180°,鼻锥向为 0°,左舷为 90°,右舷为 -90°或者 270°,尾部为 ±180°。俯仰视向角定义为 z 轴之间的夹角,范围为 0 ~ 180°或者 -90° ~ +90°。目标背部为 0°或者 -90°,腹部为 180°或者 +90°,水平方向为 90°或者 0°。

8.3.1.2 目标姿态坐标系

目标散射特性测量中常采用目标姿态坐标系,如图 8.11 所示。用偏航角、俯仰角 β 和横滚角 γ 三个欧拉角确定目标相对于测量坐标系的姿态。

8.3.2 目标散射测量主要数据类型

RCS 测试场测量得到的 RCS 数据类型如下:

(1) RCS 方位扫角测量数据。

(2) RCS 扫频测量数据。

(3) RCS 扫频扫角测量数据。

(4) 一维高分辨径向距离像数据。

(5) 二维 ISAR 图像数据。

(6) 三维成像数据。

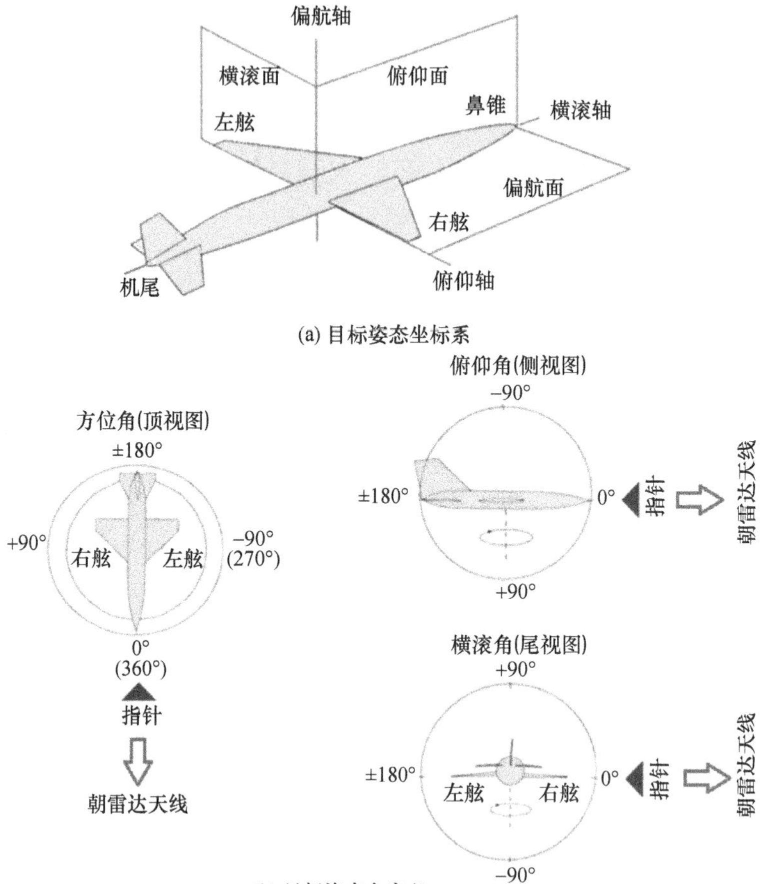

(a) 目标姿态坐标系

(b) 目标姿态角定义

图 8.11　目标姿态坐标系以及姿态角定义

此外,目标双站散射和极化散射测量时,将产生以上所有类型的 RCS 数据。对于极化测量数据,在水平和垂直极化组合进行极化测量时,将产生 4 个不同极化通道的扫角、扫频和高分辨成像测量数据。不同的 RCS 数据类型,可采用不同的可视化方式。

8.3.3　点频 RCS 测量数据

窄带点频 RCS 扫角测量数据包括以下几种模式:

(1) RCS 幅度/相位 - 方位角。

(2) RCS 幅度/相位 - 方位角 - 俯仰角。

每种数据又可在直角坐标或者极坐标下进行可视化。图 8.12 和图 8.13 分别示出了 RCS 幅度和相位随方位变化的直角坐标和极坐标可视化图例。在

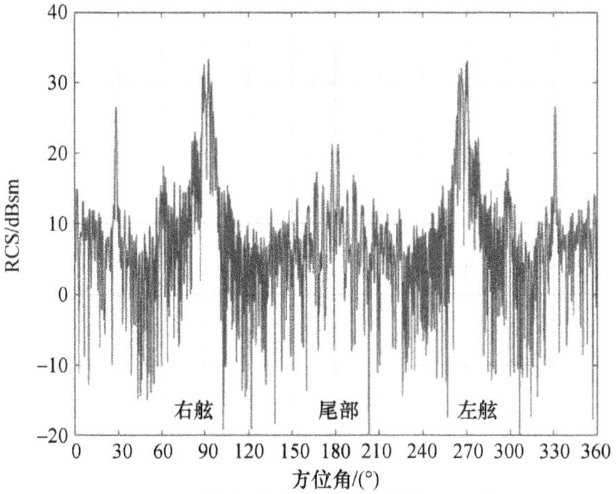

(a) RCS幅度-方位角 (方位范围0°～360°)

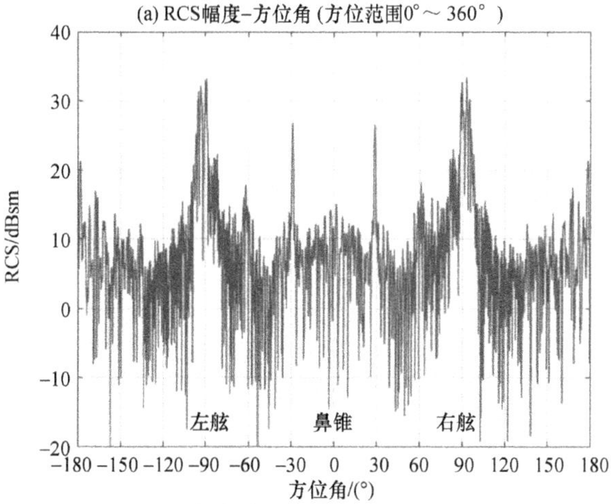

(b) RCS幅度-方位角 (方位范围-180°～+180°)

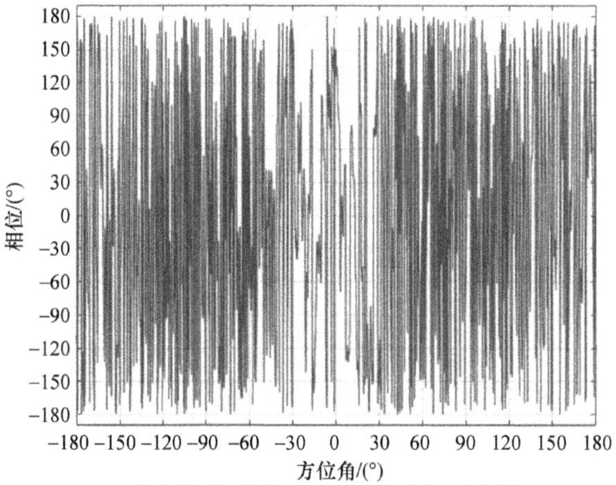

(c) RCS相位-方位角(方位范围-180°～+180°)

图 8.12　RCS 幅度和相位随方位角变化特性直角坐标可视化图例

直角坐标下，一般横坐标为方位角（量纲为度），纵坐标为 RCS 幅度（量纲为 dBsm）或相位（量纲为度）。在极坐标下，转角表示方位角（量纲为度），矢径代表 RCS 幅度（量纲为 dBsm）或者相位（量纲为度），如图 8.13（a）和图 8.13（b）所示。

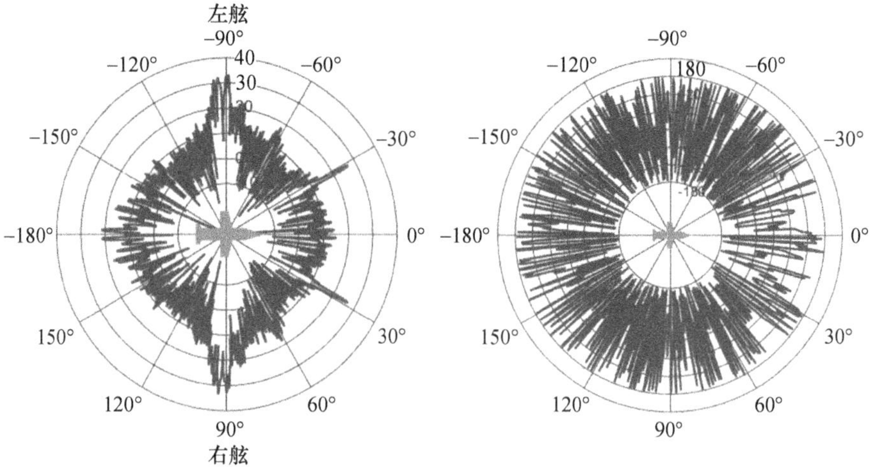

(a) RCS幅度-方位角　　(b) RCS相位-方位角

图 8.13　RCS 幅度和相位随方位角变化特性极坐标可视化图例

不难发现，如果按照 GJB3038A 中的坐标系和姿态角定义进行 RCS 可视化，直角坐标和极坐标下的 RCS 曲线所对应的鼻锥向和左、右舷将产生矛盾并可能导致误解。本书后续规定如下：无论采用 0° ~360°还是 -180° ~ +180°方位标示，均规定 90°时为目标右舷。这样：目标测量中若作逆时针旋转，方位角范围为 0° ~360°时，0°为鼻锥向，右舷为 90°，左舷为 270°，尾部对应为 180°；方位角范围为 -180° ~ +180°，则鼻锥向为 0°，左舷为 -90°，右舷为 +90°，尾部为 ±180°。

注意这与 GJB3038A 中的定义是不完全一致的，在那里会带来直角坐标视图和极坐标视图的不一致：如果按照直角坐标系下的视图定义目标左右舷对应方位角，则将造成在极坐标系视图中目标左右舷与所对应的 RCS 曲线相矛盾（目标左舷对应的 RCS 曲线为右舷数据，目标右舷对应的 RCS 曲线为左舷数据）。这是由于雷达视线矢量与目标坐标系 x 轴矢量定义的方向不一致所导致的后果，造成直角坐标系和极坐标系下目标侧向 RCS 数据所对应的目标左、右舷正好相反！由此将产生不必要的矛盾和误解，也不利于两种坐标下数据曲线的比对分析。

为了避免上述问题带来的不必要的麻烦，后续所有视图我们均采用方位角范围 -180° ~ +180°来讨论。同时建议，如果按照方位角 0° ~360°范围绘制

RCS 视图,应该将 180°位置定义为目标尾向而不是鼻锥向,则可以避免上述矛盾。

图 8. 14 和图 8. 15 分别示出了 RCS 幅度和相位随方位和俯仰角变化的直角坐标和极坐标可视化图例。在直角坐标下,一般横坐标为方位角(量纲为度),纵坐标为俯仰角(量纲为度),不同颜色代表 RCS 幅度(量纲为 dBsm)或相位(量纲为度)量值,并以色标标示,如图 8. 14(a)和图 8. 14(b)所示。在极坐标下,一般以全空间球面坐标的彩色图来表示,沿纬线方向表示方位角(量纲为度),沿经线方向表示俯仰角(量纲为度),以不同颜色表示 RCS 幅度(量纲为 dBsm)或者相位(量纲为度),并以色标标示,如图 8. 15(a)和图 8. 15(b)所示。

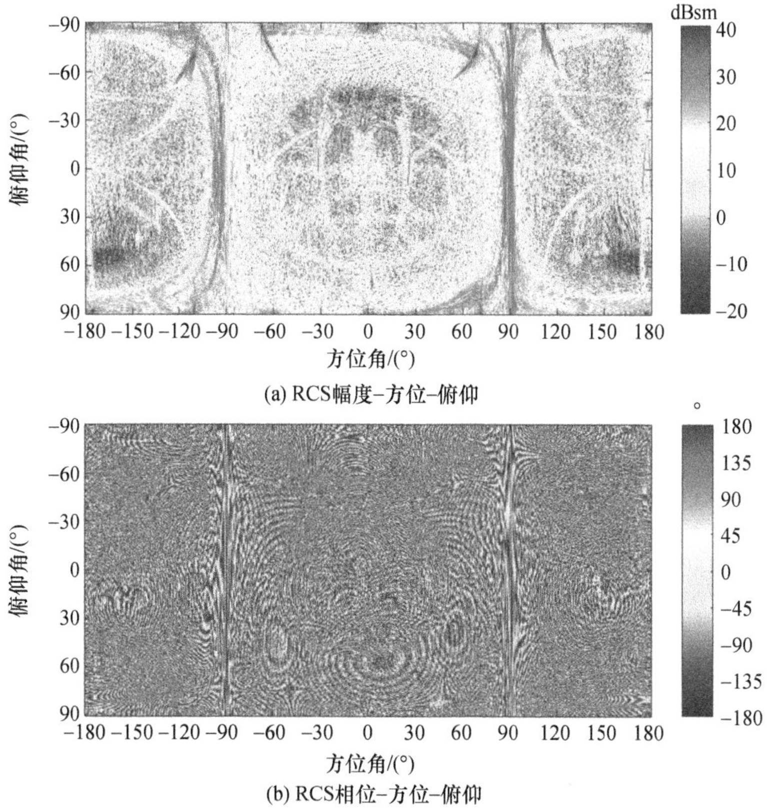

图 8. 14　RCS 幅度和相位随方位和俯仰角变化特性直角坐标可视化图例(见彩图)

8. 3. 4　宽带 RCS 测量数据

宽带 RCS 测量数据主要包括以下模式:

(1) RCS 幅度/相位 - 频率。

(2) RCS 幅度/相位 - 频率 - 方位/俯仰角。

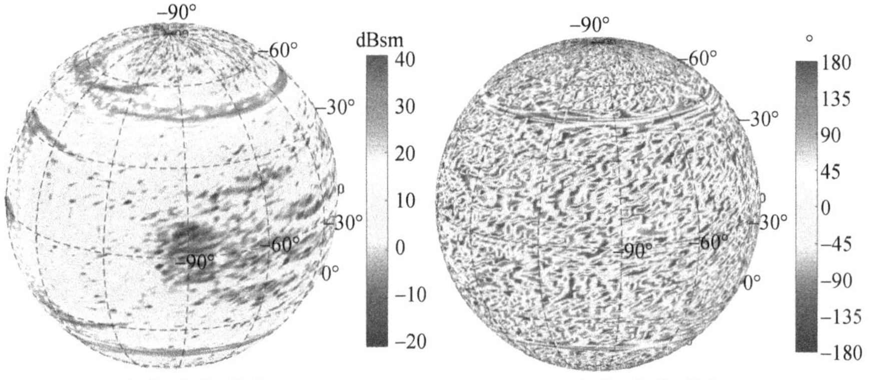

(a) RCS幅度–方位–俯仰　　(b) RCS相位–方位–俯仰

图 8.15　RCS 幅度和相位随方位和俯仰角变化特性极坐标可视化图例(见彩图)

RCS 幅度和相位随频率变化的数据一般采用直角坐标来进行可视化,其中横坐标为频率(量纲为 GHz 或 MHz),纵坐标为 RCS 幅度(量纲为 dBsm)或者相位(量纲为度),如图 8.16(a)和图 8.16(b)所示。

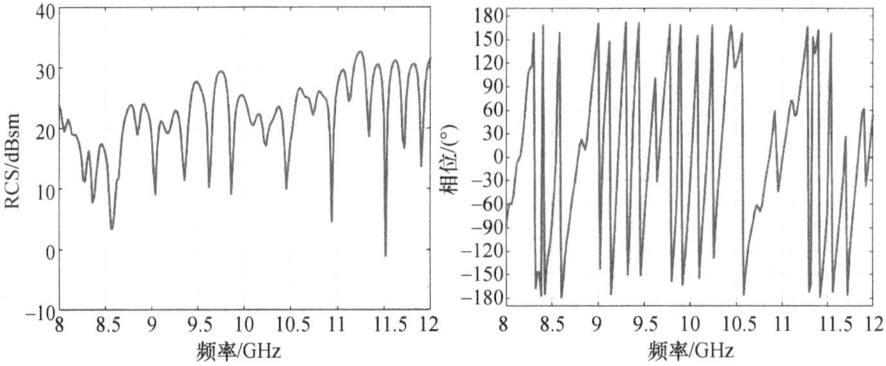

(a) RCS幅度–频率　　(b) RCS相位–频率

图 8.16　RCS 幅度和相位随频率变化特性可视化图例

RCS 扫频扫角测量将形成 RCS 幅度和相位随频率和方位角或者俯仰角变化的二维数据,其可视化可以在直角坐标或者极坐标下进行。在直角坐标下,一般横坐标为方位角或者俯仰角(量纲为度),纵坐标为频率(量纲为 GHz 或 MHz),用不同颜色代表 RCS 幅度(量纲为 dBsm)或相位(量纲为度)量值,并以色标标示,如图 8.17(a)和图 8.17(b)所示。在极坐标下,转角表示方位角或者俯仰角(量纲为度),矢径代表频率(量纲为 GHz 或 MHz),如图 8.18(a)和图 8.18(b)所示。

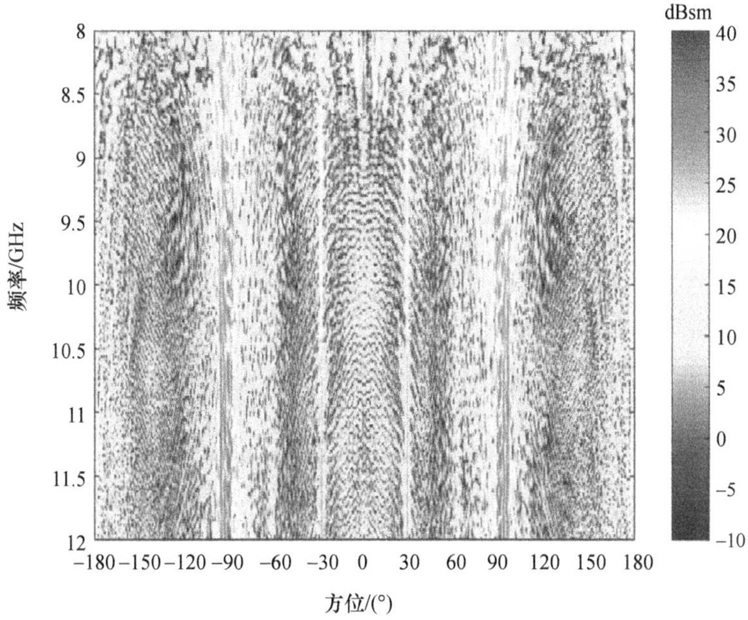

(a) RCS幅度-频率-方位角

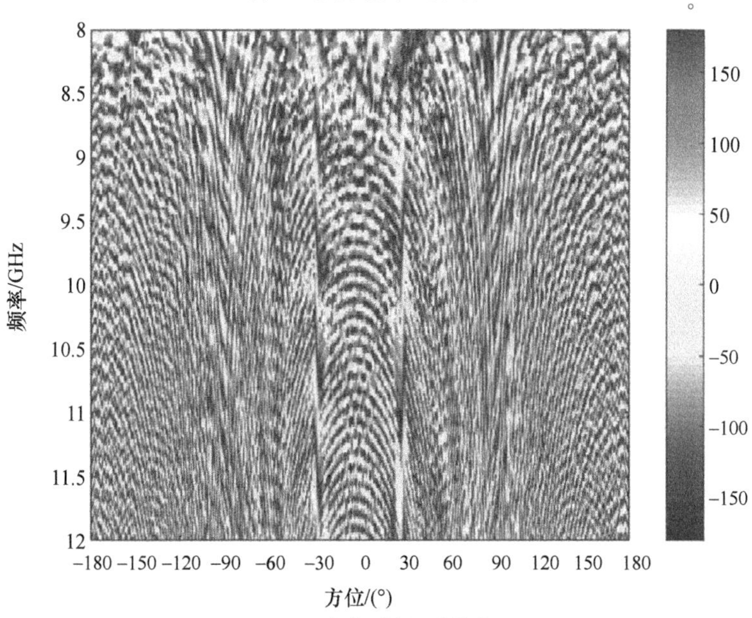

(b) RCS相位-频率-方位角

图 8.17　RCS 幅度和相位随频率和方位角变化特性直角坐标可视化图例(见彩图)

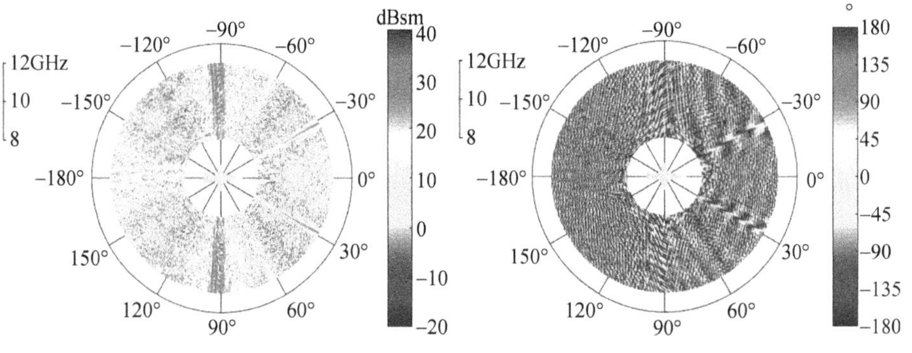

(a) RCS幅度-频率-方位角　　(b) RCS相位-频率-方位角

图 8.18　RCS 幅度和相位随频率和方位角变化特性极坐标可视化图例(见彩图)

8.3.5　一维距离像数据

RCS 一维高分辨率径向距离像数据主要包括:

(1) RCS 幅度/相位 - 径向距离。

(2) RCS 幅度/相位 - 径向距离 - 方位/俯仰角。

对于固定俯仰和方位角下的目标一维高分辨率距离像数据,一般在直角坐标系下进行可视化,横坐标为径向距离(量纲为 m),纵坐标为 RCS 幅度(量纲为 dBsm)或相位(量纲为度),如图 8.19 所示。

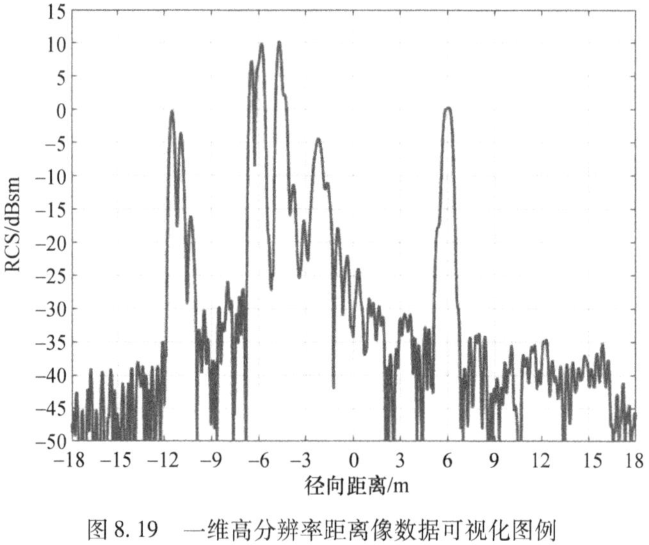

图 8.19　一维高分辨率距离像数据可视化图例

对于随俯仰或者方位角变化的目标一维高分辨率距离像数据,可在直角坐标或极坐标系下进行可视化。在直角坐标系下,横坐标为方位或俯仰角(量纲为度),纵坐标为径向距离(量纲为 m);在极坐标系下,转角表示方位或俯仰角(量纲为度)，矢径表示径向距离(量纲为 m)。如图 8.20(a)和图 8.20(b)所示。

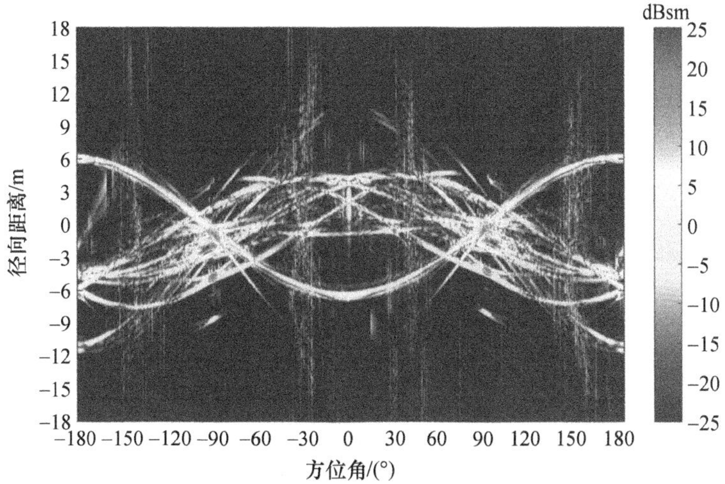

(a) 直角坐标

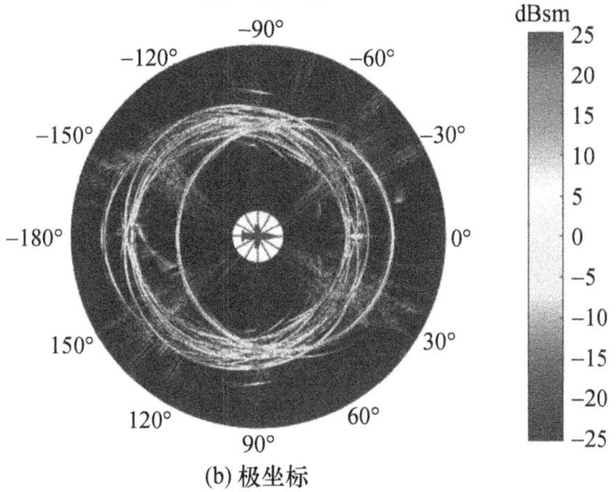

(b) 极坐标

图 8.20　一维高分辨率距离像随方位变化特性数据可视化图例(见彩图)

8.3.6　二维和三维 ISAR 图像数据

目标二维 ISAR 图像数据一般在直角坐标系下以 RCS 幅度/相位 - 横向距离 - 径向距离的二维彩色编码图、等高线轮廓图或者三维网格图来进行可视化。在 RCS - 横向距离 - 径向距离二维彩色编码图或者等高线轮廓图中，一般横坐标为横向距离(量纲为 m)，纵坐标为径向距离(量纲为 m)，以颜色或等高线表示 RCS 幅度(量纲为 dBsm)或者相位(量纲为度)，并以色标加以标示。在 RCS - 横向距离 - 径向距离三维网格图中，一般横坐标为横向距离(量纲为 m)，纵坐标为径向距离(量纲为 m)，高度方向表示 RCS 幅度(量纲为 dBsm)或者相位(量纲为度)。具体图例如图 8.21 所示。

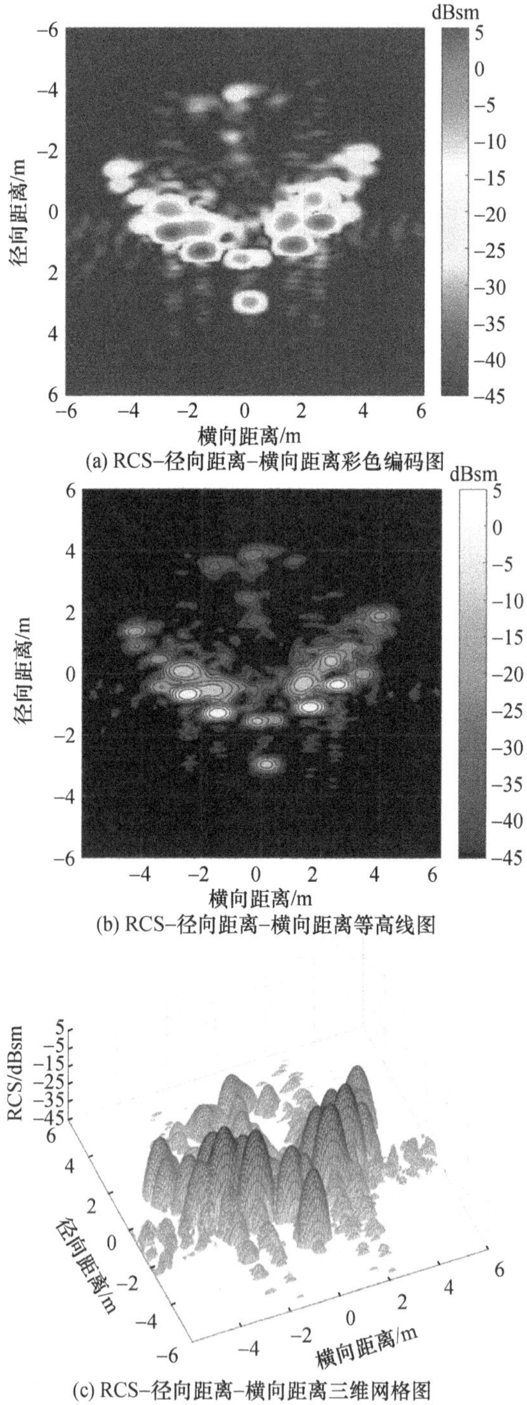

(a) RCS-径向距离-横向距离彩色编码图

(b) RCS-径向距离-横向距离等高线图

(c) RCS-径向距离-横向距离三维网格图

图 8.21　二维 ISAR 图像数据可视化图例(见彩图)

目标三维干涉 ISAR 图像或者真三维 ISAR 图像数据一般在直角坐标系下以 RCS－横向距离－径向距离－高度三维彩色编码图来进行可视化。其中横坐标为横向距离(量纲为 m),纵坐标为径向距离(量纲为 m),第三维为高度(量纲为 m),如图 8.22 所示。图 8.22(a)为三维 ISAR 图像,图 8.22(b)给出了被测目标在相应姿态下的照片作为比对[27]。

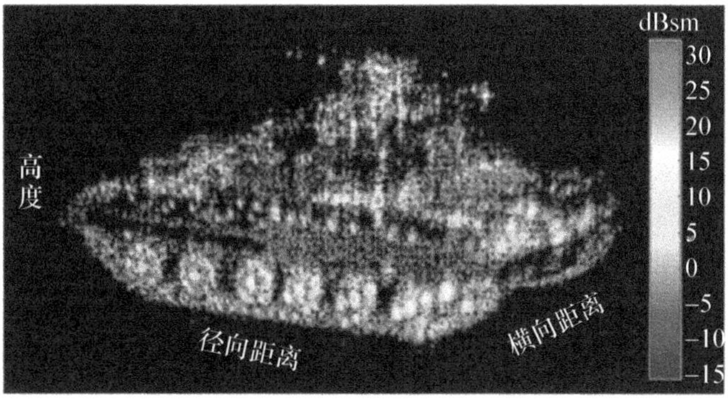

(a) 三维ISAR像

(b) 被测目标模型照片

图 8.22　目标三维 ISAR 图像数据可视化图例(见彩图)

此外,对于三维干涉 ISAR 图像,由于其在每个径向距离－横向距离单元内只有一个高度值,因此也可通过彩色编码或者等高线图来表示其三维高度值。这样,在目标横向距离－径向距离－高度彩色编码或等高线图中,横坐标为横向距离(量纲为 m),纵坐标为径向距离(量纲为 m),以颜色或等高线表示不同单元的高度值(量纲为 m),并通过色标加以标示。在此情况下,为了同时表示目标的 RCS 幅度和高度,可采用 RCS－横向距离－径向距离和高度－横向距离－径向距离两幅图来加以表示,图 6.20 和图 6.21 中已经给出了两个例子。

8.4 RCS 测量数据的不确定度分析

本节中关于 RCS 测量不确定度分析和讨论的理论框架主要来自于《IEEE 1502—2007 标准:IEEE 雷达散射截面积测试推荐实践》,该标准由电气与电子工程师协会(IEEE)天线与传播学会于 2007 年首次正式发布[7]。据作者所知,这也是国际上第一个公开发布的完整讨论 RCS 测量不确定度的标准,该标准可以视为美国国防部测试场认证[1,28-33]的重要成果之一。

文献[7]主要讨论了不确定度分析的总体情况,并以表格形式给出了不确定度的构成,明确了不确定度源,并给出了这些来源对 RCS 测量误差影响的程度估计。这些一般性的讨论为 RCS 测量不确定度分析提供了基本指导原则,而在应用于特定 RCS 测试场时需要做适当的调整。为了进一步突出本节内容的工程实用性,在对影响不确定度各因素的讨论中,除了引用文献[7,34,35]的相关结果,还将以 RCS 测试地面平面场为例,分析相关因素对于不确定度的影响,并给出减小这一影响的方法和技术。

8.4.1 RCS 不确定度与误差

8.4.1.1 不确定度

IEEE 1507—2007 标准阐述了"误差"与"不确定度"的区别:"误差"即测量值与真值之间的差值;而"不确定度"是误差可能的范围。

对任何物理量的测量,都应通过不确定度来量化其测量精度,RCS 测量也不例外。RCS 测量的不确定度可表示为

$$\sigma = \sigma_0 \pm \Delta\sigma \tag{8.82}$$

式中:σ 给出了测试场经测量得到的目标 RCS 最优估计值 σ_0与一个大于 0 的不确定度值 $\Delta\sigma$,后者是 RCS 测量误差的合理范围。

不确定度估计通常确定了误差的主要来源,对这些误差的控制能够提高测量数据的质量。

8.4.1.2 不确定度分析与估计

在通过各种技术测量某一参数时,采用统一的不确定度分析和估计方法非常重要,它使得各种不同测量技术的不确定度可以准确一致地反映出来。但是,正如 IEEE 1507—2007 标准中所指出的,每个 RCS 测试场都具有自己的特殊性,所谓的统一程序并不能覆盖 RCS 测试中的所有可能性。RCS 测试场的操作人员对测量数据的不确定度分析负最终责任。同时,必须在 RCS 测试工程实践

过程中不断完善、改进和研究新的方法来处理特定的测量不确定度问题。

可见,对不确定度 $\Delta\sigma$ 的估计通常具有一定程度上的主观性。因此,清晰地给出不确定度分析与估计中的假设与程序极为重要的。最终 RCS 数据用户可以通过这些信息来得到关于数据质量的结论。

8.4.2 RCS 测量不确定度的计算与报告

式(8.82)所给出的不确定度边界误差是对称的。实际上,RCS 测量不确定度的误差边界也可以是不对称的,表示为

$$\sigma_0 - \Delta\sigma_- < \sigma < \sigma_0 + \Delta\sigma_+ \tag{8.83}$$

式中:$\Delta\sigma_-$ 和 $\Delta\sigma_+$ 分别为不确定度边界的下限和上限。

为简单起见,本节后续采用了式(8.82),这意味着该不确定度的对称边界取其上、下限的最大值,也即 $\Delta\sigma = \max\{\Delta\sigma_-, \Delta\sigma_+\}$。

RCS 测量不确定度也可以采用对数形式表示,即

$$\Delta\sigma'_{\pm}(\mathrm{dB}) = \pm 10\lg\left(1 \pm \frac{\Delta\sigma}{\sigma_0}\right) \tag{8.84}$$

对于对称误差限,总是有 $\Delta\sigma'_- \geqslant \Delta\sigma'_+$,因此取

$$\Delta\sigma'(\mathrm{dB}) = \Delta\sigma'_- = -10\lg\left(1 - \frac{\Delta\sigma}{\sigma_0}\right) \tag{8.85}$$

但是,一些特定情况下采用对数形式的对称误差限不确定度有可能存在不确定度过大的问题,此时可以采用不对称的边界。例如:若 $\Delta\sigma/\sigma_0 = 1$,则有 $\Delta\sigma'_+ \approx 3\mathrm{dB}$,而 $\Delta\sigma'_- \approx \infty\ \mathrm{dB}$。显然,此时若按照式(8.85)定义,不确定度为无穷大! 这显然是不合理的。

另一方面,当极限 $\Delta\sigma \to 0$ 时,对数形式的不确定度与相对不确定度则基本上呈线性关系。当 $\Delta\sigma/\sigma_0$ 很小时$\left(\frac{\Delta\sigma}{\sigma_0} \ll 1\right)$,将泰勒(Taylor)展开近似式 $\ln(1-x) \approx -x$ 用于式(8.85),有以下近似式成立

$$\Delta\sigma' = -10\lg(e) \cdot \ln\left(1 - \frac{\Delta\sigma}{\sigma_0}\right) \approx 0.434\frac{\Delta\sigma}{\sigma_0} \tag{8.86}$$

表 8.3 和表 8.4 给出了不确定度的示例[7]。其中,表 8.3 给出了被测目标的测量不确定度,表 8.4 则给出了定标体的测量不确定度。两个表中的前 13 项分别给出了不确定度的每一个可能来源(不确定度的分量),最后在第 14 项给出了由这些分量合成的不确定度估计值。注意到表 8.4 实际上是从属于表 8.3 的,表 8.4 第 14 项的合成不确定度结果实际上就是表 8.3 中的第 13 项的数据,即与定标过程相关的不确定度。

表中的不确定度为对数表示。“neg.”表示该项不确定度分量可以忽略不计(本例中为低于 0.1dB 的分量)。“n. a.”表示在当前分析中不考虑该因素(如

对于静态目标 RCS 测量,可以不考虑积累误差对不确定度的影响)。

表 8.3 RCS 测量不确定度示例:被测目标

序号	被测目标不确定度	dB
1	平均照度	0.4
2	背景 - 目标耦合影响	0.1
3	交叉极化	0.6
4	漂移	1.0
5	频率	neg.
6	积累	neg.
7	*I* - *Q* 不平衡	neg.
8	近场	1.0
9	噪声 - 背景	0.9
10	非线性	1.0
11	距离	neg.
12	目标指向	n. a.
13	定标体 RCS(表 8.3 第 14 项)	0.9
14	合成不确定度(RSS)	+1.7/ -2.7

表 8.4 RCS 测量不确定度示例:定标体

序号	被测目标不确定度	dB
1	平均照度	0.0
2	背景 - 目标耦合影响	0.1
3.	交叉极化	0.0
4.	漂移	neg.
5	频率	neg.
6	积累	n. a.
7	*I* - *Q* 不平衡	neg.
8	近场	neg.
9	噪声 - 背景	0.9
10	非线性	0.0
11	距离	neg.
12	目标指向	0.0
13	定标体 RCS	0.1
14	合成不确定度(RSS)	0.9

测试目标的总不确定度(表 8.3 第 14 项)给出了不对称的边界 σ'_+ 和 σ'_-。

必须指出,表 8.3 和表 8.4 中各项不确定度的数值只是一个示例,并不代表各种 RCS 测量条件下的真实不确定度值。

在 RCS 测量不确定度分析中,应当选择独立的、至少是可近似认为独立的不确定度分量。合成不确定度的计算式为

$$\frac{\Delta\sigma}{\sigma_0} = \sqrt{\sum_{i=1}^{M}\left(\frac{\Delta\sigma_i}{\sigma_0}\right)^2} \tag{8.87}$$

式中:$\Delta\sigma_i$ 为各项不确定度分量。

注意式(8.87)中各单项不确定度采用的是相对不确定度$\frac{\Delta\sigma_i}{\sigma_0}$而不是对数形式的不确定度 $\Delta\sigma'_i$,两者之间的关系如下

$$\frac{\Delta\sigma_i}{\sigma_0} = 1 - 10^{-\Delta\sigma'_i/10} \tag{8.88}$$

因此,在合成不确定度的计算中,如果各单项不确定度是以分贝数给出的,则应首先用式(8.88)将分贝数转化为相对不确定度,再采用式(8.87)计算合成相对不确定度,最后用式(8.84)或近似式(8.86)计算对数形式的合成不确定度,注意式(8.86)的使用条件是合成相对不确定度远小于 1。

RCS 测量不确定度分析一般采用层级分析方法,高一层级的表格简要概括了分析和计算合成不确定度的主要因素,不确定度的每一个分量本身都可能是一个独立的、可以采用更低一层次的表格来表示的合成不确定度。这就好比是树的根节点,根节点展开则可以得到更多的细节。在最低一层采用"最差估计"以确保每一分量都通过计算一个或多个"最差估计"的统计平方公差(Root - Square Sum, RSS)来得到其合成误差。例如,表 8.4 就给出了与定标体测量相关的不确定度分析,其合成不确定度结果(表 8.4 第 14 项)只是影响被测目标合成不确定度的一个分量而已(表 8.3 中的第 13 项)。

在 RCS 测量不确定度分析最终报告中,通常只给出最高层级的不确定度分析表格以向最终数据用户提交一份简要概括分析和计算合成不确定度中所考虑的主要影响因素,一般不需要正式提交低一层级的分析表格,但这类表格可用于记录测量细节。需要采用更低层级的子表格来分析的不确定度分量通常包括噪声、背景、系统非线性、定标等因素,这些因素所造成的 RCS 测量不确定度一般需要基于逐项分析和综合来确定。

此外,还需特别注意,前述"最差估计"往往可能具有某种主观性,并且在很大程度上依赖于 RCS 测试操作人员的实践经验,对于那些同目标属性有关的不确定度尤其如此,例如与交叉极化误差有关的不确定度。对于通过统计得出的不确定度,最差估计的不确定度可以换算为两个标准绝对偏差。大体上,测试人员应该保证其测量结果以 95% 的置信度落在最差估计边界内。

表8.3和表8.4中所列出的不确定度分量，在很大程度上依赖于特定的测量状态。通常情况下，每次测量任务都需要进行不确定度分析。例如，采用不同的不确定度分量表，以建立测量不确定度同信号电平、雷达频段等之间的函数关系。

8.4.3 影响RCS测量不确定度的主要因素分析

以采用异地同时定标测量的RCS地面平面场为例进行分析。

根据雷达方程，在目标与定标体并非安装在同一支架的异地定标条件下，未知目标RCS与定标体RCS之比可以表示为

$$\frac{\sigma_0}{\sigma_c}=\left(\frac{R}{R_c}\right)^4\cdot\left(\frac{G_c}{G}\right)^2\cdot\left(\frac{f}{f_c}\right)^2\cdot\frac{P_{tc}}{P_t}\cdot\frac{P_r}{P_{rc}}\cdot\frac{L}{L_c}\tag{8.89}$$

式中：σ_0，σ_c分别为目标和定标体的雷达散射截面积（m^2）；R为测试距离（m）；G为雷达天线增益；f为雷达频率（Hz）；P_t为发射功率（W）；P_r为接收功率（W）；L为传输等各种衰减。式中带下标c的表示与测标准定标体相关的量，不带下标c的则代表测目标时的参量。

举例来说，即使采用异地同时定标测量（即定标体放置在与目标不同的位置，定标体和目标回波是通过接收机的两个距离门同时测量的），仍然允许出现$G_c/G\neq 1$的情况，这种情况可能是天线指向误差造成的（例如由于定标体的安装高度或方位位置不同于目标、或者不满足地平场条件所造成）。

在不产生歧义的情况下，本文用$\Delta\sigma'$表示不确定度的一般分量。为简单起见，即便不确定度分量较大时，仍采用一阶近似公式（8.86）计算。以下对RCS测量中影响不确定度的主要因素进行分析。

8.4.3.1 平均照度

假设天线方向图特性符合余弦函数$\cos^2$，其最大增益为G_0。由天线增益衰减导致的指向误差所造成的RCS测量不确定度，天线增益衰减因子可表示为

$$\frac{G}{G_0}=\cos^2\left(\frac{\pi}{4}\cdot\frac{\theta}{\theta_0}\right)\tag{8.90}$$

式中：θ_0为天线3dB波束宽度的1/2；θ为最差指向误差。

根据式（8.89），RCS测量与天线增益的平方成比例，由此可以得出，天线指向误差所引起的不确定度为

$$\Delta\sigma'=-40\lg\left(\cos\frac{\pi}{4}\cdot\frac{\theta}{\theta_0}\right)\tag{8.91}$$

式（8.91）假设测量过程中对被测目标照射处于最佳瞄准状态。尽管采用天线方向图的真实测量数据最准确，但一般作此近似足以满足分析天线照度引起的

不确定度的要求。

对于紧缩场，天线照度造成的不确定度一般不是由于指向误差造成的，而是由于照射到测试目标上的场强不均匀造成的。假设将入射场分解为一个理想的平面波加上剩余的不均匀分量，该分量引起的照射增益起伏为 G_s。场强不均匀分量的影响留待稍后讨论。$\frac{G_s}{G}$的不确定度估计公式为

$$\Delta\sigma' = -20\lg\left(\frac{G_s}{G}\right) \tag{8.92}$$

例如：0.1dB 的相对增益不确定度将产生 RCS 不确定度分量为 $\Delta\sigma' \approx$ 0.2dB。

对于地面平面场，由于存在地面的反射，如式（2.17）所表示的，最终目标区的等效照度除了受到天线方向图的影响，还受到地平场增益的影响，这使得合成的天线照度造成的不确定度更为复杂。

对于静态定标体，一般可采用其平均增益作为参考电平，由于定标体本身尺寸一般都较小，天线照射不均匀性的影响很小，只要定标体放置合理，则其对应的不确定度分量可认为是 0。

但是，对于采用异地同时定标测量的地面平面场，需要十分关注被测目标和定标体之间平均照度差异而产生的不确定度。这是因为定标体的放置位置不当有可能引起很大的定标误差，这个问题在第 4 章中已做了分析。

4.2 节研究了地面平面场采用异地同时定标测量时，定标区增益因子 K_c 以及定标区与目标区增益因子之间差异所导致的定标误差$\frac{K_c}{K_t}$随定标体放置距离、雷达频段、天线波束宽度等参数的变化特性，其主要结论如下：

（1）随着定标体距离越接近于目标，增益因子 K_c 逐渐增大，定标误差$\frac{K_c}{K_t}$逐渐趋向于 0。仅当测量频率较高时，增益因子和误差随定标体放置距离的变化不明显。

（2）在同一定标测量距离下，K_c 随测量频率增大而增大。当定标体放置位置靠近目标放置位置时，即定标体距离与目标距离差距不大时，误差随频率的变化不明显；但如果定标体远离目标放置，则越在低频段，这种差异越大，在 S 频段可达 1.4dB 之多。

（3）在给定频段下，当定标体放置位置靠近目标时，误差随波束宽度的变化不明显；但是，若定标体 - 目标间距离较远时，天线波束越窄，地平场增益误差越大。

综上，在采用异地定标的地面平面场，应该在考虑到定标体放置对于目标的

影响尽可能小情况下，尽可能将定标体放置在距离被测目标不远的位置，否则天线照射误差所引起的定标误差有可能成为 RCS 测量不确定度的重要分量之一。

此外，正如图 2-20 中所显示的，地平场条件下宽带成像测量所面临的天线照射均匀性问题尤为严重，宽频带范围内地平场在垂直方向上的锥削变化范围非常大，为了取得测试工作量和场强锥削之间的平衡，往往需要在垂直场锥削要求上作出让步，而这无疑会引入附加的测量不确定度。

由此可见，在地平场条件下进行宽带散射测量时，由于各种因素对平均照度的影响非常复杂，实际测量中或许需要单独列出一张对测量不确定度影响因素进行分析和估计的子表，以便注意分析每个影响因素造成的不确定度，并计算总的合成平均照度不确定度。

8.4.3.2 背景-目标耦合影响

背景-目标耦合影响来自于目标的散射以及背景中其它结构的再散射。在静态测试场中，如果目标支架高度超过目标尺寸，且目标区地面采取了整形或铺覆吸波材料等措施，则这种耦合主要是由目标与支架之间电磁耦合所引起的。很显然，如第 5 章所讨论过的，背景-目标耦合的影响很难完全采用解析的方法来分析和解决，一般可以通过实验测量来研究不同目标-支架接口的耦合散射。

目前，多数 RCS 测试场在分析背景-目标耦合散射的影响时，通常认为这部分不确定度非常小。但如果发现存在较大的背景-目标耦合，首先必须通过实验找到耦合产生的根源，再采取具体技术措施加以解决。例如：

(1) 如果耦合影响主要来源于目标-金属支架之间的电磁耦合散射，由于这种耦合多由表面波引起，如第 2 章中所指出的，通常垂直极化时影响更为严重，那么可采用对低散射金属支架和转顶局部表面涂覆磁性吸波材料等措施，以抑制表面波的影响。

(2) 如果耦合影响主要是目标-地面之间的多次反射所造成，则必须在目标区地面铺覆吸波材料，或者对目标支架下方的地面覆盖涂敷吸波材料的整形罩，以便将耦合散射吸收掉或者使之偏离接收天线方向。

8.4.3.3 交叉极化

这一问题的产生主要是由于极化调准或者因天线加工等物理上的不完美性，使得天线极化(通常是水平或者垂直极化)纯度不够。根据第 7 章的极化信号模型，即使天线具有很好的极化隔离度，当一个目标的交叉极化响应大于主极化响应时仍会产生较大的误差。

理论上，如果采用全极化校准测量是可以对极化误差进行修正的，对此已在第 7 章做了深入的分析和讨论，以下仅结合交叉极化所引起的不确定度进行简要讨论。

根据第 7 章的极化信号模型，对于一对正交极化基 p 和 q，接收信号可表示为

$$\begin{bmatrix} M_{pp} & M_{pq} \\ M_{qp} & M_{qq} \end{bmatrix} = \begin{bmatrix} \tilde{g}_{pp}(S_{pp}+\varepsilon_p^r S_{qp}+\varepsilon_p^t S_{pq}+\varepsilon_p^r \varepsilon_p^t S_{qq}) & \tilde{g}_{pq}(\varepsilon_q^t S_{pp}+\varepsilon_p^r \varepsilon_q^t S_{qp}+S_{pq}+\varepsilon_p^r S_{qq}) \\ \tilde{g}_{qp}(\varepsilon_q^r S_{pp}+S_{qp}+\varepsilon_q^r \varepsilon_p^t S_{pq}+\varepsilon_p^t S_{qq}) & \tilde{g}_{qq}(\varepsilon_q^r \varepsilon_q^t S_{pp}+\varepsilon_q^t S_{qp}+\varepsilon_q^r S_{pq}+S_{qq}) \end{bmatrix} \tag{8.93}$$

对于互易系统，则有

$$\begin{bmatrix} M_{pp} & M_{pq} \\ M_{qp} & M_{qq} \end{bmatrix} = \begin{bmatrix} \tilde{g}_{pp}(S_{pp}+\varepsilon_p S_{pq}+\varepsilon_p S_{qp}+\varepsilon_p^2 S_{qq}) & \tilde{g}_{pq}(\varepsilon_q S_{pp}+\varepsilon_p \varepsilon_q S_{qp}+S_{pq}+\varepsilon_p S_{qq}) \\ \tilde{g}_{qp}(\varepsilon_q S_{pp}+S_{qp}+\varepsilon_q \varepsilon_p S_{pq}+\varepsilon_p S_{qq}) & \tilde{g}_{qq}(\varepsilon_q^2 S_{pp}+\varepsilon_q S_{qp}+\varepsilon_q S_{pq}+S_{qq}) \end{bmatrix} \tag{8.94}$$

式中：ε_p 为极化隔离度；右边的第一项为要得到的极化信号；第二项为一阶误差项；第三项为二阶误差项。

对于一个高度退极化的被测目标（例如绕雷达视线旋转 22.5°的二面角反射器），有 $S_{pp} \approx S_{qq} \approx S_{pq}$，忽略二阶误差项，则有

$$\left|\frac{\Delta M_{pq}}{M_{pq}}\right| \approx |\varepsilon_p + \varepsilon_q| \tag{8.95}$$

若 $\varepsilon_p = \varepsilon_q$，则

$$\left|\frac{\Delta M_{pq}}{M_{pq}}\right| \approx 2\varepsilon_p \tag{8.96}$$

因此，以 dB 数表示的不确定度为

$$\Delta\sigma' = -20\lg(1 - 2 \times 10^{-\varepsilon_p/20}) \tag{8.97}$$

例如：根据式（8.97），极化隔离度为 30dB 时将产生约 0.6dB 的不确定度分量；极化隔离度为 20dB 时将产生约 2dB 的不确定度分量。

对于非退极化的定标体（例如金属球），则对同极化分量测量时存在二阶误差项为

$$\left|\frac{\Delta M_{pp}}{M_{pp}}\right| = \varepsilon_p^2 \tag{8.98}$$

因此，以分贝数表示的不确定度为

$$\Delta\sigma' = -20\lg(1 - 10^{-\varepsilon_p/10}) \tag{8.99}$$

此时，根据式（8.99），极化隔离度为 30dB 时产生大约 0.01dB 的不确定度分量；极化隔离度为 20dB 时将产生约 0.2dB 的不确定度分量。

注意到式（8.97）与式（8.99）均给出了对于目标的具体假设，并未描述最差

情况。事实上，第 7 章表 7.3 给出了更多的情况，并传递出以下信息：

(1) 交叉极化对于不确定度的影响高度取决于被测目标的退极化特性，关于目标极化特性的先验信息有助于有效地改善极化不确定度估计。

(2) 在极化散射矩阵测量中，为了大大降低测量不确定度，极化校准测量和处理是必不可缺的。

8.4.3.4 系统漂移

所有的物理系统都存在一定程度的飘移。在 RCS 测量中，可以通过长时间观察一个固定目标来研究漂移不确定度；采用异地同时定标也有助于消除系统漂移的影响。

在测量过程中，可以通过观察二级标准或周期性地反复测量一个特定目标的指向来检查漂移。实际上，可以通过在每次漂移检查后调整系统增益来纠正漂移。可以将测量过程中预期的漂移或观察得到的两次连续定标点之间的漂移作为该项不确定度分量。如假定通过大量观测可以得到一个测量系统在 1h 内的漂移不超过 0.1dB，那么一个耗时 0.5h 的测量过程的漂移不确定度估计可以选 0.05dB。

在异地同时定标的地面平面场中，由于目标和定标体数据是对所设置的两个不同距离门的回波同时采集得到的，只要保证两个距离门的一致性好，则漂移的影响很小。

8.4.3.5 频率

根据不确定度的定义，RCS 测量不确定度中的频率不确定度为

$$\Delta\sigma' = -20\lg\left(1 - \frac{\Delta f}{f}\right) \tag{8.100}$$

频率的不确定度 Δf 可以取系统的有效带宽，即发射带宽与接收带宽的最小值。例如，对于 10GHz 的测量，其发射带宽为 20MHz（50ns 脉冲），则 $\Delta f \leq$ 20MHz，$\Delta\sigma' = 0.02$dB。

RCS 测试中的频率不确定度是相对而言比较容易控制的，通常可以忽略。但是，如果这项不确定度比较大，除了考虑式(8.96)的不确定度外，还需考虑被测目标、定标体 RCS 以及系统增益等因素，因为这几个因素都与频率有关，此时频率不确定度因素则变得十分复杂。

因此，要求 RCS 测量雷达的频率控制精度、频率稳定度一定要高。此外，在宽带 RCS 与成像测量中，还要求频率线性度要高，因为频率非线性将产生成对回波，在很大程度上影响图像的动态范围。在步进频率测量雷达中，通过对频综的精确控制，一般不会产生严重的频率非线性问题，而对于线性调频波雷达，频

率非线性则很有可能成为影响测量精度的重要因素。关于此问题已在第 2 章中有所讨论。

8.4.3.6 积分误差

RCS 测量中可以通过对目标回波的相参积累来提高测量信噪比，进而减小噪声对测量不确定度的影响。相参积累对于静态模板测量不是问题，但如果测量过程中目标是运动的，则相参积累的积分误差将影响测量不确定度。

静态目标测试场一般将目标置于方位转台进行测量，故可以通过减慢或停止目标旋转，或者减少平均次数来控制积分误差。因此，对于静态测试场，积分误差一般不是影响 RCS 不确定度的关键因素。相反，动态测试场的积分误差控制则相对难得多，仿真也许是估计这一与目标运动相关的不确定度影响的最佳途径[7]。

8.4.3.7 *I-Q* 通道不平衡

如第 2 章中已经讨论过的，具有幅度不平衡 G_e 以及相位不平衡 θ_e 的接收系统，对于输入测试信号 $\cos(\omega t+\varphi)$ 的响应可表示为

$$
\begin{aligned}
V_I &= A\cos(\varphi) \\
V_Q &= G_e A\sin(\varphi-\theta_e)
\end{aligned}
\tag{8.101}
$$

式中：常数 K 由定标来确定。

当存在 $I-Q$ 通道不平衡时，测量得到的幅度是输入相位的函数。对接收机 $I-Q$ 通道注入相位 ϕ 从 $0°\sim360°$ 的测试信号并测量输出信号功率（正比于 $(V_I^2+V_Q^2)$），由此可以得到该项不确定度的估计。0.1dB 的峰－峰变化可以产生大约 0.05dB 的 RCS 不确定度。

在宽带 RCS 与成像测量中，要求 $I-Q$ 通道尽可能增益一致、相位正交，因为 $I-Q$ 通道失衡也会产生成对回波，并在很大程度上影响图像的动态范围。

现代先进 RCS 测量雷达多采用数字 $I-Q$ 接收机，其通道不平衡可以校准到一个较理想的水平，因此该项因素一般不是影响 RCS 测量不确定度的关键因素。

8.4.3.8 近场

定标方程式(8.89)的导出中作了目标被平面波照射的假设，紧缩场也将入射波近似为平面波。即使在平面波照射条件下，除了前面已经讨论过的天线方向图影响外，场强锥削和纹波起伏也都是不可避免的，因而会影响 RCS 测量的不确定度。但是，对照射影响的完整分析非常困难，而且也未必有实际意义。因此，实用上往往采用比较简单的粗略估计方法来评估照射的影响，一般通过在目

标图像域(目标的径向距离和横向距离空间)估计出散射源的峰-峰幅度变化，这样，0.5dB 的锥削将产生 0.5dB 的 RCS 不确定度分量。尽管这一估计对于峰值信号可能过于保守，因为非理想的照射可能导致零点的改变，后者对于较低电平的散射信号其影响可能会大得多。

图像域估计方法最适合于其 RCS 主要由局部的离散散射中心组成的各种人造目标，此时强散射中心可能位于低照射区也可能位于高照射区域。目标散射中心的位置和幅度信息可以用于完善不确定度的估计。例如，如果可以保证目标上某主要散射中心被相对均匀地照射，则就可以相应地减小 RCS 不确定度。在表 8.3 和表 8.4 的计算中，对于目标测量，其近场不确定度分量为 1dB，而对于定标体测量，其近场测量不确定度则可忽略不计，所依据的正是这个道理。

如果照射目标的电磁波不能认为是平面波，而是柱面波或者球面波，则由于波前相位不一致性影响，将带来附加的 RCS 幅度测量不确定度。在成像测量中，还将造成目标散射中心位置的测量误差。此时需要进行必要的近场-远场校准与转换[37-44]。

8.4.3.9 噪声和背景

该误差项是对接收信号有影响的多个不确定度分量的集合，不管目标存在与否。可以通过直接测量不放置任何目标、并且对金属支架转顶采取了适当的低散射遮挡措施时的回波来进行估计。减小此项不确定度的有效方法是采用背景相减处理和多个回波信号平均处理。可以采用最差估计 N 来限定观测到的剩余噪声-背景的边界。

如果以 dB 数表示的信噪比(或信杂比)为 $\text{SNR}=10\lg\left(\frac{S}{N}\right)$，则对于信号 S，其不确定度计算公式为

$$\Delta\sigma' = -20\lg(1-10^{-\text{SNR}/10}) \tag{8.102}$$

例如，当信噪比 SNR = 20dB 时，$\Delta\sigma'\approx 1\text{dB}$。

需要指出，对于多数 RCS 测试场，其测量雷达一般可保证对感兴趣的低 RCS 目标测量时仍然具有足够高的信噪比，此时不确定度往往更多地是由于背景电平引起的。在信噪比和信杂比相当的情况下，则需要分别估计杂波不确定度和噪声不确定度，并计算二者的统计平方公差作为此项的合成不确定度分量。

背景误差是影响 RCS 测试不确定度的重要因素，现作更详细的分析如下。RCS 测试中背景回波主要包括以下三方面的贡献：

(1) 测试场地物理结构的雷达杂散回波：其散射机理既有可能是分布型的，如微波暗室中四周和上下各面墙壁的回波；也有可能是离散型的，例如外场某个

特殊的散射结构。

(2) 目标吊挂或支撑系统的雷达杂散回波:它总是与被测目标回波一起同时到达接收天线,因而无法通过简单的时域硬件或软件距离门予以抑制。

(3) 测试雷达发射机与接收机之间的有限隔离,也即发射泄漏,一般可通过时域距离门将其抑制到一个低电平。

图 8.23 示出了对于一个常规 RCS 测试场而言,这三项贡献的相对功率电平[45]。其中,最下面一条是接收机的热噪声电平,设计合理的测量系统使其具有足够高的测量信噪比,则热噪声电平应当低于其它三项回波电平,从而才有可能对上述三项贡献进行检测。图中倒数第五条线表示由支架回波、场地回波、发射泄漏及热噪声合成的测量场所总的背景电平。

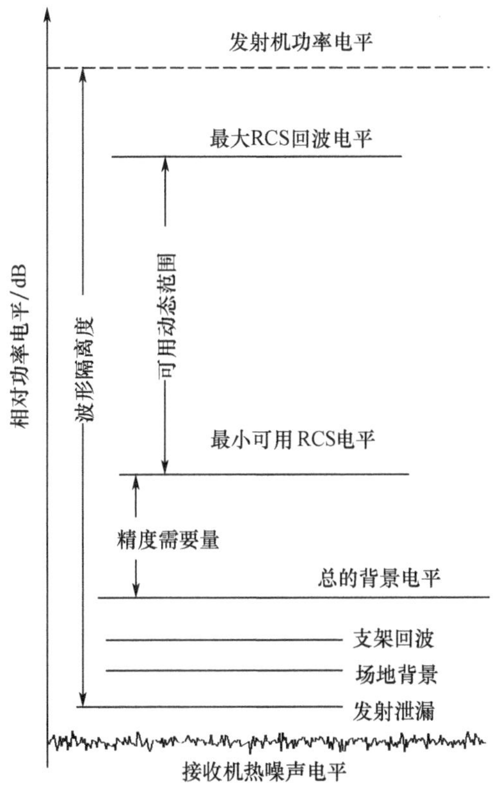

图 8.23 RCS 测量的相对功率电平

假设待测目标回波功率为 P_{T},背景回波功率为 P_{C},a_{E} 为背景回波场强与目标回波场强之比,ϑ 为两者之间的相对相位差,则有

$$a_{\mathrm{E}} = \sqrt{P_{\mathrm{C}}/P_{\mathrm{T}}} \tag{8.103}$$

总的回波功率可表示为

$$P = P_T(1 + a_E e^{j\vartheta})(1 + a_E e^{j\vartheta})^* \tag{8.104}$$

因此,测量中可能出现的最大正负误差为(分别对应于 $\vartheta = 0$ 和 π)

$$ER^+ = 20\lg(1 + a_E)$$
$$ER^- = 20\lg(1 - a_E) \tag{8.105}$$

图 8.24 示出了最大正负误差随信杂比变化的特性曲线。其中横坐标信杂比大于 0dB 的部分就是惯常所称的幅度误差喇叭曲线,它是相参测量中可能发生的最大正负误差。此外,图中还特意画出一段信杂比小于 0dB 的曲线,以演示当杂波分量大于目标信号分量时最大测量误差急剧变大的情况。

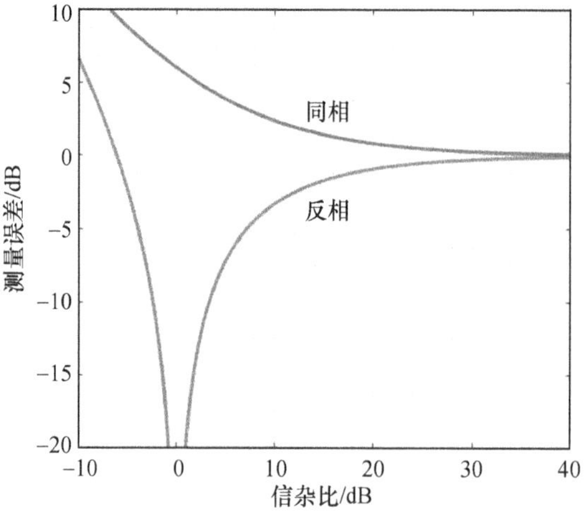

图 8.24　背景回波可能导致的最大测量误差

由图 8.24 可知,在背景回波电平一定的情况下,被测目标 RCS 电平越高,其测量不确定度越小;被测目标 RCS 电平越低,其测量不确定度越大。反之,对于给定的 RCS 电平,背景电平越高,其测量精度越低;背景电平越低,其测量精度越高。目标 RCS 测量不确定度依赖于目标信号与背景杂波电平之比值,也即信杂比。

如果测量不确定度要求已定,则所要求的最低信杂比是确定的,这个信杂比也称为精度需要量。与测量不确定度要求相对应的精度需要量列于表 8.5。由于图 8.24 中最大正负误差曲线上下不对称,表中列出的是与最大负误差对应的精度需要量。

表 8.5　测量不确定度要求与精度需要量

测量不确定度要求/dB	0.2	0.5	1.0	1.5	2.0
精度需要量/dB	33	25	19	16	14

在测试场背景杂波电平已知的情况下，对于给定的测量不确定度要求，可保精度测量的最低 RCS 电平也就随之确定了，这个最低 RCS 电平称为该测量不确定度要求下的最小可用 RCS 电平，它等于背景杂波电平加上相应的精度需要量，如图 8.24 所示。例如：如若要求最大测量不确定度不超过 1dB，根据表 8.5，背景杂波应比被测目标回波低 19dB；另一方面，如果背景杂波比被测目标回波低 32dB，那么由背景回波所引起的最大不确定度就可以降到 0.2dB。

图 8.23 示出的 RCS 测量相对功率电平图不仅表示出了限制测量不确定度的因素及其与最小可用 RCS 电平的关系，而且对于 RCS 测量系统的设计和评定也具有指导意义：最大 RCS 回波电平与最小可用 RCS 电平之差为系统的可用动态范围，发射功率电平与泄漏电平之差为收发隔离；当接收机噪声电平为主要限制因素时，增加发射功率或提高接收机灵敏度能够扩大测量的动态范围；但当主要限制因素是发射泄漏时，增加发射功率显然无济于事，除非同时提高收发隔离；最后，当主要限制因素是场地回波或支架回波时，即便同时增加发射功率和提高收发隔离，仍然达不到扩大动态范围的目的，因为背景回波随发射功率的增加而增加，这正是相参测量的一大特点。

8.4.3.10 非线性

如果能够断开天线和接收机之间的接收射频信号馈线，就可以把测试信号直接注入"接收系统"，从而方便地对接收系统的非线性特性进行测量。接收系统包括接收机、混频器以及其他可能的射频器件。不包含在接收系统中的重要非线性不确定度源，则需要进行单独的估计（或许可以单独列出一个子表）。

当将一个复信号 $s=x+\mathrm{j}y$ 注入到接收系统时，其响应可表示为

$$s_m = K_x(x,y)x + \mathrm{j}K_y(x,y)y + b_0 \tag{8.106}$$

当 $K_x \neq K_y$ 时系统是不平衡的；当 $b_0 \neq 0$ 时，系统是有偏的。当 K_x 与 K_y 依赖于输入信号（x 与 y）时，系统是非线性的。

假设经过定标后接收系统是近似理想的，且不平衡性、有偏和线性度之间的相互影响可以忽略。采用精密衰减器改变来自于给定功率参考源的测试信号，可测得不同衰减下接收系统的输出，进而通过计算偏离线性的剩余偏差来估计其非线性不确定度。如果条件允许，应当采用定标体的信号作为参考功率。非线性不确定度不会小于精密衰减器自身的校准不确定度。

如果把定标体信号作为功率参考电平，不确定度可以取 0。如果不以定标信号电平作为功率参考，或者在一个很宽电平范围内测量定标体，例如在动态 RCS 定标中，需要跟踪移动的定标体时，则不确定度一般不应取为 0。

8.4.3.11 距离

根据定标方程式(8.89),距离引起的 RCS 测量不确定度可表示为

$$\Delta\sigma' = -40\lg\left(1 - \frac{\Delta R}{R}\right) \tag{8.107}$$

式中:ΔR 为距离测量的不确定度。

对于静态目标测试场,通常距离是可以通过精确测量而得到,因此距离不确定度一般很小,故紧缩场和静态测试外场一般不需要考虑距离不确定度。相反,动态测试则应该考虑距离引起的测量不确定度。

8.4.3.12 目标指向

目标指向不确定度有可能导致较大的误差,特别是对于电大尺寸目标而言。目标指向误差导致的不确定度可表示为

$$\Delta\sigma' = -10\lg\left(1 - \frac{\partial\sigma}{\partial\theta}\cdot\frac{\Delta\theta}{\sigma}\right) \tag{8.108}$$

式中:σ 可以通过预测或测量得到;θ 为一个适当的角度变量(方位、俯仰);$\Delta\theta$ 为目标指向误差。

如果 RCS 测量所关心的只是峰值与旁瓣的包络电平(大多数 RCS 测量确实如此),则目标指向导致的不确定度大体上可忽略不计。当指向误差很大时,可以采用滑窗平均技术对给定角度区域的 RCS 取平均处理以减小这一误差影响,注意滑窗窗口的大小应大于指向的不确定度。

8.4.3.13 定标体的参考 RCS

对于被测目标,这是与定标体测量有关的合成不确定度,如表 8.4 所列。我们在 8.4.3.1 中给出的地面平面场条件下因天线照射引起的定标不确定度分析,已经很好地阐述了这一点。

对于定标体,采用以下两种估计:

(1) 原始标准:这是 RCS 已知的目标(通常有理论解)。其误差来自于所使用的 RCS 值不正确,或使用的真实目标同理想目标不一致。不确定度估计的范围通常从精密金属球的可忽略不计到平板和角反射器的十分之几个分贝。

(2) 传递标准:这类定标体的 RCS 是通过与另一原始标准比较而得的,不难理解,其不确定度是一个更低一层次的合成不确定度。

应该指出,定标体测量的不确定度对于 RCS 测量合成不确定度具有举足轻重的影响,尤其是对于单次点频 RCS 测量的情况。在单次点频测量情况下,即便背景电平满足精度要求所对应的精度需要量,实际测量结果的误差仍有超出

该要求的可能。

假定某目标的 RCS 是 -16dBm^2,测量不确定度要求为 ±1dB。根据表 8.4 可知,其精度需要量为 19dB,即背景电平不高于 -35dBm^2时,最大正负误差不超过 ±1dB。但是,采用相对比较法测量目标的绝对 RCS 时,还须对定标体作一次测量,假设定标体的 RCS 真值为 -10dBm^2,它比背景电平高出 25dB。如果测定标体时最大正误差恰好为 +0.5dB,而测目标时恰好碰上 -1.0dB 的最大负误差,则目标散射截面的测量误差最终为 -1.5dB,超出了 1dB 的不确定度要求。

以上例子只是一种极端的情况,在对目标 RCS 进行大数据量测量和扫频宽带测量时,这种极端的例子并不具有统计意义和价值。但此例告诉我们:在实际 RCS 测量中,必须特别注意定标体的测量不确定度,因为定标体的测量误差将传递到目标 RCS 测量的每一个数据中去!

8.4.3.14　合成不确定度

合成不确定度是各个不确定度分量的统计平方公差,具体计算公式见式(8.87)。

以上只对影响 RCS 测量不确定度的主要因素进行了简化分析。每个 RCS 测试场都具有自身的特点,实际工程应用中应结合每个测试场自身的环境、被测目标和测量条件等,分析、评估和报告 RCS 测量的不确定度。

8.5　RCS 测试文档标准化

本节以美国国家标准研究院(ANSI)和国家定标标准实验室(NCSL)的 ANSI/NCSL Z-540 标准[36]在 RCS 测试场和文档标准化中的应用为例,讨论 RCS 测试文档的标准化问题。

RCS 测试场通常是一个复杂的“系统中的系统”,其组成可能包括多部测量雷达、布站设备、计算机以及其他射频或数据处理与存储设备,因此,如何以一种既便于理解又符合逻辑的方式组织文档是一项非常困难的任务。另一方面,标准化的测试文档显然又是 RCS 数据用户所期望的。RCS 测试场与测量系统的拥有者和用户应当建立并不断完善用于描述测试场运行以及 RCS 定标数据产生过程的文档。当按照合同要求向用户提交 RCS 数据产品时,RCS 测量的需求方(合同甲方)可能会要求测试场同时提供相应文档,以说明 RCS 数据测量与定标处理的实施过程。

8.5.1　美国国防部 RCS 测试场认证计划与 Z-540 标准

RCS 测量的工程经验告诉我们,在多数情况下 RCS 测试场的文档总是远远落后于测试场的设施。早在20世纪90年代中期,美国国防部成立了由工业和政府部门相关专家组成的RCS测量联合工作组(RCSMWG),该工作组与国家标准技术研究院(NIST)的研究人员一起进行误差方案量化设计时,发现从不同RCS测试场获取的数据质量差别非常大,很多测量数据的质量并没有达到预期要求,需要进一步加强各测试场的自我检验以提高RCS数据质量。为此,RCS测量联合工作组于1996年正式提议进行RCS测试场认证研究。1997年1月,测试场指挥官委员会特征测量标准小组确定了第8号任务——“美国国防部静态和动态RCS测试场可行性认证”,也就是“美国国防部RCS测试场认证计划”。随后建立了以ANSI/NCSL - Std - Z - 540 - 1994 - 1测量技术标准为基础的RCS文档的通用框架(以下简称Z - 540)。Z - 540提供了组织RCS测试场文档的简便途径,能够帮助测试场确保测量质量与测量一致性,同时也能够帮助测试场向用户报告数据[1,28,29]。

1996年,美国空军研究实验室(AFRL)与NIST电磁场分部启动了一个研究项目,重点关注如何建立一个包括测量方法、程序、质量控制以及测试场特点等内容在内的RCS测试场文档标准[3]。经过仔细审阅技术文献,调研许多测试场之后,AFRL和NIST得出结论,认为当时还没有一个描述建立和维护测试场文档的标准方法。尽管有些测试场已经建立了非常好的、全面的文档,其他一些测试场也宣称可以通过组织和完善已有的文档资料而获益,但在各个测试场之间,其各自测试场文档对于测试场操作人员和用户的可用性却千差万别。操作人员需要不断更新的、全面的可用信息,以保持RCS测试和处理操作的一致性,以保证生产出高质量、可重复验证的RCS数据。

随后,AFRL和NIST建议以Z540为基础建立标准的测试场文档,并且认为该文档应当有效地、广泛地适用于测试场操作人员和用户。该项目采用附有RCS特殊要求的ANSI Z - 540/ISO - 25(现为ISO - 17025标准[46])作为组织RCS测试场文档的指导,也记录了文档有效性评估工作。

我国RCS测试场相关认可工作也处于持续推进过程中,且已完成了对部分测试场的认可,但目前尚未形成类似于Z - 540那样的RCS测试场文档标准。

8.5.2 Z - 540标准及其用于RCS测试文档标准化

ANSI/NCSL Z - 540标准的全称为“定标实验室和测量与测试设备——通用要求”。Z - 540提供了一个适用于任何生产“定标过的”数据的测试场的文档框架,该框架用于采集、维护与质量回溯系统有关的各类信息。该标准具有很好的通用性,概述了适用于任何产生确保质量的“定标过的数据”机构的通用文档需求,适用于各类采用定标的科学测量(如电压、流明、温度或者天线模式测量等)。

ANSI/NCSL Z－540 标准的前三章分别为引言、范围和引用文件，随后的内容主要分为两大部分[3]，第一部分为“定标实验室能力通用要求”，第二部分为“测量和测试设备质量保证要求”。

第一部分从第 4 章至第 16 章共包括 13 个独立章节，对应于一个理想的测试场文档的逻辑组织结构，各章节内容涵盖了组织与管理，质量系统、审计与评审，人员，环境，设备和参考材料，测量溯源性与定标，定标体，记录，证书与报告，定标转包合同，影响定标结果的外部支持服务与供应商，投诉等。

在第二部分中对于 RCS 测试场重要的章节有四章，即第 17 章（测试场间比对）、第 18 章（数据处理方法）、第 19 章（测试场不确定度分析）和第 20 章（后续研究与改进）。第 19 章（不确定度分析）阐述了进行不确定度分析以及记录分析过程的必要性，讨了针对测试场主要定标体的不确定度分析方法。另外，如果采用了更通用的不确定度分析，相应的文档都应记录在此。Welch 等人给出了一个测试场不确定度分析的例子[47]，针对美国空军研究实验室对一个通用目标模型 RCS 测量的不确定度做了详细分析。第 20 章（后续研究与改进）用于记述测试场更新或研究项目。RCS 测试场在运行过程中不断地变化与发展，设备最初建成时用于执行某一种类型的测量，而在使用过程中通过不断修改来增加其他能力。这些更新工作可以包括开发更好的软件，配备新雷达、支架以及其他装配子系统等。在实施这些更新工作但还未正式使用的过程中，关于更新进程与状态的信息应该记述在此。

8.5.3　RCS 测试场手册

RCS“测试场手册”用于记录述符合 Z－540 的测试场特征信息。AFRL 的 Kent 在文献[3]中给出了组织 RCS“测试场手册”文档的指导方针，其目的是保持测试场之间文档结构的一致性。该指导方针来源于 NIST 的 Muth 等人的工作[48]，该报告提供了对一个典型测试场手册结构的详细描述。

测试场手册的主要目的是给出每一部分应包含的内容。在每个具体的章节中，则鼓励尽可能采用机构自己的或者本地的文档格式，在提供通用文档格式的同时，尽可能避免组织信息过程中的重复性工作，同时又要避免信息丢失。其目的是建立可供测试场使用以及任何用户或第三方审阅的“活文档”。

除了个别例外，测试场手册的各个章节与 ANSI/NCSL Z－540 是严格对应的。而 RCS 测试场手册的重要性在于它是为测试场人员与用户提供参考标准的基础工具。因此，测试场手册的可用性很大程度上依赖于手册中信息的通用性和适用性以及编制手册所需的成本。

测试场的规模、类型不同，文档的大小也不同。例如，一个非常复杂的动态特性测试场的文档肯定比一个相对简单的室内远场测试场要大得多。任何测试场都要明确是采用纸质的文档还是采用电子文档。虽然传统的纸质文档能够满足 Z-540 的所有要求，但是电子文档（可以通过网络服务器，内部或外部 Web 网页，或 CD-ROM 来使用）能够方便地提供给测试场每个人使用，因此也许会是最终的选择。在测试场的运行过程中，对于纸质文档，任何单独的修改需要同时更改所有的文档。而对于电子的或 Web 网页的文档，文档的更新只需修改和重新发布一个版本（在 Web 网页上）。因此，维护电子文档将比维护纸质文档容易得多。可以根据具体情况选择文档方式。

不论采用纸质文档还是电子文档，测试场手册应当是现成的、测试场所有人员都方便易得的测试场参考书。同时，测试场手册也提供了可供“第三方确认”审阅的文档。测试场手册完成后，其更新的工作由测试场人员来完成。由于测试场手册采用了模块化的设计，其更新工作一般都比较简单和直接。

8.5.4 自我检查和第三方确认评审

RCS 测试场手册的建立是测试场运行标准化的一个重要标志。即使测试场没有实施第三方确认评审的计划，这样一份文档也有助于测试场维持一个高质量、可重复、有定标的 RCS 测量过程。如果测试场完成了 Z-540 文档材料，有必要在维护测试场的公司或机构内部进行内部评审，这样有助于对文档的完备性和明了性进行早期检查。通常将这一过程称为内部审计或“自我检查”，测试场管理人员签署一个公开的质量声明，表明同意测试场的所有质量保证程序和附属文档。

测试场的用户可以将测量的 RCS 结果报告给公司或政府部门。有时，合同条款要求测试场符合 Z-540 标准，这意味着一个已经编制“测试场手册”的测试场将自愿同意对测试场手册文档进行“第三方”评审。

第三方评审通常由有经验的三人专家评审组成，依据已发布的评价准则审查测试场手册，同时也确定测试场是否在形式上符合 ANSI-Z-540 标准，其目的是提出改进建议使得测试场手册完全符合 Z-540 标准。一旦成功地完成了评审，评审委员会将给提出认证申请的政府或工业部门用户颁发认可证书，表明测试场符合 Z-540 标准。尽管第三方评审并不能确保已认证的测试场不犯错误，但能确保减少大多数问题的出现，并提高 RCS 测量数据的整体质量。

参考文献

[1] 陈晓盼，陶国强. 美国正在推进 RCS 测试场认证项目[J]. 国外目标与环境特性管理与技术研究参考，中国国防科技信息中心，2004，2：1-6.
[2] http://www.signaturemeasurements.org [EB/OL]. 2004.
[3] Kent B M, Muth L A. Establishing a Common RCS Range Documentation Standard Based on

ANSI/NCSL Z - 540 and ISO Guide 20[C]. Proc. 19th Antenna Measurements Techniques Association Meeting and Symposium, AMTA'1997, 1997: 291 - 296.

[4] Signature Measurement Standards Group. Range Commanders Council, Radar Cross Section (RCS) Certification for Static and Dynamic RCS Measurement Facilities[R]. RCC/SMSG Document 804 - 1, Vol. I, 2001.

[5] Signature Measurement Standards Group. Range Commanders Council, Radar Cross Section (RCS) Certification for Static and Dynamic RCS Measurement Facilities[R]. RCC/SMSG Document 804 - 1, Vol. II, 2001.

[6] Signature Measurement Standards Group. Range Commanders Council, Radar Cross Section Measurements Facility Catalog[R]. RCC/SMSG Document 801 - 98, 1999.

[7] Walton E K et al. IEEE Std. 1502 - 2007: IEEE Recommended Practice for Radar Cross-Section Test Procedures[M]. IEEE Antennas & Propagation Society, IEEE Press, 2007.

[8] 黄培康. 雷达目标特征信号[M]. 北京:中国宇航出版社,1993.

[9] Swerling P. Recent Development in Target Models for Radar Detection Analysis[C]. AGARD Conference Proceeding No. 66, Istanbul, Turkey, 1970.

[10] Weinstock W. Target Cross Section Models for Radar Systems Analysis[D]. Ph. D. Dissertation, University of Pennsylvania, 1956.

[11] Swerling P. Probability of Detection for Fluctuating Targets[J]. IRE Trans. on Information Theory, 1960, 6(2):269 - 308.

[12] Pwerling P. Radar Probability of Detection for Some Additional Fluctuating Target Cases[J]. IEEE Trans. on Aerospace and Electronic Systems, 1997, 33(2):698 - 709.

[13] Marcum J I. A Statistical Theory of Target Detection by Pulsed Radar[J]. IRE Trans. on Information Theory, 1960, 6(2):59 - 267.

[14] Meyer D P, Mayer H A. Radar Target Detection-Handbook of Theory and Practice[M]. Academic Press, 1973:64 - 82.

[15] Scholefield P H R. Statistical Aspects of Ideal Radar Targets[J]. Proceedings of the IEEE, 1967, 55(4):587 - 589.

[16] Heidbreder G R Mitchell R L. Detection Probabilities for Log-Normally Distributed Signals [J]. IEEE Trans. on Aerospace and Electronic Systems, 1967, 3(1):5 - 13.

[17] 黄培康,殷红成,许小剑. 雷达目标特征[M]. 北京:电子工业出版社,1993.

[18] Xu X J, Huang P K. A new RCS Statistical Model of Radar Targets[J]. IEEE Trans. on Aerospace and Electronic Systems, 1997, 33(2):710 - 714.

[19] Wang B, Binford T O. Generic, Model-based Estimation and Detection of Peaks in Image surfaces[C]. Proc. of Image Understanding Workshop, 1996, 2:913 - 922.

[20] 高贵,计科峰,匡纲要,等. 高分辨率 SAR 图像目标峰值特征提取[J]. 信号处理, 2005,21(3): 232 - 235.

[21] Xu X J,Zhai L J. Subpixel Processing for Target Scattering Center Extraction from SAR Images[C]. Proc. of International Conference on Signal Processing, ICSP' 2006, Guilin, 2006,

Vol. IV:2720 - 2723.

[22] Tsao J, Steinberg B D. Reduction of Sidelobe and Speckle Artifacts in Microwave Imaging: the Clean Technique[J]. IEEE Trans. on Antennas and Propagation, 1988, 36(4):543 - 556.

[23] Bose R, Freedman A, Steinberg B D. Sequence CLEAN: A Modified Deconvolution Technique for Microwave Images of Contiguous Targets[J]. IEEE Trans. on Aerospace and Electronic Systems, 2002, 38(1):89 - 97.

[24] 黄莹. 超分辨率雷达图像处理及其推广应用[D]. 北京:北京航空航天大学,2006.

[25] Stoica P, Moses R. Introduction to Spectral Analysis[M]. Prentice-Hall Inc., 1997.

[26] 王超,何鸿飞,湛希,等. 目标电磁散射特性数据处理与表征要求[S]. 中华人民共和国国家军用标准,GJB 3830A - XXXX (2015 年报批稿).

[27] Goyette T M, Dickinson J C, Waldmana J, et al. Three Dimensional Fully Polarimetric W-band ISAR Imagery of Scale Model Tactical Targets Using a 1.56THz Compact Range[C]. Proc. of SPIE, Algorithms for Synthetic Aperture Radar Imagery X, Vol. 5095, 2003: 66 - 74.

[28] 陶国强,陈晓盼,孙辉. 美国国防部 RCS 测试场认证项目两个典型案例——空军研究实验室、大西洋测试场的认证过程与结果[J]. 国外目标与环境特性管理与技术研究参考,中国国防科技信息中心,2005(5).

[29] 陶国强,孙辉. 美国 RCS 测试场认证中的测量不确定度研究与应用[J]. 国外目标与环境特性管理与技术研究参考,中国国防科技信息中心, 2006(12).

[30] Kent B M, Hestilow T, Melson G B. ANSI Z-540/ISO 25 certification of the AFRL and Atlantic Test Range Radar Cross Section Measurement Facilities-range and Reviewer Perspectives (Part I - AFRL) [C]. Proc. 22nd Antenna Measurements Techniques Association Meeting and Symposium, AMTA'2000, 2000:405 - 410.

[31] Hestilow T J, Cleary T J, Mentzer C A. ANSI Z-540/ISO 25 Certification of the AFRL and Atlantic Test Range Radar Cross Section Measurement Facilities-range and Reviewer Perspectives (Part II - ATR)[C]. Proc. 22nd Antenna Measurements Techniques Association Meeting and Symposium, AMTA'2000, 2000:411 - 416.

[32] LcBaron E I, Ficher B E, LaHaie I J. Progress in Characterizing Measurement Uncertainty for the National RCS Test Facility[C]. Proc. 22nd Antenna Measurements Techniques Association Meeting and Symposium, AMTA'2000, 2000:376 - 381.

[33] Burnside W D, Gupta I J, Walton E K, et al. A Top-down Versus Bottom-up RCS Range Certification Approach[C]. Proc. 18th Antenna Measurements Techniques Association Meeting and Symposium, AMTA'1996, 1996:283 - 287.

[34] Muth L A, Wittman R C, Kent B M, et al. Radar Cross Section Range Characterization[C]. Proc. 18th Antenna Measurements Techniques Association Meeting and Symposium, AMTA'1996, 1996:267 - 272.

[35] Wittmann R C, Francis M H, Muth L A, et al. Proposed Analysis of RCS Measurement Uncertainty[C]. Proc. 16th Antenna Measurements Techniques Association Meeting and Sym-

posium, AMTA'1994, 1994:51 – 56.

[36] Kent B M, Muth L A. Establishing a Common RCS Range Documentation Standard Based on ANSI/NCSL Z-540-1994-1 and ISO Guide 25[C]. Proc. 19th Antenna Measurements Techniques Association Meeting and Symposium, AMTA'1997, 1997:291 – 296.

[37] LaHaie I J. Overview of an Image-based Technique for Predicting Far Field Radar Cross-section from Near Field Measurements[J]. IEEE Antennas and Propagation Magazine , 2003, 45(6):159 – 169.

[38] LaHaie I J, LeBaron E I. Discrete Implementation of an Image-based Algorithm for Extrapolation of Radar Cross-section (RCS) from Near-field Measurements[C]. Proc. of the 17th Annual Meeting of the Antenna Measurement Techniques Association, AMTA'1995, Williamsburg, VA, 1995:149 – 154.

[39] LaHaie I J, Coleman C M, Rice S A. An Improved Version of the Circular Near Field-to-far field Transformation (CNFFFT) [C]. Proc. of the 27th Annual Meeting of the Antenna Measurement Techniques Association, AMTA'2005, Newport, RI,2005:196 – 201.

[40] Coleman C M, et al. Antenna Pattern Correction for the Circular Near Field-to-far Field Transformation (CNFFFT)[C]. Proc. of the 27th Annual Meeting of the Antenna Measurement Techniques Association, AMTA'2005, Newport, RI, 2005:202 – 207.

[41] 李南京, 胡楚锋,张麟兮, 等. 球面波环式散射远近场变换算法研究[J]. 电波科学学报, 2009, 24(1):39 – 42.

[42] Rice S A, LaHaie I J. A Partial Rotating Formulation of the Circular Near-field-to-far-field Transform (CNFFFT) [J]. IEEE Antennas and Propagation Magazine, 2007, 49(3): 209 – 214.

[43] LaHaie I J, Rice S A. Antenna-pattern Correction for Near-field-to-far Field RCS Transformation of 1D Linear SAR Measurements[J]. IEEE Antennas and Propagation Magazine, 2004, 46(4):177 – 182.

[44] 何国瑜,陈海波,苗俊刚,等. 近场散射与远场 RCS 的链条关系[J]. 微波学报,2006,22(4):1 – 4.

[45] Knott E F. Radar Cross Section Measurements[M]. Van Nostrand Reinhold, 1993.

[46] ISO/IEC 17025:2005 General Requirements for the Competence of Testing and Calibration Laboratories[OL]. http://www. iso. org/iso, 2016.

[47] Welsh B M, Muller W D, Kent B M. Air Force Research Laboratory Advanced Compact Range RCS Uncertainty Analysis for a General Target[J]. IEEE Antennas and Propagation Magazine, 2003, 45(3):195 – 200.

[48] Muth L A, Wittmann R C, Kent B M. Standards for the Assurance of Radar Cross Section Measurements[R]. National Institute of Standards and Technology Technique Report, 1997.

主要符号表

A	天线口面几何面积;信号幅度
A_r	天线有效接收面积
A_T	目标在雷达视线方向投影面积
A_t	发射天线有效面积
$A(\omega),A(f)$	幅频响应特性
$A_0(f)$	RCS 定标中测量系统–测试场的传递函数幅频特性
$A_C(f)$	测定标体时测量系统–测试场的传递函数幅频特性
$A_C(f,t)$	测定标体时测量系统–测试场的时变传递函数幅频特性
$A_{p\max}(f)$	频域(数据域)最大概率幅度
$A_{p\max}(t)$	时域(距离像域)最大概率幅度
$A_T(f)$	测目标时测量系统–测试场的传递函数幅频特性
$A_T(f,t)$	测目标时测量系统–测试场的时变传递函数幅频特性
$\boldsymbol{A}_d(\boldsymbol{k})$	媒质后向传播空间频率响应特性
$\boldsymbol{A}_f(\boldsymbol{k})$	媒质前向传播空间频率响应特性
a	常系数;幅度;定标体半径或者边长
a_E	背景回波域目标回波场强比值
$a_n(n=0,1,2,\cdots)$	常系数;幅度
B	雷达带宽
B_{IF}	中频带宽
B_{pq}	背景的极化散射矩阵元素
$\hat{B}_{pq}$	背景的极化散射矩阵元素估计值
B_{RF}	射频带宽
B_r	相对雷达带宽
$B_I(f)$	随频率变化的背景回波同相通道信号
$B_Q(f)$	随频率变化的背景回波正交相位通道信号
$\boldsymbol{B}$	背景回波或散射场;背景极化散射矩阵

$\boldsymbol{B}(f)$	随频率变化的背景散射场
$\boldsymbol{B}_{\mathrm{C}}(f)$	测定标体时随频率变化的背景散射场
$\boldsymbol{B}_{\mathrm{C}}(f,t)$	测定标体时随频率和时间变化的背景散射场
$\boldsymbol{B}_{\mathrm{T}}(f)$	测目标时随频率变化的背景散射场
$\boldsymbol{B}_{\mathrm{T}}(f,t)$	测目标时随频率和时间变化的背景散射场
b	常系数;定标体边长
$b, b_n(n=0,1,2,\cdots)$	常系数
$\boldsymbol{b}(t)$	背景时域散射场
$\hat{\boldsymbol{b}}(t)$	背景时域散射场的估计值
$\mathrm{CDF}(\sigma_{m\%})$	RCS 数据的统计百分位数
$\boldsymbol{C}(f)$	随频率变化的定标体真实散射场
$\hat{\boldsymbol{C}}(f)$	随频率变化的定标体真实散射场的估计值
$\boldsymbol{C}_{\mathrm{P}}(f)$	随频率变化的主定标体真实散射场
$\hat{\boldsymbol{C}}_{\mathrm{P}}(f)$	随频率变化的主定标体真实散射场的估计值
$\boldsymbol{C}_{\mathrm{S}}(f)$	随频率变化的辅助定标体真实散射场
$\hat{\boldsymbol{C}}_{\mathrm{S}}(f)$	随频率变化的辅助定标体真实散射场的估计值
c	光速
$c_n, C_n(n=0,1,2,\cdots)$	常数,常系数
D	目标尺寸;直接路径距离
D^3	目标三维空间尺寸
D^2	目标二维空间尺寸
D_{ci}	接收机同相(I)通道直流偏置电压
D_{cq}	接收机正交相位(Q)通道直流偏置电压
D_{T}	目标散射方向性系数
D^{m}	绕射系数
d	定标体直径
$E_{\mathrm{p}}, E_{\mathrm{q}}$	极化态分别为 p 和 q 的电场
$\boldsymbol{E}_{\mathrm{i}}, \boldsymbol{E}^{\mathrm{i}}$	入射电场矢量
$\boldsymbol{E}_{\mathrm{s}}, \boldsymbol{E}^{\mathrm{S}}$	散射电场矢量
$\boldsymbol{E}_{\mathrm{p}}, \boldsymbol{E}_{\mathrm{q}}$	极化态分别为 p 和 q 的电场矢量
$\boldsymbol{E}(f)$	随频率变化的电场矢量
$\boldsymbol{E}_{\mathrm{i}}(f)$	随频率变化的入射电场矢量
$\boldsymbol{E}_{\mathrm{i}}(\boldsymbol{k})$	随空间波数变化的入射电场矢量

$\boldsymbol{E}_{\mathrm{s}}(f)$	随频率变化的散射电场矢量
$\boldsymbol{E}_{\mathrm{s}}(\boldsymbol{k})$	随空间波数变化的散射电场矢量
$e(n)$	离散化信号
$\boldsymbol{e}$	信号向量
F_{m}	地平场场强增益
$F_{\mathrm{C}}(f,t)$	测定标体对应的随频率和时间变化的地平场增益
$F_{\mathrm{T}}(f,t)$	测目标对应的随频率和时间变化的地平场增益
f	频率
f_{c}, f_0	载波频率;中心频率
f_{T}	脉冲宽度的倒数
f_{Δ}	目标中频回波频率
f_{vi}	第 i 个脉冲对应的视频回波频率
$f(\theta)$	天线方向性函数
G	天线增益;接收机增益
G_{t}	发射天线增益
G_{r}	接收天线增益
G_0, G_{e}	增益因子
$\boldsymbol{G}$	极化测量增益矩阵
$\tilde{\boldsymbol{G}}$	融入收发通道影响后的极化测量增益矩阵
$\boldsymbol{G}_{\mathrm{coup}}(f)$	随频率变化的测试场耦合信号
g_{pq}	极化测量增益矩阵元素
$\tilde{g}_{\mathrm{pq}}$	融入收发通道影响后的极化测量增益矩阵元素
$H(\omega), H(f)$	系统传递函数
$H_0(f)$	RCS 定标中可通过测量几何关系和雷达参数化确定的传递函数
$H_{b\mathrm{C}}(f,\Delta t)$	定标区背景抵消剩余误差引起的传递函数不确定性
$\hat{H}_{b\mathrm{C}}(f,\Delta t)$	定标区背景抵消剩余误差引起的传递函数不确定性估计值
$H_{b\mathrm{T}}(f,\Delta t)$	目标区背景抵消剩余误差引起的传递函数不确定性
$\hat{H}_{b\mathrm{T}}(f,\Delta t)$	目标区背景抵消剩余误差引起的传递函数不确定性估计值
$H_{\mathrm{C}}(f)$	测定标体时测量系统－测试场的传递递函数
$H_{\mathrm{C}}(f,t)$	测定标体时测量系统－测试场的时变传递递函数

$H_{\mathrm{F}}(f,\Delta t)$	不同时刻测定标体与测目标中,测试场时变传递递函数造成的响应特性函数
$H_{FC}(f,\Delta t)$	测定标体地平场时变增益因子引起的传递函数不确定性
$H_{FT}(f,\Delta t)$	测目标时地平场时变增益因子引起的传递函数不确定性
$H_{\mathrm{T}}(f)$	测目标时测量系统 – 测试场的传递递函数
$H_{\mathrm{T}}(f,t)$	测目标时测量系统 – 测试场的时变传递递函数
$H_{\mathrm{G}}(f,\Delta t)$	不同时刻测定标体与测目标中,测量雷达时变传递递函数造成的响应特性函数
$H_m(f,\Delta t)$	不同时刻测定标体与测目标中,测量系统 – 测试场时变特性造成的传递函数不确定性
$\hat{H}_m(f,\Delta t)$	不同时刻测定标体与测目标中,测量系统 – 测试场时变特性造成的传递函数不确定性估计值
$\boldsymbol{H}_{\mathrm{i}},\boldsymbol{H}^{\mathrm{i}}$	入射磁场
$\boldsymbol{H}_{\mathrm{s}},\boldsymbol{H}^{\mathrm{S}}$	散射磁场
$\boldsymbol{H}(f)$	测量系统定标函数
$\hat{\boldsymbol{H}}(f)$	测量系统定标函数估计值
$\hat{\boldsymbol{H}}^{\mathrm{opt}}(f),\hat{\boldsymbol{H}}_w^{\mathrm{opt}}(f)$	测量系统定标函数最优估计值
$\boldsymbol{H}_{\mathrm{r}}(\boldsymbol{k})$	雷达接收机空间频率响应特性
h	高度
h_{a}, h_{A}	天线高度
h_{c}, h_{C}	定标体高度
h_{t}, h_{T}	目标高度
$h(t)$	冲击响应函数
$\hat{\boldsymbol{h}},\hat{\boldsymbol{v}}$	水平与垂直极化基
I	间接路径距离
$\boldsymbol{I}$	单位对角矩阵
$\boldsymbol{I}(r)$	一维高分辨距离像
$\boldsymbol{J}_{\mathrm{r}}$	接收天线琼斯矢量
$\boldsymbol{J}_{\mathrm{t}}$	转发天线琼斯矢量
K_0	常数;定标常数
K_{c}, K_{C}	与定标体对应的地平场增益因子
K_{t}, K_{T}	与目标对应的地平场增益因子
$K(\theta)$	地平场功率增益因子

$\boldsymbol{K}_{\mathrm{V}}$	三维波数空间
$\boldsymbol{K}_0(f),\boldsymbol{K}(f)$	随频率变化的复定标常数
k	空间波数
k_0	中心频率对应的空间波数
$k_{\max}$	最高频率对应的空间波数
$k_{\min}$	最低频率对应的空间波数
$\boldsymbol{k}$	空间波数向量
L	系统损耗因子;目标长度
$L_{\max}$	目标最大长度
$L(f)$	随频率变化的损耗因子
$L_{\mathrm{C}}(f)$	同定标体散射传输路径相关的随频率变化的损耗因子
$L_{\mathrm{T}}(f)$	同目标散射传输路径相关的随频率变化的损耗因子
l	目标边长、长度或高度
M_{pq}	极化散射矩阵元素测量值,背景抵消后
$M_{\mathrm{pq}}^{\mathrm{B}}$	极化散射矩阵元素测量值,背景抵消前
$\boldsymbol{M}$	极化散射矩阵测量值(经背景抵消后)
$M_0(f)$	参考定标体测量回波信号参数化模型
$M_{\mathrm{c}}(f)$	定标体测量回波信号参数化模型
$\hat{\boldsymbol{n}}$	表面单位法向矢量
$P_{i\,\min}$	最小可检测信号功率
P_{int}	目标从雷达照射波截获的总功率
P_{r}	接收功率
$P_{r\,\min}$	最小接收功率
P_{t}	发射功率
$P(\sigma)$	RCS 数据的统计累积概率函数
$P(r)$	一维成像点扩展函数
$P(x,y)$	二维成像点扩展函数
$p(\sigma)$	RCS 数据的统计概率密度函数
$\hat{\boldsymbol{p}},\hat{\boldsymbol{q}}$	一对正交极化基
$\boldsymbol{Q}_{\mathrm{s}}$	信号空间矩阵
$\boldsymbol{Q}_{\mathrm{v}}$	噪声空间矩阵
$\boldsymbol{q}_i(i=1,2,\cdots)$	特征向量
R	距离

R_0	雷达到目标中心距离
$R_{\max}$	最大探测距离
R_r	接收机距离
R_{r0}	接收机到目标中心距离
R_{pq}	极化测量接收矩阵元素
R_t	发射机距离
R_{t0}	发射机到目标中心距离
$\boldsymbol{R}$	距离向量;自相关或协方差矩阵;极化测量接收矩阵
$\boldsymbol{R}_0$	雷达到目标中心距离向量
r	目标上径向距离
r_T	目标表面反射率
rect(·)	矩形窗;门函数
$\boldsymbol{r}$	目标上径向位置向量
$\hat{\boldsymbol{r}}$	目标上径向位置单位向量
$S_0(\omega)$	输出信号频谱
S_1, S_{in}	目标处照射功率密度
S_2	天线处目标回波功率密度
$S_I(f)$	随频率变化的总回波同相通道信号
S_I, V_I	接收机同相(I)通道回波信号
$S_{IF}(n,t)$	目标中频回波信号
S_{ISO}	全向天线在目标处照射功率密度
$S_i(\omega)$	输入信号频谱
S_{pq}	极化散射矩阵元素,极化散射矩阵元素幅度
$S_Q(f)$	随频率变化的总回波正交相位通道信号
S_Q, V_Q	接收机正交相位(Q)通道回波信号
$S_{Rx}(n,t)$	接收信号
$S_r(f,\theta)$	随频率和方位变化的雷达接收回波信号
$S_r(f_x,f_y)$	雷达接收回波信号的空间频率域表示
$S_r(n_1,n_2)$	雷达接收回波信号的离散化表示
$S_{ref}(n,t)$	参考信号
$S_{Tx}(n,t)$	发射信号
$\boldsymbol{S}$	导向向量构造的矩阵;目标极化散射矩阵
$\boldsymbol{S}_B$	背景杂波信号

$\boldsymbol{S}_{\mathrm{C}}$	测定标体时的回波信号
$\boldsymbol{S}_{\mathrm{N}}$	含噪声的回波信号
$\boldsymbol{S}_{\mathrm{T}}$	测目标时的回波信号
$\boldsymbol{S}^{m}$	接收到的极化信号
$\boldsymbol{S}_{BC}(f)$	随频率变化的定标标区背景回波信号
$\boldsymbol{S}_{BC}(f,t)$	随频率和时间变化的定标标区背景回波信号
$\boldsymbol{S}_{BT}(f)$	随频率变化的目标区背景回波信号
$\boldsymbol{S}_{BT}(f,t)$	随频率和时间变化的目标区背景回波信号
$\boldsymbol{S}_{\mathrm{C}}(f)$	随频率变化的定标体回波信号
$\boldsymbol{S}_{\mathrm{C}}(f,t)$	随频率和时间变化的定标体回波信号
$\boldsymbol{S}_{\mathrm{D}}(\theta)$	随绕视线转角变化的二面角反射器极化散射矩阵
$\boldsymbol{S}_{\mathrm{r}}(\boldsymbol{k})$	随空间波数变化的雷达接收回波
$\boldsymbol{S}_{\mathrm{T}}(f)$	随频率变化的目标回波信号
$\boldsymbol{S}_{\mathrm{T}}(f,t)$	随频率和时间变化的目标回波信号
$\boldsymbol{S}_{\mathrm{T}}(f,\theta)$	随频率和方位角变化的目标回波信号
$\boldsymbol{S}_{\mathrm{t}}(\boldsymbol{k})$	随空间波数变化的雷达发射波形
$\tilde{\boldsymbol{S}}(f_x,f_y)$	二维空间频率域归一化散射回波信号
$\boldsymbol{S}(\boldsymbol{k})$	随空间波数变化的雷达回波
$\boldsymbol{S}(k,\theta)$	随空间波数和姿态角变化的雷达回波
$s_{\mathrm{i}}(t)$	输入信号
$s_0(t)$	输出信号
$\boldsymbol{s},\boldsymbol{s}_i(i=1,2,\cdots)$	导向向量
$\boldsymbol{s}(t,\theta)$	随方位角变化的时域总散射信号
$\boldsymbol{s}_{\mathrm{T}}(t,\theta)$	随方位角变化的目标时域散射信号
$T_I(f)$	随频率变化的目标回波同相通道信号
T_{p}	脉冲重复周期
T_{pq}	极化测量发射矩阵元素
$T_Q(f)$	随频率变化的目标回波正交相位通道信号
T_{R}	脉冲串重复周期
$\boldsymbol{T}$	目标真实散射场;极化发射矩阵
$\boldsymbol{T}(f)$	随频率变化的目标真实散射场
$\hat{\boldsymbol{T}}(f)$	随频率变化的目标真实散射场的估计值
t	时间

t_{p}	雷达脉宽
$\boldsymbol{v}$	噪声向量
$v(n)$	离散化噪声
w	宽度
w_{eff}	有效宽度
w_i	权重系数
α_i	频率色散因子
β	双站角
ΔR	距离差；距离测量不确定度
$\Delta\sigma$	RCS 不确定度值
$\Delta\sigma'$	相对 RCS 不确定度
$\Delta\sigma_{-}$	RCS 不确定度边界下限
$\Delta\sigma_{+}$	RCS 不确定度边界上限
$\Delta\theta$	旋转成像转角范围
$\Delta\phi$	方位采样间隔
Δf	频率步长
$\Delta f_{\max}$	最大频率偏移
$\Delta\boldsymbol{\Gamma}(f,\theta)$	方位滑窗处理后辅助测量体的频域散射残余分量
$\Delta\boldsymbol{\Gamma}(t,\theta)$	方位滑窗处理后辅助测量体的时域散射残余分量
$\boldsymbol{\Delta}_{\mathrm{C}}(f,t)$	定标区背景抵消后的剩余背景误差
$\boldsymbol{\Delta}_{\mathrm{T}}(f,t)$	目标区背景抵消后的剩余背景误差
$\Delta^{\mathrm{dB}}(f)$	随频率变化的 RCS 相对定标误差，以 dB 数表示
δ	路程差；薄层材料厚度
δ_{c}	横向距离分辨率
δ_{r}	径向距离分辨率
ε	绝对误差
$\varepsilon(f)$	随频率变化的绝对误差
$\varepsilon_{\mathrm{p}},\varepsilon_{\mathrm{q}}$	交叉极化因子
$\varepsilon_{\mathrm{p}}^{\mathrm{r}},\varepsilon_{\mathrm{q}}^{\mathrm{r}}$	接收通道交叉极化因子
$\varepsilon_{\mathrm{p}}^{\mathrm{t}},\varepsilon_{\mathrm{q}}^{\mathrm{t}}$	发射通道交叉极化因子
ε_{r}	介电常数
$\boldsymbol{\Phi}(n,t)$	目标中频回波相位
φ	信号相位

$\boldsymbol{\Gamma}(\boldsymbol{r}),\boldsymbol{\Gamma}(x,y,z)$	目标三维散射分布函数
$\boldsymbol{\Gamma}(r,\varphi),\boldsymbol{\Gamma}(x,y)$	目标二维散射分布函数
$\boldsymbol{\Gamma}(\boldsymbol{r},f)$	随频率变化的目标散射分布函数
$\boldsymbol{\Gamma}(\boldsymbol{r},\boldsymbol{k})$	随空间波数变化的目标散射分布函数
$\hat{\boldsymbol{\Gamma}}(\boldsymbol{r})$	目标三维散射分布函数估计值(雷达图像)
$\hat{\boldsymbol{\Gamma}}(r,\varphi),\hat{\boldsymbol{\Gamma}}(x,y)$	目标二维散射分布函数估计值
γ	俯仰角;调频斜率
η	天线效率
ϕ	方位角
ϕ_{pq}	极化散射矩阵元素相位
$\phi(\omega),\phi(f)$	相频响应特性
$\phi_0(f)$	RCS 定标中测量系统－测试场的传递函数相频特性
$\phi_C(f)$	测定标体时测量系统－测试场的传递函数相频特性
$\phi_C(f,t)$	测定标体时测量系统－测试场的时变传递函数相频特性
$\phi_T(f)$	测目标时测量系统－测试场的传递函数相频特性
$\phi_T(f,t)$	测目标时测量系统－测试场的时变传递函数相频特性
$\phi_{p\max}(f)$	频域(数据域)最大概率相位
$\phi_{p\max}(f)$	时域(距离像域)最大概率相位
λ	雷达波长
ρ	地面复反射系数
θ	倾角,方位角
$\hat{\boldsymbol{\theta}}$	目标上角位置单位向量
σ	RCS 值
σ_{dB}	以 dB 数表示的 RCS
σ_{sm}	以平方米表示的 RCS
$\bar{\sigma}$	RCS 均值
$\bar{\sigma}_{dB}$	以 dB 数表示的 RCS 均值
$\bar{\sigma}_{sm}$	以平方米表示的 RCS 均值
σ_m	RCS 中值
σ_0	RCS 最佳估计值
σ_C	定标体的 RCS
σ_{pq}	接收极化 p,发射极化 q 时的 RCS
σ_T	目标的 RCS

σ_{2D}	归一化散射宽度
$\sqrt{\sigma_i}$	第 i 个散射中心的散射幅度
$\sqrt{\boldsymbol{\sigma}(f)}$	随频率变化的散射函数
$\sqrt{\boldsymbol{\sigma}(\boldsymbol{k})}$	随空间波数变化的散射函数
$\sqrt{\boldsymbol{\sigma}_C(f)}$	随频率变化的定标体散射函数
$\sqrt{\boldsymbol{\sigma}_i(f)}\,(i=1,2,\cdots)$	第 i 个定标体随频率变化的散射函数
$\sqrt{\hat{\boldsymbol{\sigma}}_i(f)}\,(i=1,2,\cdots)$	第 i 个定标体随频率变化的散射函数估计值
$\sqrt{\boldsymbol{\sigma}_P(f)}$	随频率变化的主定标体散射函数
$\sqrt{\boldsymbol{\sigma}_T(f)}$	随频率变化的目标散射函数
$\sqrt{\tilde{\boldsymbol{\sigma}}_{cyl}(kd)}$	圆柱定标体归一化散射函数
$\sqrt{\boldsymbol{\sigma}_S(f)}$	随频率变化的辅助定标体散射函数
$\sqrt{\hat{\boldsymbol{\sigma}}_S(f)}$	随频率变化的辅助定标体散射函数估计值
τ	前倾角
$\omega,\omega_i\,(i=1,2,\cdots)$	角频率

缩略语

AFRL	Air force research laboratory	空军研究实验室
AMTA	Antenna measurement techniques association	天线测量技术协会
ANSI	American national standards institute	美国国家标准研究院
ATF	Acceptance test facility	验收测试设施
ATR	Atlantic test range	大西洋测试靶场
BP	Band pass	带通
BPARC	Bistatic polarimetric active radar calibrator	双站有源极化校准器
CDF	Cumulative distribution function	累积概率分布函数
CE	Complex exponential	复指数
CW	Continuous wave	连续波
DFT	Discrete Fourier transform	离散傅里叶变换
EPS	Expanded polystyrene	膨化聚苯乙烯发泡材料
ERAD	Expert radar signature solution	专家雷达特征解决方案
ESPRIT	Estimate of signal parameters via rotational invariance techniques	旋转不变信号参数估计技术
FBP	Filtered back-projection	滤波逆投影
FFT	Fast Fourier transform	快速傅里叶变换
GO	Geometrical optics	几何光学
GTD	Geometrical theory of diffraction	几何绕射理论
GTRI	Georgia technique research institute	佐治亚技术研究所
HP	High pass	高通
HRRP	High resolution range profile	高分辨距离像
IEEE	Institute of electrical and electronic engineer	电气与电子工程师协会

IDFT	Inverse discrete Fourier transform	离散逆傅里叶变换
IFFT	Inverse fast Fourier transform	快速逆傅里叶变换
ISAR	Inverse synthetic aperture radar	逆合成孔径雷达
ISLR	Integrated sidelobe ratio	积分旁瓣比
JEM	Jet engine modulation	喷气发动机调制
LFM	Linear frequency modulation	线性调频
LMS	Least median of squares	最小平方中值法
LP	Low pass	低通
LSS	Least sum of squares	最小二乘法
LTI	Linear time invariant	线性时不变
MMSE	Minimum mean square error	最小均方误差
MoM	Method of moments	矩量法
MSE	Mean square error	均方误差
MSTAR	Moving and stationary target acquisition and recognition	运动和静止目标获取与识别
MUSIC	Multiple signal classification	多重信号分类
MWMSE	Minimum weighted mean square error	最小加权均方误差
NASA	National aeronautics and space administration	国家航空航天局
NCSL	National calibration standards laboratory	国家定标标准实验室
NFTF	Near field test facility	近场测试设施
NIST	National institute of standard technique	美国国家标准技术研究院
NRTF	National radar cross section test facility	国家 RCS 测试设施
ODR	Orthogonal distance regression	正交距离回归法
PARC	Polarimetric active radar calibrator	有源极化校准器
PDF	Probability density function	概率密度函数
PM	Phase modulation	相位调制
PO	Physical optics	物理光学
PPRC	Polarimetric passive radar calibrator	无源极化校准器
PRF	Pulse repeat frequency	脉冲重复频率

PSF	Point spread function	点扩展函数
PSL	Peak sidelobe level	峰值旁瓣电平
PSM	Polarimetric scattering matrix	极化散射矩阵
PTD	Physical theory of diffraction	物理绕射理论
RADC	Rome air development center	美国空军罗姆航空发展中心
RAM	Radar absorbing material	雷达吸波材料
RAS	Radar absorbing structure	雷达吸波结构
RATSCAT	Radar target scatter range	美国空军国立散射测试场
RCS	Radar cross section	雷达散射截面积
RCSMWG	RCS measurement working group	RCS 测量联合工作组
RODAPARC	Rotatable double antenna polarimetric active radar calibrator	可旋转双天线有源极化校准器
RRL	Radar reflectivity Laboratory	雷达反射实验室
RVP	Residual visual phase	残余视频相位
SAR	Synthetic aperture radar	合成孔径雷达
SF	Stepping frequency	频率步进
SFW	Stepping frequency waveform	频率步进波形
SPAWAR	Space and naval warfare systems center	空间与海上作战系统中心
SCR	Signal-to-clutter ratio	信杂比
SNR	Signal-to-noise ratio	信噪比
UTD	Uniform theory of diffraction	一致性渐近理论
ZDC	Zero Doppler clutter	零多普勒杂波

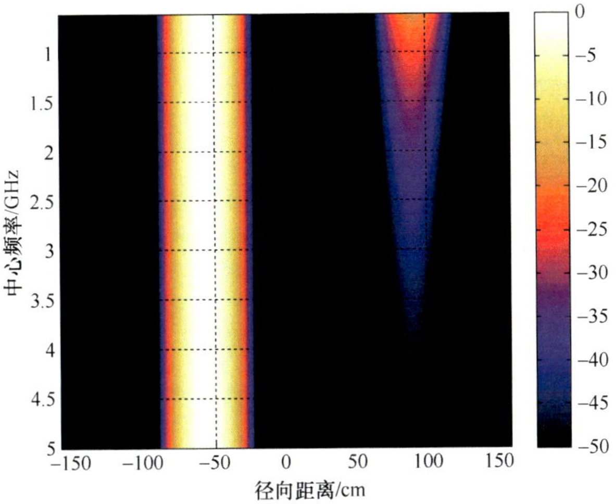

图 4.11　金属球散射特性的时频分析图

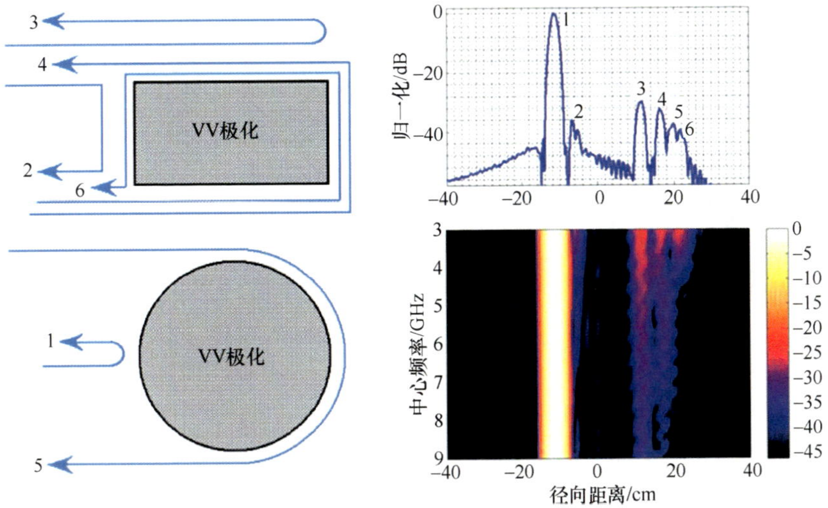

图 4.40　短粗圆柱定标体的散射机理，VV 极化

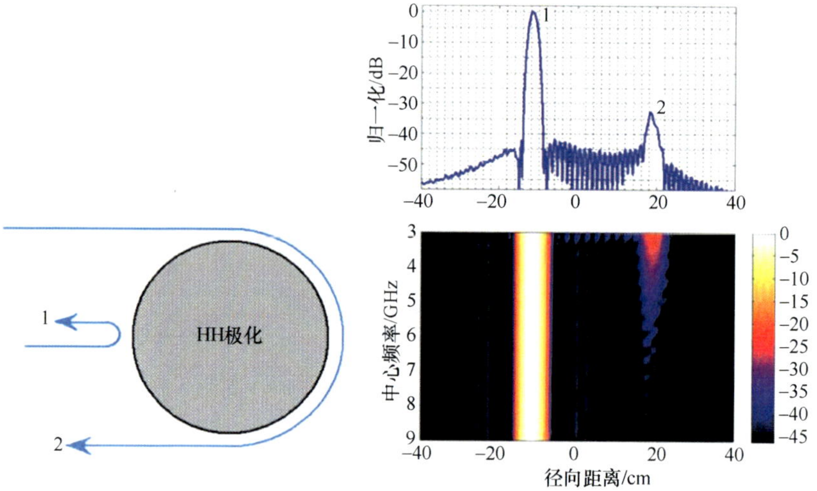

图 4.41　短粗圆柱定标体的散射机理,HH 极化

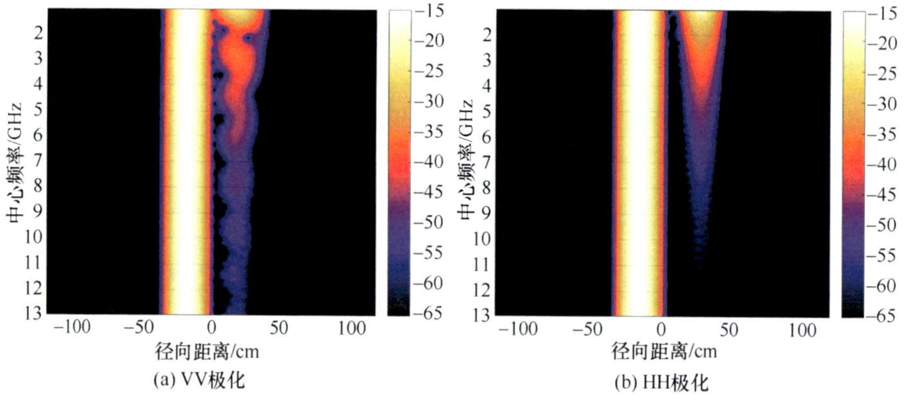

图 4.48　球面柱定标体散射机理的时频分析

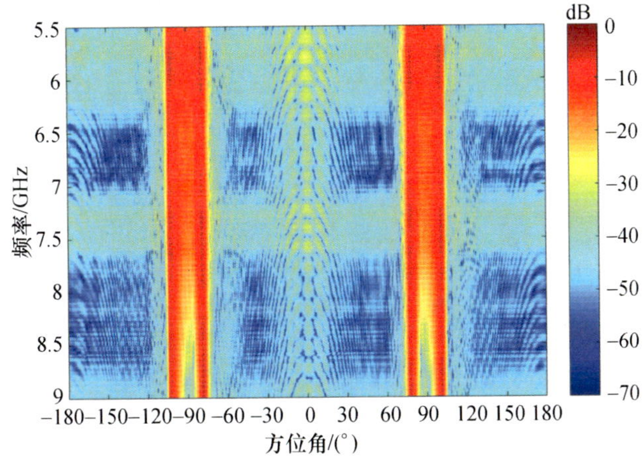

图 5.16 “低散射端帽 + 固定背景”RCS 幅度随频率和方位角变化特性

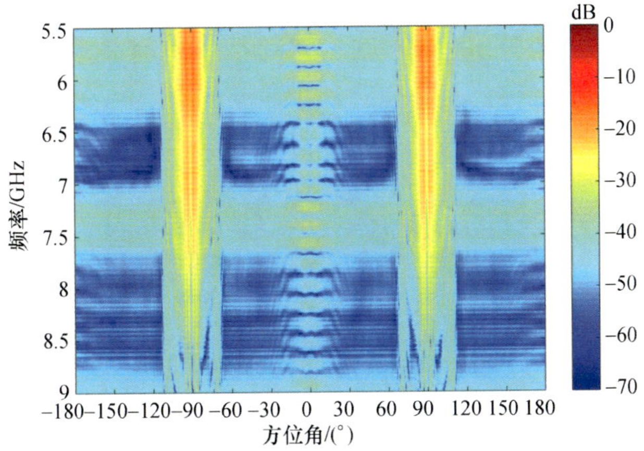

(a) 数据域：ZDC估计随频率和方位变化特性

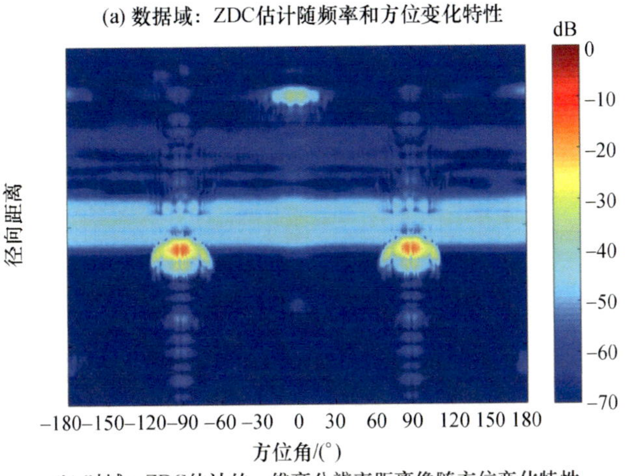

(b) 时域：ZDC估计的一维高分辨率距离像随方位变化特性

图 5.17 传统方位滑窗平均处理方法得到的 ZDC 估计示意图

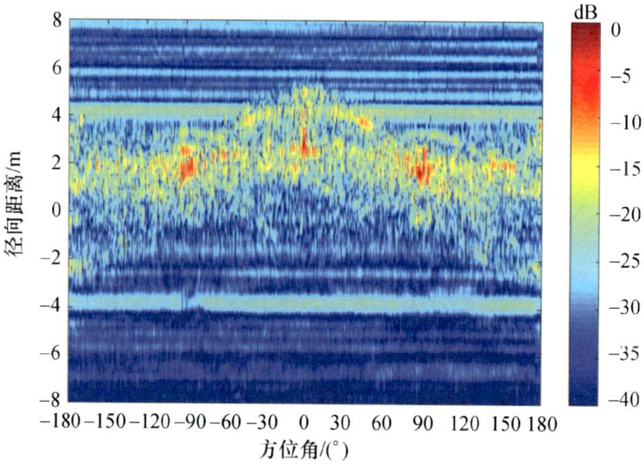

(a) 背景抵消前

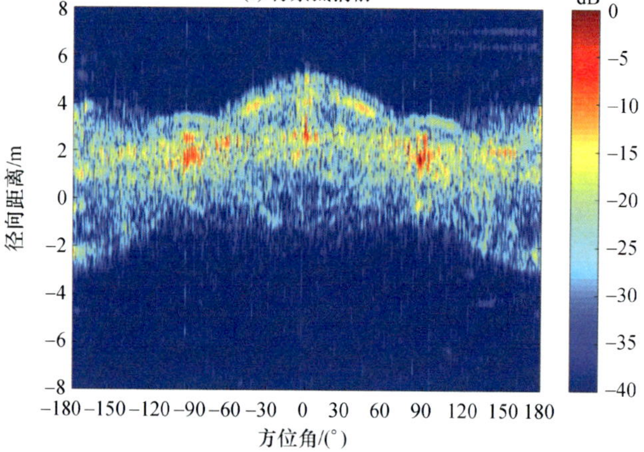

(b) 背景抵消后

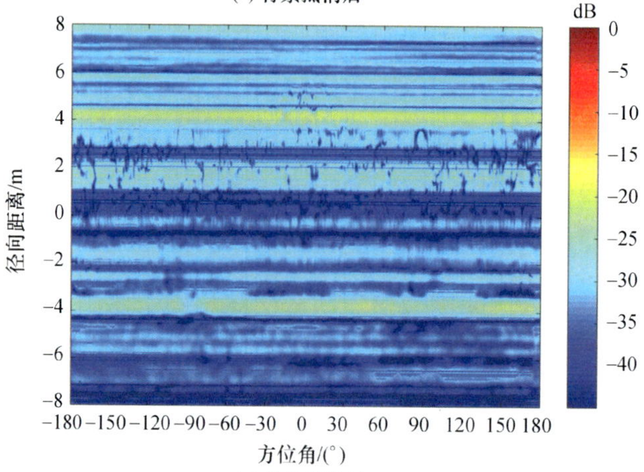

(c) 提取的背景

图 5.21　T72 坦克测试数据背景抵消前后一维距离像随方位变化特性

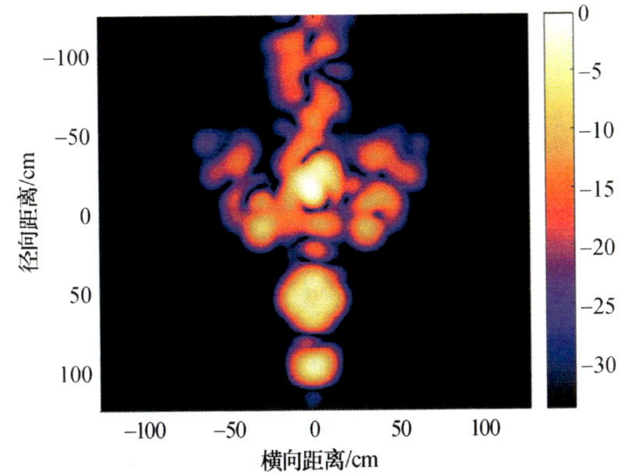

(a) 二维ISAR图像-1

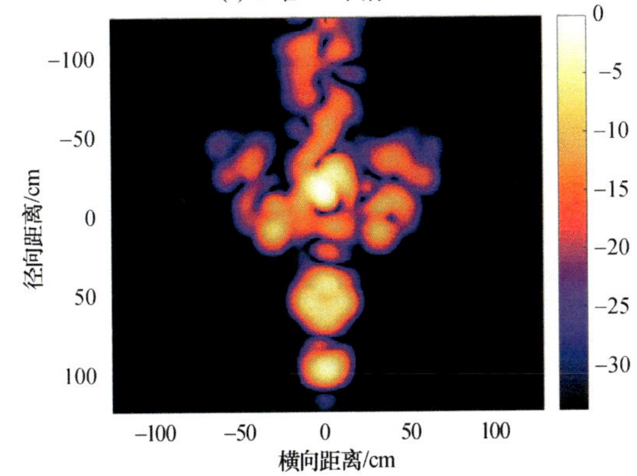

(b) 二维ISAR图像-2

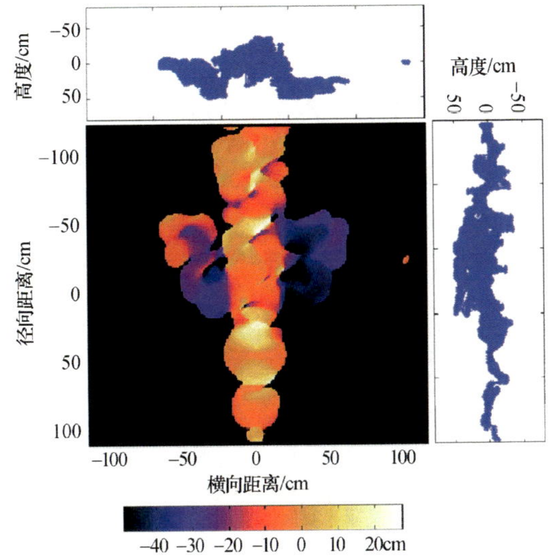

(c) 三维干涉ISAR图像

图 6.20　某飞机模型二维和三维散射中心图像[23]

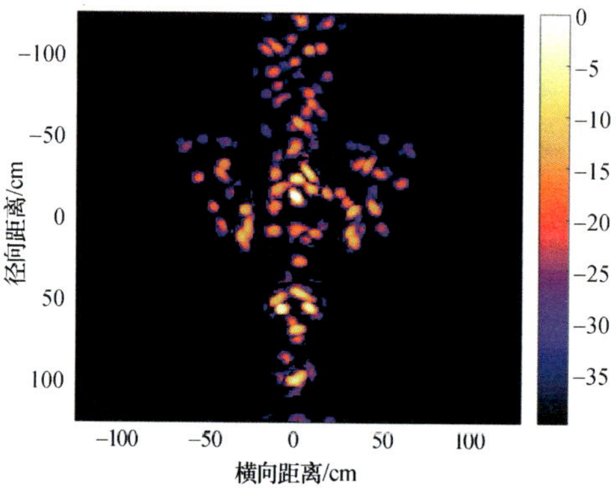

(a) 二维ISAR图像-1

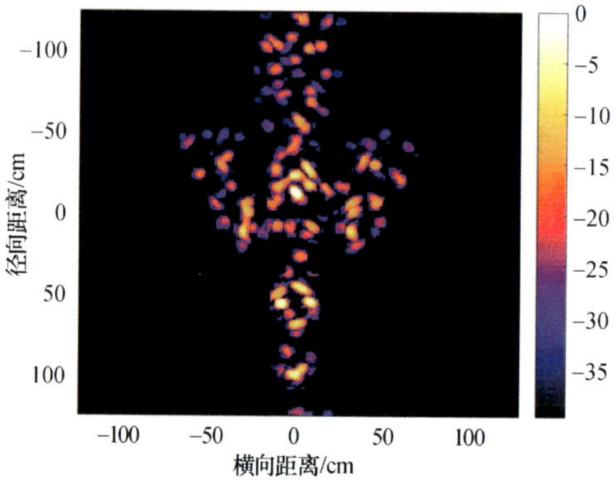

(b) 二维ISAR图像-2

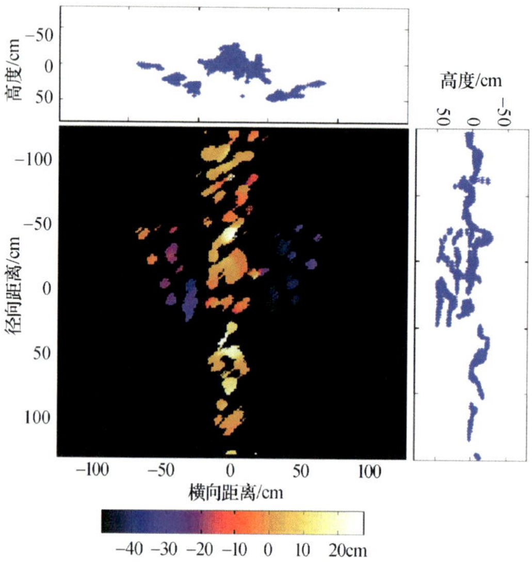

(c) 三维干涉ISAR图像

图 6.21　某飞机模型二维和三维超分辨成像结果[27]

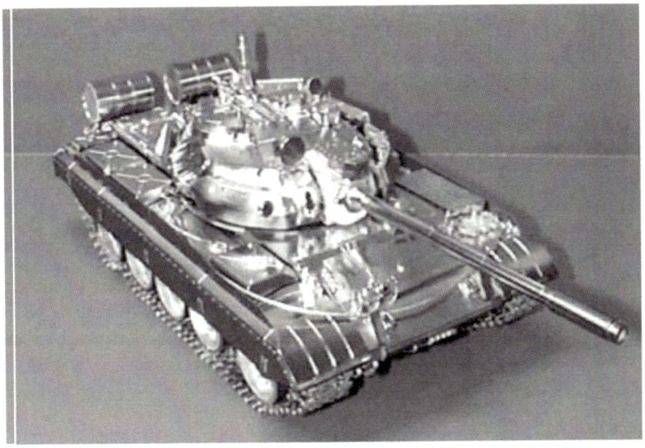

(a) 目标模型

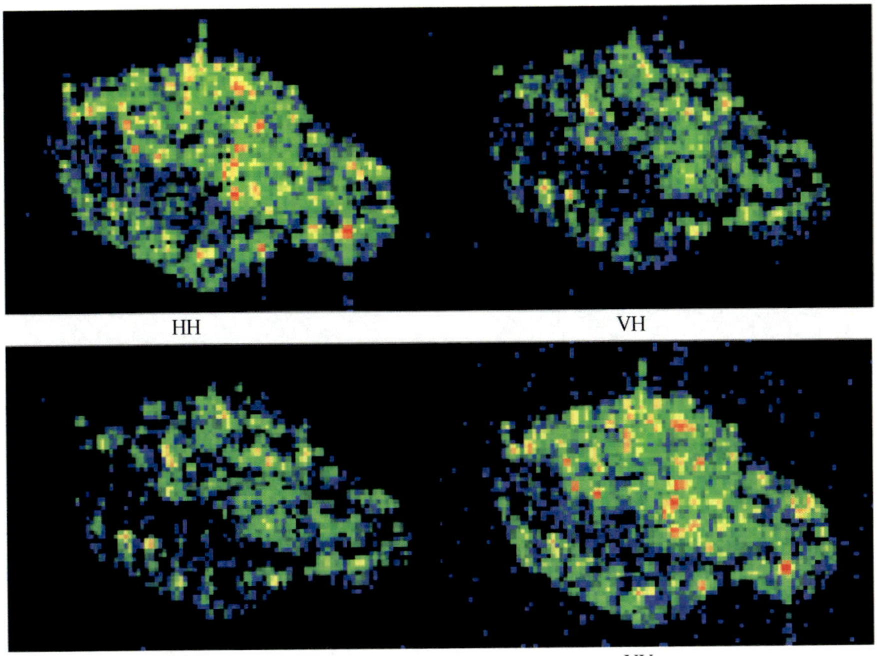

(b) 全极化三维ISAR像

图 6.22　T55 坦克缩比模型全极化三维成像结果[28]

(a) 12cm立方体空腔

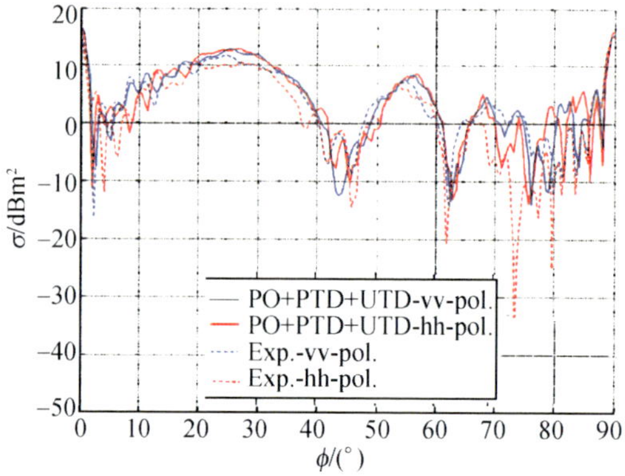

(b) 追踪计算和实测RCS随方位角变化特性

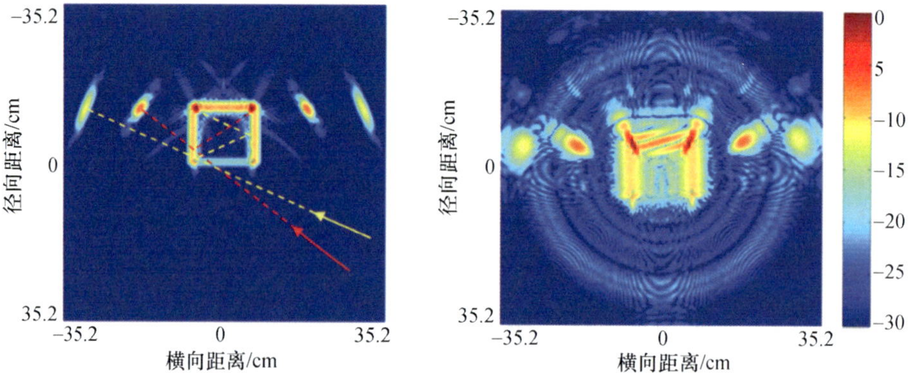

(c) 射线追踪计算(左)和实测得到的二维图像

图 6.31　立方体空腔体的计算与实测 RCS 图像[33]

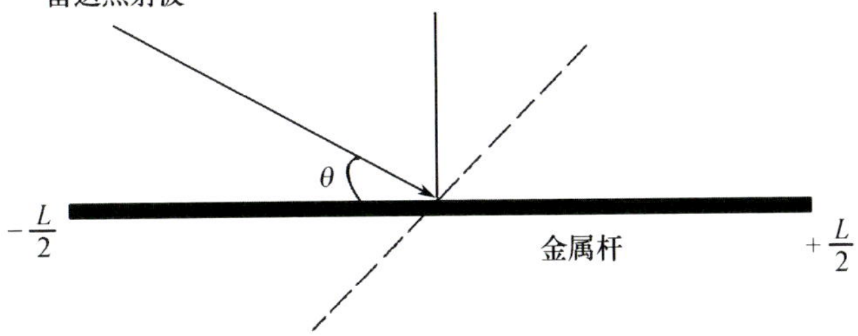

(a) 导电细金属杆

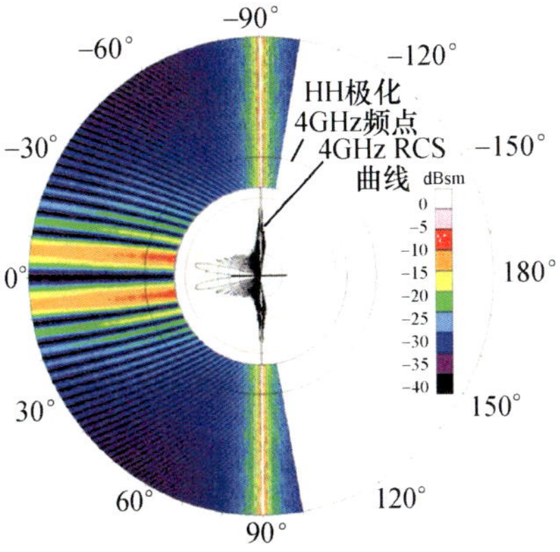

(b) RCS幅度随频率和方位变化特性（频率3～8GHz）

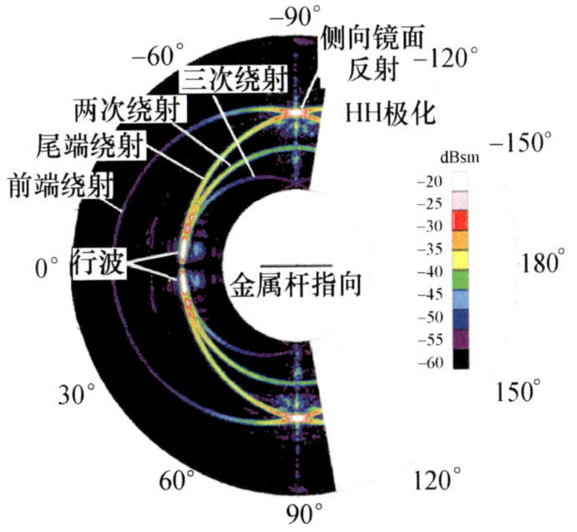

(c) HRRP随方位变化特性

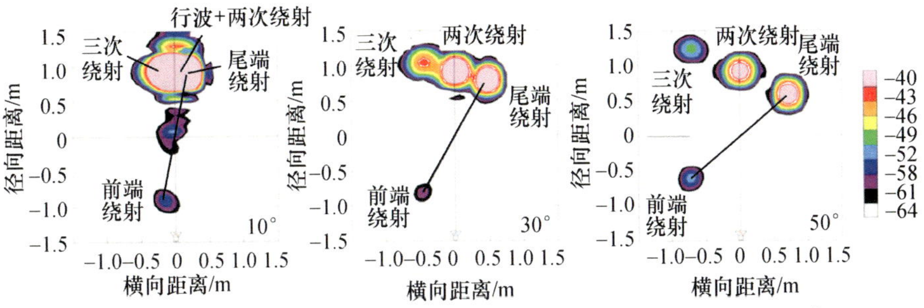

(d) 掠入射角分别为10°（左)、30°（中）和50°(右）时的二维ISAR像

图 6.36　细长金属杆的散射及其成像特性[38]

彩/10

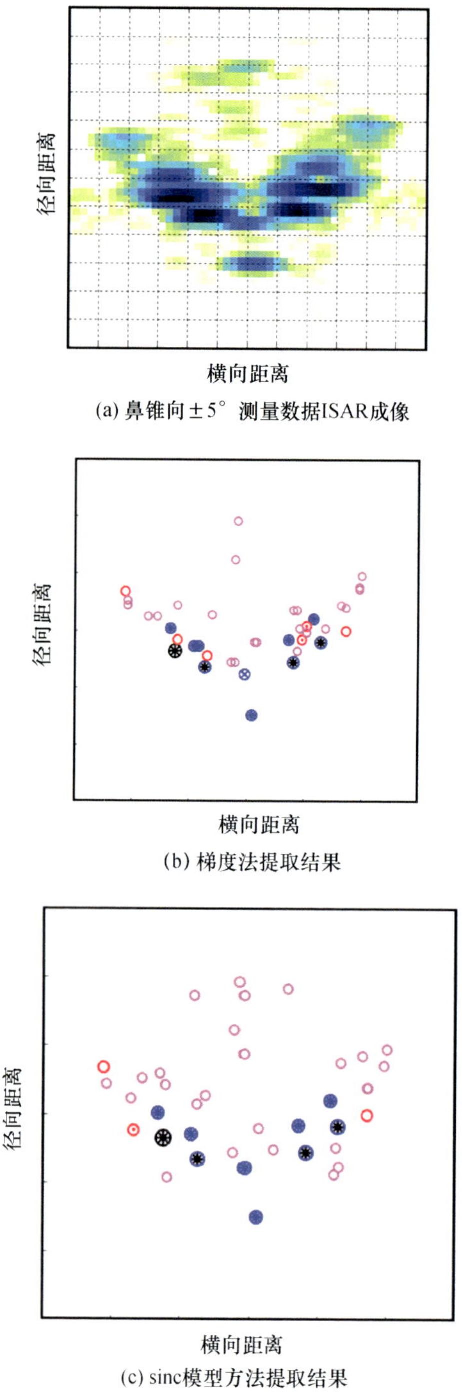

图 8.7　ISAR 成像和散射中心提取结果

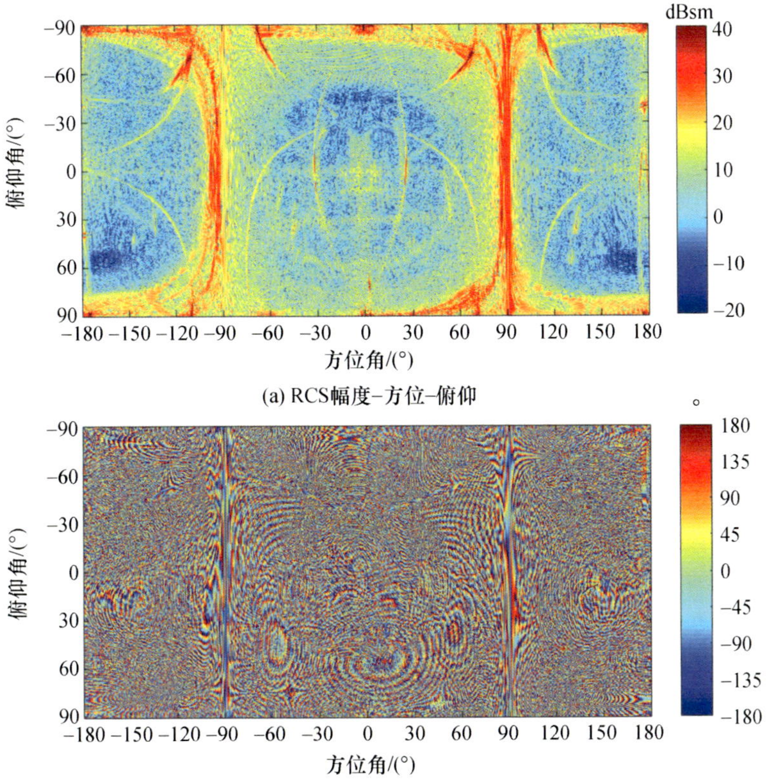

(a) RCS幅度-方位-俯仰

(b) RCS相位-方位-俯仰

图 8.14　RCS 幅度和相位随方位和俯仰角变化特性直角坐标可视化图例

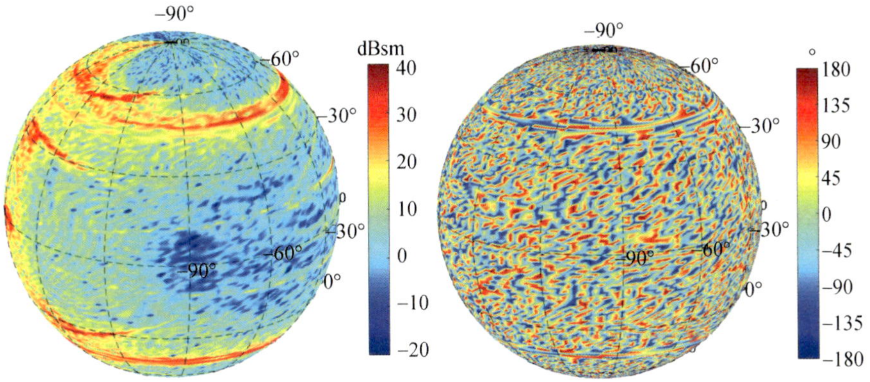

(a) RCS幅度-方位-俯仰

(b) RCS相位-方位-俯仰

图 8.15　RCS 幅度和相位随方位和俯仰角变化特性极坐标可视化图例

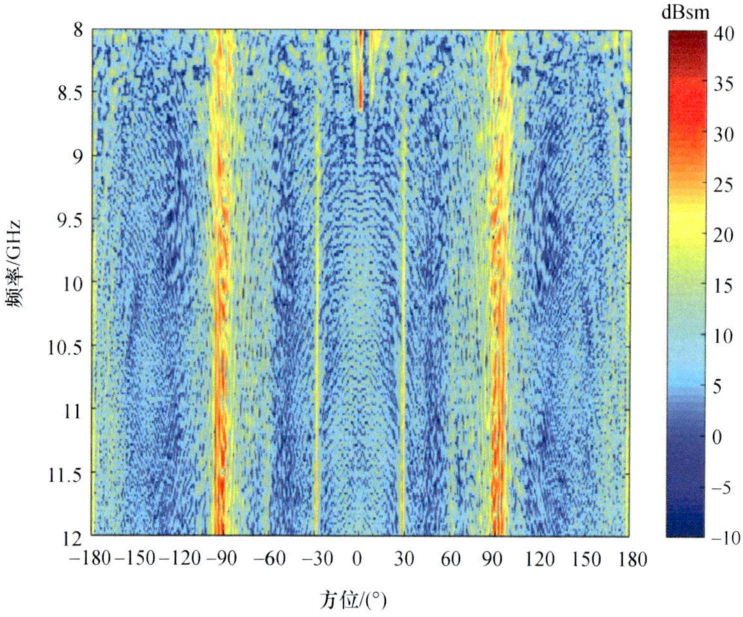

(a) RCS幅度-频率-方位角

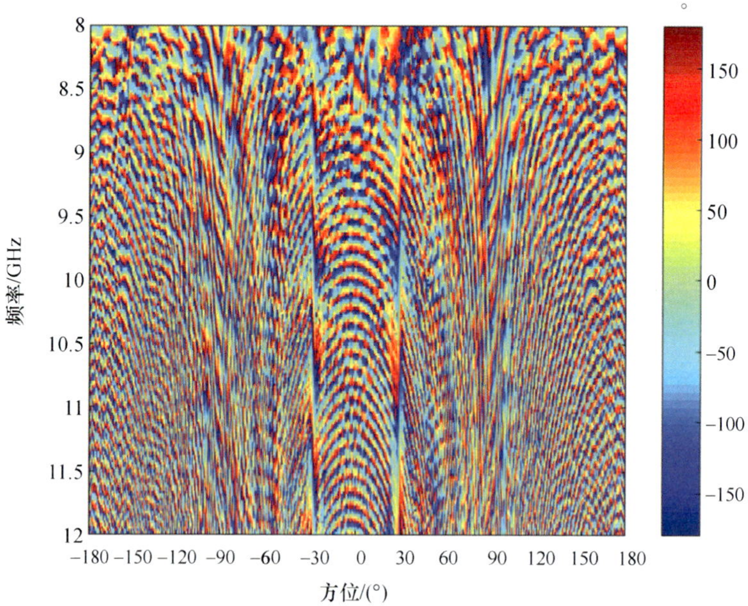

(b) RCS相位-频率-方位角

图 8.17　RCS 幅度和相位随频率和方位角变化特性直角坐标可视化图例

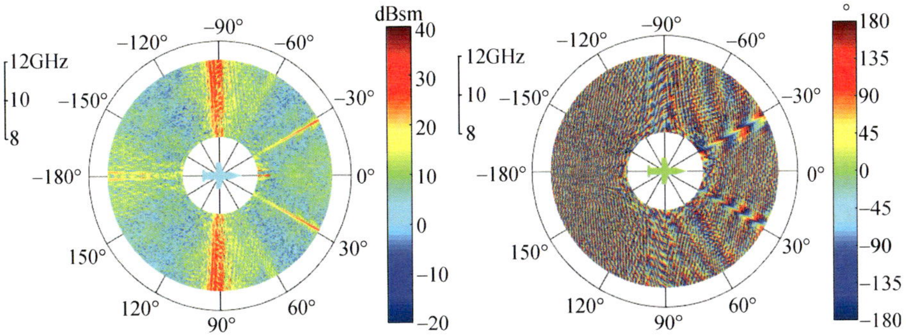

(a) RCS幅度-频率-方位角　　(b) RCS相位-频率-方位角

图 8.18　RCS 幅度和相位随频率和方位角变化特性极坐标可视化图例

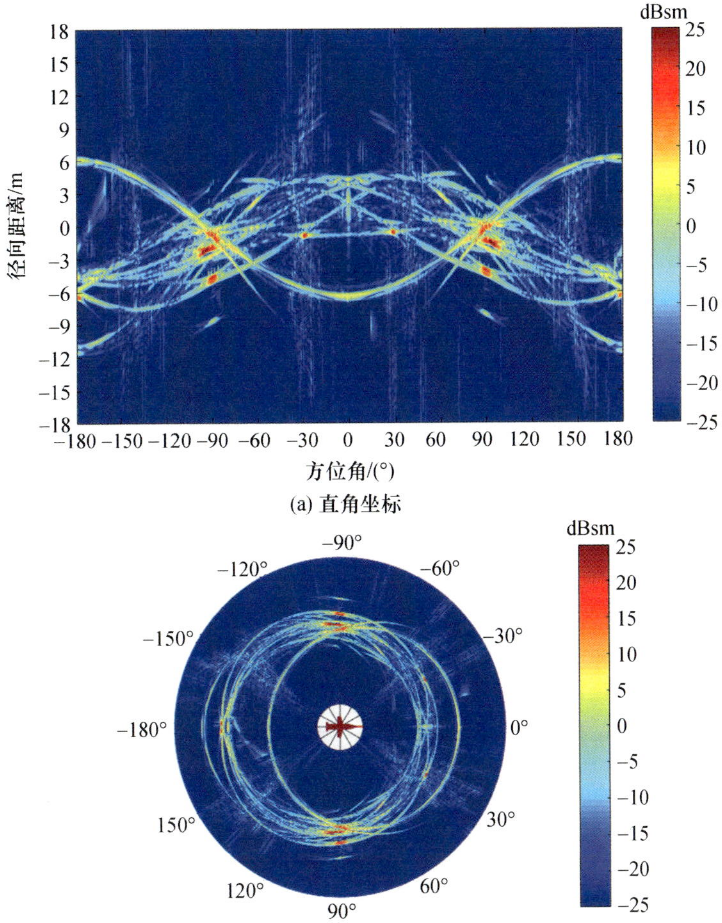

(a) 直角坐标

(b) 极坐标

图 8.20　一维高分辨率距离像随方位变化特性数据可视化图例

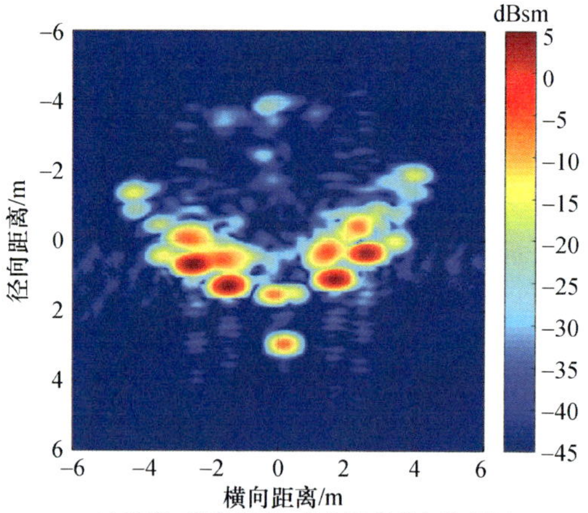

(a) RCS-径向距离-横向距离彩色编码图

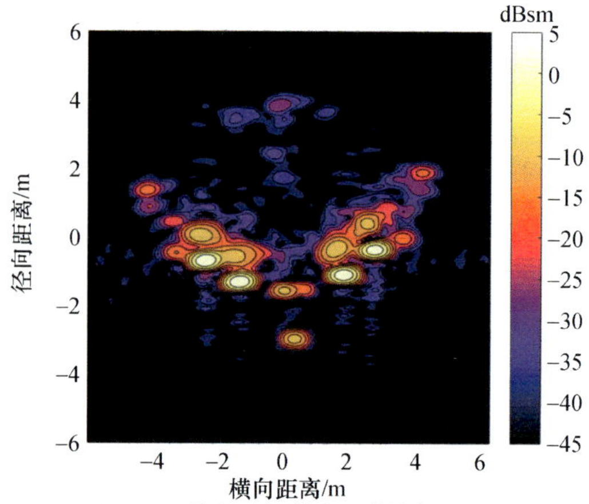

(b) RCS-径向距离-横向距离等高线图

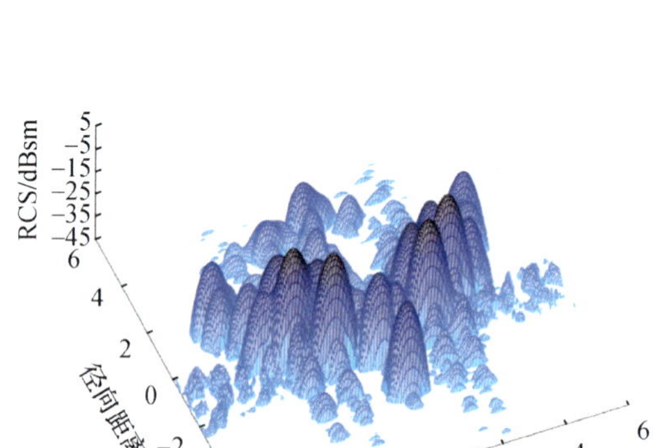

(c) RCS-径向距离-横向距离三维网格图

图 8.21　二维 ISAR 图像数据可视化图例

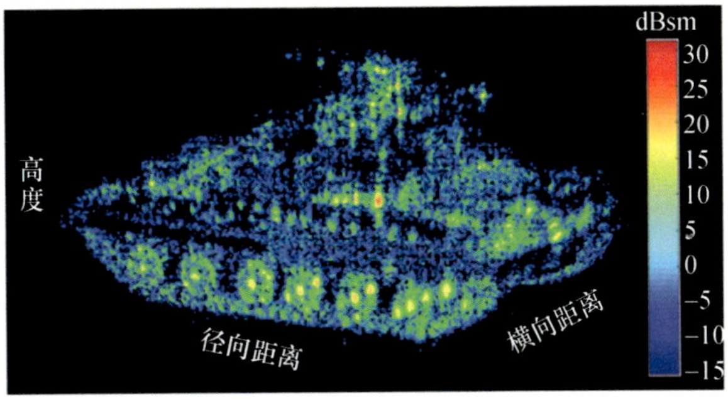

(a) 三维ISAR像

(b) 被测目标模型照片

图 8.22　目标三维 ISAR 图像数据可视化图例